Noël Bernard
(1874-1911)

Du maître des orchidées
au pionnier de la symbiose végétale

Acteurs de la Science

Fondée par Richard Moreau,
professeur honoraire à l'Université de Paris XII
Dirigée par Claude Brezinski et Roger Teyssou

La collection Acteurs de la Science est consacrée à des études sur les acteurs de l'épopée scientifique moderne ; à des inédits et à des réimpressions de mémoires scientifiques anciens ; à des textes consacrés en leur temps à de grands savants par leurs pairs ; à des évaluations sur les découvertes les plus marquantes et la pratique de la Science.

Dernières parutions

Monica GINNAIO, *Sur les antidotes contre la peste, Écrits médicaux sur la peste XIVe-XVIIe siècles*, 2021
AMIC, *L'équilibre*, 2021.
Daniel BOIS, *L'information du vivant au numérique. L'homme face à la complexité*, 2020.
Frédéric TOURNIER, *Une vie à chercher*, 2020.
Robert LOCQUENEUX, *Les commencements du monde, de Moïse à Buffon*, 2020.
Alain MARMONIER, *Le Dr Melchior Marmonier,1813-1891.Vie et œuvre du promoteur de la transfusion sanguine en Grésivaudan,* 2020.
Claudio GRIMALDI, *Les Éloges de Fontenelle. La création du discours sur la science*, 2020.
Benoît LINEL, *Le docteur Vitalien. Le médecin de Ménélik II*, 2020.
Joël MARCOVITCH, *L'embryon, mémoire de l'humanité*, 2020.
Christiane VILAIN, *Où va la physique ? De la physique mécaniste à quelques élaborations contemporaines,* 2019
Vincent LAFORGE, *La chair et le plomb*, 2019.
Jean-Yves DE LA CAFFINIERE, *Robert Merle d'Aubigné, Chirurgien bâtisseur (1900-1989),* 2019.
Roger TEYSSOU, *Théodore Tronchin et la grande aventure de l'inoculation de la variole*, 2019.

Michel Pinault

Noël Bernard (1874-1911)

Du maître des orchidées au pionnier de la symbiose végétale

L'Harmattan

Du même auteur

Frédéric Joliot-Curie, Odile Jacob, 2000, 712 pages.

Le XXème siècle des guerres, ouvrage collectif, Éditions de l'Atelier, 2004, 605 pages.

Doisneau chez les Joliot-Curie. Un photographe au pays des physiciens, Romain Pages Éditions, 2005, 119 pages.

La science au Parlement. Les débuts d'une politique des recherches scientifiques en France, CNRS Éditions, 2006, 158 pages.

Maurice Barrès et « la grande pitié des laboratoires de France ». Discours parlementaires pour une politique des recherches scientifiques en France (1919-1923), L'Harmattan, 2015, 330 pages.

Émile Borel, une carrière intellectuelle sous la IIIe République, L'Harmattan, 2017, 635 pages.

5-7, rue de l'École-Polytechnique ; 75005 Paris

http://www.editions-harmattan.fr

ISBN : 978-2-343-22642-2

EAN : 9782343226422

« (Noël Bernard) était le grand espoir de la botanique française et sa mort a été, peut-être, une perte sociale plus grande que celle de Curie ou de Poincaré.[1] »

Jean Perrin

[1] Lettre de Jean Perrin à Joseph Magrou, 26 novembre 1913, de Columbia University (New York), extrait, coll. famille Bernard. Cette appréciation de Jean Perrin, futur prix Nobel de Physique, en 1926, faisait référence à la disparition récente de deux autres figures majeures de la science française des années 1900, respectivement de 10 et 20 ans les aînés de Bernard : Pierre Curie, décédé le 19 avril 1906, à 47 ans ; et Henri Poincaré, disparu le 17 juillet 1912, à 58 ans. À sa mort, le 26 janvier 1911, Noël Bernard avait, lui, 37 ans.

Quelques abréviations utilisées dans les notes de bas de page ou dans le texte principal :

Arch : Archives ; nat: nationales ; départ. : départementales

Ac Sc : Académie des sciences

Bull. : *Bulletin*

CM : « Corpus Magrou » pour l'ensemble de lettres de Noël Bernard conservé par la famille

CR : *Comptes rendus hebdomadaires des séances de l'Académie des sciences*

CRS : Caisse des recherches scientifiques

ENS : École normale supérieure

LRDM : *La Revue du Mois*

M.L. : Marie Louise (Martin ou Bernard) ; N.B. : Noël Bernard

ndlr : note de la rédaction, insérée dans une citation

RGSPA : *Revue générale des sciences pures et appliquées*

SNHF : Société nationale d'horticulture française

et aussi : *et al.* : et autres (auteurs) (en bibliographie) : art. : article ; chap. : chapitre ; dir : sous la direction de (en bibliographie) ; doc. : document ; *id.* : *idem* ; *ie* : *id est* (c'est-à-dire) ; illis. : illisible (pour un manuscrit) ; ouvr. : ouvrage ; p. : page ; PV : procès verbal ; *sq* : pages suivantes : t. : tome ; vol. : volume.

Préface

« Brûler sa vie » pour la science

Une biographie, pourquoi[2] ?

Ici, pour découvrir qui était le chercheur, botaniste et biologiste, qui s'exprimait en ces termes auprès de la jeune femme dont il était amoureux :

> « Je me souviens de l'état d'esprit exalté où j'étais quand je faisais pour la première fois du travail scientifique personnel. Arriver à une idée brillante, à une théorie générale imprévue était presque tout mon rêve. Je rejetais les faits qui ne me plaisaient pas. J'ai écrit ainsi quelques sottises et fait par exemple une thèse de doctorat bien mauvaise qui a eu un certain succès. Maintenant je m'applique à travailler honnêtement, c'est moins brillant mais cela donne une satisfaction plus profonde. (Pierre) Curie qui n'était pas encore "docteur" à un âge avancé et qui en pâtissait matériellement ne pouvait se résoudre après six ans à publier sa thèse, et il se dérobait lorsqu'on voulait lui faire énoncer les idées générales que chacun y sentait mais dont il doutait lui-même encore. Excusez ma manie de prendre de grands exemples, ce n'est pas par fatuité, mais ces exemples sont connus et clairs. Je tâche de me faire cet état d'esprit du scientifique honnête ; je n'y suis pas tout à fait, mais j'y tends avec la certitude que c'est ce qu'il faut faire. Et c'est vers là, n'est-ce pas, qu'une compagne dévouée devrait me pousser si j'ai des heures d'incertitude ou de défaillance ? Elle ne me dira jamais qu'il pourrait être utile de flatter un journaliste ou de visiter un membre de l'Institut pour augmenter mes chances de monter en grade ou d'être décoré ?[3] »

---

[2] Sur la manière dont l'écriture de la biographie d'un scientifique répond à une nécessité dans le cadre d'une histoire sociale des sciences, voir la longue préface dans Michel Pinault, *Émile Borel, une carrière intellectuelle sous la IIIème République*, Paris, L'Harmattan, 2017, 635 pages, p.17-32.

[3] Lettres de Noël Bernard à Marie Louise Martin, n° 4, 7 juin 1907. Les mots soulignés l'ont été par Noël Bernard.

Noël Bernard, qualifié en son temps de « jeune savant dont le nom est maintenant une gloire de la botanique française[4] », est aujourd'hui plutôt oublié bien qu'en plus d'avoir été un chercheur scientifique hardi, innovant et même visionnaire, remarqué et prometteur – n'eût été la terrible tuberculose qui le faucha à 37 ans – il a été un acteur important des transformations en cours dans la sociabilité scientifique et universitaire de son temps, un questionneur curieux et un brasseur d'idées remarqué[5].

Ce normalien entré dans la carrière universitaire, ce jeune botaniste qui a marqué son époque en étant actif pendant une douzaine d'années seulement, à la charnière de deux siècles, fut un représentant caractérisé de la figure de l'intellectuel qui a tant marqué la période. Imprégné d'un positivisme encore hégémonique qui le conduisit vers le socialisme, celui qui ne pouvait se résoudre au fait que « tout progrès semble condamné à assurer aux méthodes de la guerre une ampleur plus sauvage[6] » – on était, rappelons-le, avant le déclenchement de la grande boucherie d'août 1914… – pensait cependant que dans un futur prévisible « les ingénieurs et les physiciens ayant pacifié la terre (…), commencerait alors "l'ère des biologistes"[7] »… Et en effet, Bernard était un pur produit des révolutions déclenchées dans les sciences biologiques par les conceptions nouvelles sur la vie et l'évolution des espèces, dues aux travaux de Charles Darwin (1809-1882), mais aussi à ceux de Louis Pasteur (1822-1895) en microbiologie, pour ne citer que ces deux- à. Il restait fortement influencé, comme la plupart des biologistes français, par le transformisme de Lamarck (1744-1829) révisé dans le sens de la priorité donnée à la thèse de l'hérédité des caractères acquis sous l'influence du milieu, thèse qui avait d'ailleurs eu l'aval de Darwin. Lorsque les travaux de Gregor Mendel (1822-1884) furent « redécouverts », Bernard étant alors en train de rédiger sa thèse de doctorat, il fut de ceux qui s'en emparèrent aussitôt. Tel est le cadre épistémologique mouvant, dynamique, exigeant, dans lequel vinrent s'inscrire les spectaculaires découvertes de Noël Bernard concernant la vie en symbiose de toutes les orchidées avec des moisissures, des champignons, tous du genre *Rhizoctonia*, – cinq mille espèces d'orchidées, croyait-il, dix mille espèces affirma-t-on après qu'il avait disparu, plus de vingt mille si on suit les botanistes actuels, quand du temps de Linné (1707-1778), le fondateur de la

---

[4] Julien Costantin, *La Vie des Orchidées*, Paris, Flammarion, 1917, p. 2.

[5] Sur la notion de sociabilité : voir la table-ronde « Sciences et sociabilités, XVI-XXème siècles », communications d'Anne Rasmussen, Benoît Lelong et Dominique Pestre, *Bulletin de la Société d'Histoire Moderne et Contemporaine*, mars 1997 ; et M. Pinault, « Portrait de groupe d'universitaires parisiens en leur villégiature bretonne : *L'Arcouest* dans la première moitié du XXe siècle », *Histoire et Sociétés - Revue européenne d'histoire sociale*, n° 25-26, avril 2008 (communication à la journée d'étude « L'*Arcouest* : une villégiature intellectuelle de la Belle-Époque à l'après-guerre », BNF, mardi 15 avril 2008, voir aussi *Revue de la BNF*, t. 32, juin 2009).

[6] Noël Bernard, « Un mariage en l'an 3000 », *La Revue du Mois*, n° 66, 10 juin 1911, p. 658-675.

[7] *Id.*

nomenclature du règne végétal, on n'en connaissait qu'une centaine d'espèces réparties en une trentaine de genres[8] – qu'elles fussent d'ailleurs spécifiques de nos régions tempérées ou qu'elles vivent dans les profondeurs des forêts tropicales, voire sous les climats arctiques. Ces découvertes concernaient la physiologie des orchidées, leur culture bien sûr, les conditions de la symbiose, la possibilité de créer les conditions de leur développement asymbiotique (c'est-à-dire sans champignon commensal), mais aussi l'histoire de leur évolution, et elles s'étendaient à la place, insoupçonnée jusqu'alors mais essentielle, croyait-il, de la symbiose dans le monde végétal tout entier, aux capacités encore ignorées des végétaux à lutter contre les parasites et les infections en se montrant capables de digérer certains micro-organismes et en déployant des ressources bactéricides, aux rapports enfin entre les plantes et leur milieu. Noël Bernard arriva ainsi à cette conclusion :

> « Le problème de l'adaptation mutuelle d'un microorganisme et de ses hôtes est lié à celui de l'origine des espèces. Dans une étude de la symbiose, les expériences de Pasteur doivent servir à éclairer les théories de Lamarck et de Darwin.[9] »

Jean Rostand qui appartenait à la génération suivant celle de Bernard, lorsqu'il s'interrogeait sur la diversité des facteurs de réussite dans l'activité des chercheurs et cherchait à les identifier et à les classer, tentant de mesurer ce qu'il y avait de déterminant mais aussi d'impondérable voire de hasardeux dans le succès ou l'échec d'une vie de recherche, singulièrement en biologie, retenait l'exemple de Bernard et citait le témoignage saisissant de celui-ci à propos de l'instant qui fut pour lui décisif où il découvrit, en forêt de Fontainebleau, des centaines de minuscules plantules d'une certaine orchidée aux premiers moments de leur germination :

> « J'ai de jeunes plantes ayant jusqu'à trois millimètres de long qu'aucun œil de botaniste n'avait jamais contemplées.[10] »

« Tout l'enchantement d'approcher une vérité vierge tient en ces quelques mots », s'émouvait Rostand qui ajoutait : « Cet orgueil enivré du chercheur devant l'éblouissante virginité du réel, nul ne l'a exprimé de façon plus sobrement émouvante que Noël Bernard[11]. »

---

[8] Edmond Plauchut, « Les Orchidées », *Revue des Deux Mondes*, 15 janvier 1895, t. 127, p. 432-456.

[9] Noël Bernard, « L'Évolution dans la symbiose. Les orchidées et leurs champignons commensaux », *Annales de Sciences naturelles, 9ème série, Botanique*, t. IX, n° 1 à 4, Paris, Masson, 1909, p. 9.

[10] Lettre de N.B. à Jean Magrou, 3 mai 1899, CM, n° 12.

[11] Jean Rostand, *Confidences d'un biologiste*, « De la recherche en biologie », Paris, La Découverte, 1987, p. 173-198. Et Jean Rostand, *Le droit d'être naturaliste*, Paris, Stock, 1963, p. 41.

C'est en étant animé par la conviction que la compréhension et la découverte des secrets les plus fondamentaux de la nature étaient à la portée de sa génération, conviction d'ailleurs partagée de leur côté par les physiciens, les chimistes et mêmes les astronomes, en étant animé aussi par la conviction que la science triomphante avait dans ses mains l'avenir de l'humanité que, porté par son esprit pionnier et passionné, et pressé d'avancer et d'ouvrir des voies nouvelles, Noël Bernard « brûla sa vie » pour accomplir son rêve.

La vie brève de Bernard fut tellement « d'un seul jet » que les seules scansions pouvant permettre de l'observer par phases ne peuvent être que celles des étapes de sa carrière universitaire : après une vingtaine d'années qui furent celles de l'enfance et de la scolarité, il passa six ans à l'École normale supérieure puis sept ans à la faculté des Sciences de Caen et enfin un peu plus de deux ans à celle de Poitiers.

Noël Bernard, lorsqu'il commença à viser l'École polytechnique ou l'École normale supérieure, avait sans doute en tête la réalisation d'un désir ancien et ressenti comme irréalisable de se montrer à la hauteur des espoirs que l'ensemble de sa famille avait mis en lui et de réussir à se hisser au niveau de l'excellence scolaire. C'est peut-être parce qu'il tentait de se mettre à distance de ce rêve que le jeune homme qu'il était devenu fut perçu, par ses camarades comme par ses professeurs, comme une sorte de sceptique narquois, comme un Parisien gouailleur, railleur, provocateur même, en tous cas toujours direct dans l'expression de son esprit critique aiguisé et peu soucieux de se concilier l'indulgence de ses « victimes ». C'est ce qui fit de lui, certes, un élément moteur et apprécié au sein des promotions d'élèves fréquentant alors l'École normale, mais ce fut aussi sans aucun doute compté à son débit, malgré ses excellents résultats et ses débuts prometteurs dans la recherche, par ceux qui avaient le pouvoir de faire et défaire une carrière commençante. Braver les normes du monde universitaire, pour celui qui n'était pas armé d'une hérédité à toute épreuve, pouvait s'avérer dangereux.

Ce risque, Bernard le courut sciemment, mais il dut en payer le prix qui lui parut finalement bien lourd. Il aurait sans doute eu le désir, tout en multipliant les accrocs et les défis, d'être reconnu à la hauteur de ses dons et de ses capacités créatrices par l'*establishment* universitaire ; lorsqu'on lui dénia cette reconnaissance et qu'il se sentit humilié par ce qu'il considéra comme une relégation – son affectation dans une petite faculté de province, sans élèves et sans beaucoup de moyens de travail – il ne lui resta, comme réponse, que de s'immerger dans ses recherches, en espérant une revanche ultérieure, et de prendre toute sa place dans les tentatives de se grouper, de s'exprimer collectivement et d'exister qui se présentèrent alors au sein du petit monde auquel il s'identifiait, celui des chercheurs authentiques, conscients de leur condition commune et sourds aux sirènes des coteries, des cliques et des clans dominants dans la science académique installée ; mais trop faibles et dispersés, trop peu nombreux encore et trop rivaux entre eux sans doute, trop incertains de l'organisation de la recherche qu'ils auraient voulu promouvoir, leurs efforts n'eurent, du vivant de Bernard et, plus généralement, avant la Première Guerre mondiale, que des résultats limités (étudiés dans un travail antérieur : *La science au Parlement. Les débuts d'une politique des recherches scientifiques en France*[12]).

Concilier tout cela semblait bien difficile et ne pouvait que se révéler, face à l'usure du temps, épuisant, décevant. Noël Bernard connut une pénible alternance de périodes d'enthousiasme et, selon une expression qui lui était chère, de « neurasthénie ». De multiples témoignages soulignent qu'il se savait sous la menace d'une maladie dévastatrice et que sa seule chance de survie aurait été de se ménager ; il fit tout l'opposé, il « brûla sa vie », comme le montre cette appréciation figurant dans son dossier administratif, en 1903 :

> « Irréprochable. Esprit très cultivé et très chercheur. Travailleur acharné, je n'ose pas dire infatigable, car il va jusqu'à se fatiguer.[13] »

À quelques semaines de succomber à la tuberculose qui le minait, il écrivait :

> « À chaque fois que je me donne, il faut que flambe un peu le feu qui me consume.[14] »

Le drame de Noël Bernard tint pour une bonne part à ce que, cultivant une personnalité indocile et un tempérament peu consensuel, il essaya, non seulement personnellement mais aussi dans ses travaux de recherche, de transgresser seul les normes et les limites de l'organisation du monde universitaire et scientifique de son temps et des rapports de pouvoir qui le régissaient, tout en escomptant que fussent finalement reconnues ses qualités personnelles aussi bien que la valeur de ses travaux, et en supportant difficilement qu'il n'en fût rien. Et tandis que ses deux cousins, Noël Bernard (Noël Pierre Joseph Léon Bernard), son cadet d'un an, et Joseph Magrou, plus jeune d'une dizaine d'années, atteindront, deux décennies plus tard, avec la reconnaissance qui va de pair, les sommets de la carrière académique, l'inventeur de la symbiose des orchidées, disparu dans la force de l'âge et de sa créativité intellectuelle, n'a connu, lui, que l'esquisse d'une carrière scientifique. Norbert Élias, lorsqu'il tentait d'élucider, en sociologue, le dramatique destin de Mozart et sa tragique tentative de réussite sociale, écrivait :

> « Il mourut avec le sentiment d'avoir manqué son existence sociale.[15] »

---

[12] M. Pinault, *La science au Parlement. Les débuts d'une politique des recherches scientifiques en France*, Paris, CNRS-Éditions, 2006.

[13] Rapport du recteur Zévort, 10 avril 1903, Arch. nat., dossier administratif de Noël Bernard, F 17/23203.

[14] Lettre de N.B. à Henriette Perrin, le 28 décembre 1910, CM, n° 103.

[15] Norbert Élias, *Mozart, sociologie d'un génie*, Paris, Seuil, 1991, p. 7 et 26.

La même chose peut être dite au sujet de Noël Bernard, tant l'expression de son vif esprit pouvait dissimuler, comme chez Mozart, un sentiment de fragilité et d'échec.

En fait, par des aspects essentiels de sa biographie – mais pas tous, nous le verrons – Noël Bernard, arrimé à sa posture critique vis-à-vis de l'*Alma mater*, ce système de « haute consécration scolaire » auquel il savait qu'il était redevable de sa position universitaire, a souvent cultivé l'« indocilité réfléchie » jusqu'à chérir ce « refus de parvenir » d'abord attribué, au début du XXème siècle, à des pédagogues rebelles avant de devenir un état d'esprit et une forme d'engagement, si ce n'est une éthique, partagés dans certaines fractions intellectuelles [16]. L'instituteur syndicaliste et anarchiste Albert Thierry (1881-1915) avait commencé à l'utiliser en 1912 – Bernard venait de disparaître – dans ses *Réflexions sur l'éducation* et il l'avait appliquée à son ami Charles Péguy ((1873-1914), lequel appartenait en effet à la même promotion normalienne, celle de 1894, que Bernard :

« "Refuser de parvenir", ce n'est ni refuser d'agir ni refuser de vivre : c'est refuser de vivre et d'agir pour soi et aux fins de soi.[17] »

En fait, Albert Thierry avait emprunté l'idée sinon l'expression à Charles Péguy lui-même qui, dans ses vigoureuses réflexions sur « la situation faite au parti intellectuel dans le monde moderne devant les accidents de la gloire temporelle », avait opposé « l'homme qui n'arrive pas, qui ne sait pas comment s'y prendre, qui ne veut pas savoir » à tous ceux – en particulier parmi ses « jeunes camarades » de l'ENS, de l'Université, du milieu intellectuel – qui « jouent l'aisance en mettant trahisons sur trahisons (…), qui font des trahisons de trahisons, des trahisons au carré, des trahisons à on ne sait plus combien de puissances[18] ».

En suivant pas à pas l'itinéraire de Noël Bernard, il sera impossible de ne pas songer à un autre cheminement d'intellectuel, celui du bibliothécaire de l'École normale, Lucien Herr (1864-1926, ENS 1883), « personnage inattendu » que découvraient les jeunes élèves en fréquentant, comme Bernard,

---

[16] Dans cette phrase, le début fait référence à Pierre Bourdieu (*Esquisse pour une auto-analyse*, Paris, Raisons d'agir, 2004, p. 126-128) ; la suite renvoie à Michel Foucault (« Qu'est-ce que la critique ? » (1978), *Bulletin de la société française de philosophie*, t. LXXXIV, avril-juin 1990, n° 84 (2), p. 35-63) ; et la fin à : Françoise Mélonio (« Le "refus de parvenir" », introduction au volume « Refus de parvenir », *Mil neuf cent, revue d'histoire intellectuelle*, 2019, n° 37, p. 23-41).

[17] Albert Thierry, *Testament d'un combattant. Des conditions de la paix. Essai de morale révolutionnaire*, Paris, Union pour la vérité, 1916, cité dans l'introduction au choix de textes d'Albert Thierry, CIRA Lausanne (dir.), *Refuser de parvenir. Idées et pratiques*, Paris, Nada éd., 2016, p. 275-279.

[18] Charles Péguy, « De la situation faite au parti intellectuel dans le monde moderne devant les accidents de la gloire temporelle », 6 octobre 1907, premier cahier de la neuvième série des *Cahiers de la Quinzaine*, pages 678-681.

l'ENS de ces années fin-de-siècle, et que son biographe, Daniel Lindenberg, présente ainsi :

> « Il représent(ait) un type d'intellectuel totalement neuf, parce que ne séparant pas ses convictions politiques, ses activités scientifiques et sa vie personnelle, homme pour qui le socialisme, la science et le désintéressement absolu, le refus de parvenir, (étaie)nt complètement liés : un clerc des temps modernes, en quelque sorte.[19] »

Refus d'entrer dans le moule, refus d'intégrer la « bonne société », adhésion au socialisme et dévouement aux tâches collectives, vocation d'enseignant et de pédagogue, briseur de sentiers battus et, finalement, refus de la « réussite » carriériste, tous ces traits se retrouvent chez Noël Bernard. Tout comme Françoise Mélonio relève que Thierry aimait opposer Péguy l'aventurier à Ernest Lavisse, directeur de l'ENS depuis 1904, « vaniteusement entripaillé de places et d'honneurs[20] », nous pourrons observer comment Noël Bernard a ardemment voulu se construire, dût-il en souffrir, contre les patrons de la science naturaliste installée, le botaniste Gaston Bonnier (1853-1922) surtout, le zoologue Alfred Giard (1846-1908) éventuellement, et quelques autres encore, qu'il couvrait de son mépris[21].

Le récit qu'on va lire de la courte vie de Noël Bernard se conçoit comme un chapitre d'une enquête plus globale portant sur les transformations rapides des milieux scientifiques, dans cette période entre deux siècles qui vit le monde universitaire se développer considérablement tandis que la recherche et la figure même du « chercheur » – pour ne rien dire de ce qu'on ne tarderait pas à appeler la « politique de la recherche » – émergeaient soudain pour prendre les formes que nous leur avons connues, pour l'essentiel, jusqu'à il y a peu d'années[22]. Dans un chapitre essentiel de sa *République des universitaires,* consacré à l'étude des facultés des Sciences, Christophe Charle

---

[19] Daniel Lindenberg et Pierre-André Meyer, *Lucien Herr : le socialisme et son destin*, Paris, Calmann-Lévy, 1977, p.130.

[20] Françoise Mélonio, Introduction au dossier « Le "refus de parvenir" », *Mil neuf cent*, déjà cité, p. 23-41.

[21] Gaston Bonnier, *Notice sur les travaux scientifiques de M. Gaston Bonnier*, Corbeil, imprimerie É. Crété, 1894. Alfred Giard, *Exposé des titres et travaux scientifiques (1869-1896) de Alfred Giard*, Paris, imprimerie de Lahure, mai 1896.

[22] M. Pinault, « Le chercheur », dans Jean-Pierre Rioux et Jean-François Sirinelli (dir.), *La France d'un siècle à l'autre 1914-2000 Dictionnaire critique*, Paris, Hachette Littératures, 1999, p. 582-587. M. Pinault, « L'intellectuel scientifique ; du savant à l'expert », dans Michel Leymarie et Jean-François Sirinelli (dir.), *L'histoire des intellectuels aujourd'hui*, Paris, PUF, 2003, p. 229-254. Jean-François Picard, *La République des savants. La recherche française et le CNRS*, Paris, Flammarion, 1990. Vincent Duclert, « L'usage des savoirs : l'engagement des savants dans l'affaire Dreyfus (1894-1906) », thèse Université Paris I, 2009, 2 vol. Voir aussi M. Pinault, *La science au Parlement. Les débuts d'une politique des recherches scientifiques en France*, ouv. cité, et *Frédéric Joliot-Curie*, Paris, Odile Jacob, 2000.

a apporté une réflexion très informée sur l'évolution des milieux universitaires scientifiques : étude prosopographique et statistique des enseignants de ces facultés sur près d'un siècle et analyse interne des tendances intellectuelles qui les structuraient, étude des hiérarchies et des clivages entre catégories et disciplines, des oppositions entre normaliens et diplômés des facultés, des rivalités et des féodalités opposant Paris et la province ; la vie et la carrière de Noël Bernard s'inscrivent complètement dans ce tableau d'ensemble[23]. Il n'a appartenu qu'à la première période de ces transformations ; sa génération fut la première à tenter de traduire celles-ci en termes d'ambition collective, tant pour répondre aux défis de la connaissance en révolution qui furent leur lot, qu'en termes de mobilisation de groupe pour obtenir et organiser les réformes du système de l'enseignement supérieur qu'ils croyaient nécessaires, et, finalement, pour apparaître et exister comme couche nouvelle de la société en train d'émerger : celle des chercheurs scientifiques.

Il s'agit de prendre à bras le corps cette interrogation majeure qui se pose à celui qui étudie le passé, que ce soit du côté de ce que sont les tendances majeures et dominantes dans le devenir social – en l'occurrence, pour cette fin du XIXème siècle et le début du XXème, la foi dans la science et dans le progrès par la science, la mutation de la figure héritée du savant avec l'apparition de la catégorie sociale du chercheur scientifique, serviteur de ladite science et partie prenante d'un vaste mouvement en faveur dudit progrès – ou que ce soit du côté des possibles non réalisés, parfois à peine esquissés – ici l'apparition d'un individu, en tous points semblable à beaucoup d'autres, brillants normaliens investis dans le mouvement rapide et brutal d'accumulation de connaissances scientifiques inouïes, diversifiées et prometteuses, embarqués dans une carrière universitaire dont ils attendaient qu'elle favorise et réalise leur volonté de servir leur idéal de « science pure et désintéressée » – un individu cependant particulier, doué de qualités intellectuelles et morales, d'un tempérament et surtout de facultés d'intuition et d'imagination, d'une liberté d'esprit et d'un sens obstiné de l'objectif à atteindre qui, additionnés, se rencontrent rarement dans une seule personnalité.

Pour toutes les raisons énoncées, ce portrait de Noël Bernard ne saurait être séparé, ne serait-ce que par contraste, de l'étude que nous avons consacrée récemment à un personnage autrement connu, dont Bernard fut un strict contemporain et un proche parmi ses proches, le mathématicien Émile Borel (1871-1956, ENS 1889), de trois ans son aîné, lequel mena, lui, une carrière intellectuelle brillante sous la IIIème République et vécut jusqu'à 85 ans[24]. Bernard fut aussi un ami et un intime de scientifiques, ses contemporains plus connus, comme Marie et Pierre Curie, Jean Perrin ou Paul Langevin, et s'il n'appartint pas au « groupe de l'Arcouest » – du nom de cette presqu'île des

---

[23] Christophe Charle, « La division du travail en sciences », dans *La République des universitaires, 1870-1940*, Paris, Seuil, 1994, p. 137-188.

[24] M. Pinault, *Émile Borel, une carrière intellectuelle sous la IIIème République*, ouv. cité.

Côtes-du-Nord alors quasi déserte, proche de Paimpol, en face de Bréhat où ces universitaires parisiens allaient prendre l'habitude de venir en villégiature sur plusieurs générations[25] – qui se constitua dans les dernières années précédant la Première Guerre mondiale, ce fut essentiellement en raison de sa disparition prématurée ; il cumulait néanmoins la plupart des caractéristiques d'appartenance à *l'Arcouest* et son cousin germain, le biologiste Joseph Magrou (1883-1951), principal continuateur de l'œuvre de Bernard, pasteurien réputé et bientôt académicien, en fut, lui, un membre assidu. Quant à Noël Bernard, sans doute en raison de cette mort en pleine jeunesse, nombre de témoignages, de récits et d'études, toutes les biographies de scientifiques « célèbres », citent, un peu « au passage », son nom qui n'évoque rien, quand il n'est pas simplement omis, entre ceux de Marie Curie, Jean Perrin, Charles Maurain ou Émile Borel, comme une citation obligée mais un peu vide ; c'est ce vide que nous allons tenter d'interroger[26].

Naguère, Jean-François Sirinelli constatait, dans un article fondateur, que l'histoire des intellectuels restait « en chantier » ; celle des intellectuels scientifiques était particulièrement en retard[27]. Depuis lors, de nombreux travaux ont été menés sans que, pour autant, la place de ceux-ci dans l'histoire générale des intellectuels se soit beaucoup améliorée[28]. Vincent Duclert a cependant consacré une partie de sa thèse et plusieurs études à « l'engagement des savants dans l'affaire Dreyfus », en accordant une attention particulière aux scientifiques[29]. Il a, en particulier, souligné que, dans ce contexte, c'est « comme détenteurs de méthodes scientifiques, de raison scientifique, d'esprit scientifique », bref comme « scientifiques » qu'ils ont souvent justifié leur engagement[30]. Marie Curie a écrit de magnifiques lettres à Romain Rolland et Henri Barbusse à ce sujet, dans une seconde étape de ce processus d'engagement des scientifiques, celle de la « mobilisation de l'intelligence » après 1918[31]. Avant Duclert, Christophe Charle, dans une démarche d'histoire sociale, avait opposé à cette prétention mise en avant par les acteurs eux-mêmes la réalité de leur mobilisation en tant que groupe social spécifique, activant le pouvoir symbolique que conférait le statut de « savant » afin de

---

[25] M. Pinault, « Portrait de groupe d'universitaires parisiens en leur villégiature bretonne : *L'Arcouest* dans la première moitié du XXe siècle », art. cité.

[26] *Id.*

[27] Jean-François Sirinelli, « Le hasard ou la nécessité ? Une histoire en chantier : l'histoire des intellectuels », *Vingtième siècle, revue d'histoire*, janvier-mars 1986, p. 97-107.

[28] Voir la préface de M. Pinault, *Émile Borel, une carrière intellectuelle sous la IIIème République*, ouv. cité, pages 17-32 ; et M. Pinault, « L'intellectuel scientifique ; du savant à l'expert », déjà cité.

[29] V. Duclert, « L'usage des savoirs : l'engagement des savants dans l'affaire Dreyfus (1894-1906) », thèse citée, et « L'usage des savoirs : l'engagement des savants et l'affaire Dreyfus (1894-1994) », séminaire du CRHST, avril 1996, tapuscrit 12 p..

[30] Id., p. 3.

[31] M. Pinault, « Marie Curie, intellectuelle engagée ? », *Clio - Histoire, Femmes et Sociétés*, n° 24, 2006, p. 211-229.

renforcer un poids politique qui n'avait pas encore été perçu comme tel par eux-mêmes et aussi par l'ensemble de la société[32].

Cette étude sur Noël Bernard après celle sur Émile Borel, vient donc s'ajouter à d'autres travaux consacrés à Jean Perrin, Paul Langevin, Pierre et Marie Curie, et d'autres encore ayant appartenu à la même génération de scientifiques, généralement normaliens, active, en France, pendant les années à cheval sur deux siècles, depuis le temps de l'Affaire Dreyfus jusqu'à la Première Guerre mondiale : c'est tout un milieu spécifique, « générationnel », pour reprendre la formule de Sirinelli, qui se révèle et qui peut être étendu à des personnalités plus âgées de quelques années, comme Paul Painlevé ou Émile Duclaux qui ont chacun bénéficié de solides études historiennes[33], et qui commence à être mieux connu et mieux compris. Il n'empêche, le portrait de Noël Bernard, conçu comme une sorte de contrepoint, manquait.

Les travaux de Pascal Ory et Jean-François Sirinelli sur *Les Intellectuels en France, de l'Affaire Dreyfus à nos jours*, et la grande étude de Sirinelli sur *Khâgneux et normaliens dans l'entre-deux-guerres*, (c'est-à-dire la génération qui avait succédé à celle, fondamentalement « la première », née de l'Affaire Dreyfus), ont systématiquement porté l'éclairage sur les intellectuels dits « littéraires » et laissé dans l'ombre les scientifiques[34]. En reprenant tout le parcours de Noël Bernard, c'est à un représentant sans doute oublié mais certainement archétypique de la jeune génération des scientifiques dreyfusards que nous allons nous intéresser. À travers lui, c'est à un portrait singulier mais tellement représentatif de ce que furent tant de membres de cette dernière génération de scientifiques de la fin du XIXème siècle, fondamentalement placé en porte-à-faux en raison de son appartenance à un monde universitaire ancien, en voie de mutation, dans lequel émergeaient des individus qui, comme lui, annonçaient une identité nouvelle encore balbutiante et peu identifiée, celle du chercheur scientifique, que nous nous attelons ; un portrait d'autant plus singulier qu'il sera celui d'un être qui fut souvent en décalage si ce n'est en opposition par rapport aux autres[35]. Noël

---

[32] Christophe Charle, *Naissance des « intellectuels », 1880-1900*, Paris, éd. de Minuit, 1990.

[33] Anne-Laure Anizan, *Paul Painlevé, science et politique de la Belle époque aux années Trente*, Rennes, PUR, 2002. Vincent Duclert, « Émile Duclaux, le savant et l'intellectuel », *Mil neuf cent*, n° 11, 1993. « Comment sont-ils devenus dreyfusards ou anti-dreyfusards ? », p. 21-26.

[34] Pascal Ory et Jean-François Sirinelli *Les Intellectuels en France, de l'Affaire Dreyfus à nos jours*, Paris, Armand Colin, 1986 ; Jean-François Sirinelli, *Génération intellectuelle. Khâgneux et Normaliens dans l'Entre-deux-guerres*, Paris, Fayard, 1988. L'article fondateur de Robert Smith, dans la *Revue d'histoire moderne et contemporaine*, en 1973, bien qu'intitulé « L'atmosphère politique à l'École normale supérieure à la fin du XIXème siècle », faisait lui aussi l'impasse (une ou deux allusions mises à part) sur les élèves de la section scientifique de l'ENS (Robert J. Smith, « L'atmosphère politique à l'École Normale Supérieure à la fin du XIXe siècle », *Revue d'histoire moderne et contemporaine*, t. 20 n°2, avril-juin 1973. P. 248-268).

[35] En contrepoint indispensable, les travaux prosopographiques menés en particulier par Christophe Charle et Éva Telkès et illustrés dans la série d'ouvrages sur les universitaires

Bernard ayant peu vécu, ayant plus ou moins disparu de la mémoire de ses contemporains, ayant quasiment été effacé des récits souvent épiques et à tendance hagiographique portant sur « l'aventure scientifique » de cette époque représentée par d'autres « grands noms », ayant même sombré dans les failles silencieuses de l'histoire, ayant de ce fait échappé à l'espèce d'immortalisation et de momification que subirent plusieurs personnalités emblématiques de ce temps, singulièrement certains de ses amis proches, comme Pierre et Marie Curie, Jean Perrin et Paul Langevin, il devient peut-être possible de partir à sa recherche, tel qu'en lui-même, possible de parler de lui, rectifiant ou complétant au passage ce que l'on sait ou croit savoir sur ses compagnons, de dire ce que sa trajectoire nous inspire, en mesurant l'immense distance qui nous sépare, guère plus d'un siècle pourtant, de ce pionnier méconnu.

C'est un pari qui peut être relevé en étudiant la masse des publications que Noël Bernard a confiée à la curiosité de ses contemporains, et aussi en interrogeant tous les fonds d'archives disponibles, en mettant au jour et en les questionnant les nombreux et riches documents que ses descendants ont conservés. Nous appuyant sur un matériau qui, pour vaste qu'il soit, était resté brut, enfoui et figé, il s'agira de confronter ce qu'il nous apprend sur un individu particulier avec les connaissances et les acquis actuels de l'histoire des sciences et des milieux scientifiques.

---

français de 1900 à 1940, et les synthèses déjà conçues, en particulier par C. Charle dans une série d'ouvrages parmi lesquels : *La République des universitaires, 1870-1940*, ouv. cité

Première partie

La jeune carrière normalienne et universitaire d'un chercheur partant à l'assaut des sommets

Chapitre premier

Comment Noël Bernard se pensa d'abord comme voué à « passer le flambeau »

L'enfance de Noël Bernard

Léon Noël Bernard est né le 13 mars 1874, dans une famille commerçante aisée originaire de Béziers et installée à Paris, d'abord avenue de Villiers, dans le 17ème arrondissement, où il a vu le jour, puis rue du 4 septembre, dans un bel immeuble haussmannien du 2^{d} arrondissement et ensuite rue Vernier, de nouveau dans le 17ème arrondissement.

Il n'a pas été baptisé. Son premier prénom était le prénom usuel de son père et le second, Noël, devenu son propre prénom d'usage, était hérité d'un arrière-grand-oncle qui avait été médecin. On note, bien sûr, que ces deux prénoms sont des anagrammes et même des palindromes, mais aucune tradition familiale ne relève ce point pour lui donner une signification.

À la naissance de Noël Bernard, son père, François Léon Bernard, alors âgé de trente-sept ans, négociant en draps, entré sans fortune comme associé dans une grande maison installée sur le boulevard Rochechouart, la maison « Magdelain & Bernard », faisait des affaires dans le monde entier et en particulier en Amérique du sud. Il était veuf depuis plusieurs années de Justine Bië-Moulat, décédée en 1866 des suites d'un accouchement, et père qu'une petite fille, Julie, qu'il avait confiée, après la mort de sa mère, aux soins attentifs de son frère, Joseph Bernard, alors trésorier-directeur de la Caisse d'épargne de Béziers[36]. La mère de Noël, Marie-Marguerite Sabot, était une jeune parisienne âgée de 19 ans, alors non mariée et sans profession[37]. Selon son acte de naissance, Noël fut déclaré par son père à l'état-civil et il fut reconnu ensuite comme enfant légitime lors du mariage de ses deux parents, le 15 mars 1877, alors qu'il était déjà âgé de trois ans[38].

Léon Bernard décéda brusquement d'une pneumonie quand Noël avait 5 ans. Sa mère, brutalement privée de ressources, dut quitter la rue Vernier pour le 11ème arrondissement pauvre de Paris, au 82 rue Amelot, où elle éleva alors seule son fils et sa belle-fille qu'elle avait désiré reprendre avec elle ; elle travailla pour une modiste réputée, la maison « Modes et Coiffure » de Catherine Warnet, située rue Daunou, dans le quartier de l'Opéra, « vivant au jour le jour » et sans pour autant pouvoir éviter de s'endetter lourdement[39]. Mais Julie ne resta pas à Paris ; sans doute déjà atteinte par la tuberculose, elle fut de nouveau envoyée chez cet oncle où on espérait que le grand soleil et l'air plus sain que celui du 11ème arrondissement lui permettraient de recouvrer la santé. De Béziers où elle suivit avec succès des études, au lycée de Montpellier, Julie continua d'entretenir une correspondance régulière avec son petit frère parisien et tous deux se retrouvèrent, pendant de nombreuses années, pour les vacances d'été, chez cet oncle Joseph dont Noël disait qu'il le considérait comme un « second père[40] » :

---

[36] Le 6 juin 1865, François Léon Bernard avait épousé Justine Rose Françoise Julie Bië-Moulat à Bagnères-de-Luchon (Haute-Garonne) où celle-ci était née en 1839. Son père, Jean François Bië, dit Moulat, était « marchand-tailleur » et sa mère « couturière ». La profession indiquée dans l'acte de mariage pour le père de Léon Bernard est aussi celle de « marchand-tailleur ». (état-civil de Bagnères-de-Luchon, Arch. dép. de l'Aude.) Justine Bië est décédée le 30 novembre 1866, au domicile conjugal, rue de La Feuillade à Paris (2d arrt). Dans l'acte de décès, son époux est présenté comme « employé de commerce ». (état-civil de Paris, Arch. de Paris.) Témoignage de Noël Bernard dans une lettre adressée à Celina Martin, sa belle-mère, le 3 juillet 1907, CM, lettre n°54 bis.

[37] Acte de naissance de Marie-Marguerite Sabot, née le 9 septembre 1854, à Paris 3ème arrondissement (état-civil reconstitué de Paris, Arch. de Paris). Acte de mariage de Léon Bernard et Marie-Marguerite Sabot, registre des mariages du 17ème arrt, année 1877, acte n° 196.

[38] Acte de naissance de Léon Noël Bernard, état-civil de Paris, 17ème arrt, année 1874, acte n° 626. Acte de mariage, déjà cité. On note que François Léon Bernard signe L. Bernard (pour Léon) les deux fois. Les parents de Marie Marguerite Sabot demeuraient bd d'Ornano, son père était employé. L'acte de mariage indique qu'un contrat de mariage avait été fait.

[39] Lettre de N.B. à Celina Martin, sa belle-mère, le 3 juillet 1907, déjà citée.

[40] Julie Bernard devint professeur en collège, à Béziers, puis professeur au lycée de Perpignan, ville où elle rencontra son futur époux, Julien Blanc. Ils eurent un fils, Léon. Dès 1894, la tuberculose dont souffrait Julie s'aggrava sérieusement au point que tout espoir de contrôler la maladie s'effondra (Lettre de N.B. à son oncle Joseph, 3 novembre 1894, CM, lettre n° 3). À cette époque, la mère de Noël Bernard abandonna son emploi à la maison Warnet pour rejoindre Julie et se consacrer aux soins que réclamait l'état de santé de sa belle-fille. Celle-ci décéda en 1896, à 30 ans, laissant un fils de deux ans. Léon Blanc fut tué sur le front au début de la Première Guerre mondiale (30 novembre 1914, à Zillbeke, Belgique).

« Pour moi, il me semble que mon oncle a été un maître et je lui dois la meilleure part de la formation de mon esprit (...) Il était à la fois comme un maître respecté et comme un père affectueux qui se livrait à vous avec tout son cœur, avec qui l'on pouvait se sentir en pleine communion de sentiments et d'idées. (...) Peut-être les joies les meilleures de ma vie je les ai connues à ces moments-là, elles ne se retrouveront plus jamais.[41] »

Béziers, berceau familial des Bernard

Béziers était alors une ville dynamique que son statut de sous-préfecture ne suffit pas à décrire. La production viticole et le commerce du vin en plein essor l'avaient enrichie rapidement. Les transformations architecturales et urbaines allaient bon train. En choisissant de s'établir aux Allées Paul-Riquet aussi appelées « Promenade du théâtre », construites sous la Restauration à la place des anciens remparts de la ville, la famille Bernard montrait qu'elle participait pleinement à cet essor[42]. La vie culturelle florissante reflétée par l'existence d'une quarantaine « de lieux de spectacles, de divertissements et de plaisirs », allait culminer, en 1898, avec les premières représentations lyriques données aux nouvelles arènes, qui allaient valoir à la ville une soudaine renommée nationale et, dans la presse, le titre envié de « Bayreuth française » ; de fait, Saint-Saëns et Fauré y produisirent leurs créations, *Déjanire* et *Prométhée*, en 1898 et 1900[43]. Béziers jouissait aussi de son image de ville « républicaine » ancrée dans le souvenir de sa résistance au coup d'État de Louis Napoléon Bonaparte et de son vote « Non » au plébiscite de 1870 ; et les historiens expliquent que s'il n'y eut pas de Commune à Béziers au printemps 1871, comme il y en une à Narbonne, c'est que, bien que la ville s'agita et que les proclamations du Comité révolutionnaire biterrois eurent un certain écho, les principaux pouvoirs locaux étaient déjà acquis au parti républicain[44].

L'oncle Joseph a d'autant plus été un modèle pour Noël – et ses nombreux cousins – qu'il a eu une vie somme toute « édifiante » : parti jeune en Espagne comme secrétaire de l'ingénieur en chef chargé de la construction de la première ligne de chemin de fer dans ce pays, il aurait pu y devenir consul de France, un poste qu'il refusa pour ne pas avoir à prêter serment à l'empereur

---

[41] Lettre de N.B., le 6 juillet 1904, citée par J. Costantin, préface à Noël Bernard, *L'Évolution des plantes*, Paris, Alcan, 1916, page VI.

[42] Pierre-Paul Riquet (1609-1680), homme d'affaires et officier du roi, fermier général des gabelles de Languedoc et Roussillon, fut l'entrepreneur, l'ingénieur et le financeur du Canal royal du Languedoc, devenu Canal du Midi à la Révolution, ouvert à la navigation en 1681.

[43] Alex Bèges et Jacqueline Pech, *Un siècle de spectacles, de divertissements et de plaisirs à Béziers (1860-1960)*, Béziers, Société Archéologique, Scientifique et Littéraire de Béziers, 2012.

[44] Marc César, *La Commune de Narbonne (mars 1871)*, Perpignan, P.U. Perpignan, 1996, « L'implication tardive d'une région », p. 103-183.

Napoléon III. Revenu en France, il projetait de rejoindre le commerce de son frère, à Paris, quand celui-ci décéda et il resta donc à Béziers. Joseph Bernard qui avait fait de belles études et aurait souhaité devenir médecin, comme son oncle Noël, était devenu au fil des années un intellectuel autodidacte aux idées « avancées » et, en tous cas, fermement républicaines, qui fascinait les jeunes gens de la génération suivante[45]. Curieux de lecture et guidé par les conseils de cet oncle, Noël Bernard explora autant qu'il le put les mille volumes de sa riche bibliothèque, dont sa sœur Julie lui avait envoyé un inventaire détaillé fait pour lui, mais c'est surtout en passant ses vacances d'été sous son toit où se réunissait la « bande » qu'il formait avec sa dizaine de cousins et dont Julie était la « sœur aînée », et aussi en apprenant à connaître les dizaines de familiers, d'amis et de relations qui fréquentaient cette maison bourgeoise biterroise que Bernard forgea sa personnalité et commença à envisager quelle serait sa vie.

Une éducation marquée par le modèle familial

Le cousin homonyme de Noël Bernard, fils de l'oncle Joseph, né quelques dix-huit mois après lui et dont la vie, au moins pendant les trois premières décennies fut quasi parallèle à la sienne, a raconté avec une grande sensibilité et un grand souci de précision ce que fut ce cadre familial et le rôle essentiel qu'il a joué dans la formation du caractère de Noël Bernard comme du sien, en même temps qu'il contribua à les orienter intellectuellement et moralement[46]. Antoinette Magrou, la fille de Joseph Magrou, a elle aussi raconté très en détail, la vie de son père, cousin germain des deux Noël Bernard, et de toute sa famille[47]. Ce cadre familial était organisé, lorsque Noël Bernard était enfant, autour de ses grands-parents paternels, Joseph Bernard et Madeleine Combacal, tous deux déjà très âgés, entourés de leurs deux fils, Léon et Joseph, et de leur fille, Antoinette. Ce grand-père, fils d'un aubergiste et propriétaire foncier de Béziers installé au faubourg Saint-Pierre, était né avec le siècle, avant-dernier d'une fratrie de seize enfants dont deux, à part lui, Narcisse, né en 1802, et Noël, né en 1794, n'avaient disparus que depuis peu

---

[45] Docteur Noël Bernard (fils de Joseph), « Quelques souvenirs demandés par mes enfants », tapuscrit de 25 pages, août 1948, papiers de la famille Bernard. Voir en annexe le tableau généalogique de la famille Bernard.

[46] Le développement qui suit est nourri de la correspondance de Noël Bernard avec ses cousins mais aussi et surtout d'éléments rapportés dans le témoignage que le docteur Noël Bernard, homonyme et cousin du précédent, a rédigé en août 1948 (docteur Noël Bernard « Quelques souvenirs demandés par mes enfants », tapuscrit déjà cité), et dans celui d'Antoinette Magrou, fille de Joseph Magrou (« Biographie de Joseph Magrou », manuscrit de 111 p., Fonds Joseph Magrou, Archives de l'Institut Pasteur, Mag 1).

[47] Id.

d'années et restaient inscrits dans l'imaginaire de la jeune génération[48]. Marié avec la fille d'un commerçant aisé dont le père était architecte, chargé de l'entretien de la cathédrale Saint-Nazaire de Béziers, il avait été maître de poste et aubergiste dans cette ville puis, ayant fait faillite à la suite d'une hécatombe sanitaire parmi ses chevaux de poste, il s'était reconverti en tailleur d'habits et propriétaire d'un magasin d'habillement : « Au père de famille », situé en plein centre-ville, sur la place de la République (aujourd'hui place de la Victoire), à l'entrée des Allées Paul-Riquet et à l'angle de la rue de la République.

Narcisse, mort en 1880, était le « héros » républicain de la famille, proche du maire républicain de Béziers, Casimir Péret, déporté à Cayenne après le coup d'État de Louis Napoléon Bonaparte ; il fut lui aussi recherché et avait dû s'exiler en Espagne pendant plusieurs années[49]. Narcisse n'avait eu qu'une fille, Marie, mais les descendants de celle-ci, sa fille, Blanche, et son époux, leurs enfants, restaient inscrits au cœur du cercle familial. Quant au docteur Noël Bernard – né en mai 1794 et qui avait passé sa thèse de médecine en 1820 auprès de Corvisart –, il avait été médecin à Pézenas. Sa femme et son fils étant morts de bonne heure, il était parti s'installer dans la Manche, à Teurthéville, et avait pris avec lui et élevé un de ses neveux, Joseph, l'oncle de Noël. Ainsi, le docteur Noël Bernard et son frère Narcisse, désormais disparus, représentaient des figures tutélaires, des modèles et des références, l'un en raison de sa noble profession et parce qu'il avait élevé Joseph, l'autre parce qu'avec son engagement républicain et sa vie de proscrit il incarnait le courage, la droiture et la fidélité. Aux yeux de Noël, son père étant décédé et les deux oncles de celui-ci ayant disparu, c'est son oncle Joseph, marié et père de quatre enfants, qui incarnait donc la figure paternelle et c'est autour de lui, jusqu'à sa mort de la tuberculose en 1904, que s'organisa la vie de la famille Bernard.

---

48 Acte de naissance de Noël Bernard, 7 prairial an 2, soit le 23 mai 1794, registres de l'état-civil de Béziers, Arch. dép. de l'Hérault ; acte de mariage de Narcisse Bernard, 28 août 1830, état-civil de Béziers.

49 Narcisse Bernard est cité, dans les premiers, comme membre de « la commission » d'insurgés ayant appelé, le 3 décembre 1851, à la proclamation de « la République rouge » à Béziers, dans le « Rapport général du procureur de la République de Béziers, M. Mestre, sur les événements du 4 décembre 1851 dans son arrondissement, du 20 février 1852 », reproduit dans Jean-Claude Richard, « Bédarieux, le coup d'État du 2 décembre 1851 et les partis de l'Ordre, une médaille locale de 1851-1852 », *Bulletin de la Société archéologique et historique des hauts-cantons de l'Hérault*, n° 17, 1994, p. 121-154. Narcisse Bernard était aussi cité parmi les principaux participants à la réunion du 3 décembre 1851, autour de Casimir Péret, dans un témoignage recueilli par le 2ème conseil de guerre de la 10ème division militaire, siégeant à Montpellier, le 23 mars 1852 (*Gazette des tribunaux*, 28 mars 1852, p. 306). Il est à nouveau cité, à plusieurs reprises, dans la correspondance de Casimir Péret reproduite dans Antoine Moulin, *Une républicain martyr, Casimir Péret*, Montpellier, Impr. Causse, Graille et Castelnau, 1937, 115 p., réédition Montblanc (34290), IDREM et Riquet 3000, 2013.

Le clan familial se réorganisait donc autour de ceux qui étaient encore là. Les deux enfants survivants de Madeleine et Joseph – Joseph et Antoinette – habitant des maisons voisines au coin des Allées Paul-Riquet et entretenant des liens très étroits, élevèrent leurs propres enfants comme au sein d'un même cocon dans un esprit de solidarité sans faille et d'affection réciproque. Tous les cousins grandirent comme des frères et sœurs et devinrent inséparables : il y avait Julie, l'aînée de tous – la « grande sœur » –, et son frère Noël, les deux enfants de Léon. Puis venaient Madeleine, Noël, Jeanne et Marguerite, les enfants de Joseph et Joséphine Olympie Vidal, son épouse, tous les quatre engagés dans des études secondaires[50]. Ensuite, c'étaient Jean – le plus âgé après Julie et déjà très avancé dans ses études en rhétorique et philosophie – et Joseph, les deux enfants d'Antoinette et Émile Magrou. Celui-ci était un lithographe-imprimeur biterrois, formé aux Beaux-arts de Bordeaux, dont l'atelier, avec plusieurs compagnons, se trouvait au centre de Béziers, en face du théâtre, avec, attenant, « le magasin » de papeterie et de fournitures pour le dessin et les arts plastiques, tenu par son épouse.

Appartenaient aussi à cette petite bande de huit cousins germains, les cousins plus éloignés, descendants du grand-oncle Narcisse, Jeanne, Émile et André Rixens, les enfants de Blanche et de Jean-Marie Rixens, ingénieur mais aussi portraitiste au talent reconnu. Jeanne épousa ensuite son cousin Jean Magrou qui, de dix ans son aîné, l'avait tenue dans ses bras à sa naissance. Le frère de Jean-Marie Rixens, André Rixens (1846-1925), était un peintre important, dont l'œuvre, d'abord naturaliste ayant évolué vers l'impressionnisme, était souvent présente dans les pages de *L'Illustration* – la chronique familiale a surtout retenu qu'il réalisa, en 1902, la commande d'un « Jubilé de Pasteur », vaste toile illustrative évoquant la cérémonie qui avait eu lieu en 1892, qui était destinée à être accrochée dans la salle Saint-Jacques de la Sorbonne (et est aujourd'hui visible dans la salle Gréard)[51]. Émile Rixens fut lui aussi un peintre, paysagiste d'une certaine renommée. Dernières branches de ce vaste cousinage qui se réunissait l'été à Béziers : d'une part celle dont était issue Olympie, l'épouse de l'oncle Joseph, née dans une famille de viticulteurs de Salles d'Aude, d'autre part celle formée du côté d'Étienne Magrou, le frère d'Émile, qu'on appelait « Le Boulanger de Carcassonne », avec ses enfants, dont Alphonse Magrou, né en 1864, condisciple normalien de Romain Rolland – ensemble ils avaient tenu la rue contre les phalanges boulangistes dans le Quartier Latin et jusque sur la Rive droite, Magrou étant même blessé au cours de ces échauffourées – et bientôt

[50] Joséphine Olympie Vidal, née vers 1849 à Salle d'Aude, décédée en 1917, à Béziers.

[51] Description de l'œuvre, dans Jean Bonnerot, *La Sorbonne: Sa vie, son rôle, son œuvre à travers les siècles*, Paris, PUF, 1927, édition numérique du CNL en ligne, juillet 2020). Catalogue en ligne de l'exposition «Jean-André Rixens (1846-1925) », à la galerie Émeric Hahn, novembre-décembre 2010, 63 rue Sainte-Anne 75002 Paris.

jeune agrégé, enseignant en Rhétorique au lycée de Nancy[52], et sa sœur Charlotte qui épousa un professeur de Lettres classiques du collège de Béziers dont le fils, Henri Fescourt (1880-1966), devint un musicien et un brillant réalisateur de films au temps du cinéma muet et était alors, pour ses cousins, un véritable organisateur de spectacles nés de son imagination fertile. Henry de Monfreid (1879-1974), cousin éloigné, élève dans la classe de son cousin Fescourt au lycée de Carcassonne, vécut avec eux une partie de son enfance, participant voire organisant leurs cavalcades estivales sur les remparts de Carcassonne. Monfreid a entretenu ensuite, lorsqu'il se préparait à entrer à l'École centrale à Paris, des liens amicaux avec Fescourt, les Rixens, les frères Magrou et les deux Noël, tous Parisiens. Il a décrit dans certaines pages de *L'Envers de l'aventure* quelques traits d'ambiance de ce temps passé lorsque tous, adultes et jeunes adultes, se retrouvaient dans l'appartement parisien d'Antoinette Magrou où son fils, Jean, réunissait, sur le mode de la vie de salon, les personnalités diverses du monde artistique qu'il fréquentait, depuis le sculpteur biterrois célèbre, Antonin Injalbert (1845-1933), ou l'organiste, compositeur et chef d'orchestre Henri Büsser (1872-1973) – Jean Magrou, Injalbert et Büsser, tous prix de Rome… –, jusqu'aux grands noms de la scène lyrique[53]. Tout ce pan de la jeunesse de Noël Bernard qui avait peu à voir avec la vie normalienne qu'il menait par ailleurs, devint une composante essentielle de sa personnalité, peu portée au repli crispé dans la tour d'ivoire de la science et à l'ignorance bornée de la diversité des formes de l'intelligence créatrice.

À l'adolescence, tout ce petit monde s'assemblait dans la seule pièce chauffée du bel hôtel particulier abritant les bureaux de la Caisse d'épargne dont l'oncle Joseph était le « trésorier », la salle à manger, dont le principal ornement était un portrait de Victor Hugo accroché au-dessus de la bibliothèque. Joseph Bernard, alors âgé de près de soixante ans, donnait la note, à la tête de ce clan familial. Selon le témoignage de son fils Noël, Joseph, arrivé à l'âge adulte sous le Second Empire, était un progressiste optimiste :

> « Grandi dans l'éblouissement du romantisme, il avait partagé l'enthousiasme des hommes de sa génération pour les idées libérales, les grands rêves de fraternité humaine et l'avenir de la science (…), tout ce

[52] Romain Rolland, *Le cloître de la rue d'Ulm, journal de Romain Rolland à l'école normale : 1886-1899*, Cahiers Romain Rolland, vol. 4, Paris, Albin Michel, 1952, p. 212. Alphonse Magrou (1864-1944), marié en 1895 à Nancy avec Marie Walter, a eu quatre enfants dont l'aîné, Étienne Joseph, né en juillet 1896, étudiant en médecine et médecin sur le front, a été tué le 2 janvier 1917, à Thiescourt (Oise). (état-civil de Meurthe-et-Moselle, presse locale.)

[53] Témoignage du docteur Noël Bernard, « Quelques faits importants de la vie de Joseph (Magrou) », manuscrit de 9 pages, sans date, papiers de la famille Magrou. Henry de Monfreid était le petit-fils d'un cousin germain d'Étienne Magrou, le « Boulanger de Carcassonne, qu'il appelait le « Cadet de la Cité ». Voir Henry de Monfreid, *L'Envers de l'aventure*, vol. VII, « Combat », Paris, Grasset, 1963, p. 101-103 (mon attention a été attirée sur cet ouvrage par M. Denis Lacorne, descendant de Joseph Magrou).

que faisaient espérer les progrès de la culture scientifique dans un affranchissement de toutes les oppressions.[54] »

Cet homme qui avait difficilement renoncé à son rêve de devenir médecin, comme l'avait été l'oncle qui l'avait élevé, avait à cœur de transmettre à la jeune génération les idées auxquelles il était attaché, en même temps que l'amour de la culture classique, la foi dans la science et le progrès scientifique, le goût de l'étude et de la dispute intellectuelle, l'amour du terroir. Il organisait de grandes promenades dans la vaste campagne environnante ; on se rendait à pied jusqu'à la plage de Sérignan (devenue Valras-Plage), soit à une quinzaine de kilomètres de Béziers et, en septembre, tout le monde allait participer aux vendanges à Salles d'Aude, dans la famille Vidal. La maison de Joseph Bernard était aussi devenue, au fil des années, un rendez-vous de notables, celui-ci étant, outre sa fonction de « banquier » de la ville, le président du Cercle du commerce et de l'industrie de Béziers : aux notables biterrois qu'il recevait à dîner, s'ajoutaient des conférenciers qu'il faisait venir au Cercle ; un jour, ce fut même Georges Clemenceau. Joseph avait aussi l'habitude de recevoir à sa table, une fois par semaine, les professeures (au féminin) exerçant au collège qu'il avait contribué à créer, ses propres filles, Madeleine et Jeanne étant elles-mêmes enseignantes au lycée de jeunes filles de Marseille. Telle était la « maison bourdonnante » que fréquenta Noël Bernard chaque été jusqu'à la fin de ses études. Tel était cet oncle pour lequel il écrivit ensuite qu'il avait eu « pour lui la plus grande affection qu'aucun homme m'ait inspiré[55] ».

Il faut ajouter que l'épouse de celui-ci jouait avec efficacité son rôle de maîtresse de maison, veillant sur l'éducation de toutes ces jeunes personnalités. Son fils Noël se souvenait que, bien que peu instruite au départ, elle avait comblé ses lacunes, lisait beaucoup, allant jusqu'à seconder le bibliothécaire municipal pour doter de fiches-conseils les ouvrages « sans danger pour la jeunesse[56] ». Sans qu'on puisse parler de vie mondaine, elle recevait chez elle certaines « dames de la ville », ses « amies et relations », dont elle était la confidente et elle était très active dans une association de secours, les « Femmes de France », créée à Paris après 1870. La maison Bernard était une maison bourgeoise et respectée…

La scolarité, les études et la culture comme moyen d'élévation sociale

Dans ce milieu de petite bourgeoisie aisée de Béziers, où tous les enfants faisaient des études, y compris les jeunes filles, un état d'esprit commun était

---

[54] *Id.* p. 10.

[55] Lettre de N.B. à Marie Louise Martin, n° 8, le 11 juin 1907.

[56] Dr. N. Bernard, « Quelques souvenirs… », déjà cité, p.12-13.

ainsi transmis à la jeune génération, pétri aussi bien d'amour familial, d'attachement régional, de fidélité aux valeurs républicaines, de dévouement au service public, de goût pour la littérature, les arts et la culture, de partage et de mise en commun, et de discussions acharnées des idées et des convictions des uns et des autres. Joseph Bernard, décédé en 1904, eut la satisfaction d'avoir vu la nouvelle génération « réaliser les aspirations » de la précédente et d'avoir pu la « conduire au but que (celle-là) n'avait pu atteindre » ; c'est du moins ce qu'écrivit, rétrospectivement, quarante ans plus tard, son fils Noël[57]. On trouve, dans les lettres écrites par les deux Noëls, par Julie, Jeanne et Madeleine, Jean et Joseph, de nombreuses références à ce que ce bain familial a nourri en eux de capacités à se projeter dans la vie et à s'appuyer sur l'un ou l'autre sans craindre qu'il ou elle fasse défaut.

Noël Bernard, le cousin homonyme et quasi frère adoptif de celui dont nous allons parcourir la biographie, a tenté de traduire en mots l'extrême proximité affective et intellectuelle qui avait existé entre eux, tout en plaçant son aîné de quelques mois sur une sorte de piédestal, admiratif et respectueux :

> « Nous avons eu l'un pour l'autre une affection fraternelle. Peu d'enfants mettent aussi complètement en commun la formation progressive de leurs idées, les émotions de leur vie, leurs épreuves et leurs espérances.[58] »

Cette proximité est donc née au cours de ces vacances estivales qui les réunissaient jusqu'à leur entrée dans l'âge adulte. Lorsque le cousin Noël, ses études médicales à l'École de santé navale de Bordeaux achevées, songea à une carrière et rechercha un poste, c'est le normalien Noël qui, déjà bien introduit dans les milieux scientifiques parisiens, sollicita des appuis auprès du directeur du service de santé de la Marine, le docteur Bernard Cunéo, appuis qui permirent son recrutement dans le milieu des pasteuriens missionnés en Extrême-Orient. Lorsque l'oncle Joseph décéda, en 1904, le docteur Noël Bernard était en Indochine et c'est le cousin Noël qui assura auprès de la mère et des sœurs de celui-ci, sa tante et ses cousines, la présence affectueuse et le soutien qui leur manquait. Plus tard, lorsque Noël rencontra sa future fiancée et épouse, et alors qu'il avançait à tâtons dans la découverte de ses sentiments, si nouveaux pour lui, il fit de son cousin Noël qu'il appelait « le plus loyal et meilleur des amis » et dans lequel il avouait « retrouver avec une émotion très profonde quelques-uns des traits de son père », son « confident » et même son messager auprès de celle-ci et de sa propre « confidente »... Le cousin Noël le lui rendait bien qui le qualifiait de « frère de cœur » dans ses « Quelques souvenirs... » rédigés une trentaine d'années plus tard[59].

---

[57] Id., p. 24.
[58] Id., p. 17-18.
[59] Id., p. 15.

Les Bernard à Paris

Toute cette bande de cousins déserta sa patrie d'origine et plusieurs, après des études brillantes, optèrent pour la science : Noël, passé par les lycées Charlemagne et Condorcet, entra à l'ENS et fit de la botanique ; son cousin Noël, né à un an d'écart, entra à l'École de santé navale de Bordeaux et, devenu médecin en 1899, opta pour l'Institut Pasteur et devint un pasteurien réputé, d'abord en Extrême-Orient ou il fut directeur de l'Institut Pasteur de Saïgon, puis en Métropole ; leur cousin Joseph Magrou, de dix ans leur cadet, passé par la classe de Rhétorique du lycée Henri IV et ayant ensuite bifurqué vers le Conservatoire – il n'acheva pas ses études musicales sans doute à cause d'une maladie grave qui le minait[60], mais fut toute sa vie un brillant organiste et titulaire bénévole de l'orgue de l'hôpital du Val-de-Grâce, et composa de nombreuses pièces et même un opéra – opta finalement pour des études de médecine, prolongées avec une licence de Sciences naturelles qui lui ouvrit une carrière de biologiste à l'Institut Pasteur, laquelle le mena jusqu'à l'Académie des sciences. Son frère aîné, Jean, après avoir été élève aux Beaux-arts et obtenu un second Prix de Rome, réussit une brillante carrière de sculpteur, bénéficiant de nombreuses commandes publiques et privées. Un autre de leurs cousins, de peu d'années leur aîné, Alphonse Magrou (1864-1944, ENS 1884), normalien agrégé, collaborateur des éditions Guillaume Budé, fut professeur de Rhétorique à Foix puis Nice et ensuite à Nancy (de 1893 à 1918) puis à Versailles, et il fut même, en 1889-1893, à Belgrade en compagnie semble-t-il de l'historien Albert Malet, précepteur du futur roi de Serbie, Alexandre Obrenovic, comme professeur de Langue et de Littérature françaises[61]. Et n'oublions pas Julie, la sœur de Noël, qui, excellente élève au lycée de Montpellier, se prépara pour le concours d'entrée à l'École normale supérieure de jeunes filles de Sèvres et, ayant échoué, devint malgré tout professeur au lycée de jeunes filles à Perpignan, suivant ainsi la voie empruntée par ses cousines, Madeleine et Jeanne, toutes deux professeurs à Marseille. En une génération, cette famille de Béziers passa donc tout entière du commerce au professorat et à la carrière scientifique.

À Paris, Noël Bernard aimait retrouver chez lui, rue de Condé, son cousin Jean Magrou, plus âgé et qui terminait les Beaux-arts, et se promener avec lui dans les musées ou courir les concerts à la mode ; il fut particulièrement heureux quand sa tante Antoinette, devenue veuve et ayant vendu son magasin,

---

[60] Joseph Magrou souffrait, dans sa jeunesse, de la gravelle, maladie qui le fit souffrir et dont il finit par mourir, à 68 ans.

[61] Dossier de Désiré Alphonse Magrou, chevalier de la Légion d'honneur (mars 1919), dans la Base Léonore, 19800035/554/63257, matricule 92.551. Aleksandra Kolakovic, « Les associations franco-serbes au début du XXème siècle », *Miscellanea, New Edition*, vol. 38, Belgrade, 2017, p. 153- 180, en ligne.

décida à l'automne 1898 de venir s'installer à Paris, rue du Cardinal-Lemoine, pour que son fils cadet, Joseph, « la perle du collège de Béziers » selon un de ses professeurs, pût étudier au lycée Henri IV[62]. À cette époque, Noël qui terminait ses études à l'ENS, habitait, avec sa mère, un petit appartement de la rue du Val-de-Grâce que fréquentaient ses amis normaliens. Désormais, les cousins pouvaient se voir sans cesse ; Jean et Joseph, auxquels se joignait souvent l'autre Noël, s'intégraient au groupe d'amis normaliens de Noël Bernard dont Jean poursuivait l'éducation artistique tandis que celui-ci se dépensait pour encourager Joseph, manquant toujours d'assurance et de confiance en lui, à se préparer pour les grandes études qu'il ambitionnait de poursuivre.

La femme de Noël, Marie Louise Martin, tout comme celle de Joseph Magrou, Madeleine Delettre, devinrent des collaboratrices de leurs maris[63]. Parmi les enfants, plusieurs persévérèrent dans cette voie : Lucien Bernard, fils du docteur Noël Bernard, fut médecin pasteurien à son tour, puis directeur général adjoint de la Santé et directeur général adjoint à l'OMS, membre correspondant de l'Académie de médecine ; Francis, le fils du botaniste, devint comme son père biologiste et universitaire, zoologiste et océanographe réputé, et son épouse, Michelle Jourdan, obtint un doctorat après des études scientifiques à la faculté des Sciences d'Alger et travailla à ses côtés pendant une vingtaine d'années. Christophe Charle a bien montré cette « importance du relais familial dans les vocations (scientifiques) », en citant divers exemples de fratries de scientifiques connus[64]. Les Bernard sont moins bien repérés bien que la descendance montre, jusqu'à aujourd'hui, une remarquable continuité. Après son fils, Francis Bernard, les petits-fils de Noël Bernard, Noël et Jean-Félix Bernard sont, l'un psychologue et psychanalyste, et l'autre biologiste lui aussi : après avoir été un militant écologiste et élu régional en Île-de-France, ancien président du Conseil national de l'air, il est l'actuel président de l'association Airparif. Après son fils, Lucien Bernard, le petit-fils du docteur Noël Bernard, Daniel Bernard, est un journaliste, réalisateur et écrivain accompli. Jean Magrou a eu quatre fils, Paul, ingénieur centralien, Émile, médecin de la Marine, André, architecte DPLG, et Pierre, officier des Affaires indigènes. Joseph Magrou et Madeleine Delettre (laquelle avait une sœur, Suzanne, sévrienne et agrégée d'histoire en 1923, mariée à Gilbert Turlot, agrégé d'histoire et géographie en 1927[65]) ont eu une fille, Antoinette

---

[62] Dr N. Bernard, « Quelques faits importants de la vie de Joseph (Magrou) », déjà cité.

[63] Madeleine Magrou (née Delettre) qui a vécu jusqu'à 107 ans était la fille d'un couple d'enseignants ; elle a cosigné plusieurs publications scientifiques avec Joseph Magrou. Joseph Magrou et Madeleine Delettre se sont mariés le 8 juillet 1919, à Paris, 5ème. (Dossier de Joseph Magrou, Archives de la Légion d'honneur, base Léonore, LH. 1688/42.)

[64] C. Charle, *La République des universitaires,* ouvr. cité, p. 114-115 et 125.

[65] Suzanne Delettre et Gilbert Turlot ont eu trois enfants, une sévrienne (mathématiques), un polytechnicien et une agrégée d'histoire. Les parents de Madeleine et Suzanne Delettre étaient

Magrou, qui a étudié au collège Sévigné et visait l'agrégation d'histoire (projet brisé en raison de la guerre), puis a épousé un médecin, phtisiologue. Ceux-ci ont eu trois enfants, Denis Lacorne, diplômé de Yale et directeur de recherches à Sciences Po, politologue réputé, invité dans les universités américaines, Michel, avocat, et Marie-Christine, enseignante.

Pour ceux de sa génération, Noël Bernard, le premier engagé dans cette voie, montra le chemin, faisant figure auprès de ses cousins de modèle, de point d'appui et de pourvoyeur en recommandations et conseils avisés. Mais, s'il le fit le mieux qu'il put, ce fut avec bien des difficultés pour lui-même et en subissant le poids contraire de certains facteurs sociaux « déterminants d'accès à la plus haute consécration[66] ». Et si l'on veut finalement, résumer l'état d'esprit qui imprégna l'univers familial groupé autour de Joseph Bernard et Madeleine Combacal, leurs trois enfants et toute leur descendance, laissons la parole au docteur Bernard lorsqu'il s'adressait, avec une emphase quasi testamentaire, à la dernière génération alors au seuil de la vie indépendante :

> « Notre famille a franchi de votre arrière-grand-père à vous-mêmes les "étapes" sociales, traditionnelles dans notre vieux pays de France, sous cette impulsion des parents de donner à leurs enfants une vie plus facile et plus attrayante que la leur. Nous ne sommes pas et vous n'êtes pas meilleurs qu'ils n'ont été. Vous ne les égalerez que si vous perpétuez les sentiments familiaux qui les ont animés. Vous n'avez pas des qualités morales ni des dons intellectuels supérieurs aux leurs. Nous avons eu et vous aurez une autre utilisation de ces dons sur le champ plus vaste de la culture intellectuelle dans le progrès des connaissances humaines. (...) Mais quelles que soient les évolutions et les révolution sociales et mondiales, il est un héritage, condition première du bonheur, que les générations présentes et à venir doivent se passer comme un flambeau, de mains en mains : le sens de la reconnaissance, du désintéressement, de la générosité, la notion des devoirs familiaux, le respect par tous de la liberté de penser de chacun, le souci permanent de l'union familiale indissoluble, l'entraide fraternelle dans les bons et les mauvais jours.[67] »

---

des instituteurs, réfugiés de Saint-Quentin pendant la Première Guerre mondiale, habitant au 6 rue du Val-de-Grâce ; c'est là que Madeleine et Joseph firent connaissance.

[66] C. Charle, *La République des universitaires,* ouvr. cité, p. 145.

[67] Dr N. Bernard, « Quelques souvenirs... », déjà cité, p. 20 et 25.

Chapitre second

Noël Bernard normalien ; un tempérament de leader

Pensionnaire, Noël Bernard l'avait été dès la classe de sixième, à la modeste Institution Galtier de la rue Amelot, proche de l'appartement où il vivait, plutôt chichement, avec sa mère. Noël Bernard passa deux années au lycée Charlemagne où, sans être un élève exceptionnel, il fit un beau parcours, obtenant deux années de suite le prix d'excellence et le premier prix de Mathématiques, ainsi que divers accessits par exemple en thème et version latine, en grec, en histoire et géographie, en sciences naturelles[68]. Ses qualités de matheux s'étaient révélées assez précocement, c'est du moins ce que racontent les récits familiaux : comme sa sœur Julie venait de passer des épreuves du Certificat d'aptitude à l'enseignement en lycée de jeunes filles et qu'elle avait échoué devant le problème de mathématiques, Noël, alors âgé de 12 ans, sollicité par son oncle Joseph, put résoudre, dit-on, le problème au cours de la nuit suivante.....[69]

À la rentrée scolaire de 1888, âgé de quatorze ans, il entra, comme boursier, au lycée Condorcet où on lui fit « sauter » une classe. Il poursuivit sans encombre sa scolarité jusqu'en Mathématiques élémentaires où il eut comme professeur de Mathématiques, un jeune enseignant, docteur depuis peu d'années, qui marqua durablement son élève : Émile Blutel (1862-1945, ENS 1881)[70]. Bernard Boullard qui a consulté les relevés de notes trimestrielles de Bernard nous apprend qu'il obtenait, entre autres, d'excellentes notes en Mathématiques et en Physique et Chimie. Après son succès au baccalauréat,

[68] Bernard Boullard a consulté les archives de la scolarité du lycée Charlemagne et au lycée Condorcet (B. Boullard, *ouv. cité*, p. 6-7).

[69] "Noël Bernard, a memoir compiled from letters by his son", dans Joseph Arditti, "Lewis Knudson (1884-1958) : his science, his times, and his legacy", *Lindleyana, The Scientific journal of the American orchid society*, vol. 5, n° 1, mars 1990, p. 54-57.

[70] Notice d'Émile Blutel dans Roland Brasseur, *Dictionnaire des professeurs de mathématiques en classe de Mathématiques spéciales, entre 1852 et 1914*, 2012, en ligne. 1144 pages.

en juillet 1892, avec une mention Bien, et une année de Mathématiques spéciales, il fut admissible à l'École polytechnique, en 1893 [71]. L'année suivante, ayant reçu le « prix d'excellence » à la suite de ses très bons résultats et obtenu un 4ème accessit au concours général, il fut reçu, à vingt ans, à la fois au concours d'entrée à l'École polytechnique et au concours de l'École normale supérieure : 36ème au concours de Polytechnique et 8ème du concours de l'ENS dont le 1er, major de la promotion, était Antoine Labrousse (1874-1947)[72] ; Bernard avait aussi devant lui Charles Pérez (3ème) qui appartint à la promotion 1895, et Henri Lebesgue (5ème) [73]. Bernard, Pérez et Lebesgue deviendront des amis fidèles parmi les fidèles. Par le jeu des entrées retardées, c'est Paul Langevin, reçu major en 1893 et intégré dans l'École en 1894, après son service militaire, qui fit figure de cacique de la promotion d'autant que, né en 1872, il était plus âgé, de deux ans, et avait déjà décroché auparavant – en 1891, major encore – le diplôme d'ingénieur électricien de l'École de Physique et Chimie Industrielles de la rue Lhomond, à deux pas de l'ENS.

Noël Bernard à l'ENS avec la promotion de 1894

La promotion de la section « Sciences » de 1894 – 17 reçus pour 307 candidats[74] – fut d'emblée remarquée comme devant être « un bon cru ». C'est le constat que fit le jury d'admission, dans le rapport qu'il rendit au directeur de l'ENS :

> « Le concours nous a paru dans son ensemble supérieur à celui des dernières années. Les premiers arrivent avec un total de points qui n'avait pas été obtenu depuis longtemps.[75] »

Dans le même temps, on se félicitait que seulement cinq candidats, reçus simultanément au concours d'entrée de l'École polytechnique, choisissaient

---

[71] Lettre manuscrite au recteur, en forme de *curriculum vitæ*, de Noël Bernard pour solliciter son inscription à l'ENS, du 8 février 1894, Arch. nat., dossier administratif de Noël Bernard, F17/23203.

[72] Antoine Labrousse, intégré dans la promotion de 1895 après avoir accompli son service militaire, fut ensuite reçu premier à l'agrégation de mathématiques, en 1898, et fit une carrière de professeur en classes préparatoires

[73] *Journal officiel. Lois et décrets*, 2 août 1894, p. 3787, pour l'ENS, et 28 septembre 1894, p. 4701, pour Polytechnique.

[74] Jacques Verger, « Introduction. Texte et contexte Le Livre du Centenaire et l'École normale supérieure en 1895 », *Le centenaire de l'École normale, édition du bicentenaire*, Paris, éditions Rue d'Ulm, 1994, p. 11-73.

[75] Rapport du jury d'admission au concours de l'ENS pour 1894, sans date, Arch. nat., archives de l'ENS, F/17/4222. Jury d'admission composé de Jules Tannery (1848-1910, ENS 1866) et Gabriel Koenigs (1858-1931, ENS 1979) pour les mathématiques, Désiré Gernez (1834-1910, ENS 1855) et Jules Violle (1841-1923, ENS 1861) pour la physique, et Alphonse Joly (1845-1897, ENS 1867) en chimie.

cette dernière (les 3ème, 5ème, 6ème, 8ème et le 18ème et dernier reçu au concours de l'ENS), ce qui permettait de ne repêcher que cinq admissibles :

> « L'an dernier, pour compléter notre liste, nous avions été obligés d'aller jusqu'au trente sixième numéro du classement général. Cette année, nous ne dépassons spas le vingt quatrième.[76] »

Alors que, plus jeune, il avait manifesté le désir de devenir ingénieur, peut-être en partie pour s'assurer « une situation », Noël Bernard qui avait donc la possibilité de suivre cette voie en intégrant l'École polytechnique, choisit donc finalement l'ENS où il était d'ailleurs mieux reçu. Il avait expliqué sa motivation dans une lettre adressée au directeur de l'École, justifiant sa demande d'inscription au concours :

> « Après une année de Mathématiques spéciales, j'ai été admissible à l'École polytechnique en 1893. Je préférerais à toute autre la carrière de l'enseignement.[77] »

Cette ENS qui s'apprêtait à fêter, en 1895, le premier centenaire de sa création et dont la mission d'origine était de former des enseignants de valeur pour l'enseignement secondaire, devenait en fait, de plus en plus, depuis deux décennies, un lieu privilégié de formation de futurs chercheurs scientifiques[78]. Bernard ne l'ignorait pas, mais sa carrière montra que s'il allait devenir un chercheur d'exception il nourrissait aussi une véritable vocation d'enseignant.

Bernard obtint trois licences, de Mathématiques, en novembre 1895, en même temps que Langevin[79], de Sciences physiques, en juillet 1896, et de Sciences naturelles, en novembre 1897, avec la mention Bien à chacun des trois certificats de Géologie, Botanique et Zoologie, en même temps que Pérez qui lui obtenait trois mentions Très bien[80]. Paul Dupuy (1856-1948, ENS 1876), le surveillant général de l'époque à l'ENS et l'un des animateurs de la campagne en faveur de Dreyfus, citait, bien plus tard comme recrues « prometteuses » au sein de cette promotion : Paul Langevin, Henri Beghin, Henri Bénard, Noël Bernard, Henri Lebesgue et Paul Montel[81]. On peut y ajouter, du côté littéraire, Charles Péguy, Félicien Challaye, Mario Roques ou Albert Mathiez. Si la seconde section de l'École avait ses propres codes et un recrutement très différent, certains scientifiques et certains littéraires pouvaient parfois se retrouver et il n'était pas exclu que pussent se former entre certains d'entre eux des camaraderies fortes et durables. Cependant, déjà

[76] Lettre du directeur de l'ENS, Georges Perrot, au ministre, le 13 octobre 1894, id.

[77] Lettre manuscrite au recteur de N.B., déjà citée.

[78] Paul Dupuy, *Le Centenaire de l'École normale (1795-1895)*, ouv. cité.

[79] *Journal des débats*, 18 novembre 1895.

[80] Frédéric Houssay, « Les débuts de la section des Sciences naturelles (1880-1894) », dans Paul Dupuy, *Le Centenaire de l'École normale (1795-1895)*, ouv. cité, p. 432-446. Archives de l'ENS, dossiers des élèves, Archives nationales, 61 AJ/13.

[81] Paul Dupuy, « Souvenirs » (sur Paul Langevin), *La Pensée*, mai-juin 1947, p. 63.

habitués depuis leurs années de taupins et de khâgneux à mener des vies séparées, centrées sur des passions intellectuelles différentes, les élèves des deux sections qui ne se croisaient, pour ainsi dire, qu'au réfectoire de l'École, n'entretenaient généralement que des contacts limités[82]. Raoul Blanchard (ENS 1897), devenu géographe, en témoignait ainsi :

> « Il faut distinguer entre littéraires et scientifiques. Nous étions moins liés à ces derniers, recrutés en Taupe, donc d'origine différente ; poursuivant des études qui nous étaient étrangères. Les relations étaient bonnes ; ils participaient à nos distractions et à nos farces ; ils avaient l'esprit de l'École. Cependant il se nouait rarement d'amitiés entre gens de chaque catégorie ; nous nous fréquentions peu.[83] »

D'ailleurs, lorsqu'on cherche à reconstituer les modes de sociabilités à l'œuvre dans le petit milieu normalien de ces années fin-de-siècle, on doit constater qu'aucun élève de section scientifique n'a ensuite publié ses « mémoires » de ce temps-là ; à peine trouve-t-on, à l'occasion de quelque cérémonie de jubilé d'un universitaire ou de quelque notice nécrologique parue dans le *Bulletin* de l'Amicale des anciens élèves de l'École, de vagues allusions à des souvenirs remontant à ces années normaliennes…

Quoi de plus opposé à la très large étendue des ressources existantes du côté des promotions d'élèves littéraires ; rien que pour ces quelques années, entre 1894 et 1899, combien d'ouvrages ! ceux de Tharaud, de Challaye, d'Herriot, de Bourgin, de Luchaire, de Blanchard, auxquels s'ajoutent l'ample production de Péguy et l'admirable *Expériences de ma vie – Péguy*, de Jules Isaac[84]. On peut ajouter l'ouvrage de Charles Andler (1866-1933, ENS 1884) sur Lucien Herr et les *Souvenirs de jeunesse* de Romain Rolland (1866-1944, ENS 1886)[85]. Le point commun entre tous ces témoins c'est qu'ils sont silencieux ou quasi muets au sujet de leurs camarades scientifiques ; à peine, ici et là, une référence ou une révérence adressée à Perrin ou Langevin ; jamais une information précise, encore moins un récit étoffé.

La jeune personnalité de Noël Bernard

Les années de jeunesse et d'étude de Noël Bernard ont été marquées par le souci constant du manque d'argent. Sa mère, pour subvenir à leurs besoins,

---

[82] Raoul Blanchard, *Ma jeunesse sous l'aile de Péguy*, Paris, Fayard, 1961. Pour rappel : on désignait par les noms de khâgneux et taupins les élèves fréquentant, dans les lycées, les classes préparatoires littéraires (hypokhâgne et khâgne) et scientifiques (hypotaupe et taupe) qui les destinaient aux concours des Grands écoles.

[83] Id., p. 176.

[84] Jules Isaac, *Expériences de ma vie, Péguy*, Paris, Calmann-Lévy, 1959.

[85] Charles Andler, *Vie de Lucien Herr (1864-1926)*, Paris, éditions Rieder, 1932 ; Romain Rolland, *Souvenirs de jeunesse*, Lausanne, Guilde du Livre, 1947, et *Le cloître de la rue d'Ulm, journal de Romain Rolland à l'école normale : 1886-1899*, Paris, Albin Michel, 1952.

travaillait durement comme employée, et elle arrivait difficilement à assurer la sécurité du quotidien. Lorsqu'il fut en âge de comprendre, elle indiqua à son fils qu'elle avait accumulé de lourdes dettes. Bernard fut boursier pendant toutes ses années normaliennes, mais les revenus que cette bourse assurait restaient insuffisants et, dès qu'il en fut capable, il dut donner des cours particuliers de sciences et de mathématiques, beaucoup de cours[86]. Cette situation dura pendant plusieurs années et, même une fois devenu préparateur à l'ENS, il devait encore y avoir recours. C'est à cette époque qu'avec sa mère, Bernard, vint habiter à quelques minutes à pied de l'ENS, au n° 6 de la rue du Val-de-Grâce, dans un petit appartement du rez-de-chaussée d'un immeuble dont le propriétaire, résidant sur place, était le professeur Léon Guignard (1852-1928), un botaniste, professeur à l'École supérieure de Pharmacie de Paris[87].

Quelques indices montrent que Noël Bernard recevait couramment une aide financière de sa tante Antoinette. Cette vulnérabilité ressentie dans sa jeunesse, l'impression d'avoir été à la limite de la pauvreté, l'ont marqué durablement et au cours de sa vie il resta constamment préoccupé à ce sujet, gardant l'habitude de compter chaque dépense, craignant toujours de manquer malgré les ressources que lui apportait un traitement honorable et régulier d'enseignant : « Dans ma jeunesse malchanceuse, j'ai vu déjà deux fois vendre mon mobilier », écrivait-il à Marie Louise Martin, sa future épouse[88].

Pendant ses années normaliennes, sur recommandation de son professeur de Math spé, Émile Blutel, et à partir d'octobre 1895, Bernard donna des leçons à Georges Bibesco, un rejeton âgé de dix-sept ans d'une famille princière roumaine très introduite dans la « société » parisienne et dont le père, un ancien militaire, était membre de l'Académie des sciences morales et politiques[89]. Ce contact fut bon et durable. Bernard passait même l'été en villégiature, comme hôte de cette famille, dans une riche villa située à Paramé, à côté de Saint-Malo.[90] C'est ainsi qu'au cours de l'été 1897, alors qu'il était en passe de bientôt achever ses études de licence à l'ENS, Noël Bernard qui avait emporté dans ses valises l'ouvrage sur Pasteur, récemment paru, du père de Jacques Duclaux, un de ses amis et condisciples, le pasteurien Émile Duclaux (1840-1904, ENS 1859)[91] – lequel, qui plus est, avait été engagé parmi les premiers et au nombre des plus déterminés en faveur de Dreyfus, au

---

[86] À sa majorité, la mère de Noël Bernard, lui aurait confié qu'elle avait accumulé 50 000 francs de dettes que celui-ci entreprit de rembourser. (B. Boullard, *ouv. cité*, p. 9)

[87] *Id.*, p. 15. Paul Guérin, Louis Mangin, Auguste Béhal, Jean-Jules Beauverie, J. Vavasseur, *Hommage à Léon Guignard*, 16 juin 1933, Paris, Faculté de Pharmacie, impr. Maretheux et Pactat, 1934. Paul Guérin, « Léon Guignard (1852-1928) », *Bulletin des sciences pharmacologiques*, t. XXXV, juin 1928, p. 354-380.

[88] Lettre de N.B. à M.L. Martin, le 6 juin 1907, n° 6.

[89] Lettre de N.B. à Jean Magrou, 21 octobre 1894, CM, n° 2. Georges-Valentin Bibesco épousa ensuite celle qui devint, sous le nom de Marthe Bibesco, une femme de lettres réputée .

[90] Id., 27 août 1897, CM, n° 4.

[91] Émile Duclaux, *Pasteur, Histoire d'un esprit*, Sceaux, Charaire et Cie, 1896.

temps de l'Affaire[92] – enthousiasmé jusqu'à l'obsession par sa lecture, plaça l'essentiel de son travail avec son élève mais aussi la plupart de ses conversations avec la famille dont il partageait la table, sous le signe de sa passion pour la microbiologie… :

« Toute la famille parle avec admiration de microbes. J'ai fait pourrir différents bouillons ou fromages d'excellente qualité qui ont empesté la maison pour pouvoir faire admirer à mon élève des bacilles de toute sorte.[93] »

La bifurcation vers la botanique

Cette passion de Bernard pour l'ouvrage de Duclaux et pour les travaux de Pasteur s'expliquait par l'évolution de ses centres s'intérêt au cours des trois années passées à l'École normale. Pasteur était mort à la fin de sa première année normalienne et l'influence de son œuvre, de ses conceptions de la science et de la pratique scientifique, ainsi que de sa personnalité inspirante étaient alors immenses, bien au-delà des milieux académiques et jusque dans le plus vaste public. Et on peut ajouter que le talent d'Émile Duclaux pour en parler était saisissant – et le reste aujourd'hui pour qui s'y arrête. Ce contexte intellectuel a très certainement pesé dans les choix qui furent alors ceux de Noël Bernard.

En effet, bien qu'il manifestât de solides qualités pour l'étude des mathématiques et qu'il avait d'abord pensé s'orienter dans cette direction, Bernard décida dès le milieu de sa première année à l'École normale de se tourner vers la botanique et de préparer l'agrégation de Sciences naturelles – laquelle n'avait été créée qu'en 1881 après de longues tergiversations. Il fut reçu, en août 1898, premier ex-æquo, avec son ami Charles Pérez (1873-1952). Le botaniste Julien Costantin (1857-1936, ENS 1877), maître de conférences à l'ENS, a joué un rôle certain dans cette bifurcation de Bernard vers la botanique. Costantin – dont le second prénom était « Noël »… – était alors un important personnage de l'élite scientifique : admis à l'École polytechnique et à l'ENS, en 1877, il avait choisi l'École normale et, licencié de Mathématiques et Sciences physiques, avait réussi l'agrégation de Sciences physiques et naturelles ; mais c'est seulement après être devenu agrégé-préparateur à l'ENS, et secondé Gaston Bonnier qui y enseignait la Botanique, qu'il avait opté pour cette discipline, passé sa licence de Sciences naturelles et son doctorat. Il était ensuite devenu professeur à Bordeaux, pour un an, avant d'entrer, avec l'appui de son beau-père, Philippe Van Tieghem (1839-1914, ENS 1858), au Muséum puis d'être nommé, dès 1887, maître de conférences

[92] V. Duclert, « Émile Duclaux, le savant et l'intellectuel », *art. cité*.
[93] Lettre de N.B. à Jean Magrou, 27 août 1897, déjà citée.

de Botanique à l'ENS[94]. Costantin était donc une personnalité que sa discipline situait « à part » aux côtés de ses collègues des Mathématiques ou de Physique, les disciplines reines de l'École. Jean Perrin qui allait opter, lui, pour la physique, se souvenait de la forte influence de ce professeur sur les élèves :

> « Il a exercé sur moi comme sur plusieurs d'entre nous une grande influence par son "cours d'idées" et sa Théorie générale que nous avions désignée par un nom un peu irrévérencieux mais expressif, de "piège à naturaliste". J'ai bien failli tomber dans ce "piège" et ceci vous montre quelles qualités véritables et quel don d'enthousiasme possédait Julien Costantin.[95] »

Cet avis positif et sans réserve de Perrin doit être nuancé par le portrait réticent et balancé que le zoologiste Maurice Caullery (1868-1958, ENS 1887) qui fut agrégé-préparateur à l'ENS à la même période que Perrin et y a connu Bernard élève, a lui aussi fait de Costantin :

> « C'était une nature timide, inquiète, un scrupuleux, se consacrant à sa tâche de façon totale et fournissant un travail considérable. (...) Il fut pour nous un maître consciencieux et attentif, (...) mais ne réussissant pas à nous emballer. (...) Croyant à la science autant que son beau-frère Bonnier la traitait avec désinvolture. (...) Il a été un des derniers fanatiques d'un lamarckisme attardé et dépassé[96] ».

Quoi qu'il en soit de ces réserves, c'est bien à l'enseignement et à l'influence de Costantin et aussi du maître de conférences de Zoologie, Frédéric Houssay (1860-1920), que Bernard a dû sa bifurcation vers les sciences naturelles et singulièrement vers la botanique. Costantin se souvenait que ce choix se fit vers la fin de la période des enseignements de sciences naturelles pour les élèves de première année, vers Pâques :

> « Les excursions botaniques, les séjours dans les stations zoologiques maritimes, la vie en commun de la section des sciences naturelles, où professeurs, agrégés préparateurs et élèves ne faisaient qu'un (avaient) produit une évolution extraordinairement rapide de son esprit.[97] »

Bernard s'ouvrit alors auprès de son oncle Joseph, dans une lettre non conservée, du choix qu'il s'apprêtait à faire afin de solliciter son avis, et la

---

[94] Philippe Jaussaud, « Costantin, Julien, Noël », dans Philippe Jaussaud et Édouard-Raoul Brygoo, *Du Jardin au Muséum en 516 biographies*, Paris, Muséum d'histoire naturelle, 2004, p. 149-150.

[95] Allocution de Jean Perrin, président de l'Académie des sciences, séance du 23 novembre 1936, Arch. de l'Académie des sciences, dossier de Jean Perrin.

[96] Éva Telkès, *Maurice Caullery, 1868-1958, un biologiste au quotidien*, texte tiré des « Souvenirs d'un biologiste » de M. Caullery, Lyon, PU Lyon, 1993, p. 70.

[97] J. Costantin, préface à *L'Évolution des plantes*, ouv. cité, p. IX.

réponse de celui-ci donne des indications précieuses sur l'état d'esprit du jeune homme à ce moment décisif. Joseph Bernard l'encourageait à dépasser ses hésitations, entre le choix des mathématiques ou celui des sciences naturelles puisqu'il ressentait « un goût si vif » pour ces dernières, sauf à penser que le succès à l'agrégation puisse être plus certain du côté des premières :

> « Ta lettre me prouve, ajoutait l'oncle Joseph, que tu as mûrement examiné les avantages et les inconvénients du choix que tu as à faire, tu as fort bien pesé les uns et les autres au point de vue utilitaire et à un point de vue plus élevé, tu reconnais que les naturalistes ont sur les autres l'avantage d'une culture générale plus étendue. Je ne doute pas, quand tu auras de même pesé les difficultés des programmes et pris l'avis de ceux de tes maîtres en qui tu as le plus de confiance, que tu ne sois en état de faire toi-même le choix le meilleur, non seulement en ce qui concerne ton intérêt matériel, mais aussi pour ce qui est de ton avancement, de ton élévation dans la science.[98] »

À la rentrée de novembre, le choix avait été fait, Bernard était désormais « un naturaliste ». Des trois années d'études à l'ENS, il n'y a pas grand-chose à dire de plus si on considère qu'elles consistaient en un copieux parcours d'obstacles constitué d'autant de certificats à acquérir et de diplômes à accumuler grâce à un intelligent bachotage mixé avec des stratégies subtiles de calcul, d'évitement ou de moindre effort, que venaient cependant alléger et agrémenter les nombreuses excursions de Botanique, éventuellement de Zoologie et de Géologie, ainsi que les séjours répétés dans les laboratoires maritimes de Banyuls ou Roscoff et au laboratoire de Giard devenue Station zoologique, à Wimereux[99]. Comme l'écrivait Bernard à la veille de passer un de ces examens : « La science est vaste, la mienne faible et les défaillances faciles.[100] » Il repassait alors un certificat de Zoologie auquel, avec Pérez, il avait été collé une première fois, par « un jury auquel le titre d'élève de l'École (normale supérieure) n'était en rien une recommandation », écrivait-il, ajoutant que l'annonce de la présence dans ce jury, cette fois, d'Alfred Giard, le patron de la Zoologie à l'École, avait finalement été démentie : « À la première défaillance nous serons jetés par-dessus bord », pronostiquait Bernard[101].

---

[98] Lettre de Joseph Bernard à N.B., le 12 mars 1895, citée dans J. Costantin, préface à *L'Évolution des plantes*, ouv. cité, p. IX.

[99] Jean-Marie Dewarumez, « Historique des laboratoires maritimes du Boulonnais : de Wimereux à Wimereux via Le Portel, de 1874 à nos jours », Arch. de la station marine de Wimereux, 10 p. dactylographies, sans date, en ligne.

[100] Lettre de N.B. à Jean Magrou, le 16 octobre 1897, CM, n° 5.

[101] Id.

De l'obtention de ces diplômes, Bernard ne tirait pas de satisfaction particulière et ce qu'il en disait témoignait, chez lui, d'un rapport plutôt sans illusion avec ces « parchemins » et leur valeur réelle :

« J'ai conquis une foule de diplômes, écrivait-il ; trois licences, l'agrégation, le doctorat. Cela ne signifie pas grand-chose d'autre qu'un assez grand travail (…). Je n'en tire pas vanité car on pourrait être avec tant de titres un homme fort peu estimable.[102] »

Une génération normalienne

De nombreuses études d'historiens ont montré, après que de multiples témoignages ou de regards critiques émanant d'observateurs de la société française d'alors en avaient formulé le diagnostic, que les élèves et leurs enseignants appartenant à cette microsociété de l'ENS – Sirinelli parle de « microclimat[103] » – ont baigné dans une atmosphère intellectuelle et culturelle très particulière. L'ENS de cette fin de siècle était fréquentée par des jeunes hommes nés dans les premières années de la République, soit environ cent vingt élèves, appartenant aux trois promotions en cours d'études, « conscrits, cubes et archicubes » dans l'argot normalien de rigueur, dont une petite moitié de « scientifiques », auxquels on doit ajouter les agrégés-préparateurs de chaque discipline, généralement des anciens élèves des promotions juste antérieures qui avaient la charge d'encadrer leurs cadets au cours de leurs années d'étude. Dès ses années normaliennes, Bernard fréquenta le large cercle de camarades et d'amis formé autour de Jean Perrin (1870-1942, ENS 1891), futur prix Nobel de Physique, alors agrégé-préparateur à l'ENS, de 1895 à 1898, un aîné de moins de quatre ans pour la plupart d'entre eux. Outre leurs rencontres au sein de l'École, ils se réunissaient chez celui-ci, au boulevard Kellermann, où résidait aussi, en voisin immédiat, le couple Curie.

Autour de Perrin, c'est une véritable tribu générationnelle qui s'organisa, composée essentiellement de jeunes scientifiques auxquels se joignaient quelques « littéraires », normaliens le plus souvent. Parmi ces savants ou futurs savants, plusieurs étaient liés à l'École de Physique et Chimie Industrielles de la Ville de Paris (EPCI) ; il y avait donc Marie et Pierre Curie, mariés en 1895 – Marie Sklodovska (1867-1934), de trois ans plus âgée que Perrin seulement, était alors tout juste licenciée tandis que Pierre Curie (1859-1906), de huit ans son aîné, venait enfin d'obtenir une chaire à l'EPCI ; il y avait aussi André Debierne, né en 1874 comme Bernard, ingénieur EPCI et lui aussi licencié depuis peu, ou Georges Urbain ancien condisciple de Bernard au lycée Charlemagne, de deux ans plus âgé que lui et titulaire depuis peu, lui aussi, d'un diplôme de l'EPCI ; ces quatre-là, les Curie, Debierne et Urbain,

[102] Lettre de N.B. à Celina Martin, le 3 juillet 1907, déjà citée.

[103] J.-F. Sirinelli, *Génération normalienne…*, ouv. cité, « Introduction », p. 12.

étaient liés, donc – comme Langevin, major de sa promotion de l'EPCI –, à cette école hors norme fondée depuis quelques années seulement et déjà réputée pour son enseignement à la pointe des derniers acquis de la science, et dont les locaux d'enseignement et les laboratoires, encore situés dans les anciens bâtiments du collège Rollin, rue Lhomond, se trouvaient à quelques encablures de la rue d'Ulm.

Parmi eux encore, des normaliens des promotions encore récentes comme Émile Borel (ENS 1889), le senior du groupe avec Jules Drach (ENS 1889 lui aussi), tous deux mathématiciens, Henri Mouton (ENS 1890), un esprit polyvalent, ouvert à toutes les branches de la science. À Langevin et Perrin s'ajoutait Pierre Massoulier, tous trois physiciens donc, Paul Montel et Henri Lebesgue, deux mathématiciens, tous quatre membres de la promotion de Bernard (ENS 1894), ou Aimé Cotton (ENS 1892), plus tard Jacques Duclaux (ENS 1895) et quelques autres. Au sein de ce groupe, Noël Bernard était une des personnalités dominantes aux côtés de plusieurs autres, tous plus âgés que lui, de quatre ans pour Perrin et Borel, de deux ans pour Urbain et Langevin. L'importance qu'a eue cette sociabilité de groupe et générationnelle pour la formation de ces jeunes personnalités est démontrée par la durabilité, au fil des années et des carrières, des liens qui furent alors noués entre les membres de cette petite « bande » : une quinzaine d'années plus tard, lorsqu'eurent lieu les obsèques de Noël Bernard, à Poitiers, quatre d'entre eux furent présents, Perrin, Langevin, Pérez et Lebesgue. Preuve encore de la force de ces liens, la place remarquable que le fils de Langevin, André – lequel, né en 1901, n'a pas vraiment connu Noël Bernard – réserva à celui-ci dans l'ouvrage qu'il a consacré à son père[104].

Les raisons de cette unité générationnelle résident dans les points communs, voisinages et passerelles qui existèrent, malgré et peut-être en raison de la diversité des disciplines choisies par eux, dans des domaines qui relevaient de la science et de l'expérimentation, aussi bien que de leurs engagements politiques et intellectuels, le tout sur un fond d'adhésion sans réserve à la conception positiviste et rationaliste de la science et du monde alors dominante dans ces milieux. Il est certain que les échanges qui eurent lieu au sujet de recherches et d'hypothèses scientifiques nouvelles, les points de vue différents, complémentaires ou contradictoires, qui leur venaient de leurs références disciplinaires variées qu'ils additionnaient, eurent autant d'importance pour la qualité future de leur cheminement scientifique que les débats, portant sur des questions d'actualité sociale ou politique, purent en avoir quant à leurs positionnements ultérieurs de citoyens et d'intellectuels.

Ce n'est pas sans raison que Charles Pérez évoqua un jour dans la même phrase, dans un hommage à son ami Bernard, « le souvenir de ces nuits fiévreuses passées au laboratoire de Physique, après l'annonce de la découverte de Röntgen, (...) ou des journées angoissantes de l'Affaire

---

[104] André Langevin, *Paul Langevin, mon père, l'homme et l'œuvre,* Paris, EFR, 1971, p. 33.

(Dreyfus)[105] ». En recoupant la chronologie, on peut situer dans le milieu de l'année 1896 la période précise évoquée dans ce souvenir : d'une part, la fameuse communication à l'Académie des sciences d'Henri Poincaré (1854-1912, polytechnicien 1875) sur les rayons inconnus de Röntgen datait de janvier 1896 et les articles relatant la découverte étaient parus en mars 1896, c'est-à-dire au moment où Henri Becquerel (1852-1908, polytechnicien 1874) annonçait dans les *Comptes rendus des séances hebdomadaires de l'Académie des sciences* sa nouvelle découverte des « rayons uraniques » ; d'autre part, le capitaine Dreyfus, condamné en décembre 1894, avait alors été déporté depuis plus d'un an et la publication de la brochure de Bernard Lazare dénonçant « une erreur judiciaire » n'intervint qu'en novembre 1896, ce qui donna au cas de Dreyfus la dimension politique et publique qui en fit « l'Affaire (Dreyfus) ». Au cours de cette année 1896, Bernard et Pérez étaient alors, avec les deux promotions de 1894 et 1895, les uns depuis près de deux ans à l'ENS, les autres depuis un an ; et, avec ces promotions puis les suivantes, l'ENS, ses enseignants, ses agrégés-préparateurs et ses élèves, étaient entrés dans un double tourbillon lié autant à la révolution en cours dans la physique qu'à la transformation profonde du contexte politique et intellectuel provoquée par le développement de « l'Affaire ». Pérez, encore, se souvenait de ses liens particuliers avec Bernard noués en raison de leur commune décision de s'orienter vers les sciences naturelles qui se traduisaient par leur fréquentation assidue des laboratoires de Botanique et de Zoologie et, par exemple, par leurs « petites promenades récréatives », entre deux séances de travail scientifique, « jusqu'à la loge de Labarussias, ou jusqu'à la serre, notre cirque, où nous jetions les hôtes minuscules du Maquis à l'arène mouvante de nos fourmilions familiers.[106] » Pérez évoquait là « le Maquis », c'est-à-dire le jardin botanique qui jouxtait le bâtiment des laboratoires de Géologie, de Zoologie et de Botanique de l'ENS, que tous appelaient « la Nature ».

Finalement, c'est sans doute Perrin qui exprima le mieux ce qu'avait été cette unité générationnelle, lorsqu'il fut appelé, en 1937, à prononcer une allocution pour l'inauguration des nouveaux laboratoires de l'École normale : après avoir évoqué « la première protestation des intellectuels » à l'époque de l'Affaire Dreyfus et le directeur des études scientifiques d'alors, « notre cher Maître Jules Tannery qui, ce jour-là, sut nous montrer qu'un savant doit rester, à tous risques, un citoyen », il ajoutait :

> « C'était le temps qui, peut-être, quelque jour, n'apparaîtra pas sans éclat, où Émile Borel, Jules Drach, Élie Cartan, et bientôt Lebesgue et Montel, créaient de nouvelles branches de la mathématique ; le temps où le génial Noël Bernard, si tôt disparu, éclairait par ses découvertes la symbiose et la génétique ; où André Job contribuait à élucider le mystère

---

[105] Charles Pérez, « Notice sur Noël Bernard », *Annuaire de l'Association amicale de secours des anciens élèves de l'École normale supérieure*, 1912, p.129-133.
[106] *Id.*

des rayons cathodiques et des rayons X, alors que – pardonnez-moi ce souvenir personnel – Paul Langevin chantait avec moi le chant du Graal, vers trois ou quatre heures du matin, dans la petite salle sombre où nous venions de prouver que les rayons X déchargent des corps sans les toucher… C'était le temps aussi où, dans les couloirs monastiques où toutes lumières devaient s'éteindre après minuit (il y avait une heure d'extinction des feux fixée par le règlement de l'École que les caïmans étaient chargés de faire respecter, ndlr), passaient nos lampes, comme des pensées allant d'un laboratoire vers un autre dans le désir que nous avions de retremper nos énergies dans les conversations ardentes que nous tenions auprès de tasses de thé, qui parfois je dois l'avouer, faute de thé et faute de sucre, se sont réduites à des tasses d'eau chaude. C'était le temps où – je ne voulais pas parler des littéraires, mais tout de même ! – où Léon Blum, Herriot, Bouglé, déjà populaires dans notre promotion, promenaient leurs rêveries ou leurs causeries dans le gracieux jardin que vous venez de traverser, comme jadis les philosophes dans le jardin d'*Academos*.[107] »

L'épouse de Borel qui devint un écrivain à succès sous le nom de Camille Marbo, a écrit des *Souvenirs* dans lesquels elle retrace la vie de ce groupe de normaliens, y ajoutant la description de leur forte sensibilité à la vie intellectuelle et artistique de leur temps, entre passions poétiques et littéraires, enthousiasme musicaux – Debussy ou Fauré, mais aussi Wagner – et découvertes philosophiques. Mariée très jeune et plus jeune que beaucoup d'entre eux, elle se souvenait que Perrin et Bernard, dans la plus belle tradition de « l'esprit normalien du canular[108] » selon elle, lui avaient « fait avaler des bourdes énormes "à la Courteline" » et avaient fait ainsi (s)on "éducation" » :

> « Ils s'en vont chercher à la cuisine l'échelle-escabeau qu'ils déplient : "Borel, tu as entendu ta femme ! Elle doit grimper à l'échelle. Elle a cru que certains animaux ont les pieds plus courts à gauche qu'à droite pour courir au flanc des montagnes…". Je grimpe, souriante et ravie. Ils m'ont appris Baudelaire, Rimbaud et Verlaine. Un soir, Noël Bernard et Jules Drach tirent simultanément de leur poche les œuvres poétiques de Jules Laforgue : "C'est du nouveau !"[109] »

---

[107] Jean Perrin, allocution prononcée lors de l'inauguration des nouveaux laboratoires de l'ENS, en 1937, dans Jean Perrin, *La Science et l'espérance* (posthume, préface de Louis de Broglie), Paris, PUF, 1948, p. 155-156. Émile Picard, *La vie et l'œuvre de Jules Tannery*, séance du 14 décembre 1925 de l'Académie des sciences, Recueil de l'Institut, n° 26, 1925.

[108] Gustave Lanson, « L'École normale supérieure », *Revue des Deux Mondes*, 1er février 1926, p. 531-532. Selon Blanchard, le « canular » était d'abord le nom donné aux quelques journées de bizutage auxquelles les élèves soumettaient les nouveaux arrivants, « les Gnoufs ». On doit comprendre que la jeune Marguerite Borel subissait une sorte de bizutage en raison de son arrivée récente dans la bande de normaliens à laquelle appartenait son mari.

[109] Camille Marbo, *À travers deux siècles, Souvenirs et rencontres (1883-1967)*, Paris, Grasset, 1967, p. 67-69.

On le voit, ces normaliens de cette génération « fin-de-siècle », loin d'être coupés du monde dans leur internat d'élite et de se polariser sur leurs études scientifiques, étaient très ouverts en direction d'une vie intellectuelle et artistique qui connaissait les renouvellements de la « modernité ». Bernard qui, comme beaucoup de ses camarades, courait les concerts et les musées, lisait la presse et les nouveautés littéraires, ne pouvait passer à côté de ce « Paris sphinx » que dépeint Christophe Charle et ne pas en être enthousiasmé, stimulé, dynamisé peut-on dire :

> « Paris fin de siècle a joué ce rôle de creuset de toutes les audaces (...) où la lutte pour la vie (métaphore récurrente du temps) plaçait chaque producteur de biens symboliques dans un climat de tension extrême.[110] »

Prises de parti

Les prises de parti furent un autre ciment de cette génération dreyfusarde. Unis dans les mobilisations et les combats pour les valeurs républicaines, l'antimilitarisme et l'anticléricalisme, ses membres pouvaient aussi avoir de franches différences d'approches : Georges Urbain (1872-1938) faisait alors figure de représentant d'une extrême gauche héritière de la Commune, tandis que Pierre Curie (1859-1906) dont le père, le médecin Eugène Curie, avait été dans le camp des Communards et qui adhérait aux idées générales de progrès et de justice sociale, semblait professer une certaine réserve quant à l'efficacité pratique de l'engagement politique ; Perrin, Langevin, Duclaux, plus tard actifs, tous les trois, à la Ligue des droits de l'homme, et Bernard défendaient déjà des convictions « socialistes » à portée très générale qui se confondaient avec la croyance dans le progrès et la justice par la science ; mais il n'étaient pas, contrairement à leurs camarades littéraires, Péguy, Mathiez ou Albert Lévy, des socialistes affiliés ; Borel quant à lui laissait déjà pointer le futur adepte des « solutions moyennes et progressives » qu'il allait devenir en adhérant au parti radical : il fut le seul de cette équipe à se laisser tenter ensuite par une carrière politique. Tous participèrent à des titres divers aux activités de l'Université populaire, celle à l'Union Mouffetard, sise au 76 de la rue Mouffetard dans le 5ème arrondissement de Paris, ou d'autres dans Paris et sa banlieue[111]. Sans doute, ils participèrent tous à ces réunions à la bibliothèque de l'École ou dans les laboratoires de « la Nature », autour de Lucien Herr et

---

110 Christophe Charle, *Paris Fin de siècle Culture et politique*, Paris, Seuil, 1998, p. 12.

111 On repère l'annonce d'une conférence du « professeur Bernard » sur « Les Microbes », à l'Université populaire de la rue Mouffetard, le 7 février 1900 (*La Petite République*) et aussi l'annonce d'une conférence de « Noël Bernard », portant sur « La houille (avec projections) », à L'Enseignement mutuel, rue de La Chapelle à Paris, le 24 novembre 1900. (*Les Temps nouveaux*, n° 31, 24 novembre 1900, p. 4.) Plus tard, *La Dépêche du Berry* annoncera, pour le 21 mars 1908, une conférence sur « Charles Darwin, sa vie et son œuvre », par Noël Bernard, à L'Éducation mutuelle de Bourges, membre aussi du mouvement des Universités populaires (précédée d'une conférence de Paul Langevin, en février, sur « Le Radium et l'électricité »).

Charles Andler auxquels se joignait souvent Paul Dupuy. Ceux-ci constituaient, avec le directeur des études scientifiques, Jules Tannery, qui avait mené l'essentiel de sa carrière à l'ENS, ayant été agrégé-préparateur de mathématiques, de 1872- 1875, puis, en 1882, maître de conférences à l'École, le pôle dreyfusard parmi les enseignants encadrant les élèves, mais peu de chose est connu du rôle de ce dernier qui a cependant fortement marqué les promotions de normaliens de la section des Sciences dont beaucoup de leurs membres ont conservé avec lui et jusqu'à sa disparition, en 1910, des liens amicaux. Tannery qui était un mathématicien averti et consciencieux, menait aussi une riche activité de philosophe et d'historien des sciences, il faisait connaître son vif attachement à la République, aux principes républicains et il n'hésitait pas à s'ouvrir auprès des élèves des questions politiques. Il choisit, alors que son statut de sous-directeur de l'ENS aurait pu lui permettre de se tenir sur la réserve, d'être un des premiers signataires de la protestation des intellectuels dreyfusards ; bref, il compte au nombre de ces « éveilleurs » sur lesquels Sirinelli attirait naguère l'attention[112].

Tous les membres de ce groupe étaient unis par leur adhésion à une idéologie positiviste, rationaliste et antireligieuse. Bernard lui-même y ajoutait « sa ferme conviction d'athée[113] », conviction qu'il semble avoir partagée avec son alter ego, son cousin Noël, dont le petit-fils, écrivant récemment un ouvrage dans lequel il met en scène son grand-père, alors collaborateur d'Alexandre Yersin (1863-1943), le découvreur du bacille de la peste et inventeur du vaccin, dans les Instituts Pasteur d'Indochine, fait dire à celui-ci :

> « J'ai toujours reproché à Bernard d'avoir éloigné son épouse Paulette Delage de la religion.[114] »

Le botaniste Louis Blaringhem (1878-1958, ENS 1898), de quelques années plus jeune que la plupart des membres du groupe normalien autour de Perrin mais qui le fréquenta comme « conscrit » au temps où Bernard et Pérez étaient devenus, à leur tour, agrégés-préparateurs à l'École, se souvenait bien de cette vie de groupe réunissant d'anciens normaliens avec certains élèves appartenant aux générations suivantes et vivant en quasi symbiose. Il rappelait l'importance de ces réunions, en général à midi après le repas, certes autour de Lucien Herr mais où celui-ci n'était pas forcément le plus volubile ; il soulignait la place que Bernard y avait occupé :

---

[112] Jean-François Sirinelli, « Biographie et histoire des intellectuels. Le cas des "éveilleurs" et l'exemple d'André Bellesort », *Problèmes et méthodes de la biographie, Sources*, n° 3-4, 1985, p. 61-73.

[113] C. Pérez, « Noël Bernard (1874-1911 », *déjà cité*.

[114] Daniel Bernard, *Moi, Alexandre, John, Émile Yersin, Journal apocryphe*, Paris, Gingko éd. et éditions Neige, 2015, p. 101. Le docteur Noël Bernard a épousé Paule Delage le 25 avril 1908.

« Lucien Herr, puis Louis Matruchot élargi(ssai)ent le cercle par la réunion, à l'heure du café, des littéraires et des scientifiques, d'abord dans la Bibliothèque des Sciences (salle du Méga), plus tard dans le jardin et les laboratoires de la Nature. J'y ai rencontré avec Noël Bernard, F. Le Dantec, Berteaux, Maitre, Jean Perrin, E. Burnet, G. Chavanne[115], Ch. Pérez, J. Duclaux, I. Gallaud, se communiquant leurs travaux, leurs projets, les résultats de leurs voyages... Dans cette atmosphère fraternelle et variée, la conversation, passée au crible des différentes disciplines, préparait la découverte décisive, qu'il fallait exprimer en une langue précise. Noël Bernard y brillait par sa vie intelligence, par son culte de la beauté, par sa clarté et l'audace de ses suggestions.[116] »

On verra en note, ci-dessous, que le témoignage de Blaringhem est approximatif et qu'il convient de n'en retenir que l'esprit général. Dans un autre récit, il ajoutait d'ailleurs quelques précisions sur l'atmosphère du laboratoire où il fut « en 1900, l'élève (de Costantin) et, en 1902, le préparateur de Louis Matruchot. (...) À cette date, les phénomènes de la Symbiose des Bactéries et des Légumineuses étaient parfaitement élucidés, se souvenait-il, et c'est dans cette atmosphère que Noël Bernard, qu'Isidore Gallaud, avec Charles Pérez, faisaient leurs magnifiques recherches sur les équilibres symbiotiques et parasitaires, sur les métamorphoses aussi, en disciples intellectuels d'Élie Metchnikoff. Presque chaque semaine, des faits

---

[115] George Chavanne (1875-1941, ENS 1896), agrégé de Sciences physiques en 1900, fut agrégé-préparateur à l'ENS (1901), docteur en Sciences physiques en 1904, avant de devenir titulaire d'une chaire de Chimie générale à l'Université libre de Bruxelles.

[116] Louis Blaringhem, *Symbiose et parasitisme. L'œuvre de Noël Bernard*, avant-propos, Palais de la découverte, exposition de 1937, Paris, Masson, 1937. Ce témoignage tardif, rédigé en 1937, au moment où Perrin présidait l'Académie des sciences tout en étant secrétaire d'État à la Recherche scientifique et technique du Front populaire, soit plus de 40 ans après, semble confondre les années ; Louis Matruchot (1863-1921, ENS 1885), agrégé de Sciences naturelles (1889), docteur en 1892, fut, après avoir été agrégé-préparateur de 1889 à 1892, le bibliothécaire pour les sciences, pendant un an (époque où il commença à collaborer avec Costantin, à l'étude de la culture du champignon de couche encore appelé champignon de Paris), avant l'arrivée de la promotion Langevin-Bernard à l'École. Gallaud y entra l'année suivante. Puis, en 1894, Matruchot quitta l'ENS pour enseigner en PCN à la faculté des Sciences où il obtint, dès l'année suivante (1895), une maîtrise de conférences de Botanique. Blaringhem et Chavanne n'arrivèrent à l'ENS qu'en 1898 quand de nouveaux préparateurs, Bernard et Pérez, remplaçaient les anciens, soit les années 1899-1901. Lorsque Matruchot revint à l'ENS, en 1902 comme maître de conférences et professeur-adjoint en 1904, Blaringhem étant alors, à son tour, devenu agrégé-préparateur. À cette date, Matruchot présidait, comme spécialiste de cryptogamie, la Société mycologique de France (dont Bernard était membre depuis le début de l'année 1902 (*Bull. de la Société mycologique de France*, t. 18, année 1902, p. 3 et LXXXII). Voir C. Charle et E. Telkès, *Les professeurs de la faculté des Sciences de Paris*, ouv. cité Sur « les laboratoires de la Nature », voir plus loin. La « salle du Méga », c'était la bibliothèque où trônait un squelette fossile de *Megatherium*, un mammifère plus ou moins bipède, du genre paresseux géant, disparu au magdalénien..

nouveaux nous étaient annoncés.[117] » Comme on voit, il n'y avait pas que la physique nouvelle pour susciter l'intérêt et des débats ; les sciences de la vie aussi étaient en ébullition.

Le « gamin de Paris »

Les années d'études à École normale furent, pour Bernard, des années heureuses. Animé d'un vif optimisme déclenché par sa réussite au concours et alimenté ensuite autant par le vif intérêt qu'il portait aux études qu'il menait que par le plaisir qu'il avait d'appartenir à une camaraderie solide prolongeant, en somme, le sentiment de sécurité qu'il avait connu au sein de sa vaste famille biterroise, il s'identifia sans peine au fameux « esprit normalien » et se fit connaître comme un des plus ouverts et agréables des membres de la petite communauté.

Noël Bernard était alors un grand gaillard de 1m 85 à la fine silhouette élancée – « un grand diable assez maigre, charpenté comme les gens qui ont fait plus de travail de tête que de gymnastique », écrivait-il[118] –, très brun et déjà doté de la moustache fournie et soignée qu'il n'abandonna jamais. Sur les rares photographies datant de ce temps-là, comme celle où la promotion de l'ENS a posé collectivement, tandis que ses camarades étaient à peu près tous habillés et cravatés, il affectait une tenue non conformiste et décontractée, mains dans les poches. Plus tard, sur les clichés rassemblant des agrégés-préparateurs autour de Lucien Herr, on le retrouvait systématiquement, silhouette dégingandée et vaguement nonchalante, dans une tenue évoquant une sorte de populiste russe, en blouse d'ouvrier et sans cravate, tandis qu'autour de lui ses collègues, qu'ils fussent littéraires, physiciens, chimistes, naturalistes ou mathématiciens, arboraient tous les signes vestimentaires de leur appartenance à l'élite bourgeoise et universitaire, toujours attentive à son paraître et à sa distinction.

Son ami Charles Pérez décrivait Noël Bernard comme « un grand gamin de Paris, prompt à saisir les petits travers des hommes et (qui) les not(ait) aussitôt d'un trait incisif et sûr ». Félix Le Dantec (1869-1917, ENS 1885, reçu 1er) qui était une personnalité alors surplombante dans les milieux de la biologie, utilisait presque les mêmes mots en évoquant « ce grand gamin parisien qui semblait se moquer de tout et surtout de lui-même[119] ». Bernard était lui-même capable de s'observer et d'expliquer son tempérament et, à

[117] Louis Blaringhem, « Julien Costantin (1857-1936) », *Annales des Sciences naturelles – Botanique*, 1937, t. XIX, p. I-XXIX. Blaringhem faisait allusion à la thèse remarquée de Pérez, intitulée « Contribution à l'étude des métamorphoses » (Lille, L. Daniel, 1902).
[118] Lettre de N.B. à Celina Martin, le 3 juillet 1907, déjà citée.
[119] Félix Le Dantec, «Un savant: Noël Bernard 1874-1911», *La Grande Revue*, 25 mars 1911, n° 2, p.385-398.

l'heure où il tentait de mieux se faire connaître de celle dont il était amoureux, il lui écrivait :

« Il y a des choses auxquelles je ne pense jamais sans enthousiasme mais je redoute beaucoup de laisser percer cet enthousiasme devant ceux qui pourraient y être indifférents ; aussi, bien souvent, même devant mes meilleurs amis, je parle des choses qui me tiennent le plus à cœur avec des apparences de détachement ou d'ironie qui m'empêchent de m'émouvoir. (...). Mon "scepticisme" est une carapace protectrice et superficielle.[120] »

La formule dut marquer la jeune femme car, évoquant dans l'avant-propos qu'elle écrivit pour l'édition posthume des cours de Noël Bernard, *Principes de Biologie végétale,* « ces longues causeries » auxquelles il se livrait devant elle et pour elle, elle la reprit telle quelle :

« Dans l'intimité, oubliant sa "carapace" de scepticisme, Noël Bernard laissait voir sa pensée vraie et la haute noblesse de ses sentiments.[121] »

Ses proches remarquaient donc que Noël Bernard avait une personnalité à deux facettes, avec un côté vif et brillant et un côté plus tourmenté. Et en effet Charles Pérez relevait lui aussi que Noël Bernard « se laissait parfois aller à professer sur des sujets sérieux un scepticisme désabusé », y voyant le pendant des moments où il donnait libre cours à sa « verve satirique ». Ces deux aspects complémentaires de l'expression publique de son caractère étaient, à son avis, une manière défensive d'extérioriser tout ce qu'il percevait avec clairvoyance en raison de « son intelligence merveilleusement facile ». Pérez voyait du Rabelais ou du Courteline dans cette façon qu'avait Bernard de bâtir une histoire en partant d'un détail plaisant qu'il avait été le seul à saisir. Divers témoignages évoquaient son habileté à manier l'humour à froid avec « un air mordant et gouailleur » et une « verve caustique » aiguisée. Peu d'exemples de cet humour peuvent être cités faute d'être passés à la postérité ; citons cette saillie extraite de sa correspondance privée qui lui permettait de relativiser une inquiétude injustifiée à propos d'un problème de santé :

« C'est le raisonnement que ferait un homme épouvanté d'avoir vu tomber sa chemise par la fenêtre à la pensée qu'il aurait pu être dedans ![122] »

Tel était le vif esprit sarcastique de Noël Bernard. Toutes choses que confirmait d'ailleurs Félix Le Dantec :

« À côté du silencieux Pérez, dont les plus violentes expansions ne dépassaient jamais un léger sourire, Noël Bernard paraissait encore plus

[120] Lettre de N.B. à M.L. Martin, le 4 juin 1907, lettre n° 2.

[121] Noël Bernard, *Principes de Biologie végétale*, Paris, Félix Alcan, 1921, avant-propos de Marie-Louise Bernard, p. IV.

[122] Lettre de N.B. à Jean Magrou, le 29 octobre 1905, CM, n° 39.

jeune et plus exubérant ; mais son éducation parisienne l'avait rendu incurablement gouailleur.[123] »

Bien évidemment, cette description de la personnalité « habitée de tensions et de contradictions » du jeune homme que Noël Bernard était alors fait songer à l'« habitus clivé » dont parle Pierre Bourdieu[124]. Lorsqu'il évoque ses souvenirs de la façon dont lui-même vécut son passage à l'ENS, soixante ans après Bernard, il paraît évoquer un monde qui n'a changé en rien et il semble faire parler celui-ci :

> « Beaucoup de mes choix ont été déterminés, dès l'École normale, par une forme d'aristocratisme, moins arrogant que désespéré, parce que fondé sur la honte rétrospective d'avoir été pris au jeu du concours, jointe à la réaction contre le "bon-élèvisme" auquel j'avais dû sacrifier un moment, et sur cette forme de haine de soi qu'était pour moi l'horreur de l'arrivisme petit-bourgeois de certains de mes condisciples, parfois devenus depuis des membres éminents de la hiérarchie universitaire et des incarnations accomplies de l'*homo academicus*.[125] »

Que la tendance de Bernard à l'humour et à la dérision fût un moyen commode de protéger une vulnérabilité ou un sentiment de ne pas être à sa place, sa vie chaotique, l'aigreur de ses confrontations avec quelques pontifes de l'université, son habitude de se confier longuement à ses proches, par lettres, comme pour y chercher une réassurance, bien des incidents et quelques accidents de son parcours de « fureur butée[126] » permettent de l'admettre, en effet. Au fil des années, surtout après qu'il avait quitté l'ENS, Bernard connut des périodes difficiles pendant lesquelles son tempérament ombrageux l'emporta sur la décontraction gouailleuse qu'il avait affichée autour de la vingtaine. Peut-être prit-il alors conscience qu'il souffrait d'une instabilité psychologique correspondant à ce qu'on n'appelait pas encore une « maladie maniaco-dépressive » – d'ailleurs, il ne répugnait pas à évoquer ses crises périodiques de « neurasthénie », propres, selon lui, au « mode de vie intellectuel » – qu'alimentait, croyait-il, la fragilité qu'il ressentait de son état physique[127].

Derrière l'ironie et l'esprit narquois, au-delà d'une certaine « mise en scène » de lui-même, la sérénité n'était donc pas toujours au rendez-vous. Il n'est pas inutile de citer une lettre adressée à son cousin Jean Magrou, alors qu'il était en Bretagne pour donner des cours au jeune Bibesco, dans laquelle, faute d'avoir le talent de se dessiner, disait-il, il se résignait à se décrire, à ses

---

[123] F. Le Dantec, «Un savant : Noël Bernard 1874-1911», *déjà cité*, p. 386.
[124] Pierre Bourdieu, *Esquisse pour une auto-analyse*, Paris, Raison d'agir, 2004, p. 127.
[125] *Id.*, p. 130.
[126] *Id.*, p. 123.
[127] Lettre de N.B. à Joseph Magrou, le 24 juillet 1903, CM, n° 25.

dépens, « dans le costume correct et classique du précepteur de bonne maison, promenant sur une bicyclette dont j'ai dû hausser prodigieusement la selle une jaquette irréprochable et tenant à la main un parapluie. (...). Cette tenue, ma haute taille, mon aspect imperturbable dans ma barbe plus correcte que jamais, stupéfient quelque peu les calmes populations du Nord.[128] »

On le voit, Bernard, sensible au ridicule guindé qui pouvait se dégager de la silhouette qu'il promenait dans les rues de Saint-Malo, n'hésitait pas, cinquante ans avant Jacques Tati, à se caricaturer quelque peu. Tel était son caractère : critique ironique et sévère de son entourage, il ne s'épargnait pas lui-même.

La personnalité de Noël Bernard ne peut non plus se résumer à son intérêt pour les mathématiques et la science et à sa prédisposition pour les études scientifiques. Ayant baigné dès l'enfance dans un milieu familial imprégné d'une sensibilité intellectuelle et artistique marquée, il en a volontiers fait son miel, en dévorant, selon le témoignage de sa demi-sœur Julie, les ouvrages contenus dans la riche bibliothèque de son oncle Joseph ou en fréquentant l'atelier de lithographie de son oncle Émile Magrou. Très admiratif de son cousin Jean Magrou, son aîné d'environ cinq ans, qui terminait ses études aux Beaux-arts, à Paris, et fut bientôt prix de Rome, et des talents musicaux du frère cadet de celui-ci, Joseph, organiste et compositeur, Noël Bernard a fait son éducation artistique à leur contact. Le jeune normalien qu'il était devenu fréquentait assidument les musées parisiens en compagnie de Jean Magrou, les concerts avec Joseph. Plus tard, il évoquait avec fierté ce « rudiment d'éducation artistique » qu'il disait devoir à son cousin Jean grâce auquel il avait fréquenté les milieux d'artistes, visité les musées parisiens et ainsi renoncé à regarder les tableaux académiques de Bouguereau comme un « idéal artistique[129] ».

C'est sans doute par l'effet de ce goût acquis pour les arts qu'il eut un jour l'idée de proposer un premier rendez-vous amoureux à sa future fiancée dans la première salle du Musée de sculpture comparée, au Trocadéro... et qu'un de ses premiers soucis, lorsqu'il eut conclu un bail de location pour loger, avec sa jeune épouse, dans une maison située à Mathieu, près de Caen, fut d'y transporter d'abord la petite reproduction du « philosophe » de Rembrandt qu'il chérissait « pour que nous ayons mieux l'impression d'être chez nous[130] ».

Cette sensibilité artiste n'était d'ailleurs pas propre à Bernard. Le groupe de normaliens auquel il appartenait se passionnait pour la poésie romantique et symboliste, pour les dernières créations de Debussy ou Fauré, Berlioz ou Wagner, et ses réunions s'ouvraient volontiers à quelques normaliens

[128] Lettre de N.B. à Jean Magrou, de Paramé, le 27 août 1897, CM.
[129] Lettre de N.B. à M.L. Martin, le 6 juillet 1907, n° 23.
[130] Id., le 30 juin 1907, n° 19.

littéraires, y compris un aîné, Léon Blum, ou à des écrivains solidement installés dans la vie de salon, comme Anatole France ou Rosny Aîné. L'épouse de Borel, dans ses *Souvenirs de deux siècles* se faisait l'écho de cette ambiance à la fois potache et un peu snob qui allait rapidement la convertir à la carrière littéraire.

L'« anti-talatisme » de Bernard

C'est ainsi que Noël Bernard devint un membre incontournable de cette sociabilité scientifique si particulière formée au sein de l'élite normalienne, que les années dreyfusarde, au-delà de la camaraderie née des années d'études communes, allait rendre définitive. Dans une lettre qu'il adressa à Paul Langevin, lorsque celui-ci était en stage à Cambridge, Pierre Massoulier, autre recrue de la promotion de 1894, désormais agrégé-préparateur à l'École, comme Bernard et Pérez, évoquait largement l'ambiance politique à l'ENS en ce début d'année 1898 et le rôle actif de Bernard :

> « Tout, à l'École, va comme à l'ordinaire, écrivait Massoulier, mais la fin de l'affaire Dreyfus m'a rempli de tristesse et d'amertume. Car maintenant tout plie sous l'autorité militaire. Le goupillon et le sabre marchent la main dans la main, si j'ose ainsi parler, et c'est navrant. Pour toute consolation, nous avons le journal antitala que Bernard affiche de temps en temps au pot et où il montre en particulier que les talas ont contribué pour une large part à la propagation des maladies microbiennes. Cela lui vaut de fréquentes prises de bec avec le grand Gillet et dernièrement il a conclu un placard par cette formule : l'antitalatisme c'est l'antisepsie.[131] »

Voilà une de ces flèches dont Bernard était friand, sarcastique et pétrie de verve intellectuelle – qui rappelait d'ailleurs le cri de ralliement des étudiants dreyfusards lancés contre les bandes nationalistes dans les rues du Quartier

---

[131] Lettre de Pierre Massoulier à Paul Langevin, en-tête de l'ENS, adressée à Cambridge, le 3 mars 1898, Arch. de l'ESPCI, fonds Langevin, carton 82, doc. n° 31. Le « pot », en argot normalien, désignait en général le réfectoire de l'ENS qui était « l'endroit où se manifestait la vie collective de l'École, avec cette gaieté et cette brutalité affectée qui plaît toujours beaucoup aux jeunes intellectuels » (Jérôme et Jean Tharaud, *Notre cher Péguy*, ouv. cité, p. 68) ; chaque jour, selon une tradition bien établie, les normaliens pouvaient découvrir affichés à la porte du « pot, qui était notre forum, des dessins, des appels, des proclamations, des poésies, des calembours, des listes burlesques » (Raoul Blanchard, *Ma jeunesse sous l'aile de Péguy*, déjà cité, p. 187). Voir la liste des termes courants du jargon normalien dans « Lexique des termes techniques » dans Gustave Téry et al, *Les Normaliens peints par eux-mêmes*, Paris, Chamerot et Renouard, avril 1895, p. 225-229. Massoulier fait allusion à Louis Gillet (ENS 1896 Littéraire), alors proche de Charles Péguy et de Romain Rolland, futur intellectuel catholique (historien de l'art, gendre de René Doumic, une personnalité dominante de l'Académie française, et bientôt chroniqueur à la *Revue des Deux Mondes*). Voir aussi Julien Luchaire (ENS 1894), *Confession d'un Français moyen, 1876-1950*, Florence, Olschki, 1965, p. 71.

latin : « À bas les microbes ![132] » – qui contribua à bâtir sa réputation tant auprès de ceux qui appréciaient que du côté de ceux qui vomissaient cet humour dont ils étaient la cible. « Talas », en jargon normalien, désignait, on le sait, les catholiques qui vont « t'à la messe » (c'est en tous cas l'origine admise de ce sobriquet)[133] ; mais on pressent que l'extension réelle de la mouvance sociale et politique à laquelle ce terme s'appliquait, dans l'esprit de Bernard et de ses amis, débordait largement le groupe des normaliens réputés être des catholiques pratiquants pour s'étendre à toute forme de conservatisme, voire à toute manifestation d'habitus « bourgeois ». Pour Blanchard qui fut élève du côté des littéraires quand Bernard était agrégé-préparateur et qui professait alors des idées socialistes, « à peu près la moitié de la promotion, tous ou à peu près étions de gauche. (...) À côté de nous, les "rouges", il y avait les blancs, les talas. (...) L'Église de France d'avant 1900 (...) restait liée aux partis dits réactionnaires ; aussi les talas étaient-ils mal vus à l'École, objets de plaisanteries joviales, de gros mots et de chansons.[134] » Moins indulgent, Tharaud rappelait qu'à l'heure du pot on pouvait voir Péguy « se dresser entre le plat de nouilles et le bœuf (et) lancer l'anathème aux talas coupables d'avoir agi ou parlé d'une façon qu'on désapprouvait dans la turne Utopie[135] ».

Faute de sources conservées, il est, par exemple, impossible de savoir quel était le contenu du journal « anti-talas » que Bernard placardait sur les murs de l'ENS. Toujours est-il que Jacques Duclaux nota, dans ses mémoires tardives, que « les éminentes qualités d'esprit (de Noël Bernard) lui valaient une influence sur nous et je dois avouer qu'il m'avait rendu anti-tala[136] ». De semblables témoignages n'existent pas pour ce qui concerne Perrin, Langevin ou d'autres scientifiques normaliens de ce groupe ; seul Noël Bernard semble avoir pratiqué un « militantisme anti-talas » pendant ses années normaliennes ou, du moins, il est le seul – avec Péguy - à avoir laissé le souvenir du « militant » que cette pratique caractérisait.

C'est ce caractère extensif de l'« antitalatisme » militant de Bernard que révèle la longue lettre de Massoulier, largement imprégnée de l'ambiance complice qui existait entre les amis, membres de cette promotion de l'École – d'ailleurs Bernard fut, peu d'années après, témoin au mariage de Massoulier :

---

132 Christophe Prochasson, *Les Années électriques 1880-1910,* Paris, La Découverte, 1991, p. 235 ; citation extraite du dossier Duclaux des archives de la Préfecture de Police.

133 Voir le « Lexique des termes techniques » dans G. Téry et al, *Les Normaliens peints par eux-mêmes*, ouv. cité, p. 229. Et aussi R. Rolland, *Le cloître de la rue d'Ulm*, ouv. cité, p. 140.

134 R. Blanchard, *Ma jeunesse sous l'aile de Péguy*, ouv. cité, p. 180-181.

135 J. et J. Tharaud, *Notre cher Péguy*, ouv. cité, p. 68. « Turne » : voir le « Lexique des termes techniques » dans Gustave Téry et al, *Les Normaliens peints par eux-mêmes*, ouv. cité, p. 229. La référence à la « turne Utopie » désigne le groupe de coturnes formé par Péguy, Albert Lévy, Georges Weulersse et Albert Mathiez, tous « socialistes » à cette époque.

136 Jacques Duclaux, « Mémoires inédites », chap. 2, consultables sur http://www.le-petit-orme.com/presque-un-siecle-memoires.

« Mon cher Langevin, Je viens avec Bernard de marier le premier de la Section : Patte. Quand je dis que nous venons de le marier, c'est beaucoup dire : nous n'avons fait qu'assister à la "bénédiction nuptiale" qui leur a été donnée à midi et à Notre-Dame d'Auteuil. Comme tu le vois, le lieu et l'heure étaient des plus commodes et fort bien choisis pour faire déferler la bonne galette en voiture et en (un mot illisible, ndlr). Madame Patte est ma foi fort avenante et les nichons plutôt proéminents font oublier son éducation talate. À propos de talas nous n'avons fait que bouffer (du tala) pendant toute la cérémonie, Bernard et moi, et nous plaignions sincèrement Bénard qui, comme garçon d'honneur, a dû faire une quête pour les talas ce qui lui fendait l'(un mot illisible). Il n'a d'ailleurs pas eu grand succès : Bernard a donné deux sous en deux fois et moi deux sous en une seule fois.[137] »

La promotion de 1894 de l'ENS

Toutes ces notations d'ambiance amènent à souligner que le catholicisme de certains normaliens que les autres brocardaient n'interdisait pas des relations amicales, comme en témoigne la présence des deux « anti-talas », Bernard et Massoulier, à ce mariage où ils rejoignent deux « talas » de la promotion de 1894 : le marié, Lucien-Gabriel Patte, et son témoin, Henri Bénard. D'ailleurs, Bénard et Patte, tout « talas » qu'il fussent, avaient été du nombre des « protestataires » de *l'Aurore*, tout comme le furent Massoulier, Dubreuil, Lebesgue, Bernard et Langevin, soit la moitié de la promotion, sans oublier, bien sûr, leurs condisciples Péguy, Mathiez et d'autres littéraires. Mais l'addition de la différence sociale aux oppositions doctrinaires générait bien des clivages durables au sein des promotions considérées, si on en croit la remarque de Massoulier attristé qu'« à l'École, maintenant tout plie sous l'autorité militaire. Le goupillon et le sabre marchent la main dans la main ».

Au sein de la promotion de normaliens scientifiques de 1894, « la Section » comme écrit Massoulier, on peut relever que les rapports du groupe dominé par Langevin et Bernard, incluant Montel, Lebesgue, Dubreuil et Massoulier, vis-à-vis d'autres recrues comme les physiciens Bénard et Béghin, qualifiées par Charle et Telkès de « catholiques », semblent avoir été plutôt distants. Henri Béghin dont le père et deux frères furent polytechniciens et industriels,

---

[137] Lettre de P. Massoulier à P. Langevin, déjà citée. Pierre Massoulier épousa Yvonne Jalaber, le 26 décembre 1900, à Nantes, Noël Bernard fut son témoin, ainsi que Théodore Leconte (1875-1955, ENS 1895), reçu 13e au concours d'entrée à l'ENS, agrégé de Mathématiques en 1898, alors collègue de Massoulier au lycée de Nantes. (Acte de mariage de Pierre Massoulier et Yvonne Jalaber, 26 décembre 1900, Nantes, 6e canton, acte n° 168. Notices de Théodore Leconte dans Guy Caplat, *Dictionnaire biographique des inspecteurs généraux et des inspecteurs de l'Académie de Paris, 1914-1939*, Paris, INRP, 1997. pages 368-370, et Roland Brasseur, *Dictionnaire des professeurs de mathématiques en classe de Mathématiques spéciales, entre 1852 et 1914*, 2012, en ligne, 1144 pages.)

fut professeur à l'École navale de Brest. Bénard rejoignit, lui, après l'agrégation, les professeurs Mascart et Brillouin comme préparateur au Collège de France[138].

On ne peut négliger le fait que, sur ces normaliens de la promotion de 1894 qui entrèrent à l'École dans la section scientifique, à l'automne 1894 ou 1895 selon qu'il firent ou pas leur service militaire à ce moment-là, beaucoup avaient pour objectif principal sinon exclusif l'enseignement secondaire et donc l'agrégation, sans pour autant avoir des préoccupations spécifiques du côté du progrès de la science et de la recherche ; ou bien n'ayant atteint le concours que bien après leurs camarades futurs chercheurs, plus rapides ou plus déterminés et, réduisant leurs ambitions, ils ont suivi leurs carrières de professeurs de lycée, souvent en province, loin des sociabilités des chercheurs et universitaires qui rassemblaient le reste du groupe en question. Ainsi, de cette promotion, dès 1897 Montel, Beghin et Lebesgue étaient agrégés de Mathématiques, puis Labrousse, Leconte, Bérard et Charles Michel en 1898, tandis que Jean-Marie Gauthier attendait 1900 et Georges Foulon 1901, Jules Renaud, 1902, Georges Cambefort, 1904 et Joseph Angelloz-Pessey, 1920 ; en physique, Langevin et Bénard étaient agrégés en 1897, Duclaux et Massoulier en1898, puis Louis Dubreuil en 1899 et Lucien-Gabriel Patte en 1902 ; en sciences naturelles Bernard était agrégé en 1898, avec Pérez, et Gallaud en 1900[139].

Noël Bernard était particulièrement proche de Lebesgue qu'il qualifiait dans une lettre d'« excellent ami » et dont il considérait avec respect les exceptionnelles qualités intellectuelles. Évoquant pour son cousin Magrou le succès de son camarade à l'agrégation de mathématiques, il s'en amusait en ces termes :

> « Après bien des vicissitudes, après avoir selon son habitude été très brillant ou tout à fait lamentable à ses diverses épreuves, il a fini par être reçu très convenablement 3ème. J'en ai été très heureux étant donné qu'il pouvait fort bien lui arriver un accident car il n'était pas prêt ; mais comme il le dit lui-même, il ne l'eût pas été davantage une autre année et puisqu'il fallait être reçu, mieux vaut la première fois qu'une autre. Les deux

---

138 J. E. Wesfreid, « Scientific Biography of Henri Bénard (1874-1939) », dans Innocent Mutabazi, Jose Eduardo Wesfreid et Étienne Guyon (dir.), *Dynamics of Spatio-Temporal Cellular Structures: Henri Bénard Centenary Review*, New York, Springer, 2006, p. 9 sq.

139 André Chervel, «Les agrégés de l'enseignement secondaire. Répertoire 1809-1950», juin 2011, en ligne : http://rhe.ish-lyon.cnrs.fr/?q=agregsecondaire_laureats_old. L'*Annuaire des anciens élèves de l'ENS* énumérait, en 1899, pour la promotion de 1894, la liste d'élèves suivantes : Allard, Angelloz, Arbelet, Beghin*, Bénard*, Bernard*, Beslais, Bloch, Burnet, Cambefort, Challaye, Dubreuil*, Elbel, Foulon, Gaillet-Billotteau, Homo, Langevin, Lebesgue, Léon, Lévy, Litalien, Luchaire*, Mantoux, Massoulier*, Mathiez, Mendel, Meynier, Montel, Nadaud, Patte, Pérez, Poirot, Renaud, Roques, Roustan, Sarrien, Seure*, Valette, Villeneuve, Weurlesse, Yvon. (*Annuaire de l'Association amicale des anciens élèves de l'ENS*, déjà cité, 1899.)

premiers sont deux élèves de l'École bien plus réguliers mais évidemment moins remarquables.[140] »

Comme un air de « canular » normalien : l'épisode Paul Vernier

On peut relever, pour mémoire, l'épisode rocambolesque qui se produisit en novembre 1894, au moment de la rentrée de la promotion à l'École : ceux-ci apprirent alors de la bouche même du directeur des études, Jules Tannery, qu'un jeune homme de 18 ans qui n'avait pas tenté le concours d'entrée, Paul Vernier, était reçu « hors cadre », sur décision ministérielle et sous la responsabilité directe de Paul Painlevé (1863-1933, ENS 1883), alors maître de conférence à la Sorbonne, et du directeur de l'Enseignement supérieur, Louis Liard (1846-1917, ENS 1866), et qu'il leur revenait de l'accueillir « avec la plus grande bienveillance ». Aussitôt l'affaire, révélée d'abord par *Le Figaro*, fit les délices de la grande presse, affirmant que ce traitement de faveur accordé à un jeune lycéen de province inconnu tenait à « une érudition mathématique extraordinaire, un talent réel, voire du génie[141] » qu'on avait su reconnaître à l'ENS tandis qu'au concours de Polytechnique il avait récolté un zéro.

Le Nouveau Lyon, le jeune homme étant venu de Lyon, mena une interview à laquelle le jeune génie se prêta de bonne grâce mais en tenant des propos quelque peu délirants :

> « (Au lycée), mon professeur de mathématiques me traitait de visionnaire. Pauvre homme, comme je lui pardonne ! (…) J'ai envoyé diverses communications à MM. Hermite, Painlevé, Bertrand, etc., et ces messieurs n'ont pas daigné d'entrer en relation avec un potache. (…) Je vais passer ma licence pour faire comme mes camarades. Mais avant huit mois, je compte livrer à l'Académie des sciences un travail qui, je l'espère, opérera une révolution analogue à celle de Laplace et de Newton.[142] »

Le Nouveau Lyon revint sur le sujet, dès le 8 décembre, pour donner le coup-de-pied de l'âne. On apprenait que Paul Vernier, dont le père était un médecin honorablement connu, s'était fait connaître du monde musical lyonnais, un an auparavant en se disant auteur d'un grand opéra qui devait être représenté au Théâtre Impérial de Vienne, ajoutant qu'il avait dirigé des représentations de *Tannhäuser* et de *La Valkyrie* à Bayreuth ; la supercherie

---

[140] Lettre de N.B. à Jean Magrou, 27 août 1897, CM, n° 4. Devant Lebesgue, ce sont Montel et Beghin qui furent reçus.

[141] « Un nouveau mathématicien », *Le Figaro*, 24 novembre 1894, article non signé. « "Recalé" à l'École polytechnique », *Le Petit Journal*, 25 novembre 1894, art. non signé.

[142] « Paul Vernier », *Le Nouveau Lyon*, 30 novembre 1894, art. non signé.

avait été dévoilée et le plaisantin délirant avait été « à jamais brûlé dans le monde de la rampe[143] ».

Du côté de l'École polytechnique, très vite, Henri Poincaré et Émile Picard, tous deux polytechniciens et académiciens, firent savoir que « la partie de la copie (de Paul Vernier) ayant trait au problème n'offr(ait) aucun sens et ne cont(enait) aucun résultat », et que « la digression qui rempli(ssai)t le reste du travail a(vait) été empruntée presque textuellement à un mémoire publié en 1888 dans les *Annales de l'École normale* par M. Kœnigs, maître de conférences à la Sorbonne[144] ». Nullité et plagiat, donc...

À l'ENS, on avait déjà compris quelle méprise avait été faite et il avait fallu prendre quelques mesures de sauvetage : le 15 décembre, Paul Vernier avait quitté l'École, « malade » si on en croit les traces que conservent les registres de l'administration[145]. Comment une telle bévue a-t-elle pu se produire, sous la conduite de certaines des plus hautes autorités mathématiques ? Les jeunes recrues de la promotion de 1894 en firent sans doute des gorges chaudes... mais on ne trouve pas trace d'allusion à cet épisode de leur part. En fait, Vernier avait, en effet, confié à Painlevé la présentation à l'Académie des sciences, à la séance du 27 août 1894, d'une note « Sur la transformation des équations canoniques du problème des trois corps » et celle-ci figurait désormais aux *Comptes-rendus*[146]. Une autre note, « Sur les formes binaires dont les variables sont des intégrales fondamentales d'une équation différentielle linéaire du second ordre », avait aussi paru dans le *Bulletin de la Société mathématique de France*[147].

Un an plus tard, le mathématicien allemand, Lazarus Fuchs (1833-1902) auquel on doit les fonctions fuchsiennes et le Théorème de Fuchs, publia une note dans le *Journal für die reine und angewandte Mathematik*, dans laquelle il protestait fort aimablement devant ce qu'il considérait comme du plagiat[148]. À cette date, le nom de Paul Vernier avait disparu de la chronique et il ne fut plus jamais évoqué... La promotion de 1894 de l'ENS n'accueillit donc pas un nouveau Galois, mais elle avait quand même un Langevin et un Lebesgue.

---

[143] Albert Olim, « Enfant prodige », *Le Nouveau Lyon*, 8 décembre 1894, et « L'enfant prodige », *Le Figaro*, 25 décembre 1894.

[144] *Le Figaro*, 3 décembre 1894, art. non signé.

[145] Registre des élèves de l'ENS, promotion de 1894, Arch. nat., 61AJ/13.

[146] Paul Vernier, « Sur la transformation des équations canoniques du problème des trois corps », *CR*, t. 119, 1894, p. 451-454.

[147] Paul Vernier, « Sur les formes binaires dont les variables sont des intégrales fondamentales d'une équation différentielle linéaire du second ordre », *Bull. de la Société mathématique de France*, t. 22, 1894, n° 8, p.133-135.

[148] Lazarus Fuchs, « Remarques sur une note de M. Paul Vernier», *Journal für die reine und angewandte Mathematik*, t. 114, 1895, p. 231-232. Le *Bulletin des sciences mathématiques* (t. 28, 1904, p. 25-26) relevait le point de vue de Fuchs, sans autre commentaire.

Au cœur du « noyau dur » de la promotion de 1894

Dans cette sociabilité normalienne, discrètement très hiérarchisée, entre caciques de promotions et majors de concours, entre parisiens bien insérés dans les réseaux universitaires et provinciaux mal dégrossis, selon aussi le niveau d'aisance intellectuelle exprimée dans les résultats scolaires, où les fortes personnalités à caractères intellectuels affirmés ou à profils de leaders tendaient à s'imposer au sein de cercles plus ou moins rivaux, Noël Bernard était très loin de la marge et, bien que s'étant orienté vers la botanique, cette discipline qu'on considérait de second rang, il était au contraire devenu un des membres incontournables du groupe dominant.

Les liens privilégiés entre Perrin, le « leader » incontesté, et Bernard sont attestés de multiples façons ; par exemple, Borel évoquait, lors d'un hommage posthume à Perrin, « le chagrin qu'il avait (eu) de voir disparaître quelques-uns de ses amis les plus intimes : Noël Bernard, Pierre et Marie Curie, Georges Urbain [149]». L'écrivain vulgarisateur scientifique Fernand Lot (1902-1986), dans la biographie qu'il a consacrée à Perrin, cite en premier parmi les camarades de celui-ci, Langevin et Bernard[150] ; il rappelle d'ailleurs que Perrin « avait beaucoup désiré se consacrer lui aussi à la biologie » et « nourrissait l'espoir que la recherche (...) conduirait un jour à la réalisation d'un être supérieur à l'homme "plus rapidement que le feraient, non aidées, les forces obscures de l'Évolution"[151] ».

Cette remarque amène à souligner l'importance qu'ont pu avoir, dans la formation de cette génération scientifique, les échanges et bientôt les convergences entre ses membres au sujet de leur conception essentiellement matérialiste de la nature ; celle-ci orienta aussi bien les travaux de Perrin sur l'existence de l'atome et « la réalité moléculaire » que ceux de Bernard sur la « symbiose » et l'évolution des espèces. Pour finir, Perrin dédicaça « À la mémoire de Noël Bernard », récemment disparu, son ouvrage majeur : *Les Atomes*[152].

Mais ce petit monde, un peu idyllique, ne pouvait durer qu'un temps : la nomination de Noël Bernard loin de Paris, à Caen, l'isola quelque peu et le fit d'une certaine manière « oublier » comme le montre le peu de cas qu'en fait Camille Marbo, dans ses *Souvenirs de deux siècles*. Cependant, la correspondance entre eux et les indications sur les voyages qu'accomplirent les uns et les autres entre Caen et Paris montrent que les liens amicaux de Noël Bernard s'avérèrent les plus solides, réguliers et durables avec Perrin,

---

[149] Émile Borel, discours prononcé dans la cour de la Sorbonne, le 18 juin 1948, lors de la cérémonie du retour des cendres de Jean Perrin des États-Unis, Archives de l'Académie des sciences, dossier Jean Perrin.

[150] Fernand Lot, *Jean Perrin et les atomes*, Paris, éd. Seghers, 1963, p. 12.

[151] *Id.*, p. 122-123.

[152] Jean Perrin, *Les atomes*, Paris, Félix Alcan, 1913.

Lebesgue, Langevin, Massoulier, Baire et Pérez, auxquels s'ajoutèrent ensuite Charles Maurain (1871-1967, ENS 1890) et son épouse, Jeanne Janoty ; plus discontinus mais sincères avec Drach et sa femme ; mitigés, sans doute, mais maintenus avec le couple Borel[153].

[153] On peut relever que Borel, dans un article paru en 1912, lorsqu'il évoquait « la crise du transformisme » et « l'hérédité mendélienne », recommandait la lecture des ouvrages d'Étienne Rabaud et de Félix Le Dantec sur ces sujets mais ne citait pas les travaux de Noël Bernard. (Émile Borel, « Le hasard et la vérité scientifique », *La Revue de Paris*, 1er août 1912, pages 605-616.)

Chapitre trois

Le mystère de la germination des orchidées levé - Naissance d'un botaniste, naturaliste et biologiste d'exception

Le choix que fit Bernard d'une spécialisation en sciences naturelles et plus particulièrement en botanique était loin d'être commun et facile à assumer. Pendant longtemps il n'y avait eu, à l'ENS qu'un enseignement centré sur les mathématiques, la physique et, plus accessoirement, la chimie, tandis que l'enseignement de l'histoire naturelle, faute d'une agrégation et alors qu'il ne cessait de reculer dans les lycées, était réduit à la portion congrue en troisième année du cursus normalien. Lorsque Bernard entra à l'ENS, les choses dans ce domaine avaient changé depuis une quinzaine d'années et une agrégation existait depuis le début des années 1880 mais, comme le notait Pierre Albertini, « la hiérarchie implicite des disciplines à l'intérieur de la section des sciences, moulée sur celle des classes de spéciales (les mathématiques tout en haut, puis la physique et la chimie, enfin les sciences naturelles), n'(était) pas remise en question et ne le (serait) pas de sitôt[154] ».

Dans cette période où la physique qui évoluait à grands pas semblait la science reine, ce choix de la botanique pouvait encore étonner. Malgré les progrès récents de la biochimie et de la biophysique, la botanique – comme d'ailleurs la zoologie et toutes les approches naturalistes – restait considérée, bien souvent, comme une sorte d'amateurisme fleurant bon un rousseauisme désuet, ayant sa place du côté du Jardin des Plantes ou à l'école d'Horticulture

---

[154] Pierre Albertini, « La réforme de 1903 : un assassinat manqué ? », dans J.-F. Sirinelli (dir.), *École normale supérieure, le livre du bicentenaire*, Paris, PUF, 1994, p. 31-72, p. 45.

de Grignon plutôt qu'à l'ENS, le Saint des saints de l'intellectualité positiviste. Elle avait l'image d'une discipline empirique et confuse n'évoluant que de manière cumulative sans parvenir à se doter d'une scientificité reconnue, sans connaître de changement de paradigme significatif. Noël Bernard lui-même a témoigné plus tard de cet état de fait, tout en affirmant qu'une autre perspective, enthousiasmante, existait :

> « Les biologistes ont longtemps fait piètre figure dans le monde des savants, écrivit-il. À côté de ces astronomes qui ont donné en magnifique pâture à l'orgueil humain, l'illusion de connaître la destinée des astres, à côté de ces physiciens qui captent la foudre ou la lumière et qui prétendent dominer le monde matériel, le botaniste avec sa boîte de fer-blanc, le zoologiste avec son filet à insectes, passèrent en un temps pour des simples d'esprit inoffensifs et caricaturables. C'est pourtant à ces précurseurs inconnus que les événements essentiels de la vie apparurent pour la première fois sous un aspect scientifique. C'est eux qui posèrent les questions fondamentales dont la seule étude devait lancer le genre humain dans les révolutions les plus inouïes.[155] »

Noël Bernard devant l'épopée pasteurienne

Bernard est souvent revenu, dans ses propos épistolaires par exemple, sur le modèle inspirant qu'a représenté Louis Pasteur, pour lui et sa génération ; un modèle d'esprit scientifique dont Émile Duclaux a si bien su faire le portrait et analyser les différentes facettes dont il soulignait l'absolue complémentarité. Il l'avait fait dans le gros ouvrage, conçu comme une somme, paru en 1896, un an après la disparition du savant : *Pasteur, histoire d'un esprit*, mais il avait su l'exprimer en quinze courtes pages parues en octobre 1895 dans la *Revue de Paris*. Bernard était élève à l'ENS depuis un an.

L'ouvrage de Duclaux, volontiers apologétique si ce n'est hagiographique, était celui d'un témoin et d'un ami autant que d'un historien du pasteurisme, mais en ces temps de révolution pasteurienne, véritable phénomène global, autant social que scientifique, Bernard et ses camarades normaliens n'en étaient pas à en démêler les tenants et les aboutissants, entre le vieux monde de la biologie universitaire et l'expertise nouvelle en action dans le laboratoire de microbiologie, entre réticences du monde médical et action d'influence des milieux hygiénistes, entre rôle des élèves, des épigones et des suiveurs dans l'entreprise d'édification d'un empire des pasteuriens et naissance d'un « système » agro-chimico-industriel, voire même entre « la science » pratiquée par Pasteur et les incursions du même Pasteur dans le monde politique, toutes choses et bien d'autres qui ont été identifiées depuis et si bien synthétisées, en 1986, dans l'ouvrage dirigé par Claire Salomon-Bayet,

---

[155] N. Bernard, « Un mariage en l'an 3000 », *déjà cité*.

Pasteur et la révolution pasteurienne. Pour Bernard, seule comptait – outre les compétences indiscutables de celui qui incarnait désormais la microbiologie à la tête de l'Institut Pasteur – ce que Salomon-Bayet nomme, dans un autre ouvrage, « la voie de l'opinion droite, de la connaissance vraie et de la science », dont Louis Pasteur portait, à ses yeux, si haut le drapeau[156]. Lecteur passionné, Noël Bernard avait retenu chaque phrase de l'ouvrage de Duclaux et, partant de celles-ci, il avait fini par concevoir quel chercheur il était ou voulait être[157]. Par exemple, celles-ci :

> « Il me paraît que dans le cerveau du savant, il y a deux forces principales, toujours en action (...). Il faut que le savant ait de l'imagination et soit poète à de certaines heures. Il faut qu'à de certaines autres il prenne humblement la livrée de l'expérience et dise à son tour : "Je m'appelle Ruy Blas, et ne suis qu'un valet.[158]" Dans les sciences expérimentales, l'imagination, qui s'applique à l'étude de faits concrets, débute par un acte de foi, ou de défiance, ce qui est au fond la même chose. Brusquement parfois, sans aucun travail apparent de critique, tout un coin de la science semble se plonger dans l'ombre, ou, au contraire, se baigner d'une lumière imprévue. Certaines vérités acceptées semblent tout à coup contestables d'autres, méconnues, protestent confusément. L'imagination se met en branle. En remplaçant par des éléments qu'elle accepte comme vrais ceux dont elle suppose l'inexactitude, elle se fait une nouvelle représentation des choses, en général plus simple que l'ancienne, et avec laquelle elle satisfait momentanément ce désir de clarté qui est au fond de l'âme humaine. Une fois qu'elle a créé cette vision intérieure, son rôle est terminé. (...) Le rôle du laboratoire commence. Il faut que le savant soumette à l'expérience cette idée lumineuse qui lui a traversé l'esprit (...). Le pas est difficile. Beaucoup ne le franchissent pas et restent du côté du mirage (...). Je n'ai aucun mérite à esquisser ainsi cette analyse de l'esprit d'invention, car je ne fais que résumer et synthétiser l'histoire de Pasteur dans la plupart de ses découvertes.[159] »

Ce paragraphe n'était rien à côté de ce qui venait ensuite sous la plume de Duclaux qui, en tant que proche collaborateur de Pasteur, pouvait témoigner de la manière dont le savant avait été capable de mobiliser des qualités précises au cours de sa vie pour « aller si loin et si vite ». Évoquant le travail de Pasteur sur les formes cristallines des tartrates lesquels comportent, à côté de larges faces brillantes qui attirent l'attention, de petites facettes, parfois

---

[156] Claire Salomon-Bayet, *L'institution de la science et l'expérience du vivant ; méthode et expérience à l'Académie royale des sciences, 1666-1793*, Paris, Champs sciences, Flammarion, 1978. Claire Solomon-Bayet (dir.), *Pasteur et la révolution pastorienne*, Paris, Payot, 1986.

[157] É. Duclaux, *Pasteur, histoire d'un esprit*, ouv. cité ; et « Louis Pasteur », *La Revue de Paris*, 2ème année, vol. 4, 15 octobre 1895, p. 719-731.

[158] Citation approximative de *Ruy Blas*, de Victor Hugo.

[159] É. Duclaux, « Louis Pasteur », *art. cité*.

presque invisibles, jusque-là peu étudiées, Duclaux soulignait que c'est sur elles que Pasteur avait concentré son attention :

> « Pourquoi ? Quel instinct secret l'avertissait qu'elles cachaient un mystère ? C'est ici que se place l'acte de foi. Il avait eu à l'École normale un maître, M. Delafosse, dont les brillantes idées sur la structure intérieure des cristaux s'étaient emparées de son imagination. Une fois mise en mouvement, cette imagination avait persuadé au jeune maître que ces facettes mystérieuses étaient un témoin extérieur de l'arrangement intérieur des molécules, et qu'il devait par conséquent y avoir une relation entre la place qu'elles occupaient sur le cristal et sa structure intime, traduite par la façon dont la lumière le traversait. En termes techniques, Pasteur avait pressenti une relation entre la forme cristalline et le pouvoir rotatoire. (…) Une fois cette vision conquise, c'était l'observateur défiant de tout, et surtout de lui-même, qui avait reparu chez Pasteur. (…) C'est lui qui avait trié avec un soin méticuleux les cristaux suivant la position de leurs facettes, et dosé d'une façon irréprochable les deux solutions dont l'examen comparatif devait lui dire si son idée était juste ou fausse. Lorsque, l'examen terminé, il sortait ivre de joie de son laboratoire et disait à un camarade rencontré dans la rue d'Ulm : "Je viens de faire une grande découverte", il pouvait se dire qu'il n'y avait ni autosuggestion ni erreur d'expérience dans son fait. L'homme de laboratoire valait en lui l'homme d'imagination, et c'était des deux qu'était fait le savant.[160] »

Nous verrons plus loin que Noël Bernard a vécu lui-même, très tôt dans sa carrière de chercheur, une situation comparable, à partir de laquelle il a affirmé un style de recherche scientifique duquel il ne s'est ensuite jamais départi. Surtout, il paraît certain qu'ayant eu connaissance de cette belle analyse de Duclaux et ayant été fortement impressionné par les immenses perspectives qu'elle ouvrait, il en avait retenu chaque détail. Lorsqu'il lisait l'ouvrage de Duclaux, au cours de l'été 1897, et en transformait chaque épisode en « conférences » qu'il proposait, disait-il, à la famille Bibesco dont il était l'hôte, il revivait littéralement ce qu'avait connu Duclaux auprès de Pasteur et croyait sans doute le vivre lui-même, transposé du laboratoire de Pasteur à l'ENS dans le laboratoire de Botanique de l'École, déplacé de la haute stature admirée de Pasteur dans la figure respectée du professeur Costantin qui le guidait dans ses premiers pas de botaniste et de biologiste.

D'ailleurs, dans le même témoignage, Duclaux poussait plus loin son observation en saisissant un second exemple pour analyser la manière pasteurienne sous une autre perspective :

> « Dans l'exemple qui précède, le rôle de l'expérience était court et facile. C'était la représentation, la création intellectuelle du début qui était tout. En voici un autre, tout différent, dans lequel l'idée mère était relativement

---

[160] *Id.*, p. 723-724.

simple, n'avait en outre rien d'original, mais où la vérification expérimentale a amené la découverte. C'est l'histoire des recherches sur la maladie des vers à soie. »

Duclaux rappelait d'abord que dans les vers malades mais aussi les papillons et les œufs de l'insecte, on avait observé au microscope de petits corpuscules brillants, là aussi sans en comprendre l'importance. Et là encore, « Pasteur ne vit plus qu'eux », écrivait Duclaux. C'était là, selon lui, qu'il partait non d'hypothèses vagues mais des acquis de ses études antérieures :

« Pour lui, après ses recherches sur les ferments, sur les maladies des vins, la pénétration et le développement d'un être microscopique chez un animal vivant devait se traduire par des changements visibles, qui ne pouvaient être que des désordres et devaient constituer une maladie. Pour éprouver la justesse de cette idée, de cette interprétation inductive des phénomènes, il y avait une chose à faire, en apparence bien facile : se procurer des graines saines, les préserver de la contagion pendant l'éducation et voir si, oui ou non, elles succomberaient à la maladie régnante. L'idée était tellement simple qu'à ce moment déjà elle n'était plus neuve. L'expérience projetée avait été faite et n'avait pas réussi (...), elle avait été faite distraitement, presque à l'aveuglette, parce qu'elle ne répondait qu'à une hypothèse, à un cas possible, jugé a priori tout aussi probable que les autres : il se pouvait que des œufs sains donnent des vers sains, mais il se pouvait aussi, et tout aussi bien, que des œufs sains donnent des vers malades. Quand on prend, pour se mettre en route dans la nuit, un falot à lueurs aussi incertaines, quand, en outre, on connaît mal les tournants et les difficultés du chemin, on est assuré de s'égarer, et c'est ce qui était arrivé à M. Cantoni. [161] »

L'image du « falot à lueurs incertaines » dut rester dans la mémoire de Bernard qui, une dizaine d'années étant passée, la reprit un jour dans une lettre émue à son ami Perrin où il s'extasiait de sa « manière fulgurante » :

« Je m'amuse quand je songe qu'elle fait cligner les yeux aux explorateurs prudents et patients de ce pays noir qui y sont partis avec une lanterne sourde, en éclairant un mètre carré à la fois et y repèrent avec soin les arbres et les mottes de terre. (...) Je préfère rester dans la sérénité en célébrant la pure beauté de ces relations générales auxquelles mène, avec une précision inespérée, l'étude intelligente du monde.[162] »

Retenons cette analyse que Duclaux concluait en affirmant que le mérite de Pasteur avait été « d'avoir su tirer d'une idée ancienne une conclusion

---

[161] *Id.*, p. 726.
[162] *Id.*.

nouvelle et féconde par le tour expérimental qu'il a su lui donner[163] », car celle-ci aussi a directement à voir avec les travaux de Bernard et sa découverte du rôle des parasites dans la biologie des orchidées. On ne peut douter que celui-ci a été guidé, dans le labyrinthe de ses questionnements par le souvenir précis des enseignements de cet ouvrage sur la vie de Pasteur ; tel cet autre qui venait à la page d'après :

> « Si j'ai introduit dans cet exposé les études du Maître sur la maladie des vers à soie, ce n'est pas seulement pour ajouter un second exemple à celui des tartrates; c'est aussi parce qu'elles me permettent d'aborder une question nouvelle, la part du hasard dans une découverte scientifique. (...) C'est ce que montrent bien ses recherches sur la maladie du ver à soie. (...) C'est ici que s'est, en apparence, présentée la chance. Elle a voulu, et elle aurait pu vouloir autrement, que la durée de la vie de la larve fût de quelques jours inférieure au temps nécessaire au corpuscule pour envahir le ver à un degré suffisant pour l'empêcher de faire son cocon. Peu importe donc que le ver, né de parents sains, se contagionne, même dès les premiers jours de sa naissance, au contact de ses voisins malades. Il arrivera toujours à faire son cocon, c'est-à-dire à être utilisable industriellement. (...) Le problème est donc résolu, mais ne l'eût plus été, du moins de cette façon, si la durée de l'évolution de la maladie eût été plus courte chez l'animal contagionné, et, là-dessus, on peut être tenté de dire : "Voyez le bonheur, voyez la chance !" Mais il n'y a qu'un mot à répondre : cette chance ne visite que ceux qui la méritent. À quoi eût servi à Pasteur la connaissance du fait qu'il a utilisé, s'il n'avait pas solidement établi, à l'avance, que la maladie n'était pas spontanée, et qu'elle était vraiment due, quelle que fût son origine, hérédité ou contagion, au seul corpuscule ? (...) Tout est hasard dans une recherche, ce qui veut dire qu'on se heurte constamment à des lois sur lesquelles on ne sait rien à l'avance. Elles ne sont ni favorables ni défavorables. Elles sont inexorables ; l'habileté consiste à les découvrir et à les mettre en état de fonctionner.[164] »

La vie de chercheur de Noël Bernard que nous allons parcourir va nous apparaître, par bien des traits, comme un décalque de ce récit de Duclaux à propos de Pasteur. Avec Bernard il ne s'agira plus de vers à soie mais d'orchidées, dans les deux cas il était question de parasites, de maladies, d'expériences en milieu stérile ou contaminé, d'observation et d'accommodements avec l'infection. Il faudra constamment garder en tête que Bernard, lorsqu'il se débattait avec ces « lois sur lesquelles on ne sait rien à l'avance, (qui) ne sont ni favorables ni défavorables (mais) sont inexorables », eut cette force de caractère de toujours avoir confiance dans les hypothèses

---

[163] *Id.*, p. 726.
[164] *Id.*, p. 725-728.

qu'il élaborait et dans les méthodes à mettre en œuvre, et de vouloir se tenir obstinément aux unes et aux autres quels que fussent les échecs.

« Le goût des idées générales »

Duclaux n'en avait pas fini avec son tableau explicatif du « génie » pasteurien. Outre les qualités d'imagination et la rigueur raisonnée de l'expérimentation, il évoquait une troisième composante, son goût des généralisations :

> « Le tempérament scientifique de ce maître avait une troisième face que nous n'avons pas encore mise en évidence. (…) La région dans laquelle son imagination l'avait emporté s'étendait bien au-delà du point sur lequel il s'était posé et avait fait ses premières investigations. Mais ce point n'était pas choisi au hasard. Par une intuition merveilleuse qui a peut-être été sa faculté maîtresse, il choisissait une question topique, un haut sommet d'où l'on dominait le pays environnant. Dès lors, l'ascension faite, il pouvait jeter un regard autour de lui et y voir des choses qui, pour d'autres que lui, même pour les préparateurs qu'il avait mêlés à ses travaux, restaient noyées dans l'ombre. De là l'éclat inusité, le caractère magistral de ses communications, en particulier de celles qu'il faisait à l'Académie des sciences ou à l'Académie de médecine.[165] »

Voilà une image, celle de la « hauteur de vue » qui mérite d'être, elle aussi, retenue au moment de reprendre les grandes étapes de l'œuvre scientifique de Noël Bernard. Duclaux la précisait en quelques phrases :

> « M. Pasteur se permettait parfois de vaticiner, de dépasser dans ses prévisions les limites de l'expérience. Je ne donne pas l'exemple comme bon à suivre par tout le monde. Les forts seuls peuvent se permettre de pareilles audaces. M. Pasteur, qui se les accordait rarement, s'est quelquefois trompé. Mais en revanche, que d'idées instructives il a émises, que de prévisions qui sont devenues des réalités ![166] »

Bernard, reprenant cette pratique à son compte, appelait ces « vaticinations » : « avoir le goût des idées générales ». Il en fut un ardent amateur soit qu'il les gardât pour lui, longtemps, les ruminant et les laissant envahir son esprit, soit qu'il prît le parti – et le risque – de les exposer, parfois dans une communication aux séances de l'Académie des sciences, parfois dans un article pour une revue de large diffusion. À les suivre dans leur développement sur une dizaine d'années, on comprend mieux dans quelle immense confusion pouvaient se trouver, parfois, certains chercheurs exigeants de cette époque charnière de la biologie naissante et pourquoi

---

[165] *Id.*, p. 729.
[166] *Id.*

certains d'entre eux ressentaient la nécessité de fixer quelques points de certitude ou même de, simplement, poser de bonnes questions. Il n'était pas possible, comme dans d'autres disciplines de se contenter de « voir loin en étant juché sur des épaules de géants » mais plutôt, comme Pasteur avait tenté de le faire, d'ouvrir, à partir de presque rien, des horizons.

Charles Darwin aussi choisi comme modèle

Bernard s'y attela ; il eut certes ses « géants », Lamarck, Darwin, Pasteur, mais en botanique, depuis Jussieu (1699-1777) et Linné (1707-1778), peu de pas en avant essentiels avaient été opérés et de tous côtés se dressaient limites, obstacles, incohérences et incompréhensions ; l'ignorance restait épaisse. Lorsque Bernard indiquait tout l'effet qu'avait eue sur lui la lecture de l'ouvrage de Duclaux, il laissait comprendre à quel point la connaissance de l'œuvre et de la personnalité de Pasteur fut pour lui inspirante. Il tenait des propos semblables au sujet de Darwin et en faisait même le sujet d'une conférence proposée à la « Jeunesse laïque » de Caen. Il évoquait ainsi non seulement l'œuvre scientifique de Darwin mais aussi la biographie et la personnalité de ce savant disparu depuis peu – Bernard avait huit ans à la mort de Darwin et quatorze ans lorsque parurent en France les deux volumes de *La vie et la correspondance de Charles Darwin*, édités par son fils[167]. Le texte de la conférence de Caen n'ayant pas été conservé, on n'en connaît que ce qu'en dit alors l'auteur d'un compte-rendu paru dans le bimensuel socialiste local :

> « Le conférencier nous retrace l'évolution intellectuelle du savant naturaliste anglais, la longue suite de découvertes ou plutôt de remarques faites par un esprit doué d'une observation incisive (...) et enfin la saine raison du "scientifique" découvrant entre tous les faits qui l'ont frappé, le lien qui manifestement les relie.[168] »

La proximité du propos sur Darwin retenu par ce témoin avec ce que nous avons vu des propos de Duclaux au sujet de Pasteur est ici frappante. On notera que le terme « scientifique » est placé par le journaliste entre des guillemets, ce qui rappelle que ce substantif, d'usage très récent, ne s'était pas encore imposé, qu'il avait même un parfum de modernité que voulait sans doute souligner son utilisation par contraste avec le caractère suranné du terme « savant » d'abord noté, le professionnalisme méthodique de l'homme de laboratoire s'opposant, si on simplifie un peu, à l'amateurisme éclectique qui

---

[167] Charles Darwin, *La vie et la correspondance de Charles Darwin, avec un chapitre autobiographique, publiés par son fils M. Francis Darwin*, traduit par Henry de Varigny, Paris, Reinwald éd., 1888, 2 vol.

[168] « Jeunesse laïque de Caen. Conférence de M. Noël Bernard », *Le Combat ouvrier, républicain, socialiste*, n° 1, 1ère année, 16 février 1907, p. 3.

avait caractérisé, longtemps, l'homme de cabinet de curiosité[169]. On comprend donc pourquoi le journaliste, après Noël Bernard sans doute, qualifiait finalement Darwin de « scientifique » après l'avoir d'abord désigné comme « savant ».

Dès sa première rencontre avec celle dont Bernard était amoureux, la conversation roula sur Darwin, sur Pierre Curie. Comment ne pas songer qu'en proposant à celle-ci de choisir un domicile commun à la campagne plutôt que dans la ville de Caen, en lui décrivant les avantages d'un tel choix, il avait encore en tête ce que Darwin lui-même avait écrit dans son autobiographie pour expliquer son installation à Downe, au sud de Londres :

> « Les devoirs de société convenaient si peu à ma santé que nous résolûmes d'habiter à la campagne, que nous préférions tous deux, et nous n'avons jamais regretté cette décision. (...) Ce qui me plût, ce fut l'extrême rusticité et la tranquillité de l'endroit. (...) Peu de personnes ont vécu d'une manière aussi retirée que nous. À l'exception de courtes visites chez des amis et, de temps à autre, de divers séjours à la mer ou ailleurs, nous ne sommes allés nulle part. Durant la première partie de notre séjour nous allions un peu dans le monde et nous reçûmes quelques amis. Mais ma santé souffrait presque toujours de cette fatigue. (...) Ma principale occupation et la meilleure source de mes jouissances ici-bas provient (sic) de mes travaux scientifiques, la passion exaltée par ces études me faisant oublier ou chassant mes malaises quotidiens.[170] »

Bernard pouvait écrire des phrases qui semblent « décalquées » de celles-ci. Nous retrouverons aussi, plus loin, les traces que la pensée de Darwin a imprimées dans son esprit. Il n'est pas inutile de relever que Darwin était un connaisseur – aussi – en orchidées, lesquelles devinrent l'objet principal des recherches de Bernard. Darwin avait d'ailleurs publié, en 1862, un petit traité sur la *Fertilisation des Orchidées*[171] et son fils racontait qu'ils aimaient fréquenter ensemble un site voisin de Down House qu'ils nommaient *Orchis Bank*, une hêtraie où croissaient des Céphalantères et des Néotties. Dans sa thèse, Bernard signalait que Darwin s'était étonné que l'immense production de graines par certaines orchidées ne se traduisait pas par une vaste couverture des sols par ces plantes et qu'il avait émis l'idée que celles-ci étaient massivement détruites pour des raisons inconnues, ce à quoi Bernard

---

[169] Pour un développement sur l'origine et l'évolution du terme « scientifique » pour désigner un spécialiste des études de sciences, voir le chapitre « Le vocabulaire de Barrès et la conception de la science qu'il révèle », dans M. Pinault, *Maurice Barrès et « la grande pitié des laboratoires de France », Discours parlementaires pour une politique des recherches scientifiques en France (1919-1923),* Paris, L'Harmattan, 2015, p. 100-109.

[170] C. Darwin, *La vie et la correspondance de Charles Darwin*, ouv. cité, vol. 1, p. 81-82.

[171] Charles Darwin, *De la fécondation des Orchidées par les insectes,* Paris, Heinwald & Cie, 1870 (*On the various contrivances by which British and foreign orchids are fertilised by insects, and on the good effects of intercrossing*, Londres, John Murray, 1862).

répondait qu'en fait la quasi-totalité de ces graines ne germaient pas, pour des raisons qu'il était, lui, en mesure d'exposer.

Dans les dernières années du XIXème siècle, toute la biologie, quasiment née avec Lamarck puis relancée vigoureusement avec Darwin, était acquise à la conception transformiste qui admettait une évolution des espèces dans le temps et au fil des générations. Elle restait, en France, fortement dominée par un néo-lamarckisme tendant à vouloir prouver que l'évolution lente et cumulative des espèces, végétales ou animales, étaient due à l'influence du milieu et au mécanisme, toujours mystérieux, de l'hérédité des caractères acquis sous l'influence dudit milieu [172]. Certaines découvertes récentes semblaient renforcer cette approche et tous les savants français occupant les positions universitaires étaient acquis à cette conception. Noël Bernard fut donc formé dans cet esprit et il resta toute sa vie attaché à la prise en compte des conceptions héritées de Lamarck. Cependant il fut, dès ses années normaliennes, très sensible aux autres théories, en particulier celles de Darwin dont il lut tous les ouvrages et dont il connaissait dans le détail la biographie, et, à partir de sa « redécouverte » en 1900, à celle de Mendel (1822-1884) qui fut à l'origine de la génétique. De Darwin, il disait ceci, dans son cours à la faculté des Sciences :

> « Après des controverses passionnées, les idées transformistes de Darwin ont été acceptées dans leurs traits essentiels par l'immense majorité des naturalistes. Nous pouvons considérer *L'Origine des espèces* simplement comme un fait historique ; l'essentiel après tout n'est pas qu'une théorie s'approche plus ou moins de la vérité définitive, mais qu'*elle serve comme instrument constant de compréhension des faits et qu'elle soit à un instant donné l'instrument provisoirement le meilleur*. C'est le cas des théories de Darwin contre lesquelles on n'a pas élevé d'objection qui paraisse irréductible, et qui ont permis de coordonner un grand nombre de faits dans toutes les branches des sciences naturelles, particulièrement en paléontologie.[173] »

La Botanique à l'ENS

Si Bernard put choisir de s'orienter vers la botanique et la biologie, il le dut sans doute au vent de passion insufflé par les découvertes et théories d'un Darwin ou d'un Pasteur, mais il le dut aussi aux avancées déjà réalisées dans

---

[172] Laurent Goulven, notice « Lamarckisme », dans Dominique Lecourt (dir.), *Dictionnaire d'histoire et philosophie des sciences*, ouv. cité, p. 558-560. Laurent Loison, *Qu'est-ce que le néo-lamarckisme ? les biologistes français et la question de l'évolution des espèces, 1870-1940*, Paris, Vuibert, 2010,.et « Le projet du néolamarckisme français (1880-1910) », *Revue d'histoire des sciences*, t. 65, 2012, n° 1, p. 61 -79.

[173] N. Bernard, *L'Évolution des plantes*, ouv. cité, p. 45. En italique dans l'ouvrage.

l'organisation de l'enseignement de ces disciplines. Il n'y a pas si longtemps, Louis Pasteur avait été en charge des études scientifiques à l'ENS et il avait obtenu, en 1858, l'affectation de jeunes normaliens sur les postes d'agrégés-préparateurs créés à la rue d'Ulm ; l'un des premiers avait été le jeune Philippe Van Tieghem, devenu ensuite maître de conférences de Botanique à l'ENS avant de passer au Muséum d'histoire naturelle et de devenir un des patrons de la Botanique française. Van Tieghem fut un précurseur, il eut des épigones. Selon Frédéric Houssay (1860-1920, ENS 1879), agrégé de Sciences naturelles en 1882, c'est à Gaston Bonnier (1853-1922, ENS 1873), alors maître de conférences de Botanique à la Sorbonne, qu'on dut la relance d'une campagne en faveur de la création d'une agrégation de Sciences naturelles, création finalement décidée en 1881[174] ; et c'est au même Bonnier qu'on dut le développement de l'enseignement correspondant à l'ENS[175]. Celui-ci agit alors, en particulier, auprès du directeur de l'École, Fustel de Coulanges (1830-1889, ENS 1850), dont il se fit un allié et il fut finalement chargé de la mise en œuvre de la réforme. Après l'arrivée du mathématicien Jules Tannery à la direction des études scientifiques, en 1884, la position des naturalistes se renforça encore, ceux-ci bénéficiant d'une quatrième année d'études pour la préparation à l'agrégation ; ne restait qu'à équiper l'ENS de laboratoires, de bibliothèques, de collections et de cadres permettant les études « sur le terrain », bref à créer les conditions matérielles du développement des travaux de sciences naturelles à l'ENS ; ce fut fait avec l'acquisition en 1883 et l'aménagement, toujours sous l'autorité de Bonnier, de nouveaux espaces fonciers, un immeuble de trois étages et des terrains non bâtis, qui permirent l'installation de cultures, de jardins et de serres, le long de la rue Rataud, à l'opposé des locaux de la rue d'Ulm :

> « Il s'en faut que l'ensemble de ces laboratoires soit très luxueux, notait Marin Molliard, qui fut un des élèves de Bonnier. Tels qu'ils sont, ils se trouvent encore mieux adaptés à leur objet que bien d'autres et en particulier ceux qui ont été installés dans la nouvelle Sorbonne. Tous les anciens élèves de l'École normale se rappellent le caractère pittoresque de cette annexe, connue par eux sous le nom de "la Nature".[176] »

---

[174] Une première tentative avait eu lieu près de quarante ans auparavant ; voir Nicole Hulin, « La section des sciences de l'ENS », dans J.-F. Sirinelli (dir.), *École normale supérieure, le livre du bicentenaire,* ouv. cité, p. 321-349.

[175] Frédéric Houssay, « Les débuts de la section des Sciences naturelles (1880-1894), dans P. Dupuy, *Le Centenaire de l'École normale (1795-1895)*, ouv. cité ; Jacques Verger, « Texte et contexte - Le Livre du Centenaire et l'École normale supérieure en 1895 », p. 11-73, dans la réédition du Bicentenaire, déjà cité, texte de Frédéric Houssay, p. 432-446.

[176] Marin Molliard, « Notice sur la vie et les travaux de Gaston Bonnier », manuscrit déposé aux Archives de l'Académie des sciences, Paris, Gauthier-Villars, 1923.

Frédéric Houssay voyait, dans l'existence de cette annexe des Sciences naturelles qui jurait à côté des bâtiments historiques de l'École, un fort symbole soulignant la « différence » avec les autres pôles de l'École :

« Après avoir parcouru le monument de la rue d'Ulm, si régulier que les élèves nouveaux mettent plusieurs jours avant d'y retrouver leur chemin, quand on arrive devant l'annexe des naturalistes, la monotonie est de suite rompue. Plus rien d'académique, dès le léger escalier qu'il faut d'abord descendre. Mais que l'on ne soit pas dupe de ce modeste aspect : c'est le point où l'École a rompu sa ceinture de pierres de taille, et ce fut presque le fait essentiel dans la réforme qu'il s'agissait d'accomplir.[177] »

Trente ans plus tard, peu de choses aurait changé et un ancien élève comme Paul Nizan (1905-1940, ENS 1924) décrirait alors ainsi les lieux, à travers ses souvenirs :

« En bordure de la rue Rataud s'étend un tennis, et entre la rue Rataud et la rue d'Ulm, un jardin orné d'un banc de pierre sculptée et de deux femmes nues d'un contour assez mou souvent décorées d'inscriptions obscènes. À l'une des extrémités du tennis s'élève un petit laboratoire de physique dans le style des baraques historiques où des inventeurs célèbres ont découvert le moteur à explosion ou le détecteur de sans fil ; à l'autre extrémité se dressaient il y a dix ans un gymnase et des laboratoires de biologie végétale qui tombaient en ruines autour d'un petit potager botanique qu'on appelait la Nature.[178] »

Cette évolution de l'ENS, son ouverture aux sciences naturelles, avait donc permis que de fortes personnalités s'orientent vers ces disciplines – mais les futurs naturalistes continuaient de passer les deux licences de Sciences mathématiques et de Sciences physiques, en principe à la fin de leurs deux premières années à l'École, en plus de préparer celle de Sciences naturelles ; après Bonnier ou Costantin, il y avait eu, par exemple, Félix Le Dantec, cacique de la promotion de 1885, qui avait choisi ensuite l'Institut Pasteur plutôt que l'agrégation et qui, devenu un graphomane foisonnant, occupait, dix ans plus tard, le devant de la scène scientifico-philosophique parisienne. De la même promotion, était issu le mycologue Louis Matruchot (1863-1921, ENS 1885), resté proche de Bonnier. L'autre versant de la biologie, la zoologie, était depuis longtemps sous la forte influence d'Alfred Giard (1846-1908, ENS 1867), un universitaire lillois qui, après avoir été député radical de Valenciennes, de 1881 à 1885, « d'un radicalisme très avancé », disait-on, avait été nommé en 1887 maître de conférences à l'École et occupait désormais la chaire nouvelle d'Évolution des êtres organisés à la Sorbonne ;

---

177 F. Houssay, « Les débuts de la section des Sciences naturelles (1880-1894) », *déjà cité*.

178 Paul Nizan, *La Conspiration*, Paris, Gallimard, 1938, p. 22.

son principal élève était Maurice Caullery (1868-1958, ENS 1887), cacique lui aussi de sa promotion et alors agrégé-préparateur de Zoologie à l'ENS[179].

Lorsque Bernard arriva à l'École, l'enseignement de Botanique était désormais confié à Costantin, Bonnier ayant rejoint la chaire de Botanique de la Sorbonne. L'enseignement des Sciences naturelles y était donc entré dans les mœurs et pourtant, l'écart de reconnaissance intellectuelle et sociale entre les disciplines restait tel que l'historien Christophe Charle peut conclure qu'« il exist(ait) bien une division sociale du travail entre les disciplines en fonction des atouts hérités des scientifiques [180] ». Noël Bernard allait l'apprendre à ses dépens...

Le choix d'un objet de recherche : les orchidées

Au cours de ses études, Bernard avait été initié à l'étude des orchidées par Costantin, dont c'était un des centres d'intérêt. Celui-ci avait proposé à Bernard et Pérez, alors agrégatifs, de préparer une leçon sur ce sujet ; or, il se trouve que cette question « tomba », précisément, lors de l'écrit de l'agrégation...Bernard et Pérez furent reçus premiers ex-æquo...

Tandis que Pérez s'orientait vers la zoologie, Bernard ne s'éloigna pas, ensuite, de cette question qui comportait bien des énigmes, dont ce paradoxe, relevé naguère par Charles Darwin, d'après lequel chaque orchidée produit des dizaines de milliers de graines minuscules, voire des centaines de milliers pour certaines espèces, une véritable poussière de graines, pour une efficacité reproductive proche de zéro : un tel paradoxe ne s'expliquait pas[181]. On avait retenu jusque-là que les orchidées, du fait de l'apparente stérilité de leurs graines, se multipliaient principalement par voie végétative. Bernard se consacra donc à l'étude des orchidées, tout d'abord en observant qu'à la différence des orchidées tropicales, dites épiphytes car menant pour la plupart une vie aérienne, souvent sur une branche d'arbre, sans que les racines ne soient en contact avec le sol, celles des régions tempérées, bien ancrées dans le sol, étaient, en général, considérées comme des organismes saprophytes, c'est-à-dire tirant leur subsistance d'autres organismes en décomposition, comme le font les champignons. Il entreprit de provoquer la germination de ces mystérieuses graines ou au moins d'en observer les éventuelles modifications physiologiques.

---

[179] François Bouyssi, « Alfred Giard et ses élèves : un cénacle de "philosophes biologistes" ; aux origines du scientisme ? », thèse EPHE, 1990. Biographie d'Alfred Giard dans Adolphe Robert, Edgar Bourloton et Gaston Cougny, *Dictionnaire des parlementaires français (1789-1889)*, Paris, Bourloton éd., 1891, 5 vol., vol. 3, p. 166.

[180] C. Charle, La République des universitaires, *ouvr. cité,* pages 159.

[181] Charles Darwin, *De la fécondation des Orchidées par les insectes,* ouvr. cité.

Ce sont les espèces d'origine tropicale plutôt que celles des régions tempérées qui, depuis leur découverte dès le XVIIIème siècle et surtout au début du XIXème siècle, après avoir été considérées par les voyageurs et les botanistes comme des végétaux extraordinaires, étaient devenues l'objet d'un engouement massif du public européen fortuné, entraînant de nombreux horticulteurs à en importer à grands frais depuis les contrées exotiques les plus éloignées, à tenter de les cultiver, de les reproduire, et à s'acharner à créer des hybrides commercialisables à des prix exceptionnels. Pouvoir réunir quelques invités sélectionnés dans une serre où des orchidées, éventuellement accompagnées d'autres plantes rares, étaient exposées, était désormais un « must » dans la bonne société parisienne (ou londonienne) ; les élégantes accrochaient à leur corsage ou bien sur leur chapeau, des fleurs au meilleur de leur épanouissement ; les orchidées étaient devenues le signe d'adhésion aux modes venues de la saison *fashionable* anglaise au cours de laquelle, grâce à des ventes énormes, les orchidées triomphaient sur leurs rivales, les fleurs d'Europe. Edmond Plauchut (1824-1909), journaliste voyageur sinon aventurier très à la mode, s'en émouvait et faisait part de ses sentiments aux très concernés lecteurs de la *Revue des Deux Mondes* :

> « C'est avec un sentiment très vif d'admiration que les Parisiens qui, à la chute du jour, promènent leur incurable flânerie sur les boulevards, se pressent devant les magasins où les fleuristes – très artistes en leur genre – exposent ce que les plantes indigènes et étrangères produisent de plus merveilleux. (…) La fleur exotique les étonne et les rend perplexes (…). Il s'en trouve qui lui donnent une âme (…). En fallait-il davantage pour décider les horticulteurs de profession et les amateurs de plantes rares à créer des jardins d'hiver où (…) admirer ces plantes sans rivales par l'étrangeté de leurs formes, la délicatesse de leurs couleurs, les mystères de leur vie aérienne, le parfum pénétrant qui, dans quelques espèces, s'en échappe goutte à goutte ? (…) Quant aux Orchidées des climats tempérés (…), elles n'intéressent que le botaniste de profession, lequel ne s'excuse pas de placer une fleurette de nos champs à côté de l'une de ses sœurs des tropiques, parce que, vous dira-t-il, (…) elle y est en famille.[182] »

Cet intérêt récent pour les orchidées comme emblème de distinction sociale n'était d'ailleurs pas né sans recycler d'une certaine façon des usages traditionnels de ces plantes tout aussi chargés de signification : depuis des lustres, la médecine prétendait que les tubercules d'orchidées pouvaient guérir de la stérilité et que certain philtre élaboré sur cette base, le salep, en vente chez tous les apothicaires, était « capable de réveiller les sensations les plus endormies ». Depuis l'Antiquité, des boissons à base de salep ont été consommées et, au XIXème siècle, la mode venue de l'Empire ottoman s'en était répandue en Angleterre. Le terme salep lui-même était une transposition

[182] E. Plauchut, *art. cité*.

de l'arabe et Littré considérait que l'orchidée portait ce nom, de racine grecque, « parce que les racines, qui sont bulbeuses, ressemblent à des testicules ».

Les botanistes comme les horticulteurs faisaient face aux mystères tenaces des orchidées et restaient souvent en échec aussi bien dans leurs tentatives pour reproduire les conditions de l'épanouissement des espèces tropicales que pour comprendre l'étrangeté anatomique, la physiologie et la reproduction des espèces locales, par exemple le magnifique mais si rare *Cypripedium calceolus*, autrement dit le Sabot de Vénus. Comme l'indique le biographe de Noël Bernard, Bernard Boullard, docteur ès Sciences naturelles en 1957 et professeur de Biologie végétale à l'Université de Caen puis de Rouen dans la seconde moitié du XXème siècle, « on en était encore aux méthodes empiriques et pleines d'aléas (...). Le succès relevait autant du "tour de main" que du "tour de force"... inexpliqué ![183] ».

Au cours des premiers mois de l'année 1899, à quelques semaines de son départ au service militaire, Bernard s'était fixé l'objectif de faire germer en laboratoire des graines de Néotties, chose qu'aucun botaniste n'avait jamais réussi à faire : « Je n'y avais pas plus réussi qu'aucun de ceux qui l'ont cherché avant moi », écrivit-il ensuite à son cousin Magrou, ajoutant :

> « Jamais personne n'avait pu en faire germer ni n'en avait vu germer. Si bien que l'on pensait généralement que ces plantes ne se propagent pas par leurs graines, fait curieux.[184] »

La chance doublée des qualités d'observateur et d'intuition scientifique de Bernard puis son esprit de suite allaient provoquer un bouleversement dans sa jeune vie de chercheur. Cet événement se produisit le 3 mai 1899 et il n'allait cesser de développer ses effets pendant toute sa courte vie.

Un pénible intermède d'un an, sous l'uniforme

De novembre 1898 à septembre 1899, Noël Bernard dut accomplir son service militaire dans l'infanterie, à la caserne de Melun (Seine-et-Marne). Pendant cette année qui eût pu être stérile du point de vue de sa carrière scientifique, il réussit à mettre à profit une partie de ce temps entre parenthèse, mais ce ne fut pas sans mal. Il obtint, non sans difficulté, l'autorisation de fréquenter le Laboratoire de Biologie végétale proche de Melun, créé à Fontainebleau sur un terrain de trois hectares, en 1889, et dirigé depuis lors par le professeur Bonnier et son adjoint, Léon Dufour (1861-1942, ENS 1880), assisté d'Albert Maige (1872-1943, ENS 1891)[185]. Face à l'ennui envahissant

[183] Bernard Boullard, conférence prononcée à la Société botanique de France, le 9 décembre 2011, en ligne.

[184] Lettre de N.B. à Jean Magrou, le 3 mai 1899, CM, n° 12.

[185] Léon Dufour, « Le laboratoire de biologie végétale de Fontainebleau », *Vingt-cinquième anniversaire de la fondation du Laboratoire de Biologie végétale de Fontainebleau et la*

suscité par la vie quotidienne à la caserne, Bernard multiplia les excursions dans la forêt de Fontainebleau, voisine de son casernement, qui était connue depuis des dizaines d'années au moins, par les botanistes, comme un site écologique particulièrement riche[186]. Mais, devant le sentiment envahissant de se trouver dans une situation invraisemblable, confronté à l'inutilité et l'irrationalité des tâches à accomplir, livré surtout à la bêtise, il lui fallut s'obliger à être, comme il l'écrivait à ses cousins, « philosophe » :

> « Je n'ai pas envie de rire du tout, heureusement du reste (...). J'assiste sans sourciller aux choses les plus énormes. Aujourd'hui, dès 7h ¼ , un balai à la main, je frottais énergiquement le plancher sous d'incessantes bordées d'injures dont me gratifiait le caporal (...). Je suis resté philosophe. (...) À 8 heures théorie : j'apprends pour la 3ème fois que "le fusil modèle 86, modifié 93, comprend six pièces principales, etc." 9h ¼ ordre de se mettre en tenue n° 2, pantalon veste et képi. Je m'astique. 9 heures : ordre changé, se mettre en tenue n° 3 (...) ; philosophe. (...) Puis re-théorie, j'apprends pour la 5ème fois que le caporal se distingue par 2 galons de laine rouge sur chaque bras... à vrai dire, la moitié de la compagnie ne le sait pas encore. 10 h 5, 4ème changement de tenue, on se met en treillis pour la soupe. (...) Nouvelle bordée d'injures, nous galopons au rapport. Le sergent major nous fait rectifier la position 20 fois, inspecte les cheveux, etc., et il ne fait pas chaud. Après le rapport, étant de chambre, j'apprends que j'ai (en plus) la corvée d'épluchures et je vais balayer la cour. Cette fois, j'ai failli ne pas être philosophe et j'ai déclaré à mon caporal que je ne voyais pas en quoi le fait d'avoir une première corvée pouvait être le motif pour en avoir une seconde. Enfin, je m'exécute, j'avais repris la saine philosophie. (...) Je fais mon lit, pas assez carré, le caporal le refait (...), on nous appelle à la théorie et j'ai le bonheur de voir le caporal forcé de faire mon paquetage, la chambre. En moi-même je me venge (...). Théorie : j'apprends pour la 7ème fois que le caporal a 2 galons de laine rouge.[187] »

Les premiers pas – spectaculaires – de Noël Bernard dans la recherche botanique

Selon Julien Costantin, « le début dans la science (de Noël Bernard) a été un coup d'éclat ». Nous allons voir comment.

---

création de la Revue générale de botanique, Nemours, Imprimerie nemourienne, 1914, p. 45-53.

[186] Jean-Marie Pelt rappelle qu'en 1855 le botaniste Wladimir de Schoenefeld (1816-1875) signalait, en forêt de Fontainebleau la disparition d'une orchidée comme conséquence de l'assèchement d'un marécage. (Jean-Marie Pelt, *La Raison du plus faible*, Paris, Fayard, 2008 (Livre de poche, 2011, p. 69.)

[187] Lettre de N.B. à Jean Magrou, sans date, déjà citée.

Or donc, Noël Bernard arrivait – de temps en temps, ayant obtenu avec difficulté une permission de son capitaine – à s'extraire du quotidien déprimant de la caserne pour aller en excursion botanique en forêt de Fontainebleau. Lors d'une de ces sorties, ce 3 mai 1899 précisément, il remarqua, au milieu des tiges desséchées de fleurs datant de l'année précédente, au moins un pied de Néottie nid d'oiseau, une orchidée assez répandue qui se caractérise par son absence de pigment chlorophyllien, dont le pédoncule floral s'était trouvé enfoui dans la masse de végétaux en décomposition couvrant le sol ; sous les feuilles, se cachait un tapis de jeunes pousses qu'un œil moins averti eût pris pour de la mousse ; Bernard constata que les capsules de nombreuses graines de cette orchidée étaient ouvertes et avaient germé. Il récolta aussitôt « plusieurs centaines de graines en germination » et des « jeunes plantes (ayant jusqu'à 5 millimètres de long !) qu'aucun œil de botaniste n'avait jamais contemplées ![188]. » Le jour même, il se précipita pour écrire une longue lettre à son cousin Magrou expliquant qu'il pouvait désormais songer à « la solution de cette question de la culture des orchidées » :

> « Ma thèse qui peu à peu prenait une autre direction va, j'espère, marcher rapidement dans sa voie primitive », se prit-il immédiatement à espérer[189].

Autant dire qu'à l'instant même où il fit cette trouvaille, son esprit fut comme « illuminé » en envisageant les multiples remises en cause et développements que celle-ci allait entraîner. Il y vit une véritable « découverte ». Bernard mit aussitôt en culture, d'abord au laboratoire de Fontainebleau puis au laboratoire de Botanique de l'ENS, dirigé par Costantin, les précieux matériaux qu'il venait de récolter[190]. Il s'agissait bien de Néotties nid d'Oiseau (*Neottia nidus-avis*), une orchidée bien connue des botanistes amateurs qui remarquent sans peine, au cours de leurs excursions, cette plante des futaies dépourvue de chlorophylle, à la longue tige florale décolorée, beige ou marron, pas très « belle » en réalité, d'ailleurs souvent en partie enfouie dans les déchets organiques du sol, une orchidée dont il avait précisément et en vain tenté de faire germer des graines, dans les mois précédant son départ pour le service militaire... Rien d'étonnant à cela : « Il est peu de plantes dont les organes de végétation aient attiré l'attention des botanistes depuis plus

---

[188] Id.

[189] Id.

[190] « Ayant apporté ces plantes à mon laboratoire, car il avait été mon élève et allait devenir l'année suivante mon préparateur, il fit l'étude des plantules ainsi développées et il se convainquit sans difficulté qu'elles étaient envahies par des mycéliums de Champignons. (…) Ayant échoué dans tous les essais de germination, il comprit tout de suite que ce qui avait manqué à toutes ses tentatives c'était le Champignon » (J. Costantin, *La Vie des Orchidées*, ouv. cité, p. 109).

longtemps que le *Neottia nidus-avis* », avait noté le botaniste Édouard Prillieux (1829-1915), dans une publication datant de 1856[191].

Au moment où Bernard s'y intéressait à son tour, la Néottie était donc un sujet d'intérêt classique pour les botanistes et même un matériel expérimental courant, c'est ce qu'indiquait sa propre tentative d'obtenir des germinations au laboratoire de cette orchidée répandue dans les forêts d'Île-de-France. L'étude anatomique, au microscope, de ces germinations spontanées de Néottie, récoltées à Fontainebleau par le botaniste chanceux, révéla la présence d'hyphes, ces filaments de mycélium de champignons totalement invisibles à l'œil nu entremêlés dans les plantules, y compris les moins avancées dans leur germination – filaments mycéliens qu'il qualifiait de « mycorhizes » en réutilisant dans un sens différent le terme forgé naguère par Albert-Bernhard Frank (1839-1900) pour décrire « l'organe morphologiquement unique » que formaient en toutes circonstances les racines de certains arbres appartenant à la famille des cupulifères (aujourd'hui fagacées) avec les filaments de mycélium de certains champignons microscopiques dont les fruits semblaient indiquer leur appartenance au genre *Tuber* (représenté par les truffes)[192]. Bernard constata que « les graines en germination que ces fruits contiennent (étaie)nt enserrées par ces filaments et réunies en paquets plus ou moins volumineux[193] ». Ces observations lui suggérèrent que ces moisissures étaient présentes dès la première heure de cette germination si délicate et – hypothèse – qu'elles pouvaient y avoir un rôle ; il émit l'idée que leur présence était, pour des raisons inexpliquées, une condition nécessaire pour déclencher le développement de ces organismes étranges :

> « Je suis donc amené à conclure que les mycorhizes sont indispensables à la plante dès l'époque de sa germination », écrivit Bernard[194].

---

[191] Édouard Prillieux, « De la structure anatomique et du mode de végétation de *Neottia nidus-avis* », *Annales de Sciences naturelles. Botanique*, vol. 5, 1856, p. 267-282, p. 267.

[192] « Mycorhize », formé du grec *myco*, « champignon » et *rhiza*, « racine », aujourd'hui peut être orthographié « mycorrhizes ». Bernhard Frank, « Über die auf Wurzelsymbiose beruhende Ernährung gewisser Bäume durch unterirdische Pilze », *Berichte der Deutschen Botanischen Gesellscahft*, 1885, vol. 3, p. 128-145. Le titre de l'article de Frank peut se traduire par « Sur la nutrition de certains arbres par l'intermédiaire de la symbiose entre les racines et des champignons souterrains ». Traduction en anglais : Bernhard Frank, "On the nutritional dependence of certain trees on root symbiosis with belowground fungi (an English translation of A.B. Frank's classic paper of 1885)", *Mycorrhiza,* juillet 2005, n° 15, p. 267-275. Bernard, en utilisant le terme de mycorhize naviguait entre deux significations : les filaments de champignon eux-mêmes ou bien l'ensemble formé pat les filaments et la plante qu'ils colonisent.

[193] Noël Bernard, « Sur la germination du *Neottia Nidus-Avis* », *CR*, 15 mai 1899, t. 128, p. 1253-1255. La norme typographique actuelle imposerait d'écrire *Neottia nidus-avis*.

[194] *Id.*

C'était là une affirmation qui, en attendant d'être démontrée, paraissait totalement contre-intuitive, le micro-organisme représentant a priori plutôt une menace vitale pour la jeune plante et l'existence de celle-ci ne semblant rien devoir, logiquement, à l'existence de cet autre « végétal » si différent d'elle. Le « botaniste chanceux » – pensons à Pasteur, à nouveau – outre ses qualités d'observateur attentif et d'expérimentateur habile – il avait procédé, au microscope, à des analyses histologiques approfondies des tissus de ses spécimens –, outre aussi ses solides connaissances indispensables à l'élaboration d'hypothèses de travail prometteuses, se révélait à cet instant animé de capacités d'intuition non moins nécessaires pour aborder un domaine vraiment neuf de la science.

Si on se réfère à la publication déjà évoquée de Prillieux dans laquelle celui-ci s'était proposé, outre un examen détaillé de sa morphologie complexe, d'étudier « le mode singulier de propagation » de la Néottie, en reprenant pour s'en démarquer à plusieurs reprises ce qui en était dit dans « l'ouvrage remarquable de M. Thilo Irmisch sur l'organisation des Orchidées d'Europe[195] », on relève que le point qui intéressait particulièrement Prillieux concernant son observation de la plante, était qu'après sa floraison et la dispersion de ses graines celle-ci finissait par mourir, comme le font des plantes annuelles, sans qu'un axe secondaire de la racine ne se conservât en vue d'une nouvelle floraison, l'année suivante, comme c'est le cas, en général, avec les autres espèces d'orchidées. Dans ces conditions, concluait Prillieux, les graines seules pourraient permettre à la Néottie de se reproduire. Pourtant, un autre élément avait attiré son attention : la formation sur les racines de la plante en train de pourrir de « mamelons sphériques dont les cellules se remplissent de grains de fécule (et qui) au bout de quelque temps est entouré d'une masse de racines ». D'après Prillieux, ces « jeunes rhizomes », après avoir « végété » pendant une année, pouvaient alors donner naissance à de nouvelles plantes :

> « La souche en pourrissant va mettre en liberté ses racines qui, elles aussi, peuvent, par un phénomène singulier, reproduire une plante pareille à celle qui les a portées », écrivait-il[196].

Dans son observation infiniment précise des plantes récoltées, Prillieux confirmait une observation que d'autres avant lui avaient faite selon laquelle les cellules de la racine des Néotties, y compris les cellules vivantes, étaient traversées et envahies « de manière constante » de filaments dus à un champignon né dans le sol :

---

[195] Thilo Irmisch, *Beiträge zur Biologie und Morphologie der Orchideen*, Leipzig, A. Abel, 1853.

[196] É. Prillieux, « De la structure anatomique et du mode de végétation de *Neottia nidus-avis* », art. cité, p. 280.

« Quoique l'existence pour ainsi dire normale d'un parasite dans les tissus d'une plante soit un fait très singulier, on peut l'observer assez fréquemment dans la famille des Orchidées », ajoutait Prillieux[197].

Il précisait aussi qu'il avait, en vain, cherché à comprendre comment la plante se nourrissait, étant donné son absence totale d'assimilation chlorophyllienne, et qu'il n'avait pu donner de consistance à l'hypothèse d'une vie parasite de la Néottie via, par exemple, des adhérences de ses racines à celles d'autres végétaux. Sa conclusion ouvrait une piste, une piste que Bernard, quarante années après, s'apprêtait à explorer avec bonheur :

> « L'impossibilité où l'on a été jusqu'ici de cultiver le *N. nidus avis* ne prouve rien en faveur du parasitisme de la plante, car toujours on a replanté des pieds en fleur, c'est-à-dire des pieds qui allaient mourir. Je pense, concluait Prillieux, que si on enlevait des plantes durant leur vie souterraine, et si on les replantait avec soin, on pourrait, sans doute, les voir fleurir l'année suivante.[198] »

Bernard, en effet, connaissait bien toutes les interrogations que soulevait la végétation des orchidées, singulièrement celle de la Néottie. Par exemple, son professeur de Botanique, Costantin, l'évoquait avec précision dans l'ouvrage qu'il publiait cette année-là, *La Nature tropicale*, qui traitait pourtant d'un autre sujet que celui des orchidées des milieux tempérés. Il y indiquait que la Néottie était, selon lui, une plante saprophyte, tirant sa substance de végétaux en décomposition[199]. En s'attachant à cet objectif de faire germer des graines de cette espèce précise, Bernard avait eu en tête plusieurs questions : celle de son incapacité de nourrir sa croissance grâce à la synthèse chlorophyllienne, celle des mystères de cette omniprésence du mycélium de champignon dans son environnement, des bizarreries de son dépérissement total après la floraison et surtout de ses innombrables graines minuscules, trop petites pour pourvoir aux besoins de la jeune plantule à naître et qu'on finissait par croire inutiles. On avait à faire avec un tel écheveau de difficultés qu'il fallait sans doute imaginer quelque nouvelle approche, bouleversant les certitudes acquises et capable d'apporter d'un coup une solution d'ensemble. Son affirmation de la présence nécessaire, comme condition de leur germination, des mycorhizes dans le voisinage et finalement au sein même des graines de Néottie ouvrait la voie à une telle solution. Cette piste allait se révéler être une découverte de première importance.

---

[197] *Id.*, page 273.

[198] É. Prillieux, « De la structure anatomique et du mode de végétation de *Neottia nidus-avis* », déjà cité.

[199] Julien Costantin, *La Nature tropicale*, Paris, Anc. Librairie Germer Baillière, 1899, p. 210.

Dès la première publication, l'hypothèse de la « symbiose »

Devant ce qu'il observait, Bernard ne pouvait manquer de penser à un cas de symbiose – tout comme Frank avait parlé de symbiose dans le cas des racines des arbres truffiers[200] – et c'est ce qu'il affirma dans sa note à l'Académie des sciences :

> « Je suis donc amené à conclure que les mycorhizes sont indispensables à la plante dès l'époque de sa germination. (...) Les *Neottia* vivent en symbiose avec des champignons à tous les moments de leur développement.[201] »

La notion même de « symbiose » dans le règne végétal était née en 1868, lorsque le botaniste Simon Schwendener (1829-1919) avait affirmé que les lichens ne sont pas des êtres autonomes, mais des associations intimes d'algue et de champignon ; depuis ce moment, les travaux s'étaient multipliés dans tous les pays[202]. En France, Bonnier avait lui-même mené des recherches sur la symbiose des lichens. D'autres, comme Albert-Bernhard Frank et Anton de Bary (1831-1888), avaient emprunté la même voie, le premier en observant les racines des arbres, le second en approfondissant l'étude des lichens, et c'est à eux deux qu'est, en général, attribuée l'invention du terme « symbiose »[203]. Autre exemple, celui du botaniste néerlandais Melchior Treub (1851-1910) qui avait repéré, en 1886, que les pieds-de-loup (*Lycopodium*) qu'il étudiait ne se développaient qu'à la condition qu'une certaine moisissure (*Pythium*) se trouvât dans la terre[204]. Et, pour ce qui concerne les orchidées, le médecin et naturaliste berlinois Heinrich Link (1767-1851) avait, dès 1840, observé la présence de champignons, un domaine dont il avait fait une de ses spécialités, dans les racines d'orchidées. Puis diverses tentatives d'isoler le champignon et de le cultiver avaient été faites en vain car ce n'est qu'après 1881 que les techniques de Koch sur les microbes – qui utilisait des milieux de culture sur gélatine – appliquées aux cultures de botanique, avaient grandement facilité ce type de travaux. En 1886, le botaniste russe Woldemar Wahrlich (1859-

200 B. Frank, « Über die auf Wurzelsymbiose beruhende Ernährung gewisser Bäume durch unterirdische Pilze », déjà cité.

201 N. Bernard, « Sur la germination du *Neottia Nidus-Avis* », déjà citée.

202 Olivier Perru, « Aux origines des recherches sur la symbiose vers 1868-1883 », *Revue d'histoire des sciences*, t. 59, n° 1, 2006, p. 5-27.

203 Marc-André Selosse, *La symbiose : structures et fonctions, rôle écologique et évolutif*, Paris, Vuibert, 2000.

204 Henri-George Derx, « Uit het leven van Noël Bernard (De la vie de Noël Bernard) », *Orchideeën*, avril 1936, 3ème année, n° 2, p. 242-252, et tapuscrit en traduction française provenant des archives de l'Académie d'agriculture, 9 pages, Arch. nat., 76/AJ/6.

1923) avait « démontré la présence de pelotons de mycélium dans 500 espèces d'orchidées[205] ».... Bien d'autres travaux existaient sur ce sujet.

Cependant, l'utilisation du terme « symbiose » restait rare dans la littérature scientifique ; le mot n'avait été utilisé, pour la première fois, dans les *Comptes rendus de l'Académie des sciences*, qu'en 1884, quand le zoologiste Aimé Barthélémy décrivait l'« association physiologique » entre une algue unicellulaire et un ver plat[206]. Puis en 1889, Théodore Schlœsing l'avait repris à propos de la « vie en commun » des légumineuses avec des microbes[207]. En 1891, le docteur Alphonse Labbé, étudiant les relations entre la grenouille et un organisme infestant son sang, considérait qu'il y avait « plutôt symbiose que parasitisme vrai [208] ». Les occurrences du terme devinrent ensuite plus nombreuses, toujours avec la même signification. En 1895, Marcellin Berthelot, depuis longtemps intéressé par les travaux sur les engrais et singulièrement par le mécanisme non résolu de fixation de l'azote par les légumineuses, l'utilisait pour caractériser le « phénomène chimico-biologique » se produisant entre certaines bactéries et les racines des végétaux[209]. À cette date, Bernard était depuis un an élève à l'ENS. Mais ce n'est que trois ans plus tard, seulement, que le mot « symbiose » revint dans une note de l'Académie à propos d'un sujet qui touchait de près les préoccupations de celui qui était alors en pleine préparation du concours de l'agrégation de Sciences naturelles : le professeur Louis Mangin s'exprima « Sur la structure des mycorhizes » et il voyait dans « la symbiose » associant certaines plantes et des champignons la cause d'une modification

---

[205] Woldemar Wahrlich, « Beitrag zur Kentniss der Orchideenwurzelpilze », *Botanische Zeitung*, 44ème année, n° 28, 16 juillet1886, colonnes 481-488, et n° 29, 23 juillet 1886, colonnes 497-505. Selosse, Minasiewicz et Boullard notent (dans Marc-André Selosse, Julita Minasiewicz et Bernard Boullard, « An annoted translation of Noël Bernard's 1899 article "On the germination of Neottia nidus-avis" », *Mycorrhiza,* avril 2017, en ligne) que c'est Noël Bernard qui a introduit le terme de « peloton » pour qualifier la masse des filaments de champignons en boule mêlés aux tissus des orchidées, tandis que Wahrlich utilisait le terme beaucoup plus imprécis de « Klumpen » qu'on peut traduire par « masse informe » ou même par « grumeau ». Cependant, on note que la *Revue mycologique* a publié ensuite (en 1898) une traduction d'extraits de l'article de Wahrlich dans laquelle le traducteur utilisait le terme « pelote ». (W. Wahrlich, « Contribution à la connaissance des mycorhizes des orchidées, extrait et traduction du Dr Lendner de Genève », *Revue mycologique*, 20ème année, n° 77, janvier 1898, p. 1-9.) Wahrlich indiquait que les hyphes observables au microscope avaient une épaisseur de quelques microns.

[206] Aimé Barthélémy, « Sur la physiologie d'une Planaire verte (*Convoluta Schultzii*) », *CR*, séance du 28 juillet 1884, t. 99, 1884, p. 197-198.

[207] Théodore Schloesing, « Sur les relations de l'azote atmosphérique avec la terre végétale », *CR*, séance du 5 août 1889, t. 109, 1889, p. 210.

[208] Alphonse Labbé, « Contribution à l'étude des Hématozoaire. Sur les Hématozoaires de la Grenouille », *CR,* séance du 12 octobre 1891, t. 113, 1891, page 479.

[209] Communication de Marcellin Berthelot à la séance du 21 octobre 1895 de l'Académie des sciences, *CR*, t. 121, 1895, p. 537-538.

morphologique des racines, une forme d'adaptation au milieu, en somme[210]. Le suivant de cette série d'une quinzaine de scientifiques ayant eu recours à ce terme de symbiose, ce fut enfin … Noël Bernard. Il parla même d'« une symbiose plus complète » dans le cas de la Néottie puisqu'elle s'établissait, selon lui, « dès la germination[211] ».

Si le fait de « vivre ensemble » caractérisait bien le phénomène, en revanche le débat sur sa nature, entre parasitisme – d'abord privilégié – et bénéfice mutuel – progressivement mis de plus en plus en avant – était loin d'être tranché. La révolution bactériologique en cours, dans un contexte où s'imposaient l'hygiénisme et les nouvelles pratiques médicales, avait tendance à faire considérer le monde des micro-organismes comme essentiellement une menace pour la santé, ce qui, transposé au monde végétal, pouvait aboutir à une vision aussi unilatérale[212]. De plus, la prise en compte du milieu considéré dans son ensemble, au-delà de l'influence réciproque des parties prenantes du phénomène symbiotique, commençait tout juste à s'imposer, d'autant que le débat faisait rage à propos de l'influence dudit milieu sur l'évolution des espèces. Cette question du milieu était en réalité encore si peu prise en compte que, dans la culture des orchidées, on n'avait pas compris que celle-ci ne réussissait que si le champignon était présent dans le milieu de culture ; d'où l'idée que la réussite dépendait du « tour-de-main » de l'horticulteur. Et c'est sur ce point que Noël Bernard esquissa sa première découverte : il avait échoué dans la culture en laboratoire mais il avait maintenant sous la main des jeunes pousses dont il avait noté qu'elles étaient envahies, dès le début de la germination, par le mycélium de champignon. Quel rôle jouait ce champignon, cette moisissure, et comment s'expliquait la formation de cette mycorhize – c'est-à-dire cette association du champignon et de la plante – dans la germination et le développement des orchidées ? En tous cas, Bernard poussa l'audace jusqu'à formuler, comme seconde hypothèse, celle d'une véritable « symbiose » entre la plante et le champignon :

> « M. Prillieux a signalé la propagation des *Neottia Nidus-Avis* par persistance durant l'hiver de leurs parties souterraines (racines contenant des mycorhizes) ; la propagation par graines n'avait pas encore, à ma connaissance, été constatée. Mais, quel que soit celui des modes par lequel

---

[210] Louis Mangin, « Sur la structure des mycorhizes », *CR*, séance du 28 mars 1898, t. 126, 1898, p. 978-979.

[211] N. Bernard, « Sur la germination du *Neottia Nidus-Avis* », déjà citée.

[212] « La révolution bactériologique des années 1880-1900 bouleversa cette juxtaposition de l'hygiène et de la clinique en faisant de la bactérie une cible de l'assainissement (…). La santé étant désormais synonyme d'absence d'agents pathogènes (…). » (Gaudillière Jean-Paul, *Inventer la biomédecine. La France, l'Amérique et la production des savoirs du vivant (1945-1965),* Paris, La Découverte, 2002, p. 11-12.)

l'espèce se conserve, on voit que les *Neottia* vivent en symbiose avec des champignons à tous les moments de leur développement.[213] »

La première communication de N. Bernard aux *Comptes rendus* de l'Académie des sciences

Toutes les phrases de Bernard citées dans les pages qui précèdent sont extraites de la communication qu'il s'employa à faire auprès de l'Académie des sciences. Il était si conscient de l'importance de sa découverte qu'il chercha à obtenir une autorisation de son colonel pour pouvoir publier immédiatement une note aux *Comptes-rendus de l'Académie des Sciences*. Et c'est ce qui fut fait une dizaine de jours plus tard. Gaston Bonnier présenta, lors de la séance du 15 mai de l'Académie, une communication de son élève « Sur la germination du *Neottia Nidus-Avis* », dans laquelle celui-ci formulait avec aplomb, plus que des hypothèses, des affirmations audacieuses[214]. Elles restaient sans doute à confirmer ou à discuter, ce qui ouvrait un vaste domaine de recherches, peut-être plus vaste que Bernard ne pouvait alors se l'imaginer. Quel effet s'exerçait du champignon sur les graines ? Existait-il un échange de nutriments, la graine étant elle-même totalement dépourvue de réserves et la plante adulte ne bénéficiant d'aucune assimilation chlorophyllienne pour assurer son alimentation en sucres ? La plante était-elle utile au champignon ? Pourquoi l'orchidée ne succombait-elle pas à l'infestation par le micro-organisme ? Comment celle-ci se développait-elle ? De quels champignons s'agissait-il et étaient-ils spécifiques ? Qu'en était-il des autres espèces d'orchidées dont on savait qu'elles étaient souvent associées à des champignons, comme Prillieux et Rivière avaient noté que c'était le cas de l'*Angrœcum maculatum*[215] ? D'ores et déjà, Bernard indiquait une direction pour ses recherches futures :

> « La symbiose serait donc plus complète pour ces espèces et sans doute pour beaucoup d'Orchidées que pour les plantes à mycorhizes dont les graines peuvent germer et végéter dans un sol stérilisé.[216] »

Dans cette courte note d'une page, Bernard ne s'attardait pas sur les aspects les plus concrets du travail accompli et, comme c'était la règle générale pour ces communications aux séances de l'Académie, ne fournissait aucun croquis ou encore moins de photographie (les planches avec des croquis viendront

---

[213] N. Bernard, « Sur la germination du *Neottia Nidus-Avis* », déjà citée.

[214] N. Bernard, « Sur la germination du *Neottia Nidus-Avis* », déjà cité. Et aussi *Journal des débats*, 20 mai 1899.

[215] Édouard Prillieux et Auguste Rivière, « Observations sur la germination et le développement d'une Orchidée (*Angrœcum maculatum*) », *Annales de Sciences naturelles. Botanique*, vol. 5, 1856, pages 119-136.

[216] N. Bernard, « Sur la germination du *Neottia Nidus-Avis* », déjà cité.

avec la publication de la thèse, en 1902). D'ailleurs, de manière plus générale, il n'existe plus d'archives de laboratoire pouvant témoigner de ce travail, si on excepte quelques pages d'un cahier de laboratoire datant de 1909 et publiées après sa mort. On en sera donc réduit à analyser les textes publiés par Bernard dans lesquels il fut, en fait, souvent très prolixe sur les étapes de ses expériences, l'organisation de son travail, les divers moyens utilisés. Dans la note du 15 mai 1899, Bernard présentait un exposé précis de ses « observations » de terrain, en forêt de Fontainebleau, puis au laboratoire, précisément au Laboratoire de Biologie végétale de Fontainebleau. D'après sa rédaction, il distinguait l'observation première d'une tige de *Neottia*, de ses fruits non éclos et d'autres ouverts avec les graines éparses – « J'ai eu l'occasion d'observer(...) les premiers stades de la germination depuis la graine jusqu'à de jeunes plantes ayant 5 mn de longueur » – puis l'observation postérieure et détaillée, sur plusieurs sites, des différentes parties, dressées et desséchées ou enterrées et humides, d'une trentaine de tiges de *Neottia* – « J'ai vérifié que les filaments mycéliens s'y sont étendus dans toutes les parties (humides des tiges) ». Sans préciser formellement qu'il avait utilisé un microscope, il passait à une description histologique au niveau des différents tissus cellulaires de la plante : « En coupe, on observe (dans les graines) trois sortes de cellules (...). Ces trois types de cellules se rencontrent avec les mêmes caractères dans les racines et dans le rhizome des plantes adultes. » Au termes de ce travail de laboratoire mené en quelques jours et après avoir confronté l'observation de la présence des champignons (dont les filaments ont une section de quelques microns) dans les tissus et à l'intérieur même des cellules avec ce qu'il estimait avoir été les étapes de la vie et de la décomposition des vieilles tiges de *Neottia*, Bernard, après un détour bibliographique lui permettant de rappeler que pas plus qu'on n'avait pu observer la germination de *Neottia* dans leur milieu naturel on n'avait jamais réussi à faire germer des graines de cette plante en les cultivant, quelles que fussent les conditions d'humidité ou de température, se considérait comme autorisé à « conclure que les mycorhizes sont indispensables à la plante dès l'époque de sa germination » et à affirmer que « les *Neottia* vivent en symbiose avec des champignons à tous les moments de leur développement ».

Au-delà de l'évidence apparente du propos, factuel, argumenté, rationnel, Bernard laissait transparaître d'une part le caractère exceptionnel de la découverte dont il relatait les circonstances, d'autre part la qualité technique des observations réalisées au microscope à partir de coupes nombreuses dans différents tissus du végétal étudié. Il fallait au moins cela pour espérer que ses conclusions un rien péremptoires fussent prises au sérieux.

Dans la présentation d'une nouvelle traduction en anglais de cette communication du 15 mai 1899, publiée en 2017, complétée de commentaires sur le contexte et sur le contenu scientifique de celle-ci, Selosse, Minasiewicz et Boullard soulignent qu'au-delà de la découverte de la germination symbiotique des orchidées, le travail de Bernard s'inscrivait dans un mouvement de rapide développement des recherches en microbiologie et des connaissances sur la symbiose, et qu'il constitua une étape majeure dans la compréhension des processus d'alimentation des plantes en carbone via leurs champignons mycorhiziens. Selon ces auteurs rien n'était moins évident, a priori, surtout que Bernard passa en quelques heures seulement de la découverte à son interprétation générale : bien que la présence des champignons avait souvent été décrite, leur rôle dans la germination des orchidées n'était absolument pas suspecté, rappellent les auteurs, et certains horticulteurs, habiles à faire germer des orchidées au plus près de plantes adultes, imaginaient même que c'est parce que le terrain était ainsi assaini, nettoyé par l'action des plantes adultes, que les jeunes plantes pouvaient se développer. En fait, on ne comprenait pas ce qui entravait la germination des graines d'orchidées. À plus forte raison, l'idée de germination symbiotique n'existait pas. Pas plus que celle d'une alimentation de la plante par transfert de nutriments depuis les champignons qui n'était alors admise que dans quelques cas très spécifiques[217].

La réception de la communication du 15 mai 1899

Naturellement, la publication de cette note du 15 mai 1899 n'a pas provoqué de réactions spectaculaires immédiates. Dans la grande presse, *Le Journal des débats* lui a consacré le paragraphe que justifiait sa chronique hebdomadaire de compte rendu de la séance de l'Académie des sciences. Ce paragraphe était d'ailleurs d'une grande fidélité :

> « M. Gaston Bonnier présente une note de M. Noël Bernard qui a découvert la germination de cette singulière orchidée sans chlorophylle que l'on découvre dans nos bois et qui est connue sous le nom de "nid d'oiseau" (*Neottia nidus-avis*). Les graines de cette plante ne peuvent germer que si elles sont en contact avec les filaments d'un champignon (mycorhize) qui vit en symbiose avec l'orchidée. Mais dans le cas du *Neottia*, l'union de la plante et du champignon est nécessaire dès le premier début du développement.[218] »

Contrairement au *Journal des débats,* la *Revue scientifique*, dans les quelques lignes par lesquelles elle résuma la note de Bernard, en escamota carrément l'essentiel pour ne retenir que l'anecdotique, preuve sans doute que ce que Bernard avait affirmé n'était pas accueilli sans réserves :

---

[217] M.A. Selosse, J. Minasiewicz et B. Boullard, « An annoted translation of Noël Bernard's 1899 article "On the germination of Neottia nidus-avis" », déjà cité

[218] *Journal des débats,* 20 mai 1899, compte rendu de la séance de l'Académie des sciences du 15 mai 1899.

« M. Noël Bernard a eu l'occasion de pouvoir étudier la germination des graines de *Neottia nidus-avis* dans les circonstances suivantes : une tige aérienne de cette plante, portant des fruits bourrés de graines, s'est trouvée, à l'automne dernier, accidentellement enterrée dans le sol, sous une couche de feuilles mortes. Au printemps, ces graines, encore enfermées dans les fruits, ont germé en grand nombre ; cela a permis à l'auteur d'observer les premiers stades de la germination depuis les graines jusqu'à des jeunes plantes ayant jusqu'à 5 millimètres de longueur.[219] »

Ensuite, la *Revue scientifique* n'y revint pas, même après la soutenance de thèse de Bernard et il fallut attendre le mois d'octobre 1903 pour qu'après qu'un article de tête sur « Les Orchidées » y avait été publié en juillet, écrit par Costantin et dans lequel celui-ci évoquait substantiellement les travaux de son ancien élève, une recension nourrie, rédigée par le paléontologue Émile Rivière (1835-1922), collaborateur habituel de la revue, trouvât place dans ses pages[220]. Autre symptôme de cet accueil plutôt froid, la *Revue générale de Botanique*, créée et dirigée par Gaston Bonnier lui-même, n'évoqua même pas, dans ses livraisons de 1899, les travaux au moins surprenants de Noël Bernard. Même silence du côté de la *Revue générale des sciences pures et appliquées*. La première publication de Bernard n'avait donc pas provoqué de réactions abondantes dans la presse, scientifique ou généraliste. Il est impossible aujourd'hui de savoir ce qui s'est dit dans le milieu des botanistes ou des naturalistes. Le fait nouveau annoncé par Bernard et les hypothèses formulées à la suite ont évidemment dû attendre, pour franchir l'obstacle du silence voire de la non prise en compte, que celui-ci puisse les réaffirmer et les préciser au cours des années suivantes, attendre aussi que certains de ses collègues s'en emparent et apportent confirmations et nouveaux résultats. Au moins, constatons-nous qu'aucune attaque frontale venant les contester directement n'a été exprimée dans aucune publication.

Quant à Noël Bernard, s'il ne disposait pas pour autant d'une autorité reconnue et restait un « jeune savant » au regard du milieu scientifique, il avait acquis, avec sa publication aux *Comptes-rendus*, un certain capital et surtout une confortable assurance intime. Au moins à ses yeux, il devenait le spécialiste d'un domaine de recherche passionnant et qui pouvait se révéler essentiel ; il se sentait prêt à agir et à avancer dans ses travaux en botaniste confirmé, en microbiologiste compétent et en expérimentateur sûr de lui. Costantin, parmi d'autres, a ensuite souligné à quel point Bernard avait perçu d'emblée la portée de sa découverte :

---

219 « Académie des sciences de Paris – 23-29 mai 1899 », *Revue scientifique*. t. 11, n° 22, 3 juin 1899, p. 694.

220 Julien Costantin, *Revue scientifique*, t. 20, n° 1, 4 juillet 1903, p. 1-10. Émile Rivière, « Académie des sciences, 21 septembre 1903 – La germination des orchidées », *Id.*, n° 14, 3 octobre 1903, p. 438-439.

« (Bernard) entrevoyait donc, par la vue supérieure de son esprit, dès le premier jour, toutes les conséquences capitales qui devaient découler de cette observation de mai 1899. Le hasard d'une première observation ne favorise à un degré aussi éminent que ceux qui sont dignes de la faveur qui leur est faite.[221] »

Encore Pasteur ! Costantin ne paraphrasait-il pas, à ce moment-là, la déjà célèbre formule du père de tous les biologistes, leur ancêtre à l'ENS :

« Souvenez-vous que dans les champs de l'observation le hasard ne favorise que les esprits préparés.[222] »

Costantin dira ensuite que Bernard, dont il avait supervisé la préparation à l'agrégation, avait « un ensemble de qualités presque contradictoires, rarement relevées chez un même savant, la rigueur dans l'observation, l'audace dans la pensée, la ténacité dans la poursuite de faits précis s'alliant à un esprit déductif puissant[223] ». Son camarade Pérez parlait de son « intuition primesautière et féconde », d'« une imagination qu'ont toujours séduite les idées générales et hardies » sous « le contrôle d'une logique serrée » et d'« une méthode expérimentale impeccable[224] ». Un condisciple (non identifié) de Bernard dira, plus tard, à son propos :

« Ce qui étonne le plus dans l'évolution scientifique de Bernard, c'est sa rapidité. Il y a dans l'histoire des cas multiples de jeunes intelligences d'une extraordinaire précocité, on en cite de nombreux exemples parmi les mathématiciens, mais jusqu'ici on n'en connaissait pas parmi les biologistes. Cela se conçoit, car pour faire un grand naturaliste, il fallait autrefois des efforts immenses et une accumulation extraordinaire de travail ; Bernard paraît avoir changé cette règle : il me rappelle Galois.[225] »

L'allusion à Évariste Galois, mathématicien de génie mort à vingt ans, en 1832, et passé depuis dans le mythe, place donc la vie de Noël Bernard au niveau de celle des plus grands novateurs de la science de son époque. Nous voici prévenus : en nous préparant à parcourir cet itinéraire, nous pouvons nous attendre à voir à l'œuvre, tout ensemble, l'esprit de finesse et l'esprit de géométrie, l'approche des phénomènes naturels fondée sur l'intuition et

---

[221] J. Costantin, préface à Noël Bernard, *L'Évolution des plantes*, ouv. cité, p. XVI.

[222] Louis Pasteur, « Discours du 7 décembre 1854 », *Œuvres de Pasteur*,. t. 7, réunies par Pasteur Vallery-Radot, Paris, éd. Masson, 1929-1932, p. 129-132.

[223] J. Costantin, préface à Noël Bernard, *L'évolution des plantes*, ouv. cité

[224] C. Pérez, « Noël Bernard (1874-1911) », *La Revue du Mois*, art. cité.

[225] Cité par J. Costantin, *ouv. cité*, p. II. On peut rappeler que Paul Dupuy, surveillant général à l'ENS (par ailleurs un des premiers dreyfusards) avait publié, en 1903, une vie d'Évariste Galois, préfacée par Jules Tannery, directeur des études scientifiques de l'ENS (Paris, Cahiers de La Quinzaine) ; l'ENS cultivait la mémoire du génie fauché dans la fleur de l'âge.

l'induction, associée à une démarche appuyée sur le raisonnement et la déduction. Louis de Broglie, un modèle en la matière, n'écrivait-il pas ceci :

> « Les grandes découvertes, les bonds en avant de la pensée scientifique se font par l'induction, méthode aventureuse, mais seule vraiment créatrice. C'est toujours par des modifications apportées aux conceptions et aux postulats qui avaient précédemment servi de base aux raisonnements déductifs que se sont ouvertes toutes les ères nouvelles de la Science.[226] »

Après la découverte, le « programme de recherches » d'un agrégé-préparateur à l'ENS

Rasséréné par la découverte qu'il venait de faire, Bernard en fit donc le sujet de sa thèse de doctorat. Maintenant qu'il en connaissait le secret, il collecta, sur plusieurs sites, près d'un millier de jeunes plantules de Néottie à peine nées de leur graine et entreprit de surveiller leur développement, d'observer et de disséquer certains spécimens à divers états de leur transformation depuis la graine non germée, en étudiant systématiquement la présence du champignon et les phases de l'infestation, puis il élargit son programme en menant, en parallèle, l'étude d'autres espèces[227]. Il posa une nouvelle hypothèse selon laquelle cette association, la symbiose, ce mot étant pris au sens « d'association de deux êtres spécifiquement distincts qui harmonisent leurs fonctions pour le plus grand bien de la communauté[228] », loin d'être spécifique et accidentelle dans le cas des lichens ou des orchidées, était très courante dans le règne végétal, voire générale. Bernard passait ainsi de la découverte remarquable certes mais très locale à une généralisation, à une hypothèse de caractère systémique, à un quasi changement de « paradigme[229] ». Et, en même temps qu'il approfondissait ses recherches sur les orchidées, mais aussi sur des lycopodes, des ficaires et des pommes de terre, afin de développer une approche de biologie comparée entre ces différentes espèces, il fit de cette « idée générale », comme il aimait dire, la ligne directrice de ses travaux futurs.

---

[226] Louis de Broglie, « Sur les sentiers de la physique », *Sur les sentiers de la science*, Paris, Albin-Michel, 1960, p. 211.

[227] Noël Bernard, *Études sur la tubérisation*, thèse de doctorat, *Revue générale de Botanique*, t. 14, du 15 janvier au 15 juin 1902, p. 5-279, p. 101

[228] Cette définition de la symbiose est celle que Bernard retint dans sa thèse de doctorat pour discuter l'utilité d'employer ce terme à propos des orchidées et de leurs champignons commensaux. (Noël Bernard, *Études sur la tubérisation*, thèse de doctorat, Paris, Paul Dupont éd., 1901, p. 9.)

[229] Le terme « paradigme » est ici employé dans le sens imaginé par Thomas Kuhn, en 1962 : « Une découverte scientifique universellement reconnue qui, pour un temps, fournit à la communauté de chercheurs des problèmes type et des solutions. » (Thomas Kuhn, *La structure des révolutions scientifiques*, Paris, Flammarion, 1970, p. 11. (*The structure of scientific révolutions,* 1962.). Voir aussi Patrick Juignet, « Les paradigmes scientifiques selon Thomas Kuhn », *Philosophie, science et société* [en ligne], 2015.

Après cette année de service militaire – où il évita volontairement « les honneurs redoutables du caporalat[230] » – Noël Bernard était retourné à l'ENS de ses années étudiantes pour y occuper, à partir du 7 octobre 1899, le poste d'agrégé-préparateur libéré par Henri Mouton. Parallèlement, il passa quelques mois, pendant l'hiver 1899-1900, à suivre, à l'Institut Pasteur, les cours de Duclaux, Roux (1853-1933) et Metchnikoff (1845-1916), cours de Roux et Metchnikoff dont il nota ensuite qu'ils le dotèrent d'« une des meilleures parties de (son) capital intellectuel ». Cette expérience lui ouvrait les portes de la microbiologie la plus pointue de son temps et, par contraste, relativisait le poids des connaissances acquises pendant ses années normaliennes. Tandis qu'à l'École l'enseignement des sciences naturelles était encore largement axé sur la systématique et l'étude morphologique des plantes et des animaux, y compris dans une perspective évolutionniste, l'approche pasteurienne du vivant restait subalterne. C'est, en particulier, auprès du docteur Roux que Bernard apprit les techniques de culture pure de toute contamination qui devaient jouer, par la suite, un si grand rôle dans ses travaux.

Ce poste d'agrégé-préparateur, naguère institué grâce à l'action obstinée de Louis Pasteur auprès du ministère, outre qu'il assurait une modeste rémunération – 2400 francs annuels, à cette époque – et qu'il laissait assez de temps pour poursuivre des recherches personnelles, était devenu une fonction clé au sein de l'École par la proximité que ses titulaires successifs pouvaient entretenir avec les élèves : d'une part, ils avaient la responsabilité de la formation aux pratiques de laboratoire de nouvelles générations de normaliens, le souci de leur sensibilisation aux problèmes de la science « en train de se faire » ou « en voie de se faire » – selon la formule alors courante et remontant, au moins, à Hippolyte Taine ou à Renan, ce dernier parlant aussi du « mouvement scientifique[231] » pour qualifier cette science en devenir, et par opposition à « la science faite » dont on instruisait les élèves dans les cours de la Sorbonne et les conférences de l'ENS – et, d'autre part, ces agrégés-préparateurs jouissaient, pour peu qu'ils le souhaitaient, d'une place sans équivalent de mentor auprès des jeunes futurs savants.

Par ailleurs, ces agrégés-préparateurs des différentes disciplines, tous anciens normaliens, les fameux « archicubes », formaient un petit groupe clairement identifié auquel se joignaient quelques personnalités incontournables. C'est à cette époque que le rayonnement de Bernard put atteindre son maximum dans le milieu normalien, au point d'avoir été à l'origine de l'habitude qui s'instaura alors, chez les agrégés-préparateurs, accompagnés des bibliothécaires, Lucien Herr et Louis Matruchot, et des

---

[230] C. Pérez, « Noël Bernard (1874-1911) », *déjà cité*. Registre matricule de Noël Bernard, n° 2436, classe 1894, recrutement de la Seine (4ème bureau), cote D4 R1 810.

[231] Ernest Renan, « L'instruction supérieure en France, son histoire et son avenir », *Revue des Deux Mondes*, t. 61, 1er mai 1864, p. 73-95, p. 90 et 93, et Hippolyte Taine, « La reconstruction de la France en 1800 – L'école – L'Université de Napoléon », *Revue des Deux Mondes*, t. 111, 1er juin 1892, p. 481-511, p. 486. On était encore bien loin de Michel Callon et Bruno Latour…

archicubes de passage, de prendre ensemble le café du midi dans les laboratoires ou le jardin de « la Nature ». Un élève de Bernard, futur botaniste, Louis Blaringhem, déjà cité, se souvenait parfaitement de cette ambiance :

> «Vers 1900, Jean Perrin, Paul Langevin, Noël Bernard étaient les héros d'une bien curieuse compagnie, le "Jus des Archicubes", dont j'étais, par la grâce des dieux, le conscrit (élève de première année, ndlr) chargé de la préparation du café. De l'antre du Méga, où Lucien Herr et Matruchot, encyclopédistes, étaient à l'affut de découvertes sensationnelles, la compagnie émigra et établit son siège à la Nature, où Noël Bernard, avec son pieux assistant (Blaringhem lui-même, ndlr), recevait ses hôtes illustres.(...) En hiver dans la salle des squelettes, en été sur la margelle du bassin, s'ébauchaient des discussions, les collaborations, dans un enthousiasme de cordialité et de sincérité. La matière était donc en vibration, cohésion tangible d'un monde infiniment petit dont les tourbillons, à l'image des mondes solaires, résolvaient les énigmes de l'univers, les petits se déplaçant à la vitesse de la lumière, les gros ions au ralenti. Quel étonnement pour les peintres d'apprendre que le bleu du ciel était la preuve du discontinu ! Et Noël Bernard n'hésitait pas à affirmer que la vie mystérieuse des splendides orchidées, que les tubérisations de la pomme de terre étaient la conséquence d'une lutte tragique entre des milliers d'embryons fragiles et un mycélium de champignon parasite. Ces mutations dans l'espace et dans le temps (conduisaient) à l'hérédité, à l'équilibre, à la beauté ; Paul Langevin, héros calme de la trinité, traduisait en termes précis les objets, les causes et les effets...[232] »

Blaringhem s'exprimant en ces termes, on peut entendre Bernard lui-même évoquant, pour Marie Curie, l'atmosphère qu'il avait connue dans sa jeunesse :

> « Je causais souvent avec Langevin, Perrin et Debierne au moment où les premiers résultats obtenus dans cette voie (celle de la radioactivité, ndlr) s'imposaient à l'attention de tous (…). J'ai dû à mes amis de voir quelques-uns des phénomènes en cause et de comprendre comment l'idée simple, audacieuse et féconde de la "radioactivité phénomène atomique" tirait une science d'un chaos d'expériences d'abord confuses.[233] »

Noël Bernard dans un groupe, non plus d'élèves mais d'« archicubes » déjà lancés dans la recherche

Voilà le décor planté : Perrin, Langevin et Bernard, à peine plus âgés que les normaliens en cours d'étude, dont Blaringhem qui apportait ce témoignage,

---

[232] Louis Blaringhem, « Hommage à Paul Langevin pour son 73ème anniversaire », *Cahiers de l'Université libre*, n° 3, p. 71.

[233] Lettre de N.B. à Marie Curie, de Mauroc, le 27 décembre 1910, BNF, fonds Curie, correspondances, feuillets 249-250.

formaient aux yeux de certains d'entre eux un groupe soudé, souvent évoqué dans les récits des décennies suivantes … Des agrégés-préparateurs rejoints pas des enseignants de l'ENS et d'anciens élèves désormais en poste à la Sorbonne ou dans d'autres établissements, Collège de France, École de Physique et Chimie, Muséum, établissaient alors l'habitude de prolonger le repas au pot de l'École en se retrouvant, pour le café, du côté des laboratoires de Sciences naturelles de l'ENS – « la Nature ».

Choisissant un lieu de réunion plutôt à l'écart des locaux où circulaient la plupart de leurs collègues et élèves, leur motivation tenait certes à leur intérêt pour les questions scientifiques dont ils pouvaient s'entretenir, mais aussi voire surtout à la proximité de leurs curiosités intellectuelles, à leur communauté de préoccupations politiques, sans compter que leurs « affinités électives » ne comptaient sans doute pas pour rien. L'exposition de juin 1977 que l'ENS consacra à Lucien Herr évoquait, en effet, pour ces années-là, le Heer « de la plénitude, de l'Affaire Dreyfus à l'Unité socialiste, (et) ses relations, le plus souvent confiantes et amicales, avec (...) les archicubes de la Nature ». Dans le catalogue de l'exposition, le commentaire d'une photographie prise lors du « café dans le jardin de la Nature » rappelait que « jusqu'à son mariage, à 48 ans, Herr a(vait) déjeuné régulièrement avec les caïmans et les archicubes qui travaillaient à l'École.[234] »

Tandis qu'on peut noter la présence de Bernard sur plusieurs clichés photographiques de ces « groupes d'archicubes » où figure aussi Lucien Herr, clichés dont plusieurs furent pris dans le jardin de « la Nature » de l'ENS, il n'existe pas de témoignage direct des liens qui purent exister entre Noël Bernard et Lucien Herr[235] ; il n'eût d'ailleurs peut-être pas souvent l'occasion de fréquenter « l'antre de Herr » et on peut douter qu'il manifestât alors un goût marqué pour « ce socialisme de bibliothèque (…), rude, doctrinaire, puritain, d'un intellectualisme outré [236] » qu'évoquait Tharaud et que dominaient, outre celle de Herr, les figures plus âgées de Jean Jaurès (ENS 1878) et Léon Blum (ENS 1890). On peut cependant éventuellement imaginer les relations de Bernard avec Herr en relisant les pages dans lesquelles Léon Blum évoquait la figure de son ami :

> « Dans l'ascendant qu'il exerçait sur moi, il y avait quelque chose que l'amitié ne suffisait pas à expliquer (…).La force de Herr, sa force incroyable et vraiment unique, car je ne l'ai jamais constatée au même degré chez personne, tenait essentiellement à ceci : en lui, la conviction devenait évidence. La vérité était conçue par lui avec une puissance si complète, si tranquille, qu'elle se communiquait sans effort et comme de

[234] *Lucien Herr et l'école normale*, catalogue de l'exposition de juin 1977 rédigé par Pierre Petitmengin, avec la collaboration de Françoise Dauphragne, Paris, ENS, 1977, p. 4.

[235] Clichés du Fonds Lucien Herr, Archives d'histoire contemporaines de Sciences Po, clichés non datés et non documentés.

[236] J. et J. Tharaud, *Notre cher Péguy*, ouv. cité, p. 101.

plain-pied à son interlocuteur. (…) Je passais presque chaque matin à la librairie Bellais (…). Les élèves de l'École normale s'y rencontraient avec les étudiants libres, avec leurs aînés des dernières promotions, avec leurs maîtres. J'ai connu là Albert Thomas ; j'y ai connu aussi Paul Langevin et Jean Perrin qui, aujourd'hui, après plus de trente-cinq ans passés, retrouvent ce point de départ et bouclent la boucle de leur vie.[237] »

Peut-être que l'absence, dans ces lignes écrites par Blum, du nom de Bernard avec ceux de Langevin et Perrin tenait au fait qu'au cours de l'année décisive à laquelle il faisait référence, l'année 1899, Bernard se trouvait au service militaire et donc était absent du Quartier Latin ; et aussi à ce que, Bernard ayant disparu depuis tant d'années au moment où il écrivait ces *Souvenirs sur l'Affaire*, Blum ne pouvait se permettre d'imaginer comment il eût, lui, « bouclé sa vie ». Quant au « socialisme » qui se discutait dans l'entourage de Herr, Marcel Sembat en portait témoignage en ces termes :

> « J'ai été parfois témoin, camarades, des luttes auxquelles (Jaurès) avait à résister, des assauts de la part de ses amis, et entre autres d'élèves et de professeurs de l'École normale. Vous avez vu, Longuet, j'ai vu moi-même, des hommes d'une admirable formation intellectuelle, des esprits supérieurs que tout homme intelligent révère, qui disaient à Jaurès : "Oui, mon ami, nous sommes avec vous ; faites simplement un geste, dites un mot qui nous permettra en toute sécurité de conscience de vous donner publiquement notre adhésion, dites que vous n'attendez la transformation sociale que des voies légales !" Et Jaurès leur a toujours dit : "Je ne ferai pas cette déclaration. (…) Un peuple opprimé, exproprié, a le droit d'employer tous les moyens, sans exclure aucun moyen violent."[238] »

C'est dans ces conditions que Noël Bernard prépara, dans un temps plutôt court et en travaillant essentiellement au laboratoire de Botanique du professeur Costantin, à l'ENS, après l'agrégation, sa thèse de doctorat. Dans les mois suivant son retour à la vie civile, il publia trois nouvelles communications, dans la *Revue générale de Botanique* et aux *Comptes-rendus de l'Académie des Science*[239], dont le contenu indiquait que, de nouvelles constatations en expérimentations nouvelles, sur des Néotties, des Ophrys ou le *Cypripedium* des régions tempérées qu'on connaît sous l'appellation de

---

[237] Léon Blum, *Souvenirs sur l'Affaire*, Paris, Gallimard, 1935 (Folio, 1993, p. 44-45 et 96).

[238] Discours de Marcel Sembat dans la « Discussion générale sur l'adhésion à la IIIème Internationale », dans Jean Charle et al., *Le Congrès de Tours (18ème Congrès national du Parti socialiste), texte intégral*, Paris, Éditions sociales, 1980, 919 pages, pages 357-358.

[239] Noël Bernard, « Sur quelques germinations difficiles », *Revue générale de Botanique*, t. 12, n° 135, 15 mars 1900, p. 108-120 ; « Sur la tuberculisation précoce chez les végétaux », *CR*, 13 octobre 1900, t. 131, p. 626-629 ; « Sur la tuberculisation des pommes de terre », *Id.*, 11 février 1901, t. 132, p. 355-357.

Sabot-de-Vénus, mais aussi d'autres groupes d'orchidées d'origine tropicale, par exemple des *Lælia* bien connues depuis qu'Auguste Rivière (1821-1877), jardinier en chef au Jardin du Luxembourg, avait écrit un article remarqué à leur sujet[240], des *Vanda*, ces plantes pouvant fleurir toute l'année avec leurs racines à l'air libre, Bernard maîtrisait, l'ayant entièrement dépouillée, toute la littérature française et internationale, même ancienne, sur les orchidées, les champignons, les phénomènes de mycorhize concernant d'autres espèces végétales (mousses, fougères), et les cas connus d'infections parasitaires et de résistance des plantes à celle-ci. Il montrait aussi qu'il avait de multiples contacts avec des horticulteurs, comme Étienne Bert, de Bois-Colombes, ou Georges Magne, de Boulogne en région parisienne, ou des botanistes spécialistes des orchidées, comme Achille Finet (1863-1913), fils d'un riche amateur d'orchidées installé à Argenteuil, devenu préparateur du Muséum[241], qu'il progressait rapidement dans ses réflexions et commençait à mieux percevoir l'étendue des enjeux que son entrée déterminée dans ce domaine de recherche si particulier avait pu lui laisser entrevoir.

Ainsi indiquait-il qu'il espérait pouvoir comprendre et déterminer le rôle physiologique des champignons endophytes sur la germination et la croissance des plantes concernées qu'il voyait comme « un groupe physiologique des plantes à champignons endophytes unies par un grand nombre de caractères morphologiques et biologiques[242] », en particulier le phénomène de tuberculisation. Et, tandis qu'il entamait des travaux sur la pomme de terre qui allaient le mobiliser pendant des années et le conduire fort loin, et s'intéressait à la Ficaire, un genre de renoncule particulièrement répandue qui avait, elle aussi, cette caractéristique de vivre en étant infestée de champignons, il lançait dans les *Comptes-rendus* cette hypothèse que « la présence presque constante d'endophytes chez les plantes à bulbes ou à tubercules permet de croire que l'infection par ces endophytes est une cause assez générale de la tuberculisation[243] ».

---

240 Auguste Rivière, « Observations sur la fécondation et la germination des orchidées, à l'occasion d'un loelia hybride présenté en fleurs, le 24 août 1865 », *Journal de la Société impériale et centrale d'horticulture*, t. 12, 1866, p. 288-291.

241 Bernard Lagrelle, « Quelques botanistes français », site en ligne.

242 N. Bernard, « Sur quelques germinations difficiles », *déjà cité*, p. 120.

243 N. Bernard, « Sur la tuberculisation précoce chez les végétaux », *déjà cité*, p. 629.

Chapitre quatre

Orchidées et champignons : la vie commune de la plante et du parasite
Le succès de la thèse ; Noël Bernard docteur

Noël Bernard, le 19 novembre 1901, près de deux ans et demi après sa découverte en forêt de Fontainebleau, a soutenu sa thèse, intitulée sans grand éclat, comme il convenait : « Études sur la tubérisation » [244] . La « tubérisation », c'est ce phénomène remarquable qui modifie la physiologie des parties souterraines de la plante en les dotant de masses renflées inexpliquées, ces fameux « testicules » auxquels les orchidées doivent leur nom.

Quelques semaines après, et alors qu'il espérait pouvoir rester à l'ENS encore une ou deux années sur son poste d'agrégé-préparateur, Bernard apprit sa nomination à une maîtrise de conférences à la faculté des Sciences de Caen.

« Une révolution dans la biologie végétale »

La soutenance de sa thèse fut, pour Noël Bernard, le moment où il put affirmer ses ambitions scientifiques vis-à-vis du monde universitaire et il se prépara en conséquence. Il montra, à l'occasion de la rédaction de cette copie d'une centaine de pages, de réelles qualités d'écriture, d'exposition, depuis la présentation précise de sa démarche et l'exposé détaillé de son vaste ensemble d'expérimentations jusqu'à la formulation de points de vue synthétiques et de perspectives d'ensemble. Il apparaît que ce fut une réussite ; après une soutenance orale qui impressionna ses auditeurs, il obtint la « note » maximale : « très honorable », faute, ajouta son jury, de disposer d'« une note

[244] N. Bernard, *Études sur la tubérisation*, ouv. cité, et *Revue générale de Botanique*, t. 14, 15 janvier-15 juin 1902, p. 5-279.

plus haute que la note la meilleure[245] ». Ce jury était composé de Gaston Bonnier, Alfred Giard et Ernest Munier-Chalmas (1843-1903). Si les deux premiers étaient incontestablement les deux « patrons » des Sciences naturelles à l'ENS, le premier pour la Botanique et le second pour la Zoologie, le troisième était un autodidacte qui avait été maître de conférences de Géologie à l'ENS, sans être docteur mais avec l'appui de Bonnier, quand Bernard y était élève, et il représentait donc la troisième discipline constituant alors, avec la Botanique et la Zoologie, les Sciences naturelles[246]. Ces trois noms sont du moins ceux qui figurent sur la couverture de la thèse, telle qu'elle fut publiée[247]. Par contre, les deux rapports de la soutenance sont signés par Bonnier et Romain Moniez (1852-1936), celui-ci étant un docteur en Médecine, géologue et paléontologue, et après qu'il avait été professeur d'Histoire naturelle à la faculté de Médecine de Lille, il était devenu, depuis quelques années, inspecteur d'académie à Paris ; il était l'auteur d'un *Traité de Parasitologie animale et végétale, appliquée à l'homme*[248], un thème qui peut constituer une explication à sa participation à la soutenance de thèse de Bernard. Mais celle-ci reste étonnante entre les divers autres spécialistes du parasitisme qui auraient pu être sollicités, y compris venant des milieux pasteuriens[249]. Jean-François Condette relève dans une étude biographique que Moniez avait fait l'objet, depuis au moins 1895, de rapports administratifs très défavorables, rapports le présentant comme un individu ambitieux, querelleur et même « névropathe », ce qui ne l'empêcha pas de poursuivre ensuite une carrière de recteur à Grenoble puis à Caen…[250]

Le rapport de Moniez était, cela dit, particulièrement positif ; celui de Bonnier fut, lui, enthousiaste. On peut se demander si le premier n'avait pas attendu de lire le second avant de rédiger son petit devoir, se contentant d'ajouter, depuis sa position de zoologue, sa note personnelle sur « le parasitisme » :

---

[245] Pour la « Deuxième thèse », Bernard se vit proposer « le cycle évolutif des Trématodes », en Zoologie, ou bien « les Vosges. Histoire géologique », en Géologie.

[246] Gustave F. Dollfus, « Évocation d'Ernest Munier-Chalmas (1843-1903) » d'après un document inédit conservé aux Archives de l'Académie des sciences, travaux du Comité français d'histoire de la géologie, 3ème série t. XXVII, 2013, n° 109, p. 251-260. Alfred Lacroix, *Notice historique sur le troisième fauteuil de la section de minéralogie lue dans la séance publique annuelle du 17 décembre 1928 de l'Académie des sciences*, Paris, Gauthier-Villars, 1928, 87 p.

[247] N. Bernard, « Études sur la tubérisation », déjà cité.

[248] Romain Moniez, *Traité de Parasitologie animale et végétale, appliquée à l'homme,* Paris, J.-B. Baillière et fils, 1896.

[249] Gaston Bonnier et Romain Moniez, « Rapports sur la thèse et la soutenance (…) de Noël Bernard », 4 p. manuscrites, Arch. nat., AJ16/5537 ; Gaston Bonnier et Romain Moniez, « Rapports sur la thèse et la soutenance (…) de Noël Bernard », 2 et 1 p. dactylographiées, Arch. nat., dossier administratif de Noël Bernard, F 17/23203.

[250] Jean-François Condette, notice biographique de Romain Moniez, dans *Les recteurs d'académie en France de 1808 à 1940, dictionnaire biographique*, Paris, INRP, 2006, t. 2, p. 283-284.

«Thèse très remarquable, basée sur la généralisation de faits fort curieux, déjà anciennement observés, mais mal compris et qu'on n'avait pas reliés entre eux, écrivait Moniez. Dans un travail de haut intérêt, l'auteur a consigné nombre d'observations nouvelles auxquelles il a pu rattacher beaucoup de faits déjà connus, mais interprétés d'une autre façon. Il en a fait, pour ainsi dire, un chapitre nouveau et des plus intéressants dans l'histoire du parasitisme. Peu de thèses ont autant de valeur que celle-ci.

« M. Bernard expose ses recherches avec beaucoup de méthode et de clarté. Sa soutenance était bien préparée et le candidat, fort à l'aise dans un sujet bien possédé, s'exprimait avec facilité, avec élégance même, sans jamais d'hésitation, faisant montre d'un vrai talent professionnel.[251] »

Avec le rapport de Bonnier, plus substantiel, on était aussi dans une approche plus précise. Dans ces quelques paragraphes, Bonnier s'engageait sur le plan scientifique et il faisait partager l'enthousiasme qu'il semblait avoir éprouvé en lisant la copie de l'impétrant :

« Le travail présenté par M. Noël Bernard est absolument de premier ordre et constitue, on pourrait presque le dire, une révolution dans la biologie végétale », commençait-il[252].

La conclusion ne fut pas en reste :

« M. Bernard a exposé son sujet avec un talent de professeur qui a fait l'admiration du jury. Les juges de la thèse ont exprimé le regret de n'avoir pas à décerner à M. Bernard une note plus haute que la note la meilleure. »

Entre ces deux bornes, Bonnier exposait l'essentiel du contenu de la thèse, sans cacher sa satisfaction :

« Avec beaucoup de prudence, sous le titre modeste d'"Études sur la tubérisation", l'auteur développe une découverte qui jette un jour tout nouveau sur la constitution de presque tous les végétaux, et les conséquences qui en découlent auront sans doute une importance considérable à un triple point de vue : biologique, philosophique et purement pratique.

« On connaissait depuis ces derniers temps, des cas nombreux de racines renfermant des "mycorhizes", c'est à dire des filaments de champignons souvent sans fructification et plus ou moins difficiles à déterminer. Albert-Bernard Frank et d'autres auteurs ont imaginé la théorie de la symbiose des racines avec les champignons, supposant que les parasites ne nuisent pas à la plante, mais au contraire l'aident à absorber ses aliments. Toutes ces observations sur les mycorhizes (aussi bien que

---

[251] R. Moniez, « Rapport sur la thèse et la soutenance (…) de Noël Bernard », déjà cité.

[252] G. Bonnier, « Rapport sur la thèse et la soutenance (…) de Noël Bernard », déjà cité.

celles de Stahl et d'autres auteurs) qui ont été poursuivies depuis, étaient restées très vagues et soumises à toutes les controverses possibles.

« M. Noël Bernard étudie d'abord les plantes dont les graines et les embryons sont anormaux, par exemple l'immense groupe des Orchidées. M. Noël Bernard a constaté que toutes les Orchidées ne peuvent germer qu'en présence d'un champignon d'espèce déterminée se trouvant dans le sol où la graine germe. Ainsi s'expliquent les difficultés très grandes qu'ont éprouvé les horticulteurs pour faire germer ces plantes. En suivant en détail le lent et curieux développement de diverses espèces (d'orchidées), l'auteur montre que l'infection des racines provoque à distance la formation des tubercules. C'est seulement dans les périodes où la plante se trouve momentanément débarrassée du champignon, alors qu'elle n'a pas de racines développées, qu'elle peut fleurir et fructifier.

« Après avoir montré les remarquables caractères de convergence qui existent à ce point de vue entre des plantes aussi différentes qu'une Orchidée, un Lycopode ou une Ficaire, M. Noël Bernard étudie le développement des Pommes de terre. Cette dernière partie du mémoire est une des plus intéressantes. L'auteur démontre que l'infection des racines provoque à distance la tubérisation des pommes de terre (une graine semée dans un sol stérilisé donne une plante qui fleurit et fructifie dès la première année, qui est annuelle, et ne produit pas de tubercules). Les tubercules de pomme de terre ne sont donc que des sortes de tumeurs produites par l'influence à distance de l'attaque des racines par un champignon. On comprend quelles conséquences du plus haut intérêt dérivent de cette découverte. (…) »

À en juger par le point abordé en premier pour rendre compte du travail de Bernard, Bonnier avait été sensible à l'audace du jeune botaniste qui avait prétendu se placer dès les premières phrases de sa rédaction sur le plan de la biologie la plus générale, qui avait donc osé poser dès l'introduction une conclusion d'ensemble, presque une théorie générale de la biologie, englobant végétaux et animaux, théorie que ses travaux allaient illustrer :

« La vie en commun des animaux et des plantes supérieures avec des végétaux inférieurs (Nostocacées, Bactériacées ou Champignons) apparaît de plus en plus comme un phénomène d'une grande généralité. Il semble au moins très rare qu'un être ne soit pas au cours de sa vie infesté à quelque moment par certains de ces microorganismes.[253] »

Il était en effet remarquable que Bernard ait choisi, dès les premières lignes de sa thèse, de se placer ainsi au niveau de la biologie la plus générale, affirmant une hypothèse qui était alors très aventurée et qui est devenue ensuite un des fondements de la connaissance du vivant. Voilà pourquoi la

---

[253] N. Bernard, *Études sur la tubérisation*, ouv. cité, p. 5.

thèse de doctorat de Noël Bernard suggérait une rupture dans la botanique et pour l'ensemble des sciences biologiques, non pas que tout y fût d'ores et déjà dit, étudié, découvert, mais ce jeune chercheur méticuleux et travailleur s'autorisait, à partir des résultats partiels qu'il apportait, une incursion dans les domaines de la science la plus fondamentale. Une telle approche était en fait l'affirmation d'un style, celui d'un chercheur qui, à travers les études particulières auxquelles il avait à se livrer, entendait ne jamais perdre de vue les causes générales, les tableaux d'ensemble, les questionnements premiers. Il accompagnait cette « méthode » d'une autre qui consistait à parler simplement, à éviter les formules et les grands mots non indispensables, à critiquer les idées reçues camouflées dans des automatismes de langage ; on le constatait dans ces phrases qu'il consacrait, toujours en introduction de sa thèse, à la « symbiose » :

> « Pour ne pas compliquer ces descriptions d'hypothèses préliminaires, je me suis écarté dès l'abord des notions devenues classiques de saprophytisme et de symbiose qui servent souvent à grouper des faits analogues à ceux que j'étudie. (...) Ces plantes décolorées, incapables d'assimilation chlorophyllienne, (qui) tirent manifestement tout leur aliment de l'humus où elles vivent (...) (étant) toujours associées à des champignons, (...) on a vu là un cas de symbiose, ce mot étant pris au sens "d'association de deux êtres spécifiquement distincts qui harmonisent leurs fonctions pour le plus grand bien de la communauté". On sait aujourd'hui qu'un grand nombre de plantes capables d'assimilation chlorophyllienne hébergent des champignons dans leurs racines, et il devient fort discutable que ces champignons aient un rôle utile pour l'alimentation. (...) Sans qu'il soit nécessaire de trancher la question, on est au moins en droit de ne pas employer, dans le cas dont je m'occupe, le mot symbiose qui, dévié de son sens étymologique, implique une hypothèse finaliste inutile. (...) En disant qu'il y a infection normale dans le cas où l'on trouve toujours, pour les plantes d'une même espèce, les tissus envahis de la même manière par un même champignon, je n'ai pas eu d'autre but que de revenir à un langage simplement et exactement descriptif.[254] »

Finalement, Bernard préférait, à ce stade de ses travaux, retenir qu'il y avait, plutôt qu'une symbiose, une infection de la plante par les champignons et que celle-ci devait lutter contre cette maladie afin de survivre. Dans le même temps, il avait démontré que sans l'infestation par lesdits champignons, les graines ne pouvaient germer ni la plante se développer. Et finalement, ayant constaté le caractère très répandu, courant, de ce mode d'existence des végétaux les plus divers, il entendait en faire un « fait » nouveau, attirer l'attention sur ce fait et suggérer quelques premières voies de recherche nouvelles.

---

[254] *Id.*, p. 8-10.

Du jour de la soutenance de sa thèse, Noël Bernard devint l'homme qui avait repris le terme de « tuberculisation » – utilisé couramment en médecine en particulier pour décrire les lésions liées à la phtisie pulmonaire, mais jusque-là ignoré en botanique – pour décrire la formation de tubercules au niveau de l'appareil souterrain au cours de la croissance de certaines plantes, un genre de tumeurs plus ou moins volumineuses, et il devint même l'homme qui avait adopté le terme de « tubérisation » – que Pierre Duchârtre (1811-1894), prédécesseur de Bonnier à la chaire de Botanique de la Sorbonne et par ailleurs compatriote biterrois de Bernard, avait justement forgé pour désigner, en particulier pour les pommes de terre, la formation d'« une portion plus renflée (…) constituant un réservoir de matières nutritives solides[255] » – et il s'en servait pour désigner l'ensemble du processus de transformation morphologique et histologique de la plante aboutissant à la tuberculisation. Ainsi, parti de l'interrogation sur les causes de la difficile germination des orchidées et du rôle des champignons endophytes dans le déclenchement de celle-ci, Bernard en était arrivé à faire des tubercules le cœur de son sujet.

En centrant son approche sur l'étude du phénomène d'association au sein du monde vivant et en prétendant en faire un aspect fondamental et dominant, Bernard proposait ce que Bonnier n'hésitait pas à qualifier de « révolution dans la biologie végétale ». Mais, en raison même de son programme, il se trouva d'une certaine manière « enfermé » dans le cadre de pensée hérité du lamarckisme, selon lequel l'évolution du vivant se faisait en raison de l'influence du milieu par transmission héréditaire des caractères acquis : dans son cas, le champignon constituait « le milieu » et le phénomène d'association, avec ses conséquences sur la physiologie des orchidées, constituait un « caractère acquis ». La compréhension de ce parasitisme mêlé d'adaptation allait exiger un très important travail d'inspiration pasteurienne et mobiliser fortement le jeune chercheur. Ceci peut expliquer que Bernard n'a pas semblé porter une attention particulière, au moins pendant plusieurs années, aux premières manifestations d'une autre voie de compréhension de l'évolution du vivant, celle qu'on allait rapidement appeler la génétique.

La thèse de Bernard était bâtie sur la vérification de l'hypothèse selon laquelle les tubercules présents chez les plantes vivant constamment au contact de champignons sont la conséquence et même le symptôme de l'infection de celles-ci par ceux-là. Il démontrait ainsi ce qu'il avait affirmé dès sa première publication, en mai 1899, à savoir que pour les espèces

---

255 Pierre Étienne Simon Duchârtre, *Éléments de Botanique*, Paris, J.-B. Ballière et fils, 1867, p. 265. Henri-Ernest Baillon, *Dictionnaire de Botanique*, Paris, Hachette, 1894. Jean Crozals, « Pierre Duchârtre, 1811-1894, sa vie, sa correspondance », *Bull. de la Société archéologique, scientifique et littéraire de Béziers*, 3ème série, t. 1, 1895-1896, p. 119-165. Philippe Van Tieghem, « Notice sur la vie et les travaux de Pierre Duchârtre », *Mémoires de l'Académie des sciences*, t. 51, Paris, Gauthier-Villars, 1910, p. I-XVI.

concernées « l'infection est une des conditions constantes et nécessaires de la germination ». On reste confondu devant l'ampleur des expérimentations mises en œuvre pour obtenir cette démonstration, devant la diversité des mises en culture d'une quinzaine d'espèces différentes d'orchidées, tropicales ou de milieu tempéré, mais aussi d'autres plantes parmi lesquelles des pommes de terre, devant des protocoles complexes faisant varier les conditions d'exposition aux champignons, devant la quantité de prélèvements, de coupes et d'observations sur les différents organes à chaque stade de développement des plantules, devant l'utilisation de méthodes statistiques pour interpréter certains résultats, devant enfin la capacité à imaginer de nouvelles expériences à mesure que les observations menées avaient soulevé de nouveaux questionnements, de nouvelles hypothèses à mettre à l'épreuve. Ainsi, les expériences, menées sur une année, de cultures de pommes de terre en faisant varier les conditions d'exposition aux champignons et en observant les effets sur la formation des tubercules de pomme de terre, permettaient à Bernard, parfois qualifié de « biochimiste », de renouveler totalement l'approche technique de la culture à grande échelle de cette plante :

> « Si la formation des tubercules est, comme je le pense, un symptôme de l'infection, concluait-il, il n'est pas douteux qu'on peut, par sélection, maintenir et propager, en même temps que des races bien constituées de la plante, la maladie infectieuse qui nous permet de l'utiliser.[256] »

Outre l'ensemble des qualités relevées par les rapporteurs et le jury de Bernard, il en est une qui n'était pas commentée, peut-être parce qu'elle était considérée comme évidente et comme la condition nécessaire d'une thèse de qualité en Botanique, mais ne peut rester passée sous silence ; il s'agit de la valeur informative et de la sûreté technique des nombreux dessins, figures et planches, sans parler de leur « beauté », illustrant le propos de Bernard et contribuant à la vigueur de sa démonstration, aussi bien de classiques planches anatomiques représentant les espèces végétales étudiées que des croquis reproduisant les observations de coupes de tissus examinées au microscope ou décrivant les différents types de cellules végétales étudiées.

La vie d'un laboratoire de Botanique au tournant du siècle

> « Le chercheur, en quelque sorte, est un pisteur qui a droit de suite pour courir après les lièvres qui passent sous ses yeux.[257] »

---

[256] *Id.*, p. 93.

[257] Christian Jacob, *Qu'est-ce qu'un lieu de savoirs ?*, Marseille, OpenEdition press, 2014, p. 14.

Christian Jacob, l'historien qui s'exprime ainsi, a qualifié le laboratoire de « lieu de savoirs », un syntagme dont il a fait un concept, applicable en histoire des sciences, soulignant le caractère fondamentalement social du processus de production des connaissances scientifiques considérées comme des « savoirs » au même titre que d'autres comme, dans le cas qui nous intéresse, les « savoirs pratiques » des horticulteurs[258]. Ce « chercheur » dont Jacob parle en termes imagés ce pourrait être Noël Bernard… dont la vie entière tournait autour de son laboratoire et de ce qui s'y jouait, qu'il ne quittait que pour aussitôt songer à y retourner et qui devint pour lui, au fil des ans, un de ces « lieux émotionnés » dont parle l'historienne Françoise Waquet[259].

Le travail mené par Bernard comportait et comporta tout au long de sa brève carrière de chercheur une part de terrain, jamais négligée, dans laquelle il mettait à profit le long apprentissage qu'il avait connu au cours des excursions de botanique de ses années d'études : identifier les espèces végétales, observer les variations entre spécimens, analyser le biotope dans lequel les plantes vivaient, lever des croquis, récolter certains individus pour un travail de laboratoire ultérieur, éventuellement les naturaliser et tenter d'en assurer la reproduction. À la fin de sa vie, Bernard, parcourait encore les chemins creux du pays poitevin à la recherche, au cœur des haies du bocage, de spécimens éventuels de Douce-amère (*Solanum dulcamara*), espèce indigène appartenant au genre auquel appartiennent les espèces amérindiennes desquelles descendent nos pommes de terre[260] ; à la même période, il observait avec attention des hépatiques prospérant sur les bords d'un cours d'eau proche de son lieu de séjour, toujours préoccupé d'observer l'ensemble du cycle évolutif de ces *Pellia Epyphilla* et de comprendre les rapports symbiotiques

---

[258] « Les lieux de savoir sont les lieux successifs occupés par des acteurs individuels ou collectifs sur une carte institutionnelle, disciplinaire, politique. Ils sont institués par des interactions vivantes, le temps d'un cours, d'un séminaire, d'une conférence, d'une discussion, d'une soutenance de thèse, d'une controverse, mais aussi par un cheminement de recherche. Ils sont aussi les lieux matériels, construits ou naturels, où se déploient ces activités qu'ils abritent (…). Ils sont également les instruments, les outils, les échantillons, les machines (…). Ils sont enfin les artefacts qui permettent de matérialiser et d'inscrire le savoir (…). Dans la diversité de ces échelles, de cette typologie, de cette topographie, un lieu de savoir est à la fois un lieu de construction, de matérialisation, d'objectivation, d'inscription et de circulation sociale. Il est indissociable d'une approche dynamique et génétique des savoirs, situés dans un cadre spatial et social. » (*Id.* p. 14.) Cette approche a été mise en œuvre par Françoise Waquet, dans son ouvrage *L'Ordre matériel du savoir. Comment les savants travaillent, XVI*ème*-XXI*ème *siècles* (Paris, CNRS éditions, 2015), dans lequel elle étudie les dimensions pratiques du travail des savants.

[259] Françoise Waquet, *Une histoire émotionnelle du savoir, XVII*e*-XXI*e, CNRS Éditions, 2019, chap. 2.

[260] Noël Bernard, « Sur les Mycorhizes des pommes de terre sauvages. Appendice rédigé par Mme M-L Bernard et Joseph Magrou », *Annales de Sciences naturelles – Botanique*, t. XIV, 1911, p. 221-258. Joseph Magrou, « Symbiose et tubérisation », thèse de doctorat, 1921, dans *Annales de Sciences naturelles, Botanique*, t. III, 1921, p. 181-275.

entre ceux-ci et le champignon qui les infestait[261]... La plus grande part de ce travail scientifique de Bernard fut cependant un travail de laboratoire, au cours duquel il apprit à maîtriser la vie des centaines d'orchidées qu'il tentait d'étudier, à anticiper tous leurs besoins et à sentir à temps que quelque chose pouvait menacer ses cultures, à détecter au moindre signe un risque d'infection, une croissance anormale, un début de stress. Avant même de songer à étudier les orchidées il fallait maîtriser leur univers, en horticulteur accompli, il fallait être en mesure de « tout contrôler ». La germination des orchidées est un processus qui peut s'étendre sur quatre, cinq ou six mois, la croissance d'une plante se mesure en millimètres pendant encore de nombreux mois, quant à la floraison elle dépend de multiples conditions et ne se réalise au mieux qu'après une année entière et parfois plus longtemps. Du lancement d'une expérimentation aux conclusions qui marquent une étape dans un processus de recherche, le temps, extensible comme dans peu d'autres domaines, est, en botanique, un facteur essentiel. Ensuite, la maîtrise des techniques pasteuriennes appliquées aux végétaux, la mise en œuvre de ces techniques plaçant le microscope au cœur du travail scientifique proprement dit, un instrument soit dit en passant aux performances alors encore modestes et qu'il fallait savoir utiliser habilement, parfois en faisant preuve d'inventivité et d'intuition autant que de précision et d'habileté manuelle, bref le talent de microbiologiste assuré, un « métier » somme toute nouveau et sans cesse renouvelé, c'est tout cela que Bernard devait mobiliser pour pouvoir espérer « trouver » quelque chose. Et ensuite, venait la tâche de faire partager ces trouvailles à d'autres, horticulteurs, amateurs orchidophiles, botanistes, naturalistes, biologistes en tous genres, éventuellement rédacteurs de revues spécialisées ou journalistes appointés par la presse grand public... Hélas, on ne peut connaître, aujourd'hui, qu'une infime part de cet ensemble de dispositions que Bernard a pu mettre en œuvre, faute de documents, depuis un plan du laboratoire qui n'existe pas jusqu'aux cahiers de laboratoire qui n'ont pas été conservés, depuis des factures de commandes de matériels, instruments, productions végétales qui ont disparu jusqu'aux correspondances, dont on sait qu'elles furent abondantes, avec des horticulteurs, des collègues botanistes, et qui sont perdues ; faute de tous ces documents, donc, ne restent, pour l'essentiel que les publications scientifiques et les lettres de Bernard à ses cousins ou à sa femme.

Ce qui reste, c'est le témoignage qu'ayant choisi de travailler sur les orchidées, Bernard est rapidement passé, dès sa soutenance de thèse sans doute, d'un objet d'étude prometteur car complexe, mal connu et plein de mystère, qu'il s'agissait de comprendre et de dévoiler, au projet d'utiliser cet

---

[261] « Observations de Noël Bernard », notes inédites au sujet de la symbiose chez le *Pellia épiphylla* d'après ses cahiers d'expériences (février 1909), dans Joseph Magrou, « La symbiose chez les Hépatiques », *Annales des Sciences naturelles, Botanique*, 10ème série, 1925, p. 725-779.

objet particulièrement foisonnant comme moyen d'approcher les questions les plus générales et les plus fondamentales de la vie et de l'évolution. Sans doute, de nombreux scientifiques nourrissent un tel projet, un semblable espoir, mais il apparaît que Bernard l'a formulé très tôt et s'y est tenu sans faiblir. Je songe, parce qu'il nous parle aussi de Bernard, à ce témoignage recueilli récemment par l'anthropologue Charlotte Brives auprès d'un chercheur chevronné en biologie moléculaire, spécialiste des levures, qui s'exprime un siècle après Noël Bernard :

> « Pourquoi la levure et pourquoi pas autre chose ? Il est bien clair que c'est un paradigme de la vie. Ça veut dire (…) j'étudie la levure parce que c'est un être vivant et ce que j'essaie de voir au niveau où on est actuellement c'est comment fonctionne la vie au niveau, disons, cellulaire et moléculaire. Ok ? Comment fonctionne la vie.[262] »

Noël Bernard n'eût pas dit autre chose à propos de ses orchidées.

Les techniques de laboratoire mises en œuvre par Noël Bernard

Dans sa thèse et les diverses publications de cette période, Noël Bernard décrivait en détail les techniques de laboratoire qu'il avait mises en œuvre, y compris en rencontrant d'abord une série de déconvenues : impossibilité d'extraire le champignon, échec dans les semis qui n'arrivaient pas à germination, pollutions bactériennes. Il montrait qu'il avait appris en échouant, que ses techniques s'étaient affinées, précisées par approximation, avant de pouvoir obtenir des résultats réguliers et solides, ce qui, au total, constituait un véritable changement de nature du travail au laboratoire. À propos des trésors d'ingéniosité, de savoir-faire et de patience que ses cultures avaient exigé de sa part pour réussir à étudier le mode de développement spécial des plantes qu'il avait choisi de soumettre à ses expériences, dont une quinzaine d'espèces d'orchidées, développement lié à l'infection des racines par des champignons filamenteux endophytes, Charles Pérez parlait avec admiration de la « dextérité prodigieuse » de Bernard :

> « Comme en se jouant de la difficulté, il se mettait à coup sûr à l'abri des moisissures », notait-il[263].

Les extraits ci-dessous de sa thèse constituent un bon exemple de ce que furent la méthode inductive et les techniques expérimentales, appuyées sur les moyens limités existant à l'époque, que Bernard adopta pour faire avancer ses

262 Charlotte Brives, « Des levures et des Hommes. Anthropologie des relations entre humains et non humains au sein d'un laboratoire de biologie », thèse doctorale Sciences Sociales. Société, Santé, Décision, Université Bordeaux II, 2010, en ligne, p. 35-36.
263 C. Pérez, *art. cité*

travaux à partir des observations qu'il avait faites, au départ, sur le terrain et qui lui avaient permis d'élaborer des hypothèses de recherche :

« L'examen microscopique des organes atteints permet en général de reconnaître très facilement l'infection. Dans les cellules qui viennent d'être atteintes, les filaments restent bien distincts et forment des pelotons de plus en plus serrés. (...) L'infection est délicate à reconnaître dans certains cas, surtout quand il s'agit de plantules de petite taille, récemment infestées (...). Ayant eu à faire des recherches dans de semblables cas, je me suis servi de coupes en série colorées à la safranine, à l'hématoxyline ou au brun Bismarck. Pour les plantules de petite taille ou les racines de très faible diamètre, j'ai eu de bons résultats en laissant macérer les matériaux dans l'hydrate de chloral sirupeux, en colorant par le bleu d'aniline qui ne se fixe guère que sur les champignons, et en examinant, sans coupes, par transparence. Il m'importe ici seulement de noter que l'infection en général se reconnaît avec une extrême facilité chez les Orchidées qui sont des matériaux de choix pour son étude, et que les descriptions les plus sommaires au point de vue histologique permettent le plus souvent de savoir si elle existait dans les cas observés.

« Il n'est cependant pas inutile de dire que j'ai vérifié ces résultats en employant la technique des cultures pures. (...) Il est facile d'obtenir ces cultures en laissant les racines dans de l'eau courante, ou en les abandonnant, après les avoir lavées à l'eau stérile, dans des cristallisoirs stérilisés. Pour les grosses racines charnues j'ai pu, sans tuer les endophytes, aseptiser la surface par des lavages au sublimé à 1% ; puis, après plusieurs lavages à l'eau stérile, je les ai laissées soit dans l'eau stérilisée, soit dans des bouillons nutritifs. Les racines traitées de l'une ou l'autre de ces manières ne tardent pas à se couvrir de mycélium qu'il n'y a plus qu'à prélever pour les semis. On obtient ainsi presque à coup sûr dans la culture un seul champignon, les bactéries étant les seules impuretés difficiles à éviter ; un second semis à partir de la culture initiale donne très généralement le champignon en culture pure.[264] »

Fernand Moreau (1886-1979) qui fut l'élève de Bernard, apportait des précisions admiratives sur la manière de travailler de celui-ci :

« Sous le microscope, avec une aiguille fine, Bernard réussit à extraire d'une cellule d'une coupe mince d'une racine d'orchidée les filaments du champignon qu'elle renferme ; il les sème sur des milieux de culture stérile et obtient ainsi des cultures pures du champignon. (...) D'autre part, Bernard isole, grâce à de multiples précautions, des graines d'orchidées exemptes de tout champignon. Il ouvre dans un cristallisoir stérilisé, avec des scalpels stérilisés, des capsules d'orchidées dont la surface a été

[264] N. Bernard, *Études sur la tubérisation*, ouv. cité, p. 10-14.

préalablement rendue stérile : les graines ainsi obtenues sont pures de tout mélange avec le champignon.

« En possession de ce double matériel : des champignons en culture pure, des graines d'orchidées sans champignon, Noël Bernard institue une double série d'expériences. Dans des tubes de cultures stériles, sur un milieu que l'expérience lui a montré convenable, il sème, en s'aidant d'outils stérilisés, des graines d'orchidées et le champignon recueilli dans les racines. Dans une autre série de tubes, il sème, dans les mêmes conditions, des graines pures. Au bout de quelques jours, il constate qu'aucun développement n'a lieu dans les tubes de la seconde série, alors que ceux de la première recèlent des plantules déjà développées. C'est là une expérience décisive, une des plus importantes de l'œuvre de Bernard : le champignon qui vit en symbiose avec les orchidées préside à leurs premiers développements, il est indispensable à la germination de leurs graines.[265] »

Bernard publia, quelques années plus tard, un ouvrage de synthèse ambitieux sur ses recherches concernant les orchidées et en appendice de celui-ci, il exposait en détail, sur plus de dix pages, ses procédés de laboratoire, depuis les diverses recommandations concernant les milieux qu'il élaborait pour la mise en culture de ses plantules jusqu'à la préparation des coupes histologiques, depuis la méthode de sélection et de préparation des graines jusqu'à celles pour conserver et élever les champignons ; au cœur de cet ensemble, les conseils pour garantir la parfaite stérilité et une bonne conservation des préparations. Son but était de ne garder par devers lui aucun des procédés qu'il avait progressivement mis au point et de faciliter ainsi les travaux d'autres botanistes et bien sûr ceux des horticulteurs. La lecture de ces passages de ses publications constitue encore une occasion de prendre la mesure du « métier » qu'il avait perfectionné pour arriver à cultiver les quelque 50 000 graines qu'il disait avoir utilisées au cours de ses expériences ou à isoler et identifier les hyphes d'un diamètre de quelques microns des champignons parasites :

« La difficulté la plus sérieuse, écrivait-il par exemple, n'est pas de réaliser des semis purs, mais de les conserver ainsi. Mes expériences duraient toujours plusieurs mois, les plantules devaient être éclairées, il fallait aussi éviter une dessiccation trop rapide. Je plaçais mes tubes dans un compartiment isolé d'une petite serre, à une température de 15 à 25°, et je maintenais toujours l'atmosphère un peu humide par des arrosages du

---

[265] Fernand Moreau, « Notice sur l'œuvre scientifique de Noël Bernard », *Bull. de la Société botanique des Deux-Sèvres*, 1911-1912, p. 99-104. Fernand Moreau, agrégé et docteur ès Sciences naturelles (1913), mycologue, fut professeur à la faculté des Sciences de Caen et à l'École de Médecine et de Pharmacie de Caen, doyen de la faculté des Sciences de Caen, éditeur du volume *Botanique* de La Pléiade, 1960 ; il est l'auteur de plusieurs publications en collaboration avec son épouse, Valentine Jeanneau, également docteur ès Sciences.

sol et des parois de la serre. Tous mes tubes étaient stérilisés au four à flamber d'abord, avant l'introduction du milieu de culture, à l'autoclave ensuite. Malgré cela, ils moisissaient assez régulièrement au bout de quelques mois dans mes premières expériences. (...) À la fin, j'ai eu recours, pour boucher mes tubes de culture, à du coton imprégné d'azotate d'argent et je m'en suis bien trouvé, mes cultures ayant pu souvent dès lors subsister un an et plus sans se contaminer. (...) Dans la plupart de mes expériences, je me proposais de comparer les semis faits dans divers tubes de culture. Pour que la comparaison soit valable, il faut avoir soin de semer les graines et aussi les champignons au même niveau dans tous les tubes ; ainsi, les graines sont atteintes par les champignons à peu près en même temps dans les divers tubes et elles subissent d'une manière comparable les effets de la dessiccation des milieux de culture au cours de l'expérience.[266] »

Les cahiers de laboratoire de Bernard n'ayant pas été conservés, les seules traces qui en subsistent sont celles qui figurent, reprises telles quelles, dans les publications : pointage statistique des semis de graines et des jeunes plantes, composition chimique du milieu nutritif élaboré, évolution du cycle végétatif des plantules, statistique des mortalités, pourcentages des infections bactériennes, nombre de survies[267] ; dessins des différents organes des spécimens étudiés ; croquis des coupes et des examens histologiques des tissus, de l'échelle 1 à différents agrandissements vus au microscope ; comparaisons entre espèces, entre différents stades évolutifs des embryons ; l'ensemble des observations étant ainsi transformé en instrument de la preuve, ici la preuve du rôle de l'infection mycorhizienne dans le développement des plantes. Ultérieurement, Bernard affirma de solides aptitudes à utiliser le croquis rapide aussi bien que le dessin soigné et abouti pour nourrir ses publications, en attendant que la photographie, bientôt, vienne à son aide pour fixer grâce aux sels d'argent les différents états de ses semis en tube.

Outre ces descriptions des conditions matérielles et pratiques du travail de laboratoire auxquelles Bernard s'est soumis, il faut ajouter le poids et les conséquences de l'isolement individuel dans lequel on travaillait alors. Le jeune chercheur, même s'il bénéficiait de l'appui de son professeur, était

---

[266] Noël Bernard, « L'Évolution dans la symbiose. Les orchidées et leurs champignons commensaux », *Annales des Sciences naturelles, Botanique*, février 1909, 85ème année, t. 9, n° 1 à 4, p. 1-196, plus planches, Paris, Masson, 1909, p. 182.

[267] Les liens que Bernard entretenait avec Émile Borel n'ont pu que contribuer à l'augmentation de son intérêt pour les acquis récents dans ce domaine des mathématiques que Borel cultivait particulièrement. Lorsque Bernard vint à exposer les « lois de Mendel », à la base de la génétique naissante, au grand public, il montra que ces lois nouvelles reposaient sur des bases probabilistes : « L'atavisme bien connu pour son apparence capricieuse n'a d'autre règle que le hasard. » (Noël Bernard, « Le Mendélisme », *La Revue du Mois*, n° 25, 10 janvier 1908, p. 38).

totalement seul dans la réalisation de son « programme de recherche » (comme on ne disait pas encore) ; le plus souvent, il était le seul à s'intéresser au sujet qu'il avait choisi, mais surtout, aucun travail en équipe n'existant, aucun « séminaire » ne se réunissant, il était très difficile d'échanger avec d'autres pour analyser des résultats partiels, envisager des explications nouvelles, repérer diverses pistes possibles à explorer. Pire encore, le chercheur n'avait personne vers qui se tourner pour lui faire observer, pour confirmation ou pas, ce qu'il avait cru repérer en se confrontant à une coupe mince au microscope, personne, bien sûr, sur qui se décharger d'une partie du travail de préparation, d'entretien des dispositifs expérimentaux, d'où la nécessité d'être disponible chaque jour et à chaque heure. Le chercheur était seul avec ses dispositifs expérimentaux, avec ses hypothèses, avec ses « résultats », au risque de s'enfoncer dans des impasses, de passer à côté de faits importants, d'interpréter de travers, d'être victime de son ignorance d'une publication récente. Le seul secours du chercheur ainsi livré à lui-même était sa valeur scientifique et… la chance. Même un professeur titulaire d'une chaire à la faculté des Sciences et responsable du laboratoire y afférant n'avait pour seuls avantages, s'il était de ceux qui avaient l'ambition de mener des recherches personnelles, que le temps que son chef de travaux pouvait distraire de ses responsabilités propres, faites de gestion administrative et matérielle, de préservation des collections, d'accueil des étudiants, ou que la disponibilité que pouvait manifester son préparateur dont la mission était avant tout de veiller au bon déroulement du cours et des expériences destinées à l'illustrer, et à la préparation des travaux pratiques, ou finalement que la bonne volonté que tel ou tel de ses étudiants pouvait accepter de mettre à sa disposition pour tâcher de le seconder. Noël Bernard, à Caen, qui, les premières années au moins n'avait qu'un seul étudiant de licence inscrit à son cours, n'a jamais pu compter sur la coopération du chef de travaux ou du préparateur, recrutés localement, formés dans un état d'esprit d'inféodation au professeur titulaire et enfermés dans une conception de botanique traditionnelle très éloignée des études microbiologiques auxquelles se livrait ce maître de conférences parisien. Bernard ne manquait pas de s'en plaindre.

Restaient les cas où un chercheur pouvait travailler dans de meilleures conditions, dans un de ces nouveaux instituts dédiés à la recherche, ce qui était le cas, pour la Botanique, au Muséum ou dans les écoles d'Agronomie dépendant du ministère de l'Agriculture, et éventuellement dans les stations agronomiques associant des enseignants des facultés des Sciences et des moyens fournis par le même ministère. Les conditions de travail y étaient certes différentes, une certaine « culture commune » dans la façon d'approcher les travaux de recherche pouvaient y exister, mais ces cas étaient très exceptionnels et même alors, l'isolement restait la règle. Pour tous les autres chercheurs, généralement pris dans les limites rigides du statut d'universitaire et dont les recherches étaient loin d'être une priorité admise par l'administration, la possibilité de se fixer des objectifs inscrits dans des directions nouvelles et ambitieuses était proche de zéro.

Tel était le chercheur qui venait de soutenir sa thèse de Botanique, en 1901. Celle-ci contenait autant de conclusions solidement établies que d'ouvertures sur un épais programme de recherches futures. Au terme d'une étude très argumentée appuyée sur des expérimentations massives et irréfutables, Bernard avait donc démontré que l'infestation par le champignon spécifique était la condition nécessaire à la germination des graines d'orchidées. Il allait désormais pouvoir s'attaquer à la mise en culture de graines non infectées et à la culture pure du champignon endophyte des orchidées, travaux conditionnés par des pratiques d'asepsie exigeantes, préalable nécessaire au développement d'un programme expérimental d'observation, par dissection minutieuse sous microscope, de la germination et du développement des plantules. Il en avait pour des années, il le savait, et en effet il lui fallut encore deux années avant d'isoler, d'identifier et pouvoir multiplier le champignon endophyte de l'orchidée sur laquelle il travaillait, du genre *Cattleya*, avant de passer à l'étude d'autres espèces et de leurs champignons spécifiques. Le jour où il put ensemencer un champignon pur sur un milieu où des graines stériles étaient restées pendant des mois sans germer et provoquer aussitôt la poussée des embryons en plantules tubérisées, il apporta la confirmation éclatante de sa théorie, réalisant ainsi une « synthèse expérimentale d'orchidée naturelle ». Et, effet secondaire non négligeable, il apporta des réponses aux interrogations constantes des horticulteurs obligés jusque-là de faire confiance à leur « tour-de-main » et au hasard pour obtenir une production satisfaisante. Ses travaux semblaient apporter des solutions pour lutter efficacement contre les mauvais coups du sort. En fait, ils produisirent, au cours des années suivantes, bien des questionnements surprenants, bien des hypothèses nouvelles, un certain nombre d'échecs et autant de directions expérimentales inattendues. Au-delà de la botanique, les travaux de Bernard ont enrichi les connaissances dans divers domaines, en biologie générale, biologie cellulaire et biochimie, en immunité microbienne, en techniques d'hybridation et en théorie de l'hérédité …

Les effets d'intérêt pour les travaux de Bernard dans la sphère publique

Témoin de l'émoi provoqué par les découvertes que Bernard exposait dans sa thèse, on remarque les nombreuses publications des sociétés d'horticulture, jusqu'aux plus petites associations départementales, et, bien sûr, les articles parus dans la grande presse. Par exemple, dans le bulletin d'une société d'horticulture de la Haute-Saône :

« Un jeune naturaliste, M. Noël Bernard, (a soutenu) une thèse de doctorat qui a fait sensation.[268] »

Déjà le 20 février 1901, soit neuf mois avant la soutenance de thèse et huit jours seulement après que Bonnier avait présenté à la séance de l'Académie une communication de Bernard sur la pomme de terre, le chroniqueur humoristique du quotidien *Le Journal* avait déjà donné un écho décuplé à ce qui n'avait fait l'objet, ailleurs, que d'une « brève » de routine, et il donna ainsi au chercheur jusque-là inconnu en dehors du sérail botaniste une célébrité imprévue ; ce chroniqueur s'appelait... Alphonse Allais... :

« – Lisez-vous les *Comptes-rendus de l'Académie des sciences* ?

« – Jamais.

« – Vous êtes un type dans le genre de Brunetière, lequel, non content d'avoir fait déclarer la faillite de la Science, accuse encore la malheureuse de mille méfaits assez saugrenus, celui notamment de gêner les desseins de la Providence.

« – Je n'accuse la Science de rien du tout, je me borne à l'ignorer.(...)

« – Sans aller plus loin, faites-moi donc le plaisir de déguster le dernier *Compte-rendu* de notre Académie des sciences. Vous y constaterez, non sans une bien légitime stupeur, que la pomme de terre n'est pas ce qu'un vain peuple pense (...) puisque produite par un ignoble champignon que M. Noël Bernard n'hésite pas à pavoiser du nom de "fusarium". Semez de la pomme de terre dans un sol privé de "fusarium", assure M. Noël Bernard, et vous ne verrez point se produire de tubercule (...). Je n'ai pas l'honneur de connaître M. Noël Bernard, mais je vois d'ici l'air de révoltante satisfaction avec lequel il avance sa scientifique, peut-être, mais à coup sûr monstrueuse assertion. Pour un peu, il fonderait la ligue contre le "fusarium".

« Mais ce n'est rien encore. La gloire si noble de Parmentier, si pure, ne devait point trouver grâce devant un être tel que ce Bernard. Parmentier, au dire de notre naturaliste, n'a jamais introduit la pomme de terre en France. Ce fut, paraît-il, un nommé Clusius (...) ; mais comme ce Clusius, agronome soigneux, prenait cure de ne semer ses pommes de terre qu'en terrains dénués de "fusarium", n'apparaissait nul tubercule. Parmentier, lui, n'y regarda pas de si près. De là son incontestable notoriété.

« Mais M. Noël Bernard veillait. (...) Trop de zèle attristant Bernard ! Je comprends et j'approuve de toutes mes forces qu'on lutte contre la tuberculose, mais il y a tubercule et tubercule. (...) Et n'est-ce point, parlant de la pomme frite, (...) que Victor Hugo émit jadis : "Dans tubercule, il y a Hercule !"[269] »

---

[268] *Bull. trim. de la Société d'horticulture et d'arboriculture de la Haute-Vienne*, 1er juillet 1902.

[269] Ce billet fut repris dans Alphonse Allais, *Le Captain Cap*, Paris, Félix Juven, 1902.

Bref, sur une colonne et quarante ligne, parues à la une de ce quotidien républicain et littéraire fondé en 1892 par Fernand Xau et devenu un des plus lus de la grande presse, Alphonse Allais dont on se souvient qu'il avait plus ou moins poursuivi des études de pharmacie et qui collaborait au quotidien depuis sa fondation, mettait les rieurs de son côté en se faisait le héraut d'un Noël Bernard que ne connaissaient encore que ses collègues spécialistes de botanique et il se posait même, sans en avoir l'air, en défenseur de la recherche scientifique... L'épisode dut lui plaire car il y revint, deux ans plus tard, à propos, cette fois, de la culture de l'ormeau sur les côtes du Finistère :

> « Contrairement à ce que pourraient s'imaginer les gens de basse culture zoographique, l'ormeau (*heliotis tuberculata*) n'est nullement phtisique, pas plus d'ailleurs que la pomme de terre, quoi qu'en dise M. Noël Bernard (de Caen).[270] »

Citons encore un exemple de l'impact, au sein de la société, des premières publications de Bernard : celui venant du botaniste et célèbre maître verrier nancéen, Émile Gallé (1846-1904), qui saisit aussitôt leur retentissement sur la culture des orchidées dont il était un passionné[271]. Selon Jean Pertuy, dès la première publication de Noël Bernard aux *Comptes rendus de l'Académie des sciences*, en 1899, Gallé aurait saisi l'importance de sa découverte[272]. Un autre spécialiste de ce domaine, François Le Tacon, chercheur à l'INRA, estime que l'attention de Gallé pour les travaux de Bernard avait été provoquée par une lettre que lui avait adressé Jean Cantacuzène (1863-1934), un médecin et microbiologiste pasteurien roumain installé en France, lettre dans laquelle celui-ci écrivait :

> « Mon cher Maître, Permettez-moi de vous envoyer le n° de la *Revue Générale des Sciences* contenant l'article de Monsieur Noël Bernard sur l'infection chez les végétaux. Je suis certain qu'il vous intéressera. Vous verrez que l'infection des racines des orchidées est un phénomène constant et que nombre d'anomalies morphologiques chez ces plantes pourraient s'expliquer grâce à une action lente et continue des toxines microbiennes sur l'organisme de la jeune plante. La question a besoin d'être soumise à l'expérimentation systématique. Elle peut avoir au point de vue de la pathologie générale une importance telle (par exemple au point de vue de

---

270 *Le Journal*, 27 septembre 1903.

271 Par exemple, ce vase de cristal et marqueterie d'opaline, créé en 1897, sur lequel Gallé avait incrusté un Sabot-de-Vénus et inscrit une citation du *Trésor des humbles* de Maurice Maeterlinck (1896) : « Une belle chose ne meurt pas sans avoir purifié quelque chose. » Une œuvre conservée au Musée des Beaux-arts de la Ville de Paris (Petit-Palais).

272 Jean Pertuy, « Les orchidées dans l'œuvre d'Émile Gallé », *Annales de l'Est*, n° spécial 2005, p. 1-14. Gérald Leroy-Terquem, *Orchidées passion*, Paris, Bordas, 1989.

la genèse des tumeurs chez les animaux) que je vais dès la rentrée, charger un de mes élèves d'étudier la question expérimentalement.[273] »

Cantacuzène faisait là allusion à l'article de Bernard paru en janvier 1902 dans la *RGSPA*, quelques semaines après sa soutenance de thèse. Il est très probable que Cantacuzène avait pu rencontrer Bernard à l'Institut Pasteur, dans les cours ou au laboratoire de Metchnikoff ou de Roux que le médecin roumain avait fréquentés en 1900-1901, et qu'il avait pu être alerté par Bernard lui-même sur la nature de ses travaux. Du coup, Bernard, en retour, avait peut-être récolté auprès de Cantacuzène quelques-unes des idées sur la phagocytose, dont celui-ci était un spécialiste, qui lui seront si utiles dans la suite de ses travaux de botanique. De plus Catacuzène étant un familier de la station de Biologie marine de Roscoff, il avait pu aussi y faire la connaissance de Charles Pérez qui lui aussi était très au courant des travaux de son ami. Bref, dans ce petit milieu si étroit des biologistes pasteuriens parisiens, les informations scientifiques et la reconnaissance qu'elles portaient allaient plus vite que dans d'autres milieux de naturalistes qui, pour universitaires qu'ils fussent, étaient autrement routiniers.

Mais, à part cette réaction de Cantacuzène, les traces d'intérêt dans le monde scientifique pour les travaux exposés dans sa thèse par Bernard sont rares. L'exception principale reste le cas de la Société botanique de Lyon qui, sans doute en raison de son fonctionnement rigoureux et grâce à la vigilance de celui qui fut alors son président, le médecin et botaniste Jean Saint-Lager (1825-1912), se fit l'écho lors de ses séances mensuelles et dans ses *Annales*, à partir de 1901, avant même la soutenance de sa thèse, des publications de Bernard[274]. Mieux encore, en février 1902, au moment où Bernard venait de débarquer à Caen, un préparateur et futur professeur de Botanique à la faculté des Sciences de Lyon, Jean Beauverie (1874-1938), fit devant ses collègues lyonnais un « exposé complet de la doctrine de M. Noël Bernard[275] ». En dehors de ce cas, il n'y eut aucune prise en compte immédiate de l'apport de Bernard à la botanique et à la biologie générale.

---

[273] Lettre de Jean Cantacuzène à Émile Gallé, le 20 août 1902, lettre aimablement communiquée par François Le Tacon et déjà publiée dans François Le Tacon, *Émile Gallé ou le mariage de l'art et de la science,* Paris, Messene éd, 1995.

[274] Jean-Baptiste Saint-Lager, « Compte rendu d'un mémoire de M. Noël Bernard sur la tuberculisation des pommes de terre », *Annales de la Société Botanique de Lyon*, 1901, t. 26, n° 1, séance du 19 février 1901, p. 7 ; id. « M. Noël Bernard sur la germination des graines d'Orchidées par l'action adjuvante des champignons filandreux », *Annales de la Société Botanique de Lyon*, 1902, t. 27, n° 1, séance du 21 janvier 1902, p. 4 ; id. « M. Noël Bernard a continué ses recherches sur la tuberculisation de la pomme de terre », *Annales de la Société Botanique de Lyon*, 1902, t. 27, n° 1, séance du 29 avril 1902, p. 7.

[275] Jean-Jules Beauverie, « exposé complet de la doctrine de M. Noël Bernard », *Annales de la Société Botanique de Lyon*, 1901, t. 27, n° 1, séance du 18 février 1902, p. 8

Alors qu'il venait tout juste d'être reconduit, en octobre 1901, dans ses fonctions d'agrégé-préparateur à l'ENS et qu'il se préparait à pouvoir poursuivre ses recherches, en bénéficiant des bonnes conditions de travail réunies dans le laboratoire de l'École, en restant de surcroit au cœur de l'écosystème scientifique et intellectuel parisien, Noël Bernard reçut, avant la fin du mois de décembre, sans que rien n'eût pu le laisser présager, son affectation à la maîtrise de conférence de Botanique de la faculté des Sciences de Caen. Ce poste d'être libéré, de manière impromptue, par le décès de la tuberculose, le 1er décembre 1901, à 36 ans, de Jules Léger (1865-1901) qui venait tout juste d'y être nommé professeur-adjoint après avoir été pendant de nombreuses années dans la même faculté, préparateur puis chef de travaux et chargé de cours, avant d'obtenir une maîtrise de conférences de Botanique, en 1898[276]. Bernard quitta donc l'ENS, sans avoir eu le temps de voir venir le coup, pour rejoindre sa nouvelle affectation.

276 Octave Lignier, « Notice biographique de Louis-Jules Léger », *Bull. de la Société linnéenne de Normandie*, 5ème série, vol. 5, séance du 9 décembre 1901, p. 116-132.

Chapitre cinq

Caen : le coup d'arrêt que l'Université impose à Noël Bernard

Le jeune homme sur lequel jusque-là la bonne fortune avait su veiller en lui permettant un parcours sans faute et parmi les plus prestigieux, allait affronter la première désillusion de sa jeune carrière. Alors qu'en répondant à l'appel de la science, en se pliant à la vocation pour la recherche scientifique, il avait cru épouser un courant irrésistiblement porteur pour les hommes de sa génération, au point qu'il croyait ne faire qu'un avec cette identité de « chercheur » – terme encore peu usité dans les laboratoires où on parlait plus volontiers de « travailleur » – dans laquelle il était prêt à se couler, à se mouler, pour en faire sinon une profession du moins un sacerdoce, voilà qu'il subissait un violent réveil, une sorte de brutal atterrissage dans le principe de réalité : il partait pour Caen, une petite ville dotée d'une petite faculté des Sciences où son avenir ne pouvait être que d'endosser – pour combien d'années ? – le costume de l'enseignant et où il n'aurait en toute probabilité ni élèves ni moyens de travail et sans doute pas d'amis, et où il se trouverait privé de la stimulation permanente alimentée aux meilleures sources de la science la plus avancée et de la vie intellectuelle la plus riche auxquelles il était accoutumé depuis son entrée à l'ENS, sept ans plus tôt.

À cette espèce de punition que subit Noël Bernard à l'hiver 1901-1902 opposons l'homme qui « rayonnait d'enthousiasme quand il pénétrait (dans son laboratoire) en agitant joyeusement ses clés » et qui s'expliquait ainsi sur cette vie qu'il voyait comme un cadeau somme toute miraculeux :

> « Il m'a toujours paru que c'était une chance inespérée que de pouvoir, seul, sans fortune, consacrer son activité à des recherches désintéressées et libres, où l'on a le gré de suivre sa raison et le devoir pour ainsi dire d'être révolutionnaire puisqu'on a la charge de comprendre des choses non

encore comprises et de propager des vérités nouvelles dont le caractère commun est d'aller à rebours de quelques idées admises.[277] »

Comment Noël Bernard prit son affectation à Caen pour une brimade

Une vie nouvelle commença donc. Bernard prononça sa leçon inaugurale, à la faculté des Sciences de Caen, le 13 janvier 1902, devant un seul étudiant de licence, requis pour l'occasion et littéralement cerné par la petite foule de tous les collègues de la faculté des Sciences, venus en toge, doyen en tête... Cruelle journée que, dès le lendemain, Bernard considérait avec ironie et sarcasme :

> « L'unique élève a été ahuri par l'entrée solennelle de tant de personnalités et a failli faire défaut ! Après avoir fait l'éloge de mon prédécesseur en termes émus suivant la formule traditionnelle, je suis passé sans transition aucune à l'étude des champignons, à laquelle j'ai adjoint pour les mathématiciens présents quelques notions mathématiques qui ont paru les impressionner et leur donner une haute idée de la complexité et de l'intérêt des questions ![278] »

Pourquoi et comment Bernard fut-il nommé maître de conférences à Caen : les archives de l'Académie normande pas plus que celle de la direction de l'Enseignement supérieur ne permettent de répondre à cette question. Faute d'avoir un candidat local à proposer, il est probable que la faculté des Sciences de Caen n'eut pas voix au chapitre. C'est plutôt du côté de Louis Liard (1846-1917, ENS 1866), directeur de l'Enseignement supérieur, et donc du côté de Paris, qu'il faut imaginer que la décision fut prise : Liard n'ayant sans doute aucune raison de se soucier particulièrement du sort de Bernard qu'il venait de reconduire dans son poste d'agrégé-préparateur à l'ENS, l'initiative n'a pu venir que des botanistes eux-mêmes[279]. On sait que les universitaires les plus installés veillaient de près sur les nominations aux postes de maître de conférences ou aux chaires de professeurs qui se libéraient dans les quatorze universités françaises et qu'ils influençaient directement les décisions du ministère qui, formellement, avait cependant le dernier mot. On peut rappeler qu'un maître de conférences, particulièrement dans les facultés des Sciences, était obligatoirement – en principe – un docteur et que sa nomination dépendait en partie, outre sa thèse, des travaux qu'il avait déjà publiés ; sur ce plan-là, Bernard était bien placé. Cependant, une affectation dans une

---

[277] Lettre de N. Bernard en 1910, citée par M.L. Bernard, dans l'avant-propos de N. Bernard, *Principes de Biologie végétale*, ouv. cité, p. II.
[278] Lettre de N.B. à Jean Magrou, le 14 janvier 1902, citée par M.L. Bernard, *id.*, p. VII.
[279] J.-F. Condette, notice biographique de Louis Liard, dans *Les recteurs d'académie en France de 1808 à 1940, dictionnaire biographique*, ouv. cité, p. 256-257.

université de province condamnait le nouveau maître de conférences à recevoir un traitement médiocre, d'un montant d'ailleurs très variable, inférieur à celui d'un chargé de cours agrégé dans un lycée parisien. Les vacances de chaires étant rares, les maîtres de conférences étaient, en général, condamnés à végéter pendant de longues années dans ce statut de « suppléant » du professeur titulaire de la chaire dont ils dépendaient. Aucune règle d'avancement n'existant, les éventuelles augmentations de traitement étaient totalement aléatoires et soumises à l'arbitraire[280]. Bernard arrivait dans une faculté où le nombre de professeurs-adjoints étant déjà au maximum possible (pas plus du tiers du nombre de titulaires), il ne pourrait donc espérer aucune promotion, au moins tant que le titulaire de la chaire de Botanique, Octave Lignier, serait en poste.

Bernard resta donc à Caen pendant sept années, sept années de ce qu'il considéra comme des années de relégation compte tenu de son rang au concours de l'agrégation, de sa rapidité pour soutenir sa thèse et de l'importance de ses travaux. Le poste d'agrégé-préparateur qu'il avait occupé à l'ENS pendant à peine plus de deux ans, de 1899 à 1901, aurait pu constituer « une position d'attente » – ce qui était courant – avant une nomination dans l'enseignement supérieur parisien, éventuellement dans une « grande faculté de province ». Plus encore, il se trouve que la maîtrise de conférences à l'ENS, occupée par Costantin, se libérait justement, celui-ci ayant obtenu une chaire au Muséum ; mais Matruchot, plus âgé et mieux capé que Bernard, obtint le poste, même si celui-ci, comme élève apprécié sinon préféré de Costantin, avait pu former quelque espoir. Il aurait pu aussi compter sur l'appui du directeur scientifique de l'ENS, Jules Tannery, qui passait pour très favorable à Bernard. Si ce fut le cas, s'il « faillit être nommé », cela ne se fit pas. Six ans plus tard, il écrivait encore ceci à sa future femme :

> « Il y a cinq ans je jouissais d'une certaine estime, j'ai failli être nommé maître de conférences à l'École normale à la place de Costantin ; l'opposition de G. Bonnier et quelques autres ne l'ont (sic) pas permis. Nul ne m'a caché que si je partais en province, j'allais m'y "enterrer" pour un temps indéfini.[281] »

Son ami Charles Pérez, préparateur lui aussi à l'ENS et ex-æquo avec lui à l'agrégation, connut un meilleur début de carrière. Et on peut donc considérer cet épisode comme un échec de Bernard, échec qui indiquait qu'entre son retour à l'ENS, en 1899, et la soutenance de sa thèse, à la fin de 1901, sa position au sein de l'élite scientifique et universitaire s'était affaiblie

---

[280] Albert Turpain, « Les réformes de l'enseignement supérieur », *Revue générale des Sciences pures et appliquées*, 28 février 1906, t. 17, n° 4, p. 166-177. Antoine Prost, *Histoire de l'enseignement en France, 1800-1967*, Paris, Armand Colin, 1968, p. 356-360.

[281] Lettres de N.B. à M.L. Martin, n° 5, 6 juin 1907.

quoi qu'il en fût de la qualité de ses recherches[282]. Le même Pérez admettait qu'il y avait eu injustice ; il le formula ainsi :

« Tout lui eût mérité dans l'enseignement supérieur une rapide et brillante carrière. (...) Pendant l'année pénible qu'il dût, après l'agrégation, passer à la caserne, son colonel le chargea d'apprendre l'alphabet à deux illettrés indécrottables. Peut-on dire que l'Université ait beaucoup mieux employé la force qui était en lui ? Envoyé à la faculté de Caen comme maître de conférences au rabais, il s'y dépensait en pure perte devant un unique répétiteur, candidat par persuasion.[283] »

Peu de jours après son arrivée à Caen, Bernard écrivit une lettre à Henriette Perrin dans laquelle il exprimait, dans un beau texte résilient, sensible et fin, le rapport affectif voire symbolique qui l'attachait aux orchidées, objet de ses recherches. Mais c'est en fait de lui-même qu'il parlait ; au-delà de ses sentiments du moment, c'est de son état d'esprit profond qu'il faisait état. Le propos était si transparent que, parlant des orchidées les plus exotiques qu'il dotait d'une personnalité, d'une identité, de qualités humaines, il semblait que c'étaient son caractère et sa conception de la vie sociale qu'il décrivait :

« Les Orchidées des forêts tropicales n'ont pas adopté les mœurs des autres végétaux ; elles vivent à l'écart, loin du sol, retenues aux branches élevées des arbres par les solides griffes que forment leurs racines. Leur vie est précaire, menacée par les ouragans ou la sécheresse, rendue difficile par le commensalisme des microbes (…). Elles auraient sans doute, parmi les autres plantes si les plantes avaient le préjugé des conventions communes, une mauvaise réputation d'orgueil et de sauvagerie. (…) Mais il me plaît de croire qu'elles n'écoutent point les propos des plantes qui rampent à terre ; elles ont eu l'audace, au mépris des difficultés, de quitter le sol qui leur assurait une part de banale nourriture pour rechercher la lumière sur les cimes de la forêt. (…) Les botanistes ont érigé en lois les règles communes de la vie des plantes vulgaires ; les lois que je pense trouver ici les étonnent comme des paradoxes étranges. (…) Mais pour n'être suivies que par une minorité infime, elles ne sont pas moins suggestives et c'est sans doute un trait de caractère qui m'a amené comme botaniste à aimer dans l'étude de ces plantes, l'exception, plus sympathique que la loi.[284] »

---

[282] C. Charle, *La République des universitaires (1870-1940),* ouv. cité, p. 84.

[283] C. Pérez, « Notice sur Noël Bernard », *déjà citée.*

[284] Lettre de N.B. à Henriette Perrin, le 30 janvier 1902, à Caen, CM, n° 17. Il est permis de penser que Bernard, jeune élève de première année à l'ENS, avait lu l'article d'Edmond Plauchut sur « Les Orchidées » paru cette année-là dans la *Revue des Deux Mondes,* dans lequel le journaliste voyageur dressait un portrait saisissant de « cette façon de vivre en dehors de la loi commune » de ces orchidées tropicales qu'il avait pu admirer lors de ses voyages exotiques. (E. Plauchut, *art. cité*, p. 436.)

Cette métaphore de lui-même, si métaphore il y a, ne devait plus quitter l'esprit de Noël Bernard qui ne manquait pas de se décrire, ici et là, comme un « sauvage », aimant et préférant vivre à l'écart de l'agitation grégaire de ses semblables.

Une « relégation » par vengeance de Bonnier ?

Alors, pour quelles raisons Noël Bernard connut-il ce traitement injuste ? En tous cas, il ne devait pas sa durable « relégation » à Caen à sa stérilité comme chercheur, ni à son échec comme pédagogue. Ses titres plaidaient pour lui, ses travaux publiés étaient indiscutables, leur caractère innovant s'imposait, sa longue fréquentation des amphis et des labos de l'ENS avaient fait sa réputation, sa brillante soutenance avait témoigné de ses qualités rhétoriques et pédagogiques. Il semblait donc promis à occuper une position centrale dans les réseaux universitaires et normaliens. Mais c'est en dépit de tout ce qui aurait dû plaider en sa faveur qu'il fut mis à l'écart. Il est difficile de s'expliquer comment Bonnier qui n'avait pas tari d'éloges dans son rapport de soutenance de la thèse de Bernard, est ensuite passé, en si peu de jours, à une hostilité sévère et butée, se décidant à briser net la carrière commençante de son jeune émule.

Bernard était-il trop bon chercheur ? Quand Bonnier, le pontife dominant dans la discipline, qui avait accumulé, depuis plus d'une quinzaine d'années, de nombreux travaux sur des sujets aussi divers que les sucs des végétaux et leur rôle comme aliment des insectes, les échanges gazeux entre les végétaux et l'atmosphère (en association avec Louis Mangin), et même entre des graines et l'atmosphère, l'association algue-champignons dans le cas des lichens, l'influence des conditions climatiques sur les caractères des plantes, mais qui ne se cachait pas de professer une sombre hostilité vis-à-vis de l'œuvre de Darwin et à la théorie darwinienne en général, avait désormais la réputation de « traiter la science avec désinvolture », de « ne rien prendre au sérieux », de produire des travaux « suspects » et même de donner un enseignement « débraillé », on peut concevoir que Bernard, jamais à court d'une plaisanterie dévastatrice pour ses cibles, ait pu faire figure d'empêcheur[285].

Sans doute que son caractère anguleux, incisif, peu enclin à la diplomatie, ses « sarcasmes de Gavroche », sa « verve caustique », tels que les décrivaient Le Dantec ou Pérez lequel allait jusqu'à parler de sa « bouffonnerie », ne lui apportèrent pas que des amis dans la sphère universitaire[286].

---

[285] Citations de Maurice Caullery, dans É. Telkès, *Maurice Caullery, 1868-1958, un biologiste au quotidien*, ouv. cité, p. 68-69. Marin Molliard, « Notice sur la vie et les travaux de Gaston Bonnier », séance du 12 novembre 1923 de l'Académie des sciences, Paris, Gauthier-Villars, 1923. Gérard Aymonin et Monique Keraudren-Aymonin, « Autour de Gaston Bonnier et de son œuvre. Essai documentaire comparatif », *Bull. de la Société Botanique de France,* 1990, vol. 137, Lettres botaniques 2-3, p. 125-138.

[286] Citations de Charles Pérez, dans « Noël Bernard (1874-1911 », *déjà cité.*

Peut-être lui a-t-il manqué aussi de faire rapidement « le beau mariage » au cœur de ce monde universitaire – comme le voulaient désormais l'habitude et les stratégies de carrière de nombre de ses collègues – ce qui lui aurait concilié ses rivaux les plus sérieux. Faute de quoi, ses réussites firent de certains de ceux-ci des jaloux, décidés à l'écarter.

Bernard dut affronter l'incompréhension et l'hostilité du puissant mandarin de la botanique française, pourtant président en apparence enthousiaste de son jury de thèse, qui publia celle-ci dans la *Revue générale de Botanique* qu'il dirigeait et qui présenta, depuis les premières, toutes les notes de son ancien élève aux séances de l'Académie des sciences, et ceci jusqu'en 1904. Selon Francis Bernard, le fils de Bernard, Bonnier qualifia son élève, la formule se voulant assassine, d'« homme aux tubercules » ; et il lui aurait déclaré, après sa nomination à la maîtrise de conférence de la faculté des Sciences de Caen :

> « On vous nomme à Caen. Vous y ferez de vieux os, c'est tout ce que vous méritez.[287] »

Toujours selon son fils, Bernard n'en pensait pas moins du mandarin en question dont il disait qu'il n'était « qu'un marchand de livres »…[288] Le zoologiste Maurice Caullery qui fut l'élève de Bonnier quand Bernard était encore en culottes courtes et le côtoya ensuite pendant toute sa carrière, n'était pas tendre, lui non plus, dans ses *Souvenirs d'un biologiste*, pour ce grand mandarin de la Botanique :

> « Dans la recherche originale qu'il a pratiquée dans des directions variées, (...) il a trop sacrifié à ce souci de simplification et de netteté dans les résultats. Certaines de ses recherches comme celles sur la synthèse des lichens, restent même quelque peu suspectes par la simplicité des résultats. (...) Par ailleurs, c'était un sceptique, se raidissant contre les conceptions formulées à l'époque par les biologistes qui cherchaient à interpréter le monde vivant à la lumière de l'Évolution, particulièrement des conceptions darwiniennes. (...) Il avait une tendance fâcheuse à railler toute conception nouvelle (...) et il faut ajouter que sa documentation sur la bibliographie étrangère était très superficielle et incomplète. (...) On avait le sentiment qu'il ne prenait rien au sérieux, même la préparation de son cours, qui était très banal. (…) Il s'est laissé entraîner par le souci de la vulgarisation qui, peu à peu, a rempli toute son activité, non sans préoccupations d'ordre lucratif.[289] »

---

[287] Témoignage de Francis Bernard, dans B. Boullard, *ouv. cité*, p. 16.

[288] Une notice biographique relève au sujet de Gaston Bonnier « qu'il a publié de très nombreux ouvrages destinés à l'enseignement ou à la pédagogie, notamment une foule de manuels scolaires portant sur les différentes matières de l'histoire naturelle (zoologie, botanique, géologie) (et que) ses ouvrages les plus célèbres sont ceux consacrés à l'étude de la flore de France, qui ont été réédités constamment jusqu'à nos jours ». (Wikipédia, en ligne)

[289] É. Telkès, *Maurice Caullery, 1868-1958, un biologiste au quotidien*, ouv. cité, p. 68-69.

La correspondance de Bernard comprend diverses notations au sujet de Bonnier. Par exemple lorsqu'il tenta en vain d'obtenir sa nomination sur un poste vacant de professeur titulaire à la faculté des Sciences de Grenoble : « L'hostilité de Bonnier m'est acquise », écrivait-il à celle qui n'était pas encore sa fiancée[290].

« Je suis fort satisfait, lui écrivait-il encore, d'avoir de tout temps prévu la sourde hostilité d'hommes que je mésestime comme Bonnier. J'en ai fait maintenant des ennemis déclarés et irréductibles.[291] »

Une autre fois, Bernard parlait de « Bonnier et ses séides[292] »...

Il est, bien sûr, difficile de comprendre aujourd'hui comment l'hostilité de Bonnier à l'égard de Bernard s'est formée – et réciproquement. On ne peut que la repérer indirectement, par exemple dans le fait que dans la *Revue générale de botanique*, fondée et dirigée par Bonnier, il n'y eut aucune note nécrologique au décès de Bernard et même son nom ne fut pas cité dans l'article qui relatait l'inauguration par son successeur dans sa chaire de Poitiers, Albert Maige, de la station botanique dont Bernard avait formulé le projet, approuvé par le conseil de l'Université, et qu'il avait commencé à installer ; pareillement, lorsque le botaniste Marin Molliard (1866-1944, ENS 1888), alors doyen de la faculté des Sciences et successeur de Bonnier à la direction du Laboratoire de Fontainebleau, laboratoire que Bernard avait couramment fréquenté en préparant sa thèse, après avoir évoqué dans un éloge posthume le « maître plein de bonté pour les jeunes » qu'avait été son prédécesseur, nommait « deux d'entre eux trop tôt disparus, Daguillon, le merveilleux professeur, et Matruchot qui a laissé de si beau travaux de cryptogamie », il ne disait pas un mot de Bernard, pourtant lui aussi décédé à cette date. Bernard avait pourtant été l'étudiant de Molliard lorsqu'il était chef de travaux pratiques associé à la chaire de Bonnier à la Sorbonne[293].

Le contraste est complet avec l'attitude de Costantin qui multiplia les signes d'amitié et de proximité avec son ancien élève. Dans la lettre où Bernard livrait ses sentiments au sujet de Bonnier, lors de l'épisode de sa candidature à Grenoble, il exposait aussi sa vive reconnaissance vis-à-vis de l'attitude combattive en sa faveur de son professeur à l'ENS :

« J'ai vu le timide Costantin venir au ministère avec l'aspect d'un mouton enragé qui ne peut supporter des indignités trop fortes. Il est sorti de chez (Charles) Bayet (le directeur de l'Enseignement supérieur, ndlr) voisin d'une congestion et les yeux brillants d'une indignation véhémente.

---

290 Lettre de N.B. à M.L. Martin, n° 6, 6 juin 1907.

291 Id., octobre 1907, CM, n° 63.

292 Lettre de N.B. à Joseph Magrou, le 9 janvier 1909, CM, n° 76.

293 M. Molliard, *Notice sur la vie et les travaux de Gaston Bonnier*, déjà cité Gaston Bonnier, « Laboratoire de botanique de la Sorbonne et laboratoire de biologie végétale de Fontainebleau », *Rapport sur l'École pratique des hautes études*, 1893-1894, Paris EPHE,1893, p. 97-101.

(…) Il m'a vraiment fait un grand bien ; son exaltation était d'autant plus belle à voir qu'elle naissait chez un homme doux, timide et effacé. (…) J'ai pour cet homme une affection véritable. Il a sûrement dit à Bayet que j'aurai sous peu un génie reconnu !![294] »

Pour expliquer l'hostilité de Bonnier vis-à-vis de Bernard, on peut former trois hypothèses qui, d'ailleurs ne s'excluent pas mais ont pu, au contraire, s'additionner. Celle, d'abord, de la personnalité et du caractère de celui que Le Dantec décrivait comme un « grand gamin parisien qui semblait se moquer de tout et surtout de lui-même », dont les insolences ont pu heurter Bonnier dont le caractère rigide n'était pas un mystère, comme l'illustre une anecdote concernant Georges Colomb (1856-1945, ENS 1878), autrement dit Christophe, le créateur de personnages de bandes dessinées (dont le savant Cosinus). Colomb était un élève de Bonnier sous l'autorité duquel il avait passé brillamment sa thèse[295]. Mais leurs rapports se refroidirent ensuite et lorsque Colomb qui menait une carrière universitaire classique fut candidat au poste de sous-directeur du laboratoire de botanique, Bonnier écrivait, dans son rapport :

« J'ai dû ne plus convoquer M. Colomb aux excursions botaniques, ses plaisanteries continuelles détournant les élèves de leurs études de botanique descriptive.[296] »

La seconde hypothèse pouvant expliquer les relations difficiles entre Bonnier et Bernard est, bien sûr, celle du conflit d'obédience entre botanistes, Bonnier étant un tenant combattif et déterminé d'un néo-lamarckisme étroit, réduit à la volonté de démontrer « la variabilité de chacun des caractères d'ordre anatomique sous l'action immédiate du milieu » comme explication unique de l'évolution des espèces végétales, tandis que Bernard tentait d'explorer d'autres voies ; il s'y ajouta même, peut-être, l'incompréhension de Bonnier à voir Bernard travailler sur la symbiose des orchidées tandis qu'il était lui-même un spécialiste de la symbiose des lichens dont les travaux, du point de pue de la rigueur laissaient, pour certains, à désirer ; avec Costantin, c'était différent puisque c'est lui qui avait poussé Bernard à venir travailler sur les orchidées, un terrain dont il était un spécialiste reconnu.

Dans ces deux (premières) hypothèses, l'affaire dut sans doute dépasser le milieu des botanistes pour englober les naturalistes. En effet, la réputation de Noël Bernard, le moqueur et le frondeur autant que le novateur déviant, avait largement franchie les portes de l'ENS par exemple lorsqu'il faisait d'Alfred

---

294 Lettre de N.B. à M.L. Bernard, octobre 1907, déjà citée.

295 Georges Colomb fut préparateur puis maître de conférences à la Sorbonne et il obtint ensuite le poste de sous-directeur du Laboratoire de Botanique de l'ENS.

296 Site en ligne : http://www.nebuleuse-rh.org.

Giard, désormais professeur de Zoologie à la Sorbonne, sa cible : Le Dantec rapportait qu'alors que lui-même était désormais lui aussi à la Sorbonne, chargé d'un cours d'Embryologie générale, Bernard étant alors agrégé-préparateur à l'ENS, celui-ci avait imaginé de créer une « Société de Biologie amorphe » visant directement Giard qui trainait une réputation de morphologiste acharné et attardé, et avec lui toute l'école qui l'entourait, aussi bien que Bonnier et la sienne, mobilisée autour de la méthode d'« anatomie expérimentale[297] » de son patron :

> « (Bernard) prenait tout "à la blague", soulignait Le Dantec, et se moquait même des idées biologiques auxquelles il s'était donné tout entier (...). C'est à cette époque que nous fondâmes la Société de Biologie amorphe. Bernard en eut l'idée ; ce fut lui aussi, je crois bien, qui la baptisa et qui en rédigea le sévère règlement. Nous voulions protester à la fois contre la direction stérilisante imprimée aux sciences naturelles et contre les habitudes regrettables des hommes dits "de science". Le nom même de cette société était tout un programme. (Il s'agissait) de reléguer la morphologie à la place qu'elle mérite, de considérer la forme comme *une* des manifestations de la vie et d'étudier, conjointement, les *autres* phénomènes communs aux animaux et aux végétaux. Bernard rédigea, à ce propos, pour mettre en évidence tout le ridicule de certains mémoires de botanique, une "Morphologie du double décimètre" qui était un petit chef d'œuvre d'humour et de gaité.[298] »

On imagine assez bien, sans doute, l'effet déflagrateur de ce genre d'initiative dans le petit monde mandarinal de la biologie où les routines de la systématique commençaient à être bousculées par les avancées de l'étude physico-chimique du vivant et à être mises sens dessus-dessous par les conflits acharnés entre les tenants des théories fixistes, évolutionnistes, lamarckiennes, darwinistes, mutationnistes et génétiques… Le Dantec a écrit un article nécrologique consacré à Giard et où il évoquait à nouveau, indirectement, la Société de Biologie amorphe :

> « La tendance morphologiste de Giard explique toute son œuvre, toute sa vie scientifique. (…) Nous ne pûmes jamais nous entendre ; nous ne parlions pas la même langue.[299] »

Cette Société de Biologie amorphe dont parlait Le Dantec n'a pas laissé des traces bien repérables, même humoristiques au titre de canular normalien,

---

[297] Gaston Bonnier, « L'anatomie expérimentale », *Revue scientifique*,52 (19 août 1893), n° 8, p. 225-231.

[298] F. Le Dantec, «Un savant : Noël Bernard 1874-1911», *déjà cité*. Aucune archive concernant cette Société de Biologie amorphe n'a pu être repérée ni, bien sûr ce fameux mémoire sur « La morphologie du double décimètre » dont Noël Bernard aurait été l'auteur.

[299] Félix Le Dantec, « Alfred Giard », *Bull. biologique de la France et de la Belgique*, t. 62, vol. 2, 25 mars 1909.

dans l'histoire de la biologie en France ; elle fut éphémère, ne serait-ce qu'en raison de la mutation en province de Bernard qui s'ensuivit. Le Dantec avançait d'autres raisons :

« Son recrutement était rendu trop difficile par un règlement draconien : "Article premier – Un membre nouveau ne peut être accueilli à la Société qu'à l'unanimité des voix. Art. 2 – Tout acte de candidature entraîne l'inéligibilité." Nous étions très fiers de cet article 2. Dans le monde scientifique, les situations tant universitaires qu'académiques ne s'obtiennent qu'à l'élection ; or, pour être élu par ceux qui sont déjà dans la forteresse, il ne faut pas les avoir mécontentés en sortant des sentiers battus par eux ; il faut avoir été un bon élève très docile ; on ne peut pas être à la fois un candidat et un penseur libre ; la Société de Biologie amorphe voulait des penseurs libres ; elle en est morte.[300] »

Au-delà de l'anecdote, cette prise de parti de Bernard, traçant une sorte de ligne de front entre une certaine manière de pratiquer la science naturaliste et l'attitude qu'il estimait nécessaire pour étudier et comprendre le monde vivant, avait de solides fondements scientifiques, voire épistémologiques. Il s'en expliquait, quelques années plus tard, dans un article de *La Revue du Mois* :

« Autrefois, il s'était agi surtout d'étudier et de décrire les êtres adultes, envisagés comme des objets immuables et inertes, comme des timbres ou des pièces de monnaie. Ce fut la méthode suivie pour établir une classification par Linné et par ceux qui acceptèrent l'étroite discipline d'esprit de cet inlassable collectionneur ; ce fut aussi la méthode de l'anatomie descriptive dont Cuvier devint le plus officiel représentant. Ces hommes d'ordre, occupés à ranger des plantes sèches, à étiqueter des coquilles ou à disséquer des cadavres, contribuèrent moins au progrès des sciences de la nature qu'au développement de cette science des musées, infinie elle-même, où tout l'effort de nouvelles générations d'observateurs pourrait s'ensevelir encore sous le poids croissant des herbiers et dans l'ossuaire des collections anatomiques.[301] »

Bernard considérait ce positionnement comme décisif au point de lui consacrer les toutes premières phrases du manuel sur *L'Évolution des plantes* auquel il mettait la dernière main, avec son épouse, lorsqu'il décéda :

« On peut arriver à la connaissance des phénomènes de la vie par l'observation ou par l'expérience, écrivait Bernard. Il est clair d'ailleurs que cette connaissance ne peut être complète si l'on ne sait allier les deux méthodes et si on les applique mal. En fait les naturalistes se sont longtemps servis presque uniquement de l'observation, et ils s'en servent

---

[300] F. Le Dantec, «Un savant: Noël Bernard 1874-1911», *art. cité*

[301] Noël Bernard, « Un Préjugé dans l'Enseignement des Sciences naturelles », *La Revue du Mois*, 1ère année, n° 2, 20 février 1906, p.214-224.

encore d'une façon prépondérante ; les Sciences naturelles modernes ont leur origine dans l'Histoire naturelle d'autrefois qui était uniquement descriptive. On a d'abord tenté de coordonner les faits avec le seul secours de l'observation et il en reste un groupe important qui ne sont coordonnés que de cette manière : tels sont ceux qui concernent la forme, la structure, la classification des plantes ; leur ensemble constitue la Botanique descriptive. Cette étude est une introduction nécessaire à celle de la Physiologie végétale qui sera faite ensuite et dans laquelle nous chercherons à comprendre la vie des plantes en suivant les méthodes qu'emploient les sciences expérimentales.[302] »

On peut donc imaginer que Bernard, aux temps de la Société de Biologie amorphe, faisait connaître, sans détour, sa conviction qu'une sorte de révolution était nécessaire en Botanique et en Zoologie. Il y avait là, chez un jeune chercheur qui était encore à la recherche d'une position universitaire – au contraire de Le Dantec, bien « installé » – une façon de brûler ses vaisseaux. Elle ne lui fut pas pardonnée et il le paya au prix fort et sans ristourne.

Enfin, la troisième hypothèse, pour expliquer le sort qui fut réservé à Bernard après sa thèse, relève du conflit d'obédiences politiques. Là, il a pu s'agir de Giard qui fut antidreyfusard et membre de la Ligue de la patrie française (mais qui se voulait aussi « socialiste »), mais surtout de Bonnier qui était issu d'une famille de professeurs de Droit orléanistes et catholiques – son père avait publié un pamphlet contre Lamennais. Il se plaisait à raconter que, pendant la Semaine sanglante de mai 1871, Raoul Rigault, le très discuté membre du conseil de la Commune, avait tenté – en vain car trop tard – de faire saisir comme otages le doyen Pellat de la faculté de Droit, beau-père de Bonnier, et les professeurs Bonnier et Ortolan, ses père et grand-père...[303] Toutes choses qui avaient peut-être pu faire de Bonnier la cible des flèches anti-talas de Bernard. D'ailleurs, au cours de cette année de rédaction de sa thèse, celui-ci avait pris des engagements politiques publics dont il sera question plus loin, devenant le secrétaire de la Fédération de la Jeunesse laïque, clairement patronnée par les courants socialistes, qui venait d'être créée : de telles prises de parti, à l'échelon national, d'étudiants encore sous l'autorité de leurs maîtres étaient exceptionnelles et ont pu heurter de front les convictions de Bonnier.

---

[302] N. Bernard, *L'évolution des plantes*, ouv. cité, p. 1.

[303] *Id.* Marin Molliard, « Discours prononcé aux obsèques de Bonnier », le 2 janvier 1923, *Revue générale de botanique*, t. 35, n° 409, janvier 1923, p. 1-5, et « Notice sur la vie et les travaux de Gaston Bonnier », manuscrit de 28 pages, Arch. de l'Académie des sciences, dossier de Gaston Bonnier, publiée chez Gauthier-Villars, 1923.

Bonnier, alors âgé de 50 ans et au faîte de sa carrière, s'était marié avec une des filles du professeur Van Tieghem, botaniste au Muséum et membre de l'Académie des Sciences. Il avait donc pour beaux-frères deux de ses collègues, Julien Costantin et Matthieu Leclerc du Sablon (1859-1944) qui avaient épousé deux autres filles de Van Tieghem… !, la quatrième étant mariée au mathématicien Édouard Husson (1872-1958, ENS 1893)[304]. Quant à la fille unique de Bonnier, Marguerite, elle se maria à son tour, en 1910, avec un normalien, botaniste lui aussi, Raoul Combes (1883-1954), alors préparateur à la faculté des Sciences de Paris, d'origine sociale modeste comme Bernard mais bon catholique[305]. Noël Bernard ne semble pas avoir songé à courtiser mademoiselle Bonnier, sa cadette de sept ans ; sa vie eût pu en être bouleversée…

Tout au contraire il choisit, si on en croit le témoignage recueilli auprès de lui par son cousin Noël, une posture de défi provocant :

> « Au professeur Bonnier (…) qui avait voulu se l'attacher en lui promettant une carrière brillante à Paris, il avait fièrement répondu qu'il se suffisait à lui-même, et qu'il n'avait pas besoin de tuteur. Ce qui lui avait valu l'hostilité de ce Maître omnipotent au ministère de l'Instruction publique.[306] »

Et si les conflits scientifiques avaient été déterminants dans la rupture entre Bernard et Bonnier ?

Il reste possible que le fossé qui s'est si rapidement creusé entre Bernard et Bonnier ait été dû, outre des oppositions de tempérament ou de positionnement social et politique, à un conflit sur les prémices de la biologie elles-mêmes aussi bien que sur le type de botanique qu'il convenait de pratiquer et de nourrir. Ce conflit était visible dans l'ouvrage que Bonnier publia, en 1907, *Le Monde végétal*, dans lequel il ne cachait pas son hostilité à l'œuvre de Darwin que Bernard portait alors aux nues. Bonnier y mettait, en particulier, en cause la thèse de la sélection naturelle comme facteur majeur de l'évolution des espèces[307]. Dès son travail de thèse sur *Les Nectaires*, Bonnier avait croisé le fer avec Darwin (et quelques autres), reprochant à celui-ci le manque de rigueur dans ses observations et le caractère biaisé de ses raisonnements :

> « M. Darwin, Delpino, Lubbock, Müller, ont insisté surtout sur les faits qui appuient leurs considérations téléologiques ; j'insisterai surtout sur

---

[304] Voir le tableau « dynastique » de Van Tieghem dans J.-F. Sirinelli, *Génération intellectuelle…*, ouv. cité, p. 662.

[305] Notice de Raoul Combes dans C. Charle et É. Telkès, *Les Professeurs de la faculté des Sciences de Paris…*, ouv. cité, p. 81-83.

[306] Dr N. Bernard, « Quelques faits importants de la vie de Joseph (Magrou) », déjà cité.

[307] Gaston Bonnier, *Le Monde végétal*, Paris, Flammarion, 1907, p. 268.

ceux qui ne les confirment pas. (…) Tous les faits actuellement observés qui ne concordent pas avec cette interprétation constituent autant d'objections contre sa valeur. Hors de là il ne saurait y avoir de raisonnement scientifique, mais seulement des considérations de l'ordre imaginatif.[308] »

Bonnier a ensuite écrit un article que Bernard, alors disparu, n'a pas pu lire, dont le titre était : « Pour et contre le darwinisme ». On peut en relever quelques citations :

« Darwin n'est pas, à proprement parler, un savant. C'est un philosophe d'une originalité profonde, un observateur souvent superficiel mais d'une ingéniosité qui surprend. (…) À l'heure présente, la tendance actuelle de la plupart d'entre eux (les chercheurs, ndlr) est (à) la critique du darwinisme et la glorification du lamarckisme. (…) Un de mes collègues, savant zoologiste et philosophe, me disait récemment : "Oui, la plupart des faits cités par Darwin sont inexacts, mais qu'importe ! En lisant, en relisant ses ouvrages, on est toujours charmé, et l'on souhaiterait ardemment pendant cette lecture que ces faits correspondissent à la réalité." C'est bien l'impression que donne cette grande œuvre de Darwin. Au point de vue scientifique pur, nous venons de le voir, elle ne pourra subsister ; mais, séduisante, ingénieuse, suggestive au plus haut degré, elle a joué et joue encore un rôle capital dans le développement des sciences naturelles. (…) Et le darwinisme ? Bien que cela semble paradoxal, la théorie darwinienne et l'action exercée par le génie de Darwin sur le monde savant sont deux choses très différentes. Que la première vienne à être abandonnée pour le retour au lamarckisme, cela n'empêche pas que la seconde n'ait obtenu un effet incontestable et puissant sur l'esprit humain.[309] »

Et comme Bonnier n'hésitait pas à clouer au pilori le Darwin qu'il s'imaginait, il donnait l'exemple – pour convaincre les lecteurs des « erreurs » de l'auteur de *L'origine des espèces* – des plantes carnivores :

« Quelques mots sur les plantes dites "carnivores" auxquelles Darwin a consacré un volume tout entier, et en particulier sur les *drosera*, ces humbles fleurettes qui, pour Darwin, représentent le type des plantes carnivores. (…) Qu'ont donné les cultures et les expériences tentées pour vérifier l'opinion relative aux plantes carnivores ? Charles Morren, enthousiasmé par les pages du naturaliste anglais, aboutit à une profonde déception. Il n'a pu voir ni digestion ni absorption des produits de décomposition des insectes capturés. (…) Il résulte de toutes ces

[308] Gaston Bonnier, *Les nectaires, étude critique, anatomie et physiologie*, thèse de doctorat ès Sciences naturelles, Paris, Masson, 1879, p. 32-33.
[309] Gaston Bonnier, « Pour et contre le darwinisme », *Revue hebdomadaire*, 20ème année, t. 7, juillet 1911, p. 5-37.

recherches, dont la plupart étaient entreprises dans l'espoir de confirmer les dires de Darwin, que ces plantes ne sont en rien carnivores.[310] »

Il est possible, voire probable, que Bonnier exprimait, dans ses cours de la Sorbonne ou au sein du laboratoire de Fontainebleau, des convictions de ce tonneau-là qui n'agréaient pas au jeune Noël Bernard. Ainsi Bonnier a-t-il bâti sa réputation en s'appuyant sur la qualité supposée de ses travaux expérimentaux, sur l'école qu'a constituée, en la matière, son Laboratoire de Biologie végétale, et il en a fait une théorie dans un article de la *Revue scientifique*, « L'anatomie expérimentale », paru en 1893, soit un an avant l'arrivée de Bernard à l'ENS[311]. Dans cet article, il apparaissait que pour Bonnier l'expérimentation, loin de s'orienter, comme Bernard s'y attachait, vers l'étude physico-chimique des organismes végétaux ou vers l'approche microbiologique de leurs tissus, se limitait essentiellement à faire varier de toutes les manières possibles les conditions de végétation de différentes plantes pour observer les effets sur l'anatomie de celles-ci. Dans les dernières phrases de l'article, Bonnier visait explicitement, pour qui avait lu sa thèse, les « théories » darwiniennes :

> « L'importance des résultats obtenus dans cette voie n'échappera à aucun de ceux qui se félicitent avec raison de voir la méthode expérimentale s'imposer de plus en plus dans les sciences naturelles. La théorie de l'évolution des êtres organisés ne doit pas se limiter à des observations et à des hypothèses. Montrer ce qui restera de cette théorie et ce qui devra en disparaître, tel sera le rôle du *transformisme expérimental*.[312] »

Denis Lamy résume le profil scientifique de Bonnier en indiquant que celui-ci « poursui(vai)t deux aspects de la botanique : « la reconnaissance et la classification des plantes – éditant et rééditant une *Flore de France* qui fera sa réputation –, et la variation des caractères des plantes – estimant que le fait que (selon une citation d'une note de Bonnier aux *Comptes rendus de l'Académie des sciences*[313], ndlr) tous les caractères varient dans le même sens constitu(ai)ent des faits en faveur de l'hypothèse lamarckienne[314] ». À la fin de sa vie, Bonnier résumait ainsi les conclusions de ses propres travaux sur la

---

[310] *Id.*, p. 18-22.

[311] G. Bonnier, « L'anatomie expérimentale », *art. cité*

[312] *Id.*, p. 231.

[313] Gaston Bonnier, « Sur les changements obtenus expérimentalement des formes végétales. », *CR*, séance du 7 juin 1920, t.. 170, 1920, p. 1356-1359.

[314] Denis Lamy, « Fiche Gaston Bonnier (1853-1922) », dans Hélène Gispert (dir.), *« Par la science, pour la patrie ». L'Association française pour l'avancement des Sciences (1872-1914). Un projet politique pour une société savante*, Rennes, PUR, 2002, p. 222. Voir aussi Gérard Aymonin et Monique Keraudren-Aymonin, « Autour de Gaston Bonnier et de son œuvre. Essai documentaire comparatif », *déjà cité*.

variation de l'anatomie de plantes soumises à des climats différents dont il avait pourtant constaté lui-même la réversibilité :

> « Ces faits sont en faveur de l'hypothèse lamarckienne qui attribue au changement de milieu l'une des causes principales de la transformation des organismes.[315] »

Dans sa propre thèse, Noël Bernard a lui aussi repris, pour les contredire, certaines affirmations de Darwin sur les orchidées, ce qui ne pouvait pas déplaire à Bonnier[316]. Bonnier a d'ailleurs semblé s'enthousiasmer devant les premiers travaux de ce disciple. Mais si, à cette date, les différences entre les deux botanistes pouvaient rester latentes, elles ont pu compter dans la manière dont se fit la rupture, brutale, de la fin de l'année 1901. Denis Lamy a montré que Bonnier incitait ses élèves à être actifs au sein de l'Association française pour l'avancement des sciences et à y présenter leurs premiers travaux ; il a relevé qu'autour de Bonnier, une vingtaine de botanistes, formés ou ayant travaillé au laboratoire de Fontainebleau, étaient présents à la neuvième section de l'AFAS, la section de Botanique, et il considère que ce fut pour eux un « lieu professionnalisant (...) et valorisant[317] ». Mais Bernard n'a jamais été du nombre, même avant son affectation à la faculté des Sciences de Caen...

Un étroit milieu où les carrières « se méritent »

Hypothèses donc, faisceau d'indices, mais qui prennent une certaine valeur lorsqu'on constate que Noël Bernard ne put jamais rejoindre un poste à Paris et qu'il dut se résigner, après sept années d'abord passées à Caen, à postuler pour un poste de professeur à Poitiers, tandis que d'autres, en particulier ceux qui, comme lui, étaient passé par la fonction d'agrégé-préparateur, obtenaient les postes qui se libéraient à Paris, en Botanique.

Ainsi, par exemple, Matruchot (ENS 1885), agrégé-préparateur de Botanique à l'ENS puis bibliothécaire des Sciences, de 1889 à 1894, fut ensuite nommé chef de travaux de Botanique au PCN (le certificat d'études Physiques, Chimiques et Naturelles, pour les étudiants en Médecine, créé en 1893), un an plus tard, maître de conférences de Botanique à la faculté des Sciences de Paris et aussitôt – en 1901, à l'ENS ; Mollard (ENS 1888), agrégé-préparateur de Biologie à l'ENS de 1892 à 1894, fut nommé ensuite chef de travaux au laboratoire de Physiologie de la faculté des Sciences puis, en 1902, maître de conférences de Botanique ; Gallaud reçu 26ème et dernier à

[315] G. Bonnier, «Sur les changements, obtenus expérimentalement, dans les formes végétales», *déjà cité*.
[316] N. Bernard, *Études sur la tubérisation*, thèse déjà citée., p. 115 et 180.
[317] Denis Lamy, « Une autre façon de pratiquer la botanique », dans Hélène Gispert (dir.), *« Par la science, pour la patrie ». L'Association française pour l'avancement des Sciences (1872-1914). Un projet politique pour une société savante*, ouv. cité, p. 197-204.

l'École dans la promotion de Bernard (ENS 1894), agrégé en 1900 puis agrégé-préparateur de Botanique à l'ENS après Noël Bernard, docteur en 1904, obtenait un poste au Muséum en janvier 1905 pour travailler avec Costantin ; Blaringhem (ENS 1899), agrégé-préparateur de Biologie à l'ENS de 1903 à 1907, fut nommé ensuite chargé de cours de Biologie agricole à la Sorbonne et deux ans plus tard chef de service à l'Institut Pasteur ; aucun de ces agrégés-préparateurs ne fut donc nommé en province ; Pierre Dangeard (1862-1947) qui n'était pas normalien mais instituteur de formation, armé d'une thèse en 1886, suivit un parcours difficile qui, de la faculté des Sciences de Caen, l'amena à Poitiers en 1894 et, de là, en 1908, chargé de cours de Botanique à Paris ; Marcel Dubard (1873-1914), non-normalien lui aussi mais en thèse sous la direction de Bonnier, obtint la maîtrise de conférence de Botanique coloniale créée à la faculté des Sciences, en 1903. Il y avait, bien sûr, d'autres postes possibles, à Institut national d'agronomie ou au Muséum, par exemple… Au Muséum, la chaire de Botanique resta occupée pendant 35 ans par Van Tieghem ; mais lorsqu'en 1904 et 1906, deux chaires nouvelles s'y ajoutèrent, ce sont deux de ses élèves, Louis Mangin (1852-1937) et Henri Lecomte (1856-1934), qui les obtinrent. Citons encore le cas du botaniste Auguste Chevalier (1873-1956) qui entra en 1897, muni d'une licence, au laboratoire de Van Tieghem et, devenu docteur en 1901 fut aussitôt recruté comme préparateur au laboratoire colonial du Muséum dont il devint le sous-directeur en 1904. Mais Bernard, lui, restait à Caen…

Voilà donc un jeune rejeton – Noël Bernard – particulièrement remarquable pour sa précocité, voire son génie scientifique, qui se heurte à un mur – on dirait, de nos jours, à un plafond de verre. Ce Parisien de naissance et pur produit des meilleurs établissements parisiens de l'enseignement secondaire restait, d'une certaine façon, un provincial sans appuis dans la capitale et dans le monde universitaire. Malgré son insertion réussie dans certains réseaux, le réseau normalien en l'occurrence – encore que Bernard ne semble pas en avoir adopté toutes les normes comme celle qui obligeait à s'inscrire dans l'écurie d'un pontife ou bien à demander à entrer, par mariage, dans l'intimité de la famille d'un universitaire dominant – d'autres facteurs se sont donc cumulés à son désavantage, parmi lesquels on peut compter, outre son fort tempérament, le choix d'une discipline considérée comme seconde et, au sein de celle-ci, la hardiesse avec laquelle il a tenté d'imposer ses approches audacieuses à des mandarins hostiles, et peut-être aussi des engagements politiques trop tranchés et trop sincères.

On peut rapprocher l'itinéraire de Bernard de celui d'autres scientifiques et universitaires, d'individus qui eurent du mal à trouver leur place dans un milieu alors en train de l'élargir, de se développer, où la concurrence était fort rude et où les moins bien dotés socialement pouvaient éprouver de réelles difficultés, à qualités scientifiques égales voire supérieures, à obtenir la reconnaissance espérée. Le cas du normalien mathématicien Jules Drach, de trois ans l'aîné de Bernard et son ami, lui aussi nommé en province, marié en province et bientôt complètement marginalisé, est, par exemple, révélateur. Camille Marbo, fille de Paul Appell, le futur doyen de la faculté des Sciences, et épouse d'Émile Borel, après avoir évoqué les silhouettes de Drach et Bernard, les oublia ensuite dans la galerie touffue de personnages qu'elle mettait en scène dans ses *Souvenirs*. Elle avait finalement ce constat, lapidaire :

> « Jules Drach est marié à Poitiers avec une jeune fille (...). Il ne fai(sai)t plus guère d'apparitions à Paris. Non plus que Noël Bernard qui mourra à Caen de tuberculose[318] ».

À l'opposé des cas de Bernard ou Drach, on pourrait évoquer les itinéraires de carrière bien différents de nombreux normaliens de ces promotions de la fin du siècle. Par exemple, parmi leurs plus proches amis, celui de Borel justement, qui avait été nommé à la faculté des Sciences de Lille avant même d'avoir soutenu sa thèse et obtint rapidement une maîtrise de conférences à l'ENS ; ou celui de Perrin, nommé chargé de cours pour un enseignement nouveau de Chimie-physique à la faculté des Sciences de Paris, en 1898, quelques mois seulement après sa soutenance de thèse alors qu'il était en concurrence avec Pierre Curie, professeur à l'École de Physique et Chimie, lequel, à presque 40 ans, avait pourtant une œuvre de physicien remarquable à son actif. Le jour de cette élection, l'émotion fut grande à Physique et Chimie, et Georges Urbain, qui ne connaissait pas encore Perrin, déclara qu'« à la première occasion, il lui dirait ses vérités » ; l'occasion se présenta peu après, lors du mariage de Langevin, et c'est de ce jour-là que fut nouée la grande amitié entre Perrin et Urbain. La carrière même d'Urbain illustre l'étroitesse de tous ces liens et leur rôle essentiel dans les carrières : il entra à la Sorbonne grâce à Pierre Curie qui le chargea d'un cours complémentaire de Chimie analytique et, au même moment, Perrin lui offrit l'hospitalité dans son petit laboratoire de la Sorbonne où il accueillait déjà André Debierne – qui était de la même promotion de l'EPCI qu'Urbain – et qui allait y faire la découverte de l'actinium. Pierre Curie s'y rendait fréquemment, pour rendre visite aux trois amis. Urbain commentait ainsi cette séquence de sa carrière :

> « Je dois à l'amitié d'hommes célèbres d'avoir eu constamment sous mes pas un chemin de velours.[319] »

Le cas le plus significatif et peut-être le plus difficilement accepté par Noël Bernard sans qu'il s'en soit jamais plaint, fut celui de son ami très proche et

---

[318] Camille Marbo, *À travers deux siècles, Souvenirs et rencontres (1883-1967)*, ouv. cité, p. 152. On relève l'inexactitude de Camille Marbo qui fait mourir Bernard à Caen au lieu de Poitiers ; ce genre d'erreurs est courant dans cet ouvrage mémoriel, écrit par Marguerite Borel.

[319] « Discours du Jubilé de Georges Urbain », le 10 juin 1938, plaquette, Arch. de l'Académie des sciences, dossier Georges Urbain.

collègue vraiment très proche, Charles Pérez : ayant été reçus tous deux premiers ex-æquo à l'agrégation, Pérez fut bientôt lauréat d'un prix de l'Académie des sciences, en 1901 – Noël Bernard dut attendre dix ans de plus pour cela – puis, ayant soutenu, en 1902, une thèse sur les « métamorphoses des hyménoptères », il fut directement nommé chargé de cours de Zoologie animale à la faculté des Sciences de Bordeaux, auprès de son père qui y était lui-même titulaire de la chaire de Zoologie, et deux ans plus tard il lui succéda. Pérez arriva ensuite à Paris dès 1909, dans le laboratoire de Maurice Caullery, l'année où Bernard obtenait lui, enfin, un poste de professeur, mais à Poitiers… Comme l'écrivait Caullery, au sujet de ce recrutement de Pérez :

> « J'avais de très bonnes relations avec lui et c'est par l'intervention de ma femme et de moi que s'était amorcé et décidé son mariage avec une nièce de Paul Pelseneer.[320] »

Paul Pelseneer (1863-1945), zoologiste lui aussi et secrétaire perpétuel de l'Académie royale de Belgique, devint donc l'oncle par alliance de Pérez[321]… Tout ceci expliquant sans doute cela. L'amertume de Noël Bernard, relégué à Caen, fut grande, au point qu'un jour, devant le manque d'enthousiasme des universitaires parisiens face au projet de création d'une Amicale des professeurs des facultés des Sciences lancé avec ses collègues de la faculté des Sciences de Caen, il écrivait à Borel, incarnation du pouvoir mandarinal concentré à la faculté des Sciences de Paris :

> « Nous, hommes de peu, sommes sans force, nous n'obtenons jamais rien de nos demandes, on nous prive actuellement de nos derniers élèves et on s'assied sur nos vœux[322] ! »

L'intransigeant Noël Bernard

C'est peut-être en raison de cette destinée, si différente de celle de Pérez, Borel, Perrin et d'autres qui avaient facilement et rapidement obtenu une place enviable dans le *cursus honorum* universitaire, que Bernard a traîné une réputation de contestataire de l'ordre universitaire. Il reconnaissait qu'il ne faisait rien pour aller contre elle, d'ailleurs :

> « J'ai une exécrable réputation d'indépendance auprès de l'Administration et des pontifes », écrivait-il à Marie Louise Martin, ajoutant aussitôt pour montrer l'étendue de son insubordination : « J'ai contribué à lancer une sorte de syndicat de fonctionnaires.[323] »

[320] É. Telkès, *Maurice Caullery, 1868-1958, un biologiste au quotidien*, ouv. cité, p.142-143
[321] Notice de Charles Pérez dans C. Charle et É. Telkès, *Les Professeurs de la faculté des Sciences de Paris…*, ouv. cité
[322] Lettre de N.B. à Émile Borel, 4 décembre 1905, Arch. de l'Académie des sciences, dossier biographique d'Émile Borel, correspondance liée à *La Revue du Mois*.
[323] Lettre de N.B. à M.L. Martin, le 8 juin 1907, n° 6.

Ainsi, lui prêta-t-on la saillie suivante : alors qu'au cours d'une séance de la Société linnéenne de Normandie, le nouveau doyen de la faculté des Sciences de Caen, Alexandre Bigot (1863-1953) – un géologue que Bernard avait appris à (mal) supporter dès les premières réunions auxquelles il avait assisté – critiquait les travaux, médiocres à ses yeux, d'un jeune collègue avec ce lapidaire : « C'est un travail de maître de conférences », Bernard, alors maître de conférences lui-même, aurait répondu, intempestivement et peut-être avec le ton sarcastique qu'on lui connaissait :

> « Monsieur le Doyen, beaucoup de professeurs titulaires n'ont pas dépassé ce stade.[324] »

Dans ces conditions, lorsqu'on le vit arriver, professeur chargé de cours fraîchement muté à Poitiers, aux obsèques du Recteur sans porter la toge de rigueur, son élève Fernand Moreau se souvient qu'on y vit « une protestation contre les attitudes médiévales de l'Université[325] ». En fait, sa malle de vêtement n'avait pas encore été livrée.

Noël Bernard ne faisait, en toute circonstance et comme il le faisait depuis ses années normaliennes, que se comporter en homme libre, peu soucieux de plaire, de parvenir et de s'aplatir devant quiconque. Pour en finir avec cette évocation des relations difficiles que Noël Bernard entretint avec ce milieu universitaire et scientifique auquel il appartenait, il faut relever que lui-même avait un caractère vif, susceptible, prenant facilement la mouche et « montant facilement dans les tours », un caractère qui ne facilitait pas les contacts. Un exemple peut permettre de le montrer : un jour, sa future épouse alors tout juste sa fiancée, rapporta à Bernard qu'elle avait appris à Louis Mangin (1852-1937), alors enseignant de Botanique à l'École normale de Fontenay et proche de Bonnier, son prochain mariage avec Noël : selon elle, la première parole de Mangin avait été : « Ah ! Noël Bernard ? ... l'homme aux tubercules !! »... C'était la formule prêtée à Bonnier ! Cette seule saillie avait déclenché chez Bernard une sorte de furie épistolaire qui est un exemple – bien peu rare – de la manière dont il jugeait les autres et construisait lui-même ainsi son isolement :

> « Le cas Mangin m'intéresse. Je connais seulement cet homme par ses travaux scientifiques, sa carrière universitaire et quelques autres particularités comme celle d'être pour beaucoup dans la rédaction de nos programmes actuels d'enseignement. (...) Ce que j'en sais m'a suffi depuis longtemps pour supposer que c'est une intelligence sans ampleur et un

---

[324] B. Boullard, *ouv. cité*

[325] Fernand Moreau, « Sur un botaniste aux affinités normandes, Noël Bernard (1874-1911) », *Mémoires de l'Académie des Arts, Sciences et Belles-Lettres de Caen*, t. XIV (1961), p. 103. Moreau a fait toute sa carrière à Caen, devenant professeur puis doyen de la faculté des Sciences.

caractère assez vil. Cela va ma foi assez bien avec le fait d'être assez mal élevé et de ne savoir le dissimuler ensuite que par une affectation de politesse mondaine ! Ne craignez rien, ce ne sont pas des hommes de ce genre qui contribueront à me faire ce qu'ils appellent "mon avenir". Je suis tout à fait assuré de leur antipathie qui n'est pas sans être réciproque.[326] »

Au total, à chaque étape de cette tentative de comprendre comment il se trouva que la trajectoire de Noël Bernard semble avoir bifurqué vers une sorte de « voie de garage » au moment où tout semblait devoir lui réussir, une autre esquisse de définition d'un autre destin peut être évoquée, celle proposée par l'historien Jules Isaac (1877-1963, admissible à l'ENS en 1896 et 1897) en dressant le portrait de son ami Charles Péguy ; son rapprochement avec celle de son condisciple de l'ENS, Noël Bernard, paraît significatif :

« De lui, Péguy, aux camarades normaliens de la rue d'Ulm (...) il y avait d'abord une opposition fondamentale, une opposition de nature générique pourrait-on dire ; c'étaient en vérité deux races d'hommes – deux races spirituelles qui s'affrontaient : la race des créateurs, la race des docteurs. D'un côté, cette sorte de génie torrentiel, impatient de donner libre cours aux forces contenues qu'il sentait bouillonner en lui, incapable de se maintenir sur les chemins battus, les chemins frayés, mais capable de briser toutes les digues qu'on lui opposerait et de se frayer lui-même sa propre route à travers l'épaisse "forêt de la réalité" (...). De l'autre côté, des esprits distingués, brillants, certains même éminents, d'un talent supérieur, d'une culture étendue, habitués à cueillir les premières places partout où l'on concourt, ayant parcouru ou prêts à parcourir avec aisance, avec éclat, toute la gamme des plus hautes épreuves scolaires, au-delà desquelles s'ouvrent les voies droites, bien tracées, urbaines, qui mènent en Faculté, en Sorbonne, au Collège de France, à l'Institut, ou ces autres voies, moins droites, mais bien frayées elles aussi, qui mènent au Palais-Bourbon et à ses multiples dépendances. (...) Les "docteurs" se demandaient si ce Péguy inclassable ne serait pas un déclassé, un "raté". Ils furent bientôt d'avis qu'il était un "gêneur".[327] »

Une autre référence significative fut faite par plusieurs de ceux qui, rendant hommage à Bernard après son décès, évoquèrent une similitude entre sa vie et celle, encore plus brève, d'Évariste Galois, élève lui aussi, en 1829-1830, d'une École qui ne s'appelait plus « normale supérieure » mais simplement « préparatoire », où il s'était fait remarquer pour sa « fureur des mathématiques ». Ce rapprochement tenait à des qualités intellectuelles que ces admirateurs aimaient à retrouver chez les deux scientifiques, d'autant que les cérémonies du Centenaire de l'ENS, en 1895, avaient donné lieu à une

---

[326] Lettres de N.B. à M.L. Martin, n° 21, 2 juillet 1907.

[327] J. Isaac, *Expériences de ma vie, Péguy*, ouv. cité, p. 372-373.

sorte de réhabilitation de Galois et que, l'année suivante, Paul Dupuy avait publié, dans les *Annales scientifiques* de l'ENS, une rigoureuse et passionnée « Vie d'Évariste Galois » dans laquelle Bernard, alors élève de seconde année, avait peut-être pu reconnaître quelques traits qui l'avaient marqué[328]. Par exemple ces mots, que Galois écrivit dans les derniers jours de sa courte vie :

> « Il me manque, pour être un savant, de n'être que cela. Le cœur, chez moi, s'est révolté contre la tête.[329] »

En effet, Galois, au-delà de sa puissante personnalité intellectuelle et scientifique[330], s'était fait remarquer à l'École, par la vigueur de ses sentiments républicains – il était adhérent de la Société des amis du peuple, fondée en juillet 1830 – et par son caractère que Paul Dupuy qualifiait d'« étrange » ou « bizarre » mais aussi de « frondeur » ou de « taquin ». Porté à contester aussi bien la forme de l'enseignement trop académique qu'il recevait que la légitimité des autorités de l'École normale, il fut finalement renvoyé de l'École, en décembre 1830.

Et c'est ainsi que Noël Bernard obtint un poste qu'il n'avait pas demandé à la faculté des Sciences de Caen et fut, par là-même expulsé de son poste d'agrégé-préparateur à l'École normale supérieure qui venait tout juste de lui être renouvelé pour deux ans.

---

[328] Paul Dupuy, « La vie d'Évariste Galois », *Annales scientifiques de l'École normale supérieure*, Paris, Gauthier-Villars, 3e série, vol. 13, 1896, pages 197-256. *La vie d'Évariste Galois*, préfacée par Jules Tannery, Paris, *Cahiers de La Quinzaine*, 1903, 104 pages. Auguste Chevalier, « Nécrologie. Évariste Galois », *Revue encyclopédique*, n° 165, septembre 1832, pages 744-754.

[329] Paul Dupuy, « La vie d'Évariste Galois », déjà cité, page 246.

[330] Michel Pinault, « Évariste Galois (1811-1832) : aux origines de la figure de "l'intellectuel" », à paraître ; voir aussi la notice rédigée pour le *Maitron*

Chapitre six

Noël Bernard, chercheur obstiné aux objectifs ambitieux

C'est donc à Caen, une faculté des Sciences que Christophe Charle classe dans « les facultés trop petites où l'on ne fai(sai)t que passer[331] », que Bernard poursuivit sa carrière de chercheur et d'enseignant. Il y resta sept années. Il s'y sentit d'abord bien accueilli. Aussitôt arrivé, il faisait à son cousin Magrou cette description optimiste des lieux et des gens qu'il découvrait :

> « J'ai été bien reçu par M. Lignier, le professeur de Botanique de la faculté ; il y a une installation intéressante. Les botanistes habitent un institut séparé au milieu du Jardin des plantes, à proximité de serres très vastes et dans une sorte de parc d'où l'on a sur toute la ville une très jolie vue. L'Institut est une petite bicoque, mais propre et gaie, j'y ai un petit cabinet isolé, très petit mais plein de lumière. (...) Mon impression première est bonne en somme et si je dois m'embêter ce ne sera jamais que dans quelques temps. J'ai à faire une centaine de visites.[332] »

Mais dans le même temps, Bernard trouva la ville « boueuse » ; elle le frappa aussi par son trop grand calme, la faculté lui semblant même « un peu morte ». Ayant trouvé facilement à louer pour 4 francs par mois – il s'agit ici de franc-or (ou franc-germinal), une monnaie très stable jusqu'à la Première Guerre mondiale[333] – un logement de deux pièces doté de plusieurs fenêtres situé en centre-ville, rue Caponière, il prit pension, pour 8 francs, dans l'hôtel que fréquentaient « les universitaires célibataires endurcis », enseignants en lycée ou dans les facultés, dont il entreprit de faire la connaissance. Quant à « la centaine » de visites protocolaires qu'il disait avoir à faire, elles étaient un reflet du style formel, compassé, routinier et « bourgeois » auquel devaient se conformer même les plus « rebelles » des fonctionnaires d'un certain rang : se présenter à leurs supérieurs hiérarchiques, doyen, recteur, préfet et sous-

[331] C. Charle, *La République des universitaires*, ouv. cité, p. 153.

[332] Lettre de N.B. à Jean Magrou, le 5 janvier 1902, CM, n° 16.

[333] La pièce d'1 franc usuelle, comprenant 5 grammes d'argent, équivalait à environ 300 milligrammes d'or.

préfet, à leurs collègues et à leurs épouses, répondre à leurs invitations, prendre contact avec les présidents des sociétés scientifiques et leur bureau, rencontrer les élus, se faire connaître des représentants des corporations qui comptent et fréquenter les lieux où s'exprimaient les liens de sociabilité entre toutes ces « personnalités », salons, clubs, cérémonies et manifestations officielles, toutes obligations auxquelles Bernard voulut d'abord, comme preuve de bonne volonté, satisfaire avant de n'en plus pouvoir et de laisser s'exprimer ses sentiments véritables ce qui lui permit d'écrire, après quelques années passées dans cette bonne ville de Caen :

> « À Caen je ne connais presque personne ; tout le monde me connaît mais est habitué à mes allures indépendantes.[334] »

La vie à Caen : une purge !

Au fil des mois, son nouvel environnement pesa de plus en plus au jeune universitaire parisien et la sensation de relégation n'en fut que plus forte : « Pour moi, j'ai trouvé ici une vie plutôt trop calme que trop peu. J'en consacre le plus que je peux au travail, avec l'espoir qu'elle ne se prolongera pas trop », écrivait-il à Langevin[335]. « Nous menons toujours dans "l'Athènes normande", ainsi qu'on nomme cette ville dans tous les discours officiels, une vie terriblement plate et aussi vide d'incidents que d'intérêt », se plaignait-il auprès de son cousin Magrou, ajoutant : « J'oublie les élections municipales pour lesquelles les journaux émettent le principe suivant, textuel : "Caen aux Caennais. Nous ne voulons plus d'étrangers, comme les Juifs, les professeurs ou les Francs-maçons" !![336] »
Progressivement, Bernard se sentit « perdu au milieu de gens inertes et stupides » et en vint à parler de son « impasse normande[337] ».

On ne doit pas sous-estimer le poids des difficultés financières auxquelles il avait par ailleurs à faire face. Son traitement de 4000 francs annuels au départ, porté en 1904 à 4500 francs, ne lui donnait que des moyens limités pour subvenir à ses besoins et à ceux de sa mère qui, depuis l'automne 1902, logeait avec lui à Caen, et même à sa grand-mère maternelle à laquelle il assurait une pension annuelle de 500 francs. On sait que sur ces revenus il devait mettre de côté les sommes destinées à éponger les dettes accumulées par sa mère qui se montaient à près de 50 000 francs, selon B. Boullard. Dans sa correspondance, il évoquait « l'état de sa bourse », hésitait pour des raisons

---

[334] Lettres de N.B. à M.L. Martin, n° 12, 19 juin 1907.

[335] Lettre de N.B. à Paul Langevin, Caen, 21 novembre 1902 , Arch. ESPCI, fonds Langevin, carton 83, doc. 08.

[336] Lettres de N.B. à Antoinette et Joseph Magrou, les 31 décembre 1903 et 29 avril 1904, CM, n° 28 et 30.

[337] Lettres de N.B. à Jean et Joseph Magrou, le 16 octobre 1905, CM, lettre n° 38.

pécuniaires à se rendre à Paris ou était tout prêt de renoncer à se rendre à une conférence d'horticulture à Londres jusqu'au moment où il obtint une subvention providentielle. Ce revenu de 4000 francs annuels peut être comparé à celui d'un instituteur débutant qui se situait autour de 1200 francs annuels ou bien à celui d'un médecin de province, évalué par Antoine Prost à 8 ou 12 000 francs ou encore à celui d'un préfet qui se montait à 23 000 francs, tandis qu'un professeur de faculté parisien obtenait 12 000 francs au minimum[338]. Un jour qu'il envisageait de ne plus vivre avec sa mère, Bernard imaginait de lui donner, comme elle ne disposait d'aucune ressource, 1000 francs par an.

Il disposait donc d'un revenu près de trois fois supérieur à celui, modeste mais suffisant pour vivre, d'un instituteur, mais ne pouvait prétendre accéder à un standard de vie « bourgeois », par exemple embaucher du personnel de maison, se payer des voyages ou accéder à la propriété. Les 400 francs de la facture d'impression de sa thèse pesaient lourd dans le budget de sa première année caennaise. À sa tante qui s'inquiétait de ses difficultés, il indiquait que, pour pouvoir envisager de se marier, « il faudrait bien que l'État songe d'ici là à améliorer quelque peu (ses) moyens d'existence ». Or, les procédures d'avancement étaient alors totalement opaques, sous le contrôle des « bureaux » du ministère et de ceux qui pouvaient les influencer. Costantin soulignait d'ailleurs que Bernard ne s'était pas vu reconnaître, à Caen, le niveau de traitement correspondant aux fonctions qu'il occupait. Le doyen indiquait, dans sa note annuelle, que Bernard était le plus mal rémunéré de tous les enseignants de la faculté des Sciences.

Le moyen de gagner de l'argent, beaucoup d'argent peut-être, aurait été que Bernard choisît de garder secrets ses « tours-de-main », en fait ses techniques de laboratoire, en ne rendant publics que les protocoles généraux de ses expérimentations et les résultats ainsi obtenus. Le reste pouvait se monnayer. C'est ce que pratiquaient beaucoup de ses collègues dont les liens avec les milieux agricoles ou industriels bien qu'officieux étaient connus. Bernard refusait cette solution au nom de « la science pure et désintéressée », un idéal dont il se réclamait, en se plaçant dans la filiation de Curie, et qu'il entendait mettre strictement en pratique[339].

Faire de la recherche en botanique, à Caen

Lorsqu'il arriva dans ce poste à Caen, Noël Bernard y trouva non seulement un Institut de Botanique flambant neuf et plutôt actif, organisé

338 Antoine Prost, *Si nous vivions en 1913*, Paris, Grasset, 2014, p. 83 et 85. C. Charle, *La République des universitaires*, ouv. cité, p. 67. Débats à la Chambre des députés, discussion sur le budget du ministère de l'Instruction publique pour 1905, séance du 14 novembre 1904, *Journal officiel*, p. 2451.

339 Voir, plus loin, sa déclaration au Congrès d'Horticulture de Paris, en 1905.

autour de la chaire de Botanique de la faculté des Sciences, mais aussi une tradition vivante de recherche en Botanique : elle remontait à Jean-Baptiste Callard de la Ducquerie, professeur à la faculté de Médecine (créée au XVème siècle) qui, en 1689, avait rassemblé quelques plantes dans son jardin privé ; puis son action avait été poursuivie par ses successeurs qui, du jardin privé, avaient fait un véritable arboretum et un jardin botanique, fondé administrativement en 1736 ; un terrain acquis à l'emplacement d'une ancienne carrière de pierre fut agrandi au début du XIXème siècle, grâce à l'action de la municipalité, jusqu'à une surface de 3,5 hectares et doté de deux grandes serres en 1860. L'institut botanique venait d'y être édifié depuis une dizaine d'années et les aménagements, en particulier l'adduction d'eau et le terrassement, étaient encore en cours lorsque Bernard arriva à Caen[340].

Il obtint rapidement du directeur de l'Institut botanique, Octave Lignier (1855-1916), « toujours prêt à perfectionner le laboratoire dans le sens le plus utile à (ses) recherches », écrivait Bernard, la construction, à l'arrière de l'Institut, d'une serre expérimentale, qu'il qualifiait dans une lettre de « serre presque monumentale[341] ». Elle fut édifiée en 1903 en reprenant à sa demande des principes mis en œuvre à l'Institut Pasteur, avec des dispositifs en tous points conformes aux derniers progrès techniques : elle devait comporter trois compartiments, à températures constantes, indépendantes et variables à volonté, le chauffage s'y faire par le gaz avec réglage automatique de la température[342].

Bernard disposa donc de moyens efficaces pour reprendre ses recherches et s'y ajoutèrent des subventions de la Caisse des recherches scientifiques, créée par le Parlement en 1901, et de la Société des Amis de l'Université de Normandie, ainsi que la bonne volonté de certains horticulteurs de la région qui lui facilitèrent l'organisation matérielle de ses travaux[343].

Le personnel lié à la chaire de Botanique et placé sous l'autorité de son titulaire, Octave Lignier, comprenait, outre Bernard, Adrien Tison, le préparateur faisant fonction de chef de travaux et ayant en charge les travaux pratiques, ainsi qu'un appariteur[344]. L'Institut de Botanique disposait d'un

---

340 Octave Lignier, « Essai sur l'histoire du Jardin des plantes de Caen », Société linnéenne de Normandie, séance du 4 décembre 1904, *Bull. de la Société linnéenne de Normandie*, vol. n° 8, 1904, p. 27-160.

341 N. Bernard, « L'Évolution dans la symbiose . Les orchidées et leurs champignons commensaux », *ouv. cité*, p. 191. Lettre de N.B. à Antoinette Magrou, le 31 décembre 1903, CM, n° 28.

342 Procès-verbal de la réunion du 27 juin 1902 du Conseil de l'Université de Caen, Arch. départ. du Calvados, T/1153/1 et T/1153/2.

343 Sur la Caisse des recherches scientifiques, voir plus loin, et aussi M. Pinault, *La science au Parlement…*, ouv. Cité.

344 Adrien Tison était préparateur de Botanique au laboratoire de la faculté des Sciences de Caen et affidé de Lignier, le professeur titulaire ; Bernard disait qu'il était « inamovible ». Il venait, en 1900, de soutenir une thèse de doctorat (*Recherches sur la chute des feuilles chez les Dicotylédones*, Caen, Lanier, 1900) et il passa ensuite chef de travaux, du temps où René Maire

unique garçon de laboratoire qui avait pour charge essentielle, jusqu'à l'arrivée de Bernard, l'entretien des herbiers auxquels Lignier était très attaché. Celui-ci se plaignait d'ailleurs de ce que de directeur de l'Enseignement supérieur, Louis Liard, pourtant natif du Calvados, en application de la doctrine alors dominante selon laquelle la mission première de la faculté était la formation des étudiants, le professeur menant, seulement s'il le souhaitait, des recherches personnelles sur son temps libre, avait mis son veto à l'utilisation du préparateur pour venir en renfort du garçon de laboratoire. Bernard ayant sollicité l'aide de ce dernier pour ses recherches et Lignier constatant qu'il délaissait de ce fait les herbiers, organisa, avec l'accord de Liard puis avec son successeur, Charles Bayet (1849-1918, ENS 1868), le recrutement d'un employé, Le Bley, payé 1500 francs, moitié par l'Université de Caen et moitié par la ville de Caen[345].

La rapide insertion de Noël Bernard dans la vie agitée de la faculté des Sciences et de l'Université de Caen

L'année qui précéda l'arrivée de Bernard à Caen avait été marquée par le refus du ministère de nommer professeur-adjoint le docteur Louis Léger (1864-1901), jusque-là maître de conférences de Botanique, ruinant l'espoir que celui-ci avait entretenu que son traitement en fût augmenté[346]. Celui-ci avait cependant obtenu de ne plus être en charge des travaux pratiques, transférés au préparateur. Sur ce, Léger décéda, le jour de la signature du décret le nommant professeur-adjoint[347], et sa maîtrise de conférence, déclarée vacante, fut attribuée à Noël Bernard.

À peine avait-il été présenté à l'Assemblée de ses collègues par le doyen, le mathématicien Antoine de Saint-Germain (1839-1914), Bernard fut désigné comme secrétaire, en charge des procès-verbaux, une mission qu'il conserva pendant plus de deux ans[348]. Ce qui était peut-être une mesure de « bizutage » du dernier arrivé s'avéra un poste d'observation et d'influence pour lui. Il se vit ainsi confier, de manière récurrente, des missions de mise en forme des résultats des discussions de l'Assemblée en rédigeant des « rapports » ; il y en

(1878-1949) occupa la maîtrise de conférence libérée par Noël Bernard, puis il fut lui-même maître de conférences (1921) et succéda à Maire. Ensemble, Maire et Tison, firent plusieurs publications et, en 1911, ils dédièrent le genre *Ligniera* à Octave Lignier.

345 Lettre d'Octave Lignier adressée au recteur Zévort, le 1er juillet 1903, 5 p. manuscrites, Arch. départ. du Calvados, PV des réunions du Conseil de l'Université de Caen, T/1153/1 et T/1153/2.

346 PV des réunions de l'Assemblée de la faculté des Sciences de Caen de l'année 1901, déjà cité. Voir aussi : Thomas Moreau, « Étudier, enseigner, rayonner : l'Université de Caen (1793-1944) », thèse de doctorat, 2018, en ligne : Hal, archives ouvertes, Normandie Université, 2018. Français. NNT: 2018NORMC044.

347 Id., p. 798.

348 Registre des délibérations de l'Assemblée de la faculté des Sciences de Caen, réunion du 8 janvier 1902, déjà cité.

eut un, en particulier, à la suite du vif débat qu'eurent les professeurs de la faculté des Sciences à propos de la réforme de l'agrégation de l'Enseignement secondaire et, par voie de conséquence, du rôle de l'ENS et de celui des facultés « de province » face à celui de la faculté des Sciences de Paris[349]. Bernard, chargé de faire la synthèse, fut amené à réfléchir et mettre ses idées au clair et, peut-être, à tirer dans un certain sens le compte-rendu dont il avait la charge. Sa copie dut séduire ses collègues puisque le Conseil d'Université le désigna à son tour comme rapporteur de cette question[350]. Il y eut aussi, l'Université de Caen étant en train de faire construire une nouvelle bibliothèque universitaire, l'appartenance de Bernard – fut-il désigné ou bien se mit-il en avant volontairement ? – à la commission ayant en charge l'aboutissement du projet pédagogique en vue de la réouverture dans les nouveaux locaux ; bien que ne siégeant pas au Conseil de l'Université, c'est lui qui rédigea le nouveau règlement qui fut présenté et approuvé par ce Conseil[351]. Bref, Noël Bernard, dès son arrivée à Caen, fut aussitôt identifié par l'ensemble de ses collègues et prit l'habitude de s'exprimer en leur nom.

La plus spectaculaire des preuves de la rapide installation de Bernard dans les rouages de la sociabilité universitaire de Caen fut la présentation par le professeur Lignier, dès le Conseil d'Université du 27 juin 1902, soit six mois après l'arrivée de Bernard, du projet de « Construction d'une serre à expériences au Jardin des Plantes » pour un budget estimé à 5460 francs, pour lequel il indiquait que le directeur de l'Enseignement supérieur au ministère, Louis Liard, lequel avait été naguère recteur de l'Académie de Caen, était prêt à accorder une subvention – ce qui témoignait du fait que Bernard n'était pas sans appuis de ce côté-là. Lignier obtint l'approbation unanime, par l'Assemblée des enseignants de la faculté, de cet investissement clairement destiné à satisfaire les attentes du nouveau maître de conférences de Botanique[352]. Huit mois passèrent et l'Assemblée, informée du fait que « le ministre accord(ait) 2000 francs », vota un crédit de 1800 francs à prendre sur le budget de la faculté et elle adressa au Conseil de l'Université une demande de subvention sur ses fonds de réserve pour compléter le financement ; une nouvelle fois, malgré une réserve du recteur qui demanda « si la serre serait indispensable si M. Bernard n'était pas là ? », le doyen des Sciences ayant répondu positivement, le Conseil suivit, à l'unanimité[353].

Cette serre, construite en un temps record derrière l'Institut de Botanique, aujourd'hui toujours entretenue et active, témoigne encore, un siècle plus tard, avec la plaque commémorative qui orne ses murs, du passage de Noël Bernard à la faculté des Sciences de Caen.

---

[349] Id., réunions des 19 et 22 décembre 1903, Id.
[350] PV des réunions du Conseil de l'Université de Caen, réunion du 15 janvier 1904, déjà cité.
[351] Registre des délibérations de l'Assemblée de la faculté des Sciences de Caen, 1906, déjà cité.
[352] PV de la réunion du 27 juin 1902 du Conseil de l'Université de Caen, déjà cité.
[353] Id., réunion du 13 mars 1903.

Que Bernard ait réussi à devenir sinon « populaire » du moins estimé parmi ses collègues, au point de devenir en plusieurs circonstances leur interprète, reste surprenant car, outre ses traits de caractère bien connus qui pouvaient le desservir, il tombait dans un véritable nid de guêpes où tenir sa place sans se compromettre a pu s'avérer délicat.

En effet, à la fin de 1903, après 15 années de bons et loyaux services, le doyen de la faculté des Sciences, le professeur de Mécanique rationnelle et appliquée, Albert de Saint-Germain (1839-1914), refusa de prolonger son mandat de trois années supplémentaires. L'Assemblée de la faculté désigna pour lui succéder, par cinq voix, le titulaire de la chaire de Botanique, Octave Lignier, contre trois au mathématicien Charles Riquier (1853-1929, ENS 1873), titulaire lui de la chaire de Calcul différentiel et intégral depuis… 1886, celui-ci étant présenté en deuxième ligne par 5 voix contre 4[354]. Une dispersion des suffrages étonnante alors que la règle courante voulait que ces votes fussent unanimes. Encore fallait-il que le Conseil d'Université puis le ministre entérinassent ce choix, ce qui était, en principe, affaire de routine. Mais c'était sans compter les passifs d'une situation politique encore explosive liée à l'Affaire Dreyfus et même antérieure, remontant aux rancœurs des ralliements plus ou moins tardifs à la République et aux récents conflits nés de la politique de laïcisation de l'État… En Basse-Normandie, la consigne d'avoir à décrocher tous les crucifix et autres symboles religieux des locaux publics sinon de l'espace public avait provoqué de vifs affrontements, le décrochage, ici et là, de drapeaux tricolores frappés d'un Sacré-Cœur de Jésus au centre, avait mobilisé les efforts des gardiens de l'ordre républicain plus souvent qu'il n'eût fallu[355]. L'esprit républicain était ici, à maints égards, encore en terre de mission. En témoigne la campagne permanente que menait le journal socialiste local, *Le Travailleur socialiste*, contre le recteur, l'historien Edgar Zévort (1842-1908, ENS 1861), accusé avec constance de favoriser le cléricalisme au sein de l'Université[356]. Ainsi y affirmait-on que les appariteurs

[354]Réunion de l'Assemblée de la faculté des Sciences de Caen du 9 janvier 1904, registre des délibérations, déjà cité.

[355] Rapports mensuels du Commissariat central de Caen, Arch. départ. du Calvados, M/3006 et M/3007.

[356] Rubrique « L'Université cléricale », dans *Le Travailleur socialiste, organe hebdomadaire de la Fédération socialiste de Basse-Normandie*, année 1902, Arc. Départ. du Calvados. L'accusation contre Charles Zévort mérite d'être nuancée : celui-ci était, comme son père qui fut recteur de l'académie de Paris et directeur de l'Enseignement secondaire, un adepte et un suiveur de la politique de Jules Ferry. Il avait fait sa carrière dans l'administration de l'Instruction publique et participé, aux côtés de son père, à la rédaction de certaines lois. Il succéda au rectorat de Caen à Louis Liard parti diriger l'Enseignement supérieur, et y mena une politique dynamique, en particulier de développement de l'enseignement des jeunes filles. (Thomas Moreau, *thèse citée.*). Dans le même ordre d'idée, la section caennaise de la Ligue des droits de l'homme menait campagne, en 1902, pour que « les instituteurs et institutrices n'aient

de l'Université se chargeaient de distribuer aux étudiants des invitations aux causeries que l'évêque organisait chaque mercredi, parfois dans les locaux même des facultés, et les rédacteurs du *Travailleur socialiste* incitaient leurs lecteurs à choisir plutôt de participer aux conférences proposées par « Les Amis de l'Université », toutes les semaines, le même jour, à la même heure. Ainsi Noël Bernard, deux mois après son arrivée à Caen, fut-il l'orateur de la séance du 19 mars 1902, avec une conférence sur « Les Métamorphoses des plantes », et de celle du mercredi 14 décembre 1903, avec un exposé sur « Les théories du professeur Metchnikoff sur la vieillesse et la santé[357] ». En agissant ainsi, Bernard choisissait clairement son « camp ».

Revenons à la succession du doyen de la faculté des Sciences : le Conseil d'Université décida, par un vote secret, d'inverser l'ordre de présentation adopté par la faculté des Sciences en plaçant Riquier en première ligne, par huit voix contre deux ou trois (sic) à Lignier, et un vote blanc. Le recteur transmit au ministre, en lui recommandant de rétablir l'ordre désiré par la faculté des Sciences, sans autre explication. En fait, il avait finalement rayé toutes celles qui figuraient sur le brouillon de sa lettre, brouillon dans lequel il prétendait que le vote du Conseil n'était qu'« un acte de courtoisie » des membres du Conseil à l'égard de Riquier et où il insistait sur le fait que Lignier avait « toutes les qualités nécessaires » pour assurer ces fonctions, que « membre du conseil municipal et, l'an dernier, président de l'Association républicaine, (...) il joui(ssai)t, dans la ville et dans la contrée de l'estime générale[358] ». Et le ministre, sans doute bien informé des enjeux « politiques » de cette désignation, suivit non son recteur, pourtant expérimenté, bon connaisseur des mœurs administratives et serviteur fidèle de l'institution, mais le Conseil...[359] ; Riquier fut nommé doyen.

L'incendie couvait, l'explosion fut brutale. L'Assemblée de la faculté des Sciences, réunie en séance exceptionnelle « à la demande d'un tiers de(ses) membres » et sous la présidence du nouveau doyen de fait, protesta, en terme véhéments, par un « ordre du jour » présenté par le professeur de Physique Louis Houllevigue (1863-1944, ENS 1882) et adressé, à la quasi-unanimité (9 pour, 1 abstention), par la voie hiérarchique, au ministre[360]. Rien n'y fit, Riquier était doyen et l'Assemblée de la faculté des Sciences, lors d'un Conseil de l'Université houleux, fut blâmée après que le doyen Riquier eût

---

plus à surveiller leurs élèves à l'église, pendant les offices religieux ». (*Bull. officiel* de la LDH,1903, p. 290, vœu du 13 décembre 1902 de la section de Caen de la LDH,)

357 *Journal de Caen*, 5 mars 1902, p. 2, et « Programme des conférences données à la Société des Amis de l'Université de Normandie pendant l'année 1903 », *Assises scientifiques, littéraires et artistiques*, Rouen, Libr. Léon Gy, 1908.

358 Brouillon de lettre du recteur Zévort au ministre de l'Instruction publique, le 5 décembre 1902, Arch. départ. du Calvados, procès-verbaux des réunions du Conseil de l'Université de Caen, déjà cité.

359 Réunion du Conseil de l'Université de Caen du 15 janvier 1904, déjà cité.

360 Délibérations de l'Assemblée de la faculté des Sciences de Caen, réunion du 27 janvier 1904, registre des délibérations, déjà cité.

connu l'humiliation d'avoir à lire devant le Conseil le texte de la « déclaration » de l'Assemblée de ses collègues désavouant sa désignation. Le recteur désavoua la faculté des Sciences pour avoir « outrepassé ses attributions (...) en prenant une délibération que je considère comme la critique d'un vote du Conseil de l'Université et d'un acte du ministre[361] ». Le ministre exigea que, dans le registre des procès-verbaux de l'Assemblée des professeurs de la faculté des Sciences, le procès-verbal de la réunion fautive fût rayé[362]. Ce qui fut fait.

Autant qu'on puisse en juger, l'opposition de la faculté des Sciences à la candidature de Riquier relevait d'un clivage incertain où se mêlaient appréciations politiques et ressentiments personnels. Riquier aussi bien que Lignier, de même que Houllevigue, étaient, selon les années, membres du bureau de la section caennaise de la Ligue des droits de l'homme, Riquier était membre de l'Association républicaine de Caen dont Lignier occupait la présidence, et membre de la majorité municipale aux côtés du maire René Perotte, membre de l'Association républicaine lui aussi. C'était sans doute là l'extrême limite de l'engagement qu'on pouvait attendre d'un universitaire qui avait épousé la fille d'un collègue, professeur de Philosophie à la faculté des Lettres, Emmanuel Chauvet, solide représentant des milieux catholiques, nationalistes, qui vitupérait, lors d'un discours de rentrée solennelle de l'Université, une Allemagne « infectée de socialisme[363] ». Mais Lignier, face à Riquier, représentait le sommet de la détestation : il était le Vénérable de la puissante loge caennaise du Grand Orient de France[364]. Dans le conflit entre les deux mandarins, quand le Conseil avait préféré le discret conservateur Riquier, le recteur aurait jugé plus sage de s'en tenir au vote de la faculté des Sciences, et le ministre avait choisi de suivre la voie bourgeoise et conciliatrice du Conseil où siégeaient les représentants de toute l'Université de Caen, les vrais sages, plutôt que le choix clivant des scientifiques irresponsables. La suite montra que cette intuition n'était pas la bonne car quelques mois plus tard, alors que les « républicains de gauche » venaient de perdre la mairie au profit de la droite nationaliste, Lignier triompha finalement de Riquier au décanat de la faculté : mal élu en janvier, Riquier convoqua le 9 mai une Assemblée de la faculté ; seuls 3 de ses membres se présentèrent, sous le prétexte qu'il l'avait convoquée du matin pour le soir même pour débattre « en urgence » de la réforme du baccalauréat[365]... Il démissionna et le 27 mai

[361] Id., réunion du 27 janvier 1904.
[362] Id., réunion du 3 février 1904.
[363] Emmanuel Chauvet, « Sur la paix perpétuelle, discours prononcé à la séance solennelle de rentrée des facultés de l'Académie de Caen », 17 novembre 1881, Caen, Impr. Le Blanc-Hardel, 1881, p. 27.
[364] Thomas Moreau, thèse citée. Voir aussi : Élisabeth Gautier-Desvaux et Jacques Mace, *La vie politique dans le Calvados à la Belle Époque : 1898-1914*, Service éducatif des Arch. départ. du Calvados, *Annales du CNDP de Caen*, dossier n° 4, 1982.
[365] Procès-verbal de la réunion du Conseil de l'Université de Caen du 11 juin 1904, déjà cité.

sa démission fut actée par le Conseil de l'Université qui enregistra l'élection par l'Assemblée de la faculté des Sciences de Lignier pour lui succéder, par neuf voix et deux abstentions ; dans son discours d'intronisation Lignier rendit hommage à son prédécesseur… Antoine de Saint-Germain, sans citer le vaincu et son bref intérim[366]. Houllevigue devenait l'assesseur de Lignier ce qui en faisait son éventuel successeur. Noël Bernard voyait donc son patron direct accéder à ce poste de prestige mais chronophage ce qui signifiait qu'autant de charges administratives ou pédagogiques allaient se transférer sur lui au niveau de la chaire de Botanique et de l'Institut du même nom.

Mais l'histoire rebondit parfois. Quelques mois plus tard, las !, Lignier fut emporté par le « scandale des fiches » : il avait collecté et communiqué la liste des officiers, en garnison à Caen et dans d'autres villes de Basse-Normandie, soupçonnés de sentiments trop tièdes vis-à-vis de la République. Dévoilé, dénoncé, il dut démissionner[367]. *Le Petit Parisien* du 9 décembre 1904 en donna les raisons ; le scandale fut national. La section caennaise de la LDH, par la voix de son président, Edmond Goblot (1858-1935, ENS 1879), professeur de Philosophie à la faculté des Lettres, stigmatisa la méthode des « dossiers secrets » comme contraire à l'esprit républicain[368]. Comme au même moment Houllevigue obtenait sa mutation pour l'Université de Marseille, de Saint-Germain fut « obligé » d'accepter un nouveau mandat de doyen[369]. Quant à Lignier, mis en congé par le ministre, il dut abandonner ses étudiants et sa chaire, ne siégea plus ni à l'Assemblée ni au Conseil ; cette fois, tout reposait sur Bernard... Que fit celui-ci pendant cette tourmente ? Sans doute apprit-il beaucoup en découvrant *in vivo* le manque de hauteur de vue, les faiblesses, les bassesses et les trahisons dans lesquelles s'empêtraient beaucoup de ses collègues et peut-être se renforça-t-il dans son refus de se mêler à cette société-là : « être connu d'eux mais n'en connaître aucun », comme il écrivit à peu près. Jean Quillien, Emmanuel Thiébot et Thomas Moreau qui ont étudié de près les oppositions politiques caennaises d'alors, structurant en particulier les milieux de la bourgeoisie locale, laissent tous trois constater qu'il existait en dehors de ce vaste marigot « républicain » prônant, depuis les « ralliés » jusqu'aux « radicaux », la recherche du « juste milieu », sans parler des milieux nationalistes, toujours rétifs au régime républicain, qui emportèrent la mairie en 1904, un autre secteur, très étroit, presque dépourvu d'électeurs, d'ailleurs fracturé en chapelles concurrentes,

---

[366] Réunion de l'Assemblée de la faculté des Sciences de Caen du 27 mai 1904, registre des délibérations, déjà cité. Réunion du Conseil de l'Université de Caen du 11 juin 1904, procès-verbaux des réunions, déjà cité.
[367] Id., réunions des deux instances, le 9 décembre 1904.
[368] *Bull. officiel* de la LDH, rapport d'Edmond Goblot sur les « dossiers secrets », 1905, p. 210 sq.
[369] Id.

en dissidence complète vis-à-vis des partis « de gouvernement », la mouvance des « socialistes » ; Bernard en était[370].

À la Société linnéenne de Normandie

Bien que Noël Bernard ne semblait pas y être fort sensible, Caen se targuait d'une véritable vie intellectuelle, celle que voulait refléter le qualificatif répandu d'« Athènes normande » qui faisait référence à un passé réputé glorieux – fondation de l'Université en 1432, de l'Académie des sciences, des arts et des belles-lettres, en 1652, réunion par l'archéologue Arcisse de Caumont (1801-1873) d'un modeste mais premier « Congrès scientifique[371] », en 1833, – que prolongeait, entre autres, la Société linnéenne de Normandie, une société savante locale réunissant largement les naturalistes, amateurs et professionnels, vivant ou ayant vécu dans la région, créée par le même de Caumont et quelques autres en 1823, et la plus récente Société des Amis de l'Université de Caen, fondée sous l'impulsion du rectorat, en 1894. Quelques semaines avant l'arrivée de Bernard à Caen, ces deux sociétés avaient organisé en commun la tenue d'une conférence par le botaniste, enfant du pays, Auguste Chevalier (1873-1956), qui commençait son propos en exprimant son « plaisir de (se) retrouver dans l'Athènes normande, au milieu de (ses) maîtres et camarades, devant un auditoire d'élite[372] ».

Dès son arrivée à Caen, Bernard fut adhérent de la Société linnéenne de Normandie, un passage obligatoire auquel il ne répugnait pas[373]. Son secrétaire était son collègue géologue de la faculté des Sciences, Bigot, déjà évoqué, flanqué, comme vice-secrétaire, du préparateur de Botanique, Tison. Bernard se méfia aussitôt de l'ambiance qu'il trouva dans cette association et craignit de voir ses relations avec certains de ses membres devenir rapidement délicates, comme il le confia à son cousin Magrou :

> « Société où pontifie et préside une sorte de géologue à la Cannât avec qui je ne tarderai pas, sans nul doute, à avoir d'assez fraîches relations. Ainsi il m'arrive ici ce qui m'est déjà advenu ailleurs, doué d'une nature

---

[370] Jean Quellien, « Bleus, Blancs, Rouges : politique et élections dans le Calvados 1870-1939 », *Cahier des Annales de Normandie*, n°18, 1986, pages 1-424 ; Emmanuel Thiébot, « Les Francs-maçons et la République en Basse-Normandie (1870-1924 », mémoire de DEA à Sciences Po Paris, 2003 ; Thomas Moreau, thèse citée. É. Gautier-Desvaux et J. Mace, *La vie politique dans le Calvados à la Belle Époque : 1898-1914*, ouv. cité.

[371] Georges Hottinger, « Un centenaire – Le Congrès scientifique et l'institut des provinces (1833-1879) », *Mémoires de l'Académie nationale de Metz*, 115ème année, vol. XV, 1934, p. 101-171.

[372] *Bull. de la Société linnéenne de Normandie*, séance du 2 décembre 1901, vol. 5, 1901, juin 1902, p. XLIV-LXXIV.

[373] *Id.*, séance du 3 février 1902, 1902, p. X.

pacifique essentiellement, ma mauvaise fortune veut que je me mette à dos quelques individus qui me sont tout à fait indifférents.[374] »

Bernard faisait allusion au fait qu'il venait de donner, moins de trois mois après son arrivée à Caen, « une conférence à l'aristocratie caennaise » consacrée à l'évolution des plantes, dans laquelle il avait évoqué assez longuement la figure de Linné, le grand ancêtre de tous les botanistes[375]. Ses propos furent, semble-t-il, perçu – c'est lui qui le disait – comme « le propos d'un esprit subversif et paradoxal » au point de « ne plus pouvoir songer à paraître à la Société linnéenne pendant quelques temps »....[376] Sans doute qu'en replaçant l'œuvre de Linné, essentiellement vouée à la nomenclature et au classement des végétaux dans une perspective fixiste et créationniste (dont la systématique avait cependant été vivement critiquée, en son temps, par les Encyclopédistes), dans le cadre des nouvelles orientations évolutionnistes et des questionnements expérimentalistes des naturalistes de son temps, il avait pu sembler porter atteinte au prestige dudit grand ancêtre auquel on attendait peut-être qu'il se contentât de rendre hommage… Peut-être Bernard s'était-il laissé aller, comme au temps de son anti-talatisme normalien, à brocarder la naïveté bien connue du fixisme biblique du botaniste suédois… Faute d'avoir le texte de cette conférence sur Linné, on peut citer une phrase que Bernard a consacrée au grand ancêtre dans un article sur « Le Mendélisme », paru en 1908 ; on peut y entendre, si l'on veut bien, les traces de cet humour caustique et exaspérant, tellement caractéristique du normalien arrogant, voire omniscient, méritant une bonne leçon, que peut-être le conférencier ne s'était pas privé de laisser s'exprimer :

« Le talent de caractériser les êtres par une suite d'expressions concises, mesurées et sentencieuses que le grand Linné appliquait, pour sa gloire, à classer les plantes les plus infimes aussi bien qu'à décrire les attributs de

---

[374] Lettre de N.B. à Jean Magrou, le 25 mars 1902, CM, n°19. Dans ce courrier, Bernard visait le géologue Alexandre Bigot (1863-1953), professeur de Géologie à la faculté des Sciences (et d'ailleurs futur doyen, en 1907), marié à la fille d'Eugène Eudes-Deslongchamps, géologue et fils de géologue, dont il avait pris la suite. Il faisait allusion au professeur Paul Cannât (1846-1930), géologue aussi mais aussi zoologiste et botaniste, qui fut président de la Société d'étude des sciences naturelles de Béziers de 1885 à 1914, et était professeur au collège de Béziers et fut conservateur du Muséum de la ville. Émile Magrou et son fils Jean ainsi que Charles Fescourt adhéraient à cette Société et on peut penser que les cousins avaient eu à le fréquenter lors de leur jeunesse biterroise. (*Bull.de la Société d'étude des sciences naturelles de Béziers*).

[375] *Le Journal de Caen* publiait une annonce, pour une conférence de Noël Bernard, maître de conférences à la faculté des Sciences de Caen, à l'invitation de la Société des Amis de l'Université de Normandie et de l'Association scientifique et littéraire, le 19 mars 1902, sur « Les Métamorphoses des plantes ». (*Journal de Caen*, 5 mars 1902, p. 2, déjà cité.)

[376] Lettre de N.B. à Jean Magrou, le 25 mars 1902, déjà citée. Le texte de cette conférence n'est pas connu.

Dieu, ou à se définir lui-même, appartient au domaine des arts et non à celui de la science.[377] »

Il exprima ensuite, dans *La Revue du Mois*, ses sentiments vis-à-vis de Linné qu'il qualifiait d'« homme d'ordre occupé à ranger des plantes sèches » et ayant ainsi « contribué moins au progrès des sciences de la nature qu'au développement de cette science des musées, infinie elle-même, où tout l'effort de nouvelles générations d'observateurs pourrait s'ensevelir encore sous le poids croissant des herbiers[378] ». Bernard exprimait donc sans détour, une fois encore, sa profonde conviction que les études biologiques devaient s'éloigner d'un passé devenu un fardeau. En fait, Bernard resta toute sa vie proche du jeune normalien anticonformiste qu'il avait été, volontiers ironique, gouailleur et provocateur, ce qui ne pouvait trouver grâce auprès de ses collègues universitaires installés.

Cependant, il est probable que l'autorité morale conquise, malgré tout, par Bernard au sein de l'étroit milieu universitaire favorisa sa cohabitation avec ses meilleurs ennemis. Ainsi, fut-il élu, en 1907, président de la Société linnéenne de Normandie contre laquelle il nourrissait tant de méfiance. Au cours de cette présidence, mettant à profit ses fonctions au sein de l'Assemblée des professeurs de la faculté des Sciences et au sein de la commission chargée de la nouvelle bibliothèque universitaire, il défendit dans ces instances et auprès du Conseil de l'Université la proposition, rapidement acceptée, que la Société linnéenne de Normandie mît en dépôt dans les locaux de la nouvelle bibliothèque son vaste fonds de plus de 10 000 volumes, y compris les publications à venir, en échange d'un droit d'accès pour ses membres et de la possibilité d'y tenir ses réunions mensuelles[379].

S'adapter pour supporter

S'il ne s'entendit donc pas avec tous, Bernard trouva bientôt, parmi ses collègues de la faculté des Sciences, l'occasion de renforcer des liens amicaux anciens, nés au sein du réseau normalien lié à Jean Perrin, avec le géophysicien Charles Maurain (1871-1967, ENS 1890), de trois ans son aîné, arrivé à Caen en 1905 et bientôt élu assesseur du doyen. Il était accompagné de celle qu'il venait d'épouser, en 1902, Jeanne Janoty, sévrienne, reçue première à l'agrégation de mathématiques en 1901, qui fut nommée au collège

---

[377] Noël Bernard, « Le Mendélisme », *La Revue du Mois*, 10 janvier 1908, n° 25, p. 33-53, p. 42.

[378] Noël Bernard, « Un Préjugé dans l'Enseignement des Sciences naturelles », *art. cité*.

[379] PV de la réunion du Conseil de l'Université de Caen du 1er mars 1907 et lettre de Noël Bernard au recteur de l'Université de Caen, le 12 mars 1907, Arch. départ. du Calvados, déjà cité. *Bull. de la Société linnéenne de Normandie*, séance du 1er mars 1907, p. XVIII-XXI.

de Caen[380]. Noël Bernard fréquenta le jeune couple. Il prit goût aux jeux qu'il proposait à leur très jeune enfant, Jean, qui fut plus tard normalien et historien[381], et peut-être songea-t-il alors à la joie qu'il aurait à devenir père à son tour... Perrin et Maurain allaient être, à quelques années de là, parmi les premiers universitaires parisiens à faire de la presqu'île de l'Arcouest, près de Paimpol, un lieu de villégiature rassemblant une fraction de l'élite scientifique parisienne autour de l'historien Charles Seignobos (1854-1942, ENS 1874) et du médecin et physiologiste Louis Lapicque (1866-1952), avant que Marie Curie et le couple Borel ne vinssent ensuite les rejoindre ; la disparition prématurée de Noël Bernard empêcha que celui-ci, comme il aurait été naturel, devienne un des piliers de ce « club » d'estivants, bâti sur les affinités scientifiques, intellectuelles et dreyfusardes de ses membres[382]. Mais lorsqu'il fallut mener campagne pour que Bernard obtienne une maîtrise de conférences à Grenoble, ces réseaux se mobilisèrent ; Bernard dîna chez Perrin avec Seignobos, Perrin se tourna vers le doyen de la faculté des Sciences de Paris, Paul Appell, ce que fit aussi Borel en direction celui qui était son beau-père, tous firent le siège du recteur Liard et du directeur de l'Enseignement supérieur, Bayet[383]. Sans succès…

Le sort qui était le sien, à Caen, a sans doute pesé lourdement sur l'état moral de Bernard :

> « La lutte pour la vie est sévère même aux travailleurs acharnés, écrivait-il, en 1905. Parfois, j'ai de mon côté des heures de marasme profond quand je sens ma santé incertaine, ma vie incomplète et ma position infime. Je crains de voir, avant le temps de récolter des résultats, s'éteindre la dernière lueur de mon activité.[384] »

Cette phrase, « darwinienne » peut-être, sur « la lutte pour la vie (qui est) sévère aux travailleurs acharnés », pour ce qu'elle peut sembler la première

---

380 On appelait « sévriennes » les anciennes élèves de l'École normale supérieure de jeunes filles, créée par Camille Sée en 1881, destinée à la formation des professeures de l'enseignement secondaire féminin. Recrutées sur concours national, les élèves recevaient un enseignement de haut niveau donné, dans les disciplines scientifiques, par de jeunes universitaires de premier rang, comme, en 1900, Marie Curie et Jean Perrin ou Ferdinand Brunot.

381 Jean Maurain (1903-1939, ENS Lettres 1921) fut un des jeunes membres de la seconde génération de *l'Arcouest*, aux côtés des enfants Perrin, Curie, Lapicque et tant d'autres. Agrégé d'Histoire, il fut professeur d'Histoire contemporaine à la faculté de Lille (1937-1939) et chef de cabinet de Jules Jeanneney à la présidence du Sénat (1934-1937). Passionné de sports de nature, comme tous ses jeunes amis, il disparut en janvier 1939, emporté par une avalanche lors d'une randonnée de ski-alpinisme.

382 Voir M. Pinault, « Portrait de groupe d'universitaires parisiens en leur villégiature bretonne : *L'Arcouest* dans la première moitié du XXe siècle », *art. cité*.

383 Lettre de N.B. à M.L. Bernard, octobre 1907.

384 Lettre de N.B. à Joseph Bernard, le 16 octobre 1905, CM

d'une longue liste à venir de phrases plus ou moins semblables, prononcées par d'autres chercheurs, mériterait de figurer au sein d'une anthologie de propos de scientifiques déprimés.

Noël Bernard, un enseignant apprécié

Dans son statut de maître de conférences, Noël Bernard était tenu à trois cours de licence par semaine qui, disait-il, exigeaient trois jours de préparation qu'il sacrifiait volontiers à cette tâche car, selon lui, il en profitait pour apprendre beaucoup de choses qui le passionnaient. Pourtant, la première année, il n'eut qu'un seul étudiant de licence. Il devait aussi assurer le cours de PCN auquel assistaient entre 15 et 20 élèves. À l'égal de nombreux enseignants, Bernard aborda ce métier comme une mission privilégiée, à haute responsabilité ; il s'y consacra entièrement :

> « Comme je l'avais toujours pensé, l'enseignement m'intéresse, écrivit-il à son oncle. J'y suis libre entièrement et je cherche autant que je puis à y faire passer l'intérêt que je porte aux choses ; la préparation de mes cours me demande ainsi beaucoup de travail, mais c'est un travail fort intéressant et qui ne manque pas de m'instruire. Mon année y passera presque entièrement et je ne songe aux Pommes de terre que trop rarement pour espérer faire avancer beaucoup pour le moment leur culture.[385] »

Dans ces missions, Bernard fit preuve de qualités pédagogiques par tous reconnues tout en adoptant, avec les étudiants, une posture de proximité intellectuelle et un esprit de collaboration sans distance hiérarchique alors peu courants à l'université mais que pratiquaient déjà certains scientifiques enseignant dans les ENS parisiennes, en particulier les naturalistes. Parmi d'autres, un de ses élèves à Poitiers, Fernand Moreau, d'abord réticent, en parlait ainsi :

> « Bernard s'avéra un magicien de la pédagogie. Chacun de nous enviait son talent d'orateur, sa façon d'exprimer avec simplicité ce qui est compliqué, son art de rendre intéressant un sujet aride et d'exposer avec originalité une question banale.[386] »

C'est que Bernard qui n'avait pourtant encore jamais enseigné, si on met à part les innombrables leçons particulières de mathématiques qu'il donna dès la classe de Taupe et pendant plusieurs années, à des élèves désireux de réussir au baccalauréat, et si on néglige les innombrables moments qu'il passa comme préparateur auprès des jeunes normaliens, arrivait à Caen muni d'une conception très arrêtée sur ce que devaient être ses cours :

---

385 Id., le 2 mars 1902, CM

386 F. Moreau, « Note sur l'œuvre scientifique de Noël Bernard », *déjà cité*.

« Un enseignement doit toujours à mon sens être élémentaire seulement par sa clarté, par l'absence de mots techniques ou de mathématiques transcendantes, mais il doit cacher aussi peu que possible les incertitudes et les difficultés essentielles. Il doit montrer la science comme un organisme en voie de développement et non comme un cadavre empaillé légué par nos ancêtres ! C'est cet esprit évolutionniste qu'il faudrait substituer à l'esprit dogmatique.[387] »

C'est bien ce que constataient le doyen Lignier et le recteur Zévort qui ne tarissaient pas d'éloges dans leurs avis administratifs successifs. Dès la première occasion, donnée par les évaluations administratives de l'automne 1902, Zévort fit suivre au ministre, avec son appui, une lettre du doyen de la faculté des Sciences réclamant une augmentation de traitement pour son maître de conférences de Botanique :

« M. Noël Bernard n'est des nôtres que depuis une année, mais nous avons pu constater que c'est un maître remarquable, un travailleur labile et qui ne se repose pas. Dans le champ encore peu exploré de la biologie végétale, il a obtenu des résultats très intéressants et surtout on en peut entrevoir de plus intéressants encore. Il est toujours empressé quand je fais appel à son bon vouloir pour quoi que ce soit. Son traitement n'est que de 4000 francs sans le moindre supplément ; il est moins rétribué qu'aucun de ses collègues et je serais infiniment désireux de lui voir accorder au 1er janvier un traitement de 4500 francs[388] »

Une lettre de Jules Tannery, directeur des études scientifiques de l'ENS – peut-être sollicitée par Bernard auprès de son mentor – adressée le 23 janvier 1903 au directeur de l'Enseignement supérieur, vint, sans succès, en appui de cette demande :

« Mon cher directeur, si tu peux donner une augmentation de traitement à M. Bernard (botanique, Caen), fais-le. Il est du premier mérite, a des charges de famille, est d'une mauvaise santé. Il faut l'aider à vivre et à travailler : c'est un de ceux dont nous avons besoin.[389] »

Les années suivantes, chaque case de la notice administrative individuelle de Bernard, de même que l'appréciation finale, atteignirent le dithyrambe :

---

[387] Lettre de N.B. à M.L. Martin, vers la fin de l'été 1906, citée par Marie Louise Martin dans l'avant-propos de N. Bernard, *Principes de Biologie végétale*, ouv. cité, p. III-IV.
[388] Lettre du recteur de Caen au ministre, 27 septembre 1902, Arch. nat., dossier administratif de Noël Bernard, F 17/23203.
[389] Lettre de Jules Tannery, sous-directeur de l'ENS, au directeur de l'Enseignement supérieur, Arch. nat., dossier administratif de Noël Bernard, professeur de Botanique , F 17/23203.

« Caractère excellent, serviable. Conduite irréprochable. Très bons rapports avec tous. Esprit très cultivé et très chercheur : jugement droit. Travailleur, je n'ose pas dire infatigable car il va jusqu'à se fatiguer.[390] »

« M. Bernard est un esprit remarquable, philosophique, très cultivé. Professeur très brillant et très clair ; élocution impeccable. Mènera à bien un travail très général et difficile sur l'accroissement des végétaux. Sera un des maîtres les plus brillants de l'Université », écrivait le doyen à la suite duquel le recteur renchérissait : « Je souscris à ces éloges très mérités : M. Bernard est tout désigné pour la Sorbonne ou pour le Muséum.[391] »

En janvier 1905, une inspection fut menée par le physicien Éleuthère Mascart (1837-1908, ENS 1858) auprès de Bernard. Dans son rapport, celui-ci le qualifiait de « professeur très ardent (...) réellement capable d'exciter le goût scientifique chez ses auditeurs » et ajouta ainsi à son excellente réputation[392]. Une autre inspection eut lieu peu après, menée par Léon Guignard, alors directeur de l'École supérieure de Pharmacie de Paris et membre du Comité consultatif de l'Enseignement supérieur, auquel sa mère avait loué, un temps, un appartement, rue du Val-de-Grâce, à Paris[393]. Cette fois, Bernard reçut « les félicitations verbales » du professeur. Dans les faits, en raison de l'absence de Lignier compromis dans l'« Affaire des fiches », Bernard assumait seul, désormais, les enseignements de Botanique et la direction de l'Institut de Botanique : « Je suis harcelé, en sus de tout le reste, par une foule d'histoires compliquées dont notre faculté est le siège. Tout le service me retombe sur le dos », écrivait-il[394]. Dans ces conditions, le nouveau doyen et le recteur demandaient en vain qu'on portât son traitement à 5000 francs par an et qu'on répondît favorablement à la demande de promotion et de mutation de celui qu'ils qualifiaient de « maître de grand avenir », « sur un poste de professeur ou une maîtrise de conférence ou tout poste équivalent à Paris ».

Lorsque le recteur Zévort décéda, en mars 1908, Bernard vit arriver à Caen, pour remplacer celui-ci, l'ancien membre de son jury de thèse, Romain Moniez. Ce dernier continua de manifester sa satisfaction pour le service

[390] « Renseignement confidentiels. Année scolaire 1902-1903 », 10 avril 1903, signé : recteur E. Zévort, Arch. nat., dossier administratif de Noël Bernard, F17/23203.

[391] Id., année 1903-1904.

[392] Éleuthère Mascart, « Rapport d'inspection de Noël Bernard », janvier 1905, id.

[393] Lettre du recteur de Caen au ministre, le 1er mars 1905, qui fait suivre une lettre du doyen : « Vous savez quelle bonne impression M. Noël Bernard, maître de conférences de botanique à la faculté, a faite sur M. Mascart lors de son inspection du mois de janvier dernier. En outre, M. Bernard vient de recevoir les félicitations verbales de M. Guignard, directeur de l'Ecole supérieure de Pharmacie de Paris, membre du Comité consultatif de l'Enseignement supérieur, pour la valeur de ses travaux. »

[394] Lettre de N.B. à A. Magrou, le 9 décembre 1904, CM, n° 34

accompli par Bernard et d'appuyer toutes ses demandes[395]. Quelques mois plus tard, alors que Bernard venait tout juste d'obtenir sa mutation à Poitiers, le doyen Alexandre Bigot, titulaire de la chaire de Géologie et donc son collègue le plus immédiat, prononça, devant l'Assemblée des professeurs de la faculté des Sciences de Caen, un éloge inhabituellement appuyé du partant :

> « M. le Doyen, tout en le félicitant de cet avancement, regrette le départ de M. Bernard qui, par son aménité, sa droiture et ses dispositions naturelles à rendre service, avait su conquérir et conserver la sympathie de ses collègues, en même temps que par l'élévation et l'originalité de son enseignement et de ses idées il imprimait aux élèves scientifiques de notre Université une heureuse influence.[396] »

Ces appréciations de Bigot étaient d'autant plus remarquables qu'on se souvient qu'en arrivant à Caen, Noël Bernard avait rapidement détecté en celui qui était une des principales autorités de la Société linnéenne de Normandie, un personnage « à la Cannât », autrement dit une de ces bêtes noires dont il craignait instinctivement la rigidité intellectuelle[397]. À l'heure de son départ de Caen, Bigot, donc, ne semblait pas tenir rigueur à Bernard de leurs méfiances et désaccords passés.

Travailler encore, malgré les découragements et une santé défaillante

Sur le plan de ses recherches, Bernard passa, en quelques années, de son approche prudente considérant que les orchidées étaient victimes d'une maladie parasitaire provoquée par des champignons jouant un rôle clé dans leur développement, à la conviction que « la symbiose » – c'est ainsi qu'il se décida à la nommer – était un facteur majeur de la vie des orchidées et de nombreuses autres plantes et qu'elle avait joué un rôle essentiel au cours de l'évolution du monde végétal. Il poursuivit ses expérimentations sur diverses espèces d'orchidées mais il décida aussi de consacrer beaucoup de temps et d'énergie à la question de la pomme de terre.

On peut en reconstituer quelques étapes : peu de semaines après sa soutenance de thèse, il donnait à la *Revue générale des sciences pures et*

---

[395] Toutes les données évoquées ont été collectées dans le dossier administratif de Noël Bernard aux Archives nationales, déjà cité.

[396] Réunion de l'Assemblée de la faculté des Sciences de Caen du 13 novembre 1908, registre des délibérations, déjà cité. On peut rappeler que lors de la naissance de l'Amicale des professeurs des facultés des Sciences, Bigot avait un temps été pressenti pour la présidence. (Lettre de Charles Maurain à Pierre Curie, le 8 mars 1906, dans K. Blanc, *Pierre Curie, correspondances*, ouv. cité, p. 616)

[397] « Un personnage "à la Cannât" » : allusion au professeur Paul Cannât, de Béziers ; voir plus haut la note à son sujet.

appliquées un article, « Infection et tubérisation chez les végétaux », qui ouvrait déjà de nouvelles perspectives :

> « Il est certes difficile d'affirmer, écrivait-il, que la germination (des orchidées) est impossible sans le concours de ces champignons ; un jour, peut-être, on la réalisera sans eux.[398] »

Attaché à étudier de près l'anatomie et la physiologie de différentes espèces d'orchidées, de milieu tempéré ou tropical, il constatait, dans cet article de la *Revue générale des sciences*, que toutes étaient infectées, à différents stades de leur croissance, et il démontrait que la formation des tubercules était liée à l'infection des orchidées par le champignon.

En termes de publications, l'année qui suivit son installation à Caen fut une année blanche. En mars, à son cousin Jean qui lui demandait comment allaient ses recherches, il répondait :

> « Mal en réalité. Je ne comprends plus absolument rien aux pommes de terre et j'ai grande envie d'abandonner au moins pour un moment ce sujet que je vois maintenant d'un œil trop fatigué.[399] »

En réalité, il avait commencé à étudier les effets physiologiques et physico-chimiques de l'infestation des plantes par des micro-organismes et cette voie de recherche devait, dans les années suivantes, lui ouvrir des perspectives très encourageantes. À la fin de 1902, il proposa aux *Comptes-rendus de l'Académie des sciences* une synthèse du point où en étaient ses réflexions sur « Les conditions physiques de la tubérisation chez les végétaux » qui constitue le premier témoignage de ce qui allait devenir la grande discussion sur la possibilité d'une vie symbiotique et d'une vie asymbiotique d'une même espèce végétale[400]. Dans cette communication, Bernard faisait référence à une publication déjà ancienne du botaniste, chimiste et bactériologiste belge, Émile Laurent (1861-1904), dans laquelle celui-ci étudiait les conditions dans lesquelles les plantes, entre autres des pommes de terre, peuvent s'alimenter aux dépens de solutions organiques variées et plus ou moins concentrées dans lesquelles elles baignent et stocker une partie des ressources ainsi acquises en formant des tubercules, le tout sans intervention apparente d'un champignon endophyte[401].

Au cours de ces expériences, Bernard améliora constamment la composition du substrat nutritif qu'il utilisait depuis ses débuts, en général des

---

[398] Noël Bernard, « Infection et tubérisation chez les végétaux », *RGSPA,* 15 janvier 1902, n° 1, 13ème année, p. 8-26.

[399] Lettre de N.B. à Jean Magrou, le 25 mars 1902, CM, n° 19.

[400] Noël Bernard, « Conditions physiques de la tubérisation chez les végétaux », *CR*, 27 octobre 1902, t. 135, p.706-708.

[401] Émile Laurent, « Recherches expérimentales sur la formation d'amidon dans les plantes aux dépens de solutions organiques », *Bull. de la Société royale de Botanique de Belgique*, t. XXVI, 1887, p. 243-270.

décoctions de salep, c'est-à-dire de la poudre de tubercules d'orchidées séchés, en dilution plus ou moins importante. Le produit, acheté en pharmacie, était déposé sur divers supports, au départ des tranches de carotte stérilisées, puis du coton hydrophile ou de la gélose ; celle-ci était un sous-produit d'algues formant un gel soluble dans l'eau très chaude, classiquement utilisé par les biologistes pour des cultures de bactéries. Dans ses publications, Bernard prit l'habitude d'indiquer quel substrat nutritif il utilisait, du salep, de la saccharose, en précisant les différents pourcentages de dilution qu'il pratiquait, pour permettre les meilleurs échanges possibles vers les cellules végétales en fonction de la pression osmotique de chaque mélange. C'est ainsi qu'il put développer des semis d'orchidées en faisant varier parallèlement l'action des champignons et la concentration des solutions nutritives et prouver ainsi qu'il devenait possible de faire pousser des orchidées sans la présence des champignons grâce à des solutions nutritives très concentrées[402].

Ayant montré, par des expériences diversifiées, qu'en dessous d'un certain niveau de concentration de substances dissoutes et quelles que fussent les substances nutritives choisies, les plantes ne formaient que des feuilles et qu'au-dessus de ce seuil, elles formaient des tubercules, Bernard en déduisait que « des solutions renfermant le même nombre d'unités physiques (molécules ou ions), ayant le même point de congélation et, par suite, la même tension de vapeur et la même pression osmotique, agissent de la même manière pour des boutures comparables », et que « la tubérisation des bourgeons sur une plante, à un moment déterminé de sa vie, dépend immédiatement de la réalisation d'un certain degré de concentration de la sève qui les nourrit en substances dissoutes quelles qu'elles soient ».

Du coup, le rôle des champignons pouvait s'éclairer, ceux-ci pouvant modifier, dans la nature, les conditions de seuil de déclenchement du processus de tubérisation :

> « La présence, dans les tissus de la plante, de parasites capables de provoquer par leurs sécrétions diastasiques le dédoublement d'édifices moléculaires complexes et d'augmenter ainsi le nombre des unités physiques du milieu est une des conditions qui peuvent amener cet état.[403] »

Quelques semaines plus tard, ayant obtenu de nouveaux résultats en soumettant des graines de *Bletilla hyacinthina*, autrement dit l'orchidée jacinthe de nos contrées, à des solutions nutritives concentrées, Bernard exposa de nouveau sa thèse à la Société linnéenne de Normandie en allant jusqu'au terme de ses conséquences :

> « J'admettrai donc facilement que de semblables facteurs physiques puissent, dans des conditions expérimentales, suppléer à l'action des parasites prépondérante dans la nature (…). La formation de tubercules,

---

[402] N. Bernard, *L'Évolution dans la symbiose*, ouv. cité, p. 166-167 en particulier.
[403] N. Bernard, « Conditions physiques de la tubérisation chez les végétaux », *art. cité*, p. 708.

symptôme ordinaire de l'infection, doit s'observer *sans parasites* (en italique dans le texte, ndlr) si l'on réalise par des conditions convenables la modification que les parasites entraînent. (...) Il s'agira donc plutôt de chercher si une condition générale nouvelle intervient qui puisse expliquer le mode des actions parasitaires, que de nier en général l'importance de celles-ci.[404] »

On le voit, Noël Bernard était désormais engagé dans une voie qui allait le conduire à tenter d'obtenir des germinations asymbiotiques d'orchidées et, en attendant, à chercher à comprendre toujours mieux quels processus physico-chimiques se produisaient dans les plantes au niveau cellulaire permettant d'expliquer leur mode de croissance, depuis leur germination jusqu'aux différentes phases végétatives, y compris en formant des tubercules.

Émile Laurent et Noël Bernard, deux chercheurs proches, parfois semblables, rivés aux mêmes problématiques

Le retour de Bernard, évoqué plus haut, sur la publication d'Émile Laurent datant de 1887 peut s'expliquer par l'intérêt propre de celle-ci ; néanmoins elle était vieille de près de vingt ans et, s'il a déjà été souligné que les publications de Bernard étaient, le plus souvent, richement alimentées par des sources bibliographiques étendues et par une connaissances précise de l'histoire, récente ou plus ancienne, de la botanique, des sciences naturelles et de la biologie, ce recours à Laurent peut aussi trouver d'autres explications : les travaux de cet aîné aussi bien que sa personnalité ont pu être des sources d'inspiration stimulants pour Bernard.

Laurent alors à l'Institut Pasteur, à Paris, avait réalisé, en 1892, des travaux remarquables, avec Alphonse-Théophile Schlœsing (1856-1930), professeur de Chimie agricole au Conservatoire des Arts et Métiers, qui aboutirent à la démonstration expérimentale de la fixation symbiotique de l'azote de l'air par les légumineuses. Ils mirent au point un appareillage dans lequel une culture pouvait se développer en milieu confiné afin de pouvoir procéder aux analyses du sol, de la plante et de l'atmosphère. D'abord victimes des sarcasmes du docteur Roux puis d'admiration devant la valeur des résultats, leurs observations démontrèrent que l'azote, fixé par les plantes, venait de l'air, mais que l'activité de certains micro-organismes présents dans le système racinaire était nécessaire[405]. Que ce fût le sujet de leurs recherches ou la méthodologie

---

[404] Noël Bernard, « Mécanismes physiques d'actions parasitaires », *Bull. de la Société Linnéenne de Normandie*, 20 novembre 1902, vol. 6, décembre 1902, p. 127-144, p. 131-133. Voir B. Boullard, *ouv. cité*, p. 51-52.

[405] Émile Laurent et Théophile Schloesing, « Recherches sur la fixation de l'azote libre par les plantes », *Bull.de l'Académie royale de Belgique*, t. XXXIII, avril 1892, p. 335-338. François

et la technicité mobilisées, ou encore l'originalité de leur approche défiant les présupposés de la science instituée, tout chez Laurent et Schlœsing pouvait séduire Bernard lorsqu'il eut à en connaître, pendant ses années normaliennes.

Par la suite, la carrière de Laurent sembla ouvrir la voie à celle de Bernard. Ainsi démontra-t-il que la présence de bactéries dans les organismes végétaux était la suite d'un état pathogénique. Puis, devenu un spécialiste de l'alimentation des plantes, il montra que les espèces microbiennes, sous l'influence des agents extérieurs, de l'alimentation, du support, de la présence ou de l'absence d'oxygène ou des radiations lumineuses, pouvaient présenter des formes dégénérées, déjà appliquées par Pasteur à des fins médicales, ou bien redevenir pathogènes[406]. Noël Bernard se trouvait là en territoire connu et inspirant pour ses propres travaux de botanique.

Mais Émile Laurent avait une autre caractéristique susceptible de retenir l'attention de Noël Bernard : c'est que… « c'était lui »…, un homme dont son biographe, le botaniste belge Auguste Gravis (1857-1937), soulignait « l'entrain au travail, la bonne humeur un peu narquoise, (et) l'intelligence vive et primesautière », ajoutant même qu'« à l'Institut Pasteur de Paris, il passait pour un méridional, tellement il mettait d'ardeur au travail et de fougue dans la défense de ses idées » ; un homme dont son collaborateur et disciple Léo Errera (1858-1905), soulignant la vigueur des principes qui le guidaient, louait « en notre temps de compromissions et de veulerie, un admirable exemple de droiture, de fidélité aux principes, d'énergie et d'effort individuel[407] » ; Henri Gillot, agronome et chimiste, auteur lui aussi d'une notice biographie sur Émile Laurent, ajoutait que celui-ci « avait son franc parler partout et ne se serait laissé imposer silence par personne, mais sous des dehors rudes en apparence, il cachait une grande noblesse de sentiments[408] ». Sa mort d'une probable crise de fièvre jaune, à l'âge de 42 ans, fut ressentie, nous disait encore Gravis, comme une perte douloureuse par « tous ceux qui s'intéressent aux questions scientifiques ou qui s'occupent des problèmes sociaux[409] ». Un de ses élèves affirmait que Laurent, malgré « la fougue un peu impérieuse de son caractère (…) était populaire dans le monde estudiantin » :

> « Toujours en mouvement, parlant d'abondance, faisant expériences sur expériences, il forçait l'attention de ses auditeurs. Nous entretenait-il d'une

---

Léry, « Alphonse Théophile Schloesing », dans Claudine Fontanon et André Grelon, *Les professeurs du Conservatoire national des arts et métiers, Les Professeurs du Conservatoire national des arts et métiers, dictionnaire biographique, 1794-1955,* 2 vol., Paris, INRP-CNAM, 1994, p. 551-557.

406 Henri Gillot, « Notice sur la vie et l'œuvre d'Émile Laurent », *L'Ingénieur agricole de Gembloux*, t. 14, 1904 ; Émile de Wildeman, « Émile Laurent: esquisse biographique », *Annales de la Société belge de microscopie*, t. XXVII, fasc. II, 1906, p. 87-112 ; Auguste Gravis, « Notice sur Émile Laurent, correspondant de l'Académie », *Annuaire de l'Académie royale de Belgique*, 75ème année, Bruxelles, Hayez impr., 1909, p. 47-120.

407 Léo Errera, *La Gazette* du 25 février 1904 (Bruxelles), cité par A. Gravis, *ouvr. cité*, p. 50.

408 Henri Gillot, « Notice sur la vie et l'œuvre d'Émile Laurent », A. Gravis, *ouvr. cité*, p. 59.

409 A. Gravis, *ouvr. cité*, p. 53.

fleur, d'une plante, craignant de ne pas frapper suffisamment notre esprit, il ne se bornait pas à la décrire, il nous la présentait, il l'analysait, la disséquait devant nos yeux. Ses cours n'étaient qu'une suite de démonstrations. C'est ce qui en faisait l'intérêt, l'attraction et la vie... (...) Jamais il ne décrivait les caractères d'une plante sans la montrer, jamais il ne parlait d'une expérience de physiologie végétale sans la réaliser sous les yeux des élèves, soit au cours, soit au laboratoire... (...) Il considérait les étudiants comme des hommes et non comme des collégiens. Il était de cette école de professeurs qui aiment à s'entretenir avec leurs disciples, à les faire penser et raisonner. Il s'attachait à développer chez eux l'âme et les idées qui font des hommes.[410] »

Travailleur productif et infatigable, chercheur engagé hors des sentiers battus et audacieux, affichant un caractère sans compromis, pédagogue apprécié mais exigeant, rugueux parfois en raison de son « franc parler » mais néanmoins « primesautier » et s'abritant dans la moquerie, préférant l'isolement aux compromissions, généreux avec ses élèves, attaché aux « idées » et soucieux des « problèmes sociaux », cet Émile Laurent semblait un miroir dans lequel Bernard pouvait se reconnaître. Dans un article « In Memoriam » qu'il lui consacra, Auguste Chevalier compara un jour Laurent à Paul Langevin[411]. C'est un rapprochement qui aurait sans doute été bien accueilli par Bernard. Celui-ci avait connu, à l'Institut Pasteur, les savants qui y avaient accueilli Laurent jusqu'en 1891 : Émile Roux et Pierre Duclaux (1876-1949), frère de son condisciple normalien Jacques Duclaux. Le cousin de Bernard, le docteur Noël Bernard venait d'ailleurs de rejoindre l'Indochine où étaient aussi affectés Duclaux, Yersin et Calmette, tous spécialisés dans l'étude des maladies tropicales et tous quatre amis, tandis que c'est le Congo qui fut le terrain d'étude de Laurent.

Dans cet étroit milieu des botanistes, zoologistes et biologistes pasteuriens, la réputation de Laurent atteignit Bernard ; il s'intéressa à ses travaux, il apprécia le personnage, tout les rapprochait ; et il tira de cette fréquentation une inspiration profitable pour ses propres préoccupations scientifiques.

La « neurasthénie »

Pendant les mois suivants ses publications de la fin de 1902, miné par la vie matérielle difficile qu'il connaissait, son moral fragilisé, sa santé chancelante, Noël Bernard gardait cependant un attachement obstiné à ses travaux de botanique, persuadé d'être sur la voie de grandes avancées. Il était

---

[410] Hubert Kufferath (1882-1957), cité par A. Gravis, *ouv. cité*, p. 57.

[411] Auguste Chevalier, « In Memoriam - Un grand serviteur de la Science et de la Belgique : Émile Laurent (1861-1904) », *Revue internationale de botanique appliquée et d'agriculture tropicale*, 33ème année, n°367-368, mai-juin 1953, p. 275-276.

décidé à montrer que le phénomène de cohabitation avec des champignons, au-delà du seul cas des orchidées, était plus général qu'on ne le croyait, dans le monde végétal au moins, et il continuait de vouloir prouver que les tubercules de la pomme de terre résultaient de ce phénomène général. En fait, les fatigues accumulées depuis l'installation à Caen l'organisation de l'accueil chez lui de sa mère, auxquelles s'ajoutaient la préparation de ses cours de licence et de PCN et le stress de la gestion de son « maigre budget », se cumulaient avec le sentiment d'isolement qui ne le quittait pas, le tout débouchant sur une nouvelle crise de « neurasthénie » dont il se savait coutumier : « J'envisage la perspective de passer ici mes vacances et, comme nécessité fait loi, j'y mets de la sérénité », écrivait-il à son cousin, ajoutant :

> « Je fais un peu de travail matériel sans beaucoup de réflexion et je reconquiers peu à peu l'équilibre que j'étais tout à fait en train de perdre.[412] » Ou bien : « Comme quelques mammifères et un grand nombre d'animaux, j'ai des périodes de faiblesse[413]. » Ou encore : « Pour le moment, je me contente d'élever une centaine d'orchidées de moins d'un millimètre et, pour tenir en bon état cette forêt minuscule qui ne pèse pas en tout un décigramme, il a fallu que je fasse construire une serre presque monumentale et que l'État dépense cinq francs par jour pour la chauffer.[414] »

Donnant des conseils à son cousin Joseph qui désirait mener de front ses études de Médecine et une licence de Sciences naturelles, c'est de son état à lui qu'il parlait en fait :

> « Méfie-toi, mon cher ami, de la neurasthénie ; elle guette les intellectuels sédentaires et vous tombe dessus un jour ou l'autre sans avertissement.[415] »

À cette occasion, Bernard indiquait à son cousin quels risques de fatigue excessive il allait encourir et de quelle manière il devait se ménager en adoptant un régime semblable à celui qu'il tentait lui-même de suivre pour lutter contre son état de faiblesse : « hygiène à outrance », « tub, douche, frictions énergiques, travail faible, exercice modéré ».

À plusieurs reprises, déjà, la question de la santé fragile ou défaillante de Bernard a été évoquée, Jules Tannery en faisant même un argument en faveur d'un traitement plus favorable de son ami par l'administration de l'Enseignement supérieur. Noël Bernard l'évoquait régulièrement dans ses lettres, sans donner de précisions. Il mêlait des considérations directement issues de la conception pasteurienne de la maladie, attribuant celle-ci à un

412 Lettre de N.B. à Joseph Magrou, le 24 juillet 1903, CM, n° 25.
413 Lettre de N.B. à son oncle Joseph, le 22 octobre 1902, CM, n° 22.
414 Id.
415 Lettre de N.B. à Joseph Magrou, le 24 juillet 1903, déjà citée.

agent pathogène capable de s'attaquer aux cellules de l'organisme infesté – conception pasteurienne qu'il adoptait sans réserve lorsqu'il étudiait la maladie parasitaire dont souffraient les orchidées – et une conception « hygiéniste » qui était alors largement représentée dans le monde médical et influençait une partie du grand public[416]. Cette conception consistait dans l'idée que l'individu pouvait se défendre contre ces menaces pathogènes à condition d'entretenir la bonne santé et la vigueur de son organisme par une vie réglée et sans excès, une alimentation saine, l'exercice physique, la vie au grand air, l'hygiène corporelle en particulier en se lavant les mains.

Cette approche pragmatique de la maladie, faute de traitements anti-infectieux disponibles et efficaces, n'était pas sans logique et sans utilité et elle reposait, en particulier dans l'esprit de Bernard, sur l'idée qu'il fallait bien « vivre avec » les agents pathogènes, microbes et autres bactéries et, si possible, leur résister. Bernard ne disait jamais, dans ses lettres, qu'il était peut-être infecté par le microbe de la tuberculose mais, face à de brutales baisses de forme physique, à des bronchites récidivantes et à des crises intestinales inexpliquées, il adoptait un comportement visant à en limiter la nocivité en espérant lui résister. Il appelait cela : « se soigner ».

Bien que le bacille responsable de la maladie avait été identifié depuis 1882, les connaissances sur la tuberculose restaient très limitées et les traitements inexistants. En 1906, *La Revue du Mois*, faisait le point de la question dans une chronique intitulée « Comment se prend la tuberculose ? » :

> « La statistique établit qu'aucun homme de plus de trente ans n'est exempt de lésions tuberculeuses, mais chez la plupart elles sont cicatrisées : les tissus se sont guéris d'eux-mêmes, ayant pu opposer à l'attaque du microbe une résistance supérieure. (...) Dans bien des cas la lutte se termine, et le microbe est vaincu, sans aucune intervention extérieure. (...) Le médecin en est encore réduit à laisser le malade se débrouiller avec sa maladie et à lui indiquer seulement dans quelles conditions il a le plus de chances de s'en tirer.[417] »

---

[416] Ces mêmes milieux hygiénistes ont même été, pour une large part, des agents de « naturalisation » des conceptions pasteuriennes dans la société par la place qu'ils leur donnaient dans leurs campagnes contre la diffusion des microbes et pour le développement de mesures hygiénistes globales, d'assainissement des villes par exemple. C'est du moins ce qui ressort de l'ouvrage dirigé par Claire Salomon-Bayet, *Pasteur et la révolution pasteurienne* (ouv. cité) et singulièrement dans la contribution de Bruno Latour, « Le théâtre de la preuve » (p. 335-384).

[417] « Médecine – Comment se prend la tuberculose. », chronique non signée, *La Revue du Mois*, 1ère année, n° 9, 10 septembre 1906, p. 377-379. Qui était l'auteur de cette chronique ? Noël Bernard, peut-être ?...

Et l'article de conseiller de « tenir à l'écart le bacille tuberculeux (et) de ne pas se hasarder à un combat dont l'issue est toujours douteuse ». Le fatalisme s'imposait finalement :

> « (Le bacille) se tient partout, l'éviter absolument est impossible, en diminuer le nombre par des mesures générales d'hygiène, si même la chose était possible, ne servirait à rien. Nous devons nous résigner à vivre avec lui ».

Noël Bernard savait tout cela et, de plus, il savait que sa demi-sœur était morte, victime de la terrible maladie et bientôt ce fut le tour de son oncle ; il avait connu aussi l'accès fulgurant du bacille de Koch qui avait emporté en quelques mois un des reçus du concours de 1894 qu'on n'avait jamais pu voir à l'École, et aussi, lorsqu'il était agrégé-préparateur, un jeune normalien dreyfusard, Léo Clauzel (ENS 1896), dont il avait la responsabilité[418].

Au printemps 1903, la crise semblait derrière lui et Noël Bernard annonçait à sa tante avoir repris ses travaux et, comme il devait aller faire passer le baccalauréat au Mans, il se sentait même en mesure de songer à rendre visite à ses camarades et amis Lebesgue, en poste à Rennes, et Massoulier, à Nantes[419]. Pourtant, quelques mois après, il confiait encore ses inquiétudes à son cousin :

> « Voilà plus de six mois que je me soigne ; je ne peux plus travailler le soir sans fatigue et j'en suis réduit à une vie d'une régularité pendulaire.[420] »

En cette fin de l'année 1903, après deux ans passés à Caen, Noël Bernard semblait au bord du découragement.

Dans sa correspondance, il évoquait, comme causes de cet état, l'ennui qui l'envahissait, « la vie fastidieuse » et « terriblement plate » qu'il menait dans cette ville « vide d'accidents et d'intérêt », son sentiment d'isolement, l'étroitesse de ses revenus qui le contraignait à calculer au plus juste chaque dépense indispensable, et enfin l'impossibilité de mener un travail efficace quand, à cause de son état de faiblesse permanent, il se voyait contraint de mener « une vie de régime, de sommeil et de frictions ». L'état de crise de sa personnalité et de désarroi qu'il vivait, accentué par le fait qu'il n'arrivait pas à émerger d'un long épisode dépressif, atteignit un paroxysme lorsqu'il avoua

---

418 Lettre de P. Massoulier à P. Langevin, de l'ENS à Cambridge, 3 mars 1898, déjà citée.
419 Lettre de N.B. à Jean Magrou, le 29 juin 1903, déjà citée. Selon Pierre Jeannin, l'ENS a connu, de 1883 à 1909, 66 cas d'élèves atteints de tuberculose (sur 1122 recrues) ; sur le nombre, près la moitié (soit 31) moururent au cours de leurs années d'études. (Pierre Jeannin, *École normale supérieure Livre d'or*, Paris, Office français de diffusion artistique et littéraire, 1963, p. 104.)
420 Lettre de N.B. à Jean Magrou, le 9décembre 1903, CM, n° 27.

à sa tante Antoinette Magrou qu'il songeait à, peut-être, en désespoir de cause, envisager de se marier….

« Encore quelques mois de cette vie fastidieuse, écrivait-il, et je crois que je m'ennuierai tellement que j'arriverai au point de songer à te donner une nièce que, par égard pour toi, je chercherai charmante, vive et gaie ! Il me restera, après cela, à songer à t'offrir pour les étrennes de 1906, un petit neveu conçu dans un style linéaire mais distingué, à l'image de son père ; ce sont des projets d'avenir d'ailleurs sans consistance mais qui ne nous rajeunissent pas ![421] »

[421] Lettre de N.B. à A. Magrou, le 31décembre 1903, CM, n° 28.

Chapitre sept

L'« âge d'or » des années 1905-1906

Installé à Caen, pour sans doute de longues années, Noël Bernard a donc dû faire face aux effets de la rupture provoquée par ce déracinement, et il a dû affronter le risque du découragement, de l'enfoncement dans une routine asphyxiante, de la ruine de ses espoirs de réussite scientifique. Sa ténacité orgueilleuse autant que l'authenticité de sa passion de chercheur lui ont permis de surmonter cette passe difficile.

Nouveaux résultats, nouvelles publications

Grâce à ses efforts et en collaboration avec Georges Magne (1846-1908), un amateur d'orchidées, horticulteur à Boulogne, près de Paris, actif dans les sociétés d'horticulture et dans la presse y afférant, d'ailleurs ami de Bernard depuis ses années normaliennes, celui-ci réussit à étudier la germination de ses plantules d'espèces tropicales d'orchidées en obtenant finalement la maîtrise de toutes les conditions de leur reproduction et de leur développement, et du milieu physico-chimique dans lequel il les élevait. En septembre 1903, il put enfin annoncer, dans les *Comptes-rendus de l'Académie des sciences,* outre la nécessaire mise en présence des graines avec un champignon comme condition de la germination, « la synthèse complète » du champignon commensal de l'orchidée étudiée :

> « Le cas que j'étudie ici donne, à ce que je crois, le premier exemple certain d'un organisme qui ne peut normalement pas dépasser un état embryonnaire sans la pénétration d'un parasite (...). En reprenant une expression qui a été appliquée aux Lichens, on pourrait dire que, par ces

expériences, a été faite la synthèse de plantules d'Orchidées. Ces plantules ne sont pas en effet comparables à celles de la plupart des plantes, formées de cellules qui dérivent d'un œuf ; elles sont des complexes formés de semblables cellules et d'un parasite nécessaire.[422] »

Bernard ne cachait pas, dans sa correspondance, qu'il espérait, grâce à cette publication, « prendre un titre pour quitter à l'occasion ce pays inintelligent[423] ». Un mois après, en avril 1904, Gaston Bonnier « pla(ça) sous les yeux de l'Académie (des sciences) des cultures de M. Noël Bernard, obt(enant) en tubes la germination des orchidées[424] ». En fait, Bernard avait envoyé par la Poste ces échantillons après avoir décidé de ne pas venir lui-même à Paris pour rencontrer Bonnier : « J'enverrai les plantes sans moi », écrivait-il à sa tante... Redynamisé moralement, par ses résultats, il était maintenant décidé à faire l'impasse sur ses relations difficiles avec Bonnier et autres pontifes parisiens et, sans plus compter sur eux désormais, il était décidé à faire connaître ses résultats et à se faire connaître, bien au-delà du milieu étroit de la botanique parisienne :

« Je continue à semer des champignons et des orchidées et je prépare un mémoire sensationnel », écrivait-il à son cousin Joseph Magrou[425].

Ce projet de « mémoire sensationnel », évoqué dès avril 1904, mit beaucoup plus de temps que Bernard l'imaginait à se concrétiser, plusieurs années en fait, au moins quatre. En attendant, dans les mois et les années suivantes, il tenta de faire connaître ses travaux à un large public et il se risqua souvent sur le terrain des « idées générales ». N'écrivit-il pas, dans la brève conclusion de la notice de *Titres et travaux* qu'il fit imprimer à la fin de 1907, après avoir rappelé les titres de ses articles sur « d'autres sujets » :

« Je désirerais qu'on en pût conclure que j'ai gardé, malgré la spécialisation nécessaire, le goût des idées générales.[426] »

Été 1904 : « La matière et la vie », un article pour *La Revue de Paris*

Il franchit un degré dans cette direction en écrivant, pour le vaste public des abonnés de *La Revue de Paris*, une synthèse sur « La matière et la vie ».

[422] Noël Bernard, « La germination des Orchidées », *CR*, séance du 21 septembre 1903, t. 137, 2d sem., n° 12, pages 483-485.
[423] Lettre de N.B. à Jean Magrou, le 29 juin 1903, déjà citée. Terme souligné dans la lettre.
[424] Comptes-rendus des séances de l'Académie des sciences, *Journal officiel, lois et décrets*, 3 avril 1904. Noël Bernard, « Le Champignon endophyte des Orchidées », *CR*, séance du 28 mars 1904, t. 138, 1er sem., n° 13, pages 828-830.
[425] Lettre de N.B. à Joseph Magrou, le 29 avril 1904, CM, n° 30.
[426] Noël Bernard, *Titres et travaux*, 12 décembre 1907, Caen, Valin impr.

Cet article était nourri, bien au-delà de ses propres travaux, de résultats provisoires acquis dans diverses branches de la science – physique, chimie et biologie – autant que d'hypothèses audacieuses. Il s'y essayait à donner une définition globale de la vie et de la nature, sujet qui suscitait nombre de réflexions et de débats scientifiques voire philosophiques, en tendant à l'unification des « trois règnes » – minéral, végétal et animal – jusque-là considérés comme fondamentaux, immuables et bien différenciés[427].

Mieux encore, il ne proposa pas cet essai à la *Revue scientifique,* la publication d'actualité scientifique la plus lue dans le milieu de la recherche universitaire, où il aurait pu trouver normalement sa place (mais où, après qu'avait été publié un large compte-rendu – non signé – de son article paru dans la *Revue générale de Botanique* de mars 1900[428], Bernard ne publia, en fait, jamais aucun article, et dans laquelle on ignora généralement tous ses travaux nouveaux) mais dans *La Revue de Paris,* l'autre grande revue parisienne de l'intelligence mondaine, avec la *Revue des Deux Mondes. La Revue de Paris,* dirigée par l'historien Ernest Lavisse tout juste arrivé à la tête de l'ENS, avait pour elle d'avoir eu Lucien Herr pour secrétaire de rédaction jusqu'au début de cette année-là, d'être fermement républicaine et finalement dreyfusarde, et de représenter l'intellectualité autant que l'intelligence. Gustave Lanson, n'y avait-il pas lancé récemment une pique contre l'habitude ancienne de confondre certains cours de la Sorbonne avec des réunions mondaines qui, par ricochet, était une sévère mise en cause des motivations des lecteurs de la *Revue des Deux Mondes* concurrente :

> « Les salles de cours (étaient) remplies, une fois par semaine de dames et de gens du monde venus là comme au théâtre ou au sermon ou, si l'on veut, pour écouter la leçon comme on feuillette l'article de la *Revue des Deux Mondes* (…).[429] »

C'était donc *Revue des Deux Mondes* contre *Revue de Paris*, et réciproquement. Preuve des exigences de la rédaction de la *Revue de Paris*, on pouvait lire très régulièrement dans ses livraisons des articles d'un excellent niveau sur les questions scientifiques, souvent rédigés par le collègue caennais de Bernard, agrégé de Physique, Louis Houllevigue, quand ce n'était pas par Félix Le Dantec lui-même, titulaire de la chaire d'Embryologie générale à la Sorbonne, pour la biologie. Houllevigue étant

---

[427] Noël Bernard, « La matière et la vie », *La Revue de Paris*, 11ème année, vol. 4, n° 16, 15 août 1904, p. 729-750.

[428] « Les germinations difficiles », *Revue scientifique*, t. 13, 4ème série, n° 19, 12 mai 1900, p. 603-604.

[429] Gustave Lanson, « La réorganisation de l'École normale supérieure », *La Revue de Paris*, 10ème année, t. 6, 1er décembre 1903, p. 520-536. Cette boutade n'empêcha pas Lanson de donner un autre article sur l'ENS à la *Revue des Deux Mondes*, en 1926 (1er février, p. 512-541)… Il y nommait quelques-uns des plus importants savants – à ses yeux – à y avoir été élèves, parmi lesquels il citait Noël Bernard.

encore à Caen, c'est peut-être lui qui permit à Bernard d'avoir une entrée facilitée à *La Revue de Paris*, encore que son article, achevé en décembre 1903, ne parut finalement qu'en août 1904…

Bernard, tout en y exposant le plus simplement possible, en des termes accessibles à un large public, les principes de base sur lesquels la biologie se fondait, entendait s'attaquer, entre autres, aux questions brûlantes soulevées par l'étude des structures les plus élémentaires du vivant, inférieures à la taille de la cellule : « L'être vivant apparaît comme une colonie de cellules », disait-il. Et d'ajouter :

> « Après avoir observé (…) ce monde complexe de la cellule, (les biologistes) arrivent à la conclusion que l'essentiel leur échappe. »

Bien qu'il ne citait aucun nom de biologiste, Bernard, dans cet article, laissait voir à quel point il était influencé par les théories de la vie, de l'évolution et de l'hérédité élaborées par certains auteurs qu'il avait lus comme Ernst Haeckel (1834-1919), Carl Naegeli (1817-1891) et surtout le grand adversaire de l'hérédité des caractères acquis, August Weismann (1834-1914), largement traduit en France et en Angleterre[430]. Toutes ces théories étaient essentiellement spéculatives à cette époque et Bernard n'omettait pas de le souligner :

> « Les théories établies dans ces conditions, écrivait-il, n'ont de valeur qu'autant qu'elles se montrent fécondes, et elles prennent d'autant plus de probabilité qu'elles permettent de prévoir, de comprendre et de coordonner les phénomènes nouveaux.[431] »

Reconnaissant qu'il était très difficile de donner une définition satisfaisante de la vie, en particulier de celle qui s'observait à l'échelle microscopique ou même se devinait et se déduisait de l'expérimentation dans l'« ultra-microscopique » – ce qui lui permettait de parler avec certitude de l'existence de « microbes invisibles » – Bernard entendait traiter « des objets qui pouvaient être pris soit pour des êtres vivants d'une extrême simplicité, soit pour des formes singulières de la matière inanimée ». Rapportant les derniers acquis sur le processus de la division cellulaire, il constatait que tout progrès de la connaissance, aussi bien la compréhension des lois de l'hérédité que l'appréhension du « mode d'accroissement de la matière vivante », relevait d'un domaine inaccessible à l'observation directe avec les moyens optiques dont disposaient les chercheurs. Bernard aurait voulu que les hypothèses audacieuses qu'il formulait pussent ouvrir la voie à une convergence des connaissances sur les structures inconnues de la nature, du minéral au vivant, et à la découverte d'« une forme vivante assez rudimentaire pour qu'on pût y voir l'état ancestral commun à tous les êtres animés ». En ces années où la

---

430 August Weismann, *Essais sur l'hérédité et la sélection naturelle*, Paris, C. Reinwald, 1892.
431 N. Bernard, « La matière et la vie », art. cité., p. 741.

chimie moléculaire, la physique atomique, ce qu'on commençait à appeler la chimie-physique, semblaient franchir toutes les limites pour aller au-devant des secrets de l'infiniment petit, Bernard espérait que la microbiologie cellulaire allait, à son tour, accéder aux composants premiers de la matière vivante.

Il n'hésita pas à laisser entendre, dans cet article, ce qu'il avait en arrière-pensée et qu'il avait écrit très clairement à son cousin en réponse à l'annonce que celui-ci venait de lui faire qu'il venait d'être père :

> « C'est un ballon d'essai que je lance à ce sujet, ayant courageusement entrepris de "faire un être vivant" ce qui, comme on peut s'y attendre, me donne quelque fil à retordre. Cet enfant que je tente à moi seul d'élaborer est au reste simplement formé d'oxyde de fer à un état particulier, mais c'est égal si j'y arrive je considérerai la méthode que vous utilisez avec un si vif succès (pour faire des enfants, ndlr) comme antédiluvien.[432] »

D'ailleurs, nous savons, par une lettre de Jean Perrin, datant de 1902, que ce sujet était agité par Bernard depuis bien des mois. Il avait écrit, après une rencontre avec celui-ci, à Caen :

> « Si invraisemblable que cela paraisse, le problème de la création de matière vivante n'est peut-être pas si lointain qu'on pourrait le croire. Attaqué à la fois en tenant compte des récentes découvertes de ceux qui étudient la cellule vivante et avec les méthodes des sciences physiques, ce problème se résoudra peut-être brusquement. Et alors, nous serons vraiment comme des Dieux, n'est-ce pas, "sachant le bien et le mal"... Une faible lueur a jailli du fond des ténèbres, étoile lointaine ou phare tout proche, nous ne savons....[433] »

On comprend alors pourquoi l'article de *La Revue de Paris* avait pour titre : « La matière et la vie »... L'approche de Bernard tournait autour de l'idée que le contenu colloïdal de l'intérieur de la cellule pouvait avoir de multiples points communs avec les colloïdes observables en chimie minérale, qu'ils pouvaient les uns et les autres être formés de particules invisibles formant un matériau sinon commun du moins voisin : « On a pu voir dans certaines solutions colloïdales de minuscules granules autonomes (...). À l'état dilué les colloïdes présentent tous les caractères apparents des cultures de microbes invisibles », écrivait-il. Cette conception « particulaire » de la matière vivante élémentaire qui aurait été contenue comme « en suspension » à l'intérieur des cellules et dans laquelle on imaginait pouvoir situer les supports de l'hérédité, a connu jusqu'aux premières années du XXème siècle un certain développement mais elle a été rapidement abandonnée avec les premières

---

432 Lettre de N.B. à Jean Magrou, le 9 décembre 1903, CM, n° 27.

433 Lettre de Jean Perrin à un destinataire inconnu, de Caen, le 16 septembre 1902, copie sans doute due à Joseph Magrou, CM.

découvertes sur les gènes et leur rôle dans l'hérédité[434]. En attendant, la question était agitée par de nombreux biologistes, par exemple Jacques Duclaux qui avait publié, en 1904, des *Recherches sur les substances colloïdales*[435]. Bernard proposait, pour sa part, de prendre en considération la théorie des « micelles » émise par Naegeli :

> « On peut donc garder le terme ancien de "micelles" pour désigner ces éléments primordiaux de la matière vivante (...) capables de croître et de se diviser sans perdre leurs caractères. (...) On peut préciser les termes d'une définition de la matière vivante : *toute matière vivante doit être formée de micelles insolubles et s'accroître par leur multiplication*. Certes (...) les micelles sont généralement ultra-microscopiques et on ne pourra pas directement les voir. (...) Il restera, dans la pratique, à faire une étude attentive de toute matière douteuse ; on la déclarera douée de vie si l'on a de bonnes raisons de supposer que sa structure et son mode d'accroissement sont conformes à la définition proposée. (...) C'est en supposant dans tous les êtres l'existence de ces caractères communs qu'on prend le droit de parler de "matière vivante" en général, et de comparer la substance qui forme le corps d'un homme à celle qui constitue un microbe invisible.[436] »

Bien sûr, les « idées générales » brassées par Bernard dans cet article et en particulier dans la dernière phrase citée souffraient de l'absence de vérifications expérimentales ; mais avec leur côté « bouteille à la mer », elles avaient finalement une certaine allure et pouvaient jouer leur rôle exploratoire ; ainsi cette idée de « caractères communs de la "matière vivante" en général » : le seul risque était qu'elles s'avèrent, plus tard, judicieuses...

Bernard tentait ensuite de rapprocher « l'état vivant et l'état colloïdal » :

> « Si on laisse une dissolution d'acétate de fer dans un flacon, on la voit bientôt brunir et se troubler ; il s'y forme des quantités de plus en plus grandes d'oxyde de fer colloïdal qui, finalement, se rassemble au fond du vase en une sorte de gelée. Le simple aspect des phénomènes ne révèle pas de différence essentielle entre ce mode d'accroissement d'un colloïde minéral et le mode d'accroissement d'une matière vivante. Mais ce qu'on

---

[434] Hendrik C. D. de Wit, *Histoire du développement de la biologie*, vol. II, Lausanne, Presses polytechniques et universitaires romandes, 1993, p. 140 sq. Sur la vogue de la théorie colloïdale en biologie, voir Laurent Loison (« Les notions de plasticité et d'hérédité chez les néo-lamarckiens français (1879-1946) : éléments pour une histoire du transformisme en France », thèse de l'Université François Viète de Nantes, 2008, p. 91-92) qui cite, en particulier, les travaux de Claude Debru : « Selon Claude Debru, "la conception de Graham, voyant dans les phénomènes colloïdaux la condition d'apparition des propriétés vitales, était destinée à une grande fortune. La biochimie colloïdale allait se présenter comme une nouvelle théorie physicochimique de la vie."(C. Debru, *L'esprit des protéines*, Paris, Hermann, 1983, p. 106.) »

[435] Jacques Duclaux, *Recherches sur les substances colloïdales*, Laval, impr. de L. Barnéoud, 1904.

[436] N. Bernard, « La matière et la vie », art. cité., p. 738-740.

ignore, c'est le "mode de croissance" du colloïde minéral. (...) L'oxyde de fer colloïdal est-il produit par la génération spontanée ? (...) [437] »

Les hypothèses contenues dans l'article n'ont plus, aujourd'hui, qu'un intérêt historique mais, tout comme l'usage nourri qu'il faisait des travaux de botanistes de divers pays – voir l'écho qu'il donnait aux travaux du hollandais de Vries, à ceux de Weismann – cet article témoigne de l'extrême attention que Bernard portait à tout ce qui s'écrivait ailleurs, dans tous les champs de la biologie. N'avait-il pas donné à Joseph Magrou qui s'orientait désormais vers la recherche, ce conseil éclairé :

« Tu as à te mettre en état au plus tôt de lire les publications scientifiques anglaises et allemandes, c'est absolument indispensable et on y arrive aisément, même sans connaître les langues. (...) Après quelques pages difficiles on s'en tire plus ou moins bien. J'aborde ainsi couramment pour ma part les œuvres les plus abstruses dans les langues les plus inconnues et m'étonne d'y parvenir.[438] »

De cette attention aux travaux publiés à l'étranger, on peut déduire que, probablement, s'il avait vécu quelques années de plus, Bernard aurait pris rapidement le tournant de la génétique naissante. Son intérêt pour les « idées générales » allait trouver bientôt à s'exprimer avec sa participation active au lancement de *La Revue du Mois*, en 1906.

« L'âge d'or » vécu par Noël Bernard au congrès de Paris de la Société Nationale d'Horticulture de 1905

Dans la même période, Bernard popularisa les résultats de ses expériences dans de nombreuses conférences et publications. Sa participation au congrès international de Paris organisé à son siège, rue de Grenelle, par la Société nationale d'Horticulture, en mai 1905, constitua un tournant dans la mesure où, à la suite de sa communication, sa méthode de culture des orchidées fut reprise par certains horticulteurs, mis en confiance par les résultats annoncés, et surtout popularisée dans de larges milieux[439].

En fait, au départ, ce congrès de Paris se présentait plutôt mal pour Bernard. Il n'avait pas été invité à y présenter ses travaux et c'est son ami déjà évoqué, l'horticulteur amateur Georges Magne, que la Société nationale d'horticulture de France avait désigné pour présenter la première question de l'ordre du jour :

---

437 *Id.*, p. 745.

438 Lettre de N.B. à Joseph Magrou, le 17 janvier 1909, CM, n° 77.

439 Noël Bernard, « Action des microorganismes sur la germination des graines d'Orchidées », Congrès international d'horticulture générale de 1905, organisé à Paris par la Société nationale d'horticulture de France, séance d'ouverture du 22 mai 1905, *Journal de la Société nationale d'Horticulture de France*, vol. 6, juin 1905, p. 429-439.

«Les effets des micro-organismes sur la germination des graines d'orchidées [440] ». Celui-ci avait même obtenu d'avance pour cela une récompense : la Grande médaille d'argent de la Société nationale d'Horticulture[441]. Dans sa communication, Magne s'était largement inspiré, sans s'en défendre, des travaux de Bernard. C'est ce qu'indiqua le président de séance avant de donner la parole à… Noël Bernard ; Georges Magne, annoncé, était en effet absent, malade :

> « (Il a) mis à profit une étude de la plus haute importance faite par M. Noël Bernard, actuellement maitre de conférences à la faculté des Sciences de Caen, intitulée *La Tubérisation*. Le mémoire de M. Noël Bernard est d'une importance capitale (…) et j'ai été d'autant plus heureux de le voir mettre à profit par un des membres de notre Société pour en faire une communication au congrès[442] ».

Une telle présentation, de la part du président de la séance, le sénateur radical Albert Viger (1843-1926), médecin de formation, qui était par ailleurs le président de la Société d'horticulture et de multiples organisations agricoles, et qui avait été plusieurs fois ministre de l'Agriculture, qui était donc une autorité incontournable dans le monde politique, horticole et agricole à laquelle ne manquaient que des titres universitaires équivalents, valait adoubement pour le jeune scientifique dont la plupart des congressistes ne savaient sans doute à peu près rien.

Bernard avait demandé à pouvoir prendre la parole dans le cadre de la discussion qui devait suivre l'exposé de Magne. Celui-ci étant absent, il fut en fait seul à s'exprimer, assez longuement, sur le sujet et à répondre aux questions de la salle, au cours de ce moment-clé que constitua la séance d'ouverture de ce congrès, le 22 mai 1905. Son intervention, menée vivement et dans une optique très concrète, fut un franc succès. Il exposa que Magne qu'il connaissait de longue date et qui lui avait fourni « inlassablement » des graines d'orchidées pour ses travaux, avait conduit avec succès des essais de culture desdites plantes en utilisant divers champignons qu'il lui avait fournis et en suivant ses recommandations pratiques. C'était une nouvelle confirmation de sa thèse – car ce n'était encore qu'une thèse, une hypothèse, que ses travaux semblaient confirmer mais qui n'avait pas acquis la force d'un « fait » scientifique admis – sur la présence indispensable de champignons pour assurer la germination des graines d'orchidées. Après avoir exposé avec précision sa méthode dont il disait ne vouloir conserver aucun secret par devers lui, il proposa de mettre des champignons à la disposition de qui lui en

---

[440] Georges Magne, « Des effets des microorganismes sur la germination des graines d'orchidées », Congrès international de 1905 d'Horticulture générale », Paris, *Journal de la SNHF*, t. 6, mai 1905, p. 241-253.

[441] *Id.,* séance de la SNHF du 13 avril 1905, pages 205.

[442] *Id.,* déclaration d'Albert Viger, président de la SNHF, séance d'ouverture du congrès de Paris de la SNHF, le 22 mai 1905, p. 430.

demanderait et ceci gratuitement, moyennant l'engagement de le tenir informé des résultats obtenus. Comme il achevait son propos, sous les applaudissements, par son souhait que des amateurs d'orchidées généreux lui apportassent quelques subventions, le président reprit la parole pour promettre à Bernard que, étant lui-même rapporteur au sein du comité des subventions de la Caisse des recherches scientifiques, créée et financée depuis une loi de 1901 sur les fonds du Pari mutuel pour financer des travaux de recherches méritants, il agirait pour qu'une subvention lui soit versée ; il lui suffisait, précisa Viger, de déposer « une demande régulière[443] ».

Noël Bernard qui n'y était pas accoutumé, se sentit alors envahi par la satisfaction et l'optimisme. Il appela plus tard ce moment de sa carrière de chercheur son « âge d'or[444] » :

> « Dans l'enthousiasme du moment, je pus croire que la question n'avait plus de secrets pour moi.[445] »

« Une découverte scientifique n'est pas matière commerciale »

Dans les propos tenus devant les congressistes, Noël Bernard avait affirmé avec panache sa volonté que les résultats de ses recherches fussent, sans restriction et sans frais, mises à profit par tous ceux qui s'en saisiraient. Ce fut là sa manière d'affirmer son adhésion aux obligations morales découlant, selon lui, de la pratique de la science « pure et désintéressée[446] » et de dire son choix de ne pas chercher à s'enrichir en utilisant lesdits résultats. On peut mesurer ce que ce choix impliquait de vrai renoncement en rappelant qu'un commerce florissant d'orchidées s'était développé depuis plus d'une trentaine d'années et que des amateurs fortunés pouvaient consentir des sommes allant jusqu'à 10 000 francs – soit un an de traitement d'un professeur au Collège de France – pour acquérir un spécimen de variété nouvelle proposée par les horticulteurs[447].

Albert Thierry n'avait pas encore forgé le syntagme qui eut tant de succès, quelques années plus tard, sur « le refus de parvenir[448] » mais on voit que, mis

---

443 Au sujet de la Caisse des recherches scientifiques, des conditions de sa création puis de son fonctionnement, voir M. Pinault, *La science au Parlement…*, ouv. cité p. 45-75.

444 « Ce fut l'âge d'or de mes recherches » (Noël Bernard, « *La culture des orchidées dans ses rapports avec la symbiose* », conférence prononcée à Gand, en avril 1908, *Journal de la SNHF*, t. XXIV, mai 1923, p. 180-193, page 186. Conférence d'abord éditée en fascicule par la Société royale d'agriculture et de botanique de Gand, 1908.

445 *Id.*, p. 186.

446 À propos de la « science pure et désintéressée », voir l'étude historique et sémantique de cette formule dans M. Pinault, *Maurice Barrès et « la grande pitié des laboratoires de France » ouv. cité*, p. 110-125.

447 E. Plauchut, « Les Orchidées », *art. cité*

448 Albert Thierry, *Réflexions sur l'éducation*, Paris, Librairie du Travail, 1912, p. 119.

à part le refus de « l'accès à la haute culture », sur lequel Thierry insistait par contre beaucoup, le comportement de Bernard se rapprochait par bien des aspects de ce « refus de vivre et d'agir pour soi et aux fins de soi » qu'exaltait Thierry[449]. Peut-être avait-il nourri ce choix à partir du souvenir de Lucien Herr dont Charles Andler évoque clairement son « refus de parvenir » comme « une des formes de sa pureté morale (et) une protestation contre le régime social existant » mais aussi comme « résistance aux compromissions où nous entraîne toujours le souci des honneurs, des situations officielles et du pouvoir.[450] ». Mais surtout, ce faisant, Bernard ne faisait que suivre l'exemple – qu'il admirait – des Curie, de leur refus de faire breveter leurs travaux sur le radium et, plus tard, de recevoir la légion d'honneur[451] ; il en était conscient :

> « Je pense qu'une découverte scientifique, pour minime qu'elle soit, n'est pas matière commerciale. (...) J'ai derrière moi cinq ans de recherches désintéressées sur ce sujet, recherches dont j'ai publié les résultats et les méthodes sans réticences ni mystère. Je pense donc vous faire admettre que le progrès de nos connaissances dans cette question et l'intérêt général m'importent avant tout. (...) Je n'ai nulle envie, avec mes Champignons, de faire du commerce, je n'en ai pas le goût, ni le temps, ni les moyens d'en courir les risques.[452] »

Noël Bernard, allié ou concurrent des horticulteurs, éleveurs d'orchidées ?

Noël Bernard aimait souligner que ses recherches étaient pures de toute intention mercantile mais il ne cachait pas qu'il accordait une grande importance à ses relations avec les éleveurs d'orchidées dont certains étaient

---

449 Albert Thierry, *Testament d'un combattant. Des conditions de la paix. Essai de morale révolutionnaire*, Paris, Union pour la vérité, 1916, cité dans l'introduction au choix de textes d'Albert Thierry, CIRA Lausanne (dir.), *Refuser de parvenir. Idées et pratiques*, Paris, Nada éd., 2016, p. 275-279.

450 Charles Andler, *Vie de Lucien Herr (1864-1926)*, Paris, éditions Rieder, 1932, p. 7 et 313. D. Clos-Sasseville, « Lucien Herr (1864-1926) : l'intellectuel engagé et la "volonté de ne pas parvenir" », déjà cité.

451 Il était de notoriété publique que les Curie avaient refusé de déposer des brevets sur le radium tout comme Pierre Curie avait refusé de breveter les instruments scientifiques qu'il avait inventés ou perfectionnés (Voir Ève Curie, *Madame Curie*, Paris, Gallimard, 1938, pages 165-166). Ils avaient distribué gratuitement à d'autres chercheurs des échantillons du radium qu'ils avaient isolé. Après la mort de Pierre Curie, à propos des problèmes de succession qui se présentaient, le physicien Georges Gouy (1854-1926), ami le plus proche peut-être du défunt et membre du « conseil de famille », écrivait : « Je comprends très bien que ni Pierre ni vous ne considériez le radium comme une propriété ordinaire, mais comme un instrument de travail, duquel on ne doit pas songer à faire de l'argent.» (Lettre de Georges Gouy à Marie Curie, le 8 mai 1906, dans K. Blanc, *Pierre Curie, correspondances*, ouv. cité, p. 675-676). Pierre Curie refusa la légion d'honneur (Ève Curie, *ouv. cité*, p. 152-153).

452 Noël Bernard, exposé prononcé lors du Congrès international d'horticulture générale de Paris 1905, déjà cité.

des horticulteurs très actifs sur le marché tandis que d'autres se présentaient plutôt comme des amateurs passionnés, tous en vive concurrence dans des concours organisés lors des diverses « expositions agricoles ». Quoiqu'il ait pu en dire, de la constance de ces relations et de leur qualité confiante dépendait en partie l'avancée dans de bonnes conditions de ses propres travaux. D'ailleurs, comme le remarque Jean-Marc Drouin dans une étude intitulée « Mendel : côté jardin », la botanique (comme discipline universitaire) et l'horticulture (comme activité lucrative) du XIXème siècle étaient liées par bien des côtés, ne serait-ce qu'autour des enjeux de la pratique de l'hybridation. Ainsi Drouin cite-t-il un article du botaniste français Charles Naudin (1815-1899) datant de 1852 :

> « L'horticulture et la botanique s'unissent aujourd'hui par les liens les plus étroits, elles se prêtent un appui mutuel tellement nécessaire, qu'on doit plutôt les considérer comme deux membres d'un même corps de science que comme deux sciences distinctes. (...) Qu'un botaniste découvre un nouveau fait de physiologie végétale : l'horticulture s'en empare aussitôt, et bientôt, à son tour, elle rend à la science l'équivalent de ce qu'elle a reçu soit en confirmant par d'ingénieuses expérimentations la vérité qui vient d'être acquise, soit en mettant le savant sur la voie de découvertes nouvelles.[453] »

On ne peut mieux décrire la nature, la variété et la constance des liens que Noël Bernard a construits systématiquement avec les milieux de l'horticulture, cela dès l'année de rédaction de sa thèse. Ces liens étaient une condition essentielle du bon déploiement de son activité de laboratoire. Ceux noués avec Georges Magne dataient de plusieurs années. Celui-ci était un notaire honoraire, retiré depuis 1896, membre d'une famille importante et fortunée de la bourgeoisie parisienne comprenant une lignée d'architectes célèbres. Il avait consacré depuis longtemps ses loisirs et une partie de l'argent gagné à son étude à sa passion horticole. Dans sa propriété de Boulogne-sur-Seine où son frère Lucien, architecte du gouvernement, lui avait bâti, au début des années 1880, une splendide villa « à l'italienne », il avait implanté un riche jardin de plantes des Alpes et des serres sous lesquelles il élevait ses orchidées[454]. Dans la communication qu'il avait préparée pour le Congrès d'Horticulture de Paris, Magne passait en revue les amateurs d'orchidées les plus connus qui pratiquaient eux aussi, avec des succès variables et souvent aléatoires, la culture des orchidées. Cette activité relevait, par bien des aspects, d'une passion mondaine, autant par les investissements importants qu'elle

---

[453] Article de Charles Naudin dans la *Revue horticole*, en 1852, cité par Jean-Marc Drouin, « Mendel : côté jardin », dans Michel Serres (dir.), *Éléments d'histoire des sciences*, Paris, Bordas, 1989, p. 416-421.

[454] Rubrique nécrologique, *Le Figaro*, 12 avril 1908 ; service anniversaire d'Auguste Magne, *Revue de l'Art français ancien et moderne*, 11ème année, 1894, p. 92.

exigeait que par les visites organisées à l'intention des membres de la riche société dans les serres et devant les vitrines où se déployaient les spectaculaires floraisons obtenues au prix des soins constants et mystérieux d'une armée de jardiniers. Magne citait, par exemple, les collections d'orchidées du docteur Fournier, à Neuilly-sur-Seine, ce même docteur Fournier auquel Stéphane Mallarmé avait consacré quelques vers et quatrains :

« Au fond de Saint-James, à Neuilly
« Le docteur Fournier n'a d'idée,
« Songeur, prudent et recueilli,
« Que de courtiser l'orchidée.[455] »

« Le cœur me bat trop s'il est ausculté
« Par Fournier, flambeau de la Faculté[456] »

« A fleurir s'est, chez Edmond, décidée
« Une multiple et bizarre orchidée.[457] »

Le jardinier-chef du docteur Fournier, Jules-Henry Gautier, souvent récompensé pour ses réussites[458], était remarqué par Magne pour ses succès dans la culture alors si difficile de plantules de *Phalænopsis*, l'orchidée papillon, de nos jours si populaire. Parmi d'autres, Magne citait aussi les travaux d'Octave Doin, puissant éditeur parisien en même temps qu'amateur persévérant dans la culture des orchidées qui présidait le « Comité des orchidées » de la SNHF, ainsi que ceux de Léon Duval, horticulteur à Versailles, multi-primé lors de l'Exposition universelle de 1900 pour les spécimens d'orchidées qu'il avait présentés et qui avait été qualifié par le jury d'« un des horticulteurs les plus intelligents de notre pays[459] », ou encore ceux d'Étienne Bert, horticulteur à Bois-Colombes, près de Paris, lui aussi distingué par une médaille d'or du ministère de l'Agriculture, en 1897, et officier du Mérite agricole, avec lequel Noël Bernard entretenait des relations depuis

---

455 Stéphane Mallarmé, *Vers de circonstances*, « Les loisirs de la Poste », LXXXI, Paris, NRF-Gallimard, 1920, p. 27. Le docteur Alfred Fournier (1832-1914) était un célèbre spécialiste de la syphilis, par ailleurs orchidophile et bibliophile. Son fils, Edmond Fournier (1864-1938), poursuivit la même carrière, pratiqua la même spécialité et entretint les mêmes passions que son père. C'est celui-ci qu'évoque plus particulièrement Mallarmé dans ses quatrains sur les orchidées, tandis que son père est évoqué ailleurs (Stéphane Mallarmé, *Vers de circonstances*, « Les loisirs de la Poste », p. 150.

456 *Id.*, « Autour d'un mirliton », LXXXI, id., p. 27.

457 *Id.*

458 Jules-Henry Gautier, promu Chevalier du Mérite agricole, *Journal officiel*, 28 janvier 1903, et *Revue horticole*, séance du 16 février 1903 de la SNHF, 75ème année, 1903, p. 73.

459 *Rapport du jury international, groupe VIII - Horticulture*, Exposition Universelle Internationale de1900 à Paris, Paris, Impr. nat., 1902, p. 129 et 133.

l'époque de ses premiers travaux[460]. C'est eux tous que Bernard allait devoir convaincre qu'il avait quelque chose à leur apporter quoiqu'il en fût de leur longue expérience dans la culture des orchidées.

Le président Viger, lors de sa présentation de la question devant les congressistes, avait justement souligné que le concours de la science pourrait ne pas leur être superflu ; il voyait, pour sa part, dans les travaux de Bernard une contribution essentielle à la connaissance des modalités d'interaction entre les plantes et le milieu pour absorber les éléments de leur alimentation, les opposant même à ceux de Louis Grandeau (1834-1911) et Georges Ville (1824-1897), tous deux chimistes, pharmaciens et agronomes, qui s'étaient trouvés au cœur d'une vive controverse sur le rôle des engrais chimiques et organiques dans l'alimentation des végétaux :

> « On aura beau mettre des plantes à germer dans un sol parfaitement neutre, avait dit Viger, et leur donner tous les éléments qui doivent servir à leur floraison et à leur croissance, sous forme d'engrais minéraux, l'on fera peut-être une opération physico-chimique, l'on ne fera pas une opération biologique, parce qu'il est nécessaire qu'il y ait du fumier dans lequel se trouvent les microbes qui doivent servir à la croissance de la plante. Cette loi générale a été vérifiée dans un cas tout à fait spécial par M. Noël Bernard, en ce qui concerne la germination des graines d'Orchidées à l'aide d'un certain nombre de microorganismes.[461] »

C'était donc, en référence aux travaux de Noël Bernard, la question de l'influence des micro-organismes sur la vie végétale qui était au cœur de la communication que Georges Magne avait envisagé de présenter au congrès de Paris. Magne était patronné par le président de la Société d'Horticulture et homme fort du ministère de l'Agriculture et, en prenant soin d'évoquer les noms de ses principaux « rivaux » dans la domestication de ces rétives orchidées, il témoignait de l'existence d'une sorte de réseau auquel appartenaient quatre catégories d'individus : aux côtés des éleveurs amateurs et des horticulteurs professionnels, au nom desquels Magne s'exprimait, figuraient les principaux responsables des sociétés scientifiques et de leurs publications, ainsi que leurs relais dans la grande presse, puis les titulaires des chaires les plus prestigieuses liées à la Botanique, à l'Université, au Muséum, au Conservatoire des Arts et Métiers et dans les écoles d'Agronomie, et enfin quelques rares mais influentes personnalités appartenant au monde politique – outre le cas du sénateur Viger, citons celui de l'agronome et sénateur Édouard Prillieux dont Bernard, dans sa publication de 1903 sur « La

---

[460] N. Bernard, « Sur quelques germinations difficiles », *art. cité*. « Les récompenses de l'exposition nationale d'horticulture », *La Semaine agricole*, 13 juin 1897, p. 187.

[461] Déclaration introductive du président Albert Viger, lors du Congrès international d'horticulture générale de Paris 1905, séance du 22 mai 1905, *Journal de la SNHF*, déjà cité, p. 430.

germination des Orchidées », citait les travaux, réalisés en association avec le jardinier en chef du Luxembourg, Auguste Rivière : Prillieux, ancien président de la Société Botanique de France, cumulait des fonctions de professeur à l'École centrale et à l'Institut national d'Agronomie, d'Inspecteur général au ministère de l'Agriculture et de sénateur du Loir-et-Cher. C'est au sein de ce réseau complexe que tentait de trouver sa place le « jeune chercheur ambitieux », Noël Bernard, dont, de fait, le propos, avant même qu'il eût à prendre la parole, était d'avance solidement introduit. En ayant, plus que l'intuition, l'intelligence de clairement se positionner aux côtés de tous ces acteurs et en veillant à ne provoquer parmi eux ni inquiétude quant à l'avenir de leur gagne-pain ou de leur réputation, ni défiance à l'égard de l'intellectuel « donneur de leçon » qu'il aurait pu incarner, Bernard qui n'était pas spécialement un « modeste » et qui aurait pu mal maîtriser son esprit frondeur et sa fameuse aptitude à la dérision, évita, ce jour-là, tous les écueils qui l'attendaient et, lorsqu'il quitta le congrès d'Horticulture de Paris, il était décidément devenu l'ami des passionnés de la culture des orchidées et il était même désormais leur meilleur espoir. La meilleure preuve n'en fut-elle pas la parution, quelques jours après, d'un bel article résumant les recherches de Bernard, gravures à l'appui, dans *Le Jardin, journal d'horticulture générale*, la publication très populaire créée en 1887 par l'horticulteur orchidophile argenteuillais, Alexandre Godefroy-Lebeuf (1852-1903). Cet article était signé par Albert Maumené (1874-1963), un jeune professeur d'horticulture, sorti de l'École Du Breuil, à Saint-Mandé, futur entrepreneur de publications horticoles pour le grand public (*La Vie à la campagne*, en 1906, édité par Hachette) et déjà reconnu, dans la *RGSPA*, comme un « intelligent vulgarisateur de toutes les nouveautés horticoles[462] ».

Noël Bernard dans *La Revue des idées* sur « l'évolution des espèces »

Les échos nombreux de cette conférence de mai 1905 permirent à Noël Bernard de publier un article qu'il intitula « Maladies parasitaires et évolution des végétaux : histoire des Orchidées », dans une revue nouvelle qui était en passe de devenir un phénomène de l'édition : *La Revue des idées : études de critique générale*[463]. Le titre choisi pour cet article dévoilait à quel point en était arrivé Bernard dans l'évolution de ses conceptions en biologie : il établissait un lien direct et essentiel entre les phénomènes d'association parasitaire et l'histoire de l'évolution des espèces. C'était là une « idée

---

[462] Albert Maumené (1874-1963), diplômé de l'école municipale d'horticulture et d'arboriculture de Paris, sise à Saint-Mandé. Article dans *Le Jardin, journal d'horticulture générale*, 20 mai 1905. Citation de la *RGSPA*, t. 15, n° 7, 15 avril 1904, page 327.

[463] Noël Bernard, « Maladies parasitaires et évolution des végétaux : histoire des orchidées », *La Revue des idées*, 15 juillet 1905, n° 19, p. 514-527.

générale » qu'il avait déjà évoquée lors de sa soutenance de thèse mais il entendait désormais l'exposer comme une théorie nouvelle en direction d'un large public.

La Revue des idées avait été fondée l'année précédente, avec une première livraison le 15 janvier 1904, par un groupe d'intellectuels et d'universitaires emmené par l'écrivain et critique Rémy de Gourmont (1858-1915) et le dandy écrivain Édouard Dujardin (1861-1949). Ils prétendaient en faire « une tête de pont entre la littérature et la science[464] ». Au cours de sa première année d'existence, *La Revue des idées* publia en effet une quinzaine d'articles copieux sur des questions de biologie, souvent axés sur les problèmes de l'évolution des espèces et de l'hérédité ; l'un de ces articles fut écrit par Charles Pérez, l'ami proche de Noël Bernard. Il est difficile de savoir comment Bernard, dont les travaux avaient déjà été cités dans la livraison de décembre 1904 de cette revue, fut sollicité pour écrire son article, publié en juillet 1905 : peut-être par un des secrétaires de la rédaction, le naturaliste Georges Bohn (1868-1948), un ami et collègue de Marie Curie, directeur du Laboratoire de biologie et psychologie comparée de l'École des Hautes Études et enseignant au PCB, qui était un collaborateur régulier de la revue ; peut-être directement par Rémy de Gourmont qui avait fait des études de Droit à Caen et y avait sans doute gardé des relations. Devenu une personnalité du milieu littéraire parisien, animateur du *Mercure de France*, Rémy de Gourmont se passionnait pour les théories évolutionnistes et pour les nouvelles découvertes et théories scientifiques. C'est ainsi que la première livraison de *La Revue des idées* s'était ouverte sur un article de Georges Bohn à propos du radium, la spectaculaire découverte des Curie devenue un objet de curiosité passionnée dans le grand public. Dans une lettre adressée à André Gide qu'il voulait amener à collaborer à la revue, de Gourmont lui annonçait la parution de cet article : « Vous verrez. C'est émouvant ». Dans ce même premier numéro de *La Revue des idées* figura aussi un article de René Quinton (1866-1925), un naturaliste autodidacte, par ailleurs grand ami de Maurice Barrès, émetteur de théories peu conventionnelles parfois vivement combattues dans les milieux scientifiques, qui s'interrogeait sur les origines de la vie et l'ordre d'apparition des espèces animales sur la terre[465].

---

[464] Éditorial du premier numéro de *La Revue des idées*, signé par « Les fondateurs », *La Revue des idées*, 15 janvier 1904, n° 1. Thierry Gillybœuf, « Idée d'une revue : *La Revue des idées* », dans Jean-Claude Larrat et Gérard Poulouin (dir.), *Modernité de Rémy de Gourmont*, P.U. Caen, 2010, actes du colloque tenu en septembre 2008 à l'Université de Caen. Garnet Rees, *Rémy de Gourmont ; essai de biographie intellectuelle*, Paris, Boivin et Cie, 1940.

[465] Sur René Quinton et ses liens avec Barrès, voir M. Pinault, *Maurice Barrès et « la grande pitié des laboratoires de France »*, ouv. cité, p. 20. Un jour de mars 1908, Noël Bernard qui avait lu un article de René Quinton paru dans *Le Matin* sous le titre « Darwin s'est trompé », se moquait, dans une lettre à son épouse, de « la démonstration par l'illustre Quinton des erreurs fondamentales où a vécu Darwin ». (Lettre de N.B. à M.L. Martin, de Vierzon, le 21 mars 1908, CM, n° 71).

Dès l'annonce de ce nouveau projet éditorial, il y eut des réactions critiques allant des plus enthousiastes aux plus réservées. Telle celle-ci, d'un certain Jean Cassan :

« Très bien ! Mais il ne faudrait pas se tromper et prendre pour des émules de Pasteur des gens aussi dépourvus d'esprit scientifique que M. René Quinton par exemple. Si MM. Édouard Dujardin, Rémy de Gourmont et André Gide veulent signaler des "initiatives nouvelles", qu'ils signalent, avec celles de M. Félix Le Dantec et de M. Jean Perrin, celles de MM. Langevin, Cotton et Sagnac en physique, celles de MM. Hadamard et Borel en mathématiques ; de M. Bouveault en chimie : de M. Victor Henry (sic), qui étudie surtout les diastases, en physiologie : de M. Noël Bernard qui a fait de très jolis travaux sur les symbioses, en botanique ; de M. Pérez de Bordeaux (grand talent généralisateur) et de M. Caullery de la Sorbonne, en zoologie ; de MM. Pierre Delbet et Pierre Bonnier qui parmi les jeux de la médecine, paraissent seuls avoir un esprit scientifique très supérieur.[466] »

Une telle énumération n'oubliait pas beaucoup de noms parmi ceux des anciens membres du réseau Perrin à l'ENS, et, de fait, parmi les collaborateurs de la revue figurèrent dès les premières livraisons, avec d'autres, des signatures appartenant à cette mouvance : Félix Le Dantec, Alfred Giard, Louis Blaringhem, Étienne Rabaud (1868-1956), le médecin et zoologiste Gustave Loisel (1864-1933), et même Henri Poincaré. Comment tous ces scientifiques réputés n'auraient-ils pas souscrit à la déclaration d'intention qui figurait à la première page de la première livraison de *La Revue des idées* – et qui avait d'ailleurs un si brillant avenir devant elle :

« Un besoin général de synthèse se fait sentir. Les notions sont éparses. Sans doute, cent entreprises de vulgarisation luttent à qui les mettra le plus commodément à la portée de la foule. Notre souci sera différent. Les synthèses que nous tenterons seront destinées non à rétrécir, mais à agrandir les questions, soit en y faisant entrer la lumière philosophique, soit en reliant les unes aux autres, pour n'en faire qu'un seul continent, ces îles de l'archipel scientifique qui n'ont encore que de rares communications entre elles. Pour cela, une série d'études d'ensemble sera nécessaire ; une suite d'inventaires systématiques, réponses à cette question que l'on se pose trop souvent en vain : où en sommes-nous ? Il s'agira de l'évolution, par exemple, et du transformisme : où en sommes-nous ? À Darwin, ou plus

[466] Article cité par « GidianArchives », le site de l'actualité gidienne : http://www.gidiana.net. La référence indiquée – Jean Cassan, *L'Effort*, août 1905 – semble inexacte, *L'Effort*, de Bloch, n'ayant commencé à paraître qu'en juin 1910 ; quant à l'auteur, il a été impossible de l'identifier. Par ailleurs, on peut relever que, pour ce qui concerne la biologie, presque tous les scientifiques cités dans cet extrait publièrent en effet un article au cours de la première année d'existence de *La Revue des idées*. « Victor Henry », c'est Victor Henri (1872-1940), né à Marseille de parents russes, formé à Saint-Pétersbourg puis étudiant à Paris, Leipzig, Göttingen et Zürich, biochimiste et physiologiste, docteur en Chimie-Physique, et aussi psychologue.

loin ? Il faudra, avant tout, établir l'état présent des questions : ce sera, dépouillé de sa mousse et de son bois mort, retaillé selon la dernière méthode, le tronc propice où enter de nouvelles greffes.[467] »

Revue des idées, *Revue du Mois*, *Revue de Synthèse*, *La Pensée*, tant d'autres, les revues qui ont affiché un programme voisin, formulé dans des termes quasi identiques, ont foisonné pendant les premières décennies du XXème siècle. Elles n'ont pas toujours tenu ce programme mais elles traduisaient un « air du temps », reflet de la place acquise par l'esprit scientifique voire le positivisme scientiste dans le monde intellectuel, et des espoirs mis, face au thème de la « banqueroute », dans le progrès des sciences.

L'article de Noël Bernard, paru un an plus tard, prit place dans *La Revue des idées* au sein d'une série portant sur la biologie et les théories de l'évolution que la parution en Allemagne, en 1901, de l'ouvrage de Hugo de Vries, *Die Mutationstheorie : Versuche und Beobachtungen über die Entstehung der Arten im Pflanzenreich*, dans lequel celui-ci présentait sa théorie des mutations brusques des espèces végétales, avaient passablement secouées[468]. C'est d'ailleurs ce qui avait motivé Bernard qui avait écrit son article, comme il le souligna ensuite, dans l'enthousiasme provoqué par sa découverte des thèses de de Vries :

« (Cet article) représentait assez exactement un état d'esprit que j'avais eu, parce que je l'avais fait vite (et) sans recherche.[469] »

Il est difficile de savoir à quel moment Noël Bernard a eu connaissance précisément des travaux de Hugo de Vries mais ce fut probablement assez tôt car dès 1901 on en trouvait des échos dans les revues françaises de Botanique, par exemple un article dû à de Vries lui-même dans la *Revue générale de Botanique*, en janvier 1901 : « Recherches expérimentales sur l'origine des espèces », qui était une présentation succincte de son ouvrage *Die Mutationstheorie*. Bernard cita pour la première fois son nom le 6 février 1905, lors d'une communication faite à la séance de la Société Linnéenne de Normandie dont la teneur fut reproduite dans le *Bulletin* de cette société : rapportant que, selon une publication parue aux *Comptes rendus de l'Académie des sciences*[470], une variété nouvelle était apparue brusquement dans une culture de pommes de terre importées d'Amérique du Sud, des *Solanum Commersonii*, et que les tubercules de ce pied unique avaient donné

[467] *La Revue des idées : études de critique générale*, n°1, 1ère année, 15 janvier 1904.
[468] Hugo de Vries, *Die Mutationstheorie : Versuche und Beobachtungen über die Entstehung der Arten im Pflanzenreich*, Leipzig, Veit, 1901, 2 vol.
[469] Lettre de N.B. à M.L. Martin, le 11 juin 1907, n° 8.
[470] J. Labergerie, « Sur une nouvelle Pomme de terre propre à la culture en terrains humides », *CR*, séance du 12 décembre 1904, t.139, 1904 2[d] semestre, n° 24, p. 1044-1046.

naissance à des plantes semblables, sans retour à la forme primitive, Bernard faisait le lien directement avec les thèses défendues par de Vries :

> « L'apparition brusque d'une variété, dont les caractères restent stables dès le début et dans les cultures successives, rentre dans la catégorie des phénomènes de variation brusque pour lesquels H. de Vries a récemment remis en honneur le nom de "mutation".[471] »

Bernard soulignait encore que selon Jules Labergerie, l'auteur de la communication aux *Comptes-rendus*, agriculteur dans le Poitou et connu pour le soin avec lequel il menait ses travaux d'amélioration de la culture des pommes de terre, la nouvelle espèce, parmi les caractères nouveaux brusquement apparus, s'était avérée bénéficier d'une immunité totale vis-à-vis d'un parasite qui ne laissait généralement intact aucun pied de *Solanum Commersonii* et il se demandait ce qu'il en était vis-à-vis des champignons endophytes de cette espèce de pomme de terre.

Dans son article Bernard montrait que lui aussi faisait de la question de l'évolution des espèces un sujet central de ses réflexions et de son travail. D'où le titre de son article, « Maladies parasitaires et évolution des végétaux ». Notant que de Vries avait montré que la transformation d'une espèce en une autre peut se produire par « mutation », « dans l'intervalle d'une seule génération », sans que les causes en soient connues, Bernard, partant du fait que lui-même avait montré le rôle actif des maladies parasitaires dans la transformation des orchidées, imaginait que les scientifiques deviennent capables d'opérer eux-mêmes de telles transformations :

> « Il importe peu que des actions parasitaires aient été, comme je le crois, une condition directrice très fréquente de l'évolution des plantes (…), il me suffit qu'elles soient une condition expérimentalement possible. (…) Le problème de réaliser au laboratoire ces "mutations" dans des conditions expérimentales bien définies ne doit pas être inaccessible. Mais, si nous poursuivons le rêve d'être un jour maître de l'évolution des espèces, rien ne nous force à copier les techniques les plus générales que la nature a mises en œuvre. (…) On peut avoir l'espoir que les techniques pasteuriennes, après avoir conquis presque tout le domaine de la pathologie, seront encore d'un bon usage dans l'étude expérimentale de la variation.[472] »

Ce point étant posé, Bernard le complétait par l'exposition du cas qu'il connaissait bien des orchidées – et même des pommes de terre, sur lequel il restait prudent – en concluant que la présence des champignons comme

---

[471] Noël Bernard, « Sur un cas de dégénérescence de Plantes à tubercules », *Bull. de la Société Linnéenne de Normandie*, vol. 9, 1905, p. 251-252.

[472] N. Bernard, « Maladies parasitaires et évolution des végétaux : histoire des orchidées », *art. cité*, p. 505-506.

condition indispensable de la vie des orchidées constituait une autre forme d'évolution des espèces, une plante « atteinte d'une maladie parasitaire chronique (pouvant devenir) l'ancêtre d'une race dont tous les individus seront également atteints » :

> « Les caractères particuliers qui seront dus (à cette maladie) se montreront dès lors à toutes les générations et deviendront des caractères distinctifs d'une espèce nouvelle de plantes, d'origine pathologique. »

Sans reprendre à son compte l'idée d'une symbiose qui supposerait une « harmonie particulière qui n'existerait pas dans la maladie », le parasite étant supposé rendre des « services » à la plante tandis que dans la maladie il « nuit à son hôte », Bernard préférait retenir que « toute existence a ses difficultés et tout organisme ses tares » et qu'il n'existe pas de « vie idéale sans contraintes » ni d'« équilibre continuel et parfait », les « disharmonies » étant au contraire « inséparables de toute évolution ». D'ailleurs, dans la conclusion d'une publication antérieure de quelques mois, il définissait la symbiose comme « un état de maladie grave et prolongée, intermédiaire entre l'état des plantes atteintes d'une maladie rapidement mortelle et celui des plantes qui jouissent d'une immunité complète.[473] »

Rapprochant le cas des végétaux de ceux des organismes animaux, Bernard soulignait que, bien que dépourvues, au contraire des animaux, de cellules aptes à lutter contre les microbes et à les « phagocyter », les plantes pouvaient cependant avoir « une réaction phagocytaire en digérant l'envahisseur », faute de quoi « l'invasion rapide d'un champignon (pouvait) entraîner la mort » :

> « Le champignon qui produit la germination subit une digestion phagocytaire partielle, suffisante pour ralentir sa marche, mais incapable d'amener sa disparition complète », concluait Bernard.

Celui-ci ouvrait ainsi la voie à une vision globale du vivant, vie animale et vie végétale mêlées. Toutes les idées qu'il brassait dans cet article, Bernard allait les mûrir pendant encore plusieurs années ; il en résulterait, en 1909 seulement, la publication de son « Grand Œuvre » : *L'Évolution dans la symbiose*.

Des articles, des publications, mais toujours pas de reconnaissance académique

La parution d'un tel article dans une revue intellectuelle parisienne signifia pour Bernard l'allègement du poids ressenti à propos de cette « relégation » à

---

[473] N. Bernard, « Nouvelles espèces d'endophytes d'orchidées », *CR*, séance du 8 mai 1905, t. 140, p. 1272-1273.

Caen et l'espoir d'un début de reconnaissance et de réintégration dans le mouvement scientifique de son temps. Cet espoir resta vain….

Ainsi, alors qu'au cours de l'année 1905 Bernard avait à son actif pas moins de cinq publications dont celles dans lesquelles il présentait ses résultats dans l'isolement et l'identification des endophytes des orchidées et développait ses idées et ses premières constatations sur la phagocytose végétale et l'existence de cellules dans les tissus végétaux spécifiquement actives dans ce processus, lorsque la commission de l'Académie des sciences eut à distribuer des prix de Botanique, en décembre, elle ne s'arrêta pas sur ces travaux. Bien au contraire, elle attribua le Prix Montagne à Isidore Gallaud, un normalien de la promotion de 1894 (entré à l'École en 1895) qui avait succédé à Bernard dans les fonctions d'agrégé-préparateur de Botanique à l'ENS et qui venait, plus d'un an auparavant, de soutenir sa thèse sur « Les mycorhizes endotrophes », un sujet de recherche fort proche de ceux que Bernard explorait, que Gallaud présentait comme « inspiré par M. Costantin » et « exécuté successivement dans les laboratoires de MM. Van Tieghem, Matruchot et Bonnier » ; autant dire que c'est « toute » la Botanique parisienne qui était ainsi convoquée. Gallaud venait d'ailleurs de passer sa première année post-doctorale sur un poste du Muséum, auprès de Costantin[474].

Dans sa thèse telle qu'elle fut publiée par la *Revue générale de Botanique*, en 1905, Gallaud indiquait où en étaient les travaux de Bernard lorsqu'il avait rédigé sa copie et, en note, il précisait qu'il n'avait pas à ce moment-là pu lire les publications qui avaient suivi, publications dont le jury des prix de l'Académie des sciences avait lui, bien sûr, connaissance au moment de l'attribution des prix de Botanique[475]. C'était là soulever une sérieuse question de priorité. Dans cette période où le nombre de chercheur tendait à augmenter et où il arrivait désormais que plusieurs d'entre eux soient engagés dans des travaux voisins et finissent par se retrouvent en compétition, de telles circonstances tendaient à ne plus être exceptionnelles. Dans ce cas, l'enjeu portait sur les tentatives d'élucidation de la manière dont les orchidées se

---

[474] Ernest Isidore Gallaud, *Études sur les mycorhizes endotrophes*, Lille, Le Bigot frères, 1904 ; et *Revue générale de Botanique*, t. 17, 1905, p. 5 sq. ; René Ferry, « Études sur les mycorhizes endotrophes, par Is. Gallaud », *Revue mycologique*, 27ème année, n° 107, juillet 1905, p. 111-120.

[475] « Le présent mémoire a déjà été publié sous forme de thèse de doctorat, dès le mois de juin 1904. Il est donc antérieur au travail de N. Bernard ("Recherches expérimentales sur les Orchidées") paru dans cette *Revue* (*générale de Botanique*, ndlr) à la fin de 1904. C'est ce qui explique que je ne signale pas ce dernier travail qui pourrait sembler antérieur au mien et que j'ai tenu compte uniquement des faits publiés par l'auteur dans les deux notes préliminaires signalées dans l'Index bibliographique. » (I. Gallaud, « Études sur les mycorhizes endotrophes », *art. cité,* p. 10-11.) Gallaud citait donc d'une part Noël Bernard, « Recherches expérimentales sur les Orchidées », *Revue Générale de Botanique*, t. XIV, 15 novembre 1904, p. 405-451, et 15 décembre 1904, p. 458-476, puis les parutions précédentes : Noël Bernard, « La germination des Orchidées », *CR*, déjà citée, et « Le champignon endophyte des Orchidées », *CR*, déjà citée.

défendent contre l'infection par le champignon endophyte. Dans sa thèse, Gallaud accordait une grande importance à l'analyse de cette infestation des cellules végétales par le parasite, analyse qu'il concluait en soulignant « le pouvoir digestif des cellules envahies » et il ajoutait que « ce mode de défense n'(était) pas sans analogie avec la phagocytose sur place, fréquente chez les organismes inférieurs[476] ». Bernard ne traitait pas encore ce sujet dans ses publications de la fin de 1903 et du début de 1904 et c'est seulement dans son étude intitulée « Recherches expérimentales sur les Orchidées », parue à la fin de 1904, qu'il avait développé cette question, indiquant, sur la base d'observations histologiques précises, comment se faisait la réaction des cellules végétales à l'infection. Il concluait ainsi :

> « Dans un grand nombre de cellules infestées les pelotons de mycélium sont digérés et réduits à des masses de dégénérescence amorphes qui restent accolées au noyau cellulaire. (...) Arrivées à ce stade les cellules infestées forment un tissu mort ; leurs noyaux, qui pendant longtemps paraissent rester en bon état, montrent à la fin des signes manifestes de dégénération (...). Dans la lutte entre le parasite et la cellule qu'il envahit les deux adversaires ont fini par succomber.[477] »

Dans cette publication, à la fin de laquelle figurait, dans l'index bibliographique, la référence de la thèse de Gallaud, Bernard, s'il parlait bien de « digestion » des cellules du parasite par certaines cellules de la plante n'évoquait pas clairement, au contraire de Gallaud dans sa thèse, la notion de « phagocytose ». C'est seulement dans sa communication de mai 1905 sur de « Nouvelles espèces d'endophytes d'Orchidées », consacrée à l'annonce selon laquelle il avait identifié les champignons commensaux des orchidées comme étant différents selon les espèces mais appartenant tous au genre *Rhizoctonia*, qu'il en venait à cette expression : en inoculant l'endophyte des *Cattleyas* à des semis de *Phalœnopsis* il avait constaté que « la réaction phagocytaire (était) à peine marquée, souvent même elle (était) tout à fait nulle » ; puis en testant l'infestation de semis de *Phalœnopsis* par l'endophyte spécifique de cette orchidée il avait observé une « réaction phagocytaire bien marquée, insuffisante cependant pour arrêter tout à fait la progression de l'endophyte » et avait conclu que « dans ce cas, la vie en commun se prolonge, on est dans les conditions de la symbiose normale pour l'espèce ». Enfin, en utilisant le champignon de l'*Odontoglossum* pour infecter des semis de *Phalœnopsis*, il avait constaté qu'« une réaction phagocytaire intense se produi(sai)t » :

> « Le champignon est digéré et détruit dans toutes les cellules qui sont à l'avant de la région infestée ; les progrès de l'infestation sont ainsi totalement arrêtés et, dès lors, le développement s'arrête de même ; les

---

[476] I. Gallaud, « Études sur les mycorhizes endotrophes », *déjà cité*, p. 487.

[477] N. Bernard, « Recherches expérimentales sur les Orchidées », *déjà cité*, p. 423-426.

plantules de ces cultures restent stationnaires, tandis que celles des cultures faites avec l'endophyte du *Phalœnopsis* continuent à progresser.[478] »

Dans son article de *La Revue des idées* déjà évoqué, Bernard donna une place de choix aux idées qu'il venait d'exposer dans les *Comptes-rendus* ; il se faisait de plus en plus affirmatif et déterminé :

« Le champignon qui produit la germination (de l'orchidée) subit aussi une digestion phagocytaire partielle, suffisante pour ralentir sa marche, mais incapable d'amener sa disparition complète.[479] »

On peut conclure que Bernard avait déjà identifié, dans ses publications que Gallaud avait pu lire et que celui-ci citait dans sa thèse, le mécanisme de défense permettant aux orchidées de ne pas succomber aux attaques des mycorhizes, comme étant un processus de « digestion » du champignon par les cellules végétales. Ensuite, pour qualifier cette digestion, Bernard utilisa le terme de « phagocytose » après que Gallaud l'avait lui-même déjà choisi.

En décembre 1905, lorsque le jury de l'Académie des sciences décida de donner un prix à Gallaud et choisit d'ignorer Bernard, une année et demie s'était écoulée depuis la soutenance de thèse de Gallaud ; Bernard avait publié plusieurs nouveaux travaux qui dépassaient largement les résultats dont Gallaud pouvait se prévaloir.... Le rapporteur de la commission, Guignard, avait d'ailleurs peiné à démontrer que le travail de Gallaud qui recoupait largement ceux de Bernard et ne semblait ni les contredire ni les dépasser, était d'une importance telle qu'elle méritait un prix – d'un montant d'ailleurs modeste : 500 francs – qu'on ne songeait pas attribuer à Bernard[480]. Gallaud qui avait donc obtenu son titre de docteur très récemment et qui bénéficiait déjà d'un poste dans un laboratoire parisien, était de plus primé par l'Académie. Il est impossible de savoir comme Bernard apprécia la bonne fortune de son camarade qui contrastait avec le peu de cas qu'on faisait de lui.

---

[478] N. Bernard, « Nouvelles espèces d'endophytes d'orchidées », *art. cité*.

[479] N. Bernard, « Maladies parasitaires et évolution des végétaux : histoire des orchidées », *art. cité,* page 518.

[480] « (Gallaud) a cherché, par des expériences de culture, à isoler les champignons des mycorhizes et à reproduire l'infection ; s'il n'y est point parvenu, il a du moins montré que ceux de ses prédécesseurs qui croyaient avoir obtenu un résultat positif n'avaient pas mieux réussi. Seul, N. Bernard a fait connaître récemment un hyphomycète qui semble bien être l'endophyte de plusieurs Orchidées. Pour les autres plantes, la nature du champignon reste encore à déterminer. En ce qui concerne le rôle des endophytes, il ne paraît pas non plus avoir été exactement interprété antérieurement » (Rapport de Léon Guignard pour le Prix Montagne 1905, *CR*, séance du 18 décembre 1905, t. 141, n° 25, 1905, 2^{d} sem., p. 1104-1107. Dans un article de la *Revue mycologique* rendant compte de la thèse de Gallaud, René Ferry constatait que « les endophytes des Orchidées sont les mieux connus. M. Gallaud n'ajoute rien aux descriptions antérieures. » (R. Ferry, « Études sur les mycorhizes endotrophes, par Is. Gallaud », *art. cité*, p. 112.)

On constate qu'il cita régulièrement le travail de thèse de Gallaud dans ses publications ultérieures. D'ailleurs, ils avaient passé ensemble plusieurs années à l'ENS, Gallaud avait été dreyfusard, il avait été comme Bernard un élève de Costantin et tous deux restaient ses disciples ; bref, ils ont peut-être été assez proches pour que le ressentiment, entre eux, n'occupât pas trop de place[481].

Les répercussions « à l'international » des travaux de Bernard

Faute de signes visibles de reconnaissance universitaire, en France, après la publication de ses nouvelles découvertes, Bernard fit connaître activement ses travaux à la communauté scientifique internationale. Il prenait ainsi part à l'internationalisation, indispensable désormais, de la circulation des découvertes, condition nécessaire à la reconnaissance du travail de chaque chercheur au sein de la communauté de ses collègues.

Noël Bernard eut alors le bonheur de se voir demander un article à paraître dans les premières livraisons d'une nouvelle revue de botanique, *Orchis, Monattschrift der Deutschen Gesellschaft für Orchideenkunde*, qui venait d'être fondée à Berlin par le botaniste Udo Dammer (1860-1920). Bernard écrivit en français, dans un style particulièrement délié et précis, une synthèse relativement brève de ses travaux sur les orchidées qui parut d'avril à juin 1906, en trois livraisons[482]. À cette date, s'il avait désormais à son actif près d'une dizaine de publications au *Comptes-rendus de l'Académie des sciences*, trois à la *Revue générale de botanique*, quatre au *Bulletin de la Société linnéenne de Normandie*, plus un article dans la *Revue générale des sciences pures et appliquées* et un autre dans le *Journal de la Société nationale d'horticulture*, Bernard pouvait s'impatienter de ne pas obtenir de signes clairs de reconnaissance de la part de l'élite scientifique de son pays : pas de prix de l'Académie des sciences, pas d'article dans la *Revue scientifique*, mais aussi aucune perspective d'obtenir une mutation pour un poste parisien. La parution d'un article dans une revue étrangère constituait donc une sorte de compensation.

Dans *Orchis*, Bernard donna libre cours à son sens de la communication intellectuelle et à son sens généreux de la coopération scientifique en

---

[481] Dans les années qui suivirent, Gallaud publia encore – rarement – essentiellement au sujet de la flore de Madagascar et avec Costantin, puis ses recherches cessèrent ; il fut nommé, en 1907, professeur de lycée à Saint-Étienne et, plus tard, au lycée Henri IV. Il collabora, dès la première année de son existence, en 1907, à la *Revue de l'enseignement des sciences* au comité de rédaction de laquelle on trouvait, parmi d'autres, Eugénie Séret (Fontenayssienne, proche de Marie Louise Martin ; voir plus loin) ou Pierre Massoulier. Il fut aussi un des fondateurs de l'Union des naturalistes de l'Enseignement secondaire, en 1911.

[482] Noël Bernard, « Les champignons des Orchidées, leur rôle et leur utilisation », *Orchis*, 1ère année, vol. 1, n° 1, 2 et 3, avril, mai et juin 1906, p. 3, 12-13 et 18-19.

présentant, le plus simplement possible et sans rien garder par devers lui, les résultats qu'il avait acquis, les méthodes utilisées et l'état des questions restant en suspens. Il réussissait en quelques phrases à exposer l'essentiel de ses découvertes et de sa riche démarche débouchant sur une conception générale des rapports entre les êtres vivants et les milieux dans lesquels ils vivent. Parmi d'autres formulations de choc, on pouvait lire celles-ci :

> « Les Orchidées ne sont donc pas des êtres simples ; ce sont des organismes doubles dont la synthèse se réalise par l'association de champignons et de graines. (…) La découverte des lois qui régissent de semblables associations (…) entraînerait sans doute plus d'une conséquence concernant la culture et la vie d'un grand nombre de végétaux. (…) C'est un problème du même ordre que celui qui se pose à propos des bacilles tuberculeux ou pseudo-tuberculeux de diverses espèces capables de donner des maladies insignifiantes, graves ou mortelles à des animaux vertébrés extrêmement variés. »

Bernard ajoutait qu'au lieu de « serres créées à grands frais, où les hommes ont domestiqué les Orchidées pour le seul attrait de leur magnificence », celles-ci « pourraient un jour devenir d'admirables laboratoires d'études biologiques, utilisables à autre chose qu'à chercher des progrès nouveaux d'un luxe raffiné. »

En 1906, après cinq années à Caen et autant de temps passé depuis la publication de sa thèse, Noël Bernard était donc reconnu comme un « leader » estimé dans l'étroit domaine de spécialisation qui était le sien, au sein du monde limité de la botanique. Rien qui en fît un savant de premier plan ; rien qui semblât augurer d'un destin de « grand scientifique ».

Chapitre huit

Le temps des avancées expérimentales et des grandes hypothèses théoriques

Alors que ses articles parus en France et en Allemagne auraient pu donner à Bernard l'espoir de voir enfin sa réputation de botaniste avisé franchir un cap pour obtenir enfin une franche reconnaissance de son statut de spécialiste confirmé dans son domaine de recherches, survint brutalement « la déconvenue » – terme utilisé par Pérez et repris ensuite par le chroniqueur scientifique Fernand Lot[483] : les bons résultats d'abord obtenus avec ses méthodes de culture, par Bernard et par les horticulteurs qui le suivaient, devenaient progressivement médiocres, voire nuls. Certaines réactions furent bien sûr aussitôt hostiles. Bernard parla, plus tard, à propos de ce moment difficile qui suivit le congrès de Paris, d'une « désillusion » :

> « Certains horticulteurs me crurent en vérité trop peu et regardèrent avec un scepticisme injustifié les prétendues Orchidées cultivées dans mes tubes. Mais d'autres me soumirent en confiance les problèmes qui les embarrassaient, et ma désillusion fut de me trouver, contre toute attente, incapable de les résoudre.[484] »

En effet, ayant envoyé, à des horticulteurs demandeurs, des champignons « qui avaient fait merveille », en leur conseillant de les semer en même temps que des graines d'orchidées, Bernard fut rapidement obligé de constater leur échec :

> « Les résultats furent piteux, avoua-t-il ensuite. Je le constatai de mes propres yeux. Je refis pour ma part des semis au laboratoire et j'échouai de même lamentablement.[485] »

---

[483] Fernand Lot, « Noël Bernard et la germination des orchidées, ou d'une déconvenue à une autre découverte », dans *Les Jeux du hasard et du génie*, Paris, Plon, 1955, p. 110-120.
[484] N. Bernard, « La culture des orchidées dans ses rapports avec la symbiose », *déjà cité*.
[485] *Id.*

Après la « déconvenue », l’obstination

Bernard, loin de voir dans cette déconvenue l’écroulement d’ensemble de ses conceptions, se lança dans la recherche d’une explication. Plus que jamais, il dut faire appel à ses seules ressources car, son isolement étant total, il ne pouvait compter sur aucun encouragement, aucune aide, aucun compagnonnage de laboratoire. Le préparateur, Tison, ne pouvait lui être d’aucun secours et, même, il le considérait comme un ennemi. Il n’est que ses bonnes relations avec quelques élèves qu’il initiait aux techniques de laboratoire de Botanique qui pouvaient l’aider à trouver une respiration : il les associait à certaines de ses observations, il leur permettait de mettre en pratique leurs savoir-faire nouveaux en travaillant sur ses semis d’orchidées, il réfléchissait à voix haute en leur présence pour tenter de mieux comprendre les phénomènes observés. Pour le reste, il lui fallait se contenter d’échanges avec ses correspondants horticulteurs, échanges de courriers, de photographies ou de flacons.

Pour lui, toutes les difficultés et les déboires venaient du champignon et, alors qu’il avait déjà fait un rapprochement entre la manière dont les champignons infestaient les orchidées qu’il étudiait et la manière dont les microbes et autres bactéries pathogènes investissent le corps des animaux, il rapprocha ce qui se passait dans le cas de la perte d’efficacité de ses champignons avec celui, bien connu depuis les travaux de Pasteur, de la virulence variable des micro-organismes pathogènes.

La manière dont il fit alors rebondir son programme de recherche, au cours de l’année 1906, en imaginant et en mettant en œuvre un nouveau programme expérimental susceptible d’apporter, rapidement voire dans l’urgence, des réponses à sa déconvenue, lui permit alors de consolider en peu de mois sa réputation de chercheur complet, doué de qualités d’expérimentateur de haut niveau, de larges capacités d’imagination intuitive aussi bien que de solides aptitudes à la théorisation et à la généralisation, doué enfin d’un tempérament hors normes, fait de volonté et d’acharnement dans l’obsession de comprendre et de démontrer.

Ayant toujours en tête l’idée qu’avec les champignons on avait un cas de maladie liée à un parasite contribuant cependant à la germination des graines d’orchidées, il considéra que les champignons pouvaient devenir inactifs au fil des repiquages successifs ; c’est ce qu’il s’attacha à vérifier tout en cherchant comment remédier à cette perte de « virulence ». En fait, ce programme contraignit Bernard à reprendre complètement, depuis la base, son étude de la physiologie des orchidées, de l’ensemble des différenciations entre les espèces, et des transformations des plantes aux différents stades de l’infestation. Les calculs de probabilité, assez complexes, y eurent même leur part. Les expérimentations montrèrent que les semis de graines d'orchidées ayant été au contact de champignons inactifs étaient incapables de germer ensuite, même sous l'action de champignons virulents ; ces graines avaient été « vaccinées »... En revanche, il réussit à faire remonter la virulence de champignons devenus inactifs par des repiquages successifs, jusqu'à obtenir des champignons aptes à faire de nouveau germer les graines. Des travaux réalisés pendant ces quelques mois, à cheval sur les années 1905 et 1906, date le moment où Bernard conçut l'idée qui devint obsessionnelle que le phénomène de « symbiose » observé chez les orchidées avec leur champignon commensal restait décidemment un cas de « maladie », bénigne, chronique et généralisée à toute l'espèce, et que les points communs étaient nombreux avec ce qui se passait chez les animaux soumis à une coexistence complexe et difficile, parfois constante, avec différents types de microbes et de bactéries.

La 3ème conférence internationale sur la Génétique, à Londres

C'est dans ce contexte que se présenta à Noël Bernard l'occasion de se rendre à Londres, à la fin de juillet 1906, sur invitation, pour participer à la 3ème conférence internationale sur la Génétique[486]. C'est au cours de cette réunion que William Bateson (1861-1926) allait prononcer pour la première fois en public le néologisme qu'il avait forgé pour désigner la science de l'hérédité à laquelle il consacrait ses travaux expérimentaux : la « génétique ».

Grâce à une note qu'il présenta avant la conférence, en juillet 1906, dans la revue anglaise spécialisée, *The Orchid Review*, Bernard suscita un intérêt pour ses travaux que la présentation de sa communication devant la conférence redoubla[487]. Il obtint ensuite plusieurs évocations de ses recherches dans cette même revue : d'abord un compte-rendu étoffé de son propos devant la conférence dans la livraison de septembre de *The Orchid Review* et ensuite, à l'occasion d'un bilan critique d'ensemble des travaux de la conférence, fait par un certain « Argus » et donc anonyme, qui se voulait une sorte d'état de l'ensemble du champ de recherches, un propos circonstancié exposant le point où Bernard en était arrivé de ses travaux[488].

La note de Bernard, parue en juillet avant la conférence, « Fungus cooperation in Orchid Roots », était une réaction à un article paru en avril dans

[486] Celle qui est considérée comme la 1ère Conférence internationale sur la Génétique fut convoquée en juillet 1899 à Londres par la Royal Horticultural Society, sous la présidence de Trevor Lawrence (1831-1913), médecin anglais célèbre pour sa collection d'orchidées, avec l'intitulé suivant : Conférence internationale sur l'hybridation et le croisement des espèces. La 2de conférence se tint à New York, en 1902.

[487] N. Bernard, « Fungus cooperation in Orchid roots », *The Orchid Review*, vol. XIV, n° 163, juillet 1906, p. 201-203.

[488] *The Orchid Review*, vol. XIV, n° 165 et 166, septembre et octobre 1906, p. 262-263 et 290.

The Orchid Review sous le même titre, signé par Gurney Wilson (1878-1957), l'éditeur du mensuel *The Orchid World*. Ce dernier y avait évoqué les publications de Bernard aux *Comptes-rendus de l'Académie des sciences* et dans la nouvelle revue allemande, *Orchis*, dont le *Gardener's Chronicle* s'était fait l'écho en juillet 1904 et en avril 1906 ; et d'ailleurs, la même livraison de *The Orchid Review* signalait la parution de l'article de Bernard dans *Orchis*[489]. Wilson se demandait s'il fallait suivre Bernard quand il prétendait qu'en l'absence de champignon les graines d'orchidées ne germent pas, un point qui semblait pourtant tranché depuis plusieurs années ; il citait aussi des travaux américains montrant que certains légumes vivent en symbiose avec des commensaux spécifiques ; il rappelait enfin, sans se l'expliquer, que beaucoup d'horticulteurs obtenaient des *Cattleyas* sans difficultés mais qu'il n'en était pas de même avec des *Odontoglossums*. Que Bernard ait aussitôt saisi l'occasion pour, en rédigeant une réponse, pouvoir s'exprimer dans la revue anglaise sans attendre la réunion de Londres et défendre ainsi son point de vue montre à la fois qu'il était très sûr de lui et qu'il avait conscience de la nécessité de diffuser, faire connaître et reconnaître ses travaux.

Dans sa réponse, essentiellement pratique et technique, publiée donc avant la réunion de Londres, il s'en tint à un propos limité s'appuyant sur une unique photographie – une nouveauté technique, une première, dans ses publications – de tubes contenant précisément des graines d'*Odontoglossums* installées sur une gelée nutritive, l'un dont les graines en l'absence de champignon n'avaient pas prospéré, le second avec des graines infestées dans lequel le champignon avait développé un réseau visible de mycélium et où les graines avaient germé et rapidement évolué. Bernard affirmait que les cultivateurs avaient des réussites variables avec des semis d'*Odontoglossums* parce que, selon les cas, le champignon, différent de celui des *Cattleyas* ou des *Cypripediums*, était présent ou pas. Selon lui, il suffirait de pourvoir les horticulteurs du champignon spécifique pour qu'ils obtiennent d'aussi bons semis d'*Odontoglossums* que ceux qu'ils pouvaient montrer de *Cattleyas* : « I hope at least to have fixed the principles which are to be applied in order to attain rapidly to the solution of these practical problems[490] », concluait Bernard, certain ainsi que son intervention lors de la conférence de juillet serait accueillie avec toute l'attention nécessaire…

Pour cela, disait-il en concluant, « un laboratoire spécialement équipé » était nécessaire, et un tel laboratoire créerait selon lui, plus largement, « la condition pour résoudre, un jour ou l'autre, les problèmes encore non résolus

---

[489] Gurney Wilson, « Fungus cooperation in Orchid roots », *The Orchid Review*, vol. XIV, n° 161, mai 1906, p. 154-155.

[490] « J'espère tout au moins avoir déterminé les principes qui doivent être mis en œuvre pour arriver rapidement à la solution de ces problèmes pratiques. » Noël Bernard, "On the Germination of Orchids", *Report of the third international conference on genetics*, Londres, International Congress of Genetics London, 1906. *ouv. cité*, p. 892-896.

de la culture délicate des Orchidées ». En concluant, dans *The Orchid Review* comme auparavant dans *Orchis*, sur l'idée d'un laboratoire dédié à ces recherches, Bernard montrait qu'il visait déjà le projet qu'il mettrait en œuvre plus tard, lorsque sa nomination sur un poste de professeur à Poitiers le rendrait possible : le chantier de création d'une station botanique de recherches botaniques et biologiques, associée à la faculté des Sciences.

Lors de la conférence, Bernard put donc prendre la parole, le 2 août 1906, devant un auditoire international de première qualité, réunissant tout ce que la biologie comprenait de scientifiques confirmés, depuis les hautes autorités académiques des différentes nations jusqu'aux auteurs des recherches les plus récentes. Dans son intervention intitulée "On the Germination of Orchids", il exposa – en anglais – la problématique qui le guidait – son « programme de recherche », en somme – et mit en avant les principales conclusions, peut-être provisoires, auxquelles il était parvenu dans les derniers mois[491]. Bernard montrait, comme il l'avait fait dans *Orchis*, l'extrême précision de ses résultats dans la connaissance des champignons commensaux des orchidées, en particulier que ces champignons pouvaient être cultivés hors de la présence de la plante mais que celle-ci ne pouvait se développer sans la présence de son champignon spécifique : « The orchids are practically dependent on their parasitic fungi, since they do not grow without them », affirmait-il[492]. Et surtout, Bernard montrait qu'il avait, au moins partiellement, trouvé la réponse à la « déconvenue » provoquée par la découverte du phénomène de perte de « virulence » des champignons :

> « Everyone knows that the bacteria which produce a great many animal diseases are often more or less injurious, according to the conditions of their collection and of their culture. Similarly, the fungi of orchids are capable of varying degrees of "virulence"; they are more or less active, according to their origin ant their age. I have recently discovered that it is possible to restore a sufficient activity to the fungi when their powers have been impaired.[493] »

Enfin, Bernard présenta à nouveau son idée de créer « un laboratoire bien équipé associé à une serre ». Son insistance sur ce point doit être examinée : nous savons que Bernard créa ensuite une station de Botanique à l'Université

---

[491] *Id.*.

[492] « Les Orchidées sont pratiquement dépendantes de leurs champignons parasites car elles ne peuvent pousser sans eux. » *(Id.)*

[493] « Chacun sait que les bactéries qui provoquent un grand nombre de maladies des animaux sont parfois plus ou moins nuisibles selon les conditions de leur récolte ou de leur culture. Pareillement, les champignons des Orchidées sont susceptibles de variations de degré de "virulence" ; ils sont plus ou moins actifs, selon leur origine et leur âge. J'ai récemment découvert qu'il était possible de restaurer une activité suffisante des champignons lorsque leur puissance a été affaiblie. » (*Id.*)

de Poitiers ce qui était d'ailleurs une tendance répandue ; mais est-ce bien à cela qu'il pensait lorsqu'il formulait ce projet à Londres ? Rappelons que certains scientifiques, dans cette période, cherchaient à se doter de moyens de recherche d'une nouvelle ampleur, bien au-delà des habituels laboratoires de chaire. La mode était aux « instituts » ; Marie Curie, soutenue par des donateurs philanthropes, entamait, en 1906, une campagne qui allait aboutir, en 1910, à la création de l'Institut du radium. Bien plus tard, Jean Perrin obtiendrait son Laboratoire de Chimie-physique, Borel son Institut-Henri-Poincaré… Tous avaient en commun leur intention, encore floue au départ, d'endosser une fonction nouvelle de « directeur de laboratoire » n'ayant plus de rapport avec ce qu'on appelait ainsi dans le milieu universitaire, et de devenir, disons, des « managers » de laboratoire, rassemblant des financements, réunissant des équipes de chercheurs, établissant des partenariats avec des acteurs économiques, déposant des brevets, générant des contacts avec le monde des journalistes et de la politique, partant même à la conquête de l'opinion publique. Ce n'était pas strictement nouveau car il y avait eu l'exemple de Louis Pasteur et de l'Institut Pasteur mais, désormais, Pasteur cela pouvait être « n'importe qui »… Telle qu'elle était formulée, la proposition de Bernard, pétrie de prudence, n'embrassait pas un projet si vaste et si « nouveau », mais elle était suffisamment incongrue pour qu'on puisse imaginer que, derrière une modestie apparente, les plus grandes ambitions aient pu être en train de naître. On ne peut exclure que la visite que Bernard put faire, pendant la conférence, du laboratoire de Génétique de William Bateson, au Jardin botanique de Cambridge, lequel avait ce trait original d'y avoir recruté spécialement des femmes, dont son épouse, ait eu un effet sur ce qu'il imaginait. Cette visite avait impressionné Bernard, assez pour qu'il en fît ensuite le rapport lors d'une séance de la Société linnéenne de Normandie[494].

En conclusion de son propos de Londres, Noël Bernard avait naturellement débouché sur l'expression de son attachement aux « idées générales » :

> « I might add that orchids are not by any means the only plants which live with fungi. The extension of the researches which I have instituted (…) will possibly one day indicate new (…) rational methods applicable to a large number of plants.[495] »

En marquant un point devant cet auditoire choisi, Bernard pouvait espérer que cela ne serait pas sans influencer les nombreux Français présents à

---

[494] N. Bernard, « Voyage en Angleterre – Visite du Laboratoire Bateson à Cambridge », séance du 3 décembre 1906, *Bull. de la Société linnéenne de Normandie*, 5ème série, vol. 10, 1906, p. XLIV.

[495] « Je dois ajouter que les Orchidées ne sont nullement les seules plantes vivant avec des champignons. Le développement des recherches que j'ai entreprises (…) pourra peut-être, un jour, donner de nouvelles (…) méthodes rationnelles applicables à un grand nombre de plantes. » *(Id.)*

Londres, parmi lesquels on comptait son maître, Julien Costantin, mais aussi le pharmacien, vice-président de la Société botanique de France, Edmond-Gustave Camus (1852-1915), l'autres spécialiste des orchidées en France, le docteur Ernest Malinvaud (1836-1913), alors président de la Société botanique de France, l'universitaire Lucien Cuénot (1866-1951), précurseur de la génétique animale en France qui affrontait lui aussi l'ignorance, le mépris et la relégation (à Nancy), et l'horticulteur passionné Philippe de Vilmorin (1872-1917), le futur organisateur de la 4ème conférence sur la Génétique, à Paris, en 1911. Tous purent prendre acte de la solidité des positions avancées par Bernard et de l'intérêt soulevé par sa communication.

Le « coup de pouce » de la Caisse des Recherches Scientifiques

L'année 1906 fut donc, pour Bernard, le moment où, à la fois, il surmonta « la déconvenue » provoquée par la découverte de la possible perte de « virulence » des champignons commensaux des orchidées et ses conséquences dans le petit milieu des spécialistes de ces végétaux, en France, et où il réussit le franchissement d'un mur jusque-là dressé entre lui et le monde des scientifiques reconnus. Pour autant, il était maintenant en poste à Caen depuis 5 ans et on ne semblait pas pressé de le voir revenir sur un poste parisien... La bonne nouvelle, ce fut cependant l'annonce que la subvention de la Caisse des recherches scientifiques qu'il avait sollicitée à la fin de l'année précédente lui était accordée.

La Caisse des recherches scientifiques avait été fondée par une loi de 1901 et avait commencé, en 1903, à distribuer des subventions pour des travaux de recherches déterminés[496]. Elle était alors présidée par Paul Disclère, président de section au Conseil d'État ; Marcellin Berthelot, pourtant sénateur et désigné par le Sénat, n'était que vice-président. Dans les faits, cependant, la CRS suivait les avis la commission technique, présidée par Berthelot, elle-même divisée en deux sections, pour les recherches biologiques d'une part, et pour toutes les autres recherches d'autre part. Lors des premiers exercices de la CRS, peu de chercheurs déposaient une demande et la quasi totalité du budget disponible allait à des travaux de biologie : en 1906, sur environ 135 000 francs attribués à ces recherches biologiques, 40% allèrent à 11 chercheurs qui voyaient leur subvention renouvelée depuis la création de la CRS, et autant allèrent à 15 chercheurs qui, comme Bernard ou Cuénot, étaient aidés pour la première année.

Une première fois, la demande par Bernard d'une subvention de 1500 francs, pour « des recherches sur certains phénomènes qui nuisent à la

---

[496] Sur la création de la CRS, grâce aux efforts du sénateur Audiffred, et sur les premières années de son fonctionnement, voir Michel Pinault, *La science au Parlement...*, ouv. cité, p. 63-74 en particulier.

germination des orchidées », avait été repoussée par la commission[497]. Lors de la session suivante, en juin 1906, elle fut acceptée in extremis, après que toutes les autres demandes avaient déjà été examinées. C'est que lors de la première délibération, le médecin et sénateur radical Viger – dont Bernard avait fait la connaissance en mai 1905, au congrès de Paris de la Société nationale d'horticulture – qui avait rapporté favorablement sur sa demande, avait été absent tandis qu'à la seconde il avait été présent. De plus, lors de cette délibération décisive, c'est un autre membre de la commission qui avait présenté le dossier de Bernard, le géologue lillois Charles Barrois (1851-1939) dont nous verrons qu'il n'était pas sans proximité avec lui, président qu'il était, depuis quelques mois, de la toute nouvelle Amicale des professeurs des facultés des Sciences dont Bernard avait été élu trésorier.... On peut retrouver tout cela dans le procès-verbal de la commission du 30 juin 1906 :

> « M. Barrois rappelle que M. Bernard, maître de conférences à la faculté des Sciences de Caen, s'est vu refuser une subvention de 1500 francs destinée à des recherches sur la germination des orchidées. M. Barrois insiste pour que cette subvention soit accordée. Les recherches de M. Bernard sont du plus grand intérêt et c'est sur le conseil de M. Viger que ce jeune maître de conférences avait adressé sa première demande. Accordé. L'ordre du jour est épuisé.[498] »

De cette séquence, on peut utilement retenir que le processus permettant aux scientifiques d'obtenir une réponse positive à leurs demandes de subventions était pour le moins aléatoire et pouvait largement dépendre des appuis dont ils bénéficiaient – ou pas – au sein de la commission. Le président de la section des recherches biologiques d'alors, Charles Bouchard, n'écrivit-il pas que « la commission ne se laiss(ait) limiter dans son action que par l'intelligence qu'elle a(vait) de l'entreprise scientifique qu'elle v(oulai)t favoriser ». D'ailleurs, en demandant 1500 francs, Bernard avait joué la modération quand il savait, les rapports annuels de la CRS étant publics et facilement accessibles, qu'il postulait pour une des plus faibles sommes accordées par une commission qui retenait parfois 3000 ou 5000 francs, voire très exceptionnellement 30 000 ou 50 000 francs quand il s'agissait des recherches du docteur Calmette sur les eaux usées de l'agglomération de Lille (soit près du tiers de l'ensemble des subventions destinées à des recherches biologiques)[499]. De plus – la commission étant intraitable sur ce point – il fallait que la demande fût rédigée de telle manière qu'il lui apparût que le crédit devait servir pour des « travaux personnels nettement déterminés » et en aucun cas pour des achats de matériel expérimental, encore moins à couvrir

---

[497] PV de la session du 27 janvier 1906 de la commission de la CRS, Arch. nat., F/17/17432.

[498] PV de la session du 30 juin 1906 de la commission de la CRS, id.

[499] La question des budgets de la CRS, depuis sa création jusqu'à la fin de la Première Guerre mondiale est étudiée dans M. Pinault, *La science au Parlement*..., ouv. cité.

des dépenses administratives de quelque nature qu'elles fussent. Les conditions étaient si drastiques que peu de demandes étaient finalement formulées et qu'il n'était pas rare que celles qui étaient examinées soient écartées avec une rigidité obtuse.

Bref, Noël Bernard reçut les 1500 francs qu'il avait sollicités[500] ; cette somme inespérée lui permit d'aller à Londres. Il présenta à nouveau des demandes en bonne et due forme pour les années 1907 et 1908. Viger ayant été de nouveau rapporteur de ses demandes, il obtint encore une fois 1500 francs et, la troisième année, seulement 1000 francs, pour des « recherches sur le rôle des champignons de mycorhizes dans le développement et plus généralement dans l'évolution des plantes qui les hébergent d'une façon habituelle », une formulation décidément très élargie qui n'évoquait plus spécifiquement les orchidées et mettait désormais l'accent sur la dimension « évolutionniste » des travaux qu'il menait[501]. Ensuite, il n'y eut plus de demande de subvention de Bernard examinées par la CRS. On remarque que de la première demande à la troisième et dernière, Bernard qui avait d'abord insisté sur « les variations de virulence (des champignons) bien connues chez diverses bactéries pathogènes », était passé à ce qu'il considérait comme « un processus typique de phagocytose, comparable à celui qui est bien connu chez les animaux », puis à « la propriété qu'ont les Orchidées d'agglutiner en peloton les filaments mycéliens (qui) paraît constituer le mode de défense ultime de ces plantes » ; l'insistance de Bernard sur cet aspect « sanitaire » de ses recherches, plutôt que sur l'étude de la symbiose ou sur ses effets physiologiques sur les orchidées semble indiquer qu'il se pliait ainsi à un calcul stratégique visant à ramener ses recherches vers une approche « hygiéniste » à laquelle il supposait que la commission serait plus sensible, une approche plus « dans l'air du temps », en somme.

Mais, en cette année 1906, Bernard songeait, sans grand espoir, à obtenir une chaire professorale dans une grande université de province ou une maîtrise de conférences à Paris. Il put penser qu'une occasion se présenterait sans doute, un jour ou l'autre, de pouvoir candidater avec quelque chance de succès pour un poste qui viendrait à se libérer, c'est pourquoi il se décida, à la fin de l'année 1907 seulement, à faire ce que faisaient tous les universitaires dans sa situation : il rédigea et fit imprimer à Caen une brochure de *Titres et travaux* dont la présentation devait presque obligatoirement accompagner toute demande de mutation ou de promotion[502]. Mais entre l'été 1906 et l'automne 1908, soit pendant deux années, Noël Bernard ne publia aucune

[500] Lettre de N.B. d'accusé de réception du mandat de 1500 francs, le 27 juillet 1906, Arch. nat., F/17/17450, Comptabilité de la CRS.

[501] N. Bernard, « Rapport présenté à la Caisse des recherches scientifiques », décembre 1906, dans Paul Disclère, *Rapport annuel adressé au président de la République par la Caisse des recherches scientifiques*, pour 1906 jusqu'à 1908, Melun, Impr. admin., 1907 à 1909.

[502] N. Bernard, *Titres et travaux*, ouv. cité.

communication pouvant témoigner de nouveaux travaux et de nouveaux résultats…

Le triomphe de la conférence de Gand

Pourtant, ses recherches se poursuivaient intensivement dans la serre du Jardin botanique de Caen. En témoignent ces quelques phrases de sa notice de *Titres et travaux* :

> « On doit pouvoir, pour la germination des graines d'Orchidées, substituer l'action de solutions concentrées à celle de champignons dont le rôle en ce cas est parfaitement établi. Il en est bien ainsi : des graines d'Orchidées, semées sans champignons ni microorganismes d'aucune sorte sur des milieux nutritifs assez concentrés, germent, lentement, mais suivant le même mode qu'à l'ordinaire. En somme, on peut substituer au champignon un "stimulus" convenable.[503] »

Cette piste de recherche qui supposait une nouvelle manière d'envisager la symbiose et son rôle dans l'évolution de l'ensemble des orchidées au fil des ères représentait une nouvelle étape dans les apports de Bernard et montrait qu'il allait vers de nouvelles découvertes et de nouvelles hypothèses. Cette idée qui avait à voir avec les travaux, toujours sans résultats concrets, au sujet de la pomme de terre, selon laquelle à la symbiose pouvaient se substituer des procédés physico-chimiques alternatifs, selon laquelle par conséquent il devait se produire des phénomènes physico-chimiques encore mal connus au sein des organismes – orchidées ou autres – impliqués dans la symbiose à l'état naturel, devint une des préoccupations majeures de Bernard.

Puis, il y eut, au printemps 1908, la conférence donnée, en Belgique, à Gand où se tenait la 16ème Exposition internationale d'horticulture, organisée à l'occasion du centenaire de la Société royale d'agriculture et de botanique de Gand. Noël Bernard y présenta, le 24 avril 1908, un exposé sur « La culture des orchidées dans ses rapports avec la symbiose[504] ». Il y connut le triomphe public le plus complet de sa courte carrière. Peut-être parce qu'il avait relaté, sans rien en dissimuler, les échecs qu'il avait connus après le Congrès d'Horticulture de Paris, en 1905, avant d'apporter aux congressistes le récit de ses nouvelles découvertes et de la solution victorieuse de ses problèmes :

> « On avait posé (au Congrès de Paris) la question du rôle des micro-organismes dans la germination des graines d'orchidées. (…) Comme il s'agissait de l'objet même de mes recherches, je crus devoir demander la parole. (…) Et j'ai connu depuis ce jour la vérité d'une maxime dont on

---

[503] *Id.*, p. 14.

[504] N. Bernard, « La culture des orchidées dans ses rapports avec la symbiose », Gand, E. Sacré éd., 1908 ; repris dans le *Journal de la SNHF*, t. 24, 1923, p. 180-192.

instruisait mon enfance, à savoir qu'il est toujours bon de tourner sept fois sa langue dans sa bouche avant de parler sans qu'on vous interroge.[505] »

L'essentiel de cette conférence de Gand, Bernard le consacra donc à exposer comment il était venu à bout des difficultés au terme d'un long et fastidieux programme d'expériences sur les champignons, afin de comprendre comment ils pouvaient être tantôt actifs et virulents, tantôt inertes, et comment il pouvait rendre à des champignons inactifs une virulence intacte. Il découvrit aussi que les graines d'orchidées pouvaient être soit réceptrices et réactives lorsqu'il les exposait à des champignons virulents soit apparaître comme « vaccinées » après avoir été au contact de champignons peu actifs. De l'ensemble de ces travaux il conclut d'ailleurs à la nécessité, appelant de ses vœux à « la symbiose de la science pure et de l'horticulture pratique », de disposer de laboratoires spéciaux capables de « fournir en tous temps les graines de diverses espèces nécessaires à des expériences continues ». Il renouvelait ainsi l'appel qu'il avait lancé lors du congrès de Génétique de Londres. Cette idée allait bientôt prendre tout son développement lorsque Bernard, au cours des mois suivants, aurait réussi à provoquer beaucoup plus facilement la germination et le développement de certaines orchidées sans exposer les graines à un quelconque champignon et en y substituant l'action d'une solution suffisamment concentrée[506]. Tout comme les découvertes de Pasteur (…) avaient révolutionné l'industrie des brasseurs, disait-il, Bernard était convaincu que ses travaux allaient transformer les conditions techniques du travail des horticulteurs.

Après avoir exposé l'ensemble de ses découvertes sur la symbiose des orchidées, Bernard concluait son propos de Gand par des vues très générales en forme d'hypothèse, comme il aimait à la faire, et c'est en regardant aujourd'hui cette partie de son propos qu'il est possible de mesurer le chemin qu'il avait parcouru depuis la conférence de Londres dans sa façon de penser l'ensemble de la question de la symbiose des orchidées et de la replacer dans une réflexion globale sur le monde végétal et sur l'univers du vivant. On peut dater de cette conférence de Gand le moment où Bernard, sans abandonner ses travaux sur les orchidées, les pommes de terre et autres végétaux concernés par la symbiose, les comprenait désormais comme des éléments d'un « système », incluant la botanique, la zoologie et la biologie humaine, qu'il allait chercher à bâtir :

« Une étude attentive de la vie des orchidées (…) conduit même à soupçonner que l'atteinte de maladies parasitaires devenues chroniques a joué un rôle important dans l'évolution des plantes en général. Dans le problème, si passionnant et si complexe des origines du monde végétal, les

---

505 *Id.*, p. 186.
506 Voir « L'Évolution dans la symbiose », *ouv. cité*, p.13.

découvertes immortelles de Pasteur peuvent éclairer les vues d'une ampleur audacieuse nées dans l'esprit de Lamarck et qui triomphèrent, voilà plus d'un demi-siècle, grâce aux persévérants efforts de Charles Darwin.[507] »

Bernard alla même jusqu'à suggérer que « l'évolution puisse être un phénomène comparable à la maladie microbienne ». Au cours des mois suivants, il fut constamment animé par cette préoccupation :

« J'en ai donc pour toute la vie, écrivit-il à son cousin Joseph Magrou, et quand je la quitterai mes théories seront encore trop largement philosophiques.[508] »

En attendant ces développements futurs, ce qui compta, à Gand, ce fut le succès rencontré. Noël Bernard lui-même a raconté, à son épouse puis à ses amis et collègues, à quel point il avait été chaleureusement accueilli par les congressistes. À sa femme, il écrivit :

« Ma conférence est faite, je me sens vide comme un hareng après le temps du frai.(…) Je me suis fait ici une réputation d'orateur. Il se passe ici un phénomène des plus bizarres : j'y suis un savant officiel ! Tout change en passant la frontière. Ne crois pas, ma chérie, que quelque atteinte de vanité me grise ! J'observe avec curiosité le phénomène par lequel je suis devenu ici "le savant" sous sa forme abstraite.[509] »

La *Revue d'Horticulture belge et étrangère* rendit compte de ce moment en soulignant que « le sympathique conférencier, dans un style clair et concis, a(vait) exposé ses doctrines nouvelles (…). Ces recherches (…) ont vivement intéressé les auditeurs qui ont manifesté au distingué conférencier, à maintes reprises par de chaleureux applaudissements, toute leur sympathie[510] ».

Pendant les mois suivant cette rencontre, la renommée internationale de Bernard prit une nouvelle ampleur à la suite de la publication par un jeune professeur de Botanique allemand, Hans Burgeff (1883-1976), de ses propres travaux sur les orchidées dans lesquels celui-ci confirmait l'ensemble des siens[511]. La meilleure preuve que les travaux de Bernard étaient désormais incontournables, Gaston Bonnier l'apporta dans son dernier ouvrage de synthèse sur *Le Monde végétal*, publié en 1907, en consacrant aux « belles recherches » de Bernard un bref paragraphe, accompagné d'une reproduction

---

507 N. Bernard, « La culture des orchidées dans ses rapports avec la symbiose », *déjà cité,* p. 193.

508 Lettre de N.B. à Joseph Magrou, le 17 janvier 1909, CM, n° 77.

509 Lettre de N.B. à M.L. Bernard, de Gand, le 23 avril 1908, CM, n° 66.

510 *Revue d'Horticulture belge et étrangère,* t. 34, 1908, p. 142.

511 Hans Burgeff, *Die Wurzelpilze der Orchideen. Ihre Kultur und ihre Leben in der Pflanze*, Iéna, G. Fischer, 1909, 220 pages.

d'un croquis de celui-ci montrant des tissus d'une graine d'orchidée en cours de germination envahie par le mycélium[512].

Le regard d'un « anthropologue » - Bruno Latour – sur le « métier de chercheur » de Noël Bernard

Au point où nous en sommes du déroulé de la vie brève de Noël Bernard, celui où il atteignait enfin à la reconnaissance du travail cumulé depuis une petite dizaine d'années et de ses apports principaux à « la Science », peut-être faut-il confronter ce que nous en savons au point-de-vue un peu controversé que Bruno Latour a porté sur « la science telle qu'elle se fait » et sur « le métier de chercheur[513] ». « Point-de-vue controversé », essentiellement parce que ledit professeur aime semer ses interventions de formules provocatrices, peu ou prou, comme lorsqu'il écrivait, s'agissant de la découverte, après examen de sa momie par des biologistes, que le pharaon Ramsès II était mort de « la tuberculose », qu'« avant Koch, le bacille n'a pas de réelle existence. (...) Affirmer, sans autre forme de procès, que Pharaon est mort de la tuberculose découverte en 1882, revient à commettre le péché cardinal de l'historien, celui de l'anachronisme. [514] » ; « point-de-vue controversé » encore parce que, sur le front de « la guerre des sciences[515] », Latour a parfois si bien « déconstruit » tel ou tel « fait » scientifique qu'il a pu frôler le délit fatal de « relativisme », par exemple lorsque Sokal et Bricmont lui reprochaient d'avoir écrit que « le contenu d'une science est social de part en part[516] ». Latour qui a effectivement scruté avec les focales les plus variées la science de laboratoire[517], s'est interrogé sur « ce qui se passe, lorsque quelqu'un (un scientifique) émet un énoncé, et que les autres (scientifiques) y croient ou n'y croient pas[518] ». Il a élaboré à partir de là un discours sur « la fabrication des faits scientifiques » dont on voit bien qu'il résonne fortement avec ce que nous savons de la vie de Noël Bernard. Ainsi en est-il lorsque Latour affirme, brutalement, que « si l'on avait, pour expliquer la "diffusion"

---

[512] G. Bonnier, *Le Monde végétal*, ouv. cité, p. 156-157.

[513] Parmi d'autres travaux, depuis 1979, Bruno Latour, *L'Espoir de Pandore. Pour une version réaliste de l'activité scientifique*, Paris, La Découverte, 2001. La démarche de Bruno Latour se rattache à celle des *Social Studies of Science*, et en particulier au « programme fort » de David Bloor : *Sociologie de la logique ou les limites de l'épistémologie* (*Knowledge ans Social Imagery*), Paris, Pandore, 1983.

[514] Bruno Latour, « Jusqu'où faut-il mener l'histoire des découvertes scientifiques ? » dans *Chroniques d'un amateur de sciences*, mars 1998, Paris, Presse des Mines, 2006, p. 51-53.

[515] Nicolas Chevassus-au-Louis, « Qui a peur des vérités scientifiques ? », *Le Monde*, 20 septembre 2012.

[516] Bruno Latour, *La Science en action*, Paris, La Découverte, 1989. Alan Sokal et Jean Bricmont, *Impostures intellectuelles*, Paris, Odile Jacob, 1997, p. 175.

[517] Bruno Latour et Steve Woolgar, *La Vie de laboratoire, la production des faits scientifiques*, Paris, La Découverte, 1988.

[518] Bruno Latour, *La Science en action*, ouv. cité, p. 59-60.

des idées pastoriennes, la seule force de Pasteur et de ses collaborateurs, celles-ci ne seraient jamais sorties des murs du laboratoire de l'École normale. (…) Une idée, même géniale, même salvatrice, ne se déplace jamais toute seule. Il faut une force qui vienne la chercher, s'en empare pour ses propres motifs (…)[519] ». Bernard, de son côté, écrivait :

> « Une idée nouvelle est quelque chose de faible, mais ce qu'elle peut contenir de puissance révolutionnaire est vraiment extraordinaire.[520] »

Latour a défini quelques éléments d'une « loi d'airain du cycle de la crédibilité scientifique » qui découle de la manière dont un chercheur scientifique est, à tout moment, amené à tenir ensemble cinq grandes catégories de tâches jugées essentielles et complémentaires et définissant ce qu'il nomme « le bon scientifique[521] ». Sans compter celle de disposer d'une réputation normale d'objectivité et de rigueur, condition minimale, a priori acquise et alors, en principe, communément répandue dans le milieu, ces aptitudes peuvent se formuler ainsi : être en mesure de se « créer des collègues (…) capables de comprendre ce qu'on fait et ce qu'on dit » et de « s'allier avec des gens que l'on peut intéresser », savoir effectuer la nécessaire « mobilisation du monde » grâce à des « activités qui portent sur les relations publiques et la "mise en scène" de (son) activité scientifique », et, *last but not the least*, savoir formuler « ces idées, ces concepts d'autant plus forts qu'ils vont lier un plus grand nombre d'horizons (et) permettre de tenir ensemble les "acteurs" mobilisés [522] ». Bref, le « bon scientifique » est celui qui sait organiser le rayonnement de ses travaux et en devenir le centre.

Voyons si et comment Bernard pouvait correspondre à ce programme ; précisons que Latour omet un élément décisif dans le cas d'espèce : les effets du tempérament, du caractère, de l'humeur et de l'humour de notre botaniste sur l'accomplissement desdites tâches… Quoi qu'il en soit, on peut retenir de la « méthode » latourienne qu'elle donne une cohérence à l'histoire décevante, confuse et tourmentée d'un botaniste prometteur qui proposait à ses pairs des faits scientifiques nouveaux et méthodiquement établis et un récit d'ensemble qui rendait lisible de multiples autres faits auparavant dispersés et contradictoires, et qui, malgré cela, essuyait des déconvenues majeures, une relégation, une mise sous l'éteignoir, sans qu'aucune controverse publique remettant en cause ses travaux ne se développât, avec même, ici et là, une reprise de certaines de ses hypothèses mais sans que son antériorité fût prise en compte. Qu'il brocardât dans le monde des naturalistes les classificateurs à l'ancienne ou les morphologistes obsessionnels et qu'il cherchât à fonder ses hypothèses sur des expériences nourries d'une microbiologie pasteurienne si

---

[519] Id., *Les microbes guerre et paix, suivi de Irréductions*, Paris, Métailié, 1984, p. 21.
[520] Lettre de N.B. à M.L. Martin, le 21 septembre 1908, de Vierzon, CM, n° 71.
[521] Id., *Le Métier de chercheur, regard d'un anthropologue*, Paris, INRA éd., 1995, p. 23-35.
[522] Id.

mal connue à la Sorbonne, qu'il restât ostensiblement à l'écart des coteries fidèles aux mandarins installés ou qu'il choisît de s'affilier à des groupes considérés comme subversifs et en tous cas marginaux, Bernard, loin des préconisations de Latour, pratiquait décidément une autre botanique que celle qui dominait l'Université et il semblait avoir choisi quoi qu'il lui en coutât une posture de défi.

Cependant, après bien des péripéties et étant donné l'épreuve réussie de la conférence de Gand, Noël Bernard aurait pu s'honorer d'être devenu, aux yeux d'un vaste aréopage de biologistes, de botanistes et d'horticulteurs, de journalistes et même de décideurs politiques comme ceux de la Caisse des recherches scientifiques, le « maître des orchidées », capable de subjuguer les premiers par l'audace autant que la clarté de ses hypothèses de travail et l'étendue de leurs implications, par la qualité de ses démonstrations et la sûreté de son art oratoire, par son souci de détailler ses protocoles expérimentaux en allant jusque dans le détail des difficultés rencontrées – et surmontées, par sa prestance même, faite de simplicité, de mise à distance de lui-même quand ce n'était pas d'humour et de dérision, puis aussitôt d'assurance et d'intelligence contenue, par enfin l'espèce de « révolution » – selon la formule validée par Bonnier, le patron de son jury de thèse – qu'il introduisait dans la manière de penser la botanique dans son ensemble, et capable d'entraîner les uns et les autres par l'assurance qu'il dégageait et les promesses de succès futurs qui émanaient de sa personnalité.

Si on continue de suivre Latour, constatons qu'après la réussite de sa prestation devant un public nombreux et divers, ayant capté un vif intérêt pour ses recherches, obtenu la compréhension et l'adhésion à les résultats proclamés, la confiance pour ses travaux futurs, le silence même de ses éventuels adversaires et la faveur de ses collègues présents, l'acceptation par les professionnels de l'horticulture de partager l'aventure avec lui et même de le soutenir matériellement, les échos flatteurs et publics dans la presse, ayant obtenu tout cela, Bernard en arrivait à la position qui avait été celle atteinte naguère par Pasteur, celle qui avait fait de celui-ci, selon Latour, « un immense scientifique[523] ». Noël Bernard qui, lui aussi, connaissait chaque étape et chaque détail de la vie de Pasteur, savait que très tôt dans sa carrière, avec ses travaux sur le vin et la reconnaissance atteinte grâce à eux, le biologiste avait déjà validé les cinq tâches définissant le « bon scientifique » : il avait obtenu, au milieu des années 1860, des moyens auprès de son ministre pour aller de l'avant – Pasteur avait alors un peu plus de 40 ans… – mais l'apogée allait encore attendre une vingtaine d'années, la création de l'Institut Pasteur datant, elle, de la fin des années 1880… Bernard qui n'avait qu'à peine 30 ans aux temps de la conférence de Gand mais se rêvait déjà à la tête d'un grand laboratoire de recherches horticoles, avait encore du chemin à parcourir !

---

[523] Id., p. 19.

Mais surtout, nous allons voir que Bernard, tout satisfait et heureux qu'il fût du succès de Gand, ne consacra que des efforts limités à en valoriser les dimensions « sociales » auxquelles Latour accorde une si grande importance. Certes, il étoffa ses contacts avec des éleveurs d'orchidées, certes il sollicita des subventions (modestes) de la Caisse des recherches scientifiques, se manifesta dans des revues scientifiques et d'autres destinées à un plus vaste lectorat, certes il songea plus que jamais à obtenir un poste plus gratifiant en nombre d'étudiants attendus et en moyens de recherche disponibles, plus rémunérateur aussi et même plus recherché en termes de visibilité, bref s'il mena de front, comme il l'avait toujours fait, les travaux de recherche les plus exigeants avec les nombreuses tâches destinées à en faciliter l'organisation et la diffusion, s'il se permit même de rêver à un futur laboratoire d'un genre nouveau et plus ou moins en rupture avec les normes universitaires, s'il se comporta donc en « bon scientifique », Bernard avait cependant une façon de manier l'intransigeance au mépris de la recherche du compromis et du consensus, aussi bien dans la défense de son projet global et de ses certitudes de chercheur que s'agissant de l'organisation de la vie universitaire, il avait une telle manière de se positionner à côté voire en dehors de l'ordre universitaire, soit par arrogance soit par dérision – c'est du moins ainsi que le vivaient certains de ses collègues et c'est surtout sur ces bases qu'une réputation lui était faite –, il avait enfin un si forte tendance à consacrer tout son temps à ses expérimentations en refusant d'en distraire le moindre moment pour soigner ses relations, entretenir de nouvelles affinités, démarcher telle ou telle instance qui eût pu lui être favorable que, Bruno Latour dût-il le regretter vivement, il n'était pas prêt de devenir le « bon scientifique » au sens que celui-ci décrit. Comme le démontre l'historienne Françoise Waquet dans son *Histoire émotionnelle des savoirs,* les scientifiques sont des « êtres sensibles » capables d'émotion, et il est essentiel de prendre en compte leur « identité émotionnée » pour comprendre leur biographie…[524] Dans le cas de Bernard, les choses étaient claires, comme il l'écrivait, peu de mois après, en exposant à sa future épouse ce qu'il attendait d'elle :

> « Elle ne me dira jamais qu'il pourrait être utile de flatter un journaliste ou de visiter un membre de l'Institut pour augmenter mes chances de monter en grade ou d'être décoré.[525] »

Pire encore, lorsque Bernard assumait des « tâches » s'inscrivant dans la dimension « sociale » de son activité de scientifique, comme prendre en charge des corvées que fuyaient ses collègues de l'Assemblée des professeurs de la faculté ou du Conseil d'Université – tenir le secrétariat de séance, mettre

---

524 Françoise Waquet, *Une histoire émotionnelle du savoir, XVIIe-XXIe*, CNRS Éditions, 2019, chap. 1.

525 Lettres de N.B. à M.L. Martin, n° 8, 11 juin 1907, déjà citée.

au propre des délibérations, rédiger des rapports –, ou faire une conférence devant des publics divers comme celle qu'il prononça sur Linné pour les adhérents de la Société linnéenne de Normandie, ou celle sur Darwin qu'il proposa au cercle de la « Jeunesse laïque » de Caen, à chaque fois on louait avec plus ou moins de sincérité son talent d'écriture et de synthèse ou ses qualités d'orateur et sa vaste culture, et même sa disponibilité et sa serviabilité, mais c'était pour mieux regretter qu'il fût décidemment trop « original » voire déviant et pas assez consensuel. Certains pensaient même qu'il n'acceptait de se mettre en avant que pour le plaisir de se montrer différent, par défi en somme... Peu de temps après d'ailleurs, toujours en 1906, Bernard s'affirma comme un des promoteurs les plus déterminés d'un projet de création d'une sorte de « syndicat » d'universitaires, une hérésie aux yeux de la hiérarchie universitaire et administrative[526]... Bref, Bernard s'isolait et, ce faisant, il montrait qu'il n'était pas décidé à devenir un « bon scientifique » ; en tous cas pas au sens où Bruno Latour l'entend. Sans doute avait-il le tort d'accorder une trop grande confiance à la seule force de ses découvertes :

> « Le seul terrain où soit maître un homme de laboratoire est celui, dit Latour, des expériences, des livres de protocoles, des flacons et des animaux modèles. C'est le seul endroit où il puisse convaincre l'adversaire, à force de preuves qu'il ne pourra plus discuter, et qui deviendront, comme on dit sans y penser, "indiscutables".[527] »

Les qualités du chercheur énoncées par Jean Rostand rapportées au cas de Noël Bernard

Le travail des hommes de science du temps de Bernard était structuré par la contrainte d'isolement qui régnait le plus souvent – avec des exceptions comme c'était le cas à l'Institut Pasteur.

Dans ce cadre, comme le soulignait Louis de Broglie, « les réflexions et les observations individuelles poursuivies souvent dans le calme et la solitude » étaient la norme[528]. De Broglie ajoutait cette anecdote, peut-être apocryphe, sur Newton qui, quand on lui demandait comment il avait réalisé ses découvertes, répondait : « C'est en y pensant toujours. »

Lorsque Jean Rostand, vers la même époque, analysait le processus de la recherche scientifique, il adoptait le registre du lyrisme et se situait en réalité quelque part aux antipodes de la sociologie latourienne :

> « Une des grandes qualités du chercheur – non suffisante certes –, c'est bien cette disposition passionnée de l'âme. Il n'est pas un homme qui

---

[526] Voir plus loin.

[527] Bruno Latour, *Les microbes guerre et pai...*, ouv. cité, p. 69.

[528] Louis de Broglie, « Le travail des hommes de science », discours à l'assemblée générale de la Société de secours des amis des sciences, 11 juin 1958, dans *Sur les sentiers de la science*, ouv. cité, p. 407.

accomplit honnêtement, correctement une tâche, mais un homme qui poursuit fiévreusement un rêve, un homme dont la besogne, souvent ingrate et décevante, est transfigurée par l'espoir, un homme pour qui trouver est un besoin vital, un homme capable de ressentir jusqu'à l'intolérable la souffrance de ne pas trouver, un homme qui pense – comme le dit Ignacio Chávez (1897-1979 - célèbre cardiologue mexicain, alors recteur de l'UNAM - Université de Mexico, ndlr) – que "conquérir une nouvelle vérité, c'est comme s'emparer d'une étoile".[529] »

En se fondant sur des exemples historiques autant que sur son expérience de scientifique, Rostand distinguait (lui aussi) cinq démarches de recherche que le chercheur pouvait mettre en œuvre, isolément ou de manière cumulative, et que son aptitude à les maîtriser conduisaient à le caractériser comme un « bon chercheur » : il citait d'abord l'exploration méthodique et sans idée préconçue d'un « terrain » particulier, éventuellement en réagissant à la demande d'un tiers, un professeur par exemple ; puis il évoquait la mise en œuvre d'une idée personnelle allant jusqu'à l'intuition « géniale » ; ensuite venait l'exploration d'un phénomène inattendu, fortuit et complètement nouveau, éventuellement déjà connu mais mal interprété ou bien déjà connu dans des variantes différentes ; puis Rostand citait l'opportunité, née d'un hasard, une erreur, une maladresse ou un accident, favorisant le chercheur en mettant sous ses yeux un fait auquel il ne songeait pas et qui lui ouvre une piste nouvelle ; enfin, peut-être plus courant voire banal, l'exploration d'une idée déjà là, connue du milieu de la recherche, mais dont on poursuit le développement avec efficacité, selon un « programme » volontaire, en réunissant et en maîtrisant son matériel d'étude et surtout en recourant à des procédés techniques complexes ou innovants, avec la volonté de surmonter les difficultés qui auront pu en décourager beaucoup d'autres.

Certains pourront dénier à cette typologie schématique tout caractère authentique en y voyant un discours de reconstitution a posteriori de situations qui n'existent pas dans la vraie « vie de laboratoire » à laquelle se réfère Latour, voire de la mauvaise foi à l'œuvre… Mais, si on suivait ce parti pris, il faudrait renoncer à une grande partie des faits qui ont été rapportés jusque-là à propos des recherches de Noël Bernard, soit qu'il les avait formulés lui-même dans les mêmes termes, soit qu'ils aient été déduits finalement de l'analyse de ses travaux, et dont il est incontestable qu'ils furent d'abord exposés par leur auteur et reçus par la communauté scientifique, puis repris, discutés, admis et absorbés dans le fond commun de la connaissance en botanique et en biologie : Noël Bernard s'est d'abord intéressé aux orchidées

---

[529] Jean Rostand, « De la recherche en biologie », chap. 7 dans *Aux frontières du surhumain*, Paris, Union générale d'éditions, coll. 10/18, 1962, repris dans *Confidences d'un biologiste*, ouv. cité, p. 192.

en raison de l'influence exercée sur lui, au cours de ses années normaliennes, par son maître, Julien Costantin, c'est le premier cas envisagé par Rostand ; mais c'est bien l'événement fortuit du 2 mai 1899, en forêt de Fontainebleau, qui détermina absolument la vie du jeune agrégé de Sciences naturelles : aussitôt, Bernard parla à ses proches de sa découverte comme d'une illumination et en quelques heures ou quelques jours, ayant sans doute replacé ce fait au sein de l'ensemble des connaissances, souvent confuses et troubles, déjà acquises, réorganisant celles-ci en fonction des questions que posait la découverte de ces plantules inouïes de Néottie, il émit une foule d'hypothèses dont certaines relevaient de l'impensable, il brassa dans le plus grand désordre le monde des orchidées, les univers végétaux, le vivant tout entier et se vit sur le seuil d'une révolution copernicienne en matière de biologie et il conçut clairement que son travail de thèse, à peine ébauché, avait trouvé son objectif, son plan, sa raison d'être ; on est là dans le cumul des deuxième et troisième cas de Rostand. Foin de toute prudence, Bernard rédigea aussitôt une « communication » pour l'Académie des sciences dans laquelle il osait des hypothèses au lieu de se contenter d'exposer des résultats.

D'un phénomène connu mais considéré jusque-là comme une curiosité et une exception – la symbiose – Bernard allait faire le centre d'une conception nouvelle de la botanique.

Le chemin fut long et Bernard n'eut pas à chaque instant une nouvelle découverte comparable à celle de la symbiose des Néotties pour lui redonner une impulsion, par contre il connut les erreurs, les échecs, les hypothèses non vérifiées – quatrième cas selon Rostand – et c'est en s'appuyant sur tous ces impondérables de la vie banale de l'homme de laboratoire qu'il trouva les moyens d'avancer dans les obscurités de son sujet, d'élargir sa manière d'appréhender l'obstacle, d'inscrire son parcours au sein des itinéraires en cours de défrichement de ses collègues botanistes, naturalistes, biologistes.

Enfin, où on retrouve le cinquième cas proposé par Rostand, du premier jour au dernier, Bernard déploya des trésors d'ingéniosité, de talent d'observateur, de capacité technique et pratique, il mobilisa une force de travail faite de patience et d'obstination, sacrifiant tout à sa recherche, il porta l'expérimentation au niveau d'un art que ses élèves admiraient, que ses collègues jalousaient, que les horticulteurs mettaient à profit pour développer leurs entreprises et que le grand public enfin, grâce aux publications dans la grande presse, pouvait toucher du doigt et même espérer transposer dans les efforts de jardinage domestique qui en mobilisait un partie. Bernard offrait un cas d'école pour les efforts de rationalisation proposés par Rostand, en cumulant « l'exploration méthodique le soin, la discipline, l'assiduité, la persévérance, la correction expérimentale, le bon sens et la saine logique », tout ce qui fait « le métier » du chercheur, et l'exploitation de « l'idée personnelle, l'invention proprement dite, l'imagination créatrice, l'éclair intuitif », tout ce qui n'advient que par exception et pour quelques rares individus mais dont Louis Pasteur, rappelons-le, soutenait que ce n'était jamais par hasard – « Souvenez-vous que dans les champs de l'observation le hasard ne favorise que les esprits préparés.[530] » – et dont Claude Bernard tentait de comprendre pourquoi et comment cela survient :

> « Il est des faits qui ne disent rien à l'esprit du plus grand nombre, tandis qu'ils sont lumineux pour d'autres. Il arrive même qu'un fait ou une observation reste très longtemps devant les yeux d'un savant sans lui rien inspirer; puis tout à coup vient un trait de lumière, et l'esprit interprète le même fait tout autrement qu'auparavant et lui trouve des rapports tout nouveaux. L'idée neuve apparaît alors avec la rapidité de l'éclair comme une sorte de révélation subite ; ce qui prouve bien que, dans ce cas, la découverte réside dans un sentiment des choses qui est non seulement personnel, mais qui est même relatif à l'état actuel dans lequel se trouve l'esprit.[531] »

Nouvelles réflexions sur la symbiose et sur la culture « asymbiotique » des orchidées

Dans sa notice de *Titres et Travaux*, publiée à la fin de 1907, Bernard avait fait le point de l'avancée de ses travaux, et il fit de même, au printemps 1908, à Gand. Il était désormais acquis que les orchidées se développaient en fonction de phénomènes physico-chimiques affectant la sève coulant dans leurs tissus et que ceux-ci dépendaient de l'action des champignons endophytes capables d'agir sur la composition de cette sève, mais aussi ceux-ci pouvaient aussi dépendre de la concentration en substances nutritives apportée par des solutions susceptibles de remplacer l'action des champignons[532]. Dans la suite de ses travaux, il montra qu'il était possible de faire germer en l'absence du champignon, en les semant dans un milieu très fortement nourrissant, des graines d'orchidées d'espèces soumises naturellement à la symbiose.:

> « J'ai parfaitement réussi à faire germer des orchidées, semées purement, par la seule action de solutions de substances organiques plus concentrées que celles dont je me suis servi communément pour les cultures. (…) Dans les conditions de mes expériences, faites avec des techniques de culture pasteuriennes, il est devenu en somme plus sûr et plus facile de faire germer certaines orchidées par l'action de solutions concentrées que d'avoir recours à l'action des rhizoctones dont il est souvent difficile de se procurer des races suffisamment actives.[533] »

---

[530] Louis Pasteur, « Discours du 7 décembre 1854 », *déjà cité*.

[531] Claude Bernard, *Introduction à l'étude de la médecine expérimentale*, Paris, Delagrave, 1898, p. 60. Citation en partie reprise par Rostand, *ouv. cité,* p. 184.

[532] N. Bernard, *Titres et Travaux*, déjà cité, p. 14.

[533] N. Bernard, « L'Évolution dans la symbiose », *ouv. cité*, p. 12-13 ; id., *L'Évolution de plantes*, ouvr. cité, p. 286-287.

En rendant compte de ces résultats expérimentaux, Bernard ouvrait donc la voie à la culture asymbiotique des orchidées, la promesse d'un futur paradis des horticulteurs[534]. Dans la même période, il s'interrogea longuement sur les raisons de l'existence de cette symbiose, dans la nature, entre la plante et le champignon, et sur les circonstances dans lesquelles, dans le passé, ce type de vie végétale avait pu s'établir. Il lui semblait que la réponse à cette question était désormais essentielle.

[534] Tiiu Kull et Joseph Arditti, *Orchid Biology VIII: Review and Perspectives*, Dordrecht, Springer Science &Business Media, 2002, pages 458-464.

Seconde partie

Du normalien dreyfusard et socialiste

à l'intellectuel engagé

pour la promotion de la recherche et pour les intérêts collectifs des universitaires

Chapitre neuf

Noël Bernard, admirateur d'Émile Zola

« L'affaire Dreyfus a fait notre éducation », disait Noël Bernard[535].

Celui-ci a, en effet, appartenu à la génération normalienne qui s'est engagée massivement, toutes promotions confondues, souvent avec ses professeurs, en faveur de Dreyfus et dont on a qualifié les protagonistes d'« intellectuels ». On trouve son nom dans la liste des « protestataires », publiée dans *L'Aurore* du 16 janvier 1898 : « Bernard, licencié ès Sciences[536] » – il était alors élève de quatrième année –, trois jours après la parution du « J'accuse » d'Émile Zola. Dans la liste des signatures collectées au siège de la Ligue des Droits de l'Homme en faveur du colonel Picquart, publiée le 7 décembre suivant, toujours dans *L'Aurore*, on trouve « N. Bernard » sans autre précision[537].

À la mort de Zola, Noël Bernard écrivit, dans une lettre à son oncle, que « dans le milieu intellectuel où je me suis formé, nous l avons toujours considéré comme l'un de nos plus grands éducateurs[538] ». On retrouve dans cette courte formule reconnaissante un écho de l'espoir formulé par Lucien Herr dans la *Revue Blanche*, de voir l'écrivain recevoir « un laurier civique décerné par la jeunesse pensante[539] ». Pour aller plus loin, faute d'autre témoignage livré par Bernard lui-même, on peut peut-être citer à nouveau – comme précédemment pour évoquer l'influence de Lucien Herr dans le milieu normalien – le récit de Léon Blum dans lequel il dit son admiration envers le Zola de l'Affaire :

---

535 Propos rapporté par Julien Costantin, dans sa préface à l'ouvrage posthume de N. Bernard, *L'Évolution des plantes*, ouv. cité, p. XIV. Ce propos semble une reprise de la phrase écrite par Noël Bernard, dans sa lettre à son oncle Joseph, du 22 octobre 1902, déjà citée.

536 « Une protestation », *L'Aurore*, 14 janvier – 4 février 1898.

537 « Protestation (...) Protestations reçues au siège de la Ligue des Droits de l'Homme », *L'Aurore*, 7 décembre 1898, p. 4.

538 Lettre de N.B. à Joseph Bernard, 22 octobre 1902, déjà citée.

539 Lucien Herr, « Protestation », *Revue Blanche*, t. XV, 1er février 1898, p. 167.

« A-t-on bien senti, a-t-on assez dit que l'acte de Zola fut celui d'un héros ? Il faut considérer que Zola n'était plus jeune, qu'il était parvenu à l'extrémité d'une carrière violente, faite de risques, d'entreprises et de défis. Avec un parti pris de révolte froide et méthodique, il avait bravé toutes les formes de la convention (...). Chacune de ses œuvres de romancier, chacune de ses campagnes de critique avait été une bataille. (...) Il s'était installé dans la victoire, il en jouissait, non sans un peu de satisfaction bourgeoise qui lui était venue avec le repos, "après fortune faite". Et voilà qu'il aventurait d'un coup la récompense de quarante années de travail, qu'il se jetait à corps perdu dans la bataille, plus âpre, plus dangereuse que toutes les autres (...) par un besoin de révolte encore inépuisé, par une sorte d'intolérance physique du mensonge et de l'injustice. (...) Le *J'accuse...* bouleversa Paris en une journée. "L'espoir changea de camp, le combat changea d'âme..." Le dreyfusisme était "regonflé". Nous sentîmes (...) remonter en nous la confiance, tandis que les adversaires accusaient le coup reçu par leur fureur. Fureur bienheureuse qui aboutit aux poursuites et au procès ! (...) Avant même que la cause fût appelée, Zola avait réussi son coup héroïque.[540] »

Noël Bernard engagé pour Dreyfus dès la « première l'heure »

Avant « J'accuse » et « la protestation » des intellectuels de janvier 1898, Bernard avait signé, dès novembre 1897, au bas de la lettre collective adressée au professeur Gabriel Monod (1844-1912, ENS 1862) par la plupart des élèves des promotions 1895, 1896 et 1897 de l'École. À l'exception de Charles Péguy qui n'était pourtant plus à l'École et donc de Noël Bernard qui avait terminé ses trois années mais, comme naturaliste, restait à l'ENS, on n'y trouvait pas les noms des autres ex-élèves de la promotion de l'année 1894, Langevin, Lebesgue et autres futurs signataires de la « protestation », a fortiori ceux des archicubes comme Perrin, Borel, Cotton, Mouton et de nombreux normaliens scientifiques de cette génération ; cette lettre collective avait été rédigée pour apporter au professeur d'Histoire médiévale et moderne à l'École, Gabriel Monod, le soutien des normaliens « indignés » par les attaques injurieuses que lui avaient valu sa lettre publiée dans *Le Temps*, dans laquelle il expliquait comment il était arrivé à se convaincre de l'innocence de Dreyfus et pourquoi il réclamait une révision de son procès[541]. La signature de Bernard figurait parmi les premières, sur près d'une centaine, au côté de celle de Charles Pérez

[540] Léon Blum, *Souvenirs sur l'Affaire,* ouv. cité, p. 119-122.

[541] Lettre de Gabriel Monod, adressée au *Temps*, le 5 novembre 1897 (*Le Temps*, 6 novembre 1897). Lettre collective des élèves de l'ENS adressée à Gabriel Monod, le 10 novembre 1897, Archives et manuscrits conservés à la Bibliothèque Ulm-Lettres et Sciences humaines, cote Ms 244 (*Le Temps*, 17 novembre 1897).

qui, étant de la promotion de 1895 et naturaliste comme lui, avait peut-être informé Bernard de l'initiative.

Costantin, dans sa courte biographie de son élève, lui qui n'avait pas été signataire de la « protestation », parlait de Noël Bernard en ces termes :

> « Intellectuel, il l'était au plus haut point et prit une part ardente et même active aux événements politiques qui agitaient, à cette époque, notre pays. Une affaire retentissante divisait alors la France ; la conviction de Bernard, comme celle de tous ses camarades, fut fixée de très bonne heure. "L'affaire Dreyfus, disait-il, a fait notre éducation."[542] »

Intellectuel ?

Costantin utilisait ce néologisme récent d'« intellectuel » dans le sens de l'« intellectuel critique » qu'ont consacré les batailles de l'Affaire Dreyfus, que ce fût comme qualificatif dépréciatif quand Maurice Barrès dénonçait ces « aristocrates de la pensée » qu'il ne voyait que comme « un déchet fatal dans l'effort tenté par la société pour créer une élite[543] » tandis que Fernand Brunetière les accusait d'« individualisme », de « contentement d'eux-mêmes » et condamnait « la plus inacceptable des formes d'aristocratie[544] », que ce fût en s'en réclamant comme Clemenceau s'enthousiasmant pour « ces intellectuels qui se groupent sur une idée et s'y tiennent inébranlables[545] » ou encore Lucien Herr proclamant à la face de Barrès « Je suis l'un quelconque de ces "intellectuels" dont la protestation vous a si fort diverti, (certain) d'exprimer assez fidèlement, j'en suis sûr, la pensée de quelques jeunes hommes et de quelques jeunes gens dont l'action, un jour où l'autre, déterminera jusqu'à un certain point la vie intellectuelle et la vie sentimentale de notre pays[546] ». Et puis, il y avait eu la profession de foi exprimée par Émile Duclaux au plus fort de la bataille pour Dreyfus : « Je ne sais quel choix fera mon pays. Mais le mien est tout fait : je reste "intellectuel".[547] »

Quant à Noël Bernard, il ne s'est jamais réclamé de ce qualificatif. On a vu cependant qu'il se considérait partie prenante de ce « milieu intellectuel[548] » au sein duquel il avait fait sa formation[549]. Il a utilisé quelques fois ce

---

[542] J. Costantin, préface déjà citée, p. XIV.

[543] Maurice Barrès, « La protestation des intellectuels ! », *Le Journal*, 1er février 1898.

[544] Fernand Brunetière, « Après le procès », *Revue des Deux Mondes*, t. 146, 1er mars 1898, p. 429-446.

[545] Georges Clémenceau, « À la dérive », *L'Aurore*, 23 janvier 1898.

[546] Lucien Herr, « Lettre à M. Maurice Barrès », *Revue blanche*, t. XV, 15 février 1898, p. 241-245.

[547] Émile Duclaux, « Les vices de l'enseignement public », *Revue du Palais*, n° 5, 1er mai 1898, et *Avant le procès (L'Affaire Dreyfus)*, Paris, Stock, 1898, p. 35.

[548] Lettre de N.B. à Joseph Magrou, le 22 octobre 1902, CM, n° 22.

[549] Il écrivait, parlant de Zola : «Dans le milieu intellectuel où je me suis formé, nous l'avons toujours considéré comme l'un de nos plus grands éducateurs. » (Lettre de N.B., à Joseph Bernard, 22 octobre 1902, déjà citée.)

substantif, pour ainsi dire dans un sens purement sociologique et avec une connotation dépréciative pour ne pas dire « prophylactique », par exemple lorsqu'il expliquait par le manque d'exercice physique « le triste état de santé des intellectuels (…), ceux dont le travail principal est la méditation », ou lorsqu'il conseillait à son cousin de se méfier de « la neurasthénie (qui) guette les intellectuels sédentaires[550] ». Le terme venait encore sous sa plume dans un autre contexte, lorsqu'il constatait que madame Maurain s'intéressait peu à ce que faisait son mari et semblait s'épanouir au contraire « dans la frivolité de n'importe quelle conversation mondaine : « Vraiment, elle a diminué en moi la confiance initiale que j'avais pour les "intellectuelles" », écrivait Bernard (les guillemets sont de lui) dans une lettre à sa fiancée[551]. Dans ce cas, on comprenait bien qu'il opposait aux « intellectuelles », en tant que personnes ayant des diplômes sans doute, « des idées » certainement, et surtout intéressées par le travail intellectuel, l'inconséquente madame Maurain, pourtant brillante professeure agrégée de Mathématiques, ou la « virevoltante madame Borel », pas encore lancée dans la carrière littéraire. Bernard récidiva (sans guillemets) , une dizaine de jours plus tard, madame Maurain restant sa cible :

> « J'ai des torts envers elle. Sa tendance à la dissémination m'a souvent un peu effrayé. Elle effrayait aussi ma mère qui a craint de voir là un caractère commun à toutes les intellectuelles.[552] »

Parmi les très rares occurrences du terme « intellectuel » sous la plume de Bernard, il en est une autre, assez significative,. Après avoir constaté qu'« il y a en province des braves gens simples, de cœur noble et d'esprit droit et même des gens heureux ! », il enchainait sur un autre constat, toujours dépréciatif pour les intellectuels :

> « Le bonheur ne me paraît pas du tout avoir spécialement élu domicile dans les milieux agités d'intellectuels parisiens. Le tout est d'en chercher la réalité simple plus que l'apparence grandiose ; je suis bien sûr que Maeterlinck et d'autres ont dit là-dessus d'excellentes choses que je ne me rappelle point.[553] »

Dans cette réflexion sur le bonheur, Bernard semblait faire un sort définitif à la vie intellectuelle parisienne telle qu'il l'avait connue et quittée, et s'en remettre définitivement à la perspective de jouir en province d'« une vie calme et heureuse » ; on retrouvait là un nouvel écho de ce « refus de parvenir », déjà évoqué et qui se retrouvera encore. Il était appuyé, cette fois, sur un souvenir

---

[550] Lettres de N.B. à Joseph et Jean Magrou, les 30 janvier 1902 et 8 novembre 1903, CM, n° 18 et 25.
[551] Lettre de N.B. à M.L. Martin, le 9 juin 1907, n° 7.
[552] Id., le 20 juin 1907, n° 14.
[553] Lettre de N.B. à M.L. Martin, le 30 juin 1907, lettre n° 20.

de lecture du poète et dramaturge belge, Maurice Maeterlinck, connu pour avoir décidé, en 1898, de rompre, au moins en partie, avec la vie parisienne – on sait qu'il parlait dans sa correspondance de ses « dégoûts de Paris[554] » – pour s'installer avec la cantatrice Georgette Leblanc, dans un petit village du pays de Caux puis à l'abbaye de Saint-Wandrille. Mais surtout, Maeterlinck avait publié diverses œuvres dans lesquelles il évoquait la recherche du bonheur et même « la science du bonheur », et aussi l'importance du silence pour la production intellectuelle, par exemple avec ces quelques phrases auxquelles songeait peut-être Bernard lorsqu'il cisela sa formule sur « la recherche de la réalité simple (du bonheur) plus que (son) apparence grandiose ») :

> « Le silence est l'élément dans lequel se forment les grandes choses pour qu'enfin elles puissent émerger, parfaites et majestueuses à la lumière de la vie qu'elles vont dominer. (...) Tous les hommes considérables que j'ai connus s'abstiennent de bavarder. (...) La parole est trop souvent non l'art (...) de cacher la pensée, mais l'art d'étouffer et de suspendre la pensée [555]. »

Bref, dans aucune occurrence du terme « intellectuel » contenue dans la correspondance de Noël Bernard il n'y avait de référence explicite à l'intellectuel dreyfusard, « engagé » , dont Costantin disait qu'il en était un exemple typique. Mais va pour « intellectuel » au sens dreyfusard du terme, au sens de « l'intellectuel critique » que les historiens ont consacré ! Si Bernard ne l'a pas utilisé, il en a adopté certains comportements. Charles Pérez soulignait que son condisciple et collègue « vivait d'enthousiasme désintéressé, réfléchi et tenace, pour toutes les justes causes et les belles idées[556] ». Si l'on sait que Bernard était un lecteur d'Anatole France, de Maurice Maeterlinck et de Zola, Costantin précisait que le dernier avait tout particulièrement inspiré Bernard. Celui-ci l'expliqua très bien, dans cette lettre adressée à son oncle déjà évoquée, un mois après la mort de l'écrivain, lettre dont l'intérêt est capital pour mieux cerner les années d'apprentissage du jeune normalien :

> « Zola, dont j'ai naturellement déploré comme vous la mort stupide, a laissé le grand exemple entre autres qu'il faudrait suivre, d'une vie consacrée sans interruption à un travail méthodiquement réglé ; là, et dans

---

[554] Lettre de Maurice Maeterlinck à Georgette Leblanc, le 13 décembre 1896, citée dans Fabrice van de Kerckhove, « Maeterlinck et Robert Scheffer : à propos d'un compte rendu du *Chemin nuptial* (1895) », *@nalyses*, vol. 7, n° 3, automne 2012, pages 111-175, note page 122.

[555] Maurice Maeterlinck, *Le Trésor des humbles*, « Le silence », Paris, Mercure de France, 1896, 309 pages, pages 7-8. De plus, en 1907, Maeterlinck venait de publier *L'intelligence des fleurs* (Paris, Flasquelle, 1907, 313 pages.), un ouvrage ambitieux dans lequel, faisant une large place au monde des orchidées, il se faisait « scientifique », tout en émettant des « idées générales » sur le monde végétal qui avaient sans doute intéressé Noël Bernard.

[556] C. Pérez, déjà cité.

la franchise de son intelligence, fut sa force ; aucun homme n'a compris plus puissamment sans doute les caractères, les laideurs ou la beauté du temps où nous vivons. Dans le milieu intellectuel où je me suis formé, nous l'avons toujours considéré comme l'un de nos plus grands éducateurs ; autrefois même, avec Perrin et quelques autres, nous le lui avions écrit, navrés de lui voir prendre pour l'expression d'un sentiment général la critique vénéneuse d'un normalien arrivé dans les journaux bien-pensants, et plus tard nous avons avec joie retrouvé dans *Paris* des passages qui témoignent de ce qu'il avait été sensible à notre lettre.[557] »

Et de fait, Zola a introduit dans cette œuvre qu'évoque Bernard, le roman *Paris*, appartenant au triptyque *Les Trois villes*, de longs développements faisant référence avec précision au milieu des scientifiques normaliens, dont celui-ci et Perrin l'avaient sans doute entretenu dans leur lettre ou leurs lettres[558]. *Paris* ayant commencé de paraître en feuilleton à la fin de 1897, soit avant le début de « la protestation des intellectuels » dans *L'Aurore*, cela signifierait que les échanges de Bernard et Perrin avec Zola furent largement antérieurs aux développements de l'Affaire Dreyfus puisque Zola a pris en compte les remarques des normaliens dans certains passages, voire dans la trame elle-même du roman ; c'est d'ailleurs ce qu'exprimait Bernard.

Déjà la lecture du *Docteur Pascal*... paru en 1893

Les normaliens n'avaient donc pas attendu la parution de *Paris* pour ressentir une vive admiration pour l'écrivain ; il y avait eu auparavant la lecture qu'ils avaient faite du précédent roman de Zola, *Le Docteur Pascal*, paru en 1893, soit un an avant l'entrée de la promotion de 1894 à l'ENS. Dans cette œuvre, le romancier s'attaquait encore une fois aux problèmes de l'hérédité qui sont au cœur de son œuvre, mais il avait l'aussi conçu comme un acte de foi dans la valeur de la science et de la méthode scientifique assise sur l'obstination, l'humilité, la rigueur. Puis il y avait eu ses « lettres à la jeunesse » qui, bien qu'adressées avant tout aux jeunes littéraires, avaient eu un large écho parmi les scientifiques. Et cette admiration avait rebondi ensuite devant le courageux engagement du romancier dans l'Affaire Dreyfus. Ce sont tous ces moments de la vie d'« éducateur » de Zola qu'évoquait, sans entrer dans les détails, Noël Bernard dans le courrier cité.

---

[557] Lettre de N.B. à Joseph Bernard, 22 octobre 1902, déjà citée.

[558] Les lettres envoyées par Zola sont publiées dans la *Correspondance* d'Émile Zola, Montréal, PU Montréal, et Paris, CNRS, 9 volumes parus, 1978. Aucune trace d'échange avec Perrin et ses camarades n'y figure. Ce qui n'est pas extraordinaire ; on sait que la correspondance Péguy-Zola n'a pas été, non plus, retrouvée. (Béatrice Laville, « Le regard de Charles Péguy », *Modernités,* n° 20, 2004, « Champ littéraire fin de siècle autour de Zola » sous la direction de Béatrice Laville, p. 195-205.)

Les jeunes lecteurs du *Docteur Pascal* – un titre qui pouvait évoquer directement, comme une sorte de contrepèterie, le nom de Pasteur – du moins ceux qui avaient pu passer par-dessus l'histoire passionnelle invraisemblable et mal ficelée entre le docteur Pascal et la jeune nièce qu'il avait élevée qui en formait la trame, n'avaient pu que se reconnaître, sinon dans la figure par trop baroque du médecin mâtiné de chercheur imaginée par Zola qu'on savait directement inspirée de la vie de Claude Bernard[559], du moins dans le *credo* scientifique, inspiré de celui-ci mais aussi de Renan, que le romancier lui faisait formuler dès les premières pages du roman :

> « Je crois que tout est illusion et vanité, en-dehors du trésor des vérités lentement acquises et qui ne se perdront jamais plus. Je crois que la somme de ces vérités, augmentée toujours, finira par donner à l'homme un pouvoir incalculable et la sérénité, sinon le bonheur.[560] »

Rappelons ce que disait Paul Langevin, lui aussi de la promotion de 1894 de l'ENS, des rapports qui existaient entre leur génération normalienne et l'œuvre de Zola :

> « Nous retrouvions (dans l'œuvre de Zola), embelli par la puissance d'expression et d'évocation du grand écrivain, ce par quoi nous séduisait la science : le respect du fait observé, la parfaire conscience et l'objectivité du témoignage ; puis le souci d'atteindre, par-delà le fait, la loi générale et l'idée directrice, de retrouver dans l'histoire naturelle d'une famille et dans l'analyse des types humains qui la composent, un cas particulier du grand problème de l'hérédité qui domine toute la biologie.[561] »

---

[559] « Mon Docteur Pascal sera, à peine déguisée, très transparente, une monographie de l'illustre savant Claude Bernard. » (Lettre d'Émile Zola à Edmond de Goncourt reprise dans le *Journal* d'E. de Goncourt, le 12 mars 1890, citée dans Émile Zola, *Les Rougon-Macquart*, t. V, Paris, Gallimard, La Pléiade, 1978, p. 1569). Pierre Mauriac, *Claude Bernard*, Paris, Grasset, 1941. Philippe Jaussaud, « Claude Bernard », dans P. Jaussaud et É.R. Brygoo, *Du jardin au Muséum*, ouv. cité, p. 69-71. Jean-Louis Cabanes, « Zola et le modèle bernardien », *Romantisme*, 1993, n°82, p.. 83-89. Michel Serres, *Feux et signaux de brume – Zola*, Paris, Grasset, 1975.

[560] Selon Jacques Noiray, ces phrases étaient « un recopiage pur et simple » d'un article d'E.M. de Voguë, « Après M. Renan », *Revue des Deux Mondes*, 15 novembre 1892. (Jacques Noiray, « Figures du savant », *Romantisme*, 1998-2, n° 100, « Le Grand Homme », p. 143-158.) Si des témoignages font défaut pour alimenter l'idée que les normaliens de la promotion de 1894 furent passionnés par la lecture du *Docteur Pascal*, on peut par contre relever que le biologiste nancéen Lucien Cuénot (1866-1951) aurait été attiré vers les problèmes de l'hérédité, selon l'avis de Jean Rostand repris par Denis Buican, à la suite de sa lecture du roman de Zola et il fut même captivé au point d'écrire, lui aussi, à Zola pour lui dire son admiration. Tandis qu'il n'existe pas de trace de réponse de Zola à la lettre que Perrin et ses amis, attestée par le témoignage de Bernard, lui ont adressée, le texte de la réponse de Zola à Cuénot est connu. (Jean Rostand, « Zola, homme de vérité », discours à Médan, 2 octobre 1949, dans *Confidences d'un biologiste*, ouv. cité, p. 130.)

[561] Paul Langevin, discours du 2 octobre 1932 à Médan, pour le 30ème anniversaire de la mort de Zola, au pèlerinage annuel des Amis de Zola, *Bull. de la Société littéraire des « Amis d'Émile Zola »*, 1933, n° 17, p. 1-8.

Une première thématique, sans doute pas la principale mais qui était omniprésente du début à la fin du *Docteur Pascal*, avait pu provoquer la jubilation de Bernard, tandis qu'il suivait pas à pas les étapes de « la guerre sans merci » qui se livrait entre le médecin inventé par Zola, multipliant les proclamations de foi rationaliste et positiviste, et les trois femmes qu'il considérait comme sa seule famille, sa mère, sa gouvernante et sa nièce, qu'il jugeait toutes trois, en raison de ce qu'il considérait comme d'absurdes croyances religieuses, esclaves de « l'éternel besoin de mensonge (et) d'illusion qui travaille l'humanité et la ramène en arrière » ; la première déclarant que « la science (allait) contre tout ce qu'il y a de sacré », la dernière proclamant qu'« avec sa science (...) il ne p(ouvai)t tout savoir » et que, pour sa part, devant ce qu'elle considérait être la « faillite » de la science, elle ne pouvait pas « mettre le mystère à part » : « le mystère me réclame et m'inquiète », lançait-elle à son oncle[562].

Après la thématique du rationalisme, de l'athéisme et du démontage des superstitions crédules que Zola s'attachait à développer dans *Le Docteur Pascal,* l'autre thème qui ne pouvait que retenir l'attention de Bernard comme celle de ses camarades, était – comme Langevin le rappelait dans son discours de Médan déjà évoqué – celui de l'hérédité, thématique elle aussi centrale puisqu'il s'agissait pour Zola de boucler, en s'appuyant sur la conception qu'il avait de celle-ci, sa fresque des *Rougon-Macquart*, et de justifier, grâce à sa thèse de la « tare originelle », l'éventail des personnages sur lequel il avait bâti ses romans. Zola, manifestement informé des travaux récents des biologistes dans le domaine de l'hérédité, faisait du docteur Pascal un spécialiste de celle-ci et il mettait dans sa bouche des propos, certes souvent confus et fort discutables, mais où on pouvait retrouver certaines des pistes que tentaient d'explorer les chercheurs de son temps :

> « À mesure que les faits s'accumulaient (...) il avait tenté une théorie générale de l'hérédité (...). Il était donc allé des gemmules de Darwin, de sa pangenèse à la périgenèse de Haeckel, en passant par les stirpes de Galton. Puis il avait eu l'intuition de la théorie que Weissmann devait faire triompher plus tard, il s'était arrêté à l'idée d'une substance extrêmement fine et complexe, le plasma germinatif, dont une partie reste toujours en réserve dans chaque nouvel être, pour qu'elle soit ainsi transmise, invariable, immuable, de génération en génération[563]. »

On trouvait même une page dans laquelle Zola prêtait à son personnage une démarche « aussi scientifique que possible » dans sa tentative de bâtir un arbre généalogique des Rougon-Macquart, en attribuant à chaque membre de la famille une hérédité faite pour moitié d'apports venant – via les chromosomes – de son géniteur et pour l'autre moitié de ceux de sa génitrice.

---

562 É. Zola, *Le Docteur Pascal*, ouv. cité, p. 70-71, 143 et 98.
563 *Id.*, p. 87-89.

Cela ne l'empêchait pas de lui faire dire, dans le même mouvement, qu'il « ne cro(yait) guère à l'atavisme »[564]. Au total, Zola montrait un docteur Pascal attaché, comme lui-même sans doute, à une classification complexe de types d'hérédité incluant les caractères de personnalité des individus et déterminant fortement leur trajectoire sociale. Jean Rostand aimait à souligner que Zola, dont la théorie de l'hérédité à laquelle il adhérait a été battue en brèche par les découvertes de la génétique, avait raison d'imaginer un déterminisme héréditaire des traits psychologiques et d'y voir certaines des bases sur lesquelles s'édifie une personnalité[565]. C'est là un des points communs que Zola et Rostand avaient avec Noël Bernard.

Cette question n'était pas anodine dans le contexte intellectuel de ce début de XXème siècle, compte tenu de l'état des connaissances sur les mécanismes de l'hérédité. En témoigne ce qu'écrivait le docteur Noël Bernard, cousin germain du botaniste Noël Bernard, dans un long texte, écrit en août 1948, précisément en parlant de son cousin, de longue date disparu :

> « La complexité des processus qui régissent la transmission des caractères héréditaires, malgré les acquisitions importantes de cette branche de la science, n'a pas encore permis d'expliquer comment apparaît brusquement dans une famille, un être qui exalte les qualités les plus rapides et les plus brillantes de son ascendance et, par cette miraculeuse sélection, apparaît comme un type exceptionnel d'humanité supérieure.[566] »

Manifestement, le docteur Noël Bernard partageait, en 1948, avec le Zola de la fin du XIXème siècle, l'idée qu'il pût y avoir un mécanisme encore inconnu d'hérédité des qualités intellectuelles. Il montrait qu'il adhérait ainsi à une sorte de théorie des dons qui allait d'ailleurs continuer d'avoir une forte influence dans les décennies suivantes. Il allait même jusqu'à imaginer que ce qu'il ne se permettait pas de qualifier de « génie » et qu'on avait vu à l'œuvre chez son cousin exprimait l'ensemble des qualités intellectuelles auparavant dispersées entre tous les membres de leur famille, transmises par leurs deux parents à chacun de leurs descendants. Le botaniste disparu ne disait pas autre chose, quarante années auparavant, lorsqu'il évoquait, dans certaines de ses lettres, des « traits » héréditaires au sein de la famille Bernard :

> « (Mon cousin Noël Bernard) est pour moi le plus loyal et meilleur des amis. Je retrouve en lui avec une émotion très profonde quand je le revois quelques-uns des traits de mon père pour qui j'ai eu la plus grande affection qu'aucun homme (ne) m'ait inspiré. La compréhension des lois précises de l'hérédité est la consolation la plus sûre et la plus haute que j'ai trouvée lorsque j'ai réfléchi à la brièveté de la vie individuelle. Je connais avec

---

564 *Id.*, p. 165.

565 Jean Rostand, « Zola, homme de vérité », déjà cité.

566 Dr N. Bernard, « Quelques souvenirs… », tapuscrit cité, p. 16.

précision les membres de ma famille, je les juge assez exactement, je connais leurs défauts et j'ai ainsi pour plusieurs de mes parents une affection d'autant plus vive qu'elle est plus raisonnée.[567] »

Cette manière de penser les questions d'hérédité était largement diffusée dans le monde scientifique du début du XXème siècle. En témoigne un exemple relevé dans une lettre de Noël Bernard à son épouse, dans laquelle il lui expliquait que son maître, Julien Costantin, avait voulu le réconforter, à un moment où, espérant obtenir un poste de professeur titulaire, il se heurtait à nouveau à des forces hostiles au sein de l'établissement universitaire :

> « Il m'a dit que peut-être je ne serai pas nommé sous le coup d'intrigues obscures, mais qu'il avait confiance dans les caractères héréditaires que véhiculent mes chromosomes, que je surmonterai par force à l'avenir les difficultés matérielles s'il y en a et les oppositions d'intrigues.[568] »

Et Noël Bernard lui-même, dans une de ses dernières lettres dans laquelle il exprimait sa vive admiration pour le génie contrarié de Paul Langevin, écrivait :

> « Chacun ayant son lot plus ou moins mêlé de chromosomes, l'ensemble des siens, pour n'être pas complet n'est pas moins d'une qualité unique.[569] »

Au nom de cette conception de l'hérédité, le docteur Noël Bernard pouvait donc écrire à ses enfants et petits-enfants, après avoir passé en revue les générations dont ils étaient issus du côté paternel, que « pour embrasser d'un coup d'œil les facteurs qui interviennent dans votre hérédité, il faudrait encore envisager les branches de la famille de ma grand-mère, femme de mon grand-père paternel, les ascendants et descendants de la famille de ma grand-mère maternelle et de ma mère, et les diverses branches de la famille de votre propre mère[570] ».

Au-delà de l'appréciation que pouvaient porter les normaliens des dernières années du XIXème siècle, sur la manière dont Zola abordait la question de l'hérédité dans *Le Docteur Pascal*, celui-ci restait avant tout un romancier que les jeunes savants de l'École normale admiraient et duquel ils pouvaient retenir d'abord que, dans son œuvre – comme le souligne Michel Serres –, « la science diffuse sur les chemins propres du mythe. Elle est saisie

---

[567] Lettres de N.B. à M.L. Martin, n° 8, 11 juin 1907.
[568] Lettre de N.B. à M.L. Bernard, octobre 1907, déjà citée.
[569] Lettre de N. Bernard à Henriette Perrin, 28 décembre 1910, de Mauroc, CM, n° 103.
[570] Dr N. Bernard, « Quelques souvenirs… », tapuscrit cité, p. 21.

comme mythe, elle devient un mythe[571] ». Ainsi de ces belles phrases par lesquelles le romancier rendait hommage à la science :

> « Ah ! ces sciences commençantes, ces sciences où l'hypothèse balbutie et où l'imagination reste maîtresse, elles sont le domaine des poètes autant que des savants ! (...) Il y a là une marge qui leur appartient, entre la vérité conquise, définitive, et l'inconnu, d'où l'on arrachera la vérité de demain...[572] »

Noël Bernard, jeune botaniste en devenir, ne pouvait-il se prendre à rêver que Zola esquissât dans ces deux phrases, pour lui, la voie qu'il allait peut-être emprunter ?

Puis il y eut l'immense surprise de *Paris*

Après *Le Docteur Pascal*, il y avait donc eu, à la fin de 1897, la parution du dernier roman du triptyque des *Trois villes* ; il y avait eu *Paris*. Cette année-là, Noël Bernard était toujours à l'ENS mais, cette fois, il n'était plus un débutant dans la science et son approche du nouvel opus du romancier ne pouvait qu'être différente, plus mûre peut-être, mais sans doute toujours imprégnée des motifs qui l'avaient déterminé, deux ans auparavant, avec Perrin, à écrire à l'écrivain. La très agréable surprise fut, pour eux, de découvrir à la lecture du roman, qu'ils n'avaient pas en vain écrit au romancier qu'ils admiraient et que celui-ci les avait effectivement « lus ».

Comme le montrent les papiers conservés à la bibliothèque Méjanes, d'Aix-en-Provence, dès les premières ébauches du roman, à l'été 1896, Zola envisageait une fresque inscrite dans différents quartiers de la ville, dans laquelle toutes les couches de la société auraient leur place et où leurs représentants, conçus comme des archétypes, seraient tous positionnés par rapport au « problème social et religieux » : « il n'y en a pas d'autre, c'est lui qui s'agite sous toutes les questions modernes », écrivait-il[573]. Dans cet esprit, Zola, dans un premier projet de découpage, esquissait un tableau de la vie intellectuelle et scientifique :

> « Le Paris qui travaille intellectuellement. À l'aide des trois fils, montrer les écoles, les bibliothèques, les laboratoires, les musées. Et tout l'effort actuel de la jeunesse, la vraie jeunesse.[574] »

---

571 Michel Serres, *Feux et signaux de brume – Zola*, ouv. cité, p.18.

572 Émile Zola, *Les trois villes : Paris*, Paris, Bibliothèque Charpentier et Fasquelle, 1898, p. 165-166.

573 Émile Zola, « Ébauche » pour le roman *Paris*, Bibliothèque Méjanes, Aix-en-Provence, Fonds Émile Zola (1840-1902), Ms 1606 (1471), p. 2, 13-14. Henri Mitterand, édition de *Paris*, d'Émile Zola, établie et présentée par, Paris, Stock, 1998.

574 Émile Zola, « Dossier de Paris », Plan du roman, Ms 1607 (1472), p. 2.

Pour cela, il imaginait de mettre en scène deux frères : Pierre Froment, déjà le personnage central de *Lourdes* et *Rome*, un prêtre qui avait perdu la foi, et Guillaume Froment, « un savant d'intelligence haute, un chimiste qui vivait à l'écart, en révolté[575] ». L'usage social des découvertes scientifiques et, plus largement, le rôle de la science dans le progrès humain seraient des axes structurant du récit. Guillaume Froment aurait trois fils, anciens élèves au lycée Condorcet, dont Zola voulait faire trois types : Thomas, un bachelier passionné de mécanique, Antoine, devenu sculpteur, et François l'étudiant, reçu à l'École polytechnique et à l'ENS qu'il avait choisi d'intégrer. Par ailleurs, la compagne de Guillaume, Marie, ancienne élève du lycée Fénelon qui aurait dû « ensuite aller conquérir son diplôme définitif à l'École normale de Sèvres » mais aurait renoncé, le professorat ne la motivant pas[576]...

Le récit commençait avec cet ouvrier anarchiste, proche de Guillaume, qui lui avait subtilisé assez d'un puissant explosif de son invention pour commettre un attentat meurtrier. Guillaume s'interrogeait avant de finalement concevoir à son tour un attentat visant à détruire la basilique du Sacré-Cœur. Zola ne révélait ce rebondissement que vers la fin du roman : Guillaume renonçait alors, malgré lui, tandis que son explosif maudit changeait de destination, un de ses fils ayant inventé un nouveau type de moteur utilisant cette immense énergie libérée par la science. Cette trame associant chimie, explosifs et violence terroriste servait de prétexte à Zola pour questionner les courants révolutionnaires qui agitaient alors la société française, sur fond de souvenir de la Commune, du saint-simonisme au nihilisme, en passant par le comtisme, Fourier, Proudhon, le socialisme et le collectivisme, l'anarchie. Le lecteur s'interrogeait : comment cette société, gangrenée par la misère, les égoïsmes et la corruption des élites (scandale de Panama), allait-elle trouver, entre science et révolution, la voie du progrès ?

Dans ce cadre, Zola consacrait de larges développements à la science et plus particulièrement à l'ENS, développements qui, depuis lors, n'ont guère attiré l'attention des critiques et historiens de la littérature[577]. Une telle insistance sur ce thème fait soupçonner qu'il avait pris en compte ce que Perrin et Bernard avaient pu lui écrire. Bien que cette correspondance ne semble pas avoir été conservée, le dossier préparatoire de *Paris* – dossier étoffé de manuscrits divers, comme le romancier avait l'habitude d'en constituer lorsqu'il préparait un nouvel opus – conservé à la bibliothèque Méjanes, contient suffisamment d'indices montrant que Zola a nourri son travail avec le contenu de « la lettre des jeunes gens », selon son expression récurrente, et a ainsi pu étoffer les chapitres consacrés à ce qu'il appelait « le travail intellectuel ».

---

[575] Émile Zola, *Les trois villes : Paris*, ouv. cité, page 4.
[576] *Id.*, p. 375.
[577] Henri. Mitterand, édition de *Paris*, d'Émile Zola, ouv. cité.

« Je songe à présenter la jeunesse scientifique, la jeunesse studieuse actuelle, écrivait Zola dans une ébauche. Et j'aurai pour cela les trois fils de Guillaume dont je ferai trois types très intéressants. (...) Le troisième, entré à l'école normale et représentant toute la jeunesse scientifique de nos écoles. Un de ceux qui m'a écrit. Donnant tous les détails sur l'école normale, la section scientifique. Parlant des élèves littéraires et de l'étrange spiritualisme où ils vont. Puis, la vraie jeunesse scientifique, celle qui travaille dans les bibliothèques et les laboratoires, en dehors des sottises du quartier latin et des sourdes menées du sacristain.[578] »

« La vraie jeunesse, celle que (François) connaît, la scientifique, celle qui sera vraiment demain. La lettre que les jeunes gens m'ont écrite. Ceux-là se taisent et travaillent. C'est pourquoi on l'ignore, tandis que la bruyante (dire qui elle est) semble seule exister.[579] »

Ailleurs, Zola revenait sur ce personnage encore flou qui devait incarner l'esprit scientifique :

« Il est entré à l'École normale, premier, section des sciences, et il représentera toute la jeunesse scientifique, positiviste, dans le sens de la lettre que j'ai reçue. Il me donne toute l'École normale d'aujourd'hui et la science officielle de derrière. (...) Sa vraie fonction est de représenter la jeunesse qui travaille, qui reste positiviste et révolutionnaire, marchant résolument à l'avenir, avec la science. Il est donc là pour juger ses maîtres, dire ce que sont réellement ses condisciples, représenter la vraie jeunesse scientifique (l'opposer surtout à la jeunesse catholique et à la jeunesse oisive).[580] »

Zola ne passa que par étapes de l'idée vague de cette dimension intellectuelle et scientifique de son roman à une vision plus élaborée, avec plusieurs personnages, une intrigue, des développements dialogués, mais on constate que, dès l'ébauche, tout le personnage de François était directement inspiré de « la lettre des jeunes gens ». Puis, il introduisit dans la trame du roman, un nouveau personnage, le chimiste Bertheroy, représentant la science établie :

« Je voudrais absolument la science officielle, un membre de l'Institut, ancien ami du père de Guillaume. Il m'est difficile d'en faire un révolutionnaire ; car, même un Berthelot, ami de Renan, athée, reste très bourgeoisement installé dans la vie. Un Pasteur, d'autre part me gênerait : un croyant en Dieu (...). Un Berthelot serait mieux (d'après la brochure qu'il a publiée) ; mais un Berthelot avec du caractère.[581] »

---

578 Émile Zola, « Ébauche » pour le roman *Paris*, Ms 1606, 1471, p. 39.
579 Id., « Dossier » pour le roman *Paris*, Ms 1607 (1472), p. 179.
580 Émile Zola, « Ébauche » pour le roman *Paris*, déjà citée, p. 238-239.
581 Id.

Et en effet Bertheroy fut un décalque sans scrupule particulier du modèle du vénérable Marcellin Berthelot, véritable monument national qui avait alors encore une dizaine d'années à vivre. Zola lui faisait tenir des propos répétitifs sur la science :

« Un pas de la science avance plus l'humanité vers la cité de justice et de vérité que cent ans de politique et de révolte sociale ? Elle seule balaye les dogmes, emporte les dieux, fait de la lumière et du bonheur. C'est moi, le membre de l'Institut, renté, décoré, qui suis le seul révolutionnaire.[582] »

« La science seule est révolutionnaire, la science servira non seulement à faire de la vérité mais aussi de la justice, si la justice est jamais possible ici-bas.[583] »

Au fil des pages, Zola tendait à montrer que la carrière de Bertheroy avait finalement été la seule qui valut tout en laissant le jeune normalien critiquer le personnage :

« Quel dommage qu'un homme d'une si large intelligence, affranchi de toutes les superstitions, résolu à toutes les vérités, ait consenti à se laisser classer, étiqueter, enfermer dans des titres et des Académies ![584] »

Dès les premières ébauches, Zola s'attardait sur un autre point en mettant en scène un dialogue de François avec son oncle Pierre qui endossait le discours de la critique de l'École normale (celui de Zola), dénonçant une voie d'accès à la vie mondaine et à la notoriété, choisie par des jeunes gens doués d'intelligence mais sans véritable vocation scientifique, tandis que François avait en charge la défense de l'École et la sincère honnêteté de la plupart des élèves. Là encore, on est autorisé à penser que ce point avait été abordé dans la lettre que les normaliens avaient adressée à Zola :

« Comment l'École normale, section des Lettres, a pu en revenir au vague spiritualisme, à l'intellectualité qui doute : la peur d'être dupe, de ne pas être bien parisien. La peur de paraître trop savant, trop M. Homais. Alors, la légèreté du doute affecté, l'élégance de l'idéalisme souhaitée. Que sais-je ? (…). La vraie jeunesse dans la section scientifique. C'est là l'élite solide.[585] »

Si on considère les quelques phrases de Noël Bernard sur Zola, ces réflexions reflétaient sans doute le plus directement et peut-être mot pour mot, le contenu des lettres envoyées par lui et Perrin à Zola et leur position vis-à-

---

[582] Id., p. 143.
[583] Id., p. 476.
[584] Id., p. 193.
[585] Id., p. 242-246.

vis du débat sur le rôle des normaliens dans la société. Finalement, Zola en fit ce beau dialogue :

« La conversation était restée sur l'École.

« – Je vous avoue, disait Pierre, que je n'en aime guère l'esprit. (...) Le pis est que tous, instruits et élevés pour le professorat, ne restent pas dans le professorat. Beaucoup se répandent dans le monde, entrent dans le journalisme, s'emploient à régenter les arts, la littérature et la société. Et ceux-là, en vérité, sont le plus souvent insupportables... (...)

« François s'était mis à rire.

« – Oh ! le portrait est un peu chargé, mais c'est cela, c'est bien cela. (...) Mais vous vous trompez, nous ne sommes pas tous ainsi à l'École... Vous ne semblez connaître que les Normaliens de la section des lettres, vous changeriez sûrement d'avis si vous connaissiez les Normaliens de la section des sciences... Chez nos camarades littéraires, il est très vrai que la réaction contre le positivisme se fait sentir, et qu'ils sont hantés, eux aussi, par l'idée de la fameuse banqueroute de la science. Cela tient sans doute un peu aux maîtres qu'ils ont, aux néo-spiritualistes et aux rhétoriciens dogmatiques entre les mains desquels ils sont tombés. Et cela tient encore plus à la mode, à l'air du temps (...). Un garçon de quelque finesse, et qui veut plaire, est forcément acquis à l'esprit nouveau. (...)

« – Ah ! l'esprit nouveau ! interrompit Pierre dans un cri qu'il ne put retenir, il n'a pas l'innocence d'une mode passagère, il y a une tactique, et terrible, tout un retour des ténèbres sur la lumière, de la servitude contre l'affranchissement des esprits, contre la vérité et la justice ! (...)

« – Pour l'École, je vous assure que vous vous trompez, répéta François. Il s'y trouve sans doute quelques croyants étroits. Mais, même dans la section des lettres, le plus grand nombre ne sont au fond que des sceptiques (...). Quant à mes camarades de la section scientifique, je vous jure que le néo-catholicisme, le mysticisme, l'occultisme et toutes les fantasmagories à la mode ne les troublent guère. Ils n'en sont pas à faire une religion de la science, ils restent très ouverts au doute, mais ce sont pour la plupart des esprits très clairs, très nets et très fermes, passionnés de certitude, tout au zèle de l'enquête, dont l'effort se continue au travers du vaste champ des connaissances humaines. (...)

« Lui-même s'animait, laissait déborder sa foi, par les allées calmes et ensoleillées du jardin.

« – Ah ! la jeunesse ! (...) La vraie jeunesse, elle est dans les Écoles, dans les laboratoires, dans les bibliothèques. C'est cette jeunesse-là qui travaille, qui apportera demain, et non la prétendue jeunesse des cénacles, des manifestes, des extravagances. (...) Si vous saviez l'effort continu, la passion des autres, de ceux qui se taisent, enfermés dans leur tâche ! Et de ceux-là, j'en connais beaucoup, ils sont avec le siècle, ils n'en ont rejeté aucun des espoirs, ils marchent au siècle prochain, résolus à poursuivre la besogne de leurs devanciers, toujours vers plus de lumière, vers plus d'équité. Allez leur parler de banqueroute de la science : ils hausseront les épaules. (…)[586] »

Citation bien longue mais qui semble fait « parler » Noël Bernard… Zola, dans *Paris*, exposait sa foi dans la science et dans le progrès par la science et chargeait les normaliens scientifiques d'en porter haut le drapeau. Dans les dernières pages du roman, il exprimait une dernière fois son point-de-vue à travers un monologue intérieur qu'il prêtait au prêtre défroqué. Ce point-de-vue encore aurait aussi bien pu avoir été formulé, on peut le penser, par Noël Bernard lui-même :

« Une religion de la science, c'est le dénouement marqué, certain, inévitable, de la longue marche de l'humanité vers la connaissance. (…) Mais, si des précurseurs, des savants, des philosophes, Darwin, Fourier et les autres, ont semé la religion de demain, en confiant au vent qui passe la bonne parole, que de siècles il faudra sans doute pour que la moisson lève ![587] »

Zola, peintre d'un tournant « fin de siècle » de la société et de la pensée

L'ensemble des problématiques brassées dans *Paris* appartenait donc au paysage intellectuel de la période et en reflétait les polémiques, et, d'une certaine façon, Zola entendait y tenir sa position. La controverse sur « la banqueroute de la science » datait de trois ans seulement avant la parution de *Paris*, lorsqu'en janvier 1895, au retour d'un séjour à Rome, Fernand Brunetière avait écrit dans la *Revue des deux mondes* son article selon lequel « la science a(avait) perdu son prestige » ; il y attaquait pêle-mêle le scientisme, le positivisme républicain, et l'idée de progrès par la science[588].

---

[586] Émile Zola, *ouv. cité,* p. 194-198.

[587] *Id.,* p. 598.

[588] Fernand Brunetière, « Après une visite au Vatican », *Revue des deux mondes*, 1er janvier 1895, p. 97-118. Quant à la controverse sur la faillite de la science, elle avait alors de beaux jours devant elle : en 1898, Berthelot restait sur ses positions : « Je serai dupe jusqu'au bout de ce désir de progrès que vous reléguez si sagement parmi les illusions », écrivait-il à Renan. Mais, comme l'indique Anne Rasmussen, dans son étude sur « La crise de la science, crise du progrès », Berthelot lui-même dut finalement convenir d'une autre approche : « La vraie banqueroute est celle du progrès », écrivit-il, en 1904, dans ses *Derniers entretiens*. Dans le même temps, d'autres scientifiques reprenaient son combat en faveur de la science, se posant sans hésiter comme rivaux des philosophes et comme philosophes eux-mêmes. Ce fut le cas de Henri Poincaré avec sa *Valeur de la science*, en 1905, ou Émile Borel dans un vaste ensemble de publications, dont *Le Hasard*, en 1914 ; et jusqu'à Paul Langevin, en 1934, avec *La Valeur humaine de la science*. Voir Anne Rasmussen, « Critique du progrès, "crise de la science" : débats et représentations du tournant du siècle », *Mil neuf cent*, n°14, 1996. « Progrès et décadence », p. 89-113 ; et Pierre Thuillier, « Un débat fin de siècle : la "faillite de la science",

Faute d'avoir identifié le « normalien arrivé » qui s'exprimait « dans les journaux bien-pensants » (selon la formule de Noël Bernard lors de l'évocation de ce souvenir d'une lettre envoyée à Zola), parmi ceux dont Zola qualifia un jour les articles de « crapauds[589] », si Brunetière avait été lui-même normalien, on aurait pu penser que c'est bien de lui qu'il s'agissait – mais Brunetière avait cependant été maître de conférence à l'ENS jusqu'en 1894, année où Lanson prit sa suppléance. Si ce n'était pas Brunetière, il pouvait aussi bien s'agir de Francisque Sarcey (ENS 1848) – comme le retient Henri Mitterand[590] – ou bien d'Henri Chantavoine (ENS 1850), ou encore de Jules Lemaitre (ENS 1872) – Charles Bigot (ENS 1860) décédé en 1893 pouvant être écarté – mais restaient encore Anatole Claveau (ENS 1854) ou bien Gaston Deschamps (1882) : il ne manquait pas, en effet, de critiques littéraires à la mode, anciens normaliens, tous très présents dans la presse et les revues, d'où chacun avait attaqué Zola sévèrement, à tour de rôle et à plusieurs reprises voire régulièrement, à chaque parution des romans des Rougon-Macquart. Certains se déchaînèrent lorsque parut *Lourdes,* premier volet des *Trois villes,* dans lequel ils dénoncèrent un pamphlet anticlérical et qui fut d'ailleurs mis à l'Index par Rome.

Comment Noël Bernard, Jean Perrin et quelques autres normaliens en arrivèrent-ils à adresser, dans une période comprise entre l'entrée de Bernard à l'ENS, à la fin de 1894, et la rédaction de *Paris*, au cours de l'année 1896, une lettre à Émile Zola pour lui témoigner leur admiration et protester contre ce qu'avait écrit ce « normalien arrivé » que Bernard ne nommait pas dans la lettre à son oncle ? Il y eut un contexte. Ce contexte « percuta » les jeunes élèves de l'école de la rue d'Ulm, amenés à voir en Zola – bien avant que ne s'annonçât ce qui allait devenir l'Affaire Dreyfus – une sorte de porte-parole et de défenseur de principes auxquels ils tenaient. Dans les premiers mois de l'année 1895, quelques mois après l'arrivée de Noël Bernard à la rue d'Ulm, alors que l'article de Brunetière sur « la banqueroute de la science » était dans toutes les mémoires, et à quelques semaines des importantes cérémonies du Centenaire de l'École normale supérieure, en avril 1895, dans une actualité rendue brûlante par la récente parution de *Lourdes* et par l'annonce du roman en préparation, *Rome*, eurent lieu presque simultanément la énième candidature du romancier à un siège de l'Académie française – en fait, la quinzième… – et son nouvel échec (il en connaîtra vingt-cinq), puis son élection à la présidence de la Société des Gens de Lettres et enfin sa participation au « Banquet Berthelot » dont la tenue, le 4 avril 1895, était une

dans *Science et société, essais sur les dimensions culturelles de la science*, Paris, Fayard, 1988, p. 223-242.

589 Émile Zola, « Le crapaud », *Nouvelle campagne*, Paris, Eugène Fasquelle, 1897, p. 65 et suiv.

590 Henri Mitterand, édition de *Paris*, d'Émile Zola, ouv. cité, p. 465.

réponse à l'article de Brunetière[591]. *Le Figaro,* qui menait par ailleurs campagne contre Zola, caricaturé en « candidat perpétuel » et en « candidat à tous les fauteuils », tenait une chronique régulière de toutes ces affaires. À la veille du « Banquet Berthelot », présenté comme « une protestation en faveur de la Science contre la Foi » et « une bonne niche à faire aux cléricaux », la Une avait été offerte à Brunetière lui-même pour qu'il répondît à l'article « La science et la morale » de Berthelot, récemment paru dans *La Revue de Paris*[592]. Lors du banquet, Zola, dissertant sur le besoin qu'a l'écrivain « de pouvoir penser et écrire en toute liberté », avait proclamé que c'était « à l'affranchissement des esprits par la Science, au règne de la Science que nous devons cette liberté ». Et d'ajouter :

> « Messieurs, évoquez l'aimable régime sous lequel vivraient les Lettres, si la Foi, victorieuse de la Science, gouvernait les peuples. Au lieu des innocentes foudres qu'elle lance aujourd'hui, donnez- lui des tribunaux et des gendarmes qui, pour la défense des dogmes, condamneront et jetteront au cachot la liberté de penser et d'écrire. Ce sera la fermeture des bibliothèques et des laboratoires, il faudra des dispenses pour lire nos poètes ou pour étudier un gaz.[593] »

On comprend comment les jeunes scientifiques de l'ENS, directement intéressés à la polémique, purent faire d'Émile Zola leur champion. L'époque était révolue où on avait pu réduire le point de vue de Zola sur l'ENS à son féroce dithyrambe de 1881 contre « l'invasion des lettres par les Normaliens, (…) cette armée en marche (où) s'entassent par couches, les jeunes sur les vieux, chaque année lâchant ses recrues[594] ». Depuis, l'écrivain avait attiré leur attention, deux ans auparavant, dans sa première lettre « À la jeunesse » (qu'il destinait d'ailleurs aux jeunes écrivains) en affirmant son « entêtée croyance au vrai, à la vieille nature, à la jeune science[595] », et à nouveau, quelques semaines plus tard, lorsqu'il dénonça, le 18 mai 1893, au banquet de l'Association générale des étudiants de Paris, les « pasteurs d'âmes qui proposent ardemment une foi à la jeunesse » au prétexte que la science serait « incapable de repeupler le ciel qu'elle a vidé, de rendre le bonheur aux âmes dont elle a ravagé la paix naïve ». Il avait alors tenu un langage de raison :

> « La science a-t-elle promis le bonheur ? Je ne le crois pas. Elle a promis la vérité, et la question est de savoir si l'on fera jamais du bonheur avec la vérité. Pour s'en contenter un jour, il faudra sûrement beaucoup de

---

591 Paul Aron, « Les candidature de Zola à l'Académie française : une obstination significative », *Les Cahiers naturalistes*, 2017, n° 91, p. 281-302.

592 Fernand Brunetière, « En l'honneur de la science », *Le Figaro*, 4 avril 1895. Marcellin Berthelot, « La science et la morale », *La Revue de Paris*, 1er février 1895. Voir Daniel Langlois-Berthelot, *Marcellin Berthelot, un savant engagé*, Paris, J.-C. Lattès, 2000.

593 Émile Zola, « "Notre École normale" », *Le Temps*, 6 avril 1895, p. 2.

594 Émile Zola, « "Notre École normale" », *Le Figaro*, 4 avril 1881, p. 1.

595 Id., « À la jeunesse », *Le Figaro – supplément littéraire*, 19 mai 1893.

stoïcisme, l'abnégation absolue du moi, une sérénité d'intelligence satisfaite qui semble ne pouvoir se rencontrer que chez une élite.[596] »

Voilà un discours qui devait parler directement aux jeunes gens qui fréquentaient la rue d'Ulm, qu'ils fussent de la section des Lettres ou bien de celle des Sciences ! D'autant plus que Zola recommandait en outre, en guise de péroraison, d'« avoir la foi au travail » :

> « Le travail dont je vous parle, c'est le travail réglé, la tâche quotidienne, le devoir qu'on s'est fait d'avancer d'un pas chaque jour dans son œuvre. (...) Le travail ! messieurs, mais songez donc qu'il est l'unique loi du monde, le régulateur qui mène la matière organisée à sa fin inconnue ! La vie n'a pas d'autre sens, pas d'autre raison d'être ; nous n'apparaissons chacun que pour donner notre somme de labeur et disparaître. (...) Jeunesse, ô jeunesse, mettez-vous donc à la besogne ! Que chacun de vous accepte sa tâche, une tâche qui doit emplir la vie. (...) Quelle saine et grande société cela ferait, une société dont chaque membre apporterait sa part logique de travail ! »

On comprend pourquoi Bernard, dans sa lettre à son oncle, retenait de Zola « le grand exemple qu'il faudrait suivre, d'une vie consacrée sans interruption à un travail méthodiquement réglé ». Dans cet hymne au travail, on songe inévitablement au « Laboremus ! » de Louis Pasteur ou de Berthelot[597].

Comme Noël Bernard le reconnaissait dans cette lettre, Zola avait pris, aux yeux du groupe de normaliens auquel il appartenait et bien au-delà, la dimension d'un maître à penser. Ses démêlés avec les autorités religieuses ou avec l'Académie française ne pouvaient qu'ajouter à leur prise de parti. Ils étaient mûrs pour témoigner à l'écrivain leur soutien lorsque parut, dans *Le Temps*, le 24 mai 1896, un violent article à charge, aussi long et hargneux que pétri de mauvaise foi, au sujet cette fois du roman *Rome*. Son auteur, le normalien Gaston Deschamps (1861-1931, ENS 1882), secrétaire de rédaction au *Journal des Débats* et critique littéraire du *Temps* œuvrait aussi à la *Revue des Deux Mondes* et au *Figaro*. Il avait par ailleurs donné, pour le livre du Centenaire de l'ENS, un petit article et avait rapporté longuement et en détail les cérémonies dudit centenaire dans les colonnes du *Temps*, en avril 1895.

---

[596] Id.

[597] « Laboremus ! » était une injonction attribuée (par exemple par Chateaubriand ou par Victor Duruy), à l'empereur Septime Sévère mourant. Pasteur passait pour avoir eu l'habitude de s'encourager ainsi en se rendant à son laboratoire. Berthelot en parlait à Renan vieillissant : « Il faut aller jusqu'au bout et tenir courageusement le pari de la vie. C'est ce que vous faites, en poursuivant courageusement (...) le travail de votre vie. Le mot de Vespasien, je crois, laboremus, et sa volonté de mourir debout, sont notre devoir à tous. » (Ernest Renan et Marcellin Berthelot, *Correspondance (1847-1892)*, Paris, Calmann-Lévy, 1898, lettre du 25 août 1892)

Cette fois, il s'en prenait à Zola, accusé d'écrire ses romans, en tous cas d'avoir écrit *Rome,* en se « documentant » et en constituant des « fiches » :

« "Se documenter", dans l'argot de l'école naturaliste, c'est acquérir sur tel ou tel sujet (…) une science rapide, expéditive, superficielle, faite de paperasses juxtaposées. (…) Quand tout cela est compilé, ligoté, bouclé, vite un coup de téléphone à Charpentier et Fasquelle. Le moment est venu de lancer les prospectus, de tambouriner les réclames, de peinturlurer les affiches. L'usine de Médan est un établissement modèle.[598] »

La suite était du même tonneau, Deschamps s'acharnant sur trois colonnes à débusquer, dans les pages de *Rome*, les preuves que Zola avait plagié tel ouvrage d'histoire romaine et qu'il en avait omis d'autres qu'il jugeait, lui, essentiels. Zola eut les honneurs de la Une du *Figaro* pour répondre et il en profita alors pour rappeler quelles étaient sa méthode et son ambition de romancier :

« Donc le monsieur est venu qui devait, pour "Rome", m'accuser de plagiat. (…) Le monsieur, fort lettré, sortant, je crois, de l'École où l'on sait tout, a donc fait la belle découverte que j'avais lu une compilation sur le Vatican, que j'y avais pris des notes et que je m'étais servi de ces notes en écrivant "Rome". (…) Et c'est très vrai (…) Il m'est revenu, autrefois, qu'un de mes amis m'appelait le requin. (…) Oui, oui, j'en suis fier, je veux bien être le requin. Un requin qui avale son époque.[599] »

Voilà donc résumée la polémique qui, sans doute, provoqua une réaction de Noël Bernard, Jean Perrin et quelques autres : l'École normale semblait en cause puisque Zola, trop heureux d'évoquer sans insister, pour s'en prendre au normalien qu'il ne nommait pas, des jugements très négatifs qu'il avait porté naguère à propos de l'École de la rue d'Ulm[600], brocardait la mesquinerie propre, croyait-il, à ces « lettrés sortant de l'École où l'on sait tout ». Aussi crurent-ils de leur responsabilité de se démarquer de ces « normaliens arrivés » qui peuplaient les rédactions et de rétablir la vérité sur la formation qu'on recevait à l'ENS, en défense donc de « l'esprit normalien » à propos duquel on avait tant glosé lors des cérémonies du « Centenaire[601] ». D'ailleurs, la parution, dans la première quinzaine d'avril 1895, en liaison avec les commémorations de ce centenaire, d'un important recueil, aux allures de canular, dû à des normaliens littéraires – qui d'ailleurs ignoraient complètement leurs camarades scientifiques si on excepte cette flèche stupide : « Section des sciences : a produit trois ou quatre savants dans le siècle » –,

---

598 Gaston Deschamps, « Les fiches de M. Émile Zola », *Le Temps*, 24 mai 1896.
599 Émile Zola, « Les droits du romancier », *Le Figaro*, 6 juin 1896.
600 Id., « Notre École normale », *art. cité*.
601 Jules Lemaître, « L'esprit normalien », dans *Centenaire de l'École normale supérieure*, ouv. cité, p. 565-571, où Lemaître affecte de ne compter comme normaliens que les recrues de la section littéraire, exclusivement.

recueil dont *Le Temps* se fit immédiatement l'écho, en précisant que des élèves encore à l'École y avaient contribué, avait pu ajouter à l'émoi de Bernard et ses camarades[602]. En effet, un élève de troisième année, Gustave Téry, futur agrégé de Philosophie puis journaliste à *L'Œuvre*, avait écrit, dans ce recueil, une phrase qui se voulait un « bon mot » caustique reprenant une des critiques les plus récurrentes visant l'École :

> « La Sorbonne forme des savants ; l'École normale est une Sorbonne à tout faire : il en sort des évêques, des acteurs, des peintres, des musiciens, des auteurs dramatiques, des critiques, des poètes, des ministres, voire des professeurs.[603] »

Le bon mot chemina, repris dans toute la presse et Herriot qui avait largement participé à la publication de 1895, citait encore cette formule en 1932, quand il publia ses propres souvenirs de l'ENS[604]. Ce petit pamphlet de six pages de Téry s'achevait comme une fable méchante ciblant l'École tout entière :

> « Au temps de la Terreur, disait Téry, des hommes aimables, épris du silence et trouvant les mœurs contemporaines un peu excessives, se retirèrent sur la montagne Sainte-Geneviève. (…) Dans ces lieux déserts s'élevait une bâtisse si vieille et si branlante, qu'elle s'enfonçait chaque année de quelques pouces dans le sol et qu'elle menaçait de disparaître un jour ou l'autre dans les catacombes. Ce fut là que nos sages s'établirent avec un courage tranquille. Autour de la demeure s'étendait un vaste jardin qui rappelait ceux d'*Academos* et d'Épicure. À l'exemple du divin Platon, les solitaires fondèrent une école. Ils l'appelèrent *normale* par modestie : on a coutume d'ajouter *supérieure*, sans doute parce qu'elle se trouve au sommet d'une colline. C'est une école où l'on apprend à lire, et parfois à écrire. On y apprend encore que savoir ne veut dire qu'une chose : avoir du goût. Mais on y apprend surtout à ignorer.[605] »

De « l'École où l'on sait tout » de Zola à « la Sorbonne à tout faire » de Téry, les temps étaient décidément bien sombres pour l'ENS et les normaliens… Qu'il s'agisse finalement de l'article de Deschamps ou de la petite satire de Téry, on pouvait avoir le sentiment, du côté de la section des Sciences de l'ENS, qu'une « contre croisade » devait être menée et, au minimum, qu'il convenait d'alerter Zola sur le risque qu'il prenait de se tromper de combat en reprenant à son compte les méchantes critiques contre l'ENS. Peut-être nos normaliens étaient-ils rendus d'autant plus sensibles par

---

602 Gustave Téry et al, *Les Normaliens peints par eux-mêmes*, ouv. cité. « Le livre des élèves », signé « J. L. », *Le Temps*, 19 avril 1895, p. 2.

603 Gustave Téry, « Le Normalien », dans *Les Normaliens peints par eux-mêmes*, ouv. cité, p. 2.

604 Édouard Herriot, *Normale*, Paris, Société nouvelle d'édition, 1932.

605 Gustave Téry, « Le Normalien », *art. cité*, p. 5-6.

le climat, nourri par la presse, de remise en cause de l'utilité de l'École, accusée de faire « double emploi » avec les facultés en plein développement, dont les étudiants faisaient désormais concurrence aux normaliens aux concours de l'agrégation, et d'avoir « un caractère aristocratique de moins en moins défendable en régime républicain[606] ».

Bref, l'« esprit normalien » débordant désormais sur un esprit citoyen, les élèves se sentaient une mission. Sans doute insistèrent-ils, dans leur lettre à Zola, sur l'esprit scientifique qui animait les promotions auxquelles ils appartenaient et sur le combat commun qui les animait. Sans doute Zola a-t-il recopié leur argumentaire dans *Paris* ; quel dommage que cette lettre écrite par les normaliens ne soit pas connue, qu'elle n'ait pas été conservée, qu'elle n'ait pas paru dans les pages du *Figaro* ou ailleurs comme c'était parfois le cas, qu'aucune trace d'une éventuelle réponse ne figure dans la correspondance de Zola. Noël Bernard jugeait que c'est par le contenu même de *Paris* que Zola apporta la preuve qu'il avait été sensible à leur point-de-vue, au point de changer sa manière de voir à propos de l'ENS, et qu'il en avait nourri son œuvre. Et l'ensemble des notes préparatoires conservées à la Bibliothèque Méjanes d'Aix-en-Provence en apporte la confirmation évidente.

Noël Bernard aurait pu avoir le bonheur de lire certaines phrases préparatoires de *Paris* en pouvant absolument s'y reconnaître :

> « Voir si je mettrai le type de ce normalien littéraire ou si je ne ferai que le résumer. Je crois que le dernier parti est le meilleur. En tous cas François (pensons « Noël », ndlr) est le type opposé, le garçon scientifique, à l'esprit net et clair, ne faisant pas de la science une religion, très ouvert au doute, mais tout à la flamme de l'enquête continue, quand même. Et la façon dont il parle de la faillite de la science, en riant. (…) Je puis le faire s'intéresser à la littérature, ayant un ami de cœur dans la section littéraire de l'École normale. – Tout l'effort actuel de la jeunesse, la vraie jeunesse.[607] »

[606] Voir Pierre Albertini, « La réforme de 1903 : un assassinat manqué ? », *déjà cité*.

[607] Émile Zola, « Dossier » pour le roman *Paris*, déjà cité, p. 189-190.

Chapitre dix

Normalien dreyfusard, universitaire socialiste, activiste syndical, agitateur d'idées : les engagements de Noël Bernard

Pour Charles Pérez, son condisciple normalien, Noël Bernard exprimait son « espoir d'un peu plus de bonheur et de justice pour une humanité future[608] » ; il affirmait par là son appartenance à ce « socialisme normalien » dont il a déjà été question. La formule de Pérez est d'ailleurs très proche de la définition du socialisme « fondé sur l'idée de justice et le sentiment de la solidarité » que Péguy avait affichée à l'entrée du réfectoire de l'École normale[609].

Dès ses années normaliennes, Noël Bernard avait donc affirmé – souvent en empruntant la voie de l'humour et de la critique caustique – de solides sentiments anticléricaux (ou « antitalas », comme on disait à la rue d'Ulm) et antireligieux, en même temps qu'il revendiquait fièrement l'héritage familial républicain et avait enfourché avec détermination la cause dreyfusarde lors de l'Affaire. Il campait, par ailleurs, sur de solides positions positivistes. Ses lettres datant de son service militaire, dans lesquelles il brocarde la bêtise des sous-officiers auxquels il est livré, décrivant avec sarcasme les corvées imbéciles aussi bien que la stupidité des séances dites « de théorie » qu'il devait subir, étaient aussi sans ambiguïté quant à ses sentiments antimilitaristes, visant en particulier des individus qui, pour reprendre ce

---

[608] C. Pérez, « Noël Bernard (1874-1911) », *art. cité*

[609] « Déclaration » des Cercles d'études et de propagande socialistes affichée par Péguy à la porte du réfectoire de l'ENS, le 14 mai 1897 (Charles Péguy, *Œuvres en prose complètes*, t. I, Gallimard, la Pléiade, 1987, CXXVII.), citée dans Robert Burac, « Péguy ou la religion de la justice », *Mil neuf cent*, n° 11, 1993, « Comment sont-ils devenus dreyfusards ou anti-dreyfusards ? », p. 125-130.

qu'en disait Lucien Herr, « n'ont pas professionnellement l'habitude de penser[610] » (sic) :

« Quel sale métier tout de même. (...) Je t'assure que mon estime pour les militaires n'en sera pas augmentée.[611] »

Une conscience civique née dans le bain familial

Il est, cependant, peu de traces repérées des premiers engagements politiques de Bernard. On peut considérer que son héritage familial irréligieux lui permit de poser les fondements de ses inclinaisons ultérieures :

« Mon père ne m'avait fait baptiser dans aucune religion, écrivait-il. Il estimait qu'on peut être honnête sans suivre aucun culte ; j'en suis moi-même tout à fait convaincu et si j'ai jamais des enfants, je voudrais pouvoir les élever dans les idées que j'ai, en les rendant travailleurs et en leur donnant un esprit droit.[612] »

On peut aussi estimer qu'il exista un « bain familial », peut-être marqué par une ancienne empreinte catholique, au sein duquel put se développer une sensibilité générationnelle commune sur laquelle Bernard, devenu adulte, put s'appuyer. Son cousin Noël Bernard témoignait en des termes évocateurs des rencontres entre cousins, lors de l'été 1896, à Béziers :

« Avec Noël Bernard, mon père réunissait notre cousin Jean Magrou, alors à l'École des Beaux-arts à Paris (sculpture), son parent Alphonse Magrou, ancien normalien littéraire, précepteur du roi de Serbie, j'étais alors étudiant en Médecine ; chacun de nous apportait les préoccupations de ses études, ses commentaires des événements, ses espoirs de carrière, ses projets ; l'entretien se prolongeait si tard dans la nuit que ma mère venait y mettre fin en nous rappelant l'heure avancée. Ces discussions littéraires, scientifiques, philosophiques, politiques, auxquelles mon père prenait une part active, nous ont laissé à tous un souvenir vibrant.[613] »

C'est sans doute à cet état d'esprit de famille qu'on doit cette anecdote, rapportée par Bernard dans une lettre à sa fiancée et future femme, Marie Louise Martin :

« Un jour, M. Dejean (professeur de Lettres aux élèves de Sciences du lycée Charlemagne, ndlr) nous avait donné comme narration un paysage à décrire. J'avais choisi un paysage aride du midi éclairé par la pleine lune

---

610 Lucien Herr, « Protestation », *déjà cité,* p. 162.

611 Lettre de N.B. à Jean Magrou, sans date, Melun, CM, n° 7.

612 Lettre de N.B. à Celina Martin, 3 juillet 1907, CM, n° 54 bis.

613 Lettre d Dr N. Bernard à Bernard Boullard, le 22 octobre 1968, citée par B. Boullard, *ouv. cité,* p. 11.

et j'y avais mêlé je ne sais quelles histoires violentes et sanguinaires de la guerre des Albigeois.[614] »

Les engagements socialistes de Noël Bernard

On relève qu'il existe peu de traces de ce que furent les positionnements proprement politiques de Bernard. Par exemple, dans sa volumineuse correspondance avec ses cousins et avec sa future femme, on ne trouve quasiment jamais de telles allusions, encore moins des développements. On peut s'interroger sur ce que devinrent ses convictions politiques à l'âge adulte, lorsqu'il fut engagé dans la vie active et devint même une « personnalité » et un « intellectuel » en vue dans la petite cité de Caen.

Parmi de rares remarques figurant dans ses lettres, on note celle-ci, lorsqu'il évoquait rapidement, dans une lettre de l'été 1908 adressée à Marie Louise Martin, la conversation qu'ils avaient eue, en présence des Maurain, au sujet de « la vie de Darwin et des grèves de Limoges » – les fameuses grèves ouvrières d'avril 1905, dans lesquelles les femmes prirent une grande part, qui eurent un caractère de grève générale et provoquèrent un véritable séisme national[615]. Une allusion à la révolte des vignerons du Languedoc, réprimée par la troupe un an plus tôt exactement, et à la mutinerie du 17ème régiment d'infanterie qui, venu de Narbonne, campa sur les Allées Paul-Riquet, sous les fenêtres de la maison familiale des Bernard, à Béziers, pouvait être attendue ici, mais il n'en est rien...

Quelques indications laissent aussi entendre que Bernard s'intéressait de près à la politique quotidienne nationale, qu'il est très informé et attentif. Mais faut-il aller plus loin ? Un témoignage recueilli par B. Boullard indique que Noël Bernard et les Magrou qui « mettaient tout en commun », faisaient figure de « communistes avant l'heure[616] ». Et, selon son fils, Bernard devint, à Caen,

---

[614] Lettre de N.B. à M.L. Martin, n° 25, 23 juillet 1907. La référence au massacre des Albigeois peut se comprendre comme un écho, dans l'esprit du jeune Bernard, du caractère rebelle des Biterrois remontant à « la Grande boucherie » de 1209 au cours de laquelle, la ville ayant refusé de livrer ses hérétiques, 7000 habitants furent exécutés par les croisés d'Innocent III : « Tuez-les tous, Dieu reconnaîtra les siens ! », a retenu le récit populaire. Sur Émile Dejean, voir plus loin.

[615] Lettre de N.B. à M.L. Martin, le 11 juin 1908, n° 8. Le mouvement de grève, parti des fabriques de chaussures, gagna les usines de porcelaine et paralysa la ville de Limoges au début de 1905. Il porta sur des revendications de salaire et de conditions de travail mais il s'y mêla une importante revendication de dignité, en particulier avec la dénonciation du harcèlement sexuel (comme on ne disait pas encore ; on parlait de « droit de cuissage ») des ouvrières par les contremaîtres. Le patronat pratiqua le lock-out et le licenciement des grévistes. La répression violente fit un mort. Le drapeau rouge et l'Internationale furent omniprésents au cours du mouvement. Jaurès s'en fit le porte-parole dans *l'Humanité*.

[616] B. Boullard, *ouv. cité,* p. 14. Selon Marc-André Selosse, Bernard Boullard et David Richardson, Bernard, lorsqu'il était un jeune adulte, se considérait comme « un anarchiste », sans qu'une source précise soit citée. (Marc-André Selosse, Bernard Boullard et David

secrétaire d'une section locale du parti socialiste, ce qui n'a pas pu être confirmé. Ce point a une certaine importance car, parmi les normaliens scientifiques de sa génération, s'ils furent nombreux à être dreyfusards et à montrer leur attachement aux principes républicains, bien peu furent ensuite actifs en politique et quasiment aucun n'adhéra alors à un groupe socialiste ou au parti socialiste SFIO créé en 1905.

Noël Bernard, militant de l'éducation populaire, était-il socialiste pendant ses années caennaises ?

Au début de 1907, fut créé à Caen, un éphémère périodique bimensuel de la SFIO, *Le Combat ouvrier, républicain, socialiste* – à cette date, le secrétaire de la section caennaise de la SFIO était Émile Droual par ailleurs secrétaire du syndicat de ouvriers mécaniciens et similaires de Caen [617] – ce qui témoignait d'un développement de l'activité des socialistes unifiés dans le chef-lieu du Calvados. Dès le premier numéro du *Combat ouvrier*, daté du 16 février, on lisait un long compte-rendu, étoffé, d'une conférence donnée au cercle de « La Jeunesse laïque » de Caen, sur la vie et l'œuvre de Darwin, par Noël Bernard devant 300 personnes[618]. L'association locale avait été créée l'année précédente, en juin 1906, par des militants proches du groupe socialiste de Caen, René Marie, Maurice Fouque entre autres[619] et on ne peut douter que Bernard qui avait été, à sa création, en 1900, secrétaire-adjoint de la Fédération de la Jeunesse laïque, une association nationale alors présidée par le biologiste Louis Lapicque, y avait eu sa part[620]. En lui résonnait encore la pétition de principe formulée naguère par Émile Duclaux :

> « Tout progrès intellectuel chez ceux qui obéissent se tourne en obstacle pour ceux qui commandent.[621] »

L'association, qui s'inspirait des principes de l'Université populaire et se donnait pour mission une œuvre d'éducation, créant des clubs sportifs, des groupes musicaux, aménageant un local de rencontres et de discussion, édifiant une bibliothèque, organisant des soirée récréatives, des concerts ou des représentations théâtrales, proposant des cours et des conférences de tous

---

Richardson, « Noël Bernard (1874-1911), "Orchids to symbiosis in a dozen years, one century ago", *Symbiosis*, juin 2011, p. 61-68.)

617 Notice biographique d'Émile Droual, *Maitron en ligne, Dictionnaire biographique du mouvement ouvrier français, ouv. cité*

618 *Le Combat ouvrier, républicain, socialiste*, édité à Caen, n° 1, 16 février 1907, p. 3.

619 Gabriel Désert, notice de Maurice Fouque dans le *Maitron*. Selon l'article du *Combat ouvrier*, Mitton était le président de la Jeunesse laïque, Beaumer, secrétaire et René Marie, par ailleurs secrétaire-adjoint de la fédération socialiste de Basse-Normandie, président de la section d'éducation.

620 Sur la Fédération de la Jeunesse laïque, voir un développement plus loin.

621 Émile Duclaux, *Avant le procès*, ouv. cité, p. 34.

types, était, comme son nom l'indiquait, animée de principes républicains et laïcs qui ne manquaient pas d'une dimension anticléricale de combat.

De nombreux cercles locaux comme celui de Caen s'étaient multipliés en quelques années. Anatole France, malgré son âge, était devenu le président de la Jeunesse laïque – dans un message adressé à son congrès, il déclarait : « Il faut demander à la raison et à la science toute amélioration de la condition humaine.[622] » – et il existait même, depuis 1902, une revue, les *Annales de la Jeunesse laïque*, dirigée par le militant de « l'harmonie universelle », Georges Béret[623]. Ferdinand Buisson, invité à des assises de l'association parlait en ces termes aux congressistes : « Vous êtes tous socialistes, même ceux qui ne veulent pas de l'étiquette.[624] » Et Gustave Téry, membre du comité, parlait de « la jeunesse laïque, républicaine, démocratique et pacifiste, c'est-à-dire socialiste ». À cette date, la Jeunesse laïque active sur bien des fronts, réclamait par exemple l'abolition de la peine de mort et le désarmement unilatéral et se retrouvait le plus souvent dans un cartel d'organisations où on trouvait la Ligue des droits de l'homme, la Libre pensée, les Universités populaires, les francs-maçons.

Le cercle caennais de la Jeunesse laïque avait inauguré son activité avec un coup d'éclat en organisant une « Fête de la jeunesse laïque », le 10 juillet 1906, au lycée de Caen, à laquelle avaient participé « plusieurs milliers de personnes », avec discours du député radical Henri Chéron, élu deux mois auparavant dans la 1ère circonscription de Caen, et du président de la Ligue de l'enseignement lyonnaise, suivis d'un concert et d'un goûter[625]. À Caen, les organisateurs du cercle de la Jeunesse laïque, avaient entendu « dresser en face des patronages catholiques, une citadelle républicaine où les jeunes épris de justice et de vérité viendraient puiser les éléments nécessaires à leur émancipation intellectuelle[626] ». L'association avait trouvé sa place au sein de la Maison du peuple que venaient d'ouvrir les organisations républicaines de la ville et elle coopérait en particulier avec l'Union rationaliste de Caen, un groupement local de libres penseurs. La conférence donnée par Bernard était annoncée comme la toute première d'une série de conférences mensuelles.

---

622 Congrès de la Jeunesse laïque de novembre 1902, *Le Voltaire*, 11 novembre 1902.

623 Georges Béret, *Vers l'harmonie universelle*, Paris, éditions des Annales de la Jeunesse laïque, 1904. *Annales de la Jeunesse laïque, revue mensuelle, politique, philosophique et littéraire* puis *organe de la Fédération des jeunesses laïques de France*, 1902-1914, première livraison en juin 1902, Paris, Eugène Figuière. 2000 abonnés en 1902. « Faire l'éducation républicaine des jeunes générations de notre pays, tel est le but que se sont proposés d'atteindre les fondateurs des *Annales de la jeunesse laïque*. Pour cela, il se sont adressés à ces maîtres de la pensée moderne, à ces écrivains, à ces vaillants (...) qui purent, grâce à leur courage, sauver l'honneur de la France. » (n° 1, juin 1902).

624 *Journal des débats*, 4 novembre 1903 et 12 juin 1904. *La Raison*, 8 juillet 1907.

625 *Le Phare de la Loire*, 10 juillet 1906.

626 « Caen ; une œuvre intéressante – La Jeunesse laïque de Caen », article signé R.M. dans *Le Rappel*, 28 avril 1911, repris le même jour dans *La France* et dans *Le XIXème siècle, journal quotidien politique et littéraire*, entre autres.

L'auteur de l'article du *Combat ouvrier* indiquait que l'universitaire était alors « un orateur connu et apprécié du public caennais » et qu'il avait mené son exposé « avec son éloquence habituelle, dont l'originalité faite de finesse et d'indépendance charme et réconforte ». Ces allusions à une activité régulière d'orateur de Bernard ne sont guère éclairées par d'autres éléments d'information. Seule exception, cependant, un écho paru dans le quotidien parisien *La Nation* : évoquant une série de conférences données, pendant l'hiver 1906, à la Maison du Peuple de Caen et sous l'égide de l'Université populaire, le journal citait des « discussions contradictoires » autour de la question de Dieu, ayant opposé « les professeurs Biville et Noël Bernard, l'abbé Garnier, et les pasteurs Lecerf et Patry ». Lors d'une séance ayant réuni 600 personnes, lisait-on, « le professeur Bernard, pour les athées, (...) a(vait) multiplié les traits d'esprit contre la religion[627] ».

Si on pense, par ailleurs, aux séances de la Société linnéenne de Normandie ou à celles de la Société des Amis de l'Université de Caen[628], on ne peut exclure que l'auteur de l'article du *Combat ouvrier* ait voulu aussi faire allusion à diverses autres prises de parole de Bernard lors de réunions politiques. Le fait que celui-ci avait été sollicité pour prononcer la première conférence publique de la nouvelle association caennaise témoignait, en tout cas, de sa proximité avec les organisateurs et de la confiance dont il jouissait.

On peut imaginer quel était cet art oratoire de Bernard par la citation d'une phrase mordante du conférencier ciblant la statue en bronze dressée, à Caen, en l'honneur du géologue polytechnicien Élie de Beaumont (1798-1874), ancien secrétaire perpétuel de l'Académie des sciences et gloire locale du Calvados qui s'était, en son temps, exprimé sans délicatesse contre les théories darwiniennes qualifiées de « science mousseuse » :

> « Après avoir cherché sur le socle de sa statue ses titres à l'immortalité et n'avoir trouvé, disait Noël Bernard, que ses titres honorifiques, j'éprouve une véritable satisfaction de le voir, flanqué de quatre réverbères, figé dans le bronze, présider de son geste las et vide aux marchés populaires.[629] »

On retrouvait bien là le Bernard qu'on avait connu normalien facétieux et caustique, irrévérencieux et batailleur. Au reste, il prenait encore une fois le risque de provoquer le bourgeois normand et de déplaire, en particulier du côté des autorités, qu'elles fussent académiques ou politiques. D'ailleurs, cette saillie n'était pas simplement anecdotique et exprimait certainement un

---

627 *La Nation*, 17 mars 1906.

628 Conférence de Noël Bernard aux séances du mercredi de la Société des Amis de l'Université de Normandie, 14 décembre 1903 : « Les théories du professeur Metchnikoff sur la vieillesse et la santé » (*Assises scientifiques, littéraires et artistiques*, « Conférences données à la Société des Amis de l'Université de Normandie pendant l'année 1903 », Rouen, Librairie Léon Gy, 1908, page 146.)

629 *Le Combat ouvrier*, art. cité.

sentiment profond éprouvé par Noël Bernard car, à son cousin dont il attendait la visite à Caen, il avait déjà écrit qu'il lui ferait « voir les statues horribles qui ornent la ville et la déshonorent[630] ».

Ensuite venait, dans l'article du *Combat ouvrier,* une citation de la conclusion de Bernard pour sa conférence, dans laquelle il disait souhaiter « que dans une société meilleure, où l'homme sera délivré dans une large mesure du travail qui l'écrase, chacun tienne de ses parents une intelligence exercée qu'il puisse léguer à ses enfants, déjà prête pour un nouveau progrès ». Une formule dont on peut noter qu'elle avait plus à voir avec les rêves de future « société mendélienne » (dont il sera question plus loin) fondée sur l'amélioration de l'espèce humaine grâce aux progrès de la génétique qu'avec le projet d'une société sans classes et communautaire auquel se référaient habituellement les socialistes de cette époque.

Après une visite rendue à Bernard en septembre 1902, moins d'une année après son installation à Caen, Jean Perrin rapportait dans une lettre, peut-être adressée à Langevin, la teneur des « heures de causeries » qu'ils avaient eues ensemble. Nul mieux que Perrin n'était capable de formuler la nature de leurs préoccupations communes et de leurs « rêves voisins » et il laissait percer la forte impression que les propos de Bernard lui avaient fait :

> « Nous avons beaucoup causé, complétant les unes par les autres des connaissances acquises en des cerveaux hantés par des rêves voisins, excitant l'un par l'autre la hardiesse de notre pensée que rien ne doit effrayer. (...) Tu aurais eu plaisir à nous entendre, ce soir, parce que, plus que nous-mêmes, tu aurais cru à la possibilité de nos rêves et tu aurais senti la beauté des efforts que nous imaginons.[631] »

Au-delà de l'épisode, relaté dans la presse socialiste caennaise, de cette conférence publique de Noël Bernard, aucun fait précis confirmant une activité militante pendant ses années à Caen n'a été établi et il est tout à fait improbable qu'il ait pu être, même peu de temps, secrétaire d'une « section socialiste ». Peut-être a-t-il cependant été actif d'une autre manière. Il y avait à Caen, dans l'époque précédant la naissance de la SFIO, un Groupe d'études sociales dont la principale figure était Raoul Biville (1863-1909), professeur de Droit constitutionnel à la faculté de Droit[632]. Il avait, après Bernard, prononcé à son tour une conférence sous les auspices de la « Jeunesse laïque » de Caen dont *Le Combat ouvrier* avait présenté un long compte-rendu[633]. Ce

---

[630] Lettre de N.B. à Joseph Magrou, le 29 janvier 1906, CM, n° 42.

[631] Copie d'un extrait de lettre de Jean Perrin à un destinataire inconnu, de Caen, le 16 septembre 1902, copie sans doute due à Joseph Magrou, CM.

[632] Raoul Biville appartenait au bureau de la fédération de Basse-Normandie du Parti ouvrier français et rejoignit ensuite la fédération du Calvados et de l'Orne de la SFIO, créée en 1907. (Notice biographique sur Raoul Biville, par Justinien Raymond, *Dictionnaire biographique du mouvement ouvrier français*, déjà cité.)

[633] *Le Combat ouvrier*, 3 mai 1907.

Groupe d'études sociales, d'environ 60 à 80 membres était dominé, selon la formule d'un commissaire de police de Caen, par des « intellectuels universitaires » au nombre desquels il est donc possible, voire probable qu'on ait compté Noël Bernard[634]. Les dissensions y étaient nombreuses entre d'une part ceux de ses membres qui penchaient pour Franklin-Bouillon (1870-1937), jeune professeur agrégé d'Anglais et journaliste parisien qui tenta de devenir député radical-socialiste de Caen, en 1903, d'autre part ceux qui étaient proches d'Ernest Poisson (1882-1942) qui avait été dreyfusard et socialiste dès ses années lycéennes et, devenu avocat au barreau de Caen, fut un des fondateurs de la première fédération socialiste puis de la fédération SFIO, proche de Jean Longuet, le petit-fils de Marx, et enfin les « ouvriers guesdistes » qui avaient fait scission avant l'arrivée de Bernard à Caen. Il a été impossible, jusque-là, de reconstituer les étapes de la participation de Bernard à cette ébullition qui aboutit à la naissance de la SFIO à Caen.

Bernard ne semble pas avoir prêté un concours remarqué à la Ligue des droits de l'homme ; son nom n'apparaît pas parmi ceux des membres du bureau de la section de Caen, très active ; mais les postes y étaient, semble-t-il, une chasse gardée de quelques universitaires locaux, le radical dreyfusard Edmond Goblot (1858-1935, ENS 1879), philosophe logicien respecté[635], les scientifiques Riquier, Lignier et Houllevigue, déjà longuement évoqués, voire de « politiques » comme Poisson[636].

On trouve cependant son nom, suivi de la mention de sa maîtrise de conférences à la faculté des Sciences de Caen, dans la liste des souscripteurs, où on comptait nombre de normaliens membres de la Ligue des droits de l'homme parisiens, en faveur des victimes des massacres en Russie, parue dans *l'Humanité*, le 27 janvier 1905. Par contre, que son nom n'apparaît pas dans les listes de pétitionnaires publiées en 1909 dans *l'Humanité* en défense du militant anarchiste et pédagogue, Francisco Ferrer, persécuté et condamné à mort par le régime monarchiste espagnol, alors que la plupart de ses camarades des années normaliennes y figuraient et que la campagne en faveur de Ferrer mobilisa fortement en France, dans les milieux progressistes, sur les thèmes de la défense des libertés et de l'idée républicaine et laïque – par ailleurs, le « Groupe socialiste de Caen » a donné son adhésion au comité de défense[637] ; ceci pouvant expliquer cela. À l'inverse, alors qu'il évoquait dans une lettre écrite cette année-là, ses souvenirs émus d'un séjour ancien à Amélie-les-Bains où sa famille se rendait traditionnellement en villégiature et d'excursions en famille vers Figueras et Gérone, il ajoutait que « ces lieux (s'étaient) récemment illustrés par une juste insurrection d'un peuple entraîné

[634] Dossier « Calvados. Mouvements socialistes », dans les archives de la Sûreté nationale, Arch. nat., F/7/12497.

[635] Michel Lallement, *Logique de classe. Edmond Goblot, la bourgeoisie et la distinction sociale*, Paris, Belles Lettres, 2015.

[636] *Bull. officiel* de la LDH, années 1901-1908.

[637] *L'Humanité*, 28 septembre 1909.

pour des motifs stupides à une guerre meurtrière[638] ». Dans cette évidente allusion à l'affaire Ferrer, Bernard se positionnait sans hésitations du côté de « la juste insurrection » populaire.

On peut suggérer que l'absence du nom de Bernard au bas de pétitions où on aurait pu s'attendre à le retrouver pouvait s'expliquer par son isolement en province, loin des réseaux intellectuels parisiens au sein desquels se collectaient les signatures. L'autre hypothèse qui s'impose est celle de sa grande mobilisation sur ses expériences de botanique dont on perçoit bien, dans la correspondance qu'il échangeait avec ses cousins, qu'elles emplissaient totalement l'ensemble de son temps disponible et qu'elles monopolisaient complètement ses capacités d'attention intellectuelle. Il ne cessait de répéter qu'il n'avait pas le temps de faire autre chose, de lire autre chose, de s'intéresser et de réfléchir à autre chose qu'à ses orchidées.

Finalement, le meilleur indice d'une adhésion en bonne et due forme de Bernard au courant socialiste et même au parti socialiste est posthume. En effet, lorsque Bernard, désormais installé à Poitiers, mourut, une brève nouvelle improvisée fut insérée dans la livraison datée du surlendemain de son décès, dans *Le Socialiste de la Vienne*, organe de la fédération SFIO du département.

> « Mr. Noël Bernard était des nôtres, lisait-on dans cet article du *Socialiste de la Vienne*. Non seulement il fut toujours sympathique à nos idées, mais alors qu'il était professeur à l'Université de Caen, il était membre du parti socialiste (SFIO) et sa claire parole comme son sûr bon sens aidèrent bien souvent nos militants de la fédération du Calvados.[639] »

Cette phrase qui évoquait avec force et précision le rôle actif de Bernard à la SFIO de Caen, ne laisse aucun doute au sujet de son affiliation effective au parti socialiste pendant ces années-là[640]. Au-delà, aucun fait ne vient alimenter l'idée d'une appartenance de Bernard à la mouvance socialiste de la Vienne. Outre le fait que son nom n'apparaît dans l'organe de la fédération, *Le socialiste de la Vienne* qu'à l'occasion de son décès, il n'apparaît pas non plus dans les premières livraisons de *L'Effort*, la revue intellectuelle et militante, que le secrétaire de la fédération socialiste, Jean-Richard Bloch, lança à partir

---

638 Lettre de N.B. à Joseph Magrou, le 15 septembre 1909, CM.

639 *Le Socialiste de la Vienne*, édité à Poitiers, 28 janvier et 4 février 1911, p. 2.

640 La semaine suivante, un article nécrologique étoffé revint sur cette disparition, toujours dans *Le Socialiste de la Vienne*. L'article du 4 février n'était pas signé mais le dossier administratif de Noël Bernard, conservé aux archives départementales de la Vienne, comprend un exemplaire du journal sur lequel on a ajouté (sans doute au secrétariat du rectorat), au stylo rouge, le nom de Turpain comme celui de l'auteur présumé. L'auteur évoquait longuement la carrière scientifique de Noël Bernard, ses travaux sur la symbiose et le déroulement de ses obsèques, et reprenait exactement, à propos de ses engagements politiques, les termes du petit article de la semaine précédente .

de juin 1910. Dans l'éditorial de la première livraison, celui qui signait Jean Richard justifiait son projet par la critique de l'incapacité des revues existantes à tenir la promesse d'une « communication directe (...) des vrais savants et des vrais artistes avec la masse de leurs concitoyens.[641] » On pouvait donc conclure que *L'Effort* allait être une revue ouverte à la démarche scientifique, ce qui fut loin d'être le cas lorsqu'on put constater que ses sommaires en faisaient une revue littéraire de plus. On peut malgré tout relever que dans le numéro 4, en juillet, parut un article sur « La défense de l'espèce dans l'hérédité », un thème qui semblait fait pour Bernard. Mais l'article qui ne faisait aucune allusion aux travaux scientifiques de celui-ci, était signé par René Morichau-Beauchant, professeur à la faculté de Médecine de Poitiers et un des fondateurs de la revue[642]. Bernard n'eut donc aucune part, semble-t-il, dans le projet de revue élaboré par Jean-Richard Bloch qui devint *L'Effort* puis *L'Effort libre*. Sa disparition, peu de mois après la création de la revue, empêche d'en dire plus.

Noël Bernard a-t-il appartenu au « socialisme normalien » ?

Ces quelques éléments ne suffisent pas pour retracer l'ensemble de l'itinéraire d'engagement politique de Noël Bernard[643]. Son adhésion aux idées socialistes était-elle plus ancienne ? A-t-il été de ce très petit nombre de normaliens, dans les promotions 1890-1904, qui appartinrent, dès leurs années d'École, à ce « socialisme normalien » qui n'est représenté, avec certitude que par quelques noms d'élèves « littéraires » comme Blum ou Péguy et les autres membres de la « turne Utopie », où on ne comptait aucun « scientifique »[644] ?

---

641 *L'Effort*, n° 1, juin 1910.

642 *L'Effort*, n° 1, 1er juin 1910, et n° 4, 24 juillet 1910. Christophe Prochasson, « *L'Effort Libre* de Jean-Richard Bloch », *Mil Neuf Cent, revue d'histoire intellectuelle (Cahiers Georges Sorel)*, n° 5, 1988, p. 105-118 ; et « La création de *L'Effort* et son manifeste », *La Revue des revues*, n° 20, 1995 , p. 13-15.

643 Il ressort des travaux de Jérôme Letournel, auteur en 2013 d'une thèse intitulée : « Socialisme et socialistes dans le Calvados des origines à la fin du XXe siècle (1864-1998) », qu'aucune information supplémentaire au sujet de Noël Bernard n'a été repérée. Contacté, l'auteur confirme qu'il n'a pas rencontré Noël Bernard lors de ses recherches : « Son nom ne figure ni dans les rapports de police de l'époque (très informés), ni dans les journaux de la fédération socialiste, ni dans des documents électoraux. » (Courriel du 1er mars 2019.)

644 J. et J. Tharaud, *Notre cher Péguy*, t. 1 et 2, Paris, Plon, 1926. Jacques Verger, « Introduction », *ouv. cité*. Robert J. Smith, « L'atmosphère politique à l'École Normale Supérieure à la fin du XIXe siècle », *art. cité*. Christophe Charle, « Les normaliens et le socialisme (18671914) », dans Madeleine Rebérioux et Gilles Candar (dir.), *Jaurès et les intellectuels*, Paris, éd. de l'Atelier, 1994 ; Christophe Prochasson, *Les intellectuels, le socialisme et la guerre*, Paris, Seuil, 1993, et « Entre science et action sociale : le "réseau Albert Thomas" et le socialisme normalien, 1900-1914 », dans *Laboratoires d'un nouveau siècle. La nébuleuse réformatrice et ses réseaux (1880-1914)*, Paris, EHESS, 1994 ; Daniel Lindenberg et Pierre-André Meyer, *Lucien Herr : le socialisme et son destin*, Paris, Calmann-Lévy, 1977.

Tandis que Jérôme Tharaud disait que Péguy était déjà socialiste lorsqu'il était khâgneux au lycée Lakanal, en 1891, on sait que celui-ci ne datait son adhésion formelle au socialisme que de la période « des incidents nés au Centenaire (de l'École normale supérieure)[645] ». Il faisait probablement allusion à ce qui s'était produit à la fin du mois d'avril 1895 quand un service funèbre, accompagné d'une messe à la mémoire des normaliens décédés, avaient été prévus à l'église Saint-Jacques-du-Haut-Pas en présence de monseigneur Perraud, évêque d'Autun et ancien élève de l'École, – deux autres cérémonies eurent lieu à la synagogue de la rue de la Victoire et au temple de la rue de Grenelle. Gérald Leroy, dans sa biographie de Charles Péguy, rapporte que par un communiqué de presse un groupe d'élèves et d'anciens élèves fit savoir qu'ils « ne cautionneraient pas par leur présence une cérémonie religieuse » et qu'il se réuniraient sur la tombe d'Ernest Bersot – ancien directeur de l'École et libre penseur auquel *La Revue de Paris* rendait hommage dans sa dernière livraison – « pour que les anciens élèves dont l'esprit s'est dégagé de tout asservissement aux croyances religieuses aient leur part du souvenir de leurs camarades[646] ». La presse rendit compte diversement de ces épisodes, depuis *Le Temps* jusqu'à *La Petite République,* journal socialiste. Pas plus qu'on ne sait de quelle manière Péguy fut mêlé à cette affaire, on ne peut savoir quelle part put y avoir Noël Bernard ; connaissant les sentiments anticléricaux de celui-ci, il est très probable qu'il ne fut « pas le dernier ». *La Petite République*, rapporta que sur la tombe de Bersot, Paul Robin (1837-1912, ENS 1856), ancien élève de la section Sciences de l'ENS et alors membre de l'Internationale[647], prit la parole après un discours du professeur Alfred Giard, devant une centaine de ses camarades pour appeler à « la résistance au cléricalisme hypocrite[648] ».

Au-delà de ce rationalisme militant, mêlant athéisme et anticléricalisme, Bernard, comme Péguy et comme beaucoup de leurs camarades, ne pouvait ignorer l'acuité nouvelle de la « question sociale » que relançaient à intervalles réguliers d'immenses grèves ouvrières : après la grande grève des mineurs d'Anzin, en 1884, qui avait inspiré Zola pour *Germinal*, après le 1er mai 1891 et la tragique fusillade de Fourmies, la longue grève des mineurs de Carmaux en 1892, puis celle des verriers en 1895, touchaient directement

---

[645] Lettre de Charles Péguy à Camille Bidault, avril 1895. Voir Jean Delaporte, « Le socialisme de Péguy », *La Revue administrative*, 19ème année, n°. 111 (mai-juin 1966), p. 258-268.

[646] *La Petite République*, 22 avril 1895, p. 2. *Le Temps*, 25 avril 1895, p. 1-2. Géraldi Leroy, *Charles Péguy : L'inclassable*, Paris, Armand Colin, 2014. L'article de Georges Lyon sur Bersot, paru dans *La Revue de Paris* du 15 avril 1895, était repris dans le livre du *Centenaire de l'École normale supérieure*, paru au même moment.

[647] Patrick Dubois, notice de Paul Robin, dans le *Dictionnaire de pédagogie et d'instruction primaire de Ferdinand Buisson*, répertoire biographique des auteurs, Paris, INRP, 2002, pages 126-127 ; et notice par Christiane Douyère-Demeulenaere, *Dictionnaire des anarchistes* (*Maitron* en ligne)

[648] *La Petite République*, 25 avril 1895, p. 2.

l'ENS en raison des interventions de Jaurès, l'ancien normalien devenu socialiste qui avait été élu député de Carmaux en 1893. Il y eut aussi, en 1894, la très longue grève des verriers de Rive-de-Gier, et bien d'autres (Champagnac, La Grand-Combe) au cours desquelles on agitait l'idée de la « grève générale » et espérait que les travailleurs, convertis en coopérateurs, allaient triompher définitivement des patrons. Les rares indications se rapportant à la sensibilité de Bernard à la question sociale sont l'allusion déjà évoquée, concernant les grèves de Limoges de 1905[649], et une autre, se référant à la souffrance ouvrière dont témoignait une sculpture de Dalou qu'il avait vue exposée à Vierzon :

> « Triste ville industrielle ; je n'y aurai vu que des ouvriers maniant des masses de fer et une statue de (Jules) Dalou qui matérialise assez bien la stupeur abrutie où le travail continu réduit les hommes qui font de lourdes tâches[650]. »

Anticlérical, antimilitariste, dreyfusard, peut-être socialiste, Bernard fut, pendant ses années normaliennes, entre 1894 et 1898, un des éléments actifs de cette mouvance nouvelle qui contribua à changer l'ambiance d'une École qui avait été jusque-là plutôt ronronnante sur le plan des engagements sociaux et politiques de ses élèves.

Bernard, Péguy et Herr, une mouvance ?

Le nom de Noël Bernard n'apparaît pas dans la liste, d'août 1899, des actionnaires de la Société nouvelle de librairie et d'édition, créée par Lucien Herr et Charles Andler autour de la librairie Bellais, alors que ceux des quelques élèves scientifiques qui y figurent sont ceux de ses plus proches amis : Perrin, Langevin et Charles Pérez[651] ; mais Bernard était alors en train d'accomplir son service militaire, à Fontainebleau, loin de la rue Victor-Cousin, de novembre 1898 à septembre 1899 – ceci explique peut-être cela ; Bernard était absent et il ne bénéficia que de très rares permissions pendant cette période dont Raoul Blanchard, élève alors en deuxième année à l'École, se souvenait en ces termes :

---

649 Lettre de N.B. à M.L. Martin, le 11 juin 1908, n° 8, déjà citée.

650 Lettre de N.B. à M.L. Bernard, de Vierzon, le 21 septembre 1908, CM, n° 71. Noël Bernard évoquait là une statue en bronze de Jules Dalou, statue dite du « Grand paysan », qui devait appartenir au grand « Monument au travail » que le sculpteur ne put achever avant sa mort. Dalou, qui est par ailleurs l'auteur du groupe en bronze appelé le « Triomphe de la République » qui est installé au centre de la place de la Nation, à Paris, ayant été officier sous la Commune de 1871 et administrateur provisoire du Musée du Louvre, s'était exilé à Londres après la Semaine sanglante. Condamné, en 1874, par un conseil de guerre, il ne revint en France qu'après son amnistie, en 1879.

651 Smith Robert J, *art. cité*, p. 261.

« L'année scolaire 1898-1899 qui s'allonge de la mort d'Henry au procès de Rennes est la période cruciale de l'Affaire, du moins celle où les passions sont tendues au maximum. (...) L'École est devenue une des citadelles du dreyfusisme; le "syndicat" y tient souvent ses assises, c'est à dire que la bibliothèque voit des conciliabules auxquels participent Jaurès, Herr, Péguy, Seignobos.[652] »

Si Bernard n'apparaît pas parmi les noms des fidèles groupés autour de Herr et des habitués de la librairie Bellais, on sait par contre que son cousin Magrou, fréquentait celle-ci et même qu'il fut, dans les années suivantes, un lecteur passionné des livraisons du *Jean-Christophe*, de Romain Rolland, qui paraissaient dans les *Cahiers de la Quinzaine*, de Péguy[653].

Christophe Charle, dans son étude proposographique d'une cohorte de quarante normaliens identifiés comme « ayant pu être considérés à un moment ou à un autre comme socialistes par leurs contemporains ou qui se sont affirmés comme tels (...) même si ce n'est pas pendant leur scolarité à l'École normale », n'a rencontré que quatre élèves appartenant aux promotions de scientifiques, soit Perrin, Langevin, René Gosse (ENS 1903) et Marcel Prenant (ENS 1911) et il ne cite pas Bernard[654]. Au vu des articles cités de la presse socialiste du Calvados et de la Vienne, on peut donc y ajouter Noël Bernard, ce qui fait cinq ; et d'ailleurs, la lecture de *l'Humanité* permet d'en ajouter au moins un sixième : René Costantin (1890-1914, ENS 1910), le fils du professeur Costantin[655]. Par contre la promotion littéraire de 1894, correspondant à celle de Langevin et Bernard, battait tous les records d'adhésion au socialisme selon les critères retenus par Charle, avec 9 élèves : Étienne Burnet, Félicien Challaye, René Litalien, Albert Lévy, Paul Mantoux, Albert Mathiez, Charles Péguy, Mario Roques et Georges Weulersse. Il ne semble pas que Bernard a été proche d'aucun d'entre eux, Albert Mathiez excepté, sinon en raison de leur participation ultérieure à *La Revue du Mois* dont il sera traité un peu plus loin.

Le fait que Noël Bernard n'a pas été identifié comme « socialiste » par les historiens ayant étudié ce « socialisme normalien » tendrait à indiquer que celui-ci, pourtant présent à l'ENS pendant plus de six années, n'aurait formellement rejoint le courant socialiste qu'après son séjour parisien, à Caen. Mais une telle adhésion après les années d'École reste exceptionnelle : les exemples sont inexistants, parmi les anciens de la section Science de l'ENS

---

652 Raoul Blanchard, *Ma jeunesse...*, déjà cité, p. 212.

653 Antoinette Magrou-Lacorne, « Biographie de Joseph Magrou », déjà cité.

654 C. Charle, « Les Normaliens et le socialisme (1867-1914) », *art. cité*.

655 René Costantin, normalien, agrégé de Sciences physiques qui commençait des recherches sous la direction de Jean Perrin, fut tué le premier jour de sa présence au front, le 18 décembre 1914, dans la Somme. *L'Humanité* indiquait qu'il était membre de la 5ème section de la fédération de la Seine de la SFIO. (*L'Humanité*, 2 mars 1915.)

avant 1900, d'adhérents une fois devenus enseignants à un parti politique et en particulier à une organisation socialiste, à partir de 1905 à la SFIO : Jean Perrin n'a probablement jamais été adhérent à la SFIO même pendant les années du Front populaire, Émile Borel ne rallia le parti radical que vers 1908, Paul Langevin resta finalement en dehors des partis jusqu'aux années de l'Occupation qui le virent rejoindre le parti communiste. Borel et Langevin adhérèrent, en 1913, avec Paul Painlevé et Charles Richet, peut-être Perrin, à l'éphémère Cercle carré, créé par Anatole France, qui voulait en faire « une force intellectuelle, une entente pleine d'indépendance, basée sur des désirs communs de haute culture, de justice et de progrès social », un groupe qualifié par la presse de « républicain de gauche », encore bien loin d'un engagement dans un parti[656]… Reste donc Noël Bernard comme figure d'unique exception puisque s'il n'avait peut-être pas formellement adhéré auparavant il a, au plus tard, rejoint la famille socialiste à Caen, avant ou peu de temps après la création du parti socialiste de Guesde et de Jaurès.

On n'est pas loin de conclure comme Robert J. Smith :

> « Quelques discussions ne suffisaient pas à transformer un bon bourgeois en socialiste ardent. (…) Quand ils se disaient socialistes, il s'agissait d'une certaine attitude de "noblesse oblige", mais guère d'un vrai attachement à la classe ouvrière ou d'une séparation d'avec la classe bourgeoise. (…) Leurs origines sociales ne posaient pas assez de problèmes pour les empêcher d'entrer dans le camp de Dreyfus : ils étaient déjà républicains, anticléricaux, antimilitaristes et antiracistes. Par contre, très peu de ces normaliens de la fin du siècle recommandaient la destruction de l'ordre social dont ils bénéficiaient à Normale.[657] »

Noël Bernard, upéiste fidèle et militant de la première heure à la Fédération de la Jeunesse laïque

Si Bernard fut absent du Quartier latin pendant toute l'année 1899 au cours de laquelle il effectuait son service militaire et ne se trouva donc pas associé au premier rang à l'activité du groupe de ses amis dreyfusard pendant ces mois-là, dès son retour à l'ENS sur le poste d'agrégé-préparateur de Botanique et pendant toute l'année 1900, et bien qu'il était mobilisé par de complexes expérimentations de laboratoires et visait la soutenance de sa thèse le plus rapidement possible, il fut, cette fois, un des inspirateurs et organisateurs

[656] *Gil Blas*, 24 avril 1913, *Le Radical*, 2 juin 1913. Langevin écrivait alors à Borel : « J'ai accueilli avec joie l'idée de former un semblable groupement : il faut absolument agir dans ce sens (…). On ne peut malheureusement plus se contenter de réfléchir chacun dans son coin (…). » (Lettre de Paul Langevin à Émile Borel, le 21 mai 1913, Correspondance scientifique, dossier Émile Borel, Archives de l'Académie des sciences.)
[657] Robert J. Smith, *art. cité*.

d'une entreprise militante ambitieuse, inscrite dans les mouvances socialistes et visant à unifier leurs efforts, celle de la Fédération de la Jeunesse laïque.

Dès sa libération des obligations militaires, on avait vu Bernard réaffirmer publiquement ses positions dreyfusardes en signant, à la fin de janvier 1900, aux côtés de Lucien Herr, Jacques Duclaux et bien d'autres, la pétition de la Ligue des droits de l'homme demandant au Sénat, « au nom de la justice et de la vérité de repousser la loi d'amnistie[658] » ; cette loi devait concerner tous les faits de l'Affaire Dreyfus et, si elle venait à être votée, garantir aux auteurs militaires et civils du complot qu'ils ne seraient jamais poursuivis. On l'avait aussi retrouvé à sa place dans le mouvement des Universités populaires, présentant, par exemple, une conférence sur « Les microbes (avec projections) » le 7 février à l'UP de la rue Mouffetard, une autre à La Fraternelle du 3ème arrondissement le 9 mars et ensuite à L'Émancipation, dans le 15ème arrondissement, sur « Les Êtres vivants », le 2 mai, puis de nouveau à l'Union Mouffetard le 1er juin, sur « L'homme descend-il du singe ? », renouvelée le 9 à La Fraternelle[659]. Il finissait l'année, le 3 novembre à La Fraternelle du 3ème arrondissement, avec une conférence sur « Les forêts vierges », puis le 18 novembre, au Réveil du 1er et 2ème arrondissement, avec un propos sur « L'origine de l'homme » et le 24 novembre une conférence sur « La houille (avec projections) », à L'Enseignement mutuel, rue de La Chapelle. Au total, au moins huit conférences en neuf mois.

Le 8 juillet 1900 se réunissait, dans les locaux de l'Université populaire de la rue Mouffetard, l'assemblée générale constitutive de cette Fédération de la Jeunesse laïque. Elle avait pour but « de grouper les jeunes républicains libres penseurs afin de propager les idées anticléricales et anticésariennes et d'établir une solidarité effective entre les jeunes gens formés par l'enseignement universitaire à tous les degrés[660] ». Noël Bernard fut secrétaire adjoint dans le bureau de l'association élu lors de cette assemblée générale, un bureau présidé par le professeur Louis Lapicque (1866-1952). Le docteur Lapicque enseignait alors la Physiologie expérimentale à la Sorbonne et, anti-boulangiste dans sa jeunesse, il était déjà connu comme dreyfusard de la première heure, comme un des fondateurs de la Ligue des droits de l'homme, et aussi comme animateur du mouvement des Universités populaires, bref comme libre penseur, antimilitariste et socialiste[661]. À ses côtés, un vice-président avait été installé en la personne de Charles Pérez, le plus proche collègue et ami normalien de Noël Bernard et qui, comme lui, était un

658 *L'Aurore*, 29 janvier 1900.

659 *La Petite république*, 7 février , 2 mai et 3 novembre 1900, *Le Parti ouvrier*, 18 novembre 900, *Les Temps nouveaux*, n° 31, 6ème année, 24 novembre 1900.

660 *L'Aurore*, 9 juillet 1900 ; *Le Parisien*, 10 juillet 1900 ; *Le Parti ouvrier*, 15 juillet 1900.

661 Notices de Justinien Raymond dans le *Maitron* et de C. Charle et É. Telkès dans *Les professeurs de la faculté des Sciences de Paris*, ouv. cité

conférencier régulier dans les Universités populaires de Paris [662]. Le communiqué diffusé dans la presse au lendemain de cette assemblée fondatrice plaçait clairement la Jeunesse laïque dans la continuité des combats dreyfusards ; elle se disait attentive « à la besogne d'assainissement entreprise par le ministère de défense républicaine », appelait la jeunesse des facultés, des lycées et des Universités populaires à se joindre à elle pour s'opposer aux manifestations nationalistes », et cela dès le 14 juillet suivant en fixant un rendez-vous avenue Henri-Martin.

Quelques jours après cette annonce, Charles Allemane, dans le journal dirigé par son père, Jean Allemane, se félicitait de cette initiative qu'il plaçait essentiellement sous les auspices des Universités populaires et dans une mouvance socialiste[663] : dénonçant « la levée de l'armée noire », il se félicitait de voir « de jeunes professeurs qui ont accepté le lourd fardeau d'aller porter la bonne parole (et) répandre la bienfaisante lumière ». Il ajoutait :

> « Pour nous, c'est d'un bon augure le réveil de ceux qui laissent pour quelques heures le cabinet de travail pour se jeter dans la mêlée, afin de défendre nos maigres conquêtes. La république n'aura jamais assez d'hommes énergiques pour la défendre ; mais que les nouveaux combattants marchent résolument pour la Sociale, qu'ils ne fassent pas comme leurs devanciers, marquer le pas après un résultat obtenu. (...) Soyons tenaces, c'est à cette seule condition que nous vaincrons l'ennemi.[664] »

Dans *Le Voltaire*, quotidien républicain dont le titre se voulait un programme, on applaudissait à la naissance de cette « autre ligue des Droits de l'homme et du citoyen avec une allure plus combative (...), destinée à grouper dans tous les centres universitaires, collèges, lycées, facultés, universités populaires, écoles laïques, tous les jeunes gens et les hommes jeunes, décidés à constituer une armée dont les membres se livreront à une active propagande anti-césarienne et anticléricale.[665] » Avec cette présence de Noël Bernard parmi les fondateurs de la Jeunesse laïque, on a donc un

---

[662] Charles Pérez qui a vécu jusqu'en 1952, ne semble pas avoir été, après ses années normaliennes, un universitaire engagé dans l'action politique. Son nom ne reparut dans un contexte significatif qu'en janvier 1940 lorsqu'il s'associa, à l'occasion de la mort d'Édouard Branly, « au grand deuil qui frappe l'Institut catholique en même temps que la physique française » (*Bulletin de l'Institut catholique de Paris*, 25 janvier 1940, page 119), puis, sous l'Occupation, lorsque Vichy, en même temps que Paul Montel était nommé doyen de la faculté des Sciences de Paris en remplacement de Charles Maurain, le nomma le 1er octobre 1941 assesseur du doyen (*Paris Soir*, 16 septembre 1941), fonction qu'il occupa jusqu'à la Libération ; en septembre 1944, il fut maintenu en fonction et fut admis à la retraite un an plus tard (C. Charle et É. Telkès, notice sur Charles Pérez, *Les professeurs de la faculté des Sciences de Paris*, ouv. cité).

[663] Charles Allemane, « Universités populaires », *Le Parti ouvrier*, 15 juillet 1900.

[664] Id.

[665] *Le Voltaire*, 11 juillet 1900.

témoignage, bien au-delà de ce qui pourrait être considéré comme l'agitation sans conséquences ou inconséquente de l'élève normalien promis à rentrer dans le rang, de la vigueur de ses engagements intellectuels ou d'intellectuel, décidé, comme s'en félicitait Charles Allemane, à « aller au bout » de ses convictions.

Parmi les premières manifestations de la nouvelle association, le 18 novembre 1900 eut lieu, rue Mouffetard, une conférence qualifiée dans *Le Rappel* de « réunion anticléricale » à laquelle assistèrent environ 500 personnes venues écouter Francis de Pressensé, le sénateur Delpech et Louis Lapicque, et, le 22 janvier suivant, 2000 personnes assistaient à une « Matinée de la Jeunesse laïque au Grand Orient », présidée par Émile Duclaux, directeur de l'Institut Pasteur, en présence de Ferdinand Buisson, Charles Seignobos et Pérez[666]. Pressensé fut acclamé lorsqu'il déclara qu'on avait « trop négligé l'éducation politique de la jeunesse » :

> « On s'est trop habitué à laisser le poids de la lutte "aux vieilles barbes de 48". Il est temps que les "jeunes moustaches" interviennent à leur tour.[667] »

Les comptes-rendus de cette réunion ne comptaient déjà plus Bernard dans la liste des membres du comité de la Jeunesse laïque, mais cependant, peu de temps après, il eut « l'honneur » de voir son nom cité au cours d'un débat parlementaire houleux à la Chambre, en liaison avec ses activités à la Fédération. En effet, le 25 mars 1901, le député du Finistère, Hippolyte Gayraud (1856-1911), qui siégeait en soutane et qu'on connaissait comme un défenseur acharné de l'enseignement religieux et comme pourfendeur des enseignants soupçonnés par lui de socialisme ou de franc-maçonnerie, entendit lire à ses collègues le contenu d'un tract violemment anticlérical de la Jeunesse laïque qui avait été, disait-il, distribué aux élèves du lycée Charlemagne. Exposant de ce fait quelques arguments bien sentis en faveur de l'enseignement laïc et républicain qu'il n'approuvait pas, mais dans lesquels, sans doute, Bernard se fût reconnu, il obtint essentiellement des applaudissements fréquents venus des bancs de la gauche radicale et socialiste :

> « M. Gayraud : Je lis : "Fédération de la jeunesse laïque. Présidents d'honneur : MM. Buisson, professeur à la Sorbonne; A. Delpech, sénateur. Appel : Le nombre de ceux qui ont senti le besoin de se créer une pensée libre et de faire triompher la pensée libre, a grandi de jour en jour. Le temps est venu pour eux d'unir leurs efforts trop dispersés, de faire bloc contre leurs adversaires comme ceux-ci font bloc contre eux, et d'adopter vis-à-vis de tous les retours de la pensée esclave une attitude plus énergique et

[666] « La matinée de la Jeunesse laïque au Grand Orient », *Le Parisien*, 21 janvier 1901.
[667] *L'Aurore*, 21 janvier 1901.

plus franche de solidarité et de combat." (*Vifs applaudissements à gauche et à l'extrême-gauche.*)

« M. Gayraud : Applaudissez, mais si vous applaudissez ces paroles de combat, vous devriez applaudir également les nôtres. (*Vifs applaudissements à droite.*) Je continue : "À tous ceux qui, dès leurs premières années ont eu le privilège de recevoir à l'école laïque un enseignement affranchi de tout rapport avec les formalismes des décalogues. (*Très bien! très bien! à l'extrême gauche*) et les légendes des mythologies. (*Très bien! très bien! sur les mêmes bancs.*) À tous ceux qui, élevés dans le mensonge des dogmes et l'esclavage des disciplines périmées, ont eu le courage de secouer ce joug et la force de libérer leur conscience. (*Très bien! très bien! sur les mêmes bancs.*) Aux instituteurs laïques et à tous les maîtres qui, soucieux de leur mission d'éducateurs veulent substituer à la neutralité hypocrite et déconcertante, l'activité féconde d'un enseignement tout inspiré de libre pensée républicaine. (*Applaudissements à l'extrême gauche et sur divers bancs à gauche. — Sourires à droite.*) À tous ceux enfin qui se sentent fils du dix-huitième siècle et de la Révolution (*Très bien! très bien! à l'extrême gauche.*) nous adressons avec confiance cet appel : notre pensée libérée nous unira plus fortement que l'acceptation aveugle d'aucun dogme. (*Applaudissements à l'extrême gauche.*) À ceux que nous avons à combattre, à ce troupeau d'esclaves attachés les uns aux autres par leurs ignorances comme par des chaînes, nous opposerons une solidarité vivante et plus efficace." (*Très bien! très bien! à l'extrême gauche.*) Et cela est signé : "Président : M. Lapicque, maître de conférences à la Sorbonne (*Applaudissements à l'extrême gauche.*) ; vice-présidents : M. Pérez, agrégé-préparateur à l'École normale supérieure; M. Picquenard [668] , licencié d'histoire ; secrétaire : M. Bernard, agrégé-préparateur à l'École normale supérieure." (*Applaudissements à l'extrême gauche et à gauche.*)

« M. Tourgnol (député radical) : Tous les professeurs devraient ressembler à ceux-là! (*Très bien! très bien ! à gauche.*)

M. Gayraud : Et maintenant, je demande à M. Léon Bourgeois, s'il veut bien me le permettre, ce qu'il pense de la neutralité d'un enseignement qui est donné par de tels maîtres, et, si un pareil enseignement est fait pour unir les citoyens ou pour les diviser. (*Applaudissements à droite.*) [669]»

Au cours de l'année 1901, l'activité de la Jeunesse laïque ne faiblit pas, les cercles locaux se multiplièrent en province et l'année s'acheva avec un meeting, le 1er décembre, « pour flétrir le coup d'État de 1851 », avant la tenue

---

[668] Tout laisse penser qu'il s'agissait de Charles Picquenard (1873-1940), un des étudiants engagés dans l'aventure de la Librairie Bellais et qui venait d'entrer ou allait entrer au ministère du Travail, auprès d'Arthur Fontaine.

[669] Comptes-rendus des débats à la Chambre des députés, du 25 mars 1901, *Journal officiel*.

d'une « fête de l'Arbre de la Liberté » organisée le 30 décembre à l'école de la rue des Boulets dans le 11ème arrondissement, sorte de Noël laïque avec distribution de jouets aux enfants[670]. À cette date, Louis Lapicque qui se faisait décidément trop fortement remarquer comme universitaire engagé et militant, en cumulant ses fonctions de leader de la Jeunesse laïque avec celles de dirigeant de la LDH ou d'organisateur du courant socialiste dans son département des Vosges, ou encore d'animateur, cette année-là, du comité de solidarité avec les étudiants russes victimes de la répression tzariste, fut sanctionné d'une suspension pour six mois de ses fonctions de maître de conférences, décidée par le ministre de l'Instruction publique, pour avoir pris fait et cause pour son collègue Gustave Hervé, révoqué de l'enseignement au motifs de ses publications antimilitaristes[671].

Au même moment, en ce mois de décembre 1901, Noël Bernard soutenait sa thèse de doctorat et il allait, quelques jours après, apprendre sa nomination à la faculté des Sciences de Caen ; ce fut un tournant qui, en raison de l'intense activité de recherche au laboratoire qu'il développa, en plus de ses tâches d'enseignement, en raison aussi de son éloignement des modes de sociabilité universitaire parisienne auxquels il était accoutumé, marqua une rupture dans ses activités militantes. Au cours de l'année 1902, la Jeunesse laïque désormais présidée par Anatole France était dotée d'un nouveau comité où siégeaient Georges Elber, directeur des *Annales de la Jeunesse laïque*, Paul Fleurot, secrétaire général de la Libre pensée, Désiré Grosz, président de la loge La Philosophie positive, Gustave Téry, rédacteur à *La Petite république* ou Victor Carbonnel, directeur de *La Raison*, mais où ne figuraient plus les membres fondateurs, ni Bernard, ni Pérez.

On comprend mieux, cependant, en considérant l'activisme que Bernard avait manifesté au cours de l'année 1900, aussi bien à l'Université populaire qu'à la Jeunesse laïque, l'importance qu'eut pour lui, en janvier 1907, la conférence sur Darwin qu'il donna au cercle de la Jeunesse laïque de Caen.

D'autres positionnements politiques ?

On ne connaît pas de texte à portée directement politique de Noël Bernard – si tant est qu'il en ait existé – mais on peut considérer les citations extraites du *Combat ouvrier* de Caen et du *Socialiste de la Vienne* comme des indices fiables de sa pensée profonde, plus nettement « socialiste » que celle de la plupart de ses camarades. Et d'autres traces viennent le confirmer. Dans la

---

[670] *Le Rappel*, 21 novembre 1900. *Le Radical*, 3 décembre 1900. *Le Rappel*, 29 décembre 1900.

[671] Louis Lapicque, « Aux universitaires, après la condamnation d'Hervé », *La Petite république*, 9 décembre 1901, p. 1. Vincent Duclert, « La Ligue de "l'époque héroïque" : la politique des savants, *Le Mouvement social*, n° 183, « Les Droits de l'Homme en Politique, 1898-1939 », avril - juin., 1998, p.. 27-60. Voir aussi Emmanuel Naquet, *La Ligue des droits de l'homme, une association en politique (1989-1940),* thèse IEP, Paris, 2005.

correspondance de Noël Bernard conservée, il ne se trouve, on l'a dit, que très peu d'indications concernant ses inclinations politiques et sa sensibilité aux questions sociales. On peut cependant y relever quelques notations appartenant au registre de la sensibilité et du ressenti révélant des points de vue ou des partis-pris significatifs, comme ce qu'il écrivait à sa femme depuis Gand où il venait de faire une communication remarquée devant le congrès d'Horticulture, juste après avoir noté avec étonnement que cette prestation lui avait valu des marques de considération et de reconnaissance officielle :

> « Le prolétariat de ce lieu, horticulteurs ou autres se méfient (sic), à bon droit, devant les apparences de ma réputation (de savant, ndlr). Quand on pense qu'en France je suis révolutionnaire moi-même ![672] »

Par contraste, il écrivit, un autre jour, à sa femme, alors qu'en visite à Paris il avait vu Émile Borel et n'avait pas donné suite à son invitation à dîner :

> « Je lui ai démontré jusqu'à l'en convaincre qu'il était réactionnaire.[673] »

On sait que Borel, surtout préoccupé de sa carrière et de sa place dans la société parisienne, n'avait alors pas d'engagement politique mais qu'il il ne tarda pas à se rapprocher des courants du « juste milieu » au sein de la famille radicale avant d'entamer une vraie carrière dans le monde politique. L'appréciation de Bernard était sévère mais elle confirme qu'il était lui-même sur des positions effectivement plus « révolutionnaires ». Il semble d'ailleurs qu'il étendait son sévère jugement à « Borel, Perrin et leur milieu », sans plus de précision[674].

Rappelons aussi cette phrase qui prêtait, dans *Le Combat ouvrier*, à Noël Bernard cet espoir que « dans une société meilleure, où l'homme sera délivré dans une large mesure du travail qui l'écrase, chacun tienne de ses parents une intelligence exercée qu'il puisse léguer à ses enfants, déjà prête pour un nouveau progrès[675] ». Dénonçant un présent dans lequel il voyait « tout progrès condamné à assurer aux méthodes de la guerre une ampleur plus sauvage et une précision plus meurtrière[676] », Bernard a exprimé son espoir qu'existât un jour « un moyen scientifique de résoudre ces problèmes définitifs du bonheur, du malheur et de la destinée humaine devant lesquels, bien à tort, on a accusé la science de s'arrêter[677] ». Et ce moyen espéré, Bernard l'a vu – et il l'a formulé ainsi à plusieurs reprises, en particulier dans le conte appelé « Un mariage en l'an 3000 », paru dans *La Revue du Mois* – dans la

---

[672] Id., de Gand (Belgique), le 23 avril 1908, CM, n° 66.
[673] Id., de Paris, octobre 1907, CM, n° 63.
[674] Id., de Paris, le 22 avril 1908, CM, n° 65.
[675] *Le Combat ouvrier, républicain, socialiste*, 16 février 1907, déjà cité.
[676] N. Bernard « Un mariage en l'an 3000 », déjà cité.
[677] *Id.*

naissance future d'une « ère des biologistes » dans laquelle on procéderait à « une application sociale des lois de l'hérédité », ce qu'il appelait une société « mendélienne » :

> « De même qu'un physicien sait aujourd'hui prédire la marche d'une expérience ou un astronome le retour d'une comète, on commence à prévoir quelques-unes des circonstances de la destinée humaine. (...) Les bénéfices en seront immenses pour les hommes de la société future (...). L'humanité serait comme une vaste famille où se trouveraient supprimées l'inquiétude de mal diriger les enfants, la contrainte qui résulte des incompréhensions réciproques et, dans une large mesure, l'incertitude de l'avenir.[678] »

Bernard a tenté de tirer de ce rêve un conte bâti sur le mode d'un nouveau *Candide*, entre dialogue philosophique et controverse savante, pour méditer sur « les lois biologiques nouvelles (qui) prendront l'importance sociale qui ne peut manquer de leur revenir ». Il est possible de tirer, des propos que Bernard a tenus dans ce conte, une sorte de tableau de la manière dont il appréhendait et critiquait la société de son temps. Par exemple, au sujet du système d'enseignement, lorsqu'il dénonçait « les méthodes monstrueuses par lesquelles la race des pédagogues codifi(e) en les stérilisant les nobles imaginations des savants ou des penseurs », ou encore « le rabâchage scolaire, des professeurs ennuyeux et des élèves indociles, (...) l'incohérence, l'indiscipline, les pensums, les retenues, les prix et tout le vieil arsenal pédagogique », pour finalement plaindre sincèrement « le jeune bourgeois (titulaire) d'un baccalauréat, péniblement acquis en ânonnant du grec[679] ». Plus nette encore, sa critique d'une société où « l'ouvrier (est) réduit à une profession mécanique par sa naissance obscure et la gêne de sa vie et qu'un juste orgueil pouss(e) à la révolte ». Ou encore, ce propos nettement antimilitariste, déjà évoqué, au sujet « d'aéroplanes militaires, de sous-marins, de cuirassés détruits par des mines » dénonçant un « présent où tout progrès semble condamné à assurer aux méthodes de la guerre une ampleur plus sauvage et une précision plus meurtrière[680] ».

Toujours dans ce « Mariage en l'an 3000 », Bernard glissait des répliques qu'on pouvait considérer comme de sincères prises de distance avec une utopie scientiste qui ne correspondait pas à sa sensibilité profonde qu'il qualifiait même d'« anarchiste » :

> « La seule idée d'un monde où tout serait prévu m'horripile et, parmi tant de libertés défuntes, je demande au moins la liberté de l'amour »,

678 *Id.*
679 *Id.*
680 *Id.*

faisait-il dire à son héros qui défiait les lois eugéniques désormais en vigueur[681].

Finalement, la grande affaire qui permit à Bernard d'exprimer dans la sphère publique la nature de ses préoccupations sociales avant sa disparition prématurée, ce fut son inscription dans le mouvement qui portait certains scientifiques, pour beaucoup issus de l'ENS, à remettre en cause la sacro-sainte « tour d'ivoire » du laboratoire et de l'Université, à se grouper sur un mode corporatiste pour exprimer collectivement certaines préoccupations et certains points de vue, à assumer des responsabilités intellectuelles qu'ils tenaient pour incontournables, et à contribuer ainsi à l'expression d'une identité collective de cette catégorie sociale émergente et encore mal identifiée : les chercheurs.

Lui-même parlait de ce métier en ces termes : «

« Faire du travail scientifique est une de choses les plus faciles qui soient. L'essentiel est d'y apporter une volonté tenace et persévérante et de ne jamais se contenter de choses à moitié vues ou de raisonnements imprécis. Évidemment, le métier d'homme de laboratoire arrive difficilement à créer des situations brillantes, il faudra donc s'y résigner pour longtemps.[682] »

681 *Id.*

682 N. Bernard, lettre du 17 janvier 1909.

Chapitre onze

De la rédaction de *La Revue du Mois* à l'Amicale des professeurs des facultés des Sciences : deux entreprises d'affirmation collective de la jeune science

À partir de 1906 et jusqu'à sa mort, en 1911, Noël Bernard prit une part essentielle dans deux entreprises collectives qui mobilisèrent certains secteurs du monde scientifique et universitaire. Tout d'abord ce fut son association avec le prestigieux mathématicien Émile Borel et un groupe de douze ou quinze normaliens, issus de promotions comprises entre 1886 et 1896, dans le projet de lancement d'une revue ambitieuse, proposant à un large public cultivé un point de vue de spécialistes sur les évolutions récentes des diverses branches de la science et sur ses rapports avec la société, projet qui devint *La Revue du Mois* et dont Bernard fut, au sein de son comité de rédaction, un des principaux inspirateurs et collaborateurs. Si l'initiative appartint à un groupe étroit, elle connut aussitôt un large écho au point d'être regardée, rétrospectivement, comme représentative des transformations du milieu et de ses sensibilités.

Par contre, dans la seconde entreprise collective à laquelle Bernard se donna tout entier, à peu près dans le même temps où fut fondée *La Revue du Mois*, s'exprimaient des tendances nouvelles et minoritaires ; ce fut d'imaginer, lancer et animer un projet de création – toute création de syndicat étant alors interdite par la loi aux fonctionnaires – d'une association, selon la loi de 1901 sur les associations, regroupant les universitaires scientifiques ; ce projet devint l'Association amicale des personnels enseignants des facultés des Sciences, projet que portèrent d'abord les universitaires de la faculté des Sciences de Caen où Bernard était maître de conférences et qui rallia finalement, après une valse-hésitation chez un certain nombre, en particulier à Paris, la plupart des enseignants concernés. Mais leur participation resta timide et, sauf pour les plus déterminés, elle allait trop évidemment à rebours de leur culture politique et de leur sensibilité en matière sociale.

Un temps où le milieu scientifique commence juste à se manifester collectivement

Si on fait un pas de côté, on ne peut que s'étonner devant l'absence, dans les dix années précédant ces épisodes, d'expression collective ou croisée de tous ceux qui, naguère normaliens, avaient noué des liens amicaux et scientifiques et avaient depuis contribué pour une part essentielle aux spectaculaires avancées dans les diverses branches des sciences ; depuis l'exploration de directions souvent complètement nouvelles et inattendues des mathématiques jusqu'aux nombreuses découvertes de chimie et de physique sur la discontinuité de la matière et sur ses composants présumés mais ardemment discutés, les « atomes », d'autant plus discutés qu'« invisibles », aussi bien qu'en biologie, depuis les nombreux travaux de microbiologie pasteurienne jusqu'à ceux qui envisageaient désormais le vivant à travers les théories de l'hérédité et de l'évolution des espèces.

Pourtant, c'est sans doute Perrin qui, plus tard, tenta d'exprimer le mieux ce qu'avait été cette unité générationnelle, lorsqu'il fut appelé, en 1937, à prononcer une allocution pour l'inauguration des nouveaux laboratoires de l'ENS : après avoir évoqué « la première protestation des intellectuels » à l'époque de l'affaire Dreyfus et célébré « notre cher Maître Jules Tannery qui, ce jour-là, sut nous montrer qu'un savant doit rester, à tous risques, un citoyen », Perrin ajoutait :

> « C'était le temps qui, peut-être, quelque jour, n'apparaîtra pas sans éclat, où Émile Borel, Jules Drach, Élie Cartan, et bientôt Lebesgue et Montel, créaient de nouvelles branches de la mathématique ; le temps où le génial Noël Bernard, si tôt disparu, éclairait par ses découvertes la symbiose et la génétique ; où André Job contribuait à élucider le mystère des rayons cathodiques et des rayons X, alors que – pardonnez-moi ce souvenir personnel – Paul Langevin chantait avec moi le chant du Graal, vers trois ou quatre heures du matin, dans la petite salle sombre où nous venions de prouver que les rayons X déchargent des corps sans les toucher… C'était le temps aussi où, dans les couloirs monastiques où toutes lumières devaient s'éteindre après minuit (il y avait une heure d'extinction des feux fixée par le règlement de l'École que les caïmans étaient chargés de faire respecter, ndlr), passaient nos lampes, comme des pensées allant d'un laboratoire vers un autre dans le désir que nous avions de retremper nos énergies dans les conversations ardentes que nous tenions auprès de tasses de thé, qui parfois je dois l'avouer, faute de thé et faute de sucre se sont réduites à des tasses d'eau chaude. C'était le temps où – je ne voulais pas parler des littéraires, mais tout de même ! – où Léon Blum,

Herriot, Bouglé, déjà populaires dans notre promotion, promenaient leurs rêveries ou leurs causeries dans le gracieux jardin que vous venez de traverser, comme jadis les philosophes dans le jardin d'*Academos.*[683] »

De fait, d'immenses découvertes bouleversaient, en cette fin de siècle, la science et chaque domaine de la science : au premier rang, Pierre et Marie Curie avec leurs découvertes, au cours de l'année 1898, du polonium et du radium, suivies de la découverte de l'actinium par Debierne, découvertes qui faisaient suite aux premier travaux de Becquerel, en 1895, sur la radioactivité de l'uranium et à ceux de Marie Curie sur celle du thorium ; puis venait Perrin qui accumulait les références depuis qu'en 1895 il avait démontré, avec le concours de Paul Langevin, que les « rayons cathodiques » étaient des corpuscules électrisés négativement, découverte qui fut le prélude à la découverte de l'électron ; après d'autres travaux sur les rayons X, en 1901, toujours à la recherche d'une preuve décisive de l'existence de l'atome, Perrin en proposa un modèle proche de celui qui fut ensuite adopté par Rutherford, en 1910 ; dans le même temps, il s'intéressa à la thermodynamique, à l'hypothèse moléculaire encore souvent considérée comme « chimérique », et aux solutions colloïdales ; en 1901, toujours, dans sa conférence sur « Les hypothèses moléculaires », publiée dans la *Revue scientifique*, il se demandait « jusqu'où savons-nous aller dans le morcellement de la matière ? » ; en fait, Perrin abordait là des problèmes d'agitation moléculaire des fluides qui allaient le conduire à la détermination du nombre d'Avogadro[684] ; Paul Langevin, de son côté, faisait un peu figure de « voyageur » du groupe car il avait passé un an au laboratoire Cavendish, à Cambridge, ce qui lui avait permis de devenir un spécialiste de l'électron, et, en 1904, il se rendait, avec Poincaré, au congrès de Saint-Louis, aux États-Unis ; entre temps, il avait soutenu sa thèse sur l'ionisation des gaz, travaillait désormais sur le magnétisme et, surtout, commençait à acquérir la réputation d'un théoricien de la physique – un profil plutôt rare, en France, à cette époque – déjà capable, comme le dira plus tard Louis de Broglie, « de contempler dans son ensemble le panorama toujours changeant de nos connaissances et d'en dégager les grandes lignes[685] » ; il y avait aussi Émile Borel qui, en peu d'années, était devenu grâce à son puissant esprit d'innovation et de défrichement de voies nouvelles en mathématiques, en théorie des fonctions mais aussi en probabilités et méthodes statistiques, sinon le nouveau patron de l'école mathématique française – Henri Poincaré était encore vivant – du moins son héritier le plus probable, mais aussi Lebesgue qui allait prendre le relais avec

[683] Jean Perrin, allocution prononcée lors de l'inauguration des nouveaux laboratoires de l'ENS, en 1937, dans Jean Perrin, *La Science et l'espérance* (posthume, préface de Louis de Broglie), Paris, PUF, 1948, p. 155-156.
[684] Jean Perrin, « Les hypothèses moléculaires », *Revue scientifique*, t. 15, n° 15, 13 avril 1901, p. 449-461.
[685] Louis de Broglie, *Vie et œuvre de Paul Langevin*, Paris, Albin-Michel, 1947, p. 237.

sa théorie de la mesure ; n'oublions pas Aimé Cotton qui, lui aussi, après s'être imposé comme le spécialiste des interactions entre la lumière et le magnétisme, entamait en collaboration avec Henri Mouton – lequel était, disait Cotton, « un esprit universel (qui) aurait pu être mathématicien ou physicien aussi bien que le naturaliste » qu'il choisit de devenir[686] – des travaux sur les colloïdes, sujet décidemment très en vogue, et, pour pouvoir atteindre à l'« ultra-microscopique » dont parlaient Bernard ou Perrin, ils s'attachaient alors à mettre au point des techniques d'observation des particules fines au microscope en lumière incidente[687] ; et puis, il y avait aussi Georges Urbain, devenu un spécialiste des terres rares – un domaine jusque-là abandonné à la confusion et considéré comme indémêlable – et dont les talents de manipulateur inventif et d'expérimentateur méticuleux lui permettront après avoir opéré plus de deux cent mille cristallisations, d'après le décompte de Paul Langevin, de fractionner, séparer et reconnaître la totalité des terres yttriques pourtant si intimement mêlées ; mais un Georges Urbain toujours aussi éclectique avec talent, à la fois peintre et sculpteur, musicien et compositeur, en même temps qu'industriel et chercheur et duquel Langevin à sa mort brutale, en 1939, dira qu'il « l'aimait depuis plus de cinquante ans »[688] ; après Urbain, il faut encore citer Jacques Duclaux que l'orientation de ses recherches sur les substances colloïdales a fait qualifier aussi bien de physicien, de chimiste que de biologiste et dont son mariage avec la seconde fille de Paul Appell, elle-même médecin radiologiste, venait d'en faire le beau-frère de Borel ; il publia, en 1910, *La Chimie de la matière vivante*, chez Alcan, dans la collection scientifique Borel, comme le firent Perrin, Bernard et tant d'autres : le titre de l'ouvrage indiquait bien la communauté de ses préoccupations avec celles qu'exprimait Bernard dans son article « La matière et la vie » ; achevons ici la liste des principaux affiliés à ce « groupe ». Et enfin, il y avait Noël Bernard que son choix de la botanique plaçait un peu à part de ses camarades mais qui, dans son domaine, provoquait l'admiration en raison du caractère innovant et saisissant de ses travaux, et qui, par son goût pour la formulation d'idées générales et d'hypothèses hardies avait toute sa place parmi cette bande de « révolutionnaires » de la science.

On constate que la pléiade – décrite ici de manière incomplète – rassemblant ces esprits scientifiques unis dès la fin de leur adolescence dans une vague générationnelle, avait certes été bien souvent unie par les mêmes préoccupations ou des préoccupations voisines en s'appropriant des sujets de recherches audacieux et perméables entre eux, mais ses membres avaient tourné leur attention dans toutes les directions d'un savoir scientifique en plein

---

[686] Dans Eugénie Cotton, *Aimé Cotton, l'optique et la magnéto-optique*, Paris, Seghers, 1967, p. 20.

[687] L. de Broglie, « La vie et l'œuvre d'Aimé Cotton », *Sur les Sentiers de la science*, ouv. cité, p. 46-76.

[688] Paul Langevin, « Hommage à Georges Urbain », *La Pensée*, n° 1, avril-mai-juin 1939, p. 89-91.

renouvellement sans arriver à former un « mouvement » scientifique. La mode des séminaires n'en étant alors qu'à ses prémices, celle des numéros spéciaux de revue autour d'un thème n'ayant pas émergé, ils n'avaient jamais songé à se réunir formellement pour échanger leurs questionnements et confronter leurs résultats[689]. Néanmoins existait l'habitude de tenir des réunions ouvertes dans les sociétés scientifiques, autour d'un conférencier et avec une discussion dont l'essentiel pouvait être ensuite publié. S'il y eut des essais de « cercle de réflexion » comme ce fut le cas autour d'Albert Kahn, avec son cercle « Autour du monde », celui-ci n'apparut qu'en 1906 et la plupart de nos normaliens ne le fréquentèrent qu'épisodiquement sans songer à en faire une « école » scientifique. Il y eut, certes, le développement de la pratique nouvelle des réunions autour d'un thé ou pour un dîner, chez un Jean Perrin, au laboratoire ou à domicile, ou bien chez Paul Langevin quand il eut un logement de directeur à l'EPCI, et bientôt chez les Borel, dans l'appartement du directeur scientifique de l'ENS, mais le caractère mondain l'emportait bien souvent sur les préoccupations purement scientifiques.

Bref, la manière habituelle sinon la meilleure de se retrouver restait la fréquentation, d'ailleurs en perte de vitesse, des salons animés par une hôtesse, une égérie, parfois simplement une épouse, avec leurs habitués – les « ananas », disait Camille Marbo – et leurs invités de passage ; nos jeunes scientifiques fréquentèrent les salons, comme ceux d'Aline Ménard-Dorian ou de l'historien Charles Seignobos – le salon Marillier du nom de sa compagne, ou encore celui des époux Borel, celui de madame Rosny Aîné, tant d'autres, et c'est là que se déroulèrent des conversations dont certaines purent parfois ouvrir des perspectives, enflammer les imaginations, provoquer des emballements et déboucher sur de réelles avancées scientifiques et intellectuelles[690].

On conçoit donc que l'idée qui vint à Borel, en 1905, de créer une revue conçue comme un carrefour intellectuel mobilisant la plupart des membres de ladite pléiade – et au-delà – répondit, à ce moment précis, à un profond besoin encore non satisfait de se réunir de manière organisée. Les réunions, chaque quinzaine, du comité de rédaction, au domicile de Borel, au-delà de la discussion du contenu des futures livraisons de la revue, furent l'occasion d'échanges étoffés sur une multitude de sujets d'actualité scientifique et intellectuelle, marqués par la continuité, la régularité. On imagine, on ne peut qu'imaginer en effet, faute d'archives ou de témoignages substantiels, ce que furent les réunions du comité de rédaction de cette revue, lorsque ces spécialistes des questions les plus pointues dans leurs disciplines respectives,

---

689 Anne Rasmussen, *L'internationale scientifique (1890-1914)*, thèse EHESS, Paris, 1995.

690 Sur cette vie de salons aussi bien qu'au sujet des « cercles de réflexion », voir M. Pinault, *Émile Borel...*, ouv. cité. Et Françoise Blum, « Aline Ménard-Dorian, du salon à la scène politique », dans G. Manceron et E. Naquet, *Être Dreyfusard, hier et aujourd'hui (2009)*, Rennes, PUR, 2009, p. 139-142.

démarraient une discussion sur le contenu décidément hardi de tel article ou sur la tonalité trop proprement conformiste ou consensuelle de tel autre, décidaient sur une question soudain devenue bouillante de passer commande à l'un des leurs qui devenait ainsi sinon leur porte-parole du moins le représentant, pour la revue, du meilleur esprit d'innovation. Dans le paysage des revues existantes, quoiqu'il en fût des ambitions de *La Revue des idées* ou de la *Revue de Paris* dont l'intérêt marqué pour les développements en cours de la pensée scientifique a été souligné, Borel et ses amis jugèrent donc qu'il manquait quelque chose. Et lorsque Borel et son épouse décidèrent de se lancer, ils transformèrent ce qui n'était qu'une intuition en un coup de génie. D'ailleurs, il y eut ensuite, dans le même esprit, la création, chez Alcan, toujours par Borel, de la Nouvelle collection scientifique, appelée à publier une vaste série d'ouvrages écrits par les meilleurs spécialistes dans chaque domaine, dans chaque discipline. On comprend pourquoi, parmi d'autres, Bernard fut un enthousiaste du projet de revue dès qu'il en entendit parler ; en attendant, obligé le plus souvent de séjourner à Caen et, de fait, isolé de ses camarades, il a certainement souffert plus que d'autres de ne pas pouvoir échanger avec eux plus facilement.

La Revue du Mois (*LRDM*)

En 1905, Borel décida donc de créer une revue dédiée aux « idées générales », allant du scientifique au politique, « traitées par la méthode scientifique », et il chercha à embaucher dans l'aventure tous les amis de ses réseaux proches[691]. L'idée de *La Revue du Mois* (*LRDM*) était née. Dans le premier numéro, de janvier 1906, les objectifs et les orientations de la revue furent présentés en ces termes :

> « Le nombre et l'importance des Questions qui peuvent être traitées par la méthode scientifique s'accroissent chaque jour. Il nous a semblé qu'on pouvait concevoir une publication dont cette méthode serait le principe, publication n'ayant rien de spécialement technique et prenant pour but essentiel de contribuer au développement des idées générales par l'exposition et l'étude critique des progrès réalisés dans la connaissance des faits et des mouvements d'idées qui en sont la conséquence. *La Revue du Mois* tente d'être cette publication. Elle se propose avant tout d'être une

---

[691] Une douzaine de jeunes scientifiques, presque tous normaliens, dont Langevin, Perrin, Noël Bernard, Drach, Cotton, Cartan, Jacques Duclaux, Mouton, Robert Lespieau (1864-1947, ENS 1886), Caullery et Louis-Jacques Simon (1867-1925), tous deux de la promotion 1887 de l'ENS, formèrent l'équipe de base de la rédaction ; le noyau dur étant formé de Perrin, Langevin, Bernard et Borel. (Voir le chapitre consacré à la création et aux premières années de développement de *La Revue du Mois* dans M. Pinault, *Émile Borel une carrière intellectuelle sous la III*ème *République*, ouv. cité, chap. 2, p. 87-108.)

Revue de libre discussion, admettant à s'exprimer en pleine indépendance toutes les opinions à base scientifique.[692] »

LRDM devint aussitôt, comme l'ont dit depuis des historiens, « le point de ralliement et la plateforme des "jeunes" savants du siècle naissant »[693]. Et Noël Bernard s'enthousiasma. Le projet n'avait pourtant rien de particulièrement unique et spectaculaire : avec la création de la *Revue des idées* ce sont les mêmes présupposés, mobilisant les mêmes « réseaux », qui avaient été affirmés. Il ne manquait pas d'entreprises, plus ou moins voisines, comme le lancement de *L'Européen*, en 1901, par Charles Seignobos et Albert Métin (1871-1918) – qui allaient tous deux se retrouver dans le comité de rédaction de *La Revue du Mois* – qui promettait « à tous de jouir des progrès accomplis par la science », ou comme encore le projet de Herr et Andler, datant de 1898 et finalement abandonné, d'un hebdomadaire, *La Semaine*, qui aurait lui aussi réuni des réseaux intellectuels similaires[694]. L'époque était à la multiplication des projets éditoriaux en raison de la claire conscience qu'on avait désormais de l'importance de disposer d'un « média » pour asseoir une influence et diffuser un message. Jean-Richard Bloch s'inscrivait dans la même démarche en se consacrant à la naissance de *L'Effort libre*.

Dès que Borel eut envoyé sa lettre circulaire exposant son projet de revue, en juin 1905, Bernard se montra l'un des plus passionnément intéressés. Comme il l'indiquait dans ses différentes lettres à Borel, il relaya aussitôt l'information à Caen et en direction d'autres collègues avec lesquels il était en contact, comme Albert Mathiez, un « littéraire » de la promotion ENS 1894, membre de la fameuse « turne Utopie », alors en poste au lycée de Caen et président de la section caennaise de la LDH[695], déjà un historien réputé de la Révolution ; et, bien sûr, ceux de sa discipline dont Charles Pérez et Louis Blaringhem « qui est très au courant des travaux de de Vries et autres sur la variation », suggérant d'ailleurs d'envoyer la revue à de Vries, à Amsterdam, et à Jean Massart (1865-1925), à Bruxelles[696] ; il proposa aussi de contacter

---

692 *LRDM*, n° 1, janvier 1906. Cette profession de foi fut reproduite dans la suite des livraisons de *LRDM*.

693 Bernard Bru, Marie-France Bru et Kai Lai Chung, « Borel et la martingale de Saint-Pétersbourg », *Revue d'histoire des mathématiques*, 1999, n° 5, page 192.

694 Voir encore le développement consacré à tous ces projets éditoriaux dans M. Pinault, *Émile Borel...*, ouv. cité, p. 87-89.

695 Notice de Nicole Racine sur Albert Mathiez dans le *Maitron*. *Bull. officiel* de la LDH, 31 janvier 1907, n° 2, 7ème année, p. 115. Mathiez écrivit en effet un article pour *LRDM* qui parut dans la livraison du 10 septembre 1906, dont la première phrase flamboyait : « Quand Bonaparte étrangla sournoisement la République au 18 brumaire, (...) depuis six ans l'État était indépendant de l'Église. » (Albert Mathiez, « La veille et le lendemain du concordat de 1802 », *La Revue du Mois*, 1ère année, n° 6, 10 septembre 1906, p. 281-301.)

696 Jean Massart était un botaniste belge qui avait séjourné à l'Institut Pasteur où Bernard l'avait rencontré, avant de retourner à Bruxelles. Conservateur du Jardin botanique d'État à Bruxelles, il fut un des premiers apôtres de la préservation de la nature et est souvent considéré, en

Octave Duboscq (1868-1943), maître de conférences de Zoologie à Caen jusqu'en 1905, et Houllevigue, désormais professeurs à Montpellier et Marseille – « Il fait déjà des articles fréquents pour la *Revue de Paris* ce qui me fait craindre son refus », écrivait-il à propos du second –, s'enquit des articles immédiatement possibles comme un article proposé par Maurain sur « l'organisation des facultés des Sciences en France », s'engagea à écrire un article sur de Vries, si Blaringhem ou Massart se désistaient. Il se posa même en éventuel coordonnateur de la partie biologie du projet éditorial. Il discuta aussi des titres possibles de la future revue, trouvant « La Revue du Mois » trop insignifiant[697]. Surtout, il réfléchissait aux objectifs et à l'esprit qui devraient guider la revue :

> « Il est bien entendu n'est-ce pas, écrivait-il, que les collaborateurs peuvent être des gens d'esprits assez divers, pourvu que scientifiques, pas talas, intelligents et sincères ; il y aura tribune libre et discussions possibles. »[698]

En quelques mots et en une seule phrase, Bernard rappelait que les anciens clivages qui avaient uni les membres de leur groupe de normaliens contre ceux qu'il qualifiait, à nouveau, de « talas », restaient, à ses yeux, d'actualité et il traçait un cadre intellectuel et une méthode qu'on sentait assez peu conventionnels si on compare avec le fonctionnement habituel, plutôt rigide et compassé, des institutions intellectuelles d'alors.

Dès le début, Bernard fut compté parmi les membres du comité de rédaction de *La Revue du Mois*, bien que son éloignement en province rendît sa contribution pratique difficile, et il fut même – et le resta – le responsable de la rubrique « Enseignement » ; il appartint aussi aux groupes de rédacteurs des rubriques « Chronique » et « Bibliographie ». Dès les premières livraisons de *LRDM*, sa contribution éditoriale fut repérable. On la relève dès le n° 1, avec deux notes, non signées, sur des ouvrages de Le Dantec (*Introduction à la Pathologie générale*), et la traduction anglaise de celui de de Vries (*Species and Varieties, their origine by mutation*), et ensuite dans le n° 2, avec son article sur « Un préjugé dans l'enseignement des sciences naturelles » ; au cours de la première année de la revue, plusieurs notes bibliographiques non signées concernant la biologie, en particulier sur les questions d'évolution des

---

Belgique, comme le père de l'Écologie. C'était aussi un intellectuel de sensibilité socialiste qui avait publié, chez Alcan, en 1893, avec Émile Vandervelde, *Le parasitisme organique et le parasitisme social* (68 pages) ; puis, en 1897, avec Émile Vandervelde et Jean Demoor, *L'évolution régressive en biologie et en sociologie* (324 pages). Odile De Bruyn, « Espèces végétales exotiques et vulnérabilité environnementale : un débat ancien ? Le cas de la Belgique (fin XVIIIe siècle-années 1950) », *VertigO - la revue électronique en sciences de l'environnement* [En ligne], vol. 16, n° 3, décembre 2016.

[697] Lettre de N.B. à Émile Borel, 3 juin 1905, Ac. Sc., dossiers É. Borel.

[698] Id.

espèces, semblent indiquer la forte préoccupation de Bernard pour ces sujets, ce qui compense un peu le fait que, par trois fois, Bonnier, hostile à la thèse mutationniste en matière d'évolution des espèces, fut appelé, quoi que Bernard ait pu en penser, à publier des articles qui n'étaient, en fait, que des chapitres extraits de son dernier ouvrage, *Le Monde végétal*[699] – Borel savait aussi ménager les « pontifes »... Bernard n'était pas le seul biologiste, cependant, à défendre les thèses d'avant-garde : Jacques Duclaux publia un article sur « La synthèse de la matière vivante » dans lequel on pouvait lire :

> « La possibilité de modifications brusques, en désaccord avec l'adage bien connu que "la nature ne fait pas de sauts", est d'ailleurs établie par l'expérience et les belles observations de M. Hugo de Vries sur les *Œnothera* ont mis en lumière ce fait, désigné par lui sous le nom de mutation, de l'apparition soudaine, à un moment donné, de formes nouvelles.[700] »

D'une manière générale, les sciences naturelles et la biologie trouvèrent une place très importante dans les sommaires de *La Revue du Mois* et on ne peut douter que Bernard n'ait eu sa part dans l'insistance avec laquelle ces thèmes furent traités. La première livraison avait d'ailleurs donné le ton avec l'article de tête dû au mathématicien italien Vito Volterra, grand ami d'Émile Borel, article qui était en fait la traduction en français, par Ludovic Zoretti, de la *Prolusione* – la conférence inaugurale – prononcée par Volterra à la séance de rentrée de l'Université de Rome, en 1901, et intitulée pour *LRDM* : « Les Mathématiques dans les sciences biologiques et sociales ». Dans cette même première livraison de la revue, on put aussi lire un article du pasteurien Élie Metchnikoff, dont Bernard avait tant apprécié les cours et qui reçut le prix Nobel deux ans plus tard[701]. Pendant les premières années, la rédaction donna la parole, à travers de nombreux articles, à tous les courants traversant la biologie, signés Bonnier, Caullery, Le Dantec, Duclaux, Rabaud, Leclerc du

---

[699] Gaston Bonnier, *Le Monde végétal*, ouv. cité. Dans le second de ces extraits de son livre, parus dans *Le Revue du Mois*, Bonnier écrivait, au sujet des causes des mutations des espèces, cette phrase : « Les uns, comme De Vries, supposent qu'il existe dans tous les êtres des caractères latents de variation, caractères invisibles qu'une circonstance favorable peut mettre tout à coup en évidence ; les autres présument que ce sont des champignons parasites qui modifient ainsi subitement la forme normale de l'être ; d'autres encore, comme Blaringhem, prouvent par expérience que des blessures produites à un certain moment du développement, sont la cause d'anomalies susceptibles de donner naissance à de nouvelles "espèces élémentaires." » (*ouv. cité*, page 285, et *La Revue du Mois*, n° 12, 10 décembre 1906, p. 676.) On constate que Bonnier citait de Vries et Blaringhem comme défenseurs de deux des trois thèses évoquées comme explications possibles des mutations d'espèces végétales, mais pour la troisième, celle des mutations dues à l'infection parasitaire, il n'avait pas de nom à proposer ; il aurait fallu citer Noël Bernard… Bonnier ne pouvait éviter, cependant, d'évoquer ailleurs les « belles recherches sur les orchidées » de celui-ci. (*Le Monde végétal*, ouv. cité., p. 156.)

[700] Jacques Duclaux, « La synthèse de la matière vivante », *La Revue du Mois*, n° 14 10 février 1907, p. 149.

[701] *La Revue du Mois*, n° 1, 1ère année, 10 janvier 1906.

Sablon, et même Eugenio Rignano et Hugo de Vries, et, bien sûr, Noël Bernard. Dans le n° 25, du 10 janvier 1908, celui-ci publia un important article de biologie générale, sur « Le Mendélisme » ; dans le n° 31, du 10 juillet 1908, ce fut « Biologie appliquée : les méthodes de Luther Burbank » ; et dans le n° 40, du 10 avril 1909, il publia « La crise du transformisme ». Sa dernière contribution parut en juin 1911 et de manière posthume dans le n° 66 : ce fut cette nouvelle d'anticipation intitulée « Un mariage en l'an 3000 », précédée d'une longue biographie rappelant l'importante part de Bernard dans les progrès des connaissances biologiques, rédigée par Charles Pérez.

Dans la seconde livraison, il y avait eu, donc, l'article de Bernard sur l'enseignement des Sciences naturelles au lycée. Il mérite qu'on s'y arrête pour ce qu'il révélait à la fois du caractère de Bernard, de ses positionnements intellectuels et sociaux et de son approche rationnelle des questions générales. Il était tellement troublé de ne pas trouver les mêmes dispositions chez ses collègues qu'il écrivait, en conclusion :

> « L'esprit se rebute à la constatation que des hommes de science, chargés d'établir un programme d'enseignement, craignent eux-mêmes la force sociale des découvertes dont ils ont achevé la conquête dans cette saine atmosphère du laboratoire.[702] »

Par exemple, Bernard dénonçait la manière malthusienne d'aborder les questions de la reproduction sexuée dans lesdits programmes :

> « La grosse affaire (a été) de tourner savamment autour des choses à la fin de laisser dans un troublant mystère tout ce qui touche à la reproduction. (...) Prohibée chez les animaux, (elle) est admise chez les plantes. Il est permis d'enseigner que l'œuf dont sortira une fougère se forme par la fusion de deux cellules sexuelles. (...) (En zoologie) une brève comparaison est indiquée entre les principaux types d'animaux, pris à l'état adulte et châtrés comme il convient. (...) Il est paraît-il insupportable aux mœurs et blessant pour l'honnêteté que la sexualité soit un phénomène plus universel que la respiration. »

Allant plus loin, Bernard élargissait courageusement – au vu de l'état de la société – son propos aux préjugés et pesanteurs de la vie sociale de son temps :

> « Si demain l'enseignement des garçons est libéré des entraves du préjugé sexuel, ne proposera-t-on pas d'en dégager aussi l'enseignement des filles ? (...) Il faudra abolir ici une des formes du servage où les hommes éclairés tentent encore de maintenir leurs filles ou leurs femmes. (...) L'ignorance est la dernière et la plus piètre gardienne du sérail. »

---

[702] N. Bernard, « Un préjugé dans l'enseignement des sciences naturelles », *art. cité*.

Il n'y eut pas tant de publications aussi libérales et sans « langue de bois » dans ce qui devint *La Revue du Mois* pour ne pas souligner ici l'originalité dont Noël Bernard faisait preuve au sein d'un monde intellectuel qui se voulait progressiste mais restait fondamentalement compassé, souvent conservateur et, en tous cas, d'une grande prudence d'expression.

L'Amicale des professeurs des facultés des Sciences

Au cours de l'année 1905, dans les mois précédant le lancement de *LRDM*, les lettres de Bernard à Borel commencèrent, après avoir été d'abord centrées uniquement sur le projet de revue, à tourner de plus en plus autour de l'idée de créer une « Amicale ». Rappelons que les fonctionnaires n'avaient pas le droit de former des syndicats et qu'en revanche la formule de l'association, sous le régime de la loi de 1901, était tolérée par les gouvernements. De ce fait, dans les premières années du nouveau siècle, les amicales d'enseignants s'étaient multipliées dans les deux ordres d'enseignement, primaire et secondaire, mais pas encore dans l'enseignement supérieur.

On en était donc là lorsque le projet de créer une association amicale des enseignants de l'enseignement supérieur, éventuellement d'abord dans les seules facultés des Sciences pour s'en tenir à un objectif plus ciblé, fut développé par les enseignants de la faculté de Caen où exerçait Bernard. À la même époque, d'ailleurs, l'agitation avait gagné les enseignants du secondaire et, parmi les plus actifs, figurait Albert Mathiez, professeur au lycée de Caen et ancien condisciple de Bernard à l'ENS. Mathiez venait d'être élu secrétaire trésorier de la commission exécutive de la Fédération des professeurs de l'enseignement secondaire, et délégué au congrès national de Paris d'avril 1905[703]. Le projet de création d'une Amicale étant désormais bien engagé, Bernard proposa à Borel d'écrire « une note là-dessus », à insérer dans le premier numéro de *La Revue du Mois*. À Borel il écrivait, le 28 novembre 1905 :

> « Vous savez par une circulaire que vous avez reçue de nous, gens de Caen, que nous tentons de fonder une Association du personnel enseignant des Facultés des Sciences. Je ne sais ce que vous en pensez, vous en particulier et les Parisiens en général. La nécessité de s'associer apparaît surtout assurément aux Universités de petite ou moyenne importance, qui n'ont isolément aucune influence pour défendre leurs intérêts ; plusieurs nous ont déjà répondu dans un sens affirmatif. Voudriez-vous une note là-dessus ?[704] »

L'idée semblait avoir mûri sur la base d'un inconfort et d'un mécontentement accumulés depuis déjà plusieurs années. Bernard écrivait :

---

[703] Nicole Racine, notice biographique d'Albert Mathiez, dans *Le Maitron*, déjà cité.

[704] Lettre de N.B. à É. Borel, 28 novembre 1905, Id.

« L'association s'impose, isolés nous sommes sans force.[705] » Déjà, à la fin de l'année 1903, il avait renoncé à se rendre à « une assemblée de normaliens » convoquée à Paris pour le 10 janvier suivant – assemblée non identifiée – et il s'en expliquait en ces termes :

> « Je devais y porter le texte de propositions tellement belliqueuses qu'on m'a refusé la parole[706]. »

Cette fois-là, il resta donc à Caen, « déconfit », mais cette volonté de porter des « propositions » continua de mûrir dans son esprit, alimentée par son expérience du peu d'effet qu'avaient celles que s'épuisaient à élaborer, discuter, rédiger et finalement mettre aux voix l'Assemblée de la faculté des Sciences et le Conseil de l'Université, sur des sujets comme la réforme de l'agrégation, celle du baccalauréat, l'évolution des programmes d'enseignement, les carrières des universitaires, maîtres de conférences, chargés de cours, professeurs-adjoints ou professeurs titulaires, etc.

Deux ans, presque jour pour jour, après cette déconfiture, dans une de ses lettres adressées à Borel, Bernard annonça finalement la tenue d'un « congrès des adhérents », le 5 janvier 1906, à l'Hôtel des Sociétés savantes, à Paris, auquel il comptait bien se rendre[707]. À ce stade, le biologiste Louis Lapicque était, selon lui, le seul universitaire parisien à avoir donné son adhésion, le mathématicien Jacques Hadamard ayant manifesté pour sa part un accord de principe. D'après cette lettre, Borel semblait être resté, pour sa part, évasif. Bernard écrivait que les promoteurs caennais – lui-même et Charles Maurain, ainsi que les deux mathématiciens de la faculté, Charles Riquier et Albert de Saint-Germain – avaient « reçu des réponses favorables de toutes les Universités sauf les plus grandes, Bordeaux, Lyon, Paris, qui ne bougent pas ». Sa déception se mêlait donc d'amertume :

> « Sera-t-on réduit à faire une association des petites facultés qui aurait l'air d'être dirigée contre les grandes ? Pour nous, hommes de peu, l'association s'impose, isolés nous sommes sans force, nous n'obtenons jamais rien de nos demandes, on nous prive actuellement de nos derniers élèves et on s'assied sur nos vœux ! (...) Ne se trouvera-t-il personne à Paris pour s'occuper un peu activement de cela ?[708] »

Cette amertume ressentie, cette sensation de se sentir peu considéré, était tout entière dans la formule d'« homme de peu », fleurant bon l'archaïsme voire l'Ancien régime, par laquelle Bernard désignait l'ensemble de ses collègues et à travers laquelle il semblait se définir. Un « homme de peu » ou

---

705 Id., 4 décembre 1905, Id.

706 Lettre de N.B. à A. Magrou, le 31 décembre 1903, CM, n° 28.

707 Id, 19 décembre 1905, Id.

708 Id, 4 décembre 1905, Id. La réunion eut bien lieu et rassembla, selon *Le Temps*, 170 professeurs, chargés de cours et maîtres de conférences. (*Le Temps*, 9 janvier 1906)

« homme de néant », disait-on au XIXème siècle, « homme de basse condition » pour l'Académie, c'était quelqu'un de basse extraction, du commun, quand ce n'était pas un niais, un imbécile. « Gens de rien, pauvres gens, gens de misère », disait Péguy[709]. Peut-être Bernard avait-il lu et gardé en tête cette phrase des « Boute-feux », un conte de Marcel Schwob – qui venait de mourir en 1905, à 37 ans, victime sans doute de la tuberculose, ce destin annonçant celui qui allait l'emporter lui-même – un conte qui avait eu un certain succès à sa parution, en 1891 :

> « Et de par le roi, le cri fut fait à son de trompe, par tous les carrefours, que les aventuriers, gens de peu, faux mendiants et traîneurs de rues, vidassent les lieux, sur peine de la hart.[710] »

Bien sûr, en lançant cette expression née d'un sentiment d'humiliation, Noël Bernard entendait regimber contre une hiérarchie imbécile ; il exprimait son refus d'un ordre universitaire établi, injustifiable à ses yeux. Cet appel ne fut sans doute pas entendu puisque, plein d'impatience, il écrivit à Borel, quinze jours plus tard, que « personne décidément n'a voulu à Paris recruter des adhérents ». Puis il écrivit de nouveau, en réponse à ce qui semblait être un ensemble de réticences formulées par Borel dans des courriers qui n'ont pas été conservés, lequel avait cependant annoncé que son beau-père, Paul Appell – le doyen parisien, donc – n'était « pas opposé au principe de l'Association » et que « nombre de parisiens y (étaie)nt également favorables [711] ». Bernard écrivait qu'il espérait voir Borel à la réunion constitutive ne serait-ce que parce qu'elle allait être « l'occasion de voir en nombre – je l'espère – des abonnés ou des collaborateurs possibles (pour *LRDM*, ndlr) ».

Il y eut finalement environ 170 participants à cette réunion fondatrice et ce n'est qu'ensuite que parut, dans le n° 2 de *La Revue du Mois*, « une note là-dessus », non signée et plutôt vague :

> « Dans deux longues et intéressantes séances, le projet de statuts a été discuté et voté. (…) Il résultait en effet tant de la discussion générale que des conversations particulières que les professeurs désirent tous se voir et se connaître davantage, échanger leurs idées sur les nombreuses questions de la vie universitaire. Cette vie universitaire est de plus en plus mêlée à la vie de la nation. Aussi, l'Association (…) va être amenée à étudier, indépendamment des questions purement pédagogiques, comme la réforme de l'agrégation, bien d'autres questions d'un intérêt plus général et très actuel. »

---

[709] Péguy cité par R. Burac, dans « Péguy ou la religion de la justice », *déjà cité*.

[710] Marcel Schwob, « Les Boute-feux », dans *Cœur double*, Paris, éditions Ollendorff, 1891, page 196.

[711] Lettre de N.B. à É. Borel, 6 décembre 1905, Id.

Des exemples portaient sur les vacances scolaires et l'organisation des examens, les effets de la nouvelle loi militaire sur la vie universitaire, les rapports entre l'enseignement universitaire et l'enseignement technique. Mais pas un mot sur les problèmes de carrières, d'affectation, de traitements, rien sur les moyens financiers, les problèmes de locaux et, bien sûr, rien sur l'opposition sous-jacente entre les « petites universités » et les grandes, entre la province et Paris. On est réduit à se demander qui avait rédigé cette note dans laquelle n'émergeait aucune des questions que Bernard avait évoquées dans ses courriers antérieurs à Borel et qui avaient, en fait, été discutées lors de la réunion fondatrice.

Après cette première rencontre, des réunions se tinrent dans les différentes facultés pour préparer la première assemblée générale de l'association. Ainsi, un procès-verbal de réunion de la section parisienne, rédigé de la main de Pierre Curie, indique que Borel était présent le 4 avril, peut-être comme simple observateur, avec Abraham, Daguillon, Perrier, Péchard, Janet, Sagnac, Curie, Lapicque, Koenigs, Cotton et Hadamard ; moins d'une quinzaine de professeurs au total, donc. Un programme revendicatif fut élaboré ce jour-là, en même temps que se discutait le texte à soumettre à la future assemblée générale[712].

Un premier bureau de l'Amicale fut élu dans un scrutin par voie postale auquel participa une centaine d'adhérents. La section de Caen proclama, par circulaire, les résultats : le géologue lillois Charles Barrois était élu président après que Pierre Curie s'était récusé et qu'Alexandre Bigot, professeur de Géologie et doyen de la faculté des Sciences de Caen n'avait obtenu que quelques voix. Curie accepta cependant de devenir le vice-président – l'argument décisif semblant avoir été qu'il fallait « qu'un membre du bureau soit pris à Paris » – avec donc l'idée qu'il serait le prochain président, dès l'année suivante, et ce fut Bernard qui, sollicité par plusieurs collègues dont Octave Duboscq, auquel l'avaient lié, à Caen, des affinités philosophiques générales, athéisme, « socialisme » et esprit frondeur, et désormais en poste à Montpellier, fut élu trésorier bien que lui comme Maurain avaient souhaité « (s')effacer complètement[713] ». À ce moment-là, l'Amicale regroupait au moins 200 adhérents, essentiellement en fonction dans des facultés de province. Curie disait penser « que les décisions de la société ne seront pas écoutées », se plaignant d'ailleurs de ce que le recteur Liard la vît « d'un assez mauvais œil » et que « tous les titulaires importants de Paris se (soient) bien gardés d'en faire partie[714] ».

---

712 Note concernant la réunion de la section de Paris de l'Association des professeurs des facultés des Sciences, 4 avril 1906, dans K. Blanc, *Pierre Curie, Correspondances*, ouv. cité, p. 631.

713 Lettre de Charles Maurain à Pierre Curie, le 8 mars 1906, dans K.. Blanc, *ouv. cité*, p. 616.

714 Lettre de Pierre Curie à Georges Gouy, le 14 avril 1906, dans K. Blanc, *ouv. cité*

Le point de vue de Bernard

Le 8 avril 1906, Bernard écrivit une très longue lettre à Pierre Curie pour demander que l'ordre du jour de l'assemblée générale à venir, vers Pâques, comprît, à côté des « questions concernant les personnels et les traitements », des « questions générales[715] ». Il en profitait pour évoquer son idée de « donner aux sciences en France plus de place et une meilleure organisation du travail ». Et puis, il proposait la création d'un bulletin de l'association et l'organisation d'une véritable « campagne de presse ». Un mélange d'ambitions générales et de sens pratique qui caractérisaient bien Bernard.

Comme il le faisait déjà dans ses longs courriers adressés à Borel, Bernard se laissait emporter par son propos et tentait d'exposer largement pour Pierre Curie ses conceptions du fonctionnement de l'Université, des rapports entre les enseignants de Paris et les facultés de province, des oppositions entre les catégories et entre les statuts, de l'organisation de l'avancement et des nominations, du rôle opaque et trop puissant des « bureaux » ministériels.

Bernard semblait s'inquiéter, déjà, de ce que « le groupe de Caen, qui a fondé l'Association », écrivait-il, ne fût marginalisé et ses propositions négligées par les universitaires parisiens. Mais, bien qu'il semblât admettre que la présidence et la vice-présidence dussent revenir à des professeurs réputés – il fut de ceux qui sollicitèrent Pierre Curie en arguant de ce qu'il connaissait son « indépendance d'esprit » et son « habitude de voir les questions largement » – Bernard se voyait en réalité comme un des animateurs de la future association :

> « Nous tirerons je pense tous grand profit de la réunion de Pâques (l'assemblée générale, ndlr) où je me disposerai à faire tout l'effort possible pour généraliser les questions posées (par les différences facultés, ndlr), assez pour les rendre intéressantes. Une fois pour toutes, je puis vous indiquer que le groupe de Caen, qui a fondé l'Association, lui a voulu dès le début un rôle actif sur les questions les plus générales que vous me signalez. (…) Je suis bien persuadé que nous ne tarderons pas à avoir formulé des revendications générales nettes qu'il ne restera plus qu'à soutenir avec continuité et énergie.[716] »

Dans l'ensemble du copieux propos de Noël Bernard, on pouvait repérer, déjà, ce qui allait devenir une constante des mouvements organisés de scientifiques, y compris dans leur future version syndicaliste : la tendance à vouloir, à côté des revendications catégorielles, soutenir et promouvoir une conception d'ensemble de l'organisation de la recherche scientifique, prise en

[715] Lettre de N.B. à Pierre Curie, le 8 avril 1906, BNF 18434, f. 45 – fonds Marie et Pierre Curie, publiée dans K. Blanc, *ouv. cité*, p. 237-239.
[716] Id.

main par les scientifiques eux-mêmes, jusqu'au point d'en faire un combat collectif essentiel, voire une marche vers le pouvoir.

En tous cas, il semble bien que Bernard, peu rassuré sur les chances de voir l'Amicale endosser finalement des positions trop aventurées, avait pris les devants en rédigeant – peut-être car elle a paru sans signature – une nouvelle note sur l'Amicale pour la livraison du 10 mars 1906 de *LRDM.* Sous prétexte de rendre compte des dernières nouveautés dans les facultés des Sciences – processus de formation d'une Amicale des professeurs mais aussi d'une Amicale des chefs de travaux et préparateurs – cette note suggérait que « dans certains cas un professeur titulaire (pût avoir) pour unique fonction de diriger un laboratoire d'études ou de recherches, tandis qu'un fonctionnaire moins élevé hiérarchiquement serait chargé de faire le cours[717] ». Une proposition qui n'était pas loin de constituer un crime de lèse-mandarinat et qui, en tous cas, rompait délibérément avec la conception dominante de ce que devait être la mission de l'Université… Bernard allait même un peu plus loin :

> « On arriverait à une conception toute différente de la hiérarchie dans les Facultés des Sciences. (…) Il y aurait à tous les degrés de la hiérarchie un personnel enseignant (professeurs, répétiteurs, interrogateurs) et un personnel actif (directeurs de laboratoires, chefs de travaux, préparateurs). (…) Il serait nécessaire que chacun ne fût pas attaché définitivement à la catégorie dans laquelle les circonstances l'auraient amené à débuter et surtout les deux catégories ne devraient pas être rivales, mais unies pour le progrès de la science.[718] »

Avec ces propositions, il s'agissait, ni plus ni moins, dans le but de développer la recherche au sein de l'Université, que d'améliorer la place et les moyens dévolus à « la science en train de se faire », et donc de lui en donner les moyens, en créant un personnel spécifique et qualifié, distinct du personnel enseignant. De telles prises de position allaient ensuite se multiplier, mais plutôt une dizaine d'années plus tard, en tirant les leçons de l'expérience de la mobilisation scientifique de guerre et elles tarderaient à déboucher sur de réelles évolutions qu'il fallut, pour l'essentiel, attendre jusqu'à la création du sous-secrétariat d'État à la Recherche scientifique, dans le premier gouvernement Blum, en 1936…[719]

---

[717] *La Revue du Mois*, chroniques, « Facultés des Sciences », 10 mars 1906, 1ère année, n° 3, p. 372-373, note non signée. On peut attribuer la note à Noël Bernard plutôt qu'à d'autres, au sein du comité de rédaction de *La Revue du Mois*, non parce qu'ils y auraient été hostiles mais en raison des positions mandarinales qu'ils occupaient déjà, au contraire de Bernard. Tandis que celui-ci dévoilait des idées voisines dans sa lettre à Pierre Curie, Borel, comme Perrin (plus tard en pointe sur ces questions) tardèrent au moins jusqu'au milieu des années 1920 pour s'exprimer dans des directions comparables.

[718] *Id.*

[719] Pour une chronologie, des étapes et une vue d'ensemble, voir M. Pinault, *La science au Parlement…*, ouvr. cité, et *Émile Borel, une carrière intellectuelle sous la 3ème République*, ouvr. cité., et aussi J.-F. Picard, *La République des savants*, ouvr. Cité.

Les premiers pas de l'Amicale des personnels enseignants des facultés des Sciences

La première assemblée générale de l'Amicale se tint donc le 19 avril à l'Hôtel des Sociétés savantes. C'est ce jour-là que Pierre Curie qui venait de quitter les lieux après le déjeuner, fut renversé devant le Pont-Neuf par un camion à chevaux et mortellement blessé à la tête.

À cette date, 191 enseignants étaient membres de l'Amicale, soit environ les deux tiers du nombre d'adhérents potentiel, selon les statuts. D'après les documents conservés, l'association avait pour but, outre de « resserrer les liens d'amitié entre professeurs », « d'examiner les modifications qui pourraient être proposées pour améliorer l'enseignement des facultés et y favoriser e développement des recherches scientifiques », « de s'occuper des intérêts matériels des professeurs » et « de mettre les nominations (aux chaires) à l'abri des influences politiques, d'école ou de familles ». Elle voulait aussi « obtenir que les recherches scientifiques soient plus largement encouragées » et « que l'enseignement scientifique soit considéré comme d'une importance dominante dans l'enseignement secondaire ». Ce dernier point donnait lieu à un large développement[720].

Après Charles Barrois, l'Amicale eut, en 1907, pour second président, Curie étant décédé, René Gérard (1853-1935), professeur de Botanique à la faculté des Sciences de Lyon, formé à l'École supérieure de Pharmacie et non à l'ENS et, malgré cela, un des premiers lauréats de l'agrégation de Botanique (et non de l'agrégation de Pharmacie). Son nom avait été avancé, en même temps que celui de Curie et c'est donc naturellement qu'il fut appelé à remplacer le disparu. Le troisième président, en 1908, fut le mathématicien normalien Gaston Floquet (1847-1920, ENS 1869) – il était alors, depuis trois ans, doyen de la faculté des Sciences de Nancy[721]. Puis vint le tour de Paul Painlevé, suivi de Paul Sabatier. Entre temps, le nombre d'adhérents croissait jusqu'à 220. Bernard resta trésorier jusqu'en 1910. Après son arrivée à la faculté des Sciences de Poitiers, il occupa la fonction de « correspondant (du) groupe » de Poitiers et son activité au sein de l'Amicale se manifesta, pendant cette dernière année où sa santé le lui permit, par la rédaction au nom de ce groupe de Poitiers d'un « Rapport sur le fonctionnement des bibliothèques », peut-être un écho du rapport que Bernard avait rédigé sur le sujet lorsqu'il

---

[720] Note manuscrite de Pierre Curie, BNF 18434, f. 45 – fonds Marie et Pierre Curie, publiée dans K. Blanc, *ouv. cité.*, p. 634.

[721] *Revue scientifique*, n° 17, tome IX, p. 536, 26 avril 1908. *Bull. de l'Association amicale du personnel enseignant des facultés des Sciences*, BNF, NUMP - 18396 (numérisation réalisée par les conservateurs et les services de la BNF après avoir constaté que la collection était incommunicable en raison de l'état des documents).

était à Caen, qui fut discuté lors de l'assemblée générale d'avril 1910. Le groupe de Poitiers, avec ceux de Caen, Rennes et Montpellier s'avéra, au fil des premières années de vie de l'Amicale, comme un des plus actifs et des plus revendicatifs, en émettant régulièrement des propositions d'ordre du jour et de vœux au sujet des principales questions qui agitaient les facultés des Sciences : avancement et niveau des traitements, composition du conseil consultatif de l'Enseignement supérieur, bourses et examens, programmes de l'enseignement secondaire et même amélioration du fonctionnement de l'association[722].

Le succès rencontré par la nouvelle Amicale dans le milieu des universitaires scientifiques est confirmé par l'importance du nombre d'adhérents qu'elle a su réunir dès sa création dans toutes les universités et même, finalement, dans certaines limites, à la Sorbonne (20 adhérents à Paris, en 1908, soit le même nombre qu'à Lille ou à Toulouse, et moins qu'à Lyon…).

Dans les discussions préparatoires à sa création, l'éventualité d'associer d'autres personnels des facultés des Sciences avait été évoquée avant d'être repoussée afin de ne pas ajouter une difficulté à celles qui existaient déjà, tout en acceptant l'idée de coopérer avec une éventuelle autre Amicale, créée, par exemple, par les chefs de travaux et préparateurs, et sans exclure une fusion ultérieure. De ce fait, cette Amicale des chefs de travaux et préparateurs vit le jour avant même celle des enseignants, le 4 janvier 1906, et elle regroupa rapidement les quatre cinquièmes des personnels concernés[723] ; *La Revue du Mois* s'en fit l'écho dans son n° 3. Du coup, d'autres secteurs des personnels de l'enseignement supérieur suivirent ces exemples, les professeurs des facultés de Lettres d'abord, suivis par les personnels des bibliothèques et d'autres encore. Dès 1908, les deux amicales des Lettres et des Sciences prirent l'habitude de tenir des séances communes lors de leurs assemblées générales respectives convoquées aux mêmes dates.

Cependant, la grande prudence dont fit preuve l'Amicale des personnels enseignants des facultés des Sciences, le caractère routinier des demandes qu'elle mit en avant – les fameux « vœux », adressés au directeur de l'Enseignement supérieur, le respect scrupuleux de « la voie hiérarchique » –, son inaptitude à obtenir des réponses positives de l'administration, l'habitude qu'elle adopta de choisir ses présidents, souvent, parmi les doyens des facultés des Sciences en fonction, la paralysèrent progressivement, ce qui fit se poser à nouveau, et de manière plus aigüe, la question de la création d'un syndicat des enseignants du Supérieur. C'est, du moins, l'objectif auquel s'attacha Ludovic Zoretti (1880-1948, ENS 1899), nommé à son tour à Caen, en 1911, et membre de l'Amicale, qui adhéra à la CGT en 1917 et créa, en 1922, malgré

[722] *Bull. de l'Association amicale du personnel enseignant des facultés des Sciences*.
[723] *Revue scientifique*, 26 avril 1908, n° 17, t. IX, p. 536.

l'interdiction légale toujours en vigueur, avec un petit groupe d'enseignants socialistes, le premier Syndicat confédéré de l'enseignement secondaire et supérieur, affilié à la CGT, tandis qu'une poignée d'autres professeurs des deux ordres adhéraient à la Fédération unitaire de l'enseignement (FUE), bientôt affiliée à la CGT-U2[724].

Avec sa participation à la création et au développement de *La Revue du Mois* et à l'élaboration et à la mise en œuvre du projet de l'Amicale, en même temps qu'avec son appartenance à une sensibilité socialiste encore embryonnaire et marginale dans le milieu universitaire, Noël Bernard était devenu, malgré son éloignement caennais, un des acteurs les plus dynamiques des nouvelles sociabilités scientifiques en devenir, ancrées dans des formes de mobilisation collectives, et traduisant l'émergence d'identités renouvelées dans le monde universitaire, s'éloignant du type en voie de devenir suranné du professeur isolé et routinier, coupé de la science en train de se faire, ayant peu d'étudiants avec lesquels il avait peu de contacts et peu de collaborateurs, et soumis à des profils de carrière et à des normes hiérarchiques très contraignants – un type qui correspondait aux « savants », respectés, confinés voire naphtalinés, des facultés d'avant la rénovation des universités de 1896, un type face auquel commençait tout juste à s'affirmer un nouveau scientifique, souvent jeune, à la personnalité de chercheur actif et mobile, préoccupé de communication aussi bien avec ses collègues proches ou éloignés qu'avec ses étudiants qu'il voulait nombreux et qu'il associait à ses activités de laboratoire, conscient que les objectifs de recherche qu'il se fixait exigeaient des moyens nouveaux, des collaborateurs plus nombreux, des relations étoffées avec le milieu social environnant ainsi que des liens directs avec les chercheurs des autres pays, un nouveau scientifique résolu à faire connaître publiquement ces nouvelles réalités, bref décidé à se tourner vers une « opinion publique » qui restait à conquérir et à agir en direction des pouvoirs – universitaires, politiques, industriels ou médiatiques – pour faire de la science une préoccupation de tous et obtenir finalement l'émergence d'une politique de la recherche assumée par le pays.

On n'en était pas encore là, vers 1906-1907, mais des précurseurs, plus ou moins conscients de ces objectifs, réfléchissaient, se cherchaient, se groupaient, et Noël Bernard – mais aussi son collègue de Poitiers, le physicien

---

[724] Parmi les 200 (environ) enseignants de l'enseignement supérieur adhérents de ce « syndicat Zoretti » en 1923, citons Lucien Herr, Paul Rivet, Célestin Bouglé, Lucien Lévy-Bruhl, Paul Langevin, Marcel Mauss et Victor Basch. (*Bull. du syndicat national confédéré des membres de l'enseignement secondaire et de l'enseignement supérieur*, 1ère livraison en juin 1923). Voir aussi : Guy Brucy, *Histoire de la FEN*, Paris, Belin, 2003, p. 47.

Albert Turpain (1867-1952), par exemple – en fut, avec enthousiasme[725]. Nous n'avons pas de textes – articles, conférences, lettres à des autorités, interventions dans des conseils de faculté ou d'université – qui pourraient en témoigner, sans doute parce que ces types de traces n'ont commencé à être produits par les universitaires de cette génération, pour l'essentiel, qu'à la fin de la Première Guerre mondiale et dans l'immédiat après-guerre, Bernard ayant alors disparu. Les seuls documents qui attestent de cette sensibilité, chez lui, sont ses lettres étoffées et enflammées, adressées à Émile Borel et à Pierre Curie, au moment de la création de *La Revue du Mois* et de l'Amicale, ou une note anonyme de mars 1906, parue dans *La Revue du Mois*.

Finalement, reste posée la question de savoir quel type d'« intellectuel » fut Noël Bernard, quel « intellectuel » il a voulu être. Ses prises de parti anti-talas qui l'ont conduit, pour un temps, au secrétariat de la Fédération de la jeunesse laïque, ses engagements, réaffirmés dans la durée, dans le mouvement des Universités populaires, et pour finir son adhésion au parti socialiste, au moins pendant les années caennaises si ce n'est ses années normaliennes, dessinent une sensibilité. La part qu'il a prise dans la fondation de l'Amicale des enseignants des facultés des Sciences en même temps qu'il s'investissait fortement dans *La Revue du Mois*, indiquent des choix dans un éventail de possibilités diverses que les contraintes de sa vie de chercheur rendaient nécessaires ; ainsi ne fut-il pas, semble-t-il, particulièrement actif à la Ligue des droits de l'homme à Caen, ainsi ne tenta-t-il pas de mener une activité de publiciste s'inscrivant dans les différentes actualités politiques de cette période – il ne semble pas avoir produit de textes politiques. Eût-il vécu plus longtemps, ces choix auraient pu évoluer ; mais pour la courte période durant laquelle il fut actif, Noël Bernard, bien qu'il en avait les ressources et le talent, ne semble pas avoir été tenté par les formes les plus politiques de l'engagement intellectuel, celles qui fondèrent les postures les plus indentifiables de l'« intellectuel critique », celles qu'investirent spectaculairement des aînés comme Émile Duclaux ou des condisciples comme Péguy.

Bernard fut un militant intellectuel plus qu'un intellectuel militant et la morale quasi stoïcienne qu'il entendait s'imposer dans le travail scientifique, fût-ce en se faisant violence et en combattant des tendances de son caractère qu'il détestait – revoir la profession de foi qui figure à la première page de ce portrait de Noël Bernard –, Bernard semble avoir voulu aussi l'appliquer dans toutes les dimensions de son activité sociale. Ce faisant, il s'inscrivait dans un type d'« intellectuel » assez éloigné de l'archétype généralement retenu et dont il existe cependant des dizaines d'exemples dans cette génération du

---

[725] Albert Turpain, « Les réformes de l'Enseignement supérieur », *RGSPA*, t. XVII, 1906, n° 4, 28 février 1906, p. 166-177. Voir Jacques Marzac, *Albert Turpain, un homme de science au service de l'homme du peuple*, Poitiers, Le Pictavien, 2011.

tournant du siècle, un type peu reconnu, peu identifié, voué à l'anonymat, un type qui allie de solides convictions à une capacité constante d'implication militante mais qui ne manifeste pas de dispositions à se mettre en avant et à adopter, en eût-il toutes les capacités, des postures de leader. C'est ainsi que, de la vie de ce type de personnage, il est difficile de faire une biographie digne de figurer dans un *Dictionnaire des intellectuels français*, c'est ainsi qu'un *Siècle des intellectuels* peut être brossé sans que son nom ait la moindre chance d'y apparaître[726].

---

[726] Jacques Julliard et Michel Winock (dir.), *Dictionnaire des intellectuels français,* Seuil, Paris, 1996. Michel Winock, *Le siècle des intellectuels*, Paris, Seuil, 1997.

Chapitre douze

Loin de la sociabilité universitaire, le tournant amoureux, misanthrope et moraliste de Noël Bernard, marié et père de famille

Le 8 août 1907 – il avait alors trente-trois ans –, Noël Bernard épousa à Fontenay-aux-Roses (département de la Seine) Marie Louise Martin, née le 7 décembre 1878, à Pierrefeu (Var), ancienne élève de la promotion de 1898 de l'École normale supérieure de l'enseignement primaire de Fontenay-aux-Roses – qu'on appelait souvent « l'École normale de jeunes filles de Fontenay » – où étaient formées les futures professeures des Écoles normales d'institutrices. Marie Louise Martin, qui avait une formation de mathématicienne et de naturaliste, était alors maîtresse-répétitrice de sciences – on disait aussi professeur-adjoint – à Fontenay[727]. Cet événement marqua une importante rupture dans la vie de celui qu'on n'avait connu jusque-là que comme un « pur esprit » uniquement préoccupé d'études et de travaux scientifiques et, à la rigueur, de questions philosophiques, intellectuelles et politiques.

[727] Dossier administratif de Marie Louise Martin, AN F/17/24232. *Bull. de l'Association amicale des anciennes élèves de Fontenay*, n° 45, janvier 1947, p. 40. La qualité de répétitrice, de maîtresse répétitrice ou de professeur-adjoint pour les sciences désignait des personnels qui occupaient des fonctions variables et hétérogènes allant de tâches d'enseignement à des missions d'encadrement des promotions en passant par l'animation de laboratoires, la préparation aux épreuves des concours de recrutement.

Le « tournant » majeur de l'année 1906-1907 dans la vie de Noël Bernard

C'est en fréquentant le domicile des Maurain, à Caen, que Bernard fit la connaissance de leur amie, plus précisément de cette amie des deux Jeanne Maurain, l'épouse et la sœur de Charles Maurain, amitiés remontant à leurs années d'études : à l'École de Fontenay, Marie Louise Martin avait connu la sœur de Maurain et les deux fontenaysiennes étaient devenues amies ; elle était aussi devenue l'amie de Jeanne Janoty, la future femme de Charles Maurain qui avait réussi le concours d'entrée à l'École normale supérieure de jeunes filles de Sèvres, auquel elle-même avait échoué de peu. Marie Louise Martin était aussi une familière des Perrin, des Langevin, était proche en particulier d'Henriette Perrin dont les Maurain étaient des amies[728]. C'est ainsi que Noël Bernard fit la rencontre qui lui permit de remettre en cause sa conviction établie de longue date selon laquelle il ne trouverait jamais une épouse prête à supporter ses obsessions de chercheur et son caractère réputé difficile.

Cependant, ce bouleversement ne se produisit pas sans que quelques signaux n'eussent pu être repérés auparavant. Déjà, en décembre 1903, il avait écrit à sa tante Antoinette Magrou, nous l'avons relevé plus haut, pour dire qu'il éprouvait à Caen un tel sentiment d'ennui qu'il en venait à imaginer pouvoir un jour se marier[729]. Mais alors il n'avait pas encore fait la connaissance de Marie Louise Martin. Plus récemment, il avait écrit, toujours à sa tante, que sa mère estimait que « le "merle blanc" qui (lui) conviendra(it) n'(était) pas encore couvé[730] ». Mais dans la même lettre, d'août 1906, il écrivait aussi :

> « Tu me demandes des nouvelles de ta future nièce (...). Je crois qu'il faut remettre ce sujet à plus tard car jusqu'à la fin de cette année je vais être fort occupé à la rédaction d'un volumineux mémoire (...). Je sens bien cependant que je commence à mûrir et l'idée de mariage a fait en moi quelques progrès encore fort incertains. »

Et, à son cousin, il écrivait au même moment :

> « Je songerai sans doute à prendre femme car je mûris aussi de ce côté à vue d'œil.[731] »

---

[728] Il est probable que Marie Louise Martin avait aussi connu le couple Curie et, chez eux, fréquenté Georges Urbain, André Debierne, Aimé Cotton et Henri Mouton, d'autres encore. Elle rencontrait aussi Eugénie Feytis (1881-1967, Sèvres 1901), future épouse d'Aimé Cotton (1869-1951, ENS 1890) en 1913, qui venait d'être nommée à Sèvres, et Marie Cotton, la sœur de ce dernier, sévrienne aussi (1889), professeure au lycée Fénelon.

[729] Lettre de N.B. à A. Magrou, le 31décembre 1903, déjà citée.

[730] Id., le 24 août 1906, CM, 47.

[731] Lettre de N.B. à Jean Magrou, le 14 novembre 1906, CM, n° 48.

C'est que, de 1903 à l'été 1906 quelque chose avait donc changé. Et en effet, à cette date, cela faisait un an que Noël Bernard avait fait la connaissance de celle qui serait sa fiancée et nul doute que – c'est du moins ce qu'il écrivit ensuite dans de nombreuses lettres adressées à celle-ci – c'était à elle qu'il songeait en écrivant ces quelques mots à sa tante et à son cousin. Il faut aussi noter qu'au moment où il évoquait ainsi dans ses lettres ce possible et souhaitable changement fondamental dans son existence, il l'accompagnait, à chaque fois, de considérations sur l'œuvre scientifique – le fameux « volumineux mémoire » – dont il disait être en train d'achever la mise en forme. Ainsi, à son cousin :

> « Je travaille avec une ardeur considérable. Mes idées sont mûres et peut-être géniales !! D'ici à la fin de l'année je compte pondre une œuvre de grand poids où il sera dit sur la pomme de terre des choses ineffables. Ceci fait, je songerai (...).[732] »

Cet enthousiasme exprimait un optimisme peut-être en partie dû au fait qu'après avoir vécu une longue période dominée par la dépression il entrait dans un moment d'exaltation. Il pouvait laisser penser qu'effectivement Noël Bernard était peut-être en voie de révolutionner la botanique et même la biologie, mais il ne laisse, à coup sûr, aucun doute sur le bouleversement personnel qu'il était alors en train de vivre. Ajoutons que Bernard avait aussi à l'esprit que la publication de ce mémoire, dont il espérait qu'il ferait grand bruit, lui permettrait aussi d'obtenir un autre changement significatif et essentiel de sa vie d'alors : une mutation dans un poste moins isolé et peut-être même parisien. En attendant, il ne pensait pas aller à Paris de si tôt, préférant « travailler dans le silence mais très activement » : « Que me servirait de me remuer en vaines intrigues ? », ajoutait-il[733].

C'est donc comme « un tout » qu'il faut observer et comprendre ce que fut ce « tournant » majeur de l'année 1906-1907 dans la vie de Noël Bernard y compris sa décision d'assumer et de confirmer son inclination à l'égard de Marie Louise Martin.

Marie Louise Martin

En fait, comme l'écrivit Noël Bernard, il tomba passionnément « amoureux » de cette jeune femme, de quatre ans sa cadette, décrite comme « une âme enthousiaste » par celle qui était alors sa collègue à l'École de Fontenay, son amie et sa « confidente », de peu son aînée, Eugénie Séret (promotion Fontenay 1896), qui ajoutait : « jeunesse robuste, intelligence brillante, généreuse vitalité » :

---

[732] Id.

[733] Id.

« Dans sa recherche de ferments spirituels, elle ne se limitait pas aux horizons de la science. Elle allait, avec la même ferveur, vers toutes les formes de vie qui l'entraînaient "sur le cimes". Les concerts, les sermons du pasteur Wagner, les conférences de l'École des hautes études sociales, les lectures philosophiques occupaient ses loisirs, alimentaient des discussions passionnées avec ses collègues. (…) Elle affirmait toujours davantage une foi morale qui ne s'est jamais démentie.[734] »

Née dans une famille dont les trois enfants n'avaient pas été baptisés et au sein de laquelle on professait volontiers des idées sociales « avancées », Marie Louise Martin affichait des convictions anticléricales déterminées – on racontait qu'elle changeait de trottoir plutôt que de passer devant une église (ou une banque) – et, sur le plan spirituel, s'intéressait à l'hindouisme et à la théosophie[735]. L'ensemble des traits intellectuels décrivant sa personnalité, loin d'en faire un cas original parmi les anciennes élèves de Fontenay, témoignait de la forte influence qu'avaient exercées sur elle les années de formation au sein de cette École que certains présentaient comme une sorte de « Port-Royal laïque » dont le Saint-Cyran aurait été Félix Pécaut (1828-1898). Celui-ci, après avoir été formé à la faculté de Théologie protestante de Montauban, fut le fondateur et directeur des études de Fontenay pendant seize années, jusqu'en 1896, avant, à la veille de mourir, de devenir un des premiers dreyfusards. Celui que certains voyaient comme un « pêcheur d'âmes », réfutait avec vigueur toutes ces qualifications et ces rapprochements à connotation religieuse et passéiste, pour leur opposer sa conception pédagogique moderne, rationnelle et ambitieuse, respectueuse en tous cas des jeunes personnes confiées à ses soins. Il le proclamait :

« Vos maîtres vous ont initiées largement à la vie contemporaine. (…) (Notre manière), sans être en aucune façon "libertine" à l'égard de la religion, ni même indifférente, sans être irrespectueuse à l'égard du passé, réserve avec un soin jaloux, dans les choses d'éducation et de morale, le droit d'appel au tribunal de la raison ou de la conscience.[736] »

---

[734] « Marie Louise Martin », notice nécrologique, par Eugénie Séret, amie et confidente de Marie Louise Martin depuis leurs études à Fontenay, devenue inspectrice générale honoraire et alors vice-présidente de l'Amicale des anciennes élèves de l'ENS de Fontenay, *Bull. de l'Association amicale des anciennes élèves de l'École normale supérieure de Fontenay-aux-Roses*, n° 46, janvier 1948, p. 15-16. Le pasteur Charles Wagner (1852-1918), protestant peu orthodoxe, professait une sorte d'œcuménisme progressiste qui le rapprochait des républicains laïcs qu'il rencontrait à la Ligue de l'enseignement ou aux Universités populaires.

[735] Témoignage de Michelle Bernard, échanges de courriels, 26-28 avril 2019.

[736] Citation de Félix Pécaut dans Yvonne Oulhiou, *L'École normale supérieure de Fontenay-aux-Roses à travers le temps, 1880-1980*, ENS de Fontenay, hors collection des *Cahiers de Fontenay*, 1981, p. 110-111. Yvonne Oulhiou fut secrétaire générale de l'École de Fontenay, de 1936 à 1963.

Quoi qu'il ait pu en dire, Pécaut dont on a souvent souligné la forte imprégnation de morale protestante perceptible chez cet esprit laïc et même athée, incarnait aux yeux de ses élèves une vigoureuse conception de la mission d'enseignantes qu'auraient à assurer ses jeunes élèves lorsqu'à leur tour elles auraient à former de jeunes institutrices dans les Écoles normales où elles seraient nommées. Exemple parmi d'autres, ce propos extrait de son « Allocution d'adieu » :

« Quel que soit un jour le destin des murs qui nous ont abrités (...), j'atteste qu'ils auront été témoins du plus noble des spectacles : celui de jeunes esprit de femmes s'appliquant d'un effort sincère, sous la conduite de leurs maîtres, non seulement aux études professionnelles, mais à la recherche de la vérité et du bien ; cherchant à pénétrer le sens de la destinée humaine, non par simple curiosité spéculative, mais avec l'ardent désir de fonder leur existence morale sur autre chose que la coutume établie, l'opinion régnante, les convenances sociales, et de se mettre par là en état d'enseigner, d'élever les institutrices du peuple en pleine lumière de raison et en pleine dignité de conscience.[737] »

Songeons que la vie littéraire était marquée, au cours de ces années 1900-1901, par les romans écrits par une ancienne sévrienne, Gabrielle Logerot (1869-1938, Sèvres 1890) devenue l'écrivain Gabrielle Réval, à peine plus âgée que Marie Louise Martin. *Les Sévriennes*, paru en 1900, avait provoqué un petit scandale[738] ; il y eut récidive en 1901 avec *Un lycée de jeunes filles*, un roman qui montrait une enseignante, présentée comme une « éveilleuse d'âmes », se faisant réprimander par un inspecteur qui, la tenant pour une anarchiste, lui reprochait d'avoir, avec ses élèves, « des discussions philosophiques (...) politiques et religieuses » et de les aider à « s'affranchir des préjugés[739] ». À ses côtés, Gabrielle Réval plaçait une héroïne qui, incarnant la même conception de sa mission pédagogique, envisageait son métier comme un « apostolat » auquel elle sacrifiait toute vie personnelle. Et songeons maintenant qu'au cours de sa carrière d'enseignante, Marie Louise Martin récolta des appréciations administratives comme celle-ci : « Excellent professeur, à l'esprit méthodique et précis, au langage sobre et net, très dévouée à la tâche qu'elle accomplit avec conscience, même avec ferveur » ; ou bien celle-ci : « Enseignement intéressant qui s'élève volontiers jusqu'à des considérations de philosophie scientifique tout à fait à leur place à l'École

[737] « Félix Pécaut, Directeur de l'École de Fontenay », *Revue pédagogique*, 15 février 1900, et *Bull. de l'Association amicale des anciennes élèves de Fontenay-aux-Roses*, n° 16, avril 1900, p. 56. Voir les chapitres consacrés à l'état de l'enseignement féminin dans les premières années du XXème siècle dans l'ouvrage de Loukia Efthymiou, *Eugénie Cotton (1881-1967) Histoires d'une vie – Histoires d'un siècle*, Sarrebruck (Allemagne), Éd. universitaires européennes, 2019. Voir aussi : Y. Oulhiou, *ouv. cité*

[738] Gabrielle Réval, *Les Sévriennes*, Paris, P. Ollendorff, 1900.

[739] Id., *Un lycée de jeunes filles*, Paris, P. Ollendorff, 1901.

normale.[740] » Si on se tourne vers les élèves de Madame Bernard, à l'École normale de Poitiers, on recueille des éloges émus du style de celui dû à Germaine Debraux (1904-1999) qui fut son élève à l'École normale d'institutrices avant de faire une carrière de botaniste et d'universitaire :

> « Je conserve un souvenir enthousiasmé de ses cours de Sciences naturelles et en particulier, je me souviens de notre attention lors d'un cours sur les lois de Mendel et aussi une autre fois sur les métamorphoses des insectes ; elle devenait lyrique quand elle exposait ces notions (...) et je crois bien que ma vocation de Naturaliste doit beaucoup aux remarquables leçons de cette femme effacée, toujours triste, modeste, et que nous aimions beaucoup.[741] »

Telle était Marie Louise Martin, telles étaient certaines des jeunes femmes formées à Fontenay ou bien à Sèvres... Et telle était, à n'en pas douter, l'impression que fit, sur Noël Bernard, Marie Louise Martin lorsqu'il fit sa connaissance.

En fait, Marie Louise Martin était issue, du côté de sa mère, Celina Maneille, d'une famille de petits viticulteurs – son fils parlait de « paysans pauvres » – de l'arrière-pays toulonnais. Tandis que cette dernière était réputée « illettrée » et s'exprimait essentiellement en provençal, le père de Marie Louise était instituteur, directeur d'école à Pierrefeu (Var). Après ses études à l'École normale primaire supérieure de Fontenay d'où elle sortit avec un rang modeste, Marie Louise Martin avait pris, à la rentrée scolaire de 1901, un poste de professeur de Sciences à l'École normale de jeunes-filles de Saint-Gaudens, au pied des Pyrénées. Lorsqu'au bout d'un an, une occasion se présenta de devenir répétitrice à Fontenay, elle la saisit aussitôt. Peut-être que ce rappel à Paris fut favorisé par son ancienne condisciple de Fontenay, Eugénie Séret, déjà elle-même répétitrice à l'École. Peu de semaines après sa prise de fonctions, la directrice, Jeanne Dejean, manifestait sa satisfaction de ce recrutement :

> « Elle est un peu jeune mais elle est sérieuse, instruite. Elle manipule bien, est adroite. Ce sont des qualités précieuses et dont nous avons besoin.[742] »

« Trop jeune pour le poste ? Et bien ! ça lui passera ! », comme rétorquait un recteur de ce temps. Marie Louise Martin avait donc commencé ainsi une carrière d'enseignante qu'elle allait poursuivre jusqu'à sa retraite en y ajoutant des fonctions de directrice d'École primaire supérieure d'institutrices. Si elle

---

[740] Avis de la directrice de l'École normale de Melun pour le dossier de demande de mutation de Marie Louise Bernard, sans date (1920), et notation administrative par la directrice de l'École normale des Batignolles (Paris), en 1930, Dossier administratif de Marie Louise Bernard, Arch. nat., F/17/24232.
[741] Lettre de Germaine Debraux à Bernard Boullard, citée dans B. Boullard, *ouv. cité*, p. 42.
[742] Id., note administrative de la directrice de l'École de Fontenay, du 24 novembre 1902.

était restée en poste dans le sud-ouest, une autre histoire se serait écrite. Mais son retour à Fontenay changea sa vie. Elle renoua avec son amie Jeanne Maurain qui l'encouragea dans ses visées professionnelles et intellectuelles. Elle qui, déjà à Fontenay, recherchait « des lectures propres à étendre sa culture scientifique, alors peu spécialisée[743] », développa des fréquentations scientifiques et intellectuelles qui la mettaient en contact avec la plus brillante science en train de se faire et avec un milieu intellectuel stimulant et d'avant-garde, à travers le foyer d'Henriette et Jean Perrin, la fréquentation de Marie Curie, celle des Langevin.

La rencontre amoureuse entre Noël Bernard et Marie Louise Martin

La compagnie des Maurain conduisit Marie Louise Martin à Caen où elle devait, inévitablement, croiser Noël Bernard. C'est pourtant à Paris qu'eut lieu la première rencontre, à l'été 1905, un jour que Noël Bernard et les Maurain se promenaient au Jardin des Plantes : à un moment, devant eux, Marie Louise Martin, vêtue d'une robe bleue, sortit des serres, entourée des élèves de Fontenay auxquelles elle ou bien le professeur Mangin qu'elle avait la charge d'épauler avait proposé cette excursion de Botanique, et Jeanne Maurain présenta à Bernard cette jeune femme dont elle – et aussi Henriette Perrin – lui avaient déjà beaucoup parlé. La rencontre se prolongea en soirée et c'est ce jour-là qu'eut lieu la première conversation entre les deux jeunes gens au sujet, entre autres, selon le souvenir qu'en avait Bernard, « de la vie de Darwin et des grèves de Limoges[744] ».

À l'occasion de vacances scolaires ils se retrouvèrent chez les Maurain. Noël Bernard confia ensuite à son cousin Noël quelle était « la forte personnalité » de Marie Louise Martin. Il lui confia que comme il avait plaisanté, lors d'une conversation, sur ses insuffisances en botanique, « piquée au jeu » elle avait derechef décidé de s'inscrire à la Sorbonne, en licence de Sciences naturelles[745]. « La fermeté de ses vues l'irritait tout d'abord », se souvenait encore le docteur Bernard. Il y eut ensuite une journée de promenade au Havre puis une autre, lorsque Bernard se trouva assez motivé pour précipiter son retour de la conférence d'Horticulture à laquelle il venait de participer, à Londres, pour ne pas risquer de la « manquer » à l'occasion de sa visite chez les Maurain. En fait, sa conviction était désormais établie : la « nature simple et sérieuse » de Marie Luise Martin « qui lui a toujours bien fait diriger sa vie », les « qualités d'intelligence et de cœur » qu'il discernait chez elle, avaient ruiné en lui le « sauvage » persuadé qu'il était voué au

---

743 Notice nécrologique, par Eugénie Séret, déjà citée.

744 Lettre de N.B. à M.L. Martin, le 11 juin 1908, déjà citée.

745 Dr N. Bernard, « Quelques faits importants de la vie de Joseph (Magrou) », déjà cité.

célibat[746]. Le cousin Noël, alors de passage en France entre deux missions en Indochine, se souvenait de leur rencontre cet été-là au cours de laquelle leurs « conversations avaient eu pour objet principal le mariage » ; en fait, ajoutait-il, son cousin disait alors hésiter à fonder une famille « en raison de sa santé qu'il jugeait précaire[747] ». Sur ce, celui-ci tenta d'écrire une longue lettre à Marie Louise Martin, aussitôt déchirée, et il décida finalement, à la place, de lui envoyer un colis comprenant un fort volume de ses notes de cours de Botanique, « Principes de systématique » – un kilogramme de papier, pas moins –, ainsi que le tiré-à-part de son article paru l'année précédente dans *La Revue des idées*. Une nouvelle rencontre eut lieu à l'occasion du jour de l'an, avec une excursion à May-sur-Orne, suivie de plusieurs mois sans nouvel événement. À ce moment-là, Noël Bernard travaillait avec passion à la rédaction de son mémoire sur les orchidées et tentait de ne pas se laisser détourner de cette tâche. De son côté, Marie Louise Martin était immergée dans la préparation des épreuves du certificat d'aptitude à l'enseignement secondaire des jeunes filles.

Finalement, alors que ce travail n'aboutissait toujours pas et promettait de le mobiliser pendant encore plusieurs mois, Bernard n'en put plus de se refreiner. Au début de juin 1907, lors d'une excursion, qualifiée de « pèlerinage » qu'il fit avec son cousin Noël sur les traces de leur grand-oncle, le docteur Noël Bernard qui avait exercé un temps dans la Manche, il lui confia qu'il avait, suivant ses bons conseils, sollicité un avis médical sur son état de santé et que « la consultation avait été favorable » ; et qu'il venait, le 1er juin, d'écrire et d'envoyer sa première lettre à Marie Louise Martin :

> « Il était extrêmement ému. Nous nous sommes embrassés fraternellement et nous voilà partis dans les rêves de bonheur à venir. Il est en pleine production scientifique. De ses travaux sur la symbiose il entrevoit des développements sans fin. La future femme sera apte à s'y intéresser (…).[748] »

Cette lettre de Noël Bernard à Marie Louise Martin était une belle et longue déclaration d'amour en bonne et due forme, très respectueuse des bonnes manières les plus conventionnelles mais néanmoins dépourvue d'ambiguïté :

> « Je vous adresse cette lettre avec une sympathie et une confiance trop sincère pour pouvoir vous blesser. Si vos projets d'avenir ou vos sentiments même devaient en être heurtés, croyez bien que je saurais agir comme si j'oubliais l'avoir jamais écrite.[749] »

---

746 Lettre de N.B. à Celina Martin, 3 juillet 1907, déjà citée.
747 Dr N. Bernard, « Quelques faits importants de la vie de Joseph (Magrou) », déjà cité.
748 Id.
749 Lettre de N.B. à M.L. Martin, le 1er juin 1908, n° 1.

La seule maladresse, peut-être, était dans le fait qu'il risquait de perturber son interlocutrice à un moment où la préparation de ses épreuves de certificat devait la mobiliser totalement. L'impatience avait donc pris le dessus. Disons que Bernard, après avoir avoué qu'il avait « beaucoup songé depuis quelques mois à la loyauté de (son) regard » et « espéré qu'(ils avaient) des sympathies et des idées communes » et que, de ce fait « le problème de l'orientation de (sa) vie s'(était) posé à (lui) sous un nouvel aspect avec une anxiété très vive », demandait à Marie Louise Martin si elle accepterait de le rencontrer au plus vite « dans un musée désert » parisien. Les seuls développements qu'il se permettait dans cette lettre dont on sentait qu'il l'avait voulue assez brève et dont chaque mot avait été pesé, sans doute raturé et rectifié jusqu'au dernier moment, portaient sur ce qu'il sentait qui avait changé en lui et sur ce qui pouvait le différencier de ses amis, bref sur la façon dont il envisageait sa vie future :

> « Au cours de mon existence passée (...) j'ai rarement perdu confiance dans l'idée que l'attachement au travail peut procurer un bonheur stable. La vie un peu isolée et très libre qu'ont recherchée des hommes comme Curie et Darwin m'a semblé un modèle simple à suivre, sans qu'il soit besoin de génie. Souvent j'ai craint qu'une semblable existence comporte trop de sauvagerie pour plaire à une jeune femme. Mais cette sauvagerie même m'est devenue plus chère quand j'ai vu mes meilleurs amis, par leur volonté ou par la fantaisie changeante des compagnes qu'ils ont choisies, noyer leur activité dans cette vie bourgeoise commune dont l'entrain apparent cache le vide d'enthousiasme réel. Pouvons-nous arriver à des idées semblables, à un accord qui ne soit pas une simple apparence (...) ? Assurément nous nous connaissons trop peu pour le savoir, mais il dépendrait de vous que nous cherchions à nous en assurer sans nous tromper nous-mêmes.[750] »

Tout était dit. Dans les quelques vingt-cinq lettres que Noël Bernard allait adresser à Marie Louise Martin au cours des deux mois suivants, les thèmes abordés dans la première allaient revenir sans cesse sous sa plume prolixe et de plus en plus enthousiaste, guidée par un exigeant souci de sincérité et d'introspection : une entreprise de conquête amoureuse sans doute, mais aussi, pour nous qui lisons aujourd'hui ces longues lettres quasi quotidiennes voire bi ou tri-quotidiennes certains jours, l'occasion de connaître de multiples épisodes de la vie passée de Bernard, de collecter d'innombrables informations sur le milieu universitaire auquel les deux amoureux appartenaient, en particulier sur les démêlés confus de la vie des couples Perrin, Langevin, Maurain, Pérez et quelques autres, et aussi de faire le point sur le rapport vital, exigeant certes, et éthique si ce n'est mystique, que Noël Bernard entretenait avec la science et la recherche scientifique et même « la

[750] Id.

vérité », cette « vérité que les scientifiques recherchent passionnément sans redouter de la trouver moins belle que leurs rêves[751] ».

La réponse de Marie Louise Martin combla les espoirs de Bernard. Il s'en disait « profondément ému » – les lettres de Marie Louise Martin n'ont pas été conservées, détruites peut-être par celle-ci au cours de son veuvage – et, dans une nouvelle lettre, il relevait en particulier qu'elle lui demandait s'il savait qu'elle avait pour lui « un peu plus même que de la sympathie »… Euphémisme bienséant que ses nombreuses lettres suivantes allaient progressivement mettre à mal et qui amenait Bernard à la remercier d'« avoir dit d'un premier mouvement toute (sa) pensée » et à la rassurer sur cette « lumière » qu'elle avait voulue « éclatante ». Lorsque la rencontre projetée eut lieu, le jeudi 13 juin, au Trocadéro, au Musée de la sculpture comparée – devenu, en 1937, le Musée des monuments français – « dans la première salle », puis, le lendemain à Bellevue lors d'une promenade dans les bois, et ensuite pendant tout le week-end, tout avait déjà été écrit.

Depuis sa première lettre, Noël Bernard en avait envoyé huit autres, toutes plus longues les unes que les autres. Outre ses encouragements à préparer activement le concours projeté et son espoir qu'ils puissent ensuite « travailler ensemble » à ses recherches, ses commentaires sur le fait admis qu'ils allaient se marier d'ici quelques semaines, Bernard évoquait longuement ses conceptions et son itinéraire de chercheur scientifique, y compris son ambition de réussir à produire une œuvre mémorable dans son domaine, la nature du « contrat » de confiance, d'honnêteté et de fidélité qu'il proposait d'établir entre eux, les défauts de son caractère trop souvent dominé par des crises de « neurasthénie », les problèmes de ressources pécuniaires et de style de vie qu'ils allaient devoir affronter, son incompréhension devant la conflictualité et les errances qui marquaient la vie quotidienne de ses amis Perrin, Langevin et même Maurain. D'ailleurs, alors qu'il exigeait que son interlocutrice gardât une discrétion absolue sur leur relation vis-à-vis de sa grande amie, madame Maurain, et a fortiori des Perrin – ce à quoi il s'engageait de son côté en revendiquant une exception pour son cousin et confident Noël Bernard tandis que Marie Louise était autorisée à s'ouvrir de ce qui bouleversait sa vie auprès sa propre confidente, Eugénie Séret – les lettres qu'il envoyait chaque jour étaient saturées de propos se référant au genre de vie que menaient ces si proches collègues et amis – et il semble bien qu'il en était de même dans les lettres écrites par Marie Louise.

Bref, les terrains d'accord entre les deux jeunes gens étaient nombreux et cela se confirma au fil de leurs échanges : outre leur goût pour la science et les mathématiques, leur rejet de la vie mondaine et des règles de bienséance bourgeoise ou universitaire, leur goût pour une vie simple et retirée, leurs

---

[751] Lettre de N.B. à M.L. Martin, le 6 juin 1908, n° 3

options anticléricales – selon son fils, Marie Louise éprouvait « la haine absolue de l'Église catholique » et disait qu'il « fallait avant tout sortir du Moyen Âge, symbolisé par l'Église de Rome » – et « socialistes » dans un sens élargi – selon Francis Bernard toujours, sa mère était « une grande admiratrice de la Révolution française, croyait vraiment à l'égalité des hommes (et) pensait que si un homme est bête c'est la faute de ses dirigeants capitalistes » – contribuaient incontestablement à leur entente[752].

Il est certain que le choix que fit Noël Bernard en décidant d'alimenter et de favoriser l'intérêt et l'inclination qu'il avait ressentis à l'égard de cette jeune fille « solide et gaie » – expressions qui viendront, bien plus tard, sous la plume de son fils, Francis[753] – ne devait rien à l'accident irrationnel et passionnel. Il en était parfaitement conscient ; n'écrivait-il pas, dans une lettre adressée à sa belle-mère où il exposait sa conception du mariage, de la famille et même de la vie sociale d'un scientifique :

> « Je n'aurais jamais voulu épouser une fille riche, élevée dans ces habitudes mondaines qui ne donnent que les apparences du bonheur. Je n'aurais pas voulu non plus épouser une jeune fille sans instruction, qui ne puisse comprendre des choses auxquelles je m'intéresse le plus.[754] »

Et à sa fiancée, il disait :

> « J'ai (...) l'espoir que vous pourriez peut-être vous intéresser autant que moi aux questions qui m'occupent et me font trouver l'existence supportable deux ou trois jours sur quatre.[755] »

Marie Louise Martin, incarnation de la jeune femme « moderne » ?

Ayant beaucoup entendu parler de Marie Louise Martin par madame Maurain avant même de la rencontrer ou par Henriette Perrin, lorsqu'elle lui apparut pour la première fois, sortant, en robe légère bleue des serres du Jardin des Plantes, Noël Bernard la connaissait, en somme, déjà. Elle représentait la femme moderne par excellence, ancienne élève de l'École normale de jeunes filles de Fontenay et désormais répétitrice, bientôt peut-être professeure de l'enseignement secondaire ; d'une certaine façon, elle pouvait être son égale, une intellectuelle comme lui et, étant donné sa réputation de mathématicienne ayant choisi de s'intéresser aux sciences naturelles, elle devenait comme un miroir de ses propres choix ou un autre lui-même ; une destinée pouvait s'imaginer, fondée sur une possible entente complice avec celle qui, plus jeune

---

752 Témoignage de Francis Bernard, « Souvenirs sur moi-même », tapuscrit de 22 pages, 1988, p. 4.
753 Id., p. 2.
754 Lettre de N.B. à Celina Martin, 3 juillet 1907, déjà citée.
755 Lettre de N.B. à M.L. Martin, 7 juin 1907, n° 7.

et moins diplômée, serait autant une élève qu'une collaboratrice éventuelle. Pygmalion n'était pas loin, peut-être… afin qu'un jour la jeune femme moderne devienne la « femme de savant » rêvée, non pas celle du modèle, alors très en vogue, de madame Pasteur, mais plutôt celle du couple de savants naguère formé par Marie et Pierre Curie.

L'époque était à l'irruption des femmes dans les carrières jusque-là exclusivement masculines. Bernard avait chaque jour sous les yeux l'exemple de Jeanne Maurain, dotée du prestigieux titre d'agrégée de Mathématiques, et il connaissait la place qu'occupaient désormais les anciennes élèves de l'ENS de Sèvres, une école créée en 1881 soit depuis moins d'une génération, tandis que la création de l'enseignement secondaire public féminin n'est pas plus ancienne[756] ; les bachelières restaient rarissimes, c'est sur une seule main qu'on comptait le nombre de scientifiques de chaque promotion à Sèvres, elle restaient introuvables dans la carrière scientifique, ou presque[757]. Bernard était par ailleurs éperdu d'admiration pour son amie Marie Curie dont les multiples titres de « première », première à l'agrégation, première femme docteur à la faculté des Sciences, première femme professeur titulaire à la Sorbonne, première femme prix Nobel, pouvaient sembler secondaire tellement elle était une scientifique exemplaire, infatigable et même de génie[758]. Bernard put donc voir Marie Louise Martin comme une « perle rare », lui qui avait toujours eu l'idée qu'aucune jeune femme n'était susceptible de pouvoir occuper sans conflits ni désillusions une place dans sa vie qu'il voulait exclusivement tournée vers la recherche scientifique. Il put d'autant plus être porté à croire que si une jeune femme devait, un jour, entrer dans sa vie, il faudrait qu'elle eût reçu cette formation d'élite dont les jeunes femmes à la personnalité forgée par les années d'internat, à Sèvres ou à Fontenay, avaient la réputation d'avoir bénéficié, une éducation exigeante et débarrassée de tout préjugé, fondée sur des valeurs de dévouement et de sacrifice pour la science et l'éducation.

À toutes ces considérations, s'ajoutait encore le fait qu'à Fontenay où enseignait Marie Louise Martin, la directrice était, depuis 1897, Jeanne-Adèle Dejean (1858-1948), épouse d'un professeur qu'il avait eu au lycée Charlemagne et dont il gardait un souvenir ému. Émile Dejean (1848-1938), agrégé de Lettres et professeur de Rhétorique avait eu, entre 1890 et 1892, la charge d'enseigner les Lettres aux élèves des sections scientifiques de ce lycée et cet enseignement avait marqué le jeune lycéen qu'il était alors[759]. Il en parlait d'autant plus à Marie Louise que celle-ci était de son côté marquée par

---

[756] Françoise Mayeur, « Une école sœur ? Sèvres », dans J.-F. Sirinelli (dir.), *École normale supérieure, le livre du bicentenaire*, ouv. cité, p. 73-111.

[757] Voir Rebecca Rogers et Pascale Molinier (dir.), *Les femmes dans le monde académique ; perspectives comparatives (1868-1939)*, Rennes , PUR, 2016 ; et aussi, Natalie Pigeard-Micault, *Les femmes du laboratoire de Marie Curie*, Paris, éd. Glyphe, 2013.

[758] M. Pinault, « Marie Curie, intellectuelle engagée ? », *art. cité.*

[759] Dossier de Joseph-Émile Dejean de Labâtie, Arch. de la Légion d'honneur, base Léonore, 19800035/245/32595, notice c-a03546.

la forte personnalité de madame Dejean dont l'itinéraire – celui, encore, d'une « première », comme l'époque en a donné tant d'exemples – pouvait lui sembler un modèle : ayant obtenu les diplômes nécessaires à force de volonté, elle avait été professeur puis directrice dans plusieurs écoles normales de jeunes filles avant de réussir le concours de l'agrégation de Lettres, puis elle avait été la première femme nommée Inspectrice de l'Enseignement primaire (en 1889), et elle accéda enfin, avec l'appui de Pécaut et de Ferdinand Buisson, aux fonctions de directrice de l'École de Fontenay[760].

À l'époque de ses fiançailles avec Noël Bernard, Marie Louise Martin préparait donc le Certificat d'aptitude à l'enseignement secondaire des jeunes filles qui permettait de devenir chargée de cours en lycée et professeure en collège ; elle fut admise, cet été-là, au 5ème rang sur 16 candidates reçues pour l'ordre des Sciences[761]. Voilà qui la rapprochait sans doute de l'idéal d'habitus intellectuel dont Bernard pouvait rêver pour sa compagne. Ayant dû, pour réussir ce concours, se perfectionner dans les disciplines scientifiques, des mathématiques aux sciences naturelles, en passant par la physique et la chimie, Marie Louise Martin pouvait vraiment devenir éligible à des travaux de recherche scientifique.

Si le choix que fit Noël Bernard de faire de Marie Louise Martin l'élue de son cœur ne devait donc que peu de choses au hasard, cependant il apparaît que cet amour raisonnable se transforma, certainement par l'effet de la puissance du transfert sentimental qui s'opéra entre les deux jeunes gens, en un torrent passionnel. Au moins sur le plan des mots :

> « J'ai oublié depuis quinze jours de faire une foule de choses urgentes. Mes semis d'orchidées ont moisi, mes cultures de pommes de terre sont envahies d'herbes folles, mais je suis si parfaitement heureux ! (…) Je vis vraiment dans un rêve, dans notre rêve, jamais je n'aurais cru que cela fût possible. (…) Je connais maintenant la "maladie divine" comme dit Anatole France, elle est délicieuse.[762] »

---

760 Dossier de Jeanne-Adèle Dejean de Labâtie (née Lacoste), Arch. nat., F17/22316, et Arch. de la Légion d'honneur, base Léonore, LH/692/39, notice L0692039. Voir les travaux de Linda L. Clark sur la place des femmes dans la société française de la Belle époque, en particulier : Linda L. Clark, « A Battle of The Sexes in a Professional Setting : The Introduction of Inspectrices Primaires, 1889-1914 », *French Historical Studies*, vol. 16, n° 1, 1989, p. 96-125 ; et *Women and Achievement in Nineteenth-Century Europe*, Cambridge, Cambridge Univ. Press, 2008.

761 *L'Enseignement secondaire des jeunes filles*, n° du 15 octobre 1907, p. 237.

762 Lettre de N.B. à M.L. Martin, 19 juin 1907, n° 12. Noël Bernard faisait référence au roman d'Anatole France, *Le lys rouge* dont les héros conçoivent l'amour comme « la plus antisociale, la plus sauvage des passions ». (Anatole France, *Le lys rouge*, Paris, Calmann-Lévy, 1894, p. 206) *Le lys rouge* avait paru, d'abord, dans plusieurs livraisons de *La Revue de Paris*, au printemps 1894, quand Bernard, encore en classe préparatoire, avait juste 20 ans. Cette citation

Ce que nous apprennent ses lettres d'amour sur les rapports de Bernard avec le travail scientifique

Si les sentiments de Noël Bernard, partis d'une inclination affectueuse, fondée sur la confiance, le respect, l'appartenance commune aux milieux scientifiques et universitaires et la similarité de leurs dispositions culturelles vis-à-vis d'un projet de vie commune possible, débouchèrent en quelques semaines sur l'expression de sentiment passionnés, c'est un partie grâce à la dynamique des échanges épistolaires nourris qui se mit en place dès l'envoi de la première lettre de Noël et la réception de la réponse immédiate de Marie Louise Martin. Il importe de reprendre, pour s'y attarder, deux sujets qui occupèrent constamment de nombreuses pages des 24 lettres que Bernard adressa à son interlocutrice entre le 11 juin et le 7 juillet : d'une part, les rapports qu'il entretenait avec la science et les travaux scientifiques, et d'autre part, ceux qu'il entretenait avec ses amis scientifiques les plus proches, Perrin, Langevin, Maurain et Pérez.

Au sujet de la recherche scientifique, Bernard, en l'abordant de diverses manières, affirmait avec constance quel rapport fusionnel il nourrissait avec elle au point d'identifier sa vie avec sa vocation de chercheur et de ne pas imaginer qu'il pût en être autrement alors que, comme il le voyait bien, certains de ses amis arrivaient à s'en arranger au point de négliger leur travail scientifique. Dès ses premières lettres, il l'écrivait sans fard à Marie Louise Martin :

> « Dans ma vie obscure d'artisan de laboratoire, je me sentais un peu en dehors de la famille humaine.[763] »
>
> « Quand j'étais à l'École normale, j'admirais en Langevin une des supériorités intellectuelles les plus nettes qui se soient révélées à moi. Par une foule de petites choses je sentais déjà son absence de volonté ferme ; mais je ne comprenais pas bien alors le grave défaut que c'était. À voir évoluer les gens autour de moi, je suis devenu depuis quelques années têtu ! Au point par exemple que je n'ai pas abandonné depuis six ans des recherches sur la pomme de terre d'où je n'ai encore rien tiré de ce que je voudrais.[764] »

En réalité, Bernard, que ce soit en réaction inconsciente à la mise à l'écart qui lui avait été infligée par le milieu scientifique et universitaire parisien ou pas, s'était bâti une représentation héroïque, solitaire et quasi misanthropique de la vie du scientifique idéal à laquelle il disait aspirer. Ainsi citait-il

du roman de France par Noël Bernard dans sa lettre à sa fiancée peut être considérée comme une preuve qu'ils étaient tous deux lecteurs – et admirateurs – de l'écrivain.

[763] Id., n° 12, 19 juin 1907.

[764] Id., n° 15, 20 juin 1907.

régulièrement ses références de cœur : Curie, Darwin. Dans une de ses lettres, il évoquait très longuement un autre nom, celui du modèle vivant qui lui servait alors de modèle, celui de Tranquille Husnot (1840-1929), un naturaliste et agriculteur normand, spécialiste de bryologie (l'étude des mousses), qui fut diplômé de l'École d'horticulture de Grignon et qui, après avoir constitué de riches herbiers au cours de nombreux voyages à travers le monde, devenus ensuite le socle de ceux de l'Institut de Botanique de Caen, était revenu vivre dans son tout petit village natal de Cahan, dans l'Orne, dont il fut maire pendant 50 ans. Tout en labourant et cultivant ses terres, Husnot avait publié de nombreuses études qui lui valurent une reconnaissance internationale et deux prix de l'Académie des sciences. Il fonda, en 1874, la *Revue de Bryologie.* Mais il n'exerça jamais aucune fonction universitaire[765]. Davy de Virville qui rédigea sa notice nécrologique dans la *Revue générale de botanique*, le compara à Darwin, comparaison à laquelle Bernard eût été sensible :

> « Comme Darwin, Husnot d'abord voyagea. Puis retiré dans sa maison de campagne, comme Darwin aussi, il consacra toute son activité à mettre en œuvre les matériaux qu'il avait accumulés. (...) Avec lui, disparaît malheureusement un des derniers représentants de cette lignée de savants de l'Ouest de la France (...) qui loin de toute fonction officielle, par pur amour de la Science dont ils étaient épris, se livrèrent à des travaux d'autant plus remarquables et plus méritants qu'ils étaient plus désintéressés.[766] »

Donc, Noël Bernard connaissait bien Tranquille Husnot, alors âgé d'une bonne soixantaine d'années, « le père Husnot » comme il l'appelait dans ses lettres ; et il désirait vivement que Marie Louise fît sa connaissance rapidement. Il faisait de lui un portrait étoffé, attachant et presque édifiant :

> « « J'ai revu avec joie pendant ces deux journées (de l'assemblée générale de la Société linnéenne de Normandie, réunie à Alençon, dont les réunions s'étaient accompagnées de plusieurs excursions de botanique et de divers repas et banquets, ndlr) un des hommes qui m'inspirent le plus affectueux respect. Nous tâcherons s'il se peut de le voir et de lui témoigner de l'estime. C'est un vieillard aujourd'hui, connu dans le monde entier pour les ouvrages qu'il a publiés sur la classification des mousses. Il n'a pas d'idées géniales, mais un esprit inventif et de remarquables qualités d'observateur. Il vit depuis quarante ans dans un petit village ; il laboure ses terres le matin et le soir il travaille. Il grave lui-même sur pierre les dessins minutieux qui illustrent ses livres, sa femme broche les livres et

[765] Auguste Chevalier, « T. Husnot et l'Agrostographie française », *Revue internationale de botanique appliquée et d'agriculture tropicale*, 29ème année, bull. n° 317-318, mars-avril 1949, p. 186-189.
[766] Adrien Davy de Virville, « Husnot 1840-1929 », *Revue générale de botanique*, n° 489, septembre 1929, p. 529-535.

classe ses herbiers. Il vient à Caen une dizaine de fois par an pour voir son imprimeur et revoir les herbiers du Jardin des plantes constitués par des gens comme lui qu'il a connus et estimés. Il est maire de son village et l'administre sagement en dépit des préfets qui périodiquement le font destituer ! Il n'a pas même les palmes académiques, il ne les sollicite point. Je vais parfois avec lui pour apprendre à connaître les mousses ; il arrive à la gare avec sa blouse de paysan, de gros souliers ferrés, un air bienveillant et simple. Il juge avec raison que j'ai encore une instruction superficielle et non celle qui s'acquiert par un long effort personnel.

« Cet homme n'est comparable qu'à des gens comme Darwin, Curie ou Mendel que d'ailleurs il ignore. J'ai mené un jour mes élèves chez lui pour leur montrer ce qu'est la vie d'un travailleur consciencieux et honnête ; je ne le fais plus trop parce que ces médiocres élèves ne sont pas capables de bien comprendre cela. Ces jours-ci je lui ai causé de mariage et il m'a dit des choses très simples et très frappantes. Il a épousé une femme de son village qu'il connaissait depuis l'enfance et en qui il avait une confiance absolue. Elle est vieille maintenant, timide, mais lorsqu'elle consulte son mari du regard avant de faire quelque chose, on voit assez que leur confiance et leur affection mutuelle n'a jamais décliné, bien qu'il n'y en ait presque aucun signe extérieur. Que sont les ménages agités de nos amis les plus proches à côté de celui-là ?

« Allons ! j'espère qu'un jour je vous ferai connaître "le père Husnot" pour qui j'ai cette vénération. Je me sens encore bien inférieur à des gens comme celui-là. J'espère que je serai bientôt capable d'une grande honnêteté, mais encore j'ai eu et j'ai trop le désir de "briller" par des œuvres incertaines et hardies. Et puis je crains qu'il me manque cet esprit de bienveillance. S'il arrivait que j'acquière quelque autorité ou quelque influence, il me semble que je serais méchant vis-à-vis de quelques fantoches peu estimables, que j'ai bien jugés ; et assurément, je connais les défauts de l'armure où il faudrait frapper pour les blesser cruellement. Dans mes jours noirs, je trouve en moi un fond aigre que je n'estime point. Je puis encore mal tourner et j'aurais bien besoin d'un appui sûr et conscient pour faire ce que je sais être le mieux. Vous savez qu'il ne faudrait pas trop avoir confiance en mon étoile ; je sais maintenant un peu réfléchir et travailler, assez pour m'être rendu compte de la difficulté qu'il y a à faire du bon travail, sincère et pénétrant. Là-dessus vous êtes moins fixée que moi, vous ne devez pas bien savoir ce qu'est la recherche scientifique, l'instruction dite "primaire" même supérieure, trop dogmatique, ne l'enseigne pas ; on l'apprend par soi-même ; je dois de l'avoir un peu compris à des hommes comme (Émile, ndlr) Duclaux. Mais avec quelle joie et quelle conviction profonde ne vous dirai-je pas tout ce que je sais bien, tout ce qui s'est fixé clairement dans mon esprit ; tout ce à quoi je tiens le plus.[767] »

On voit comment Bernard, dans ce long passage de sa lettre, était passé insensiblement de Husnot, en qui il voyait un pur apôtre de la science, peut-être un anachorète attaché à la vie simple qu'il avait choisie et indifférent à toute « réussite sociale », à son cas personnel qu'il jugeait sinon désespéré du moins fort insatisfaisant. Ce point aussi revenait avec constance dans ses lettres, si grande était sa volonté que sa fiancée ne se fît pas d'illusion sur son caractère et sa personnalité. Aux premières pages de cet essai figure déjà cet extrait d'une lettre précédente de Bernard :

> « Je me souviens de l'état d'esprit exalté où j'étais quand je faisais pour la première fois du travail scientifique personnel. Arriver à une idée brillante, à une théorie générale imprévue était presque tout mon rêve. Je rejetais les faits qui ne me plaisaient pas. J'ai écrit ainsi quelques sottises et fait par exemple une thèse de doctorat bien mauvaise qui a eu un certain succès. Maintenant je m'applique à travailler honnêtement, c'est moins brillant mais cela donne une satisfaction plus profonde. Curie qui n'était pas encore "docteur" à un âge avancé et qui en pâtissait matériellement ne pouvait se résoudre après six ans à publier sa thèse, et il se dérobait lorsqu'on voulait lui faire énoncer les idées générales que chacun y sentait mais dont il doutait lui-même encore. Excusez ma manie de prendre de grands exemples, ce n'est pas par fatuité, mais ces exemples sont connus et clairs. Je tâche de me faire cet état d'esprit du scientifique honnête ; je n'y suis pas tout à fait, mais j'y tends avec la certitude que c'est ce qu'il faut faire. Et c'est vers là, n'est-ce pas, qu'une compagne dévouée devrait me pousser si j'ai des heures d'incertitude ou de défaillance ? Elle ne me dira jamais qu'il pourrait être utile de flatter un journaliste ou de visiter un membre de l'Institut pour augmenter mes chances de monter en grade ou d'être décoré ?[768] »

---

[767] Lettre de N.B. à M.L. Martin, 11 juin 1907, n° 8.

[768] Id., 7 juin 1907, n° 4. Comme un écho troublant de ces lignes, Noël Bernard put lire, cette année-là, celles venues sous la plume de Charles Péguy, dans les *Cahiers de la Quinzaine* : « Quand on a dit (…) que l'initiation d'un jeune homme dans le grand parti intellectuel moderne lui ouvre automatiquement toutes les puissances de la domination temporelle moderne – places, richesses, honneurs, vanités, sinécures, chaires, titres et décorations, prébendes laïques, rentes civiques, avancements, gouvernements d'État, dominations politiques, parlementaires, honneur de sauver aujourd'hui la République, et par-dessus tout ce je ne sais quoi qui est plus prisé par et parmi ces jeunes gens : faire un grand et brillant mariage, demi riche, ou riche tout à fait, de cette richesse très particulière aux gros universitaires, (…) quand on a dit tout cela, quand on a énuméré toutes ces grandeurs, - toutes ces tristes misères, - on n'a rien dit encore (…) qui soit bien intéressant (…). Un jeune homme qui veut devenir député, ministre, gendre, conseiller d'État, ou même obtenir à bon compte une chaire de l'enseignement supérieur, sait parfaitement comment s'y prendre. Il sait quelles avances il faut faire, quels gages donner, quelles paroles tenir et quelles paroles violer, quels serments prêter et quels serments trahir. (…) Nos jeunes

« Refus de parvenir », avons-nous avancé en découvrant quels étaient les choix de vie et les préoccupations morales de Noël Bernard… Il disait son admiration pour « la vie un peu isolée et très libre qu'ont recherchée des hommes comme Curie et Darwin[769] » ; gravement affaibli déjà, il revenait sur son admiration pour Curie en remerciant Marie Curie, qui lui avait adressé son *Traité de radioactivité* tout juste paru :

> « Il s'est trouvé je pense plus d'un admirateur, disciple ou ami presque inconnu, qui appréciait hautement ce qu'on savait de lui ou ce qu'on devinait si vite : la parfaite noblesse de son caractère, la belle unité de sa vie si intimement pénétrée et éclairée par la science.[770] »

Bernard espérait pouvoir se montrer à la hauteur de ces scientifiques qu'il plaçait sur un piédestal. Il voulait surtout croire que cette identification n'était pas un simple pis-aller dû à sa condition de chercheur relégué et non reconnu. Il y revenait souvent comme on médite sur une destinée subie en voulant se convaincre qu'il s'agit d'un choix volontaire. Dans une lettre écrite un peu plus tard et alors qu'il tutoyait désormais Marie Louise Martin, il développait même une sorte de métaphore animalière qui illustrait fort bien l'était moral et psychologique contradictoire et confus dans lequel il vivait. Bien qu'assez long, ce propos mérite d'être cité :

> « Au moment précis où je t'écris, dans un café borgne, je lève les yeux et vois à ma grande surprise une souris qui cherche des miettes au voisinage de mes pieds. C'est une jolie bête, fort gracieuse, (…) l'oreille tendue cependant comme un être habitué à vivre de prudence ! Que de limitations n'y a-t-il pas à son bonheur dans ce café où des gens doivent souvent l'effrayer et où peut-être il y a des chats. Cependant elle paraît alerte et à la façon dont elle s'arrête de chercher des miettes pour musarder, je ne la soupçonne pas malheureuse. (…) La sagesse pour elle doit être de ne pas

---

camarades jouent l'aisance en mettant trahisons sur trahisons. (…) Ils savent tout cela beaucoup mieux que nous. Ils ont une compétence que nous n'aurons jamais. (…) Ils nous méprisent. Ils nous tiennent pour des sots. Ils ont bien raison. (…) Sur les arrivismes temporels, de part et d'autre les jeux sont faits. Les âmes turpides vont aux turpitudes ; les âmes serviles vont aux servitudes. Les imbéciles vont à l'honnêteté. Il est quelquefois difficile à l'arriviste d'arriver, parce qu'ils sont trop. Mais rien n'est plus facile que de n'arriver pas, pourvu qu'on y mette un peu du sien. (…) Il y a ainsi de par le monde un certain nombre de jeunes gens, pas très nombreux, (…) des vieux roublards qui ont choisi la carrière de ne point réussir (…). L'homme qui n'arrive pas, qui ne sait pas comment s'y prendre, qui ne veut pas savoir, le type dans nos genres, l'imbécile enfin, le pur niais, *nidax vere simplex*, (…) tout ce qu'il sait, cet ignorant, c'est qu'il y a des démarches que les autres font tout le temps et qu'il ne fera jamais, (…) parce que (cela) lui resterait sur l'estomac, lui serait impossible à digérer. » (Charles Péguy, « De la situation faite au parti intellectuel dans le monde moderne devant les accidents de la gloire temporelle », premier cahier de la neuvième série des *Cahiers de la Quinzaine*, 6 octobre 1907, pages 7-147)

[769] Id., les 8 et 1er juin 1907, lettres n° 8 et 1.

[770] Lettre de N.B. à Marie Curie, le 27 décembre 1910, déjà citée.

rêver d'un café sans clients et sans chats, comme elle est pour moi de ne pas rêver à une chaire de titulaire et d'admettre Lignier, Tison et autres chats de laboratoire comme de véritables nécessités.[771] »

Ce que nous apprennent ses lettres d'amour sur les rapports de Bernard avec leurs amis scientifiques

Noël Bernard s'imaginait donc comme la souris du café, capable de mener sa vie sous la menace des « chats de laboratoire », en se contentant de peu et en étant même, si possible, heureux…

La capacité qu'il avait de s'observer, de se prendre comme objet d'étude et de se critiquer, de se juger, comme au travers d'une confession, est spectaculaire et pouvait même inquiéter son interlocutrice quant à ce que ce caractère pouvait receler d'intransigeance. Quoi qu'il en soit, cette exigence qu'il s'appliquait à lui-même permet de comprendre pourquoi il n'hésitait pas à la mettre en œuvre quand il s'agissait de parler de ses amis ou de ses collègues. De Husnot ou Darwin et Curie, à Perrin, Langevin et les autres, Noël Bernard voyait un fossé immense. Dans ses propos adressés à Marie Louise Martin il ne cessait d'y revenir, creusant même l'écart à plaisir… C'était là le second sujet sur lequel ses lettres s'attardaient le plus souvent, longuement.

S'agissant des Maurain, c'était moindre mal. Il aimait sincèrement ce couple d'amis tout en portant des jugements sans indulgence :

> « « J'ai accompagné Maurain à son laboratoire, écrivait-il un jour ; il était très fatigué et nullement en train. Sans intention mauvaise, je lui ai parlé de la vie de "Husnot" que je venais de voir. Il s'est plaint à moi avec une tristesse réelle de ce que trop peu d'hommes puissent réaliser une existence simple de travail continu. Ceci n'est pas de la médisance ; Maurain est un homme honnête et bon, un peu faible peut-être et avec des idées un peu courtes. Madame Maurain est par certains côtés charmante et bonne d'ailleurs, mais pas vingt minutes de suite pour le même objet. Le seul fait d'être votre amie si sincère me la rendrait sympathique. Je la compare à Perrin pour qui j'ai de l'affection malgré la dissémination de sa vie.[772] »

Pour Langevin, c'était surtout la désolation qui s'exprimait. Bernard ne comprenait pas comment celui-ci pouvait sembler avoir renoncé à des travaux que son immense intelligence semblait promettre quand il l'avait connu. Peut-

---

[771] Lettre de N.B. à M.L. Martin, le 21 septembre 1908, de Vierzon, CM, n° 71.Lignier était le titulaire de la chaire de Botanique et Tison du poste de préparateur, à la faculté des Sciences de Caen. Voir, plus haut, la note biographique qui le concerne.

[772] Id., 8 juin 1907, n° 8.

être Bernard resta-t-il trop sur l'impression qui avait été celle du jeune et frais émoulu de sa classe préparatoire rencontrant un cacique de promotion, certes de deux ans seulement son aîné mais qui avait déjà derrière lui sa brillante réussite de premier classé au diplôme d'ingénieur de l'École de Physique et Chimie. Depuis lors, si les liens d'amitié n'avaient cessé de se renforcer – et dureraient jusqu'à la triste fin prématurée de Noël Bernard – ils étaient mis à rude épreuve par la connaissance des pénibles incertitudes de la vie personnelle de Langevin dont le foyer, alors domicilié à Fontenay-aux-Roses, à deux pas de l'École où travaillait Marie Louise, était troublé par des conflits insolubles. Alors, Bernard ne se privait pas pour en entretenir Marie Louise Martin :

> « Voyez l'état de cet excellent Langevin. Il a eu des catastrophes sans nombre, mais enfin au milieu de cela sa femme a tout de même voulu qu'il monte "un salon " ; c'est maintenant une maison fort convenable ; mais Langevin est au seuil de l'anémie cérébrale ; il m'a écrit un jour récemment : "le travail n'est plus pour moi une chose joyeuse, c'est le pus d'un abcès incapable de mûrir et dont on désire l'évacuation."
>
> « Il y a quelques années tous mes amis et moi nous considérions Langevin comme un homme de premier plan capable de faire de grandes choses, un esprit profond et sûr. Il l'est encore mais le voilà réduit à occuper les miettes de son temps à je ne sais quelles balivernes où excelle l'exubérant Perrin. Remarquez, pour ne pas me croire trop médisant, que je puis aimer fort sincèrement des gens qui ne font pas ou plus de travail scientifique, mais leur sort m'effraie tout de même.[773] »

Les années suivantes montrèrent, pendant au moins deux décennies, que la vie de scientifique de premier rang de Langevin n'avait alors pas encore été écrite. Heureusement pour la science… Le cas de Perrin était plus sévère et l'année 1907 semble avoir été particulièrement agitée au point que Noël Bernard prit la responsabilité d'interférer directement dans les choix de son ami qui n'étaient pas sans perturber, par ricochet, la vie des Maurain et aussi celle de Marie Louise. En un mot, Perrin vivait une nouvelle passion amoureuse – épisode dont il était assez coutumier – et il avait jeté, cette fois, son dévolu sur la sœur de Charles Maurain, Jeanne Maurain qui était par ailleurs amie de Marie Louise, ancienne élève de Fontenay comme elle et qui préparait, comme elle, le certificat d'aptitude au professorat de l'enseignement secondaire des jeunes filles[774]. D'après ses lettres à sa fiancée, Bernard avait

---

[773] Id., 6 juin 1907, n° 6.

[774] Jeanne Maurain, née en 1883, était alors « professeur déléguée pour les sciences » au lycée de jeunes filles de Versailles. Elle exerça ensuite à l'École normale de Bar-le-Duc, ville où elle se maria, en 1910, avec un ingénieur électricien, Louis Crémel, né en 1884, qui devait être tué à l'ennemi dès les premières semaines de la Première Guerre mondiale (le 22 août 1914). Elle exerça ensuite les fonctions de professeur-économe puis de directrice à l'École normale de Gap,

donc, dans cette affaire, décidé de tenter de raisonner Jean Perrin, de mettre en garde et de rasséréner Jeanne Maurain, tout en s'entretenant de la question avec Henriette Perrin et aussi avec les époux Maurain, d'autant qu'il jugeait madame Maurain en partie responsable du désastre [775] . Bref, il s'était improvisé comme une sorte de directeur des consciences avec l'objectif de limiter, dans cette affaire, ce qu'il considérait comme d'inutiles dégâts affectifs. Voilà ce qui en ressort dans une des lettres à Marie Louise Martin où il abordait ce sujet :

> « Madame Perrin sachant que j'avais vu Mlle Maurain à Fontenay n'a pas eu de peine, sachant mes idées, à me rendre un peu responsable de ce qui arrivait. Je n'ai eu dans ces conditions aucune raison de cacher que j'avais dit à Mlle Maurain ce que j'ai dit à Perrin lui-même tout aussi fortement. Il m'accuse de sa souffrance ! Mais avec ou sans mon concours il dit souffrir depuis des années (...). Depuis que je connais Perrin il prépare toujours "un grand amour". Je sais bien qu'une première fois, avant son mariage, quand sa fiancée est morte il a beaucoup souffert[776]. Cela explique l'état de déséquilibre douloureux où il est resté depuis et je le plains de tout mon cœur. Mais depuis, il a accepté librement, de lui-même, de créer un foyer, d'avoir des enfants et cela ne l'empêche pas de se remettre à chaque instant dans la condition de quelqu'un qui est parfaitement libre ! D'une façon inconsciente il fait absolument abstraction de la souffrance pourtant réelle de sa femme acculée aux plus durs sacrifices. (...) Il parle avec une certaine tranquillité de jouer son bonheur et celui des autres aussi pour être un agent actif du progrès social ! Mais vraiment cela n'est pas sérieux et quand Perrin aura aimé quatre ou cinq femmes la morale sociale restera au même point même si lui et les autres n'ont pas été heureux. (...) Quand il me discute lui-même son cas, il dit tout simplement : "un jeune homme aime une jeune fille" ! (...) Tout cela est fou.
>
> « J'ai vécu dans l'angoisse à son contact pendant cinq ans en voyant comment sa belle-sœur s'était laissé prendre à un engrenage d'où elle est

puis à Bourges et Draguignan jusqu'à sa retraite, en 1938. (sources : *JO Lois et Décrets, Bulletin de l'Enseignement professionnel,* et registres de l'état-civil.)

[775] « Il y a deux ans, madame Maurain a dit (à Jean Perrin) : "Si vous voyez ma belle-sœur, méfiez-vous, vous feriez d'elle ce que vous voudriez !" Dans son esprit c'était sans doute un flirt léger de femme un peu coquette avec un homme qui ne déteste pas plus que d'autres d'être un peu flatté. Mais voyez comme on fait du mal parfois avec ces légèretés imprévoyantes. Perrin conclut de là aujourd'hui à une passion contenue qui couvait depuis deux ans ! » (Lettre de N.B. à M.L. Martin, 20 juin 1907, n° 15.)

[776] Jean Perrin avait effectivement vu, en 1894, mourir sa fiancée, Caroline Duportal, sœur d'Armand Duportal, son condisciple au lycée Janson de Sailly qui devint ensuite Ingénieur des mines. Perrin avait ensuite épousé leur sœur, Henriette Duportal, avec laquelle il a eu trois enfants.

sortie brisée[777]. Mille fois je lui ai dit que cette jeune fille était troublée par son insistance mais n'avait pour lui ni l'amour immense qu'il rêve ni la force d'accepter de briser pour lui toute autre affection et tout mode de vie quelque peu sûr. À cela il répond qu'il faut chercher à éveiller l'amour si l'on veut le trouver. Il ose tenter des expériences qui peuvent détruire toute la vie possible à une jeune femme ! (...)

« Je suis bien sûr que Mlle Maurain a trouvé en elle-même le courage de lutter contre l'assiduité de cette ardeur folle d'un être désemparé. (...) Elle a compris la folie qu'il y aurait à tout voir par les idées de Perrin et à le suivre hors même de tout autre conseil et de l'appui de ses frères[778], de vous, de tous ceux pour qui elle a une quelconque estime. (...) Elle me rendra ainsi plus facile la tâche que j'ai assurée malgré moi, de ramener un peu d'équilibre dans la vie d'un de mes meilleurs amis mais dont la souffrance, hors même de ce cas, m'est pénible bien qu'elle soit à fondement déraisonnable.[779] »

Au-delà de l'appréciation qu'on pourrait avoir sur le rôle joué par Bernard et les responsabilités qu'il prenait ainsi, on doit retenir qu'il exprimait clairement une conception exclusive de l'amour monogame, fondé sur la passion fusionnelle au sein d'un couple marié, de deux êtres qui se sont choisis et sont absolument fidèles pour la vie. « Le véritable bonheur est inséparable du calme et de la sérénité », écrivait Noël Bernard[780]. Cette conception qu'on pourrait qualifier de « bourgeoise » ou de conformiste lui paraissait au contraire à la fois follement romantique voire romanesque et reposer sur un contrat hautement moral fondé sur un souci de vérité et de confiance totales entre les amants devenus époux. Il semble que Marie Louise Martin adhérait à cette vision, largement exposée à de multiples reprises dans les lettres échangées au cours de ce printemps de fiançailles. L'un et l'autre percevaient précisément comme « bourgeoises » les mœurs « libres » de leurs amis.

---

777 La « belle-sœur » dont Bernard dit qu'elle fut, un temps (cinq ans ?), victime des assiduités de Perrin était l'autre sœur de sa femme Henriette, France Duportal, licenciée en Droit et avocate, qui finit par épouser, en février 1906, M. Zia-Ismaïl Loufti, un médecin né au Dagestan, en Russie.

778 Jeanne Maurain avait deux frères : Charles, l'époux de Jeanne Janoty, était le cadet de la fratrie ; Eugène était polytechnicien et faisait une carrière de militaire.

779 Lettre de N.B. à M.L. Martin, 25 juin 1907, n° 16. Noël Bernard n'a en rien convaincu son ami de changer de manière de vivre. La vie ultérieure de Jean Perrin est connue ; elle a été marquée par diverses passions amoureuses et Perrin a donné à certaines de ses maitresses un statut quasi officiel en leur donnant une place dans ses laboratoires et en favorisant leur carrière, allant aussi jusqu'à les accueillir l'été dans sa maison de l'Arcouest. Son épouse, Henriette, a accepté leur présence et leur compagnie et a parfois exprimé son accord avec cette manière de vivre.

780 Id., n° 18, 29 juin 1907.

Bernard rapportait ainsi un propos tenu par lui à madame Perrin : « Votre milieu mondain où s'épanouit la jeune gloire de Madame Borel et autres.[781] »

On ne doit pas perdre de vue que le jugement que portait Noël Bernard sur les dérives sentimentales de Perrin s'appuyait en premier lieu sur son observation – comme dans le cas de Langevin – que ces passions empêchaient celui-ci, à ses yeux, de se consacrer à la science :

> « Il faut vous méfier, vous savez, de cet animal de Perrin, écrivait-il à Marie Louise ; voilà beau temps qu'il s'occupe de psychologie féminine plus que de physico-chimie.[782] »

Pour conforter son point de vue, Bernard ne manquait pas de références, toujours prises dans son entourage ou parmi leurs amis communs, et proposait à Marie Louise Martin d'en faire leurs modèles :

> « Mme Curie par exemple m'inspire un grand sentiment d'estime parce qu'on voit qu'elle sait ce qu'elle veut et qu'elle tente de le faire. Il me semble que même dans la souffrance je trouverais là une consolation. Curie avait assurément cette ferme volonté. Elle était portée au plus haut point chez des gens comme Pasteur. (...) Nous tâcherons n'est-ce pas de savoir ce que nous voulons.[783] »

> « Madame Curie est une noble femme ; elle a subi l'épreuve la plus douloureuse que puisse éprouver une vie humaine. Elle en est sortie avec son grand courage ; sa tristesse n'a rien de trouble, elle a deux enfants, qu'elle aime, sa vie n'aura pas été perdue. (...) Madame Curie est triste, elle n'est pas désespérée. Ce noble et grand souvenir de son mari vit en elle, même aujourd'hui elle n'est pas seule et sa vie ne risque pas d'aller à la dérive et à l'abandon.[784] »

Noël Bernard et Marie Louise Martin se marièrent le 23 juillet 1907

Pendant une quinzaine de jours, en juillet, Noël Bernard séjourna à Paris. Il logea chez son cousin Noël, boulevard du Port-Royal, tous deux prenant le plus souvent leurs repas chez leur tante Antoinette, près de Denfert, où ils retrouvaient leurs deux cousins Magrou – « La présence de Noël donnait à nos réunions un tour échevelé », nota ensuite de docteur Bernard[785]. Pendant ces

---

[781] Id., n° 5, 6 juin 1907. Bernard faisait sans doute allusion au « fonctionnement » très libre et, semble-t-il, contractuel du couple Borel. Camille Marbo venait de publier son premier roman, *Christine Robis*, dans lequel elle mettait en scène la vie de « femme émancipée » de son héroïne. (Voir M. Pinault, *Émile Borel...*, ouv. cité, p. 73-75 et 79.)

[782] Id.

[783] Id., 20 juin 1907, n° 15.

[784] Id., 29 juin 1907, n° 18.

[785] Dr N. Bernard, « Quelques faits importants de la vie de Joseph (Magrou) », déjà cité.

journées décisives, Noël et Marie Louise furent rarement loin l'un de l'autre : « Je l'ai vu dans des états d'émotion inexprimables au retour de ces journées où tous deux construisaient en rêve leur commune existence prochaine », se souvenait le docteur.

Le 23 juillet, soit 17 jours après l'interruption d'une correspondance étoffée qu'avait rendue inutile ce long séjour parisien, Bernard, dans une nouvelle lettre, tutoyait pour la première fois celle qu'il vouvoyait jusque-là, et il la qualifiait de « chère amie » et de « fiancée chérie » :

> « Je sais bien ma fiancée chérie que tu es pour moi maintenant la source de toute lumière. »

Suivait un long développement lyrique :

> « Je ne sais plus pourquoi je t'aime, j'ai perdu de vue l'origine première de notre amour, il s'est tout de suite infiltré partout et je ne puis imaginer qu'ils (sic) n'ont pas toujours existé et si j'ai eu autrefois une vie monotone et obscure. (...) Il existe une belle image dans la *Tétralogie* de Wagner, quand Siegfried réveille Brunhilde en la caressant et que la vierge impassible qui n'avait pas vécu découvre l'allégresse d'aimer, ne voit plus dans la science passée qu'un rayonnement de l'amour du héros qu'elle appelle "Éveilleur de la vie", "Joie du monde" et d'une foule d'autres vocables qui, pour être du langage poétique, n'expriment pas moins la généralité des pensées heureuses que suggère le souvenir d'un être aimé. Wagner, vois-tu, est encore du nombre des hommes qui ont compris et pu exprimer ce qu'est ce sentiment inouï. (...) Les souvenirs de notre éveil feront de nous deux un seul être n'ayant qu'une pensée et qu'un bonheur uniques. [786] »

Marie Louise Victorine Léonie Martin et Léon Noël Bernard se marièrent civilement, le 8 août 1907, à la mairie de Fontenay-aux-Roses, en présence de leurs deux mères, « consentantes »[787]. Les témoins du marié furent d'une part sa tante, Marie-Antoinette Magrou, alors veuve d'Émile Magrou et plus proche parente en vie de son père, et d'autre part, en l'absence de son cousin Noël, reparti en Indochine, son cousin sculpteur Jean Magrou qui était à cette époque un des animateurs de la fameuse « coopérative d'éducation » récemment constituée par certains membres du futur groupe de *l'Arcouest* et leurs amis parisiens autour des enfants Curie, Perrin, Magrou, Mouton, Langevin, Hadamard et Chavannes[788]. Les témoins de Marie Louise furent sa

---

786 Lettre de N.B. à M.L. Martin., 23 juillet 1907, n° 25.

787 Acte de mariage, état-civil de Fontenay-aux-Roses, registre des mariages, année 1907, acte n° 7. L'époux signe « LNBernard » pour Léon Noël Bernard. Toute sa vie, Noël Bernard a signé de cette manière.

788 M. Pinault, « Portrait de groupe d'universitaires parisiens en leur villégiature bretonne : *L'Arcouest* dans la première moitié du XXe siècle », *art. cité*. Et aussi Louis-Pascal Jacquemond, *Irène Curie ; biographie*, Paris, Odile Jacob, 2014. Isabelle Chavannes, *Leçons*

sœur, Maria, institutrice dans le Var, et Marie Séret, son amie et confidente, répétitrice comme elle à l'École de Fontenay. La foule des participants à la cérémonie se limita à la famille proche des époux ; aucun « ami » ne fut invité. Après un repas simple pris dans un petit restaurant de Fontenay – « une guinguette d'amoureux », selon ce qu'écrivit Noël Bernard – les jeunes mariés partirent pour Caen dans l'après-midi, en compagnie de leurs deux mères et de la sœur de Marie Louise. Le soir même ils étaient à Mathieu, un village peu éloigné de Caen, où ils avaient décidé d'établir leur résidence et dans lequel, d'ailleurs, résidaient plusieurs professeurs de la faculté des Sciences, parmi lesquels son collègue Alexandre Bigot (1862-1953), devenu doyen cette année-là.

Le choix de vivre à l'écart comme un « ménage d'ouvriers pauvres »

Le choix de cette résidence avait été fait dès les premières semaines de leurs fiançailles, sur une proposition de Noël qui entendait concilier ainsi des préférences de mode de vie à l'écart des sollicitations de la vie sociale académique, avec des soucis de budget et une vision quelle que peu romantique du nid du bonheur parfait qu'il avait en tête. Le tout mêlant toujours, dans son esprit, le « refus de parvenir » maintes fois exprimé et l'imitation de modèles exemplaires, celui de Darwin ou celui de Husnot, choisissant de vivre « à l'écart », peut-être aussi celui du docteur Pascal de Zola, installé à La Souleiade, à Plassans, et attaché, comme l'était Claude Bernard resté fidèle à son village natal, au choix d'une demeure « authentique » :

> « Nous éviterons, en étant loin de la ville, une foule de relations mondaines et de mener une vie coûteuse. (...) Je suis un sauvage », ajoutait-il[789].

Dès qu'il avait signé le bail de location, Noël Bernard avait indiqué à sa fiancée qu'il avait accroché au mur une reproduction du « philosophe de Rembrandt » à laquelle il était très attaché ; ainsi s'appropria-t-il les lieux :

> « Je viens de revoir et de louer la maison de Mathieu, <u>notre maison</u> maintenant où nous serons si heureux ! (...) La "chaumière" ne vous paraîtra pas trop triste (...). (Elle) est propre et gaie, exposée au midi, avec des fenêtres dans toutes les pièces et des cheminées aussi partout même dans notre cabinet de toilette. Les murs sont tapissés de papier clair et

---

de Marie Curie, Les Ulis, EDP Sciences, 2003. Une lettre d'Henriette Perrin à Paul Langevin, du 3 octobre 1907, situe précisément le moment où cette coopérative fut créée au départ sur une idée de Marie Curie. (citée dans A. Langevin, *Paul Langevin, mon père, l'homme et l'œuvre*, ouv. cité.)

[789] Lettre de N.B. à Celina Martin, 3 juillet 1907, déjà citée.

propre, il y a ici et là des rideaux d'andrinople rouge qui ont un aspect campagnard agréable. Nous aurons un petit bureau possible à bien chauffer, tout petit, avec deux fauteuils d'osier. (…) Notre mobilier joint à celui qui existe fera un intérieur des plus confortables. On a facilement à Mathieu du pain frais tous les jours, de la viande et de l'épicerie aussi, des œufs et du lait facilement aux fermes voisines. Je crois que vous trouverez l'installation très bonne en somme malgré que les pièces du rez-de-chaussée ont les plafonds un peu bas et ne sont pas d'une clarté parfaite. (…) Je viens de m'occuper de faire mettre ma bicyclette en état. Elle va être un instrument indispensable pour mes pérégrinations fréquentes de Caen à Mathieu.[790] »

En adoptant un domicile éloigné de la ville, de la faculté et du laboratoire qu'il envisageait de ne fréquenter qu'un jour sur deux et de rejoindre à bicyclette, Bernard franchissait un seuil dans sa tendance à souhaiter vivre caché, justifiée cette fois par le désir d'y vivre un amour préservé des regards de la bonne société caennaise. Mais la question était de savoir si Marie Louise Martin devrait occuper un emploi de professeure, comme son amie, Jeanne Maurain, un choix qui revenait à déroger, dans un milieu universitaire où l'épouse devait se consacrer à la tenue de la maison et à son rôle d'hôtesse. Pour les jeunes époux, il n'était pas question de se plier à ce type de convenance mais plutôt de songer à l'avantage qu'il y aurait à pouvoir réserver tout le temps disponible de Marie Louise pour seconder Noël au laboratoire.

Le problème restait celui des ressources sur lesquelles le couple pourrait compter. La jeune épouse renonçait à son traitement de répétitrice à Fontenay qui dépassait 3000 francs annuels. L'époux disposait d'un revenu annuel de 4500 francs – tandis que Perrin et Langevin disposaient, selon lui, avec leurs emplois de professeurs parisiens, d'environ 10 000 francs : « en apparence, je suis socialement leur égal », notait-il non sans exprimer une certaine rancœur – dont il fallait soustraire 500 francs dus au propriétaire, monsieur Gastebled, pour la location annuelle de la maison de Mathieu, 600 francs d'une pension qu'il versait en quatre fois à sa grand-mère qui n'avait pas d'autres ressources pour vivre et divers frais professionnels incompressibles ainsi que, peut-être, un reliquat de remboursement des dettes de sa mère ; lui restaient, pour vivre avec sa mère, environ 3 400 francs ; là-dessus, il évaluait à 1600 ou 2000 francs le budget pour l'alimentation. Au total, une somme insuffisante, selon lui, pour vivre à l'aise avec sa future épouse :

« Comment vivre dans ces conditions ? Seul, j'ai résolu le problème en menant une vie d'ouvrier aisé, à deux il faudrait adopter celle d'un ménage d'ouvriers pauvres », constatait Bernard.

La solution ? Vivre à l'écart :

---

[790] Lettre de N.B. à M.L. Martin, 29 juin 1907, n° 18.

« Je vous avoue que je n'ai aucun goût pour le métier de "collègue pauvre" qu'on reçoit en sachant qu'il ne peut rendre de dîners. Je n'en aurais aucun non plus pour une organisation de ménage où l'on mangerait trois francs de petits fours à quatre heures et où on se priverait d'un œuf au dîner. (…) Le danger est de se laisser aller à des relations bourgeoises. Je n'ai gardé ici que la faiblesse de fréquenter les Maurain et cependant je refuse toujours d'aller chez eux lorsqu'ils ne sont pas seuls. Mme Maurain n'a réussi après de louables efforts qu'à me faire fréquenter un peu les Delacroix dont elle admire le luxe et les goûts raffinés. (…) Je suis donc un sauvage, marié je serai un tyran.[791] »

Marie Louise Martin acceptait tout naturellement ces conditions et même elle les approuvait très sincèrement. Comme elle était, pendant ces semaines délicates et décisives immergée dans la préparation du Certificat d'aptitude, ils mirent les bouches doubles afin d'assurer le succès :

« Je vois, ma chère amie, que vous allez être admissible à votre certificat ; en somme, ce serait très bien car cela vous ouvrirait à Caen de nouvelles possibilités de poste. (…) J'ai vu hier le Recteur pour lui dire que nous n'acceptions pas Falaise ; il a été très aimable, mais il ne m'a pas promis de vous soutenir pour le premier poste vacant à l'École normale. Au fond, cela m'est bien égal ! Nous pouvons maintenant vivre un an si nous avons de la sagesse ; après on verra bien.[792] »

Marie Louise obtint son certificat d'aptitude mais, à la suite de démarches faites auprès du recteur, un seul poste lui fut proposé, celui de directrice de l'EPS de Falaise, à une quarantaine de kilomètres de Caen, poste qu'ils refusèrent en raison de l'éloignement, mais aucun poste d'enseignante, soit à l'École normale, soit au lycée ou au collège de Caen et il fallut donc, au moins la première année, ne compter que sur un seul traitement[793].

Bernard expliquait aussi que, parmi tous les avantages que l'installation à Mathieu allait leur apporter il fallait compter avec les bienfaits qu'elle ne manquerait pas d'avoir aussi sur leur vie en bonne santé. Ses fréquentes indispositions l'inquiétaient d'autant plus qu'il mettait, à chaque fois, plusieurs semaines pour retrouver un rythme de travail correct. Il venait même

[791] Id., n° 6, le 8 juin 1907. Henri Delacroix (1873-1937) était agrégé de Philosophie (1894), maître de conférences à Caen depuis 1905. Son épouse était Thérèse Monod. Il fut un des membres fondateurs de l'Amicale des professeurs des faculté des Lettres. Issu d'une lignée d'universitaires et lié par mariage avec une famille de grands médecins, Henri Delacroix, bien que de la même génération que Noël Bernard, n'avait vraiment pas les mêmes standards de vie que celui-ci…. (C. Charle, *Professeurs de la faculté des Lettres de Paris, dictionnaire biographique, 1909-1939*, Paris, INRP, 1986, p. 68-69.

[792] Lettre de N.B. à M.L. Martin, le 2 juillet 1907, n° 21.

[793] Dossiers administratifs de Marie Louise Martin, Arch. nat. et Arch. départ. de la Vienne, 10 T 2278.

de subir, au printemps, « une grippe gastro-intestinale c'est-à-dire on ne sait quoi », qu'il avait craint, écrivait-il, de pouvoir s'avérer en définitive, en raison des fortes fièvres qui avaient accompagné pendant plus d'une semaine « d'affreux désordres » de son tube digestif, une atteinte de la typhoïde[794]. Telle était l'ombre qui planait au-dessus du bonheur de cette année 1907.

[794] Lettre de N.B. à Jean Magrou, le 17 mai 1907, CM, n° 51.

Troisième partie

Du tutoiement d'un rêve scientifique à l'élan brisé de Noël Bernard

Chapitre treize

1908-1909, une courte période pour croire au bonheur et au triomphe scientifique : *L'Évolution dans la symbiose*

L'année qui suivit ce mariage fut marquante à plusieurs titres dans la vie de Noël Bernard.

Si ce fut l'année de la fameuse conférence prononcée, le 23 avril 1908, à Gand, et celle de la mutation tant attendue – finalement à Poitiers, en novembre 1908 – ce fut aussi celle de la naissance d'un enfant, le 30 avril 1908. Les mariés eurent bientôt un fils, Francis, grand prématuré, né à six mois et 20 jours de gestation et d'un poids d'environ 1500 grammes à la naissance, une naissance brutale probablement consécutive à une chute à bicyclette de sa mère. Selon les critères de la médecine de l'époque, cet enfant n'était pas viable. Sa mère étant malade et aussitôt gravement affaiblie par une dépression prolongée que Bernard qualifiait de « neurasthénie », celui-ci qui, la semaine précédant cette naissance, se trouvait « comme sur un nuage » à Gand, fut brutalement mis devant de lourdes responsabilités ; il prit en charge seul et pendant de longs mois cet enfant condamné et qui resta longtemps très fragile, avec un objectif totalement prioritaire et exclusif : le sauver.

On peut relever comme un fait extraordinaire que, dans sa conférence de Gand, quelques huit jours avant que cette naissance ne se produisît dans de telles circonstances catastrophiques, Noël Bernard avait eu, parlant devant les congressistes des conditions dans lesquelles naissent les plantules d'orchidées, cette phrase quasi prémonitoire :

> « Ces minuscules graines avec leur embryon rudimentaire paraissent à peine viables ; elles sont comme ces enfants mis au monde avant le terme

de leur développement, dont les soins minutieux n'assurent pas toujours l'existence précaire.[795] »

Noël Bernard sauve son fils en imaginant des méthodes médicales adaptées à ce grand prématuré

Francis Bernard disait que, selon ce qu'on lui avait raconté, son père l'avait « couvé dans la ouate et nourri aseptiquement » pendant des mois[796]. Il a aussi écrit ceci :

> « Mon père m'a mis "en culture" dans une de ses étuves Pasteur chauffées, dans une atmosphère aseptique, avec un contrôle de la température et de l'humidité. Il a mis au point un régime adapté fait d'un quart de lait et trois-quarts d'eau complété d'un peu de malt et du jus d'orange ou de citron. À 16 mois, je pesais 6500 grammes.[797] »

En somme, Noël Bernard a appliqué aux soins qu'il a apportés à son jeune fils, les méthodes pasteuriennes rigoureuses qui lui permettaient d'élever ses orchidées… Mais il fit beaucoup plus puisqu'il mit au point, sans avoir de connaissances médicales particulières mais en exploitant toutes les publications spécialisées qu'il put se procurer, une méthode pour sauver de la mort à laquelle on l'avait d'avance condamné ce grand prématuré. Cette méthode reposait – en plus de la surveillance constante, jour et nuit et heure par heure, que Bernard a exercée pendant plusieurs mois – sur trois fondements : un système de couveuse, une alimentation adaptée et la prévention des infections ; ce que son fils a ensuite appelé une « mise en culture ». Ce faisant, Bernard a mis en œuvre, probablement sans le savoir, et adapté une méthode déjà expérimentée, depuis moins d'une dizaine d'années, par le docteur Étienne Tarnier, à la maternité de Port-Royal, avec un « incubateur » chauffé en permanence, car on savait depuis longtemps que le « refroidissement » des prématurés était une cause première de leur mortalité élevée. Bernard y a ajouté un élément essentiel : le taux élevé d'humidité contrôlé en permanence. On ne sait rien de la façon dont il assurait le renouvellement de l'air mais l'atmosphère humide de la couveuse qu'il avait installée a contribué à faciliter la respiration de son enfant. Cette expérience de mise en couveuse, fondée à la fois sur une température et un taux d'humidité élevés et stables, n'a malheureusement pas été diffusée à cette époque. La médecine néonatale n'a d'ailleurs été développée qu'une quarantaine d'années plus tard, aux États-Unis, et dix années encore ont ensuite été nécessaires pour la voir importée en France.

---

[795] N. Bernard, « La culture des orchidées dans ses rapports avec la symbiose », déjà cité, p. 181.

[796] B. Boullard, *ouvr. cité*.

[797] F. Bernard, « Noël Bernard, a memoir compiled from letters by his son », art. cité

Le second axe des soins apportés par son père au petit Francis était celui de l'alimentation, complété d'une surveillance quotidienne de son poids. À une époque où l'alimentation des nouveau-nés n'était pas encore un sujet d'étude et d'expérimentation, et encore moins celle des prématurés, Bernard imagina un régime adapté, propre à épargner le système digestif encore très fragile du bébé. En surplus, l'apport calorique était complété par celui de vitamines, ce qui fut déterminant dans l'évolution du nouveau-né. La mère n'ayant évidemment pas de montée de lait et alors qu'il n'existait aucune sorte de lait industriel, Bernard inventa donc une boisson nutritive composée aux trois-quarts d'eau et un quart de lait de vache additionnés d'une dose de malt. Et, alors que les vitamines étaient encore totalement inconnues, il a eu la bonne fortune d'ajouter au régime alimentaire de son enfant, dès les premiers jours, des gouttes de jus d'orange ou de citron, diluées dans le lait.

Enfin, Bernard n'ignorait pas la gravité de la menace de l'infection pour la survie de son bébé. C'est dans ce domaine qu'il était le plus compétent et il put appliquer à la surveillance de l'enfant prématuré les méthodes d'asepsie dont il avait l'habitude dans les soins apportés à la culture de ses graines d'orchidées. Il est certain que le père doublé du scientifique méticuleux a eu la chance de son côté puisque le « mioche » – comme il disait, en parlant de son fils – que guettaient bien d'autres complications purement médicales, plus graves peut-être que cette constipation récurrente qui provoquait des cris et des pleurs nocturnes constants a, grâce aux soins apportés, réchappé de la période néonatale où tant de catastrophes incontrôlables auraient pu se produire.

Dans les courriers de cette période, Noël Bernard se plaignait de ne pouvoir, faute de revenus suffisants, songer à « s'entourer d'esclaves » pour le seconder dans le maternage qu'il avait entrepris. Il écrivait que « l'envie de fourrer dans le poêle toujours allumé ce mioche rudimentaire au larynx puissant (lui) était venue parfois vers 4 heures du matin[798] ». Après trois mois, il put écrire que Francis « pren(ait) l'apparence d'un bébé, assez petit mais bien conformé », qu'il était « stationnaire mais vivace », et même que c'était « un fil à la patte qui diminue notre liberté » ; bref, le plus difficile semblait surmonté[799]. Cependant, l'observation dura encore pendant de longs mois et vers l'âge de deux ans encore, l'enfant étant tombé à nouveau gravement malade et risquant toujours de succomber, son père, en permanence à son chevet, nuit blanche après nuit blanche, jugeant son état « désespéré », écrivait que « la moindre erreur de régime (pouvait) le tuer si tant est qu'il existe un tel régime capable de le sauver[800] ». Des années après, les témoins de cette réussite sanitaire exceptionnelle y voyaient un exploit médical quasi

---

[798] Lettre de N.B. à Jean Magrou, le 20 juin 1908, CM, n° 68.
[799] Id., le 28 juin et le 20 juillet 1908, CM, n° 69 et 70.
[800] Lettre de N.B. à Joseph Magrou, le 17 juillet 1909, CM, n° 95.

inexplicable et la considéraient comme « la plus belle expérience de laboratoire » de Noël Bernard[801]. Il s'agissait, en fait, d'un succès scientifique, mettant en œuvre à la fois le meilleur des connaissances acquises, la rigueur du travail expérimental le plus patient et méticuleux, et la puissance d'imagination couplée à l'aptitude à envisager du « jamais vu » dans la posture du chercheur. Autant de qualités déjà repérées depuis les premiers travaux de Bernard. Et s'y ajoutait beaucoup d'amour…

Les recherches, sans relâche : la « phagocytose végétale »

Confronté à ce qu'on pourrait qualifier de difficultés pratiques – organiser une vie nouvelle avec sa nouvelle épouse, accueillir la naissance compliquée de son rejeton, organiser un déménagement vers sa nouvelle affectation poitevine et s'y installer au mieux, et aussi transporter de Caen à Poitiers l'ensemble de son matériel expérimental – Noël Bernard aurait pu renoncer à toute nouvelle production scientifique pendant de longs mois. Il n'en fut rien. En effet si la rédaction de son « fabuleux mémoire » restait toujours promise et jamais achevée, il put apporter la preuve qu'il n'avait pas été inactif sur le plan de l'expérimentation et qu'il n'avait pas été stérile sur le plan de la réflexion, entendue comme la capacité à poser des hypothèses, à apporter des réponses, à rebondir vers de nouvelles interrogations et enfin à conclure : c'est ainsi qu'il considéra qu'il avait accumulé assez de matière pour s'adresser au *Bulletin de l'Institut Pasteur* où il n'avait jamais publié et qui représentait un lectorat bien différent de celui des revues de Botanique universitaire ou d'Horticulture desquelles il était le plus familier. Il rédigea pour les pasteuriens un mémoire qu'il intitula « Remarques sur l'immunité chez les plantes », ce qui était une belle manière d'attirer leur curiosité. Cet article parut dans la livraison du 15 mai 1909[802].

Présenté, dès l'introduction, comme un complément à l'ouvrage déjà classique d'Élie Metchnikoff, *L'Immunité dans les maladies infectieuses*[803], le propos de Bernard était, annonçait-il, d'aborder un domaine encore quasi vierge, celui de « l'immunité végétale ». Une prudence rhétorique compréhensible émanait de ses premières phrases :

> « Dans les cas au moins d'immunité (animale) naturelle (…) l'action directe des phagocytes qui englobent et digèrent les envahisseurs occupe le premier plan de la scène. (…) Aucun cas de phagocytose directe n'est cité chez les plantes supérieures. L'imperfection des connaissances acquises sur ce sujet au moment où Metchnikoff écrivait son livre

---

801 J. Costantin, préface à Noël Bernard, *L'Évolution des plantes*, ouv. cité, p. XXVI.

802 N. Bernard, « Remarques sur l'immunité chez les plantes », *Bulletin de l'Institut Pasteur*, 15 mai 1909, t. 7, 7ème année, n° 9, p. 369-386.

803 Élie Metchnikoff, *L'Immunité dans les maladies infectieuses*, Paris, Masson, 1901.

permettrait au lecteur de penser que les plantes se défendent contre leurs envahisseurs par d'autres moyens que les animaux. (...) Je me contenterai d'examiner quelques cas où la phagocytose s'observe chez les végétaux et de suggérer en partant de là que les phénomènes de l'immunité végétale et de l'immunité animale ne doivent pas en général différer profondément.[804] »

Même dit comme cela, c'était encore surprenant... Bernard indiquait rapidement qu'il faisait référence à la résistance des plantes à l'action de micro-organismes de type champignons filamenteux, capables de pénétrer dans leurs cellules végétales :

> « Les cellules végétales se montrent communément aptes à digérer leurs envahisseurs ; on peut parler alors de phagocytose sans s'écarter du sens étymologique du terme », affirmait alors Bernard[805].

C'est cette affirmation qu'il entendait démontrer. La suite du mémoire consistait en un assez long exposé des conditions dans lesquelles, selon ses observations, les champignons du genre *Rhizoctonia* pouvaient envahir les embryons d'orchidées, lesquels pouvant soit succomber à leur action nocive, soit leur résister, les détruire et rester vivants mais ne plus pouvoir se développer, soit « se développer d'une manière normale en réalisant la symbiose ». Au passage, Bernard exposait à nouveau le cas des plantules « vaccinées » après avoir été exposées à un champignon atténué. L'ensemble des cas aboutissait à une gradation allant de la maladie mortelle à la symbiose. Surtout, il se livrait à une description précise des moyens d'attaque et des défenses des deux antagonistes, soulignant que les Rhizoctones infectant un tissu végétal, au lieu de se propager rapidement en filaments linéaires comme c'est le cas ordinaire en milieu libre, se mettent à former des pelotons au sein de chaque cellule et ne progressent plus que lentement d'une cellule à l'autre. Bernard émettait l'hypothèse que ce mode de végétation « anormal » qu'il rapprochait des cas d'agglutination des bactéries dans les tissus animaux infectés, pouvait être provoqué par des propriétés de la sève du végétal. Et il soulignait aussitôt qu'on pouvait observer, dans les tissus infestés des orchidées, une « digestion » de ces pelotons ; dès la fin de l'année 1904 et au début de 1905, il avait présenté les résultats de ses premières observations allant dans cette direction, tandis que Gallaud présentait des résultats voisins ; cette fois, ses travaux ayant été largement approfondis, il entendait démontrer que cette « digestion », cette « phagocytose », se produisait à travers l'action de sécrétions produites par certaines cellules spécialisées, qualifiées de « phagocytes » :

---

[804] N. Bernard, « Remarques sur l'immunité chez les plantes », *art. cité*, p. 369.
[805] *Id.*, p. 370.

« Le noyau cellulaire s'hypertrophie et prend souvent des formes amœboïdes complexes ; il envoie alors des digitations entre les filaments pelotonnés ; peu à peu ces filaments dégénèrent, d'abord dans la partie centrale du peloton, puis dans toute sa masse ; en définitive, les filaments deviennent indistincts et le peloton tout entier se réduit à une masse amorphe, accolée au noyau cellulaire qui revient peu à peu, mais non toujours complètement, à une forme normale. (…) L'activité de ces cellules dans la digestion ne peut pas être mise en doute. (…) Il y a chez les Orchidées une phagocytose évidente, mais encore elle est le fait de cellules spécialisées dans la fonction digestive et qu'on peut désigner sous le nom de "phagocytes"[806]. »

Après cette première démonstration, Noël Bernard étudiait en détail le cas où l'infestation se poursuivait jusqu'à la mort de la plante, et les mécanismes par lesquels l'attaque contre les champignons pouvait être assez rapide pour éviter une infestation complète de la plantule mais pas assez pour aboutir à leur élimination totale :

« On observe à chaque moment, en avant de la région infestée, des phagocytes à noyau lobé prêts à remplir leur rôle mais qui cependant se laissent traverser avant de l'avoir achevé. La progression des champignons, ralentie par leur pelotonnement constant dans les cellules, se règle pour ainsi dire sur la marche du développement même ; le sommet végétatif, par suite du progrès de la croissance, semble fuir devant les envahisseurs ; il reste constamment indemne et arrive au bout de plusieurs mois à produire un bourgeon.[807] »

Pour Bernard, le mécanisme de la symbiose fondé sur « une immunité acquise depuis un nombre immense de générations » était, de cette manière, décomposé et compris. Et, songeant à généraliser les notions acquises dans l'étude des orchidées, il tenait à rappeler que « la symbiose avec des champignons endophytes (était) un phénomène très fréquent chez les végétaux supérieurs » ; il en détaillait même plusieurs exemples pris chez divers végétaux, avant de conclure en généralisant, toujours avec prudence :

« L'existence de propriétés de ce genre, qui paraissent assez générales, fait pressentir qu'il n'y a pas un abîme infranchissable entre les moyens de défense des plantes et ceux des animaux contre les parasites. Au point de vue où je me suis placé, la pathologie végétale est évidemment dans l'enfance ; on peut du moins espérer acquérir, par ses progrès futurs, des faits utiles pour la compréhension de lois de l'immunité qui aient un caractère général.[808] »

[806] *Id.*, p. 380.
[807] *Id.*, p. 379.
[808] *Id.*, p. 386.

Cette publication fut la dernière occasion donnée à Bernard de préciser où il en était arrivé dans sa conception de la symbiose, un phénomène, à ses yeux, à rapprocher plutôt qu'à opposer à celui de la maladie :

> « La phagocytose (végétale, ndlr) s'observe le plus souvent et sous les formes les plus nettes dans des cas où les champignons envahisseurs ne paraissent pas nuisibles au végétal qui les héberge. On a tendu à séparer ces cas de "symbiose" des cas de "maladie" et à les étudier à des points de vue tout particuliers. Je chercherai au contraire à partir de la symbiose pour comprendre la maladie et il convient tout d'abord de montrer, par l'examen d'un exemple classique, qu'il n'y a pas à faire de distinction absolue entre ces deux ordres de phénomènes.[809] »

Bernard dont on se souvient qu'il avait écrit, naguère, qu'« une idée nouvelle est quelque chose de faible, mais ce qu'elle peut contenir de puissance révolutionnaire est vraiment extraordinaire[810] », semblait plus que jamais convaincu qu'il allait ajouter, pièce après pièce, des connaissances si nouvelles en biologie que celles-ci, une fois assemblées, allaient réellement aboutir à ce que Bonnier avait annoncé lors de sa soutenance de thèse : une « révolution », mais allant peut-être au-delà de la biologie végétale.

Retour aux « idées générales »

En effet, le modeste botaniste que Noël Bernard avait été pendant une dizaine d'années s'il se sentait désormais, on le voit bien, en mesure de formuler des certitudes dans son étroit domaine de spécialisation expérimentale, pensait en plus que les résultats acquis le mettaient en position de suggérer des principes ou des lois applicables à des cas très généraux. Le botaniste se posait maintenant en biologiste. En considérant les résultats qu'il avait accumulés, en les confrontant aux théories générales sur la vie auxquelles se référait la plupart de ses collègues, le lamarckisme, le darwinisme, le mendélisme, et en les mettant finalement en perspective dans un programme de recherches futures ambitieux, Noël Bernard en était arrivé à imaginer un ensemble de ruptures avec les approches encore dominantes en biologie végétale et à imaginer pouvoir les supplanter avec un corpus de conceptions nouvelles qui pouvaient constituer une sorte de « révolution copernicienne » de la biologie, peut-être un jour un « bernardisme »...

Lors de sa conférence de Gand, il avait conclu son propos en évoquant dans un même élan Pasteur, Lamarck et Darwin[811]. Depuis lors, ses idées qui

---

809 *Id.*, p. 370.

810 Id.

811 N. Bernard, « La culture des orchidées dans ses rapports avec la symbiose », déjà cité, p. 193.

devaient constituer le corps principal du mémoire qu'il avait en tête depuis le début de l'année 1907, n'avaient cessé de mûrir. Mais il mit encore plus de deux ans à mettre au point le fameux manuscrit. Pensant à ce qui était arrivé à Darwin, cette « célébrité imprévue (d'un) homme dont les pensées coutumières étaient la flore des Galápagos ou des sujets de ce genre et qui se trouva accusé de bouleverser les dogmes ![812] », mais aussi, sans doute, à l'impact énorme de la redécouverte des travaux de Mendel et à la révélation qu'avait été, pour lui-même, sa participation à la conférence de Londres sur la génétique, Noël Bernard n'avait cessé d'annoncer à ses proches qu'il allait frapper un grand coup. Dans la seconde moitié de l'année 1908, il se sentit enfin prêt.

L'Évolution dans la symbiose, prêt pour la publication

La précipitation du déménagement à Poitiers fut un mal pour un bien, peut-être, car cela obligea Noël Bernard à « finir le mémoire en hâte et le port(er) à Paris », au début du mois de décembre 1908, ce fameux mémoire qui était en gestation depuis plus de quatre années et dont il espérait un si grand effet[813]. Et au mois de juin 1909, il eut la satisfaction de tenir entre ses mains le volume des *Annales de Sciences naturelles* contenant l'ouvrage[814]. Bien que le craignant un peu « compact et aride », il semblait satisfait des résultats obtenus par ce « gros effort, plusieurs mètres de coupes en série, la consommation par centaines de tubes de culture et la tâche qui fut donc d'ordonner tous les faits épars dans une narration simple que j'ai rendue claire et un peu suivie. Je compte pour rien, ajoutait-il, l'exécution des figures qui est plutôt une distraction que je ne trouve pas pour ma part déplaisante[815] ». Il considérait *L'Évolution dans la symbiose* comme son « chef d'œuvre » de botaniste et il lui donna significativement un titre évoquant des questions théoriques générales plutôt que des travaux spécifiques et spécialisés[816]. Il espérait sans doute, avec cette somme, restituant en détail l'ensemble de son itinéraire de recherche sur les orchidées et allant bien au-delà, devenir une référence majeure dans le monde de la biologie, après Lamarck, Pasteur, Darwin et de Vries. N'avait-il pas écrit à Joseph Magrou, un an auparavant :

> « Je travaille au Mémoire. Vous me verrez un de ces jours prêt à livrer à la critique les idées générales que je médite depuis bientôt dix ans et dont je ne pense pas tout de même que les biologistes puissent se désintéresser tout à fait.[817] »

---

[812] Lettre de N.B. à M.L. Martin, le 21 septembre 1908, déjà citée.
[813] Lettres de N.B. à A. Magrou, le 5 décembre 1908, CM, n° 73.
[814] Lettre de N.B. à Joseph Magrou, le 20 juin 1909, CM, n° 79.
[815] Id.
[816] N. Bernard, « L'Évolution dans la symbiose », *ouv. cité*
[817] Lettre de N.B. à Joseph Magrou, le 26 janvier 1908, de Mathieu, CM, n° 64.

Et de même, il évoquait pour sa tante, deux ans encore auparavant, « le jour où j'aurai enfin réuni en un seul volume l'œuvre que je médite (dont) je compte fermement (qu'elle) (...) réunira pour l'avenir en un seul faisceau quelques idées disparates de Lamarck, Pasteur et Darwin.[818] »

Le professeur Bernard Boullard, biographe de Noël Bernard, a écrit au sujet de ce mémoire qu'il s'agit d'« un morceau d'anthologie, demeuré après trois quarts de siècle une véritable "Chanson de geste" pour tous les spécialistes de ce type de relations biologiques[819] ».

Il reste cependant très surprenant – et sans explication satisfaisante –que ce « mémoire prodigieux » de près de 200 pages comprenant de nombreuses planches, dessins et tableaux, ait été publié dans une revue, les *Annales de Sciences naturelles* – le mémoire de Bernard y formant certes un tome séparé – plutôt que comme un ouvrage d'une collection scientifique, bien mieux diffusée en librairie qu'une revue vouée à n'atteindre qu'un public très restreint. Un étonnement d'autant plus net que Bernard eût pu avoir accès directement et facilement à la *Nouvelle collection scientifique* que venait de créer et que dirigeait son ami Borel, chez Alcan, un des éditeurs scientifiques les plus dynamiques de la place parisienne. Cette année-là, d'ailleurs, la *NCS* de Borel publia l'ouvrage de Le Dantec, *La Crise du transformisme*, qui réunissait ses leçons de l'année précédente à la faculté des Sciences. Jacques Duclaux et Charles Maurain y publièrent à leur tour, l'année d'après, et bientôt Jean Perrin y publierait *Les Atomes*, voué à un succès de librairie inégalé. En renonçant à la *NCS* et en « se contentant » des *Annales de Sciences naturelles*, Bernard sembla privilégier la diffusion de son travail auprès d'un public étroit de spécialistes auprès desquels il savait pourtant que son travail serait accueilli avec réserve voire sans aménité, alors que l'importance qu'il accordait, dans sa démarche, aux « idées générales », à son « système » comme il disait, aurait justifié qu'il s'adressât aussi à un lectorat élargi, avide de telles nouveautés. Son choix est d'autant plus surprenant que sa forte implication, depuis deux ans, dans la création et le développement de l'Amicale des enseignants des facultés des Sciences l'avaient mis en relation avec de nombreux collègues de disciplines variées, que la participation à *La Revue du Mois* avait eu le même effet, qu'il avait ainsi élargi à de nouveaux cénacles son rayonnement intellectuel, jusque-là limité à l'ancien cercle des normaliens de sa jeunesse et à la mouvance des botanistes, et qu'il avait toute conscience de l'importance, si l'on voulait éviter qu'il ne fussent négligés et oubliés, de la diffusion et de la discussion des travaux scientifiques nouveaux à tous les lectorats potentiels, par-delà les clivages disciplinaires et l'affiliation à des écoles. Le choix fait par Bernard s'avéra une erreur : *L'Évolution dans la symbiose* n'eut qu'une réception très limitée et les réactions furent fort timides.

---

[818] Lettre de N.B. à A. Magrou, le 29 décembre 1906, déjà citée.

[819] B. Boullard, *ouv. cité*, p. 76.

Dès les premières phrases de l'introduction de *L'Évolution dans la symbiose* Bernard fixait le cadre de sa réflexion ; alors qu'il avait longtemps cherché une formulation qui rendît compte à la fois de la dimension pathologique et du caractère de cohabitation qui existait dans le constant voisinage entre les orchidées et leurs champignons commensaux, il avait cette fois définitivement tranché en adoptant sans réserve le terme de symbiose[820]. Il allait même plus loin en soulignant que dans certains cas, comme celui de la Néottie, la symbiose était « continue » :

« Sous sa forme primitive, la symbiose est manifestement à la frontière de la maladie. (…) Sous sa forme la plus parfaite, dont l'étude du *Neottia Nidus-avis* fournit un des meilleurs exemples, la symbiose devient continue. (…) Quand on arrive à ce cas ultime d'une plante incapable de vivre à aucun moment sans son hôte, la notion de l'individualité perd son sens habituel. L'association du Rhizoctone et de l'Orchidée mérite plus que l'Orchidée même d'être considérée comme un individu. Un *Neottia Nidus-avis* n'est pas plus comparable à une plante autonome qu'un Lichen ne l'est à une Algue.[821] »

Se disant « convaincu que l'association intime (d'une plante) avec des champignons entraîne partout, suivant des lois constantes, certains types d'évolution », Bernard affirmait clairement que les orchidées avaient suivi un processus « d'adaptation à la symbiose » et que cette association avait été et était un facteur majeur de leur évolution. En confrontant, dans cet ouvrage, la manière dont s'établissait cette symbiose entre la plante et son champignon mais aussi la possibilité – observée par lui expérimentalement en appliquant strictement des méthodes de culture pasteuriennes impossibles à concevoir dans la nature et en offrant à ces cultures des terrains artificiellement très enrichis[822] – que celle-ci puisse s'en affranchir et évoluer dans une nouvelle direction, Bernard concluait avec prudence que le lamarckisme courant, qui admet l'évolution des espèces sous la pression du changement des conditions

---

[820] N. Bernard, « L'Évolution dans la symbiose »*, ouv. cité*, p. 1. Déjà dans sa conférence du 24 avril 1908, prononcée à Gand, Bernard avait déclaré : « L'emploi de ce mot est des plus légitimes, puisque symbiose veut dire vie en commun ; mais il est très hardi d'ajouter à cette signification, comme on le fait souvent, l'idée que la symbiose est une association harmonieuse, où chacun des deux associés tire profit de la vie commune. (…) Même dans une union bien établie et persistante, l'harmonie sur plus d'un point n'est souvent qu'une apparence fallacieuse. » (N. Bernard, sur « La culture des orchidées dans ses rapports avec la symbiose », *déjà cité*, p. 181.)

[821] *Id.*, p. 4-5.

[822] Noël Bernard écrivait ceci : « J'ai parfaitement réussi à faire germer des Orchidées, semées purement, par la seule action de solutions de substances organiques plus concentrées que celles dont je me suis servi communément pour les cultures. (…) La germination par l'action de solutions concentrées est lente mais très régulière, (…) les plantules obtenues, quand elles sont assez développées, peuvent vivre en serre après transplantation. » (*Id.,* p. 12-13.)

du milieu, rendait compte de la manière dont la symbiose avait pu se mettre en place entre ses orchidées et leurs champignons commensaux, et comment les espèces avaient évolué en raison de cette cohabitation ; quoi qu'il en fût par ailleurs de la stabilité ou de l'instabilité des « caractères acquis » ainsi apparus :

> « Il m'a paru qu'une interprétation lamarckienne des faits pouvait au mieux leur donner une cohésion suggestive. C'est là en définitive une raison valable pour adopter une doctrine, tant que la réflexion la plus attentive n'a pas fourni contre elle d'argument décisif.[823] »

Ce n'était pas la première fois que Bernard exprimait sa conception relativiste des théories scientifiques qu'il voyait d'abord comme des moyens au service du progrès des connaissances. C'est ce qui donnera, dans son cours publié après sa mort, à propos cette fois de la théorie darwinienne, cette formule :

> « L'essentiel n'est pas qu'une théorie s'approche plus ou moins de la vérité définitive, mais qu'elle serve comme instrument constant de compréhension des faits et qu'elle soit à un instant donné l'instrument provisoirement le meilleur.[824] »

Noël Bernard et la génétique

Au-delà de l'expression de son adhésion, pour l'essentiel, au néo-lamarckisme, Bernard ne semblait pas tourner sa réflexion vers les thèses généticiennes lesquelles tendaient alors à considérer que l'évolution ne pouvait résulter que de mutations dans l'héritage génétique encore inconnu de certains individus ou groupes d'individus au sein d'une espèce. Il ne faisait pas référence, même en bibliographie, au principal représentant français de ce courant, Lucien Cuénot (1866-1951), professeur de Zoologie à la faculté des Sciences de Nancy depuis 1890 et lui aussi venu de l'évolutionnisme lamarckien : s'il n'avait pas encore produit son ouvrage sur *La Genèse des espèces animales* qui devint une référence, Cuénot avait déjà cependant publié en 1902, dans *L'Année biologique*, revue dont il était un collaborateur attitré, un article remarqué faisant la « Revue des recherches expérimentales sur l'hérédité[825] », et même, dès 1894, dans la *Revue générale des sciences*, son article sur « La nouvelle théorie transformiste : Jäger, Galton, Nussbaum, Weissmann[826] » avait posé certains jalons. Or, Bernard n'était pas ignorant des

---

[823] *Id.*, p. 24.

[824] N. Bernard, *L'Évolution des plantes*, ouv. cité, p. 45.

[825] Lucien Cuénot, « Les recherches expérimentales sur l'hérédité », *L'Année biologique*, 1902, vol VII, p. LVIII-LXXVII.

[826] Id., « La nouvelle théorie transformiste : Jäger, Galton, Nussbaum, Weissmann », *RGSPA*, t. 5, 1894, p. 74-79. Denis Buican, « Le mendélisme en France et l'œuvre de Lucien Cuénot », *Scientia*, 1982, année LXXVI, n° 117, p. 105-117 ; Stéphane Schmitt, « Lucien Cuénot et la

thèses des tenants de l'évolution par la génétique. Il avait même publié coup sur coup, en 1908, dans *La Revue du Mois*, deux articles importants sur « Le Mendélisme » et sur la théorie mutationniste de Hugo de Vries, articles sur lesquels nous allons revenir, montrant qu'il adhérait fortement à ces nouvelles orientations transformistes. Dans son cours de Botanique, ayant exposé les lois de Mendel sur l'hérédité, il indiquait le point où en étaient arrivées les tentatives d'en expliquer les mécanismes biologiques, par exemple en admettant l'existence de « pangènes » présents dans les cellules sexuelles et déterminant les caractères transmis d'une génération à l'autre :

> « Au lieu de comparer des Pavots à des couples de jetons, écrivait Bernard, on imagine que ces couples de jetons existent effectivement dans les cellules de Pavots, sous la forme de pangènes minuscules, ayant le pouvoir de se multiplier et capables, suivant leur nature, de produire la couleur noire ou la couleur blanche. En supposant qu'un seul pangène subsiste dans chaque gamète et s'accouple à un autre lors de la fécondation, on complète un système d'hypothèses tendant à faire croire que la partie de jetons symboliques dont j'ai parlé plus haut se joue réellement dans les cellules des individus d'une race au cours de sa reproduction. C'est préciser une image avec beaucoup de hardiesse et bien que l'hypothèse ait maintes fois déjà guidé des recherches micrographiques du plus grand intérêt, il serait encore prématuré de dire qu'elle y a trouvé un appui.[827] »

Par ailleurs, si Bernard était donc acquis à l'idée que les caractères héréditaires étaient définis d'une manière ou d'une autre dans le matériel biologique élémentaire qui s'échangeait lors de la reproduction sexuée, il entendait, dans son mémoire sur *L'Évolution dans la symbiose,* garder ouverte l'idée que plusieurs formes d'évolutions étaient possibles. L'évolution des orchidées – et d'autres plantes, sans doute nombreuses – vivant depuis longtemps au contact de parasites et ayant trouvé le moyen de vivre avec eux « en symbiose » en apportait une preuve indiscutable à ses yeux. Et, dans le même temps, il semblait admettre qu'il puisse ne pas s'agir d'une véritable « évolution » puisqu'il envisageait qu'un retour « en arrière » soit possible :

> « Je démontrerai clairement dans ce mémoire que l'apparition et l'évolution du protocorme (c'est-à-dire le corps tuberculeux formé, sur l'appareil souterrain, au début du développement de la plantule, ndlr[828]) chez les Orchidées sont des événements dus aux progrès de la symbiose. (…) J'ai parlé ici de l'évolution par adaptation à la symbiose sans paraître

---

théorie de l'évolution : un itinéraire hors norme », *La Revue pour l'histoire du CNRS*, n° 7, novembre 2002, p. 10-17.

[827] N. Bernard, *L'évolution des plantes,* ouv. cité, p. 116-117.

[828] Joseph Arditti souligne que le terme « protocorme » n'a pas été forgé par Noël Bernard mais, selon lui, par le botaniste néerlandais Melchior Treub (1851-1910), en 1890, pour décrire la physiologie de Lycopodes. (Yam Tim Wing et Arditti Joseph, *Micropropagation of Orchids*, New Jersey, John Wiley & Sons, 2017, 3 vol., p. 4, 33 et 314.)

mettre en doute que l'adaptation à une condition particulière de vie puisse entraîner la transformation des espèces. En posant ainsi le problème dans un esprit lamarckien, je n'ignore pas les difficultés générales qu'on rencontre si l'on veut expliquer l'évolution des plantes par une adaptation à leurs modes de vie. (...) Quelques-uns au moins des caractères apparemment fixes des Orchidées, peuvent donc dépendre plutôt de la symbiose, condition constante de vie, que de la constitution héréditaire des chromosomes apportés par les germes. Une dégénérescence plus ou moins complète de ces caractères serait sans doute possible si le mode de vie des Orchidées changeait.[829] »

La place de ce mémoire dans l'évolution de la biologie

Il est impossible de rendre compte ici de ce volumineux mémoire qui valut finalement, bien qu'après un certain temps, à Noël Bernard un prix de l'Académie des sciences. Il y proposait des conclusions qui, sans apporter d'explications physico-chimiques qui ne viendront que plus tard, confirmaient en tous points sa théorie de la symbiose et y ajoutaient des hypothèses nouvelles sur la pathologie végétale. Afin de souligner ce qu'elles avaient de révolutionnaire, Charles Pérez, prenant pour point de départ l'étude que Bernard proposait de la nature des relations entre l'organisme hôte et son commensal, depuis les variations de virulence des champignons jusqu'à la manière dont Bernard avait démontré que les orchidées se défendaient contre eux, considérait que l'apport de celui-ci dans le domaine de la pathologie végétale était l'équivalent, conçu de manière indépendante, de celui de Metchnikoff pour la pathologie animale (qui valut à celui-ci le prix Nobel de Médecine, en 1908). Il l'exposait en ces termes :

« Plusieurs cas peuvent alors se présenter, suivant la virulence des champignons. Sont-ils très virulents, particulièrement adaptés à vivre dans les tissus des Orchidées, ils s'étendent bientôt dans tout le corps de l'embryon, et déterminent une véritable maladie microbienne aiguë, qui entraîne la mort de la plantule. Sont-ils au contraire trop atténués, ils manifestent très vite, à l'intérieur des cellules de l'embryon, des pelotonnements caractéristiques, que l'on peut considérer comme un symptôme d'agglutination, et ils sont digérés par les cellules mêmes qui les contiennent. C'est une véritable réaction phagocytaire, l'embryon se défend victorieusement contre l'envahissement mycélien, qui est bientôt arrêté; il guérit après une attaque bénigne mais, en revanche, il ne germe pas. (...)

« On ne manquera pas de saisir un parallélisme étroit entre les notions précédentes et celles qui sont aujourd'hui classiques dans l'étude des maladies microbiennes et de l'immunité chez les animaux. Mais il ne s'agit

[829] N. Bernard, « L'Évolution dans la symbiose », *ouvr. cité*, p. 17.

point là d'une simple transposition, d'un règne à l'autre, de notions toutes faites. Il suffit, par exemple, de se reporter au livre de Metchnikoff sur l'immunité, pour se rendre compte qu'il y a dix ans rien n'était encore ébauché dans cette voie. Si la généralisation est aujourd'hui possible, c'est grâce exclusivement aux découvertes de Bernard. (…)

« Peu connue en dehors des spécialistes, son œuvre est, pour ceux qui l'ont suivie pas à pas, un ensemble magnifique, impressionnant par l'enchaînement méthodique à partir d'intuitions claires et hardies jusqu'à la preuve expérimentale irréfutable. Et j'ai la conviction que ses mémoires, où l'on reconnaîtra de plus en plus la marque du génie, resteront longtemps encore une mine féconde, où de nouveaux travailleurs pourront aller chercher des idées directrices et des suggestions d'expériences.[830] »

Pour Pérez, l'œuvre de son ami était au niveau de celle de Metchnikoff, au niveau d'un prix Nobel…

Fernand Lebeau, étudiant de Bernard à Poitiers, a écrit ce qui est probablement le meilleur article – simple et bref, précis et complet, beau et enthousiaste – qui ait été produit sur l'œuvre de son maître. Il semble avoir été tellement proche de Bernard que certains paragraphes paraissent inspirés autant par le contenu des travaux de celui-ci que par les conceptions qu'il pouvait avoir de la vie en société appliquées à la vie naturelle. Surtout, Lebeau, avant de « descendre » vers l'œuvre de Bernard elle-même, offrait une vision surplombante, empruntée à celui-ci, sur la manière dont il concevait le monde vivant :

« Savant, il s'intéressait par-dessus tout à l'étude des relations qui s'établissent entre les êtres vivants lorsqu'ils vivent en commun ; il voulait savoir comment ils arrivent à se supporter mutuellement, comment ils réagissent les uns aux autres, quels conflits s'élèvent entre eux, quels sont les moyens d'attaque et de défense dans les cas de symbiose et de parasitisme.[831] »

Lebeau ajoutait ensuite, à propos de la virulence des champignons ou des microbes, une synthèse qui indiquait à quel point de ses réflexions Noël Bernard en était arrivé lorsqu'il publia *Évolution dans la symbiose* :

« Il introduisit dans l'étude des rapports entre les orchidées et leurs champignons symbiotiques les notions de virulence et d'immunité et, avec elles, l'œuvre de Bernard devenait un chapitre de la Pathologie générale. Étudiant alors la virulence des champignons extraits des diverses orchidées, Noël Bernard reconnut que plus une espèce d'orchidée est évoluée et plus virulents sont les champignons qu'elle héberge, comme si l'évolution des orchidées s'était accompagnée, au cours des siècles, de l'exaltation de la

[830] C. Pérez, « Noël Bernard (1874-1911) », *art. cité*
[831] F. Moreau, «Notice sur l'œuvre scientifique de Noël Bernard», *déjà cité*.

virulence des champignons commensaux. (...) Noël Bernard concevait ainsi une "Évolution dans la symbiose" des orchidées et, par une de ces généralisations de grande envergure qu'il se plaisait à faire, parce qu'elles donnaient un haut intérêt aux questions qui lui étaient chères, il supposait que l'état de symbiose était propice à la variation des êtres vivants ; considérant sa grande extension dans la nature, il envisageait la symbiose comme un des facteurs les plus puissants de leur évolution.[832] »

Au total, c'est bien Noël Bernard qui a introduit en botanique et dans l'étude de la symbiose végétale une approche neuve, y compris certains termes, venus de la microbiologie et de la pathologie pasteuriennes. Il avait repris pour nommer les champignons des orchidées qu'il avait isolés le terme de *Rhizoctonia* – ce qui signifie « tueurs de racines » – forgé par Augustin-Pyrame de Candolle (1778-1841), pour désigner des champignons pathogènes des plantes[833]. Comme le rappellent les auteurs de l'article paru en 2011 dans *Symbiosis*, à l'occasion du centenaire de la mort de Noël Bernard, celui-ci avait déposé, en 1908, deux souches de *Rhizoctonia* au Centraalbureau voor Schimmelcultures d'Utrecht (Office central des cultures fongiques d'Utrecht, récemment devenu le Westerdijk Fungal Biodiversity Institute), le *Rhizoctonia lanuginosa*, commensal de l'*Odontoglossum*, et *Rhizoctonia solani*, lié à la *Vanda tricolor*, témoignant ainsi de l'importance qu'il accordait à leur identification et à leur rôle.

La thèse avancée par Noël Bernard selon laquelle la symbiose, entre parasitisme et association, pouvait avoir été et être toujours, quoi qu'aient pu en dire différents théoriciens, comme Darwin et Weissmann, un facteur clé de l'évolution des espèces, doit être considérée comme une anticipation destinée à une solide prospérité au sein même des théories de l'évolution y compris à l'époque de la génétique. De nos jours, où l'idée de la coopération comme force propulsive essentielle du vivant est en rapide progression – même si cette notion de symbiose et les notions voisines de mutualisme, commensalisme, coopération et association, voire parasitisme, sont curieusement absentes d'un ouvrage de synthèse comme le *Dictionnaire d'histoire et philosophie des sciences*, de Dominique Lecourt[834] –, on considère généralement, en effet, que – comme l'affirme aujourd'hui le spécialiste français de la symbiose, Marc-

---

[832] *Id.*

[833] Augustin-Pyrame de Candolle, « Mémoire sur les rhizoctones, nouveau genre de champignons qui attaque les racines des plantes et en particulier celle de la luzerne cultivée », *Mémoires du Muséum d'Histoire Naturelle*, t. 2, 1815, pages 209-216. M.A. Selosse, B. Boullard et D. Richardson, « Noël Bernard (1874-1911), "Orchids to symbiosis in a dozen years, one century ago" », *art. cité*, p. 65.

[834] D. Lecourt (dir.), *Dictionnaire d'histoire et philosophie des sciences*, ouv. cité ; voir, entre autres, l'article « Évolutionnisme », par Jean Gayon, p. 387 sq. Sur l'histoire du commensalisme, concept théorisé par le zoologiste belge Pierre-Joseph van Beneden (1809-1894), voir Brice Poreau, « Biologie et complexité : histoire et modèles du commensalisme », thèse de doctorat, Université Claude Bernard - Lyon I, 2014.

André Selosse (né en 1968, ENS 1986), dont les travaux de biologie moléculaire ont permis d'identifier définitivement les champignons impliqués dans la symbiose des orchidées –, « la symbiose intervient de plusieurs façons dans les processus évolutifs qui engendrent des espèces différentes[835] ». Jean Garbaye, chercheur à l'INRA et spécialiste d'écologie forestière, écrit que « l'état mycorhizien constitue un système vivant entraînant l'évolution des espèces de plantes et de champignons[836] ». Jacques-André Fortin, biologiste et fondateur de l'Institut de recherches en biologie végétale à l'université de Montréal, un des auteurs du récent *In Vitro Culture of Mycorrhizas,* écrit ceci :

> « Véritable clé de l'évolution végétale, la symbiose mycorhizienne a permis l'apparition de centaines de milliers d'espèces de plantes vasculaires. Si bien que, depuis 450 millions d'années, la presque totalité des plantes vasculaires vit, ou a vécu, en association avec ces champignons.[837] »

Allons plus loin : la microbiologiste américaine Lynn Margulis (1938-2011) avança, au milieu des années 1960, une théorie appuyée sur ses observations expérimentales, selon laquelle l'évolution cellulaire a été, dès les débuts de l'histoire de la vie, associée étroitement à des phénomènes de symbiose intéressant des organismes élémentaires. Son idée générale était que les cellules eucaryotes (ou cellules à noyau et organites délimités par des membranes) auraient été le résultat, en particulier à travers des processus de phagocytose, d'une suite d'associations symbiotiques avec différents procaryotes (soit des organismes unicellulaires dépourvus de ces structures, comme les bactéries). Cette approche est aujourd'hui largement admise[838].

---

[835] Marc-André Selosse, Michael Weiss , Jean-Luc Jany et Annie Tillier, « Communities and populations of sebacinoid basidiomycetes associated with the achlorophyllous orchid Neottia nidus-avis (L.) L.C.M. Rich. and neighbouring tree ectomycorrhizae », *Molecular Ecology*, 2002, vol. 11, n° 9, p. 1831-1844. Marc-André Selosse et Jacques Joyard, « Symbiose et spéciation », Muséum national d'Histoire naturelle – Direction *de* l'Enseignement et *de* la Formation, 2018, en ligne.

[836] Jean Garbaye, *La symbiose mycorhizienne : une association entre les plantes et les champignons*, Versailles, éd. Quæ, 2013, préface, p. VII.

[837] Stéphane Declerck, J. André Fortin et Désiré-Georges Strullu, *In Vitro Culture of Mycorrhizas,* Berlin, Springer, 2005.

[838] Lynn Margulis, *Origin of Eukaryotic Cells, Evidence and Research Implications for a Theory of the Origin and Evolution of Microbial, Plant, and Animal Cells on the Precambrian Earth,* New Haven, Yale Univ. Press, 1970. En 1995, l'éminent biologiste de l'évolution Richard Dawkins, dont l'athéisme et le rationalisme militants auraient sans doute séduit Noël Bernard, affirma à propos de Lynn Margulis et de son travail : « Je fais souvent allusion à la théorie (de Lynn Margulis) selon laquelle la cellule eucaryote est une union symbiotique de cellules procaryotes primitives. C'est l'une des grandes réalisations de la biologie évolutive du XXe siècle et je l'admire énormément pour cela. » (dans John Brockman, *The Third Culture, Beyond the Scientific Revolution*, New York, Touchstone, 1995.) Voir aussi : Marc-André Selosse, *Jamais seul, Ces microbes qui construisent les plantes, les animaux et les civilisations*, Arles, Actes Sud, 2017.

Dans sa vaste synthèse sur le vivant, le paléontologue américain Stephen Jay Gould, auteur d'une des plus récentes et puissantes redéfinitions du darwinisme à l'aune des connaissances biologiques actuelles, reprenait ce point-de-vue pour en faire le cœur de sa conception de l'évolution[839].

La réception de *L'Évolution dans la symbiose* dans le monde scientifique

L'ouvrage de Noël Bernard, s'il provoqua sans doute lors de sa parution un certain intérêt dans les milieux de la recherche en botanique et en biologie, n'eut cependant pas droit à des échos notables dans les revues, la presse et les publications scientifiques. Pendant les deux années qui suivirent, on ne relève que les référencements habituels et de routine ; et ensuite le décès de Bernard ne provoqua que quelques rares nouvelles notes de bas de page dans quelques publications. Cette réserve ne fut brisée que par la publication des hommages de Charles Pérez dans *La Revue du Mois* et la *RGSPA*, et de Fernand Moreau dans le *Bulletin de la Société botanique des Deux-Sèvres*[840]. Aucun article ne fut écrit par une quelconque « autorité » pour signaler l'importance de l'ouvrage de Bernard et pour s'interroger sur les perspectives qu'il semblait ouvrir pour la compréhension de la vie dans son ensemble.

En 1918, c'est de nouveau un proche entre les proches de Bernard, Joseph Magrou, qui rompit le silence dans un long article sur « L'immunité et la symbiose », publié dans les *Annales de l'Institut* Pasteur ; c'était une reprise d'une conférence prononcée par lui en 1915, à l'occasion du Jubilé d'Élie Metchnikoff[841]. Magrou concluait son propos sur le thème qui en faisait le titre et il reprenait d'ailleurs, sans le préciser mais presque mot pour mot, les dernières phrases écrites par Bernard dans ses *Principes de Biologie végétale* :

> « Les recherches de Noël Bernard (...) ont montré qu'il n'y a pas un abîme infranchissable entre les moyens de protection des plantes et ceux des animaux contre les parasites. (...) Quelles que soient les lacunes de nos connaissances dans ces sujets complexes, il est permis, sans dépasser la portée des faits acquis, de pressentir qu'il sera un jour possible de grouper,

---

839 Stephen Jay Gould, *L'Éventail du vivant, le mythe du progrès*, Paris, Seuil, 1977, p. 226-230.

840 C. Pérez, notice nécrologique consacrée à Noël Bernard, *RGSPA*, déjà citée ; et « Noël Bernard (1874-1911 », *La Revue du Mois*, déjà citée ; et « Notice sur Noël Bernard », *Annuaire de l'Association amicale de secours des anciens élèves de l'École normale supérieure*, déjà citée. F. Moreau, « Notice sur l'œuvre scientifique de Noël Bernard », *Bull.de la Société botanique des Deux-Sèvres*, déjà citée.

841 Joseph Magrou, « L'immunité et la symbiose », *Annales de l'Institut Pasteur*, « Mémoires publiés à l'occasion du Jubilé d'Élie Metchnikoff », séance du 16 mai 1915, janvier 1918, t. 32, n° 1, p. 37-47, repris dans *Mémoires publiés à l'occasion du Jubilé d'Élie Metchnikoff*, Paris, Masson, 1921, p. 259-269.

dans le cadre d'une théorie largement compréhensive, les phénomènes d'adaptation des micro-organismes aux hôtes capables de les héberger.[842] »

À partir de là, la plupart des reprises de l'œuvre de Bernard s'attardèrent, comme l'avait fait Magrou, sur les démonstrations et réflexions plus générales qu'apportaient les travaux du botaniste disparu sur le thème de la phagocytose comme forme de lutte entre les organismes vivants et leurs parasites, tandis que quelques-unes seulement se concentraient sur les développements apportés par Bernard à la théorie symbiotique et aux perspectives générales qu'elle suggérait pour la biologie.

Il fallut attendre la fin de 1919 pour voir un long article sur « La symbiose » du docteur Pierre Mauriac (1882-1963) paraître dans le *Mercure de France* et marquer une sorte de sortie du purgatoire de l'ouvrage de Noël Bernard sur *L'Évolution dans la symbiose*, paru dix ans plus tôt[843]. Pierre Mauriac, médecin et futur homme de lettres, bactériologiste et spécialiste de pathologie générale, qui parcourut ensuite tout le *cursus honorum* académique jusqu'aux plus hautes distinctions, disposait déjà d'une solide autorité qui lui permettait d'influer fortement sur le niveau de reconnaissance académique de ceux de ses collègues dont il commentait et faisait connaître les travaux ; c'est ce qui arrivait avec les propos qu'il tenait sur Noël Bernard. Une sortie du purgatoire sans doute, mais rien cependant qui puisse ressembler à la popularité que connaissaient alors Perrin, Langevin, Borel, Curie et quelques autres de la même génération – mais vivants, eux... – dans leurs domaines respectifs. Mauriac plaçait sa présentation de la symbiose sous le patronage de Pasteur qui, rappelait-il, s'était interrogé dans une fameuse note parue dans les *Comptes-rendus*, sur l'avantage ou l'inconvénient que présenterait, pour la vie, l'absence (ou la présence) de microbes[844] :

> « Ainsi, commentait Mauriac, le parasitisme érigé en loi biologique générale, c'est toute l'importance du phénomène de symbiose (qui était) entrevue et posée a priori.[845] »

Et aussitôt, Mauriac évoquait les travaux de Noël Bernard, en termes enthousiastes :

> « Si la symbiose était bien connue, si même son étude avait été fortement poussée dans quelques cas particuliers, sa signification générale ne se dégageait pas des travaux entrepris, et l'importance biologique du phénomène n'apparaissait pas évidente. Il appartenait à un botaniste de génie de nous les révéler et de rendre par surcroît le plus bel hommage à

[842] Id.
[843] Pierre Mauriac, « La symbiose », *Mercure de France*, 16 décembre 1919, p. 646-659.
[844] Louis Pasteur, « Observation relative à la note précédente de M. Duclaux », *CR*, séance du 5 janvier 1885, t. 68, p. 100.
[845] Pierre Mauriac, « La symbiose », *art. cité,* p. 646.

Pasteur, puisque c'est par l'application des méthodes pastoriennes que Noël Bernard put faire ses découvertes retentissantes sur la symbiose chez les orchidées.[846] »

Comme Magrou avant lui, Mauriac soulignait qu'« au fil des nombreuses expériences accumulées par N. Bernard, l'analogie entre la symbiose chez les végétaux et la maladie chez les animaux (était allée) en se précisant », et lui aussi s'attardait sur la phagocytose végétale telle que Bernard l'avait décrite. Mais Mauriac poussait bien plus loin son adhésion émue aux thèses de Bernard en évoquant l'« évolution dans la symbiose, cette brusque lueur jetée sur un facteur jusque là insoupçonné ouvrant le champ à toutes les hypothèses ». Il regrettait que sa disparition ait interdit à Bernard d'« entreprendre la série des recherches concernant le règne végétal que (s)on *système* ouvr(ait) », reprenant ainsi une phrase que celui-ci avait écrite. Il rendait ensuite compte des travaux plus récents de Magrou sur la pomme de terre et s'attardait sur l'ouvrage récent de Paul Portier (1866-1962) sur *Les Symbiotes* [847] . Portier, zoologiste entré comme préparateur à l'Institut agronomique l'année où Bernard entrait à l'ENS, devenu ensuite médecin et collaborateur de Charles Richet (1850-1935) pour des travaux qui valurent à celui-ci le prix Nobel en 1913, s'était finalement orienté vers la bactériologie et c'est ce qui l'avait amené à publier ce travail qui, écrivait Mauriac, « bouleverse nos notions de biologie générale[848] ». Mauriac entendait montrer que Portier, par ses travaux de microbiologie et ses hypothèses hardies sur le rôle essentiel de certains micro-organismes présents dans l'organisme de certains insectes, par exemple pour leur permettre de digérer le bois, reprenait dans le même style audacieux que Bernard des travaux allant dans la même direction, celle de la symbiose. Allant plus loin, Portier affirmait que les mithocondries, ces organites qui assurent la fonction énergétique des cellules vivantes, étaient des bactéries incorporées au sein desdites cellules, ce qui constituait selon Portier une forme de symbiose[849] ; la voie que Portier cherchait à explorer constituait donc une première intuition de celle que Lynn Margulis a ensuite suivie en affirmant que le vivant actuel est le résultat de processus symbiotiques entamés dès le début de l'évolution[850].

---

[846] *Id.*

[847] Paul Portier, *Les symbiotes*, Paris, Masson, 1918.

[848] Maurice Fontaine, « Allocution aux funérailles de Paul Portier, membre de la section de Médecine et de Chirurgie », Bourg-la-Reine, le 30 janvier 1962, et Robert Courrier, « Notice sur la vie et l'œuvre de Paul Portier », séance annuelle des prix du 11 décembre 1966, et notices biographiques, Paris, Institut de France, 1962, 46 p.

[849] « Tous les êtres vivants, tous les animaux [...], toutes les plantes [...] sont constitués par l'association, l'emboîtement de deux êtres différents. Chaque cellule vivante renferme [...] des formations que les cytologistes désignent sous le nom de "mitochondries". Ces organites ne seraient pour moi autre chose que des bactéries symbiotiques, ce que je nomme des symbiotes. » (Paul Portier, *Les Symbiotes*, ouv. cité, préface, p. VII.)

[850] Voir plus haut.

Mais, lors de sa publication, l'ouvrage de Portier fut vivement combattu à la Société de Biologie, ses collègues – et même Auguste Lumière... – relevant des fragilités dans les résultats expérimentaux et jugeant trop aventurées les affirmations de l'auteur[851]. Passons sur les nombreux développements de l'article de Mauriac qui revenait sans cesse aux propositions déjà anciennes de Bernard avant de conclure sur un des thèmes qui lui étaient chers et d'ailleurs promis à un grand avenir, celui de la solidarité au sein du vivant :

> « La solidarité universelle domine la vie ; l'interdépendance, la communion des êtres est une loi générale. (...) C'est bien moins la supériorité des moyens de nuire qui donne le succès que celle des moyens de profiter des ressources de la vie. De ceux-ci un des plus efficace, et que la nature nous offre en exemple, est la symbiose, c'est-à-dire l'équilibre, l'association (...).[852] »

Or, comme le constate, de nos jours l'historien des théories sur la symbiose, Jan Sapp, les hypothèses de Portier se heurtaient aux conceptions sur la vie dominantes parmi les biologistes :

> « Il n'y a pas de doute que les vues contemporaines de la nature en termes de conflits et de compétition, firent obstacle à une appréciation de la symbiose comme processus normal de la vie. La symbiose impliquait une tendance des êtres vivants à se rejoindre, établir des liens, vivre l'un à l'intérieur de l'autre, et coopérer. Ce n'était pas dans l'esprit du monde de ce temps.[853] »

Après l'article de Mauriac, il y eut, de loin en loin, d'autres publications qui montrèrent que l'ouvrage *L'Évolution dans la symbiose* était entré dans le domaine de la « science faite », certaines propositions que Bernard y avait formulées étant désormais considérées comme acquises, d'autres restaient prises en considération sans avoir été vérifiées ou invalidées, certaines, jugées trop aventurées, étaient négligées. L'œuvre acceptée de Bernard était partie intégrante du patrimoine scientifique.

Lorsque Pierre Dangeard publia, en 1926, dans la revue qu'il avait créée à Caen, *Le Botaniste*, une longue synthèse sur les « Recherches sur les tubercules radicaux des légumineuses », il évoquait lui aussi « les belles recherches (de Noël Bernard) sur l'évolution dans la symbiose (qui) avait essayé, non sans succès, d'étendre aux Orchidées, les notions de phagocytose et d'immunité. Pour ce savant, il existe d'avance certaines cellules prédestinées à la fonction phagocytaire et prêtes à remplir leur rôle lorsqu'il se produit une

---

851 Olivier Perru dans « Paul Portier (1866-1962) et les symbiotes », ResearchGate 2001, en ligne, 16 p.

852 Pierre Mauriac, « La symbiose », *art. cité,* p. 659.

853 Jan Sapp, «Symbiosis in cell evolution: an origin story», *Endocytobiology and Cell Research*, 1990, n° 7, p. 5-36, pages 12-13; cité par Olivier Perru dans « Paul Portier (1866-1962) et les symbiotes », *déjà cité*, p. 1.

infestation », notait-il [854]. Plus tard, Costantin, dans son vaste *Aperçu historique des progrès de la botanique depuis cent ans (1834-1934)*, paru en 1934, fit une large place aux connaissances acquises par les recherches de Bernard. Il lui restait deux années à vivre pendant lesquelles il se dépensa pour que le 25ème anniversaire de la disparition de son élève fût rappelé lors de séances de l'Académie des sciences et de l'Académie d'agriculture ; rien qui atteignit cependant la dimension d'un hommage, d'une cérémonie, encore moins d'une commémoration officielle….

Finalement, Bernard eût été bien contrit de constater que son « grand œuvre » dont il espérait tant n'avait finalement été qu'un épisode vite digéré dans le savoir universitaire dominant en Botanique : la symbiose était admise mais l'importance qu'il pensait qu'elle avait dans les principes même de la biologie végétale était bien loin d'avoir été comprise et confirmée.

Lorsque Le Dantec eut, lui aussi, à écrire un article de synthèse sur l'œuvre de Bernard, il poussa la généralisation, avec une pointe de cynisme ou d'humour à l'anglaise, jusqu'à un point auquel celui-ci avait pensé lui-même, en appliquant à la maladie « symbiotique » qui devait l'emporter si rapidement lui aussi – la tuberculose – les raisonnements de son ami disparu :

> « Parmi les symbioses de l'espèce humaine avec des espèces microbiennes, il en est une, écrivit Le Dantec, la tuberculose, qui n'est malheureusement pas encore assez adaptée pour être devenue inoffensive ; le bacille de Koch s'introduit insidieusement en beaucoup de nous ; souvent il passe inaperçu, et nous l'hébergeons toute notre vie sans nous en porter plus mal, mais quelquefois aussi, il profite de nous alors que nous mourrons de lui. C'est de cette symbiose mal adaptée qu'est mort ce pauvre Bernard. Pour résister à l'invasion d'un commensal exigeant, il faut éviter la fatigue et les privations ; Bernard n'a jamais pu se ménager, et il est mort à la peine.[855] »

Le prix Saintour attribué, en partie, à Noël Bernard

Après l'édition de *L'Évolution dans la symbiose*, l'Académie des sciences tarda à réagir. Lorsqu'en juin 1910, l'année suivante, sa section de Botanique attribua les prix annuels qui dépendaient de ses décisions, elle oublia Noël Bernard, comme elle l'avait oublié en 1905 en préférant récompenser Gallaud[856]. Elle décida même de ne pas décerner le prix Desmazières, un prix

---

[854] Pierre Dangeard, « Recherches sur les tubercules radicaux des légumineuses », *Le Botaniste*, série XVI, janvier 1926, p. 1-275, p. 172.

[855] F. Le Dantec, «Un savant : Noël Bernard 1874-1911», *déjà cité*.

[856] Les six membres de la section de Botanique de l'Académie des sciences qui avait connu un renouvellement particulièrement rapide quand Bernard était normalien, étaient alors : Van Tieghem (élu en 1877, élu secrétaire perpétuel, en 1908, à la mort d'Henri Becquerel), Guignard (1895), Bornet (1896), Bonnier (1897), Prillieux (1899) et Zeiler (1901). Mangin (élu en 1909, au fauteuil de Van Tieghem). Costantin y entra en 1912. Édouard Bornet (1828-1911) était un

spécifiquement destiné à récompenser des travaux sur les champignons, prix qui aurait pu revenir à Bernard. Elle attribua, par contre, un prix à un pharmacien parisien connu pour des travaux modestes sur lesdits champignons et qui avait publié naguère une *Flore des plantes microscopiques*, et deux autres prix, moins bien dotés, au chanoine Coste pour sa *Flore de France et des environs*, en trois volumes, et au jeune docteur Maurice Bouly de Lesdain pour ses recherches sur les lichens de la région de Dunkerque ; ces deux derniers prix furent d'ailleurs attribués sur la foi de rapports dus à Gaston Bonnier[857].

Le rattrapage en faveur de Bernard n'eut donc lieu que quelques mois plus tard, à l'automne, lorsqu'une autre commission de l'Académie des sciences lui attribua le prix Saintour. Albert Turpain a même écrit à ce propos que « le mémoire magistral (de Bernard, ndlr) força les suffrages de l'Académie[858] ». Cette commission était composée différemment de la précédente : en particulier, Bonnier n'y siégeait pas et, par contre, Léon Guignard qui avait félicité personnellement Bernard après avoir pris connaissance de ses travaux, en 1905, en était membre et c'est lui qui rapporta en faveur de Bernard[859]. Bernard reçut donc 1500 francs (soit la moitié du montant du prix), et deux autres lauréats obtinrent 1000 et 500 francs. Dans son rapport, Guignard se félicitait « des observations persévérantes et des expériences exécutées avec la méthode scientifique la plus rigoureuse » du lauréat et considérait qu'il s'agissait de « recherches du plus haut intérêt (pour) la biologie des orchidées (...) poursuivies avec une rare sagacité pendant plus de 10 ans ». Après avoir décrit et expliqué en détail la méthode suivie et la solidité des résultats obtenus, aussi bien en matière de symbiose que d'équilibre entre infection et tubérisation, de rôle essentiel de la phagocytose dans cet équilibre, de complexité des conditions de maintien de la vitalité du champignon interagissant avec les orchidées et aussi d'impact de la symbiose elle-même sur l'évolution générale du monde végétal, il ne manquait pas de signaler quelles « idées suggestives » Bernard avait exprimées dans son mémoire. Il concluait donc à l'attribution à celui-ci de la moitié de la somme affectée au prix Saintour pour 1910[860].

---

médecin, membre de l'Académie d'agriculture ; René Zeiler (1847-1915), un ingénieur des Mines et professeur de cette École, membre de l'Académie d'agriculture. (*Index biographique de l'Académie des sciences*, Paris, Gauthier-Villars, 1979.)

[857] Séance du 6 juin 1910 de l'Académie des sciences, *CR*, t. 151, juillet-décembre 1910, 10 décembre 1910, p. 1216-1222. Prix Montagne à Bainier (1500francs), prix de Coincy à Hyppolite Coste (600 francs) et prix de la Fons-Mélicoccq à Bouly de Lesdain (600 francs).

[858] *Le socialiste de la Vienne*, 4 février 1911, article « Noël Bernard » attribué à Turpain, p. 2.

[859] Séance du 24 octobre 1910, *CR*, déjà cité.

[860] Léon Guignard, « Rapport sur les travaux de M. Noël Bernard », séance du 24 octobre 1910, *CR*, déjà cité.

L'évolutionnisme de Bernard, confronté aux théories de l'évolution alors en présence

Avant même la parution de *L'Évolution dans la symbiose*, Noël Bernard avait montré qu'il était résolu à orienter fermement ses projets et son ambition dans la direction des « idées générales » qui agitaient alors les milieux de la recherche biologique en publiant, coup sur coup, en 1908 et au début de 1909, dans *La Revue du Mois* deux articles remarqués sur « Le Mendélisme » et sur « La crise du transformisme », ainsi qu'une longue note commentant un ouvrage de Hugo de Vries[861].

Il ne s'agit pas de dire que l'intérêt de Bernard ne s'éveilla qu'à ce moment-là ; en effet, sa correspondance avec Borel, en 1905 déjà, témoignait de ce qu'il pensait qu'on était, avec de Vries, au cœur des problématiques d'avenir, en botanique comme en biologie générale ; il proposa alors que *La Revue du Mois* publiât rapidement un article rédigé par Louis Blaringhem ou lui-même sur ces questions[862]. Peut-être pensa-t-il que sa maîtrise désormais avérée des questions dont il était devenu « le spécialiste » l'autorisait enfin à s'exprimer au-delà de son champ de référence et à émettre des « idées générales ».

La mobilisation des biologistes et le développement de débats parmi eux étaient alors à leur maximum, comme le montra la publication d'une série d'articles dans *La Revue du Mois* : elle commença avec les articles cités de Bernard qui furent suivis de celui de Hugo de Vries lui-même, intitulé « Transformation et mutation », en septembre 1909, puis celui d'Étienne Rabaud, sur « Le milieu et les mutations », en mars 1910, puis, en août 1910, celui de Leclerc du Sablon, « Mutants et hybrides », ensuite, en février 1911, une « Introduction à la botanique », de Louis Blaringhem et enfin, dans la livraison qui contenait l'article d'hommage posthume de Pérez sur son ami Noël Bernard ainsi que la nouvelle écrite par celui-ci, « Un mariage en l'an 3000 », figurait un article de Le Dantec : « Énergie, hérédité et psychologie », dans lequel celui-ci allait affirmant que « la variation des espèces suivant le mode lamarckien (était) aussi solidement établie que le principe de Newton[863] ». Il s'y déclarait opposé aux thèses du généticien Lucien Cuénot « qui le conduisent à nier l'hérédité des caractères acquis par adaptation au milieu », et dans lesquelles il croyait voir un « baroud d'honneur des défenseurs du créationnisme ».

---

[861]Noël Bernard, « Le Mendélisme », art. cité ; « La Crise du transformisme », *LRDM*, n° 40, 10 avril 1909 ; « Biologie appliquée : les méthodes de Luther Burbank », n° 31, 10 juillet 1908, p. 108-111.

[862] Lettre de N.B. à Émile Borel, 29 novembre 1905, Ac. Sc., dossiers É. Borel.

[863] Félix Le Dantec, « Énergie, hérédité et psychologie », *LRDM*, n° 66, 10 juin 1911, pages 689-692.

Mendélisme, mutationnisme et… eugénisme

Dans l'article paru dans *La Revue du Mois* sur « Le Mendélisme », Bernard avait exposé les plus récentes théories sur l'hérédité, découlant des travaux récemment redécouverts de Gregor Mendel sur « l'atavisme, (c'est-à-dire) la réapparition chez un être d'un caractère ancestral que ne montraient pas ses parents directs » ; il évoquait ainsi les travaux de Mendel sur l'hérédité « redécouverts » par plusieurs scientifiques en 1900, singulièrement par de Vries : le 26 mars 1900, le botaniste néerlandais avait confié à Bonnier la présentation à la séance de l'Académie des sciences de sa communication « Sur la loi de disjonction des hybrides », considérée depuis comme l'acte de naissance de la génétique[864]. Curieusement, cependant, Bernard, dans son article, faisait, lui, de la conférence de juillet 1906 sur la génétique, tenue à Londres – et à laquelle il avait participé – le moment clé de l'« exhumation de l'oubli » des travaux de Mendel, comme s'il n'y avait pas eu, depuis 1901, de nombreuses publications sur ce sujet, singulièrement en France, en particulier les articles de Lucien Cuénot. Il estimait que désormais des recherches expérimentales avaient été menées afin de mieux comprendre les mécanismes « de l'hérédité et de la variation » et entendait en rendre compte. L'importance de ce « mendélisme » ne faisait donc plus aucun doute à ses yeux et il concluait ainsi :

> « On a compris que "le Mendélisme" (est) une manière de voir nouvelle capable d'atteindre l'ampleur du Darwinisme même et dépassant sa précision.[865] »

Bernard examinait en détail, dans cet article, la notion de « caractère dominant » ou « dominé » rencontrés chez des individus donnés, appartenant à des « races » de poules ou de pavots différentes, et les règles de probabilité qui s'appliquaient pour définir la descendance des poulets métissés ou des pavots hybrides qui résultaient de leurs croisements. Il expliquait à quelles conditions certains « caractères mendéliens » semblaient fonctionner « en corrélation » et dans quels cas, dont il donnait quelques exemples de leur complexité, pouvait en résulter l'apparition de « nouvelles races stables ». Bernard exprimait alors son espoir que le mendélisme apporte des « solutions générales » aux problèmes soulevés par le transformisme comme modèle théorique de l'évolution des espèces. Montrant, en outre, que l'approche mendélienne pouvait s'appliquer aux caractères sexuels, ou bien aussi à l'immunité de certaines « races » vis-à-vis de certaines maladies, ou encore à des traits congénitaux chez les êtres humains, il allait jusqu'à proposer une vision eugéniste des conséquences de ces découvertes :

---

[864] Hugo de Vries, « Sur la loi de disjonction des hybrides », séance du 28 mars 1900 de l'Académie des sciences, *CR,* t. 130, janvier-juin 1900, p. 845-847.
[865] N. Bernard, « Le Mendélisme », *art. cité*

« Si l'on songe que des traits de mœurs ou des formes d'intelligence peuvent aussi bien caractériser nos races d'animaux domestiques que les particularités de leur conformation physique, on peut acquérir l'espoir que la personnalité intellectuelle soit faite de caractères variétaux et que le talent ou le génie humains puissent comme la beauté être soumis à l'analyse mendélienne.[866] »

Jusque-là, Bernard avait exposé tout ce que les lois de Mendel apportaient pour comprendre la variabilité individuelle et il insistait sur les limites que les méthodes d'hybridation qui en découlaient imposaient aux espoirs des éleveurs, agriculteurs et autres horticulteurs, de voir de véritables espèces nouvelles naître de leurs manœuvres. Mais il entendait aller plus loin et il se positionnait, dans les débats qui opposaient les biologistes à propos des lois de transformation des espèces, du côté de ceux qui adhéraient à la théorie des mutations, avancée et défendue par Hugo de Vries :

« Les savants qui ont pris hardiment place à l'extrême gauche (sic) du mendélisme sont arrivés à n'attribuer qu'une importance infiniment restreinte à la variabilité individuelle. La transformation des espèces, à laquelle ils ne cessent de croire, n'est due, pour eux, qu'à des exceptions brusques et relativement rares aux lois *habituelles* de l'hérédité ; elle résulte de la naissance de *monstres* capables, dès leur venue au jour, de donner une descendance qui leur ressemble exactement. Hors de cette apparition exceptionnelle d'espèces nouvelles que nous ne savons pas produire sûrement, le monde vivant est soumis aux lois de l'hérédité sans merci. »

À partir de là, et dans les pages suivantes, Bernard évoquait assez longuement l'idée selon laquelle, un jour, la société humaine pourrait s'organiser sur le modèle d'une « société mendélienne », c'est-à-dire, en fait, une société future dans laquelle l'humanité serait refondée en s'appuyant sur les lois de l'hérédité… :

« Nos mœurs sociales gagneraient-elles à s'inspirer du mendélisme ?, demandait-il. (…) Dans le chaos de variétés humaines, où aucune analyse n'oriente ceux qui pensent gouverner, les unions se font au hasard des rencontres, de l'attirance obscure et puissance de l'amour, ou des convenances sociales. Des hommes de génie y naissent comme des variétés rares dans une culture mal conduite, mais, si nous savons parfois les reconnaître, nous n'avons du moins jamais osé tenter la fixation de leur race ! (…) Faut-il oser prévoir, dans un avenir lointain, une société plus mendélienne (…) où les races les meilleures, maintenues dans l'isolement, ne donnent que des produits purs ? Cette société, où la loi héréditaire

---

866 *Id.*

dominerait toute l'organisation, n'apparaîtra-t-elle pas, à certains, comme la pire autocratie ?[867] »

Noël Bernard s'inscrivait donc sans trop d'hésitation dans le courant eugéniste – le terme avait été forgé par le biologiste et généticien Francis Galton, cousin de Darwin, en 1883, et passait pour une forme de pensée darwiniste – qui commençait à submerger la vie scientifique et intellectuelle. Lecteur d'August Weissmann (1834-1914), qui parlait de « plasma germinatif » pour expliquer la transmission héréditaire des caractères biologiques entre individus grâce à « un tissu d'une constitution moléculaire déterminée (qui) se transmet d'une génération à l'autre », Bernard était désormais acquis à l'idée que l'hérédité dépendait de ces « cellules germinales » et que les lois de l'hérédité déterminaient, au moins en partie, l'évolution des espèces.

Et le lamarckisme ?

Après cet article sur « Le Mendélisme », Bernard revint sur le sujet, dans une longue note de « Biologie appliquée », de juillet 1908, dans *La Revue du Mois* toujours. Il commenta l'exposé par de Vries des méthodes de sélection et d'hybridation utilisées par un horticulteur américain financé par la fondation Carnegie, Luther Burbank, méthodes et résultats qui venaient confirmer la théorie de la mutation des espèces du célèbre biologiste néerlandais. Et Bernard concluait :

> « Le sol, le climat, pas plus qu'un horticulteur habile, ne façonnent les plantes à leur guise (…). La lente adaptation des plantes au climat et au sol est une fiction poétique et naïve dont rien n'appuie la réalité.[868] »

Cette phrase signifiait donc de Bernard assumait une rupture brutale avec le courant néo-lamarckien fidèle à la thèse de l'évolution des espèces par hérédité des caractères acquis sous l'influence du milieu, totalement dominant à l'Université, en biologie végétale. Avec ces publications qui n'étaient pas des « communications » témoignant de travaux et de résultats expérimentaux nouveaux, il se posait moins en chercheur-expérimentateur qu'en théoricien à la recherche de nouvelles synthèses voire de nouveaux paradigmes.

Telle ne fut pas la position de tous les néo-lamarckiens. Le médecin Étienne Rabaud, maître de conférence puis professeur à la faculté des Sciences de Paris, resté toute sa vie sur des positions hostiles au darwinisme et au mutationnisme, publia, en 1928, une vaste synthèse de 63 pages intitulée « Parasitisme et Évolution », dans laquelle, entendant examiner toutes les formes de parasitisme présentes dans le monde animal et végétal, il prenait le

---

[867] *Id.*

[868] N. Bernard, « Biologie appliquée : les méthodes de Luther Burbank », *art. cité,* p.110.

contrepied des travaux de Bernard dont il citait, dès les premières lignes, *L'Évolution dans la symbiose*, mais aussi de ceux de Portier et de bien d'autres.

> « L'idée (de la symbiose) a été reprise par Noël Bernard à propos des Orchidées, et finalement érigée en système par Paul Portier (1918). Suivant N. Bernard et P. Portier, la symbiose serait un phénomène tout à fait général. Aucun organisme ne vivrait ou, du moins, ne se développerait entièrement s'il ne s'associait avec un autre. Même, cette association serait un facteur d'évolution. (...) L'esprit n'accepte pas sans résister une pareille conception. (...) Rien ne vaut, au surplus, le contrôle des faits. Or, ceux-ci soumis à une stricte analyse, n'appuient nullement la symbiose considérée comme phénomène général.[869] »

Suivait une mise en cause, point par point, des conclusions que Bernard avait tirées de ses travaux sur les orchidées, tant à propos du rôle des mycorhizes sur les graines d'orchidées que des causes de la tubérisation des plantes ou de la vie avec ou sans champignon des diverses espèces d'orchidées. Ne percevant que du parasitisme là où Bernard voyait une association constante et nécessaire, Rabaud concluait qu'« en tout ceci, la symbiose n'apparai(ssai)t guère ». Passant au cas des lichens, il réfutait aussi toute idée de symbiose dans les relations entre l'algue et le champignon, n'y trouvant, là encore, que du parasitisme : « L'association de ces deux végétaux ne montre donc pas d'adaptation réciproque, établie au cours des temps, que serait la symbiose », jugeait-il Les mêmes conclusions étaient formulées dans le cas des bactéries intestinales : « Si ancienne, phylogénétiquement, que puisse être l'infestation elle ne provoque pas une adaptation de l'hôte, qui transformerait le parasitisme unilatéral en un parasitisme réciproque. » Admettant qu'il puisse exister des cas de symbiose, au sens d'une association à bénéfice réciproque, dans le monde vivant, Rabaud entendait s'en tenir à l'idée que l'existence de nombreuses situations d'attraction, d'échanges, depuis le parasitisme jusqu'au commensalisme, provoquant naturellement de nombreuses formes de modification, de variation, de transformation des espèces, était certes un facteur d'« évolution » mais d'une évolution anarchique, sans but et sans progrès ; en aucun cas d'une progression dans l'organisation du vivant.

L'aboutissement des réflexions transformistes de Noël Bernard

Qu'en était-il de Noël Bernard, après la parution de *L'Évolution dans la symbiose*, lui qui semblait hésiter entre l'adhésion à la thèse des mutations par

[869] Étienne Rabaud, « Parasitisme et Évolution », *Revue Philosophique de la France et de l'Étranger*, t. 106, juillet- décembre 1928, p. 18-81.

voie génétique comme seule cause de l'évolution des espèces et celle que tendaient à lui imposer ses travaux sur les orchidées, selon laquelle, dans certaines circonstances, certaines empreintes du milieu – comme l'effet de l'action d'un parasite sur telle ou telle espèce végétale – pouvaient provoquer des transformations donnant naissance à des espèces nouvelles. Après la parution de son article sur « Le Mendélisme », c'est en prenant prétexte de la présentation critique d'un nouvel ouvrage publié par Félix Le Dantec et intitulé *La Crise du transformisme*, que Noël Bernard formula, toujours dans *La Revue du Mois* et toujours avec une certaine prudence, sa nouvelle approche des problèmes généraux de la biologie[870].

Le Dantec était alors une vraie personnalité « médiatique » de la scène de la intellectuelle, particulièrement prolifique dans le champ de la vulgarisation scientifique en France ; biologiste et philosophe, collaborateur de multiples publications dont la *Revue de Paris*, il passait d'autant plus pour une référence que ce « Sorbonnard » savait intéresser aussi bien des spécialistes qu'un public cultivé aux questions nouvelles de la biologie et plus largement de la science, en usant d'une rhétorique dynamique et d'un style fluide, souvent polémique voire humoristique. Jean Rostand, alors âgé d'une quinzaine d'années, ne se souvenait-il pas beaucoup plus tard qu'il l'avait considéré comme un « maître », à l'égal de Jean-Henri Fabre, Caullery ou Giard[871]. Bernard, tout en se disant proche de Le Dantec, collaborateur habituel de *La Revue du Mois* qu'il qualifiait « d'apôtre fervent des théories lamarckiennes » mais auquel il reprochait de se livrer, dans son ouvrage, à une dénonciation du mendélisme et de la théorie des mutations de Hugo de Vries, examinait, au contraire de Le Dantec, toutes les raisons qu'il y avait de prendre les approches du chercheur hollandais très au sérieux :

> « Il me paraît qu'on peut aller jusqu'à admettre que la mutation est le mode commun de naissance des espèces sans déserter le lamarckisme, affirmait Bernard. (...) Il faut incontestablement abandonner une partie de la doctrine lamarckienne classique et l'expurger, pour ainsi dire, du finalisme naïf qui a marqué ses origines et qui a fait sa faiblesse. (...) L'analyse que de Vries a faite des méthodes pratiques de l'agriculture et de l'horticulture montre, à n'en pas douter, qu'elles sont fondées plutôt sur les lois de l'hérédité que sur celles de l'évolution. (...) D'ailleurs, la science nouvelle a déjà reçu de Bateson le nom propre qui lui est dû, celui de "génétique" qui est en voie de faire fortune.[872] »

---

[870] N. Bernard, « La crise du transformisme », *art. cité*.

[871] Jean Rostand, « Discours de réception à l'Académie française », 12 novembre 1959, dans Andrée Tétry, *Jean Rostand, un homme du futur*, Lyon, La Manufacture, 1988, p. 255 sq.

[872] N. Bernard, « La crise du transformisme », *art. cité*, p. 488. Bernard avait entendu, lors de la conférence de Londres sur la génétique, William Bateson présenter ses travaux et nommer ainsi cette science nouvelle de l'hérédité.

Mais Noël Bernard, cependant, entendait laisser ouverte la voie de « l'évolution dans la symbiose ». Son adhésion aux thèses avancées par de Vries n'a pas fait de lui un adversaire de l'hypothèse lamarckienne même s'il avait résolument prit le parti de s'éloigner des néo-lamarckiens les plus dogmatiques : si l'évolution des espèces pouvait, pour une large part, s'expliquer par des mutations, cela n'excluait pas, à ses yeux, que le milieu et son évolution puissent avoir joué et jouer encore un rôle important dans l'évolution graduelle des espèces ; la symbiose pouvant être un phénomène plus général qu'on ne l'avait pensé, elle lui paraissait apporter une sorte de contrepoids à la théorie des mutations, en faveur de l'influence du milieu. L'avantage, dans le cas des orchidées, c'est qu'on pouvait savoir comment les champignons agissent pour modifier les espèces et quels effets en découlent ; la question, non encore tranchée, était de savoir si, en réussissant à faire pousser des orchidées en l'absence de champignons commensaux, celles-ci perdraient leurs caractères adaptatifs – tout comme les betteraves sucrières ou les races animales d'élevage, créées par l'homme, perdent leurs caractères si on ne les soumet plus aux critères sévères d'hybridation et de sélection qui ont permis de les produire – ou bien si elles les conserveraient ; dans un cas il ne s'agissait pas d'espèces nouvelles, dans l'autre cas oui :

> « Quelques-uns au moins des caractères apparemment fixes des Orchidées, peuvent dépendre plutôt de la symbiose, condition constante de vie, que de la constitution héréditaire des chromosomes apportés par les germes. Une dégénérescence plus ou moins complète de ces caractères serait sans doute possible si le mode de vie des Orchidées changeait (...) L'extrême lenteur du développement des Orchidées, qui ne fleurissent jamais avant plusieurs années de vie, rendrait par malheur particulièrement laborieux d'apprécier le degré de fixité de ces caractères brusquement acquis. (...) Il m'a paru qu'une interprétation lamarckienne des faits pouvait au mieux leur donner une cohésion suggestive. C'est là, en définitive, une raison valable pour adopter une doctrine, tant que la réflexion la plus attentive n'a pas fourni contre elle d'argument décisif.[873] »

Même s'il ne se comptait pas au nombre des savants de « l'extrême gauche » mendélienne, en raison de son attachement persistant à un lamarckisme non dogmatique, Bernard écrivait que « la mutation est le mode commun de naissance des espèces » et son adhésion à ces « théories à la mode » que dénonçait Le Dantec était évidente ; pour lui la démonstration était faite du lien étroit et déterminant de la génétique avec les lois de l'évolution des espèces. Dans ses cours, connus par leur publication posthume, qu'il bâtissait sur ces bases, Bernard nourrissait sa réflexion par la confrontation des différentes thèses évolutionnistes avec sa connaissance du cas des orchidées et du rôle que pouvait avoir eue la symbiose dans la manière

[873] *Id.*

dont les innombrables espèces de plantes de cette famille avaient pu évoluer[874]. Mais Bernard buttait, comme tous ses contemporains, sur l'absence de percée dans la connaissance des mécanismes de transmission héréditaire des caractères propres à chaque espèce :

« Comment concevoir le mécanisme de ces mutations ? Il y a à cet égard deux hypothèses possibles qui correspondront demain à l'ancienne conception lamarckienne et à la vue opposée. Giard expose la première. Pour lui, la naissance des espèces est bien en fait lente et graduelle ; il ne faut pas se laisser illusionner par le changement brusque de caractères apparents. (...) La seconde hypothèse consiste à penser que les plantes qui donnent une mutation ne diffèrent en rien de leurs ancêtres stables, mais qu'elles ont eu un accident inconnu qui a causé la mutation, par exemple l'atteinte d'un parasite. Cette conception ouvre de nouvelles voies à l'expérience, mais pour le moment on n'a pas de bons exemples de déviations parasitaires héréditaires dès l'abord. [875] »

La phrase la plus suggestive que Bernard a écrite, à ce sujet, qui témoigne de son éloignement progressif du lamarckisme même révisé, figure dans sa chronique sur « La crise du transformisme », parue dans *LRDM* :

« La mutation est due à quelque obscur accident de la fécondation, à la nature intrinsèque des germes et non pas à l'action du milieu extérieur.[876] »

Noël Bernard, trop négligé ou oublié par les historiens des sciences

Au terme de cette étude du positionnement de Noël Bernard dans le grand débat sur l'évolution des espèces qui mobilisait les biologistes de son temps, il peut être intéressant de la confronter au tableau de « La France à l'ère du Mendélisme (1900-1930) » que proposaient, il y a quelques années, les historiens des sciences Jean Gayon et Richard Burian, puis le biologiste et historien Denis Buican, et, plus récemment, aux travaux de Laurent Loison sur l'histoire du néo-lamarckisme en France [877].

Laurent Loison est un biologiste qui a suivi une formation en épistémologie et histoire des sciences. Son approche du néo-lamarckisme français se fixe l'objectif de comprendre comment et pourquoi ce courant, autant sur le plan

---

[874] N. Bernard, *L'Évolution des plantes* et *Principes de Biologie végétale*, ouv. cités.
[875] N. Bernard, *L'Évolution des plantes*, ouv. cité, p. 158-159.
[876] N. Bernard, « La crise du transformisme », *art. cité*, p. 483.
[877] Jean Gayon et Richard Burian, « France in the Erea of Mendelism (1900-1930) », *CR*, Sciences de la Vie, t. 324, 2000, p. 1097-1106. Denis Buican, *Mendel dans l'histoire de la génétique*, ouv. cité ; Laurent Loison, « Les notions de plasticité et d'hérédité chez les néo-lamarckiens français (1879-1946) : éléments pour une histoire du transformisme en France », thèse citée ; et *Qu'est-ce que le néo-lamarckisme ? les biologistes français et la question de l'évolution des espèces, 1870-1940*, Paris, Vuibert, 2010.

expérimental que théorique, a dominé les milieux naturalistes universitaires, conduisant ces scientifiques dans une impasse profonde et durable. Loison consacre une large place à leurs principaux représentants, en particulier Giard, Caullery et Rabaud, en zoologie, jusqu'à Bonnier, Costantin et Blaringhem en botanique, et aussi le biologiste et philosophe Le Dantec. Loison ignore totalement le cas de Noël Bernard, ne citant son existence qu'au détour d'une fiche biographique consacrée à Costantin dans laquelle Bernard est cité comme « élève » de celui-ci ; c'est aussi la seule fois où le terme « symbiose » est évoqué par lui et, bien sûr, les articles de Bernard dans *La Revue du Mois* ne figurent pas dans les sources imprimées utilisées.

Pourtant, tant les travaux que les écrits de Bernard vont à l'encontre d'une des conclusions de la thèse de Loison affirmant que les botanistes « se réfugièrent encore davantage (que les zoologistes, ndlr) dans l'empirisme positiviste strict, ne s'autorisant que rarement à théoriser leurs idées sur la variation et partant sur l'évolution des espèces[878] ». Si on peut souscrire à l'idée qu'« il est historiquement certain que l'épisode néo-lamarckien fut d'un bout à l'autre un échec dans la tentative de comprendre les modalités du processus évolutif[879] », on doit regretter l'absence de référence à la position très particulière de Bernard. Les développements consacrés par Loison à la place du parasitisme dans l'explication néo-lamarckienne de l'évolution par l'influence du milieu[880], tout comme ceux consacrés à l'héritage pasteurien ou aux travaux de Metchnikoff[881], auraient gagné à prendre en compte la manière dont Bernard, devenu d'une part un spécialiste de ce type de parasitisme bien particulier en jeu dans la vie des orchidées, et d'autre part, après avoir été formé aux pasteurisme et à la microbiologie, ayant été fortement influencé par ces acquis, a développé une approche expérimentale très personnelle de la symbiose et a manifesté autant de curiosité que d'exigence dans ses incursions en théorie de l'évolution. De même, à propos du passage que Loison consacre à l'état colloïdal et à l'explication colloïdale du vivant, Bernard est de nouveau ignoré[882]. Bien qu'attaché au néo-lamarckisme, Bernard n'en a pas été un défenseur dogmatique et borné et il n'a pas été conduit, contrairement à d'autres, à la stérilité sur le plan scientifique.

Pour décrire et expliquer « la résistance des biologistes français au Mendélisme au début du vingtième siècle », Gayon et Burian, tout comme Loison, ignorent totalement l'œuvre de Noël Bernard, aussi bien ses publications, ses articles que ses cours, et considèrent que seul Lucien Cuénot fit exception, parmi les biologistes français, en ralliant clairement le camp de

[878] Laurent Loison, « Les notions de plasticité et d'hérédité chez les néo-lamarckiens français (1879-1946) », thèse citée, p. 347.
[879] Id., p. 252.
[880] Id., p. 39-40 sq.
[881] Id., p. 233-235 sq.
[882] Id., p. 91-94 sq.

la génétique. Buican, lui aussi, parle de Cuénot comme d'« une exception de taille » et néglige Bernard. Jean Rostand disait simplement que Cuénot avait été « le premier » à comprendre l'importance des découvertes mendéliennes et lui non plus ne citait pas Bernard à cette occasion…[883]

Sans doute qu'ajouter Bernard à Cuénot ne suffira pas à renverser le diagnostic principal posé par tant d'auteurs sur l'obstination des naturalistes français à affirmer le rôle décisif et pourtant jamais démontré du milieu dans les transformations héréditaires des espèces, et sur leur résistance au mendélisme et à la génétique, mais celui-ci peut être nuancé à la marge : il est impossible, en effet, de présumer du développement qu'aurait connue l'œuvre de Bernard s'il avait vécu ; par exemple par quels moyens aurait-il approfondi, y compris expérimentalement, sa thèse de la part importante de la symbiose dans l'évolution, comment aurait-il réagi en prenant connaissance des travaux de Morgan sur la mouche drosophile et de sa théorie chromosomique de l'hérédité, ou quelle aurait été sa participation, espérée, annoncée, à la quatrième conférence internationale sur la génétique de Paris, en 1911. Notons que dans sa manière d'aborder le mendélisme, Bernard n'a pas sombré dans le défaut que Gayon et Burian attribuent aux biologistes français d'avoir privilégié une « approche spéculative » et ignoré « l'approche opérationnelle de l'hérédité » qui caractérisait, selon eux, le mendélisme. Au contraire, en exposant en détail le contenu des expériences sur la transmission des caractères héréditaires, en revisitant à la lumière du mendélisme l'expérience accumulée des agriculteurs et des horticulteurs dans la culture des plantes, la sélection des hybrides, le développement d'espèces domestiques, il montrait quelles réponses apportait la théorie de l'hérédité aux interrogations que faisaient naître les pratiques empiriques de tant de cultivateurs. Tous ces traits montrent que Bernard a été très sensible au « style de travail scientifique mendélien » que définissent Gayon et Burian.

Par contre, il est notable que, dans le même temps où il contribuait à faire connaître cette approche expérimentale du mendélisme, dans ses articles et dans ses cours, Bernard n'a pas modifié son « programme de recherche » qui restait centré sur sa tentative de tirer au clair tous les mécanismes de la symbiose des orchidées et sur sa volonté d'arriver à prouver, dans les années futures, que, peut-être, la symbiose avait pu jouer un rôle majeur dans l'évolution de celles-ci et même de tout l'univers végétal.

Marion Thomas a repris le point de vue de Gayon et Burian dans son étude sur Louis Blaringhem[884]. Bernard et lui s'étaient connus à l'ENS, le premier alors agrégé-préparateur, le second élève ; ils furent ensuite proches et même très proches, en particulier en collaborant à *La Revue du Mois*. Malgré la forte

---

[883] Jean Rostand, *Esquisse d'une histoire de la biologie*, Paris, Gallimard, 1945.

[884] Marion Thomas, « Louis Blaringhem (1878-1958), un généticien néo-lamarckien », *Ruralia*, n° 8 Varia, 2001.

sensibilité de Blaringhem aux thèses de de Vries et sa bonne connaissance du terrain agricole, Thomas estime que son exemple « illustre la résistance de la communauté (scientifique) française à l'introduction du mendélisme en France » et que ses travaux « représentent un style de recherche français à la fois dans le choix de son objet et dans une pratique scientifique héritée de la recherche bernardienne et lamarckienne ». Elle aussi ignore complètement le cas de Noël Bernard. Que nous apprend sa biographie au regard de celle de Blaringhem, sachant que l'un, avec ses orchidées, comme l'autre, avec ses maïs mutants, furent des « purs produits » – et parmi les meilleurs – de la communauté universitaire française et mirent en pratique, avec la rigueur et l'enthousiasme de purs pasteuriens, la méthode héritée de Claude Bernard – observation, hypothèse, expérience – au service d'une conception de la biologie modelée par l'héritage du lamarckisme ? Pour Thomas, on est pris dans un « groupe local de recherche » doté d'un « style scientifique » spécifique, même si, comme Blaringhem (et Bernard), on y « apparaît ouvert à des styles de pensée scientifique étrangers ». Si Thomas retient que Blaringhem « semble négliger la "redécouverte des lois de Mendel" » (tandis que Buican, plus sévère, écrit qu'il fut « aveuglé par l'hérédité de l'acquis du néo-lamarckisme et fit fausse route[885] »), ce ne fut pas le cas de Bernard qui reste pourtant ignoré par Thomas parlant des « acteurs isolés » qui reconnaissaient le mendélisme, comme Cuénot, Vilmorin et d'autres. Disons que Bernard pourrait appartenir au type par lequel elle caractérise ces « acteurs isolés » :

> « (Ils) n'appartiennent pas à la communauté scientifique académique mais travaillent au contraire de manière obscure, cachée, loin des réseaux officiels et institutionnels, dans des espaces scientifiques géographiquement indépendants comme la province ou l'étranger ou encore le monde agricole.[886] »

Encore faut-il souligner que Bernard, s'il avait été relégué en province et était en rupture avec les principaux pontifes de la discipline (Giard, Bonnier) et était en délicatesse avec d'autres (Le Dantec), restait avant tout un universitaire – normalien, agrégé, maître de conférences puis professeur titulaire – et qu'il écrivait couramment et en toute liberté dans *LRDM*, une revue placée au centre de la vie intellectuelle et scientifique et pilotée par les plus prometteurs des apprentis mandarins de la nouvelle génération, Émile Borel et Jean Perrin, en particulier. En fait, au moins autant que les tentatives des acteurs mendéliens pouvaient les isoler, l'attachement de « l'homme aux tubercules » à sa théorie de la symbiose – et de « l'évolution dans la symbiose » – et les liens qu'il semblait préférer cultiver avec le monde

[885] Denis Buican, *Mendel dans l'histoire de la génétique*, ouv. cité., p. 147.
[886] Marion Thomas, « Louis Blaringhem ... », *art. cité.*

horticole contribuaient à le marginaliser dans le monde scientifique français. Et… à le faire oublier des historiens des sciences.

Une des dernières interventions publiques de Noël Bernard montre qu'il était pourtant prêt à embarquer sans réserve pour l'aventure généticienne :

> « La science nouvelle a déjà reçu de Bateson le nom propre qui lui est dû, celui de "génétique", qui est en voie de faire fortune. (…) Bateson, au grand Congrès qui s'est tenu à Londres en 1906, a convié avec un enthousiasme communicatif les praticiens et les savants à s'unir pour faire progresser cette science. Son appel paraît entendu même chez nous, et c'est un signe des temps, puisque M. Ph. De Vilmorin annonce que la Société nationale d'horticulture de France prépare en 1911 un Congrès international sur la Génétique.[887] »

Noël Bernard n'a pas pu assister au congrès de Paris de 1911[888]...

---

[887] N. Bernard, « La crise du transformisme », *art. cité,* p. 488.

[888] Philippe de Vilmorin, *4ème Conférence internationale de génétique Paris, 1911, comptes-rendus et rapports*, Paris, Masson, 574 pages. À la première page de ces actes, figure la mention du fait que Noël Bernard « qui avait accepté de faire partie du comité de patronage et d'organisation (est) malheureusement décédé avant l'ouverture de cette conférence ». (p. 1.)

Chapitre quatorze

Un poste – enfin ! – à l'Université de Poitiers Le projet de station d'études botaniques de Mauroc

En novembre 1908, Noël Bernard fut enfin nommé comme chargé de cours à la faculté des Sciences de Poitiers pour remplacer le mycologue Pierre Dangeard, en poste depuis près de vingt ans après avoir été, naguère, préparateur puis chef de travaux à la faculté des Sciences de Caen, et qui était enfin muté à la Sorbonne. Pour Bernard, après huit ans à Caen sans obtenir de promotion, par exemple sur un poste de professeur-adjoint, cette nomination à Poitiers était loin de représenter une promotion exceptionnelle ; Christophe Charle n'indique-t-il pas qu'avec Rennes, Strasbourg et Toulouse, la faculté des Sciences de Poitiers lui apparaît comme « une mauvaise carte » appartenant au « désert intellectuel de l'Ouest[889] »... En choisissant de solliciter ce poste de chargé de cours à Poitiers, poste qui promettait généralement à celui qui en bénéficiait d'être nommé titulaire de la chaire après qu'elle aurait été proclamée vacante, Bernard montrait qu'il avait renoncé à l'espoir d'une nomination à Paris et, en même temps, qu'il manifestait par là ce que Charle qualifie de « volonté d'indépendance (pouvant) avoir pour origine un conflit personnel avec un "patron" parisien », l'« hérétique » que restait Noël Bernard ayant choisi de « tirer le meilleur parti du rejet assumé du centre[890] ».

Ce changement brutal et improvisé, ardemment espéré mais très perturbant, si peu de temps après l'installation du jeune couple à Mathieu, alors que

[889] C. Charle, *La République des universitaires*, ouv. cité, p. 152.
[890] *Id.*, p. 163-164.

l'enfant était loin d'être sorti d'affaire et que Marie Louise restait de santé très fragile, se passa dans « la bousculade ». À Poitiers, comme c'était le cas à Caen, il ne pouvait espérer avoir à enseigner qu'à des rares étudiants (ce furent, au mieux, cinq inscrits en licence, et 30 au PCN), loin des conditions permettant de former une « école » de botanistes aguerris à sa conception de la recherche et de la science du monde végétal. Par contre, il savait pouvoir retrouver des amis, le mathématicien Henri Lebesgue – Jules Drach venant tout juste de partir, ayant obtenu sa mutation – et le physicien Albert Turpain, ce dernier étant un des membres très actifs de l'Amicale des enseignants des facultés des Sciences, par ailleurs membre éminent de la fédération socialiste de la Vienne, qui n'hésitait pas à exposer avec véhémence dans la presse et dans de multiples correspondances ses critiques de l'organisation de la science à l'Université en les accompagnant de propositions audacieuses[891]. Henri Lebesgue, membre comme Drach du groupe des années normaliennes, avait occupé à Poitiers, depuis 1906, des fonctions de chargé de cours de Mathématiques avant d'y obtenir la chaire de Mécanique. Le mathématicien Maurice Fréchet (1878-1973, ENS 1899), un proche de Borel, que Bernard avait connu comme élève normalien de la promotion 1899 lorsqu'il était agrégé-préparateur à l'ENS, vint se joindre à ce petit groupe, à la même date que Bernard. Par contre, il ne semble pas qu'il y ait eu de relations étroites entre Bernard et le nouveau professeur d'histoire, Jean-Richard Bloch (1884-1947), arrivé à la rentrée 1908 au lycée de la ville, au moment où Bernard arrivait à la faculté des Sciences. Bloch devint rapidement le secrétaire de la fédération socialiste de la Vienne et à ce titre fut lié à Turpain sans que ce réseau ne semble s'être étendu immédiatement à Noël Bernard.

Avant Poitiers, les autres tentatives de candidatures de Noël Bernard

Avant d'obtenir ce poste à Poitiers, Bernard avait espéré obtenir une nomination à Marseille où un poste se libérait mais on l'avait dissuadé de déposer sa candidature car la place était « promise depuis longtemps et (déjà) donnée[892] ». Il avait ensuite mené une véritable campagne, quelques mois après son mariage, sans beaucoup y croire, pour obtenir sa nomination sur un poste vacant à la faculté des Sciences de Grenoble.

---

[891] Voir M. Pinault, *Maurice Barrès et "la grande pitié des laboratoires"*, ouv. cité, p. 212-213. Et Jacques Marzac, *Albert Turpain, un homme de science au service de l'homme du peuple*, ouv. cité. Selon Marzac, « À compter de 1903, durant cinq ou six ans, Turpain va se lancer dans une grande enquête exhaustive auprès des quelque 550 professeurs de sciences de France et des colonies, prenant en compte leur ancienneté, leur grade leurs publications et leurs promotions. (...) Cette enquête jette les bases de l'Amicale des professeurs de sciences ». (*ouv. cité*, p. 78)
[892] Lettre de N.B. à A. Magrou, 10octobre 1904 ; CM, n° 33.

Le recrutement des titulaires aux chaires de l'enseignement supérieur était marqué, selon Albert Turpain, par deux règles, « l'incompétence et l'arbitraire[893] ». Le ministre de l'Instruction publique, en réalité le directeur de l'Enseignement supérieur avait le pouvoir décisionnaire et il l'exerçait, en général, en deux temps. D'abord, il pouvait nommer un chargé de cours pour assurer l'enseignement dans la chaire vacante et, le plus souvent, ce chargé de cours, devenu en somme le candidat du ministre, était titularisé dans le poste l'année suivante. Cependant, le ministre devait en principe nommer le nouveau titulaire en prenant en considération d'une part l'avis de la faculté des Sciences concernée qui pouvait proposer deux noms, et d'autre part l'avis de la section permanente du Conseil supérieur de l'Instruction publique qui faisait de même. Or, la faculté, dans laquelle il n'y avait généralement qu'une seule chaire de chaque discipline, ne disposait pas d'avis de spécialiste sur le candidat le mieux à même d'occuper le poste et son choix était par contre fortement déterminé par le contexte local, éventuellement tel chef de travaux ou tel chargé de cours à encourager, ou telle coalition de professeurs titulaires visant un recrutement à leur convenance, par exemple politique... Quant à la section permanente du Conseil supérieur, elle se trouvait en général dans la même situation car, avec seulement deux représentants des facultés des Sciences et autres grands établissements scientifiques, donc le plus souvent sans disposer en son sein de l'avis d'un spécialiste, elle était portée à des choix d'intuition ou de routine, par exemple en réservant la plupart des postes aux seuls normaliens, ou bien à céder à des influences extérieures de toutes sortes.

Comme le rappelait Turpain, dans un article paru en 1906 dans la *RGSPA*, l'idée de confier à un conseil de tous les spécialistes d'une discipline la mission d'établir une liste nationale dans laquelle seraient recrutés les candidats à telle ou telle fonction avait été émise par le ministre de l'Instruction publique, Paul Bert (1833-1886), dès 1880, mais le projet de loi, voté à la Chambre, n'avait pas abouti au Sénat[894]. C'est ainsi que régnaient, dans les recrutements de l'Enseignement supérieur, « l'incompétence et l'arbitraire » dont parlait Turpain. Celui-ci formulait dans son article des propositions de réforme des procédures de nomination et de carrières dans l'enseignement supérieur, reprenant la proposition ancienne de Paul Bert, y ajoutant celle de supprimer l'habitude de nommer, transitoirement, des chargés de cours, et reprenant en outre la demande ancienne d'établir un tableau d'avancement des maîtres de conférence, de garantir une égalité de traitement des professeurs et des maîtres de conférence nommés à Paris ou en province, quitte à créer une indemnité de séjour en raison du coût plus élevé de la vie dans la capitale, d'élargir le pourcentage de professeurs admis dans les classes supérieures (mieux rémunérées) auxquelles il n'accédaient pas ou très tard, et de libérer le seuil du tiers qui limitait le nombre de professeurs-

---

[893] A. Turpain, « Les réformes de l'enseignement supérieur », *art. cité*

[894] *Id.*

adjoints dans les facultés. Ces propositions, formulées au moment où naissait l'Amicale des professeurs des facultés des Sciences, étaient commentées par les enseignants concernés, comme ce fut le cas de Charles Maurain dans une lettre adressée à Pierre Curie[895] ; Pierre Curie, de son côté, exprimait dans une de ses dernières lettres avant sa mort brutale, son accord avec le contenu de l'article de Turpain mais ne cachait pas qu'il suscitait de nombreuses oppositions parmi les universitaires parisiens :

> « J'ai lu avec beaucoup d'intérêt l'excellente étude que vous avez publiée dans la *Revue générale des sciences*, je suis entièrement avec vous », lui écrivait Curie[896].

Certaines demandes furent aussitôt reprises par l'Amicale comme celle de la publication trop attendue d'un tableau d'avancement des maîtres de conférences. Noël Bernard, s'adressant longuement à Pierre Curie, formulait des avis encore plus tranchés que ne le faisait Turpain :

> « Il faut mettre au premier plan pour l'avancement la valeur scientifique des individus. L'avancement à l'ancienneté serait très mauvais. (...) Il faut que l'avancement au choix se fasse aussi exactement que possible par l'avis des hommes compétents, qu'ils soient de Paris ou de province, en dehors des influences politiques qui semblent avoir une importance croissante. (...) Il serait toujours bon de forcer l'administration à travailler un peu plus au grand jour (...) pour attaquer l'omnipotence des bureaux d'où les littéraires et les philosophes nous gouvernent. Notez que les bureaux tirent toute leur influence du fait qu'ils distribuent des faveurs.[897] »

Dans le cas de Grenoble, la chaire de Botanique que Bernard visait lui avait échappé au profit d'un autre botaniste, Marcel Mirande (1864-1930), malgré les appuis non négligeables dont il disposait, en particulier ceux du directeur scientifique de l'ENS, Jules Tannery, et de son maître, Julien Costantin. Mirande avait soutenu sa thèse la même année que Bernard et n'était pas normalien ; après des études au collège jésuite de Saint-Affrique et au lycée de Bordeaux, ce rejeton d'une famille de magistrats avait obtenu sa licence à Clermont-Ferrand où enseignait le géologue Wilfrid Killian (1862-1925) qui occupait, depuis, une chaire à Grenoble ; Mirande avait préparé une thèse de doctorat en étant surveillant général à l'école professionnelle de Voiron, à une vingtaine de kilomètres de Grenoble. Son recrutement fut donc facilité par l'ensemble des liens qu'il entretenait déjà avec sa future faculté.

Dans ces conditions, Bernard mena campagne en étant conscient des obstacles et en estimant ses chances à « une sur deux ». Prévenu de « la sourde

---

[895] Lettre de Charles Maurain à Pierre Curie, le 16 mars 1906, dans K. Blanc, *Pierre Curie, correspondances*, ouv. cité, p. 620.
[896] Lettres de Pierre Curie à Albert Turpain et à Georges Gouy, 21 mars 1906, *id.*, p. 621 et 623.
[897] Lettre de N.B. à Pierre Curie, le 8 avril 1906*, id.*, p. 637-639.

hostilité d'hommes que je mésestime » qu'il qualifiait d'« êtres gélatineux », hostilité qui indiquait que les causes qui l'avaient fait nommer à Caen restaient un handicap, il se disait satisfait, dans une lettre à sa femme, d'en avoir fait « des ennemis déclarés et irréductibles[898] ».

D'ailleurs, Bernard admit que son concurrent avait des droits et méritait son estime :

> « Guignard présente Mirande en première ligne, pour son âge, dit-il ; Costantin trouve que c'est très mal ; en somme, c'est fort défendable. Mirande est du moins un homme sympathique qui sera désormais de mes meilleurs amis.[899] »

Commentant cet échec, Costantin souligna, dans une lettre à son élève, que « le vrai mérite ne triomphe pas toujours ; la politique, les coteries d'école, de chapelle et de parti ont souvent un trop grand rôle dans les nominations ». Refrain connu…

L'installation à Poitiers

Vint l'occasion de poser une candidature pour un poste vacant à Poitiers ; ce fut la bonne. Le 1er novembre 1908, Noël Bernard fut installé officiellement dans ses fonctions de chargé de cours de Botanique, le même jour que Pierre Boutroux (1880-1922), nommé chargé de cours de Mécanique rationnelle. Bernard connaissait bien Boutroux, un peu plus jeune que lui, un proche du couple Borel et en particulier de Marguerite Borel. Il retrouvait aussi Lebesgue, depuis quelque temps installé à Poitiers qui venait d'obtenir, en janvier 1908, la chaire de Mécanique rationnelle et appliquée. Il retrouvait aussi Albert Turpain, professeur de Physique et membre très actif de l'Amicale des personnels enseignants des facultés des Sciences.

À Poitiers, Noël Bernard ne pouvait pas compter sur un nombre d'étudiants plus important qu'à Caen ; il eut cinq élèves en licence et une trentaine en PCN. L'arrivée à Poitiers permit à Marie Louise Bernard qui, depuis le mariage, avait obtenu un congé, d'obtenir un poste à l'École primaire supérieure, d'abord comme remplaçante puis, au bout d'un an, comme titulaire sur un poste nouveau créé dans l'ordre des Sciences. Noël fut, lui aussi, titularisé au bout d'un an comme professeur de Botanique, en novembre 1909. Son traitement fut porté à 6000 francs et Marie Louise obtint 2700 francs. Bien que la demande exprimée par le recteur d'obtenir 2000 francs pour le cours en PCN, soit le montant qui était accordé à l'enseignant chargé d'un service équivalent en Zoologie, avait été rejetée par le ministère, Bernard restant à 1000 francs, le couple avait désormais un niveau de vie bien plus convenable. Ils achetèrent des meubles et finirent

---

[898] Lettre de N.B. à M.L. Bernard, de Paris, octobre 1907, n° 63.

[899] Id.

même par s'assurer le concours d'une nourrice sèche pour les relayer auprès de Francis.

L'installation à Poitiers mobilisa, dans la pratique, beaucoup du temps dont Bernard pouvait disposer ; Francis progressait « à vue d'œil » et Marie Louise trouvait un nouvel équilibre dans ses fonctions retrouvées d'enseignante auprès des élèves institutrices, elle sortait enfin du cycle dépressif dans lequel la naissance difficile de Francis l'avait entraînée. Maintenant que le fameux « mémoire » était derrière eux, Bernard formulait clairement le projet qu'il avait avec son épouse, de former ensemble une équipe de chercheurs :

> « Nous comptons réaliser enfin le projet qui nous est cher de travailler en commun. S'il plaît au destin, nous écrirons ensemble, l'an prochain, un traité de botanique et nous livrerons un assaut définitif à la pomme de terre jusqu'ici rebelle aux lois que je prétends lui imposer.[900] »

Ainsi Bernard proposait-il à Marie Louise de rédiger des notes critiques pour *La Revue du Mois* ou de l'associer à la mise en forme, en vue d'une publication, de ses cours de Botanique au PCN.

Après son affectation à la faculté des Sciences de Poitiers, Noël Bernard ne fut plus nominalement membre du comité de rédaction de *La Revue du Mois*, tout en restant un collaborateur actif pour les « Chroniques » et la « Bibliographie » de la revue. À la suite d'une réorganisation du sommaire, son nom fut même désormais aussi associé à une rubrique « Biologie végétale ». Cependant, les notes sur la biologie, y compris végétale, étaient aussi signées par Maurice Caullery, Henri Mouton ou Étienne Rabaud, et d'autres encore par Henri Piéron. Les collaborations de Bernard se poursuivirent, dans les livraisons de juillet 1908 ou de janvier et septembre 1909 ; ainsi cette note, plutôt humoristique, en avril 1910, à propos d'un ouvrage d'intérêt pratique d'Henri Coupin, chef de travaux à la Sorbonne, qu'il qualifiait de « guide-âne qui manquait jusqu'à ce jour dans l'enseignement supérieur des Sciences naturelles[901] ».

Puis, après une dernière réunion du bureau de l'Association amicale des enseignants des facultés des Sciences, Bernard ne fut plus le trésorier, poste auquel il fut remplacé par Octave Duboscq, son collègue et ami zoologiste qu'il avait connu à Caen et qui était désormais en poste à Montpellier. Ce remplacement ne signifiait pas que Bernard avait pris ses distances avec l'Amicale et correspondait plutôt à une volonté de ne pas occuper un poste au bureau pendant plus de trois années ; il fut en effet présent et actif lors de l'assemblée générale, réunie le 1er avril 1909, à Paris, et restait le « correspondant » de l'Amicale pour la faculté de Poitiers.

---

[900] Lettre de N.B. à Jean Magrou, le 16 février 1910, CM, n° 89.

[901] *LRDM*, n° 52, 10 avril 1910.

Bernard réduisit donc les responsabilités qu'il occupait à *La Revue du Mois* et à l'Amicale sans renoncer à y être actif. Ce désengagement relatif s'expliquait aussi par le désir qu'il avait de se consacrer plus totalement à ses recherches et sa hâte de mener à bien des projets dont il attendait des résultats immenses. L'année 1909 avait été marquée par la parution de *L'Évolution de la symbiose*. La satisfaction qu'il tira de cet aboutissement contribua à créer dans la petite famille Bernard le sentiment d'un nouveau départ. Tout à sa joie, Noël Bernard trouvait à Poitiers « un petit air méridional » et à leur demeure « un aspect confortable et quasi aristocratique[902] ». Il débordait d'idées. Ainsi, depuis ses années de thèse, il s'était acharné à l'étude de la pomme de terre car il voyait dans la tuberculisation qui déformait ses racines un phénomène à rapprocher de ceux concernant les orchidées[903]. Malgré l'absence de résultats probants, il n'avait jamais abandonné le sujet et un an avant sa mort, il écrivait à Jean Perrin qu'il « songe(ait) dix heures par jour au problème de la pomme de terre ».

Le projet de la station botanique de Mauroc

Il semble que Bernard fut très bien accueilli par ses collègues qui, après une année passée dans les fonctions de chargé de cours, votèrent à l'unanimité pour sa candidature à la chaire vacante de Botanique, contre celle d'Hilaire Ricôme (1876-1926), agrégé de Sciences naturelles (1895), alors en poste à Lille[904]. Le procès-verbal de l'assemblée des professeurs qui rend compte de son installation officielle dans sa nouvelle chaire – en même temps que de celle de Maurice Fréchet, se fait l'écho, de manière peu habituelle, des propos bien dans sa façon, tenus ce jour-là par le nouveau professeur :

> « M. Noël Bernard remercie la faculté de la bienveillance qu'elle lui a témoigné en ne lui faisant faire qu'un stage de courte durée dans les fonctions de chargé de cours.[905] »

Installé dans ses nouvelles fonctions, Bernard parut considérer qu'il allait y rester un certain temps. En témoignent le fait qu'aussitôt arrivé « il sut trouver auprès d'un propriétaire curieux les champs qui lui étaient strictement indispensables pour les cultures nécessaires[906] », aussi bien que le projet qu'il

---

902 Lettre de N.B. à Jean Magrou, le 31 décembre 1908, CM, n° 74.

903 Notes présentées à l'Académie des sciences, en février et octobre 1902, sur l'origine des tubercules de pommes de terre.

904 PV de l'assemblée des professeurs de la faculté des Sciences de Poitiers, 1er novembre 1908, 3 juillet, 1er septembre et 20 novembre 1909, Arch. départ. de la Vienne, 2682 W 125.

905 Id, séance du 20 novembre 1909.

906 Rapport manuscrit du recteur Jacques Cavalier, le 2 juillet 1910, Arch. nat., dossier administratif de N. Bernard, déjà cité. Le propriétaire qu'évoquait Cavalier était Jules Labergerie, agriculteur, horticulteur et semencier, installé à Verrières (Vienne), alors connu pour ses cultures d'espèces particulières de « pommes de terre d'Uruguay » (*Solanum*

élabora très rapidement de créer une station botanique, inspirée de ce qu'il avait connu au laboratoire de Biologie végétale de Bonnier, à Fontainebleau, mais aussi dans les stations agronomiques dépendant du ministère de l'Agriculture qu'il avait pu visiter et qui se multipliaient alors, sans compter les exemples très inspirants des stations de Biologie marine comme celle d'Arcachon dont Pérez avait été nommé directeur en 1908, ou encore celles de Roscoff, née en 1872, ou la station zoologique de Wimereux, créée par Giard, en 1890. À Caen, Bernard avait obtenu un développement non négligeable du Jardin botanique de la faculté en plus de la création d'une serre. Mais à Poitiers, il vit plus grand et autrement. Il rédigea un projet qui fut soumis au conseil de la faculté des Sciences, le 19 janvier 1910, et approuvé à l'unanimité, puis au conseil de l'Université où il emporta la même adhésion. Il s'agissait, dans son esprit, de doter la faculté d'une station d'expérimentation située en dehors des locaux universitaires et, pour cela, d'obtenir la mise à disposition d'un terrain assez vaste et adapté au projet d'y accueillir étudiants et chercheurs en « grande liberté dans un milieu favorable au travail.[907] »

Le projet conçu par Bernard s'inscrivait dans la suite d'une procédure engagée depuis plusieurs années par la faculté des Sciences qui espérait obtenir que lui fussent finalement attribués les bâtiments de l'ancienne faculté de Théologie, situés dans Poitiers, et l'immense domaine de Mauroc qui avait longtemps abrité le Grand séminaire de l'archevêché, frappés l'un et l'autre d'un décret de dévolution au domaine public. L'une des batailles fut perdue, la faculté de Théologie ayant été cédée aux militaires pour en faire une caserne. Mais, la faculté des Sciences pouvait encore espérer obtenir le domaine de Mauroc à condition d'avancer un projet de qualité, capable d'emporter la

---

commersonii) et ses travaux sur la variation de celles-ci, et que Bernard avait cités dès 1905, dans une communication à la Société linnéenne de Normandie. (Labergerie Jules, « Sur une nouvelle Pomme de terre propre à la culture en terrains humides », *CR*, déjà cité ; « Sur un cas de dégénérescence de Plantes à tubercules », *Bull. de la Société Linnéenne de Normandie*, déjà cité ; Jules Labergerie, *Le Solanum Commersonii et ses variations Pomme de terre de l'Uruguay : variété violette*, Paris, Librairie agricole de la Maison rustique, 1905 *; Journal des débats*, 14 avril 1904.) Lors de l'inauguration de la station de Mauroc, le doyen Garbe de la faculté des Sciences de Poitiers évoquait « les collaborations individuelles (que) M. Labergerie – connu de la plupart d'entre vous (pour) ses travaux sur les variations de la pomme de terre – a eues avec le regretté Noël Bernard et qu'il continuera d'avoir avec son successeur ». (Frédéric Macier, « Visite de M. Guist'hau à Poitiers », *Revue internationale de l'enseignement*, t. 64, juillet-décembre 1912, p. 156-173.)

[907] Rapport de Noël Bernard en vue de la création d'une station de botanique à Mauroc, extraits cités par Jacques Cavalier, « Domaine de Mauroc. Création d'une station de biologie végétale à la Faculté des Sciences de l'Université de Poitiers » ; et « Rapport sur l'administration du domaine de Mauroc jusqu'au 1er novembre 1911 », *Revue internationale de l'enseignement*, t. 63, janvier-Juin 1912, p. 216-228.

décision des autorités ; l'habileté de Bernard et l'appui déterminé du recteur Cavalier firent le reste[908].

Les efforts de Bernard aboutirent plutôt rapidement et, le 7 juin 1910, l'Université se vit attribuer par l'administration des Domaines, par mesure de dévolution des biens ecclésiastiques confisqués, le domaine situé à Mauroc que Bernard avait en vue. Située à quatre kilomètres au sud de Poitiers, desservie par une ligne de tramway à vapeur, cette ancienne résidence de campagne de l'évêque de Poitiers qui avait un temps servi de locaux du Grand séminaire, comprenait une trentaine d'hectares, dont sept formant une grande propriété close de hauts murs, avec bâtiment et dépendances, prés et labours, jardins, bois et taillis[909]. L'arrivée d'un nouveau recteur, scientifique de formation, chimiste, Jacques Cavalier (1869-1937, ENS 1888), permit d'accélérer les procédures et les travaux d'installation :

> « Je compte sur M. Bernard pour faire de Mauroc un laboratoire de recherches botaniques comparable, comme organisation, aux laboratoires maritimes, ouvert aux étudiants, pour effectuer des travaux originaux », écrivit Cavalier[910].

Un arrêté confia, en octobre 1910, les fonctions de directeur de la station à Noël Bernard. À cette date, celui-ci était en arrêt pour maladie, il avait dû renoncer à une conférence prévue à l'École militaire de l'infanterie de Saint-Maixent, et l'avenir paraissait très compromis[911]. Pourtant, tout aurait pu se présenter idéalement pour l'encore jeune universitaire qui pouvait envisager de commencer une nouvelle carrière, de développer ses recherches, de recruter même des étudiants plus nombreux et quelques travailleurs scientifiques – à commencer par Joseph Magrou que, dès qu'il aurait engrangé un doctorat de Sciences naturelles, Bernard espérait recruter comme préparateur – et, bientôt sans doute, d'accueillir à Mauroc des collègues, français et étrangers, intéressés peut-être par la science des orchidées, éventuellement par des travaux sur la symbiose. Selon le docteur Noël Bernard, son cousin, notre botaniste aurait eu le projet de recruter « une équipe de chercheurs battant, chacun pour sa part, le vaste champ de la biologie ». Et il ajoutait :

> « Il voulait faire un Institut de Biologie végétale, avec de vastes terrains de culture, tous les bâtiments désirables. Une telle organisation n'existait nulle part en France, si ce n'est à l'Institut Pasteur. Il la considérait comme

---

908 Intervention du doyen Garbe, en préambule de la présentation du rapport de Noël Bernard sur le projet de Station d'études botaniques, PV des conseils de la faculté des Sciences, séance du 19 janvier 1910, Arch. départ. de la Vienne, 2682 W 125.

909 *Id.*

910 Fiche administrative de Noël Bernard pour l'année 1909-1910, appréciation du recteur Cavalier, 2 juillet 1910, dossier administratif de Noël Bernard, Arch. départ. de la Vienne, 10 T 2278.

911 Lettre de remerciements du ministre de la Guerre, adressée à Noël Bernard, 20 novembre 1910, qui ne lui fut pas communiquée, cette lettre étant devenue sans objet, id.

le meilleur type d'une institution scientifique avec de puissants moyens de travail.[912] »

En s'attachant à la création de cette station de Mauroc, Bernard choisissait de s'y fixer « pour de longues années », ajoutait son cousin. À cette époque de sa vie, il ne tenait pas (ou plus), selon lui, à un retour à Paris à sa « vie trépidante » et aux « obligations extérieures qu'elle entraîne », sauf « peut-être sur le soir de la vie lorsque le plus grand effort aurait été (illis.) et l'œuvre capitale accomplie ». Pour preuve, encore, de son installation durable à Poitiers, Bernard accepta de prendre, en 1910, la présidence de la Société de botanique des Deux-Sèvres, devenue Société régionale de botanique depuis 1908[913]. Dès la première année, il organisa et anima diverses excursions, à La-Flotte-en-Ré, le 16 août 1909, puis à Lusignan, le 1er octobre, en forêt de l'Hermitain près de Saint-Maixent, le 10 octobre et en rédigea les comptes-rendus pour le *Bulletin* de la Société. L'homme de laboratoire qu'il était se montrait ainsi en homme de terrain et il indiquait aux étudiants que l'observation des plantes *in situ*, dans leur biotope et à travers leurs associations, restait une des bases de la connaissance en botanique, en complément indispensable des expérimentations en station botanique ou des pratiques de laboratoire, et comme base absolue de la vérification de toute théorie. Son élève de Poitiers, Fernand Moreau, qui, à son arrivée avait terminé sa licence et pensait poursuivre ses études à Paris, dépité qu'il était du départ de Dangeard, le maître pour qui il avait une vive admiration, décida sur les instances du doyen de rester à Poitiers, et il reconnaissait, soixante ans après, auprès de son propre élève, Bernard Boullard, qu'il n'avait pas eu à le regretter :

« Je trouvai auprès de lui un enseignement nouveau. À l'issue de chaque leçon de PCN, il y eut une discussion à mon intention sur la leçon que je venais d'entendre. Et il me fit faire trois leçons, avec une discussion âpre, sévère ; à chacune, je fus effondré. (…) En fait, j'ai appris de lui à faire de bonnes leçons.

« Monsieur N. (le préparateur de Botanique, ndlr) dirigeait une excursion aux environs de Poitiers. Un étudiant apporte une plante fleurie. "C'est le *purpureum*", lui dit M. N. – "Le *purpureum*, dites-vous ?", intervient Bernard. – "Bien sûr, tout le monde connaît cela !" – "Mais non, l'étudiant ne sait pas dire à quel genre appartient cette plante !" Bernard fait faire le cercle à l'auditoire, et lentement, très lentement, il commente le *purpureum*…. Lenteur voulue, pour donner une leçon au préparateur. (…) J'ai bénéficié de cette leçon et c'est pourquoi vous m'avez toujours vu, dans mes excursions, consacrer un "topo" à chaque plantée nommée. »

---

912 Dr N. Bernard, « Quelques faits importants de la vie de Joseph (Magrou) », déjà cité.

913 *Bull. de la Société botanique des Deux-Sèvres,* séance du 13 mai 1909, p. 178.

« Je dois à Bernard d'avoir compris que dans un exposé, une leçon, il est souvent bon d'introduire l'historique de la question, et pour cela il faut avoir lu les vieux auteurs. "Ce sont des 'géants'", disait-il de de Bary, de Brefeld, à l'occasion d'une leçon que je faisais sur les champignons, "alors que Dangeard, moi-même, ne sommes que des enfants auprès des grands noms d'autrefois."[914] »

« Juchés sur des épaules de géants »…. Air connu, depuis au moins Isaac Newton.

[914] B. Boullard, *ouv. cité,* p. 36. Anton de Bary (1831-1888), chirurgien, botaniste, microbiologiste allemand, fut un fondateur de la mycologie et de la phytopathologie. Oskar Brefeld (1839-1925), pharmacien et botaniste allemand, était connu pour ses travaux de mycologue et pour ses techniques innovantes de culture des champignons sur gélatine.

Chapitre quinze

Ultimes projets avant l'effondrement

Un violent coup d'arrêt fut apporté à la dynamique qui s'était créée avec l'arrivée à Poitiers lorsque, brusquement, la santé de Francis, désormais âgé d'un an et dont la croissance avait semblé bien entamée, fut dramatiquement remise en cause. À partir du début du mois d'avril, le bébé cessa de croître et de prendre du poids, il perdit complètement l'appétit, entra dans un cycle de vomissements répétés après chaque tentative de le nourrir, de diarrhée permanente, connut des poussées de fièvre. Les parents décidèrent de quitter la ville pour la campagne environnante et de le mettre à un régime au lait cru, mais son état continua de se dégrader ; à la mi-juillet, Noël Bernard jugeait son état « désespéré ». Lui-même se retrouva brutalement replongé dans l'état qu'il avait connu l'année précédente pendant des mois : surveillance constante de l'enfant, impossibilité de dormir, aucun répit pour songer à faire autre chose que le soigner. Alors que sa présence était requise à Paris, il écrivait qu'il lui semblait « impossible de quitter cet enfant que la moindre erreur de régime peut tuer, si tant est qu'il existe un régime capable de le sauver maintenant[915] ». Francis continua de perdre du poids, entra dans un abattement secoué de « débâcles diarrhéiques à répétition », perdit complètement le sommeil ; aucun traitement ne semblait capable de juguler l'infection intestinale qui allait le tuer. Puis, brusquement il sembla aller mieux : « Pour nous comme pour lui, c'est une résurrection », écrivit son père qui attribua ce répit à un « régime fort complexe institué depuis trois jours » :

> « C'est en somme le lait caillé de ce brave Metchnikoff qui est ici l'élément essentiel de ce succès. La science a du bon et les théoriciens sont des gens fort utiles. Tout danger immédiat paraît écarté (...). Francis est maigre abominablement mais il a repris avec une rapidité surprenante de la vitalité.[916] »

---

[915] Lettre de N.B. à Jean Magrou, le 17 juillet 1909, CM, n° 80.
[916] Id., le 26 juillet 1909, CM, n° 81.

De la pathologie animale à la pathologie végétale

Dans cette lettre, Bernard faisait là allusion à la découverte d'Élie Metchnikoff, prix Nobel 1908 pour ses travaux menés à l'Institut Pasteur sur le rôle des phagocytes dans la lutte des organismes contre les infections, qui avait provoqué, depuis quelques mois seulement, la promotion, à grand bruit, dans le grand public de l'idée que la consommation de lait caillé et de yaourt permettait de débarrasser l'intestin de bactéries nocives. Bernard faisait d'autant plus crédit aux thèses de Metchnikoff qu'il avait suivi ses cours, lu son œuvre et avait fait son profit des procédés exposés par celui-ci – et par le docteur Roux – pour mener à bien des cultures en les préservant des atteintes microbiennes non souhaitées.

Réfléchissant à cette question des infections et à la manière dont les organismes luttent contre elles, que ce soient les organismes humains, animaux ou les plantes, orchidées et autres, Bernard avait le sentiment d'avoir mis le doigt sur une question de la plus haute importance en biologie. À l'heure où il soignait son enfant avec du lait caillé, il écrivit, à son cousin Magrou :

> « J'ai mis en évidence une curieuse propriété humorale des orchidées : le suc des bulbes tue les champignons avec une étonnante rapidité. La phagocytose décidément m'apparaît comme un moyen de défense subordonné et préliminaire. Il y a autre chose à trouver et je ne désespère pas d'y parvenir.[917] »

L'énonciation de cette piste de recherche – comprendre comment l'organisme vivant peut se défendre contre des moisissures potentiellement mortelles – était un nouveau « coup de génie » de Bernard. Elle avait en effet un immense avenir dans une époque où la lutte contre les maladies infectieuses était balbutiante et encore si difficile. Bernard était, sans le savoir, sur une piste qui conduirait un jour à découvrir des substances capables de bloquer la croissance des bactéries, les antibiotiques. Dès 1889, le mycologue Paul Vuillemin (1861-1932) avait introduit le terme « *antibiose* » pour décrire le principe actif d'un organisme vivant qui détruit la vie des autres pour protéger sa propre vie[918]. En 1897, Ernest Duchesne (1874-1912), né en 1874, comme Bernard, et mort peu de temps après lui, qui fut élève au lycée Charlemagne en même temps que lui mais suivit une autre voie et fut formé aux méthodes du docteur Roux, découvrit que certaines moisissures pouvaient neutraliser la

---

[917] Lettre de N.B. à Joseph Magrou, le 15 septembre 1909, CM, n° 84.

[918] Paul Vuillemin, *Antibiose et symbiose*, Association française pour l'avancement des sciences, compte rendu de la 18e session, Notes et mémoires, 1890, vol. 11, p. 525-543. Alexandre Klein, « Jean-Paul Vuillemin (1861-1932) : l'inventeur nancéien du concept d'antibiotique », *Le Pays Lorrain*, 2012, n° 11, p. 55-60.

prolifération des bactéries et envisagea d'exploiter cette qualité à des fins thérapeutiques ; mais aucune avancée ne s'ensuivit alors en médecine. Les travaux portant sur les substances parasitaires étaient en fait en plein développement et plusieurs chercheurs avaient rencontré des cas de conflits entre des bactéries et des organismes animaux et végétaux sans qu'une percée essentielle n'ait encore été réalisée.

Bernard, qui était passé de sa conception première de l'action des champignons sur les plantes comme relevant de la maladie à l'idée d'association conflictuelle qu'il avait qualifiée de symbiose, et ensuite à sa vision de l'adaptation à la symbiose comme facteur important de l'évolution des espèces, accordait désormais une place essentielle aux micro-organismes dans le fonctionnement des êtres vivants, habitués à leur présence constante. Au fil de ses travaux, il n'avait cessé de s'éloigner d'une botanique attachée à l'étude des plantes pour s'intéresser de plus en plus à l'analyse des tissus végétaux, de leur mode d'existence à l'échelle microscopique et de la place qu'y occupaient les bactéries et autres micro-organismes.

La reprise des activités scientifiques

L'amélioration de l'état de santé de Francis se confirma dans les mois suivants : « Le mioche est entré dans une phase prospère », pouvait enfin écrire son père[919]. Cependant il continuait de veiller sur lui comme il veillait sur ses cultures d'orchidées, à coup de pesées quotidiennes, de surveillance précise de son alimentation (un peu diversifiée avec des bouillies de riz et malt, un peu de sirop de pomme de reinette), de comparaison de sa croissance avec celle d'un enfant type et sans problème, par exemple le rythme de ses poussées dentaires, de notation de tous les incidents journaliers ; son optimisme était revenu et il sentait qu'il allait pouvoir reprendre une vie plus normale.

L'état moral de Noël Bernard retrouva le niveau qu'il avait eu avant cet épisode : très bon. C'est ce que confirmait la teneur de sa correspondance :

> « Je vais tous les jours au laboratoire où je poursuis avec patience les ingrats travaux préliminaires qui prépareront une nouvelle œuvre. Celle-ci sera mûre dans quelques années, la pomme de terre en sera le centre et elle donnera, je pense, des points de vue ingénieux et nouveaux sur quelques problèmes agricoles. Mais ce sera encore, à n'en pas douter, une de ces œuvres fortement théoriques vouées au mépris du plus grand nombre, ce dont je me console par avance en songeant à la médiocrité moyenne de l'espèce humaine ! (...) Notre ambition est (...) de nous consacrer en commun à des travaux scientifiques absolument désintéressés. Réaliser ce rêve serait ma plus grande ambition. Depuis quelques quinze ans j'y travaille et nous semblons approcher du port.[920] »

---

919 Lettre de N.B. à Jean Magrou, le 16 février 1910, CM, n° 89.

920 Id., 11 septembre 1909, CM, n° 83.

Il est difficile de déduire de ces propos ce que Bernard avait en tête lorsqu'il écrivait « œuvre fortement théorique ». Ce qui semble certain, c'est qu'il était résolu à résoudre la question de la symbiose des pommes de terre sur laquelle il buttait depuis près d'une décennie.

> « Je poursuis mes recherches sur les *Solanum*, décidément. Je n'ai pas encore de culture de ces satanés champignons qu'hébergent ces plantes (...). Je m'occupe à vider et à semer proprement des vésicules, à faire germer des Douces amères et à d'autres problèmes préliminaires. J'ai accompli ainsi une année de recherches avec un rendement très médiocre mais cela est la règle commune au début de toute étude nouvelle.[921] »
>
> « Je pense huit heures par jour aux Pommes de terre ou à des sujets connexes, le reste du temps je médite sur la biologie générale, la famille, l'avenir de l'humanité. (...) Je suis à Poitiers comme je serais sur la Lune, ignorant les habitants, leurs ambitions ridicules et leurs cancans qui sont je suppose stupides.[922] »

Dans ces lettres, Bernard n'évoquait pas directement un autre chantier, outre ses expériences sur les pommes de terre, qu'il avait mis en train en arrivant à Poitiers ; il avait en effet entrepris des recherches d'une part sur les hépatiques qui sont une classe de plantes dont une grande partie est mycorhizée par des champignons et qui ont conservé des caractères ancestraux au regard de l'évolution, et d'autre part sur les lichens. Plus que jamais, Bernard songeait donc à sa théorie de la symbiose comme facteur général de l'évolution chez les végétaux.

Un bel exemple de ces réflexions générales auxquelles son esprit aimait à se laisser aller, voire divaguer, c'est l'intérêt qu'il porta à la lecture, en ce printemps 1910, quelques semaines à peine après sa parution en français à la Librairie Polytechnique Béranger, de l'ouvrage de Svante Arrhénius, *L'Évolution des mondes,* qu'il qualifiait de « noble livre de cosmogonie écrit par un penseur aux idées larges[923] ». Arrhénius (1859-1927) qui était un scientifique de génie aux centres d'intérêt les plus divers en effet, prix Nobel de Chimie en 1903 pour des travaux qui posaient les bases de l'électrochimie, mais aussi inventeur de la théorie de la « serre chaude », aux origines de ce que nous nommons aujourd'hui « l'effet de serre », et aussi d'une théorie de la « biodiversité », venait de publier en Suède cet ouvrage sur *L'Évolution des mondes* qui, s'il avait sans doute attiré l'attention de Bernard parce qu'il pensait y trouver le développement de son importante contribution à la théorie de l'évolution à travers sa thèse de la « panspermie », autrement dit l'hypothèse de l'origine extra-terrestre de la vie sur terre, devait l'intéresser

---

921 Id., 29 décembre 1909, CM, n° 88.
922 Id., 16 février 1910, CM, n° 89.
923 Lettre de N.B. à Joseph Magrou, 4 juillet 1910, CM, n° 93.

aussi parce que, plus que tout autre, ce savant s'attaquait aux « questions générales » auxquelles Noël Bernard s'intéressait depuis longtemps.

Autre exemple de cette tendance à aller vers ces démarches « généralisantes », la profonde méditation que lui inspira la lecture du manuscrit de Jean Perrin qui allait devenir son œuvre maîtresse, *Les Atomes*. Au moins d'octobre de cette année d'installation à Poitiers, Perrin vint visiter les Bernard et ils eurent l'occasion de reprendre leurs échanges, entre travaux scientifiques mutuels et « rêves voisins » qui « hant(aient) leurs cerveaux », comme au temps des cafés du midi à « la Nature » de l'ENS ou comme ils en avaient perpétué l'habitude lors de leurs rencontres caennaises[924]. Bernard tint à exprimer à Perrin la forte impression qu'il avait ressentie lors de sa lecture passionnée, devant « la limpidité et la portée générale » des *Atomes* :

> « On te retrouve à peu près en entier (...), cette qualité que tu as à un haut degré de tirer les plus grands résultats de techniques apparemment simples jusqu'à paraître intuitives, et j'ai retrouvé aussi plusieurs de ces images frappantes par lesquelles tu sais communiquer l'essence des faits de ta manière fulgurante. (...) Je m'amuse d'ailleurs quand je songe qu'elle fait cligner les yeux aux explorateurs prudents et patients de ce pays noir (je songe à Jacques Duclaux) qui y sont partis avec une lanterne sourde, en éclairant un mètre carré à la fois et y repèrent avec soin les arbres et les mottes de terre. (...) Je préfère rester dans la sérénité en célébrant la pure beauté de ces relations générales auxquelles mène, avec une précision inespérée, l'étude intelligente du monde.[925] »

Et Bernard d'ajouter :

> « Je me réjouis de penser que le mouvement brownien t'a valu des heures magnifiques. Le bon Brown, sais-tu bien, était un botaniste qui, si je ne me trompe, a vu pour la première fois des noyaux dans les racines d'Orchidées ; que la paix soit avec son âme, (...) c'était sans doute un de ces explorateurs patients qui travaillent à la lanterne ; il n'avait pas dû prévoir en nous des successeurs avides de hardiesse.[926] »

Tout ceci peut-être pour en arriver à ce qui lui tenait à cœur, au sujet de l'ambition retenue qu'il avait mise dans la rédaction de la vaste synthèse sur les orchidées dont il commençait à comprendre qu'elle n'aurait pas un écho aussi large qu'il l'avait espéré, et dont l'expression sans fard à son vieil ami témoignait de ce qu'il n'était pas aussi serein qu'il voulait bien l'affirmer :

---

[924] Lettre de N.B. à Jean Perrin, 30 octobre 1909, CM, n° 86 bis

[925] Id.

[926] Id. Robert Brown (1773-1858), chirurgien et botaniste écossais, avait fait un tour du monde de cinq années et en avait rapporté des milliers de spécimens de plantes et d'insectes. Il fut un des premiers utilisateurs du microscope pour classer les espèces à partir de ses observations. Il mit en évidence l'agitation désordonnée qui existait au sein d'une soupe de grains de pollen.

« Je travaille avec la persévérante et sereine ineptie des ruminants (…). (Mais) je ne suis pas sans vues générales ayant quelque splendeur. Dans mon dernier mémoire, je n'ai osé les exprimer que sous des formes abstruses ; cependant je pourrais fournir un corps d'hypothèses simples, lucides et vraisemblables. On n'y aurait vu qu'une fantaisie ou pis encore ! Le métier de biologiste a quelque chose de tragique ; on n'arrive aux vues générales que par des intuitions hardies, difficilement exprimables, sans savoir trouver l'appui de relations numériques ; ces vues n'ont guère de valeur que pour qui est familier avec les faits qu'elles concernent et nous nous adressons à un monde de spécialistes perdus dans les fourrés d'un maquis de faits mal classés.[927] »

Enfin, dernier exemple de cette tendance constantes de Bernard à aller vers les « idées générales », ces quelques lignes dans une lettre écrite quelques mois après à son cousin Jean Magrou, dans lesquelles il revenait sur cette question de la définition de « la vie » et sur sa nature profonde de ce phénomène naturel :

« Les bactéries sont je crois bien à présent le seul grand groupe d'êtres vivants où l'existence d'une sexualité soit incertaine. Si l'on démontrait que là aussi ce phénomène existe, il deviendrait d'une généralité complète et mériterait, mieux sans doute que tout autre, de servir à la définition même de la vie. La gloire est réservée à ceux qui établiront définitivement la généralité de cette manifestation de l'existence entre toutes grandiose, bien que sa signification reste obscure à notre entendement, puisqu'il s'agit pour nous-mêmes d'un phénomène qui s'impose plus qu'il n'est compris.[928] »

Noël Bernard attentif au début de carrière de chercheur de son cousin Magrou

Bernard se réjouissait avec un peu de fierté que Joseph Magrou, qu'il considérait comme son « élève bénévole », désormais titulaire d'une licence de Sciences naturelles et ayant passé avec succès ses derniers examens de Médecine clinique, avait réussi, à l'automne 1909, à se faire accueillir au sein de l'Institut Pasteur, le « sanctuaire », disait-il. Après l'avoir beaucoup soutenu au cours de ses années d'études, en se félicitant d'avoir trouvé, en son cousin, un disciple doué plus qu'un élève, il était convaincu que celui-ci serait un jour un chercheur efficace à condition de compléter encore sa formation pour la recherche. Il l'avait donc orienté vers Félix Mesnil (1868-1938, ENS 1891), un zoologiste de sa génération, élève de Giard et spécialisé dans la

---

[927] Id.

[928] Lettre de N.B. à Jean Magrou, 16 juin 1910, CM, n° 92.

médecine coloniale – son ami selon le docteur Noël Bernard[929] – qui, à l'Institut Pasteur, étudiait désormais les problèmes de bactériologie au laboratoire de Metchnikoff. Celui-ci s'était montré très accueillant et avait à son tour aiguillé Magrou vers le docteur Roux et c'est finalement auprès de Metchnikoff lui-même, sous la direction directe des médecins et microbiologistes Amédée Borrel (1867-1936) et Ernest Pinoy (1873-1948) – celui-ci avait été un condisciple de Bernard au lycée Charlemagne – que Magrou venait de commencer à travailler avec l'objectif d'obtenir rapidement un doctorat. Bernard avait connaissance des travaux que Pinoy avait entrepris, en particulier auprès de Matruchot, aux laboratoires de l'ENS, pour soutenir sa thèse en 1907 sur « Le rôle des bactéries dans le développement de certains myxomycètes[930] ». C'est là ce qui intéressait Bernard car les myxomycètes étaient des organismes peu connus, alors considérés comme des sortes de champignons, pour lesquels la fonction nutritive semblait reposer sur des phénomènes de phagocytose, un domaine de recherche dans lequel le laboratoire de Metchnikoff s'était progressivement spécialisé et sur lequel Bernard s'était longuement attardé pour comprendre les modalités de la vie en symbiose des orchidées et de leurs champignons commensaux. Il espérait que Magrou favoriserait sa mise en relation avec Pinoy[931]. Chaque mot du courrier dans lequel il évoquait les travaux de Pinoy indiquait à quel point Bernard était prêt à travailler avec des personnalités dans lesquelles il croyait reconnaître une sensibilité proche de la sienne ; dans le cas présent s'y ajoutait l'extrême voisinage entre leurs centres d'intérêt scientifique respectifs, autour des questions de biologie fondamentale d'inspiration pasteurienne.

Dans la même période, Bernard eut alors l'agréable surprise de recevoir du jeune botaniste allemand Hans Burgeff des courriers et des publications dans lesquelles celui-ci lui exprimait son admiration pour ses travaux. Il lui annonçait avoir repris systématiquement ses expériences sur les orchidées et lui confirmait, ayant obtenu des résultats très voisins, qu'ils se trouvaient ainsi tous deux en accord. Après sa thèse sur « La biologie des mycorhizes des orchidées », soutenue à Iéna, en 1909, Burgeff, fit en effet une publication dans laquelle il écrivait que par ses travaux sur la symbiose, Noël Bernard avait « projeté d'un coup une claire lumière sur la part jusque-là obscure de la biologie de la germination (des orchidées)[932] ». Dans un chapitre intitulé « La

---

[929] Dr N. Bernard, « Quelques faits importants de la vie de Joseph (Magrou) », *déjà cité.*

[930] Ernest Pinoy, « Le rôle des bactéries dans le développement de certains myxomycètes », thèse de Doctorat ès Sciences naturelles, juin 1907, *Annales de l'Institut Pasteur,* t. XXI, août-septembre 1907, p. 622-708.

[931] Lettre de N.B. à Joseph Magrou, 29 décembre 1909, CM, n° 88. Joseph Magrou, note biographique sur Ernest Pinoy (1873-1948), *Mycopathologia et mycologia applicata*, mars 1951, vol. 5, n° 2-3, p. 95-101 ; Louis Blaringhem, « Notice nécrologique sur Pierre-Ernest Pinoy (1873-1948) », *CR*, séance du 8 novembre 1948, 1948, 2ème sem., t. 227, n° 19, p. 925-928.

[932] Hans Burgeff, *Die Wurzelpilze der Orchideen. Ihre Kultur und ihre Leben in der Pflanze*, ouvr. cité., p. 53.

synthèse de la symbiose », Burgeff exposait la méthode et les moyens techniques nouveaux de Bernard et le détail de ses expériences sur les champignons et les plantes[933]. Pour lui, il ne faisait pas de doute que Bernard avait apporté la démonstration que la germination des graines d'orchidées dépendait de l'infection par le champignon[934]. Burgeff et Bernard ont ensuite échangé de nombreux courriers dont Boullard a repris des extraits dans son ouvrage sur Noël Bernard[935].

Ce moment de la vie de Noël Bernard fut donc bercé par la conviction qu'il serait en mesure de réaliser son projet et son ambition d'avoir apporté un progrès révolutionnaire à la connaissance et d'être, pour cela, reconnu comme un grand scientifique. Les courriers adressés à Jean ou Joseph Magrou se suivaient, tous empreints d'optimisme, tous imprégnés de traces de bonheur familial, tous enfin sereins si on excepte quelques poussées de misanthropie habituelles. D'ailleurs, Bernard pouvait se réjouir du fait que la famille Perrin qui avaient habité jusque-là la maison voisine des Curie, boulevard Kellermann, venait de s'installer au n° 6 de la rue du Val-de-Grâce où lui-même avait habité pendant sa jeunesse normalienne ; Jean Magrou y occupait un atelier d'artiste, depuis plusieurs années, et désormais Antoinette et Joseph y avaient établi leur résidence. En arrière de la rue, l'hôtel Scelles édifié en 1796 à la place de l'ancien couvent des Carmélites, avec son vaste jardin planté de marronniers où flottait encore, paraît-il, le souvenir de Louise de La Vallière, la plus brillante des favorites de Louis XIV, n'était plus de première fraîcheur, mais la façade faisait encore illusion[936]. Léon Guignard occupait toujours un appartement, dans le bâtiment du fond du jardin, un médecin, plusieurs artistes complétaient la liste de ses locataires. Les Magrou avaient quitté le premier étage pour s'installer au second et les Perrin les avaient remplacés, « en bas ». L'atelier de Jean Magrou occupait tout un rez-de-chaussée du bâtiment donnant sur la rue. Les deux familles vivaient quasiment ensemble, Madeleine Magrou était une « grande amie » d'Henriette Perrin dont elle admirait « l'abnégation, l'immense indulgence et la grande sérénité », confite qu'elle était, écrivait-elle, dans « le culte de son mari qui la négligeait beaucoup[937] »… Quant à Jean Perrin, il était devenu très proche de Joseph Magrou, reportant sur lui une part de l'affection qui le liait à Noël Bernard, et à tout moment il « montait » chez les Magrou sous n'importe quel prétexte,

[933] *Ouvr. cité,* chap. II, "Pliz und Pflanze. 1) Bernards Methode, 2) Bernards Experience", p. 55-61.
[934] Id. p. 53.
[935] B. Boullard, *ouvr. cité,* p. 98-99 et 108.
[936] Antoinette Magrou-Lacorne et Michèle Magrou, « Souvenirs de famille sur un artiste biterrois : Jean Magrou (1869-1945) statuaire », *Bull. de la Société archéologique, scientifique et littéraire de Béziers*, vol. 2, 1990-1991, 1992, p. 35-50. Témoignage de Denis Lacorne, mars 2020.
[937] A. Magrou-Lacorne, « Biographie de Joseph Magrou », *déjà citée*, p. 51.

en particulier pour téléphoner. Le dimanche, les Magrou se rendaient « en bas » ou bien, aux beaux jours, dans le jardin, où les Perrin réunissaient leurs amis scientifiques qui étaient souvent les amis de Noël Bernard et auxquels ils iraient bientôt se joindre, l'été, à l'Arcouest[938]. Régulièrement aussi, Jean Magrou réunissait les mêmes et quelques autres dans son atelier. Le cousin Henri Fescourt a écrit ses souvenirs de l'ambiance de ce n° 6 de la rue du Val-de-Grâce – mais il ne citait pas Noël Bernard qui résidait alors en province :

> « Il m'arrivait, de temps en temps, de passer des soirées que je ne devais point oublier. Le sculpteur Jean Magrou, mon cousin et le frère aîné de Joseph Magrou, le futur grand biologiste, recevait à peu près tous les mois, en d'amicales réunions, des personnalités impressionnantes parmi lesquelles le professeur Jean Perrin qui avait déjà pesé les atomes (...). On était joyeux, et les propos ne se perdaient jamais dans l'inintelligibilité des équations supérieures. J'entends encore le professeur Langevin, un peu trapu, solidement assis, le regard franc et droit, lancer des répliques plaisantes. Je revois Jean Perrin de silhouette plus mince (son fils Francis Perrin lui ressemble), roux, au visage allongé par une barbe en pointe, ses cheveux auréolant sa tête, levant soudain le doigt et déclamant : "Comme un vol de gerfauts..."[939] »

L'entrée dans la maladie

Noël Bernard découvrit brutalement la gravité du mal qui lui rongeait la santé lorsqu'en mars 1910, alors qu'il se plaignait de ses coups de fatigue, de douleurs diverses, Joseph Magrou procéda à une étude bactériologique de ses crachats et, après avoir obtenu confirmation de ses observations auprès de Mesnil, lui révéla la gravité de l'infection tuberculeuse qu'il traînait sans doute depuis longtemps. Un tel diagnostic, sans être immédiatement désespérant, tomba comme une violente menace sur une vie qui, somme toute, lui avait semblé désormais sur de bons rails.

Tout au long de sa vie d'adulte, Bernard s'était plaint de ressentir une fragilité physique et de subir des accès de faiblesse, des assauts fiévreux, des dérèglements intestinaux et même des crises mélancoliques qui le contraignaient à se mettre au repos et il expliquait volontiers que le strict régime alimentaire et sportif qu'il s'imposait était une manière de se maintenir en forme. Peut-être avait-il conscience du fait que le bacille de Koch pouvait être présent dans son organisme et menacer sa santé ; il avait été le témoin de la mort de sa sœur et de son oncle, victimes tour à tour de la tuberculose, et il

---

[938] Id., p. 28-29 et 50-51. Madeleine et Joseph Magrou ont commencé à fréquenter l'Arcouest en 1916, semble-t-il, et, sans jamais y acquérir une propriété, ils en sont devenus des habitués, très liés qu'ils étaient avec les familles Perrin et Lapicque.

[939] Henri Fescourt, *La foi et les montagnes ou le 7ème Art du passé*, Paris, Publications photo-cinéma Paul Montel, 1959, 495 pages, page 17.

avait même écrit, à propos de la dégradation de la santé de celui-ci que, « dans son état, il y a toujours une chose grave, c'est la lésion tuberculeuse qui peut s'étendre[940] ». Jusque-là, Noël Bernard, rassuré par un médecin qu'il avait consulté avant d'envisager de se marier avec Marie Louise Martin, avait cependant pu espérer que, dans son cas, la maladie n'irait pas en s'aggravant et qu'il pourrait, somme toute, vivre en symbiose avec son bacille ; n'avait-il pas écrit, naguère, que les orchidées « sont normalement infectées de tuberculose végétale » ?

Espoir vain. En juin, Bernard subit une violente attaque fiévreuse et à cette occasion le docteur Calmette lui-même qui consacrait alors tous ses efforts à la mise au point d'un vaccin contre la tuberculose, analysa de nouveaux crachats et confirma le sombre pronostic de Magrou[941]. À l'été, Bernard qui s'accrochait encore à l'idée qu'il « fai(sait) de la tuberculose depuis huit ou dix mois » seulement, voulait croire qu'avec une « cure de repos » de quelques mois il allait pouvoir juguler la maladie :

> « J'ai senti depuis ce temps une fatigue anormale et ai été souvent dans un état fébrile. (…) Je me fatigue très vite. (…) J'apprends à ne pas tousser. (…) Je suis lucide mais sujet à l'énervement. (…) Je vais donc m'habituer à l'inertie constante et à l'égoïsme voulu du tuberculeux qui essaie de lutter.[942] »

Pour l'été, les Bernard s'installèrent à Chasseneuil-du-Poitou, un peu au nord de Poitiers, dans le vaste château de Bonnillet. L'heure semblait encore à faire des projets. Bernard envisageait avec optimisme la création de la station botanique du Mauroc. Il pressait Joseph Magrou d'obtenir rapidement un titre de docteur car, disait-il, « j'aurai un jour ou l'autre un préparateur à nommer[943] ». En attendant, il s'intéressait de près à ses expériences de bactériologie et l'abreuvait d'avis et de conseils.

Il fallut pourtant changer de mode de vie, abandonner le laboratoire et se résigner à laisser dépérir les cultures qu'il avait entreprises depuis un an. Noël Bernard s'obligea à ne plus s'approcher de Francis, décision douloureuse pour lui. Son épouse était « sur les dents[944] » ; à son tour, elle connut le surmenage au point qu'il lui fallut prendre la décision de demander à nouveau un congé pour l'année scolaire suivante. Quant à sa mère, elle fut déléguée à la garde nocturne du bambin qui, dormant peu, réclamait une présence constante. L'aide de la propre mère de Marie Louise, venue rejoindre le couple et la mère de Noël, ne fut pas de trop. Bernard commença à s'observer comme on étudie

---

[940] Lettre de N.B. à sa tante Olympe Bernard, 24 juin 1904, CM, n° 31.

[941] Lettre d'Henri Lebesgue à Émile Borel, le 16 juin 1910, reproduite dans Pierre Dugac, « Lettres d'Henri Lebesgue à Émile Borel », *Cahiers du séminaire d'histoire des mathématiques*, t. 12, 1991, p. 1-511, en ligne, lettre CLVI, p. 256.

[942] Lettre de N.B. au Dr N. Bernard, 13 juin 1910, CM, n° 91.

[943] Lettre de N.B. à Joseph Magrou, 4 juillet 1910, CM, n° 93.

[944] Lettre de N.B. au Dr N. Bernard, 13 juin 1910, déjà citée.

la vie d'un cobaye, bien décidé, tout en prenant conseil auprès des médecins, à diriger lui-même, tant qu'il se sentirait lucide, ses actions. Répondant aux inquiétudes exprimées par ses cousins Noël et Joseph, tous deux médecins, Bernard, rappelant « l'accueil qu'ils firent à Pasteur » et se référant à « Molière qui reste assez moderne », exprimait ses vives réserves quant à la compétence des membres de la corporation médicale et s'affirmait convaincu que « nul ne (le) dirigera(it) mieux que (lui)-même et même un maître qui (l)'aura(it) questionné 20 minutes et ne (le) verra(it) plus » :

> « Cette confiance que j'ai en mon jugement est la principale source de la force que j'ai trouvée dans les cas difficiles. La méfiance de Noël (le cousin pasteurien, ndlr) m'irrite sans me convaincre (...). J'ai conclu qu'il n'y a à prendre aucun remède, à vivre à l'air, à me reposer d'une façon continue, à bien manger, après quoi on guérit si l'on peut.[945] »

Mais, à partir de ce moment, les soins ou le repos complet et forcé furent impuissants devant une maladie qui semblait flamber et une fièvre tenace qui ne le quitta plus. Bernard sembla croire, pendant quelques mois encore, que la maladie serait « lente » et « à l'évolution interminable » et qu'il pourrait la combattre par un « régime rigoureux », avant de se résigner à une fin rapide et inéluctable[946]. En septembre, Henri Lebesgue qui était alors, depuis peu, enseignant à Poitiers, donnait à Borel, dans une très longue lettre fort détaillée, des nouvelles pessimistes de Bernard qui, à la fin du mois de juillet, revenait tout juste d'une consultation médicale à Paris :

> « Après avoir ausculté Bernard, (le docteur Guimard) lui a déclaré qu'il avait le poumon gauche entièrement pris et que le droit se prenait, et que dans ces conditions il n'y avait aucun espoir de guérison. (...) Il a eu la visite des Perrin et voici trois semaines qu'il ne se lève plus. (...) Bernard qui se flattait de l'espoir d'avoir la forme bronchite tuberculeuse et qui ne redoutait rien tant que la forme évolutive, la forme qui conduit aux cavernes et à la lente agonie, (...) a été désolé de se voir précisément dans

---

945 Lettre de N.B. à Joseph Magrou, 4 juillet 1910, déjà citée.

946 Francis Bernard a écrit que son père était mort d'une « tuberculose péritonéale ». (Lettre de Francis Bernard à Joseph Arditti, le 11 novembre 1987, archives familiales.) La brutale et rapide dégradation de l'état de santé de Noël Bernard a sans doute été due à une réactivation de l'infection tuberculeuse pulmonaire antérieure déjà diagnostiquée, sous le coup d'un affaiblissement de ses défenses immunitaires. C'est ce diagnostic qui a été posé par les médecins consultés par Bernard. La tuberculose péritonéale, évoquée par son fils, est une affection aiguë du péritoine, de la paroi de l'intestin donc, alors identifiée et étudiée depuis une trentaine d'années, qui pouvait avoir un caractère chronique à évolution lente, par crises, ou bien évoluer rapidement, en quelques mois, vers une issue fatale, faute de traitements. (Constantin Pétrasu, *De la tuberculose péritonéale étudiée principalement chez l'adulte*, Paris, Adrien Delahaye, 1871.) Les nombreuses allusions, figurant dans la correspondance de Noël Bernard, à des dérèglements intestinaux et même à une crise qu'il avait cru pouvoir être une atteinte de fièvre typhoïde laissent penser que l'atteinte intestinale était ancienne, plus ou moins latente, avant de se généraliser.

ce cas. (...) Il faut entendre Bernard parler de son état : "Si je continue à me brûler comme je le fais actuellement, c'est la phtisie galopante ; j'en ai pour trois mois. Actuellement, je pourrais travailler encore trois heures par jour, mettre de l'ordre dans mes papiers, laisser quelque chose que d'autres pourraient comprendre. Mais ce ne serait qu'au prix d'accès de fièvre terribles et je n'atteindrai certainement pas ce répit espéré. Et après ces trois mois, quelle horrible mort ! J'ai vu mourir ma sœur et ce n'est pas drôle."

« Est-on fondé à espérer un arrêt ? Je crains que non, poursuivait Lebesgue. Leur espoir serait que Bernard aille assez bien pour qu'il puisse s'installer à Mauroc (...). Mais Bernard est gêné par l'éventualité "d'aller s'installer dans une maison de campagne, comme diront les bons collègues, sans y rien pouvoir faire". (...) Si par hasard vous pouvez, en prenant des vacances, passer par Poitiers, je crois qu'il serait plus rassuré s'il se rendait compte que ses amis penseront à sa femme et à sa mère ; bien qu'il soit assez difficile de parler avec lui de questions matérielles. À la vérité, il y a ici Cavalier qui fera tout le possible (...), mais Bernard est prêt à regimber contre tout ce qu'il considère comme une faveur administrative.[947] ».

Et en effet, le nouveau recteur, Jacques Cavalier se dépensa en faveur de Bernard. Au début d'octobre, la famille Bernard fut installée dans des locaux tout juste aménagés de cet ancien bien ecclésiastique situé sur la commune de Saint-Benoît (département de la Vienne), reliée à Poitiers, très proche, par un tramway. Bernard connut alors une période plus calme, il se leva de nouveau et, persuadé que ses pistes de recherches allaient apporter rapidement d'importants résultats d'un grand intérêt, ne voulant pas relâcher ses efforts intellectuels, tenta de travailler encore. L'automne 1910 passa ainsi. La nouvelle de l'attribution par l'Académie des sciences du prix Saintour, pour un montant de 1500 francs, pour ses travaux sur « la biologie des orchidées » arriva à la fin du mois de novembre, à un moment où il n'était plus en mesure de se réjouir de cet acte de reconnaissance, officiel mais bien tardif[948].

« Un mariage en l'an 3000 », conte d'anticipation

Il écrivit aussi, au cours des dernières semaines de son existence, cette nouvelle à laquelle il avait songé depuis plus d'un an, intitulée d'abord « Une idylle en l'an 3000 » et qui devint « Un mariage en l'an 3000 », et que la mort

[947] Lettre d'Henri Lebesgue à Émile Borel, 15 septembre 1910, reproduite dans « Lettres d'Henri Lebesgue à Émile Borel », *ouv. cité,* lettre CLXV, p. 265-268.

[948] *Journal officiel, lois et décrets*, 24 novembre 1911, séance du 14 novembre 1910 de l'Académie des sciences.

lui interdit d'achever[949]. C'était une sorte de conte d'anticipation qui s'inscrivait dans le courant littéraire représenté et pour ainsi dire inventé et incarné par J. H. Rosny Aîné :

« Ce sera, écrivit Noël Bernard à Charles Pérez, ma dernière œuvre, si je l'achève, et elle sera optimiste.[950] »

Dans ce conte fantastique, Bernard imaginait comment les progrès de la génétique allaient transformer, dans l'avenir, l'homme et la société. Ce texte, bien qu'il fût resté inachevé, fut publié à titre posthume par *La Revue du Mois*, revue où d'ailleurs Rosny Aîné était régulièrement invité et commenté, et où Émile Borel lui-même ou Jean Perrin, aimaient à disserter sur les liens entre science et littérature et sur tout l'intérêt, dans les deux cas, de disposer d'une imagination sans œillères, nourrie des habitudes de questionnement des scientifiques[951]. Et, de fait, on retrouvait dans l'auteur de ce conte, comme le souligna Marcelle Tinayre, romancière réputée et à la mode dans les salons parisiens, un de ces « vrais savants, savants complets, ceux qui ne sont pas des répertoires de formules et des bibliothèques vivantes, ceux qui conçoivent les hypothèses hardies, les créateurs, les inventeurs, (ceux qui) possèdent une imagination aussi puissante et féconde que celle des poètes[952] ».

Allons plus loin : nous avons déjà relevé qu'il n'existe pas – il n'a pas été conservé et aucune trace n'a été relevée – de texte purement politique de la plume de Bernard ; or, c'est bien cette activité de publication qui a été retenue, par les historiens, comme une caractérisation de « l'intellectuel », singulièrement de l'intellectuel dreyfusard ou de l'intellectuel critique[953] ; que Bernard ait consacré ses dernières forces à rédiger ce « Mariage en l'an 3000 » qu'il avait en tête depuis de long mois témoigne du fait qu'il a justement voulu laisser un témoignage et même un testament « politique » ; désertant franchement le domaine de la recherche scientifique, il a choisi, en imaginant cette cité mendélienne du futur, d'assumer une sorte d'intervention sur le terrain du politique, mêlant un point-de-vue et un apport de spécialiste – ici, la génétique, un positionnement à l'égard de valeurs humanistes, et un message critique vis-à-vis de la société ; il a agi en intellectuel.

L'idée de cette société du futur bâtie sur des fondements découlant de la science était assez établie dans l'esprit de Bernard pour qu'il l'ait déjà

---

[949] Dans une lettre du 16 février 1910 adressée à son cousin Jean Magrou (CM, n° 89), il notait : « J'ai songé à écrire une petite histoire inspirée par le mendélisme sous le titre "Une idylle en l'an 3000" ; cela étonnera de la part d'un botaniste. »

[950] C. Pérez, « Noël Bernard (1874-1911) », *déjà cité*, p. 657.

[951] Sur les liens de Rosny Aîné avec les scientifiques, avec Borel et Perrin en particulier, et sur le salon de madame Rosny Aîné, voir le chapitre dans M. Pinault, *Émile Borel...*, ouvr.cité, p. 82 et 228-234.

[952] Marcelle Tinayre (sous le pseudonyme de Madeleine Mirande), « Journal d'une femme. L'ère des biologistes ou Un mariage en l'an 3000 », *Le Journal*, 15 juillet 1912.

[953] Voir « L'intellectuel : une définition », dans P. Ory et J.-F. Sirinelli, *Les Intellectuels en France...*, ouv. cité, p. 5-12.

formulée dans son article sur « Le Mendélisme » et reprise, de manière assez détaillée, dans son cours à la faculté des Sciences[954]. À nouveau, il traçait les contours d'une société dans laquelle les caprices de l'hérédité seraient remplacés par une organisation scientifique des mariages et de la procréation, un eugénisme d'État donc ; Noël Bernard appelait cela « l'ère des biologistes ». C'est une formulation à rapprocher de la tendance, alors en plein essor, de la médecine pasteurienne à prétendre être porteuse de solutions aux plus vastes questions sociales, celles de l'hygiène, de l'alcoolisme, de la tuberculose, de la criminalité, de l'urbanisme[955].

Cependant, Bernard concluait sa fiction en rendant toute sa place au doute (scientifique), un doute à tendance libertaire :

> « Mon vieil ami m'avait détaillé ce sage conte par un calme soir d'automne, dans un de ses jours de bienveillant optimisme. Mais le lendemain il brumait et je trouvai mon prophète perclus de rhumatismes. "J'ai fait, me dit-il, plusieurs mauvais rêves, et bien que je ne me flatte pas de découvrir l'avenir en dormant, ils avaient un mauvais caractère de vraisemblance. Si j'en devais croire ces sombres cauchemars, Karl et Éva (les héros du conte, ndlr) n'auront point toute une vie heureuse. Éva aurait quitté la voie du bonheur prédit pour courir d'incertaines aventures avec un nommé Juan, homme du corps de police, amateur de bonnes fortunes et incapable de fidélité." (…)[956] »

Noël Bernard fut rattrapé, au cours de la rédaction de ce « Mariage en l'an 3000 », par la violence de la maladie :

> « Jusqu'au 15 janvier sa pensée s'exalta ; il eût voulu travailler pour ajouter de longs chapitres au "Mariage en l'an 3000" et c'est ainsi qu'il acheva de brûler sa vie », écrivit ensuite Marie Louise Bernard[957].

Noël Bernard et la « mort exemplaire »

La dernière lettre conservée de Noël Bernard date du 11 décembre. Il attendait alors une visite de son cousin Jean Magrou. Il y donnait encore à Joseph des conseils de stratégie de recherche et affirmait, peut-être à propos du *Monde végétal*, paru en 1907, que « le livre de Bonnier (était) le plus mauvais traité de botanique du monde entier ». Jugeant son cas « avec autant de lucidité que (celui) d'un cobaye malade », il ne se faisait aucune illusion sur le peu de jours qu'il lui restait à vivre[958]. Selon son épouse, Bernard écrivit alors à ses meilleurs amis « des lettres d'une noblesse admirable » où « il laissa

---

[954] N. Bernard, *L'Évolution des plantes*, ouv. cité, p. 137-138.
[955] Claire Salomon-Bayet, (dir.), *Pasteur et la révolution pasteurienne*, ouv. cité.
[956] N. Bernard, « Un mariage en l'an 3000 », *déjà cité*.
[957] Citée par J. Costantin, préface de *L'Évolution des plantes*, ouv. cité, p. XXXVIII.
[958] Lettre de N.B. à Joseph Magrou, 11 décembre 1910, CM, n° 102.

voir quelque optimisme pour l'avenir de l'humanité tout en déplorant les misères où elle se débat péniblement encore[959] ».

Sans doute qu'une des lettres évoquées par Marie Louise Bernard, adressée à Jean Perrin, alerta celui-ci qui écrivit aussitôt à Paul Langevin :

> « Mon cher Paul,
>
> « Bernard venait de m'écrire qu'il serait bien content de te voir et de me voir, mais que, en ce moment, il avait de graves hémoptysies et risquait de payer par un demi-litre de sang le plaisir d'échanger quelques paroles avec nous et qu'il valait mieux attendre qu'une légère amélioration se produisît. Il faudrait donc se borner à lui serrer la main. Qu'on se dérange uniquement pour cela pourrait le frapper dangereusement. Il faudrait avoir un "prétexte" pour "passer" par Poitiers. (…) Bien entendu, il faudrait le prévenir en donnant le prétexte, ne pas oublier que Bernard est extrêmement intelligent, et qu'il faut se donner la peine voulue pour qu'il ne se méfie pas et pour qu'il ait un peu de douceur sans courir un risque de plus.[960] »

Langevin put « passer » à Poitiers quand il était encore temps, il y resta deux jours. Puis ce fut le tour de Perrin. Conscient de son état désespéré, Noël Bernard disait être « sur le chemin de la déchéance ». Il redoutait ces visites autant qu'il les souhaitait :

> « À chaque fois que je me donne, il faut que flambe un peu le feu qui me consume[961] », écrivait-il.

Entre Noël et le Jour de l'an, il prit la peine décrire une longue lettre à Henriette Perrin, de près de cinq pages, après la visite à Mauroc de Langevin. Il s'agit d'une lettre quasi testamentaire dans laquelle Noël Bernard s'exprimait à nouveau sur des sujets existentiels essentiels. Comme quelques années auparavant lorsqu'il s'essayait au rôle de conseiller matrimonial auprès des Perrin, il proposait à son interlocutrice des réflexions provoquées par l'état d'agitation manifesté par Langevin lors de sa visite et, allant au-delà, des idées sur la vie que lui inspirait son propre état de délabrement physique.

Langevin était alors littéralement envahi par les sentiments que suscitaient en lui son aventure amoureuse, commencée depuis plusieurs mois, avec Marie Curie – depuis la mi-juillet, ils avaient loué pour s'y retrouver, un appartement dans le quartier des Gobelins – et par les vifs soucis qui en découlaient depuis que son épouse, ayant découvert le contenu de leur correspondance, était déterminée au scandale public. Bernard dressait un portrait de son ami dans

---

959 Citée par J. Costantin, dans *L'Évolution des plantes*, ouv. cité, p. XXVIII.
960 Lettre de Jean Perrin à Paul Langevin , non datée, citée dans A. Langevin, *Paul Langevin, mon père*, ouv. cité, p. 33.
961 Lettre de N.B. à Henriette Perrin, 128 décembre 1910, déjà citée.

des termes bouleversants, d'autant plus venant de celui qui était au bord de la mort :

« Malgré sa fatigue assez apparente, il a toujours son beau sourire d'indulgente bonté et, comme savant, cette ampleur et cette profondeur de vues qui me fait souvent me dire quand j'ai causé avec lui : que je raisonne comme un rustre, que les théories scientifiques où je m'exerce sont dignes d'un enfant de dix ans, et que lui, seul ou presque entre tous, sait voir le fond des choses sans être sujet aux inexpériences ou aux erreurs qui sont notre lot commun à mes semblables et à moi ! C'est-à-dire en un mot que je ne suis qu'un mauvais élève en contact avec le maître qui est heureusement d'une indulgence infinie. Vous pensez si je voudrais le voir heureux et calme, tout à ses nobles idées et éloigné d'insipides besognes.[962] »

Témoignage terrible d'acuité et d'empathie, témoignage d'autant plus saisissant que les termes en sont à peu près ceux prononcés, trente-cinq années après, par ceux qui rendront hommage à Langevin venant de décéder et dont on a parfois pu penser qu'ils relevaient de l'éloge convenu voire de la flagornerie plus que de l'expression d'une sincère émotion. Jean-Richard Bloch rapporta alors que la dernière parole, murmurée par Langevin, avait été : « Je vous aime… bonté… justice…[963] ». Et Joliot-Curie, son élève et disciple, avait prononcé ces phrases :

« Il est des êtres rares, faits de lumière et de bonté, qui à travers la vie laissent sur leur passage les marques indélébiles de leurs grandes vertus. Paul Langevin fut l'un de ces êtres exceptionnels (…) qui, par leur intelligence créatrice, leur souci de faire le bien autour d'eux, leur ardeur pour les justes causes, sont à l'origine des réels progrès de l'humanité.[964] »

Dans sa lettre, Bernard mêlait dans un même tableau le combat désespéré que menait son corps contre la maladie et celui dans lequel se débattait Langevin face à son épouse déchaînée :

« Quant à ce que je sais, ou je soupçonne, des difficultés de la vie de Langevin dans son ménage (…) je n'ose pas comparer cette situation à celle où je suis depuis que je me sais irrémédiablement malade, mais il y a là cependant quelque chose de commun : l'impossibilité de dissiper un état douloureux d'oppression et de contrainte par un acte simple, une cautérisation rapide, la nécessité de vivre avec son mal, même si l'on ne peut qu'à peine s'y adapter.

---

962 Id.

963 Jean-Richard Bloch, « Paul Langevin, grand savant et grand citoyen est mort », *Ce soir*, 20 décembre 1946, p. 1.

964 Frédéric Joliot-Curie, discours aux obsèques de Paul Langevin, *L'Humanité*, 21 décembre 1946, p. 4.

« Je souhaiterais que Langevin devienne un peu plus indifférent aux choses matérielles et contraires de sa vie familiale et plus couramment occupé de ses beaux rêves. (...) Faut-il dire toujours la vérité ? (...) La vérité est une forte nourriture que tout le monde ne digère pas. Entre vous et Jean (Perrin, ndlr), par exemple, entre Mme Curie et vous, je suppose, un effort pour comprendre la vérité et vivre suivant elle s'impose, encore que la recherche soit ardue. Mais Mme Langevin diffère trop de vous ou de son mari pour que la même chose avec elle soit possible. À votre place, je lui mentirais, je trouverais excellentes toutes celles de ses vues qui ne sont pas trop dangereuses.(...) Si les microbes qui me rongent avaient une conscience, je serais diplomate avec eux, je les calmerais, je demanderais au besoin à mes amis de ne pas les irriter par des vérités trop cruelles ! (...).

« J'ose parler de cela, moi qui ai voulu si fortement autrefois que mes amis soient sans faiblesses, qu'ils domptent leurs passions sans merci, qu'ils soient dignes à chaque instant de dominer le monde ! Mais j'ai vu, hélas ! que la vie est difficile et j'apprends maintenant qu'elle a des passes infranchissables et tragiques où il faut cheminer douloureusement. (...) Je me hâte de finir. Deux visites d'amis qui m'ont renouvelé l'esprit et quelques essais de travail que je ne veux plus interrompre ont augmenté ma fièvre. À chaque joie que je me donne, il faut que flambe un peu le feu qui me consume.[965] »

Et c'est bien là-dessus qu'il faut conclure : aussi modeste fût-il dans ses propos, Noël Bernard avait conscience d'être, comme scientifique et comme intellectuel, sinon leur égal du moins d'être fait de la même trempe que ses deux amis, Jean Perrin et Paul Langevin. Quand Perrin écrivit, deux ans après, que Noël Bernard « était le grand espoir de la botanique française, que sa mort avait été, peut-être, une perte sociale plus grande que celle de Curie ou de Poincaré », sans aucun doute voulait-il rendre justice à son ami disparu et lui confirmer, par-delà la mort, qu'il partageait ce point de vue[966].

[965] Lettre de N.B. à Henriette Perrin, 28 décembre 1910, déjà citée.

[966] Lettre de Jean Perrin à Joseph Magrou, de Columbia University, New York, le 26 novembre 1913, déjà citée. Parlant de « Curie », Perrin pensait à Pierre Curie.

Chapitre seize

Un épilogue en forme de fatale destinée

Noël Bernard décéda le 26 janvier 1911 et, conformément à ses convictions athées, il fut enterré civilement dans le petit cimetière de Saint-Benoît[967]. La chose était encore suffisamment rare, en Poitou particulièrement, pour pouvoir être soulignée.

Cette mort frappa un homme profondément révolté contre l'injustice qui le frappait et qui, jusqu'aux limites extrêmes de ses forces, entendit la vivre en homme libre. Épuisé par « les dernières semaines avec 40° et 41° de température, sans rémission nocturne, aucune détente nerveuse, aucun repos d'esprit de nuit, ni de jour, avec l'incapacité totale de dormir », il mourut brusquement, vers trois heures du matin[968].

Sans doute n'était-il plus en mesure de penser, à cet ultime instant, à la « belle mort » du docteur Pascal pour laquelle Zola avait voulu que son personnage fût en mesure, dans un élan ultime, d'écrire sur l'arbre généalogique des *Rougon-Macquart*, « d'une écriture haute et brave », la date et la cause de son décès.

La mort positiviste, marqueur générationnel...

La mort de Noël Bernard était celle d'un être ayant appartenu de manière exemplaire à cette dernière génération du siècle dont, prenant la suite de Zola, Roger Martin du Gard commençait tout juste à écrire le portrait. Son *Jean Barois*, alors en cours de rédaction, parut en effet moins de deux ans plus tard : on y suivait, depuis l'enfance jusqu'à la mort, le héros qu'il avait fait naître une dizaine d'années avant Noël Bernard, doté d'une vocation de biologiste acquis aux théories évolutionnistes et d'un tempérament d'intellectuel né au

[967] C. Pérez, « Noël Bernard (1874-1911) », *déjà cité.* « Obsèques de M. Bernard », *L'Avenir de la Vienne*, 29 janvier 1911.
[968] Témoignage de Marie Louise Martin, dans B. Boullard, *ouv. cité*, p. 25.

temps de l'Affaire Dreyfus, doté enfin d'une volonté de diffuser, en animant une revue, *Le Semeur*, les idées modernes – toutes choses qui font inévitablement penser à ce que fut la vie de Bernard. Jean Barois espérait se survivre à travers une profession de foi dans laquelle Bernard aurait pu se reconnaître, mais dont le romancier ne nous a livré que les premières lignes :

> « … Je ne crois pas à l'âme humaine substantielle et immortelle…
>
> « …Je sais que ma personnalité n'est qu'une agglomération de particules matérielles, dont la désagrégation entraînera la mort totale…
>
> « … Je crois au déterminisme universel…[969] »

Dans ce roman qui allait connaître immédiatement le succès auprès d'un vaste public, Martin du Gard mettait en scène le milieu intellectuel et scientifique dans lequel avait baignée la jeunesse de Noël Bernard.

Les dernières pages, outre cette profession de foi de Barois, contenaient celles de ses deux compagnons les plus chers, affirmant au soir de leur vie leur fierté sereine : Luce, le philosophe et moraliste, ancien professeur au Collège de France et publiciste réputé, mort quelques mois avant Barois et auquel le romancier faisait dire que son existence pouvait « s'exprimer par deux ou trois mots simples (…), la confiance en moi, en l'effort quotidien, en l'avenir des hommes[970] » ; et le chimiste Ulric Woldsmuth, vivant encore mais affaibli, qui constatait sans émoi particulier que ses recherches sur l'origine de la vie « n'ont pas atteint leur but » et dont il léguait « à ceux qui suivent les résultats acquis » :

> « Le temps est un facteur essentiel du progrès ; il est vraisemblable qu'un jour un autre trouvera ce que j'ai cherché ; et c'est une pensée très apaisante », professait Woldsmuth[971].

De Luce à Woldsmuth et Barois, Martin du Gard paraissait encore faire parler Noël Bernard….

L'enterrement civil au cimetière de Saint-Benoît

Comme l'exigeait le rituel académique, le recteur Cavalier « conduisit le deuil ». Dès la nouvelle connue, il avait supprimé tous les cours de toutes les facultés et de l'école de Médecine pour le samedi matin des obsèques et transmis à l'ensemble des enseignants la consigne d'avoir à se rendre à Mauroc en tenue ordinaire, sans robe[972].

---

969 Roger Martin-du-Gard, *Jean Barois*, Paris, Gallimard, NRF, 1913, p. 511.
970 *Id*., p. 490.
971 *Id*.
972 Instructions du recteur Cavalier pour les obsèques de Noël Bernard, Arch. départ. de la Vienne, dossier administratif de Noël Bernard, 10 T 2278.

L'heure venue, Cavalier rejoignit la famille de Bernard, accompagné du doyen Garbe et de l'ensemble des professeurs et préparateurs de la faculté des Sciences de Poitiers, de l'inspecteur d'Académie et ses principaux adjoints, du doyen des Lettres suivi de ses professeurs et de représentants des autres facultés, du proviseur du lycée et plusieurs professeurs, du directeur de l'École primaire supérieure de Poitiers, et d'autres parmi lesquels une forte délégation de l'Association générale des étudiants, le maire radical de Poitiers, les représentants des sociétés scientifiques. Le journal républicain local, *L'Avenir de la Vienne*, poursuivait l'énumération en notant « la présence d'un grand nombre de dames qui avaient tenu à assister la mère et la veuve du regretté professeur ». Cette « assistance très nombreuse malgré la rigueur de la température et un épais brouillard » se joignit aux quelques membres de la « seconde famille » du défunt, c'est-à-dire la bande des normaliens à laquelle avait appartenu Bernard – Jean Perrin, Henri Lebesgue, Paul Langevin et Charles Pérez, auxquels s'ajoutèrent Henri Bénard, venu de Bordeaux, et les Maurain[973]. Ils assistèrent par un froid terrible, avec la famille, c'est-à-dire la mère, la belle-mère, l'épouse et l'enfant, ainsi que les cousins Magrou – le docteur Noël Bernard était reparti en Indochine depuis six mois –, à cette brève cérémonie. Il n'y eut pas de discours comme l'avait demandé le défunt.

Son plus proche ami dans la science, Charles Pérez, évoqua ensuite cette matinée en ces termes, au risque d'en exagérer la simplicité :

> « Nulle pompe, nulle ostentation ; pas même une délégation en robe, pas le moindre discours d'adieu. La nuit avait paré de givres étincelants les pyramides de genévriers, les buissons des prunelliers et les aubépines, et des fleurs cristallines tombaient des rameaux de chênes... Et tout modeste, traîné par un seul cheval, ce petit corbillard de campagne ne manquait pas de majesté et de grandeur.[974] »

Sur l'acte de décès figurant dans le registre de l'état-civil :

> « L'an mil neuf cent onze, le vingt-six du mois de janvier, à dix heures du matin, (...) ont comparu Jean Degorce, âgé de cinquante-six ans, cultivateur, et Félix Lebeau, âgé de trente-deux ans, garde-barrière au chemin de fer, demeurant tous deux à Mauroc, lesquels nous ont déclaré que Noël Léon Bernard, âgé de trente-six ans, professeur de Faculté, demeurant à Mauroc, (...) est décédé ce jour, à trois heures du matin, en sa demeure à Mauroc (...) Et ont lesdits comparants qui sont voisins du défunt, signé avec nous, excepté le témoin Degorce qui a déclaré ne savoir le faire.[975] »

---

[973] « Obsèques de M. Bernard », *L'Avenir de la Vienne*, 29 janvier 1911, déjà cité.

[974] C. Pérez, *art. cité.*

[975] Acte de décès de Noël Bernard, état-civil de la commune de Smarves, département de la Vienne.

La vie – et l'œuvre – inachevées de Noël Bernard

Au moins, Bernard a-t-il vu son fils commencer à marcher et prononcer ses premiers mots.

Comment eût-il réagi à l'inévitable effondrement de ses espoirs lors du déclenchement de la Première Guerre mondiale ? Il ne connut ni le front ni le massacre de la jeune génération normalienne, bien représenté sans doute par la mort inutile du fils de Julien Costantin, René Costantin, normalien, agrégé de Sciences physiques qui commençait des recherches sous la direction de Jean Perrin, qui fut tué le premier jour de sa présence au front, le 18 décembre 1914, dans la Somme[976] ; il était membre de la 5ème section de la fédération de la Seine de la SFIO[977]. Comment Bernard aurait-il réagi, lui qui, quelques semaines avant de disparaître, constatait pour le dénoncer que « tout progrès semble condamné à assurer aux méthodes de la guerre une ampleur plus sauvage et une précision plus meurtrière[978] » ? Aurait-il, comme cet autre normalien mobilisé, mathématicien et agrégé de Sciences naturelles, d'un an son cadet, André Cazamian (1875-1944), reproché aux intellectuels allemands, réputés défendre une doctrine de la force fondée sur le darwinisme social – le biologiste Ernst Häeckel (1834-1919), par exemple –, de « couvrir de l'autorité de Darwin les violations des neutralités et le mépris de toutes les lois de la guerre[979] » ? Rejetant, comme lui, les affirmations selon lesquelles « la lutte est la grande loi de l'existence », Bernard leur aurait-il opposé des arguments humanistes fondés sur la symbiose, comme le fit Le Dantec citant Cazamian :

---

[976] Julien Costantin a écrit à la première page de son ouvrage *Origine de la vie sur le globe* (Flammarion, 1923) une dédicace « à la mémoire de mon fils RENÉ COSTANTIN, soldat au 45ème régiment d'infanterie, mort et disparu au combat de Mametz, le 18 décembre 1914, croix de guerre et médaille militaire, élève de l'École normale supérieure, agrégé des Sciences physiques, auteur d'un mémoire :"Sur la compressibilité osmotique des émulsions et l'influence des parois sur l'activité du mouvement brownien" ».

[977] *L'Humanité*, 2 mars 1915. Il s'agit donc d'un nouveau normalien scientifique de cette génération qui fut socialiste et militant, non répertorié à ce jour par les historiens.

[978] N. Bernard, « Un mariage en l'an 3000 », *déjà cité*.

[979] André Cazamian, « La guerre et les doctrines biologiques », *La Vie*, septembre 1915, p. 298-230. Cazamian citait Häckel, spécialiste de Darwin, qui était signataire du « Manifeste des 93 », considéré en France comme une capitulation de l'intelligence face à la barbarie. (Jean-Marc Bernardini, *Le darwinisme social en France (1859-1918)*, Paris, CNRS-éd., 1997, 3ème partie : « De 1900 à 1918 : la récession du darwinisme social », chap. 3 : « 1914-1918 : le darwinisme dans l'œil du cyclone », p. 367-397.) André Cazamian (ENS 1895), zoologiste, avait été reçu second à l'agrégation de Sciences naturelles, derrière Gallaud, et avait été nommé professeur en lycée. (Laurent Rollet et Philippe Narbonnand, « Un journal pour les Mathématiques spéciales : les *Nouvelles Annales de Mathématiques* (1842-1927) », article en ligne, HAL.) Il était le frère aîné de Louis Cazamian (1877-1965, ENS 1896), agrégé d'Anglais, professeur en lycée puis universitaire, celui-ci fut un dreyfusard déterminé, membre de la LDH ; en 1909, il donnait des cours à l'« école socialiste » créée par le Groupe des étudiants collectivistes.

« Les naturalistes, écrivait Cazamian, nous signalent les associations biologiques, les symbioses : "Quand la symbiose est devenue nécessaire, (...) nous trouvons là un exemple bien intéressant au point de vue de la lutte universelle. Non seulement les deux commensaux sont adaptés l'un à l'autre, au point de ne plus lutter le moins du monde, mais encore ils ont besoin de s'entraider pour triompher du milieu." Cette symbiose est une nécessité biologique : vue consolante pour le moraliste ! (...) La sélection naturelle qui, pour les Allemands, justifie la guerre de conquête, aurait de singulières conséquences si on la laissait opérer librement ! (...) Aujourd'hui les biologistes ne considèrent plus la sélection naturelle que comme un facteur secondaire. La véritable lutte, (...) c'est celle de l'ensemble des hommes contre toutes les forces naturelles.[980] »

Les hommages

Les hommages, venant surtout de ses plus proches amis, tendent à confirmer ce pronostic. Charles Pérez faisait, dans *La Revue du Mois*, le bilan de l'œuvre de son ami et collègue en ces termes élogieux :

« Il est mort plein du regret de ne pas pouvoir continuer ses fructueuses recherches. (...) Et si malheureusement, il n'a pas pu moissonner lui-même les gerbes qu'on pouvait attendre d'un si bon ouvrier, du moins aura-t-il pu cueillir un bouquet magnifique. (...) Son œuvre donne l'impression de l'achèvement et de la perfection.[981] »

Jean Perrin dédicaça sur une pleine page « À la mémoire de Noël Bernard » son ouvrage *Les Atomes*, paru peu après ; il surprend par l'ampleur des références qu'il convoquait aux côtés de Bernard dont la mort, disait-il, « était une perte sociale plus grande que celle de (Pierre) Curie ou de (Henri) Poincaré.[982] »

Dans le même ordre d'idées, un journaliste, Robert Castro-Soffia, dans un article très informé, plaçait lui aussi Noël Bernard aux côtés de Pierre Curie et sur le même plan que le prodigieux Évariste Galois, mort à vingt ans :

« Noël Bernard, lors de son entrée à l'École normale supérieure, était surtout mathématicien. C'est là que les cours de MM. Costantin et Houssay lui révélèrent les sciences naturelles. (...) Malheureusement, comme Galois et Pierre Curie, il ne put donner toute la mesure de sa force et mourut prématurément en 1911.[983] »

---

[980] Citation extraite de Félix Le Dantec, *La lutte universelle*, Paris, Flammarion, 1908, p. 163.

[981] C. Pérez, *déjà cité*. Pérez écrivit aussi une nécrologie consacrée à Noël Bernard, dans la *RGSPA*, 15 mars 1911, déjà citée.

[982] Lettre de Jean Perrin à Joseph Magrou, 26 novembre 1913, déjà citée..

[983] Robert Castro-Soffia, « Un livre posthume de Noël Bernard », *L'Europe nouvelle, revue hebdomadaire des questions extérieures, économiques et littéraires*, 15 juin 1918, n° 23, p.

Le Dantec, mort lui aussi, peu après, de la tuberculose, a écrit ce vibrant éloge du « refus de parvenir » de celui-ci à la tonalité assez surprenante :

« Il était de ceux auxquels la Gloire est promise, et nous ne possédons pas aujourd'hui assez de grands hommes pour laisser passer inaperçue la fin prématurée d'un savant sur lequel on pouvait fonder de si grandes espérances (et qui était) un modèle d'enthousiasme scientifique et de dévouement absolu à la recherche désintéressée de la vérité. (…) Il a mérité la Gloire parce qu'il ne la cherchait pas. (…) Mais il voulait faire quelque chose et non être quelque chose. Et cela est rare à notre époque où les sacerdoces sont devenus des métiers, où la science même couvre de son pavillon une foule de médiocres embusqués à l'affût des prébendes universitaires. Au milieu de ces marchands du Temple, la figure de Noël Bernard se détache encadrée d'une auréole, parce qu'il a cherché avec le seul souci de trouver et qu'il n'a jamais sacrifié son idéal à son intérêt.(…) Il a donné un exemple rare à notre génération d'âpres arrivistes.[984] »

Julien Costantin rendit le meilleur hommage possible à son ancien élève en publiant, en 1917, une *Vie des Orchidées*, vaste ouvrage de synthèse dans lequel le nom de Noël Bernard était sans cesse rappelé, du premier au dernier chapitre, pour rapporter ses contributions décisives[985].

Les autorités académiques choisirent, en général, d'ignorer Noël Bernard, jusque dans sa mort. Parmi les rares réactions, il y eut celle de la Société Botanique de France dont le président, Louis Lutz (1871-1952)[986], prononça un bref éloge de Bernard, lors de la séance du 11 mars de la société, soulignant que celui-ci était « très connu » et ajoutant, sobrement :

« Ces observations ont été à l'origine, à l'époque de leur publication, et principalement dans le monde horticole, de polémiques assez vives, qui ont abouti à leur confirmation.[987] »

Quant à la station de Biologie végétale de Mauroc, en chantier lors du décès de Bernard, Albert Turpain, dans son hommage au chercheur disparu, avait formulé à son sujet quelques vœux :

« Son œuvre ne restera pas inachevée, nous en avons le ferme espoir. Le jeune, actif et si distingué chef de notre académie (il s'agit de Jacques Cavalier, depuis peu recteur de Poitiers, ndlr) saura obtenir comme

---

1109. Voir Frédéric Brechenmacher, « Récits de mathématiques : Galois et son public », École polytechnique. LinX - Département humanités et sciences sociales, en ligne.

[984] F. Le Dantec, « Un savant : Noël Bernard (1874-1911) », *art. cité*.

[985] J. Costantin, *La Vie des Orchidées*, ouv. cité.

[986] Suzanne Lambin, « Louis Charles Lutz (1871–1952) », *Bull. de la Société Botanique de France*, t. 101, 1954, p. 122-135.

[987] Louis Lutz, « Hommage à Noël Bernard », *Bull. de la Société Botanique de France*, séance du 10 mars 1911, t. 58, 1911, n° 2, p. 143.

successeur du savant qui disparaît trop tôt hélas !, un esprit formé à ses méthodes qui continuera son œuvre et plus tard, lorsque l'idée féconde du génial penseur qu'était Noël Bernard aura germé, c'est son nom qu'on inscrira au fronton de l'Institut de physiologie végétale expérimentale de l'Université de Poitiers.[988] »

Rien de tout cela ne s'est produit. La station fut inaugurée en grande pompe, le 30 mai 1912, par le successeur de Bernard dans la chaire de Botanique, Albert Maige – entré à l'ENS trois années avant lui et agrégé de Sciences naturelles en 1897 –, en présence du ministre de l'époque, Gabriel Guist'hau, et du directeur de l'Enseignement supérieur, Albert Bayet, accompagnés de nombreuses autorités académiques et régionales, et de la crème des botanistes parisiens emmenés par Gaston Bonnier[989]. Ce jour-là, celui-ci triompha, un de ses affidés s'installant dans le poste vacant de son adversaire disparu. Ce fut la revanche de l'affaire de Grenoble où Bonnier avait prétendu faire nommer à l'esbroufe le même Maige contre la candidature de Bernard, nomination à laquelle s'étaient opposés Costantin, Tannery et Frédéric Wallerant (1858-1936, ENS 1880), tous trois enseignants à l'ENS et ayant bien connu les deux candidats comme élèves. À ce moment-là, Bernard qualifiait Maige d'« être gélatineux[990] »...

Dans les ultimes travaux de Noël Bernard, une préscience de la découverte de l'action antibiotique

Marie Louise Martin assuma au premier rang l'héritage de son mari. Elle qui était convaincue que celui-ci était mort en raison de l'épuisement provoqué par l'attention et les sacrifices constants qu'il avait fournis pour sauver son fils, Francis, d'une mort certaine tandis qu'elle-même avait été incapable d'apporter l'aide nécessaire, s'est ensuite vouée à prolonger la vie scientifique de l'homme éminent qu'elle avait épousé[991].

---

[988] *Le socialiste de la Vienne*, 4 février 1911, p. 2, article « Noël Bernard », déjà cité.

[989] Albert Maige, « La station de biologie végétale de Mauroc », *Revue générale de Botanique*, n° 280, 15 janvier 1913, p. 253-263. Frédéric Macier, « Visite de M. Guist'hau à Poitiers », *Revue internationale de l'enseignement*, déjà cité. Henri Goureau, « Le laboratoire de Mauroc », *L'Action* du 14 juin 1912 et *Le Siècle* du 15 juin 1912.

[990] Albert Maige resta une dizaine d'années à Poitiers. Il tenta, sans succès, de prendre la suite du doyen Garbe lorsque celui-ci décéda en 1914, ses collègues ayant décidé de faire barrage à sa candidature. (PV des assemblées des professeurs de la faculté des Sciences de Poitiers, janvier 1914.) En 1920, Maige abandonna Poitiers et sa station de Mauroc ; avec Ricôme qui avait échoué, étant à Lille, dans sa tentative de venir à Poitiers lors de la candidature de Bernard, il opéra un échange de chaire et il partit à Lille où, dès 1924, il commença une carrière de doyen qui se prolongea sur une vingtaine d'années.

[991] Témoignage de Francis Bernard qui, enfant, avait entendu sa mère déclarer à des collègues qui lui reprochaient sa trop grande dureté à l'égard d'un fils « si sage et qui travaill(ait) bien » qu'elle « ne pouvait s'empêcher de penser qu'il a(vait) causé la mort de son père » (Courriel de

Elle quitta Poitiers immédiatement après la mort de Noël Bernard pour rejoindre un poste de directrice de l'École primaire supérieure de jeunes filles à Saint-Gaudens (Haute-Garonne) ; alors que son mari était décédé le 26 janvier, l'arrêté ministériel assurant sa mutation fut signé le 28[992]. Cavalier avait écrit une lettre au directeur de l'Enseignement secondaire pour solliciter que le poste qui venait de se libérer de manière impromptue dans l'école où elle avait commencé sa carrière fût absolument bloqué pour le réserver à Marie Louise Martin, pour des raisons qu'il se réservait d'indiquer de vive voix lors de sa prochaine visite à Paris[993].

Avec Joseph Magrou, Marie Louise Bernard publia à partir des notes et des cahiers d'expériences de son mari plusieurs articles dans les *Annales de Sciences naturelles*, apportant des résultats inédits, en particulier au sujet de la pomme de terre. Ils témoignaient de ce que ses ultimes recherches auraient pu permettre à Bernard d'enfin redémarrer dans cette direction nouvelle qui lui tenait à cœur[994]. Dans la note intitulée « Sur la fonction fongicide des bulbes d'Ophrydées », Bernard exposait une série d'observations qui constituaient une brillante anticipation qui aurait pu ouvrir la voie à la découverte des antibiotiques. En effet, poursuivant son étude des moyens de défense des orchidées contre leurs champignons commensaux, il revenait à l'idée qu'il avait auparavant avancée mais qu'il n'avait pu démontrer, de l'existence d'un « rôle de propriétés humorales fongicides » dans l'équilibre symbiotique existant entre la plante et son commensal. Partant de l'observation, faite sur des bulbes d'orchidées, que ceux-ci restaient indemnes nonobstant l'infestation de leurs racines par des champignons, il voulait tester son hypothèse concernant « l'origine humorale (...) de cette indemnité ». Ayant pu acquérir la certitude, au cours d'expériences concernant diverses espèces d'orchidées et plusieurs champignons, que la croissance des filaments mycorhiziens « s'arrêtait subitement à un ou deux centimètres » du bulbe, Bernard avait pu ensuite vérifier qu'en utilisant des simples fragments de

---

Michelle Bernard, 26 avril 2019). Lettre de Mme Noël Bernard à Marie Curie, 7 juin (1911), Fonds BNF Pierre et Marie Curie, papiers et correspondances L XXX n° 251-255.

[992] Dossier administratif de Marie Louise Martin, Arch. nat., F/17/24232 et AJ/16/958. Marie Louise Martin fut professeur suppléant à l'École primaire supérieure de Poitiers à partir du 4 décembre 1908 et passa professeur en mai 1909. Elle prit un congé de six mois à partir du 1er octobre 1910. Elle fut ensuite directrice de l'EPS de Saint-Gaudens (28 janvier 1911-31 mars 1913), puis directrice de l'EPS de Nice (1913-1920). Elle redevint professeur de sciences à l'EPS de Melun (1920-1922) puis à l'EPS de la Seine dite École des Batignolles, de 1922 à 1933, année où elle obtint sa mise à la retraite. Professeur honoraire en 1935. Chevalier de la Légion d'honneur en 1938.

[993] Lettre du recteur de Poitiers, Jacques Cavalier, 27 janvier 1911, Dossier administratif de Marie Louise Martin, déjà cité.

[994] N. Bernard, « Sur la fonction fongicide des bulbes d'Ophrydées », et « Les Mycorhizes des *Solanum* », et « Sur les Mycorhizes des pommes de terre sauvages. Appendice rédigé par Mme M-L Bernard et Joseph Magrou », *Annales de Sciences naturelles – Botanique*, 9ème série, vol. XIV, p. 221-258.

bulbes, ceux-ci s'entouraient d'un « produit d'excrétion muqueux » à la limite duquel la croissance du champignon s'arrêtait. Multipliant les dispositifs expérimentaux, il avait ensuite pu observer que « la mort du champignon (était) rapide et complète partout où la substance diffusible et fongicide a(vait) accès » et que celle-ci restait active jusqu'à une dilution de vingt fois :

> « L'expérience met en évidence l'existence dans les bulbes d'une substance capable de tuer rapidement le protoplasma du champignon. (…) L'expérience apprend du reste qu'elle est facilement diffusible, ce qui tendrait à lui faire attribuer une structure cristalloïde.[995] »

Cette publication posthume ajouta à la gloire, pour certains, de Noël Bernard, a sa forte réputation, pour d'autres. Ce fut le cas, en 1923, avec un article de Jean Cantacuzène traitant du « problème de l'immunité chez les invertébrés », dans le numéro anniversaire des 75 ans de la Société de Biologie des *Comptes-rendus hebdomadaires de la Société de Biologie et de ses filiales*[996]. Formé à l'école de Metchnikoff, pasteurien confirmé, Cantacuzène se focalisait sur l'étude de l'immunité des orchidées vis-à-vis de leur parasite et reprenait les conclusions des derniers travaux de Bernard sur le pouvoir bactéricide de certaines sécrétions :

> « Les remarquables travaux de Noël Bernard nous ont appris que la production d'anticorps spécifiques joue un rôle considérable dans la défense des radicelles d'Orchidées contre l'envahissement du Champignon symbiotique (*Rhizoctonus*), logé à l'intérieur de leurs cellules corticales. Les filaments du Champignon sont généralement détruits par un véritable phénomène de digestion intracellulaire sitôt qu'ils ont pénétré au-delà des assises périphériques de l'épiderme. Quant au bulbe, il oppose à l'envahissement du reste de la plante par le parasite un obstacle infranchissable. Ce bulbe représente, en effet, un centre producteur d'anticorps spécifiques : pour chaque espèce d'Orchidée considérée, la fonction fongicide du bulbe est spécifiquement dirigée contre l'espèce de Rhizoctonus qui lui est particulière. Des fragments de bulbe, disposés à la surface d'un tube de gélose ensemencé avec le Champignon spécifique, créent autour d'eux une zone de diffusion de l'anticorps qui stérilise le milieu et dont le Champignon ne peut pas franchir les limites. Cette substance spécifiquement antagoniste, est détruite par le chauffage à 56°. Il s'agit donc bien là d'un anticorps spécifique élaboré par l'organisme végétal. Quant au mécanisme de cette action bactéricide, il reste encore à étudier.[997] »

---

[995] N. Bernard, « Sur la fonction fongicide des bulbes d'Ophrydées », note déjà citée, p. 233.

[996] Jean Cantacuzène, « Le problème de l'immunité chez les invertébrés », *Comptes-rendus hebdomadaires de la Société de Biologie et de ses filiales,* 75ème année, vol. 88, t. 1, p. 48-119.

[997] *Id.*, p. 53. « C'est en sécrétant des substances chimiques particulières : l'orchinol et l'hircynol, que les racines tubérisées des plantes adultes maintiennent le champignon à leur périphérie et

Dans une seconde publication posthume intitulée « Les Mycorhizes des *Solanum* », Bernard rappelait qu'il avait tenté sans succès de vérifier si, comme les orchidées, les autres plantes à tubercules, à bulbes ou à rhizomes connaissent des formes d'association avec des champignons. Cette fois, il apportait une réponse positive grâce à des travaux réalisés sur des pommes de terre vivaces sauvages, des Douces-amères (*Solanum dulcamara*) récoltées dans les haies et les fourrés de la région poitevine, en particulier à Bonnillet où il avait passé tout l'été :

> « Un pied que j'arrache avec précaution du sol me fournit un faisceau de racines jaunes serin, bien infestées. En somme, les mycorhizes ne sont pas rares. (...) Voilà donc enfin le champignon capable d'infester les Pommes de terre ! », s'exclamait Bernard qui ajoutait : « J'ai eu en le trouvant une vive émotion.[998] »

Cette « vive émotion » dont parlait Bernard, peut-être avait-elle à voir, ce jour-là, avec une réminiscence de celle vécue dix ans auparavant, le 3 mai 1899, lorsqu'il avait fait sa découverte des graines germées de Néotties en forêt de Fontainebleau ? Ces moments forts et inoubliables que recherchent probablement tous les scientifiques et qui sont généralement si rares, qui se font attendre, qui parfois n'arrivent jamais..., et qui sont l'expression de ce désir violent de « savoir », « comprendre », « progresser ».

Cette publication d'outre-tombe de Noël Bernard était nourrie de magnifiques planches qu'il avait dessinées pendant ses longues semaines de repos forcé. Comme à son habitude, il exposait en détail les techniques qu'il avait utilisées et que chacun pourrait reproduire, pour observer les tubercules, pour cultiver le champignon commensal, pour décrypter le mécanisme de l'infestation, pour se convaincre que la plante se défendait, qu'elle possédait des mécanismes de défense dont on ignorait tout encore et qui pourrait s'avérer, peut-être, de nature universelle. Lors de ses derniers essais, Bernard n'était pas parvenu à démontrer qu'on pouvait provoquer la germination puis la tubérisation en infestant les cultures de pomme de terre avec le champignon.

Marie Louise Bernard et Joseph Magrou, dans un appendice rédigé par eux, indiquaient que Bernard attendait, avant son décès, qu'arrivent du Chili des racines de *Solanum maglia,* considérée possiblement comme la plante sauvage d'origine de la pomme de terre cultivée (*Solanum tuberosum*). Elles avaient été récoltées dans la nature, à sa demande, par un collègue de Valparaiso. Elles arrivèrent après sa disparition. Son épouse et son cousin, conseillés par Costantin, y pratiquèrent des coupes et purent y observer les mycorhizes

---

lui interdisent de pénétrer trop en avant dans leur tissu. » (Jean-Marie Pelt, *La Vie sociale des plantes*, Paris, Fayard, 1994.)

[998] N. Bernard, « Les Mycorhizes des *Solanum* », déjà cité.

attendues, proches de celles qui infestent *Solanum dulcamara*. Les conclusions – provisoires – que les travaux de Bernard permettaient de formuler ouvraient donc la voie, selon eux, à un vaste programme de recherches appuyé sur les intuitions et hypothèses qui avaient été les siennes[999]. En 1923, Costantin et Magrou publièrent des résultats de travaux réalisés avec le concours du botaniste Joseph Bouget, au Pic du Midi, à 1400 mètres d'altitude : des semis non repiqués de graines de *Solanum* opérés dans de la terre d'alpage ordinaire avaient produit des plantes dont les tissus s'étaient avérés envahis de mycorhizes et qui avaient formé des tubercules[1000]. Les intuitions de Bernard sur la symbiose de la pomme de terre étaient ainsi largement confirmées.

La publication posthume des cours de Noël Bernard

Après la publication de ces résultats spectaculaires bien que partiels obtenus par son époux, Marie Louise Martin se tourna vers un autre objectif : mener à bien le projet que Bernard avait eu de publier avec elle ses cours de Botanique. De fait, Bernard avait conservé ce qu'il appelait ses « cahiers de notes », rédigés depuis 1902 jusqu'à 1910, ordonnés par séries et classés avec le plus grand soin. Elle mit donc au point, avant le déclenchement de la Première Guerre mondiale, cette publication posthume et veilla à son édition, en 1916, de *L'Évolution des plantes*, aux éditions Félix Alcan, dans la Nouvelle collection scientifique dirigée par Émile Borel. Elle la dota d'une longue préface rédigée par Costantin. La *Revue générale des sciences* puis *La Revue du Mois* proposèrent chacune par anticipation un chapitre du futur ouvrage, sous les titres « Espèces et variétés » et « La notion d'espèce »[1001].

Puis, Marie Louise Bernard comme elle l'avait annoncé dès les premières pages du volume déjà paru, édita un second ouvrage constituant une suite du précédent, les *Principes de biologie végétale,* reproduisant une autre série de cours de Noël Bernard, toujours chez Alcan, en 1921, avec un avant-propos qu'elle rédigea elle-même. L'ouvrage était divisé en deux parties. La première, relative à la vie cellulaire, était consacrée à la nutrition, sous ses aspects

[999] N. Bernard, « Sur les Mycorhizes des pommes de terre sauvages...», déjà cité, p. 257.

[1000] Julien Costantin et Joseph Magrou, « Sur les mycorhizes de la pomme de terre », *Annales des Sciences naturelles Botanique*, 10e série, t. XVII, fasc. n° 1, 1935, pages 37-50. Joseph Bouget (1867-1953), né à Bagnères-de-Bigorre, jardinier et excursionniste en montagne, a créé, en 1899, le Jardin botanique du Pic du Midi (Hautes-Pyrénées). Il a collaboré avec de nombreux botanistes, dont Bonnier, Costantin, Magrou, Molliard, Combes, et publié dans de nombreuses revues. Magrou et Bouget ont collaboré régulièrement et ont eu une dernière publication commune aux *Comptes rendus*, en 1947. (Notice du fonds de la famille Bouget, Archives départementales des Hautes-Pyrénées, cote 149 J 1-397 ; Antoinette Magrou, « Biographie de Joseph Magrou », tapuscrit cité, page 46.)

[1001] N. Bernard, « Espèces et variétés », *RGSPA*, t. 25, n° 10, 30 mai 1914, p. 506-510 ; « La notion d'espèces », *LRDM*, 10 février 1915, 10ème année, n° 110, p. 137-150.

physiques et chimiques, et à l'action des agents extérieurs sur la cellule ; la seconde passait en revue les différents groupes de végétaux inférieurs (thallophytes) et leurs cycles évolutifs. S'y ajoutaient « un aperçu sur les théories lichéniques » et des « remarques sur l'immunité chez les plantes[1002] ». La *Revue pédagogique* rendit compte de cette parution en soulignant le caractère dynamique voire déroutant de l'approche par Noël Bernard des questions scientifiques :

> « La biologie des thallophytes (groupe de « végétaux inférieurs » sans feuilles, tiges ni racines, groupant algues, lichens et champignons, ndlr) (est) exposée en détail, non pas sous la forme rigide et parfois ennuyeuse qui est en honneur dans les traités classiques, mais d'une manière personnelle et vécue.(…) Le livre se termine par un chapitre un peu aberrant, sans doute, mais très suggestif, relatif à la phagocytose et à l'immunité chez les végétaux. Orchidées et *Rhizoctonia* en font les frais. Nul doute que de tels livres, en soulevant un coin du voile qui recouvre les laboratoires de recherches n'éveillent des vocations de chercheurs dont le pays a tant besoin.[1003] »

En 1918, à propos de la parution de *L'Évolution des plantes*, un article déjà évoqué parut dans la nouvelle publication hebdomadaire de Louise Weiss, *L'Europe nouvelle*. Il était autant un éloge de l'œuvre de Bernard qu'une évocation de la personnalité du scientifique disparu :

> « La personnalité de Noël Bernard s'y manifeste jusque dans l'exposition des théories classiques ; il les voit comme les étapes successives de notre ignorance ; il les domine, il les condense en formules brèves. Parler du livre sera donc parler surtout de l'homme et de sa pensée. (…) On y sent d'abord l'étonnement d'un scientifique mis en présence d'une "science" où l'on se bornait, jusqu'en 1860, à décrire les plantes et à les classer en espèces arbitraires. Il raconte ironiquement cette phase de la botanique où Linné même échoua dans sa tentative de codifier les espèces (…). Il faut lire l'histoire du coq noir et de la poule banche dont tous les poussins sont bleus… Elle est contée, d'ailleurs, dans un style clair et vivant (Noël Bernard était très sensible aux compliments que lui attiraient ses dons d'écrivain). (…) Pour lui, le Mendélisme est capable d'égaler en portée le Darwinisme (…). Bernard insiste aussi sur les expériences où de Vries a établi que les espèces existantes peuvent donner par mutations brusques des espèces nouvelles. Il y voit une confirmation de la théorie transformiste et peut-être une explication de l'origine de la vie. (…) Quand

---

1002 Albert Vandel, « Bernard (Noël), *Principes de Biologie végétale* », *Bull. biologique de la France et de la Belgique*, t. 51, fasc. 3-4, 15 janvier 1922, p. 302. Albert Vandel (1894-1980) était alors un jeune zoologiste, préparateur de Caullery au Laboratoire d'Évolution des êtres organisés de la Sorbonne, spécialiste de la cellule et de la régénération cellulaire.

1003 « Bibliographie », *Revue pédagogique*, 1922, 1er semestre, n° 15, p. 229, non signé.

on referme ce livre captivant, on a oublié qu'il se rattache à un enseignement classique. Noël Bernard fut, comme ses maîtres, un "éveilleur d'âmes" et c'est encore un de ses titres à notre reconnaissance. (...) Et la conclusion la meilleure nous est fournie par Noël Bernard lui-même : "L'essentiel, après tout, n'est pas qu'une théorie s'approche plus ou moins de la vérité définitive, mais qu'elle serve comme instrument de compréhension des faits et qu'elle soit, à un moment donné, l'instrument provisoirement le meilleur."[1004] »

L'*« éveilleur d'Idéal »*

À quoi Marie Louise Bernard songeait-elle lorsqu'elle écrivait, dans sa présentation de l'ouvrage, que son époux avait été « un éveilleur d'Idéal » [1005] ? L'expression d'« éveilleur d'âmes » aurait été plus attendue – elle était utilisée par Castro-Soffia dans son article[1006] –, ressassée qu'elle était lorsqu'on l'associait à monseigneur Dupanloup ou bien, du côté des laïcs, après sa reprise par Ferdinand Buisson dans son *Dictionnaire de pédagogie,* pour définir l'instituteur idéal[1007]. Plus près d'elle, Marie Louise Martin connaissait bien Félix Pécaut que son biographe, le philosophe Gabriel Compayré, qualifiait justement d'« éveilleur d'âmes »[1008]. Denis Pernot, dans son étude sur « le magistère du pédagogue » tel qu'il était conçu et décrit au « tournant du siècle », analyse ce que recouvrait l'expression :

> « Tandis que le maître qui se contente de disserter à l'intérieur des frontières que l'institution fixe à ses interventions est considéré comme un "primaire", est tenu pour un "éveilleur d'âmes" celui qui s'exprime en "magister" et en "homme" dans l'univers des classes, dans la sphère des familles et dans le secteur de la publicistique. Tout à la fois professeur et

[1004] Robert Castro-Soffia, « Un livre posthume de Noël Bernard », *art. cité* La citation finale est extraite de l'ouvrage de Bernard, *L'Évolution des plantes*. En écho à celle-ci, voici une phrase qu'il écrivait à son alter ego allemand, Hans Burgeff, le 5 décembre 1909 : « J'espère n'avoir affirmé que des choses bien acquises, mais rien n'est définitif dans les questions scientifiques et je serai toujours le premier prêt à modifier mes idées si des faits nouveaux m'y amènent. » (citée par B. Boullard, *ouv. cité*, p. 40.)

[1005] M.L. Bernard, avant-propos pour Noël Bernard, *Principes de Biologie générale*, ouv. cité, p. VIII.

[1006] Robert Castro-Soffia, « Un livre posthume de Noël Bernard », *L'Europe nouvelle,* art. cité

[1007] Ferdinand Buisson, article « Morale » du *Dictionnaire de la pédagogie*, Paris, Hachette, 1878-1887. Laurence Loeffel, *La morale à l'école selon Ferdinand Buisson*, Paris, Taillandier, 2013.

[1008] Gabriel Compayré, *Les grands éducateurs, Félix Pécaut et l'éducation de la conscience*, Paris, Paul Delaplane, 1904.

précepteur, il est montré comme un adulte conscient de son devoir à l'égard de ceux qu'il a charge de former.[1009] »

C'est aussi tout cela que Zola avait voulu exprimer lorsqu'il avait parlé de ces « pasteurs d'âmes qui proposent ardemment une foi à la jeunesse[1010] ». Désireuse de dire à quel point elle plaçait les qualités de Noël Bernard très haut sur l'échelle des vertus pédagogiques et sans doute assez loin de l'échelle des vertus morales, fussent-elles républicaines, auxquelles on avait tendance à réduire si facilement les qualités premières d'un enseignant, et s'agissant non d'un enseignant des lettres mais d'un homme de sciences, Marie Louise Bernard prit donc ses distances avec la formule consacrée en en choisissant une autre, de sa manière – « éveilleur d'Idéal », donc – qui n'était pas vraiment plus claire… Je n'ai pas retrouvé d'utilisation antérieure de la même formule, par contre, elle apparaît ici et là dans les années suivantes et même une fois, sous la plume d'un grand journaliste de la rédaction de *Ouest-Éclair*, René Fève, dans un article rendant hommage à Charles Péguy[1011]. Péguy qui rendait, lui, hommage aux « hussards » de l'enseignement, qui dénonçait « le parti intellectuel (…) des anciens intellectuels devenus députés, (…) les anciens normaliens [1012] », et dénonçait le dévoiement des professeurs de l'enseignement supérieur :

> « On trouverait difficilement cinquante maîtres de l'enseignement supérieur, et même trente, et même quinze, qui se proposent autre chose (outre la carrière, et l'avancement, et pour commencer précisément d'être de l'enseignement supérieur) (…) que de momifier la réalité, les réalités qui leur sont imprudemment confiées, que d'ensevelir dans le tombeau des fiches la matière de leur enseignement.[1013] »

Noël Bernard partageait le même type de jugement à l'égard de nombre de ses collègues et plaçait sa mission d'enseignant très haut dans l'échelle des responsabilités. Il était, là-dessus, en parfait accord avec Marie Louise Martin qui fut toute sa vie une enseignante, formée à la dure école des pédagogues de Fontenay. On comprend que c'est cela qu'elle a tenu à rassembler dans cette formule d'« éveilleur d'Idéal ». Bernard, loin de faire figure d'exception, s'inscrivait dans une lignée innombrable de « maîtres » qui ont su, par leur exemple, faire naître des vocations, et d'« éveilleurs » qui ont pu, par la

---

[1009] Denis Pernot, « Le magistère du pédagogue : professeurs de pensée générale et romanciers au tournant du siècle », *Revue d'histoire littéraire de la France*, vol. 105, 2005, n° 4, p. 965-978.

[1010] É. Zola, « À la jeunesse », déjà cité.

[1011] René Fève, « Les conférences Alphonse Mortier – Charles Péguy, ou la mystique à la portée de tous », *Ouest-Éclair*, édition de Caen, 20 décembre 1936, p. 9.

[1012] Charles Péguy, « Notre jeunesse », *Cahiers de la Quinzaine*, 12ème cahier, 11ème série, juillet 1910, p. 44.

[1013] *Id.*, p. 46-47.

richesse de leur enseignement autant que par leur attitude s'inspirant, volontairement ou non, de la maïeutique socratique, agir comme « un levain (...) en exerçant une influence culturelle et parfois politique », selon une formule de Jean-François Sirinelli[1014]. Une fois encore, on peut rapprocher le magistère exercé par Bernard sur la modeste échelle qui fut la sienne de celui qu'a déployé le bibliothécaire de l'ENS, Lucien Herr, pendant des années et sur plusieurs générations d'élèves[1015].

La vie et la carrière de Marie Louise Bernard

Après l'édition des œuvres posthume de Noël Bernard, le nom de l'épouse du botaniste décédé disparut de la scène publique et intellectuelle si ce n'est qu'on put repérer, en 1931, les noms de « Mme Noël Bernard, professeur à l'École normale de la Seine » et de « Francis Bernard, élève à l'ENS » parmi les signataires d'une pétition adressée au ministre des Colonies, « Contre la répression en Indochine[1016] ». En janvier 1933, Marie Louise Bernard fut promue chevalier de la Légion d'honneur et, en ayant été informée par Lebesgue, elle remercia alors Perrin et Langevin pour cette attention à son égard[1017].

Marie Louise Bernard ne s'est pas remariée. Elle s'est consacrée à son fils, l'élevant avec une dureté qu'on a pu attribuer à son sentiment irrépressible qu'il avait été la cause de la mort de son père, et elle veilla à sa réussite scolaire malgré le peu de penchant pour les mathématiques qu'il manifestait[1018]. Elle a poursuivi sa carrière de directrice d' École primaire supérieure à l'EPS de Nice, puis, pour que son fils puisse poursuivre convenablement ses études, elle obtint une mutation en région parisienne, à l'EPC de Melun, comme professeur de Mathématiques et Sciences naturelles, et enfin à l'École normale des Batignolles, à Paris. Admise à la retraite en octobre 1932, elle rejoignit, pendant la Seconde Guerre mondiale, son fils, alors professeur à la faculté des Sciences d'Alger, et elle est décédée le 31 octobre 1946, à Saint-Raphaël[1019].

[1014] J.-F. Sirinelli, « Le hasard ou la nécessité. Une histoire en chantier : l'histoire des intellectuels », *art. cité*.

[1015] J.-F. Sirinelli, « Biographie et histoire des intellectuels. Le cas des "éveilleurs" et l'exemple d'André Bellesort », *art. cité*. Denis Clos-Sasseville, « Lucien Herr (1864-1926) : l'intellectuel engagé et la "volonté de ne pas parvenir" », déjà cité, p. 99.

[1016] Pétition à l'initiative de la rédaction d'*Europe*, n°99 et 100, supplément 1931, « Contre la répression en Indochine », p. 590-591.

[1017] Lettre de M.L. Bernard à Paul Langevin, 18 janvier 1933 (date rajoutée) de Saint-Raphaël, Arch. ESPCI, fonds Langevin, carton 85, doc. 20. Liste des promus au grade de chevaliers de la Légion d'honneur au titre du ministère de l'Éducation nationale, *Journal Officiel. Lois et décrets*, 1er janvier 1933, p. 14.

[1018] F. Bernard, « Souvenirs sur moi-même », déjà cité.

[1019] *Bull. de l'Association amicale des anciennes élèves de l'ENS de Fontenay-aux-Roses*, n° 45, janvier 1947, p. 40, et n° 46, janvier 1948, p. 15-16.

La vie et la carrière de Francis Bernard

Francis Bernard, né à Mathieu (Calvados) le 30 avril 1908, décédé le 16 juin 1990 à Nice, l'enfant que son père a sauvé et élevé au prix de sa propre santé, grandit sous le regard attentif de sa mère et avec le soutien de celui qu'il considéra, après son retour d'Indochine, comme « un second père » ou « un père adoptif », son oncle le docteur Noël Bernard[1020]. Francis qui évoquait volontiers sa « tolérance difficile pour les défauts de (s)a mère[1021] », tandis qu'il affublait la sœur de celle-ci, sa tante Maria, du sobriquet de « Baromètrabise », fit une carrière qui, par bien des traits, reproduisit, au moins dans ses premières années, celle de son glorieux géniteur. Lui aussi fut normalien (ENS 1928), major de l'agrégation de Sciences naturelles (1932) et agrégé-préparateur à l'ENS (1933). Mais, il se tourna vers l'entomologie plutôt que la botanique – une façon de résister à sa mère qui aurait espéré qu'il fût un continuateur de l'œuvre de son père. Il occupa le poste d'assistant en Biologie marine à l'Institut océanographique de Paris (1935). Docteur ès Sciences en 1937, il obtint une maîtrise de conférences de Biologie à Lyon, en 1939 ; mobilisé en 1939-1940 avec le grade de capitaine, il fut ensuite professeur de Zoologie à la faculté des Sciences d'Alger, accomplit de nombreuses missions en Afrique du nord et à bord de la Calypso. Dans sa jeunesse, il professa des opinions politiques de gauche ; le 25 mai 1929, le quotidien de la CGT, *Le Peuple*, annonçait une conférence sur Noël Bernard, donnée par son fils, « élève à l'ENS », conférence organisée par les « Amis des jardins », un groupement créé en 1923 au sein de la CGT « pour l'organisation des loisirs ouvriers ». Étant en poste à Alger, il décida de continuer d'enseigner dans l'Algérie indépendante, ce que, selon lui, « les membres catholiques de l'Académie des sciences ne (lui) pardonnèrent pas » et qui lui valut son échec lors de sa candidature[1022]. Il fut, pendant quelques années, membre du parti socialiste. En 1971, il fut nommé à Nice où il enseigna l'Écologie jusqu'en 1977[1023]. Il se maria, en 1951, avec Michelle

---

1020 F. Bernard, « Souvenirs sur moi-même », déjà cité, p. 1 ; lettre de Francis Bernard au professeur Joseph Arditti, le 11 novembre 1987, archives familiales.

1021 « Ma mère était très travailleuse, très sincère et très honnête. Mais elle gardait des défauts paysans : têtue, maladroite, vraiment dépourvue de sensibilité, de finesse et de psychologie. » (« Souvenirs sur moi-même », déjà cité.)

1022 Id., p. 22.

1023 Notices biographiques en préface de Francis Bernard, *Les fourmis d'Europe occidentale et septentrionale*, Paris, Masson, 1968 ; et dans le colloque « Insectes sociaux de la Société zoologique de France », septembre 1990. Notice nécrologique de Francis Bernard, *Bull. de la Société zoologique de France*, vol. 115, 1990, pages 327 sq ; Francis Bernard, « Memories and thoughts of my father, Noël Bernard », *Lindleyana, the scientific journal of the American Orchid Society*, vol. 5, 1990, pages 55-57.

Jourdan, une étudiante qu'il avait connue à la faculté d'Alger, qui fut docteure en Océanographie et fit par ailleurs une carrière d'organiste réputée.

Dans ses « Souvenirs sur moi-même », confiés à la machine à écrire à l'occasion de ses 80 ans, Francis Bernard réfléchissait sur le génie et l'hérédité, une manière, par un clin d'œil, de se situer par rapport à son père :

> « Bien des professeurs de Faculté ont un complexe de supériorité envers leur père, s'il n'était que commerçant ou petit fonctionnaire. Pour moi, avec un tel père, c'est l'inverse (complexe d'infériorité). (...) Un cerveau génial est sans doute une mutation brusque, mais rarement héritable.[1024] »

S'interrogeant sur la définition du « génie », un « créateur de nouveau » pour Francis Bernard, celui-ci, s'attardait sur Darwin, relevait qu'il avait eu un grand-père, Erasmus Darwin (1731-1802), botaniste, médecin du roi et « évolutionniste » avant l'heure puis, évoquant Julian et Aldous Huxley, deux personnalités exceptionnelles qui avaient elles aussi eu pour grand-père, le fameux Thomas Huxley (1825-1895), « le bouledogue de Darwin » – connu, entre autre, rappelait avec gourmandise Francis Bernard, pour la fameuse répartie, digne du vif esprit d'à-propos de son père, lancée à la face de l'évêque Samuel Wilberforce, en 1873, et passée à la postérité : « Jusqu'ici, j'hésitais à croire que l'homme descende du singe, mais après avoir entendu Monseigneur Wilberforce, je n'en doute plus. » –, ayant accompli tout ces « détours » donc, Francis Bernard finissait par conclure, avec l'humour qui semble l'avoir lui aussi caractérisé :

> « Les cas de Darwin et des Huxley confirment une des lois de Mendel : les caractères se transmettent mieux à la 3ème génération qu'aux enfants directs.[1025] »

[1024] F. Bernard, « Souvenirs sur moi-même », déjà cité.

[1025] Id. « Les bons mots, calembours, mots croisés et charades du Professeur Bernard nous ont toujours enchantés et marqueront la mémoire de tous ses collègues. » (Janine Casevitz-Weulersse et Daniel Cherix, « Francis Bernard : 1908-1990 », *Actes du colloque sur les insectes sociaux*, 1991, vol. 7, p. 1-11.)

Chapitre dix-sept

La reconnaissance posthume d'un « grand scientifique », peut-être d'un génie

Après sa disparition, les travaux de botanique de Noël Bernard conservèrent leur intérêt, bien sûr, pour les spécialistes et les amateurs d'orchidées, autant pour les méthodes de culture mises au point par lui que pour les immenses résultats scientifiques acquis dans ce domaine, mais aussi pour les « idées générales » qu'il avait exprimées, par exemple à propos de la symbiose, et les nombreuses pistes qu'il avait esquissées au-delà de la botanique, en microbiologie, en biologie générale et en théorie de l'évolution.

On mesure à quel point cette œuvre fut fondatrice quand on lit cette phrase écrite, près de cent ans après la disparition de Bernard, par le botaniste Jean-Marie Pelt (1933-2015) :

« La symbiose (…) constitue un processus essentiel de l'évolution.[1026] »

Mais, dans les années qui suivirent le décès de Noël Bernard, son nom se fit plutôt rare, soit dans les publications scientifiques soit dans la presse. Ou plutôt, s'il ne disparut pas il s'agissait, le plus souvent, de son cousin germain et homonyme, le docteur Noël Bernard (1875-1971), devenu un pasteurien réputé, spécialiste des « maladies coloniales » et sous-directeur de l'Institut Pasteur. La confusion se fit parfois entre les deux chercheurs[1027].

[1026] J.-M. Pelt, *La Raison du plus faible*, ouv. cité, p. 39.

[1027] Pierre Mercier, « Éloge du docteur Noël Bernard », le 17 novembre 1981, *Bull. de l'Académie nationale de médecine*, 1981, t. 165, n° 8, p. 1033-1038. Georges Girard Georges, « Éloge de Noël Bernard (1975-1971 », séance du 8 décembre 1971 de la Société de Pathologie exotique, *Bull. de la Société de Pathologie exotique*, t. 64, 1971, n° 6, p. 807-812. Le docteur Noël Bernard obtint son titre de médecin le 6 décembre 1899 et au 1er janvier suivant, il entra dans le corps de santé colonial avec le grade de Médecin-colonel.

Le médecin-major Noël Bernard

Restés proches, quasi fusionnels et intellectuellement quasi jumeaux, lorsqu'ils durent admettre que le premier, l'aîné de 18 mois seulement, celui des deux qui avait ouvert la voie et semblait destiné à la plus brillante réussite, était condamné à disparaître prématurément, c'est sur le second que tout reposa désormais. Alors que l'ombre du docteur Noël Bernard, leur grand-oncle qui avait élevé leur père et père adoptif, Joseph Bernard, s'éloignait dans les brumes du passé, que Joseph lui-même avait à son tour disparu, que Julie, cette sœur aînée tellement admirée, avait elle aussi succombé et que, maintenant, son alter ego atteint à son tour était sur le point de décéder, le médecin colonial pasteurien qu'il était devenu rencontra son destin.

Après ses études à l'École de santé navale de Bordeaux et une fois sa thèse soutenue, en 1900, le docteur Noël Bernard, entré dans le corps de Médecine coloniale, marié en avril 1908 avec Paule Delage et père de famille, était parti en mission au Laos. Après plusieurs séjours et missions en Extrême-Orient, ayant créé l'Institut d'hygiène et de microbiologie de Hué, reconnu désormais comme un spécialiste de parasitologie et d'avitaminose, il revint en France, passa un an au Muséum national d'histoire naturelle (1907), suivit les cours de l'Institut Pasteur (1907-1908) et se rendit à Lille, auprès de Calmette, pendant deux ans. Il obtint même, en 1908, ce que son cousin n'aurait que deux ans après lui, un prix récompensant une publication scientifique : l'Académie de médecine lui attribua le prix Monbinne, doté de 1500 francs, pour son volumineux mémoire sur « La vallée du Mékong et ses populations[1028] ». Il se trouvait donc en France pendant les premiers mois de la maladie de son cousin qu'il entoura du mieux qu'il le put, impuissant et désolé.

Pendant la guerre, il servit sur le front français, puis aux Dardanelles et à Salonique avant de rentrer en Indochine pour y diriger l'institut Pasteur de Hanoï, comme sous-directeur (1917-1918) puis directeur (1919-1922). Il fut ensuite directeur des Instituts Pasteur d'Indochine de 1923 à 1935, puis directeur des Instituts Pasteur d'Outre-mer. En 1940, il fut nommé sous-directeur de l'Institut Pasteur à Paris, sous l'autorité de Pasteur Valery-Radot, et conserva cette fonction jusqu'en 1958. Il fut élu à l'Académie des sciences coloniales, en 1935. Lui aussi a eu un fils médecin et pasteurien, Lucien Bernard, qui fit une carrière de haut-fonctionnaire de la Santé.

[1028] Alexandre Kermogant, rapporteur pour le prix Monbinne de l'Académie de médicine attribué au docteur Noël Bernard pour son mémoire sur « La vallée du Mékong et ses populations, séance du 30 juin 1908, *Bull. de l'Académie de médecine*, 72ème année, t. LIX, n° 26, p. 760-766. Le prix Monbinne, doté de 1500 francs, avait été créé, en 1878, grâce à un legs à l'Académie de médecine « pour subventionner des missions scientifiques d'intérêt médical, vétérinaire ou chirurgical », d'un ancien employé des bureaux de la liste civile, Pierre-Louis-Adolphe Monbinne,. (« Legs Monbinne », *Bull. administratif de l'Instruction publique*, 1879, n° 22-438, p. 151.)

Au cours de sa longue et brillante carrière et de sa très longue vie, Noël Bernard, qui mourut à 96 ans entouré de petits-enfants et arrière-petits-enfants nombreux, a donc réalisé le projet scientifique et le rêve de progrès par la science qui était celui des deux cousins lorsque, jeunes hommes issus d'une lignée animée de grandes ambitions contrariées, ils s'étaient sentis porteurs d'un héritage et investis des espoirs de leurs ascendants.

Échos et développements posthumes de l'œuvre de Noël Bernard

Grâce aux ouvrages posthumes publiés par les soins de Marie Louise Bernard, les travaux de Bernard connurent une large diffusion qu'ils n'auraient pas atteinte sans cela. Quant aux techniques horticoles qu'il avait mises au point et recommandées, elles furent mises en œuvre et confirmées par divers botanistes dans plusieurs pays, et elles furent aussi largement diffusées au-delà des laboratoires de botanique. Hans Burgeff publia, en 1911, un ouvrage dans lequel il exposait les résultats obtenus dans le semis d'orchidées tropicales en mettant en œuvre la méthode de Bernard, ce dont rendit largement compte la *Revue horticole* avec une série d'articles de son directeur, Georges Grignan, et de Gaston Bultel, jardinier en chef du baron Edmond de Rothschild, au château d'Armainvilliers (Seine-et-Marne)[1029]. Marcel Lecoufle, l'horticulteur français qu'on appelait dans les années 1950 « le pape des orchidées », sorti major de l'École d'horticulture de Versailles, en 1906, et ami de Bernard, et qui prit la suite de ses grand-père et père dans l'entreprise d'horticulture Vachelot et Lecoufle, déclarait :

> « En ce qui concerne nos méthodes de semis des Orchidées, nous avons utilisé la méthode de Noël Bernard concernant l'utilisation des mycéliums jusqu'en1950.[1030] »

En 1913, *Le Temps* consacra un article détaillé et élogieux aux travaux de Bernard :

[1029] Hans Burgeff, *Die Anzucht tropischer Orchideen aus Samen*, Iéna, Gustav Fischer, 1911 ; Georges Grignan, « Le semis des orchidées exotiques avec l'aide des champignons endophytes », *Revue horticole*, t. 12, 16 mars 1912, p. 130-132 ; id., « Le semis des orchidées exotiques à l'aide des champignons endophytes », *Revue horticole*, t. 14, 1914, p. 318-320. Gaston Bultel, « Le semis des orchidées exotiques à l'aide des champignons endophytes », *Revue horticole*, t. 15, 1915, p. 410-412 ; id., « Germinations aseptiques d'orchidées. Cultures symbiotiques et asymbiotiques », *Revue Horticole*, t. 19, 1924, p. 268–271, 291–294, 318–321, 334–339 et 359–363 ; id., « Les orchidées germées sans champignons sont des plantes normales », *Revue Horticole*, 1926, n° 98, p. 155.

[1030] Marcel Lecoufle, « Semis d'orchidées et symbiose. Noël Bernard et son œuvre » et « Historique de la germination d'orchidées. Les pionniers », *L'Orchidophile*, n° 59 et 60, décembre 1983, p. 480-486, février 1984, p. 514-515.

« M. Noël Bernard, (a étudié) avec constance le problème de l'évolution des espèces que beaucoup considéraient, à un moment donné, comme inaccessibles aux méthodes de laboratoire et réservé aux seules spéculations des philosophes. En appliquant à l'étude des parasites des plantes les méthodes pasteuriennes, M. Noël Bernard a fait ressortir par des expériences décisives le rôle prépondérant que les maladies microbiennes ont pu jouer, le long des millénaires, dans l'évolution des espèces végétales.[1031] »

Un tel article qui se poursuivait sur plusieurs paragraphes, s'il avait pu le lire, aurait donné beaucoup de satisfaction au disparu...

En janvier 1914, le président de l'Académie des sciences, Paul Appell, rendait un hommage précis et étoffé aux intuitions et découvertes de Noël Bernard[1032]. Joseph Magrou menait alors des travaux de phytopathologie, entre autres sur l'action de parasites des plantes et la réaction de leurs hôtes, en bref sur « la symbiose entre plantes supérieures et champignons (...) considérée comme la limite vers laquelle tend l'association de deux organismes dissemblables quand leurs actions réciproques s'équilibrent[1033] ». Dans sa notice de *Titres et travaux*, il indiquait que « le Maître qui exerça sur notre formation l'influence la plus décisive fut le botaniste Noël Bernard, dont nous étions un proche parent[1034] ». En 1920, il publia dans *La Revue du Mois* un article sur « La symbiose et l'évolution chez les animaux » qui commençait par un hommage à son cousin disparu[1035] ; son propos était de montrer que les doctrine de l'évolution par la symbiose pouvait désormais être étendue au règne animal, grâce, par exemple, aux travaux sur les mouches d'un élève de Mesnil à l'Institut Pasteur, Émile Roubaud (1882-1962), montrant un exemple d'évolution réalisée par tout un groupe d'animaux et dont la cause déterminante première était la symbiose avec des micro-organismes Après avoir consacré plusieurs années à l'étude des pommes de terre, Magrou publia, en 1943, un *Essai sur la symbiose* dans lequel il montrait qu'il avait pu vérifier les intuitions de son aîné :

1031 *Le Temps*, 1er octobre 1913, p. 4.

1032 Discours de Paul Appell à l'Académie des sciences, séance du 5 janvier 1914, *Journal officiel, lois et décrets,* du 11 janvier 1914, p. 343.

1033 Joseph Magrou, *Titres et travaux*, Laval, Impr. Barnéoud, 1943. Joseph Magrou entra en 1909 à l'Institut Pasteur et il entama aussitôt des recherches qui ne se traduisirent pas ses premières publications mais il ne fut licencié de Sciences naturelles qu'en 1913, docteur en Médecine en 1914 et docteur ès Sciences en 1921 (avec des travaux sur la pomme de terre). Pendant la guerre, il fut chargé de l'organisation et de la direction du service régional de Bactériologie de la place de Béziers et obtint le grade de capitaine. Docteur en Sciences naturelles en 1921. Il fit toute sa carrière à l'Institut Pasteur et fut élu, en mai 1945, à l'Académie des sciences. (Dossier Joseph Magrou, archives de la Légion d'honneur, déjà cité et Lucien Plantefol, « Joseph Magrou », *La Presse médicale*, 14 avril 1951, t. 59, n° 25, p. 514.)

1034 Joseph Magrou, *Titres et travaux*, déjà citée.

1035 Id., « La symbiose et l'évolution chez les animaux », *LRDM,* 10 juillet 1920, p.79-83.

« Il a été établi en effet que, chez la Pomme de terre comme chez les Orchidées, les tubercules se forment quand la pression osmotique à l'intérieur des cellules dépasse une certaine limite. Dans la nature, cette condition est réalisée grâce à des champignons symbiotiques radicicoles qui, en saccharifiant l'amidon contenu dans les racines, élèvent la concentration moléculaire du suc cellulaire jusqu'au niveau compatible avec la tubérisation.[1036] »

Le cousin Noël jugeait que « Joseph a(vait) considéré comme un devoir sacré de poursuivre l'œuvre si cruellement interrompue (de Noël Bernard). Ce devoir il l'a assumé pendant 41 ans et il l'a rempli jusqu'à la dernière heure, réalisant par son apport personnel les espoirs que Noël avait conçus.[1037] »

Bernard eut en Louis Blaringhem dont il avait supervisé la formation à l'ENS, un autre véritable disciple ; au décès de celui-ci, en 1958, Lucien Plantefol (1891-1983, ENS 1912), ancien agrégé-préparateur à l'ENS et professeur de Botanique à la Sorbonne, déclara que Blaringhem « avait voué une sorte de culte à cette pensée : l'évolution par la symbiose complétait l'évolution génétique », au point que, selon lui, « le développement de la pensée de Noël Bernard, de cinq promotions plus ancien (que Louis Blaringhem, ndlr), n'a(vait) pas été sans subir un peu d'impulsion de son enthousiasme communicatif.[1038] » En 1920, le médecin et écrivain Henri Martineau (1882-1958) écrivit dans la *Revue critique des idées et des livres* un article documenté, intitulé « Grandeur ou décadence des symbiotes », consacré aux « géniales recherches » de Noël Bernard.[1039] ». Maurice Caullery publia, en 1922, une somme de 400 pages sur *Le parasitisme et la symbiose*, dans laquelle il consacrait aux travaux de celui-ci une quinzaine de pages constituant l'essentiel du chapitre sur la symbiose chez les végétaux[1040]. En 1922 encore, *l'Humanité* répara le silence observé lors de la disparition de Bernard en consacrant à son œuvre scientifique un article informé, détaillé et élogieux, dû à une jeune géographe, sévrienne, Marcelle Richard, qui écrivait pour la rubrique « Vie intellectuelle », sous le pseudonyme de Jeanne Damiens[1041]. Axant son article, après un bref exposé de la théorie de la symbiose telle que Bernard l'avait élaborée, sur la description de l'immunité acquise par les orchidées à l'égard du champignon commensal, Jeanne

[1036] Id., *Des orchidées à la pomme de terre. Essai sur la symbiose*, Paris, Gallimard NRF, coll. L'Avenir de la science, dirigée par Jean Rostand, 1943, p. 9.
[1037] Dr N. Bernard, « Quelques faits… », déjà cité.
[1038] Lucien Plantefol, « Discours aux funérailles de Louis Blaringhem », le 6 janvier 1958, *Notices et discours de l'Académie des sciences*, t. 4, 1957-1962, p. 58-62.
[1039] Henri Martineau, « Grandeur ou décadence des symbiotes », *Revue critique des idées et des livres*, 10 février 1920, t. XXVII, n° 158, p. 287-295.
[1040] Maurice Caullery, *Le parasitisme et la symbiose*, Paris, Octave Doin, 1922, p. 329-330.
[1041] « L'immunité chez les plantes », *L'Humanité*, article de Jeanne Damiens, 17 septembre 1922, p. 5. Jacques Girault et Jean Maitron, notice de Marcelle Richard dans le *Maitron*.

Damiens reprenait le rapprochement, fait par Bernard, de ce phénomène avec celui de l'immunité animale. Le 12 juillet 1923, dans les pages du *Journal des débats*, l'autre grand journal modéré de la presse française concurrencé par *Le Temps,* le célèbre journaliste scientifique Henry de Varigny (1855-1934), qui fut médecin et longtemps préparateur au Muséum, et consacra sa vie à la diffusion des théories darwinistes et de leurs vérifications expérimentales, écrivait, quinze ans après la disparition de Noël Bernard que ses travaux le plaçaient « parmi les princes de la biologie française[1042] ». Rendant compte des résultats dans la culture des orchidées présentés par Eugène Louvet, jardinier chez Julien Potin, le président de la Maison Félix-Potin, grand amateur d'orchidées installé lui aussi à Neuilly[1043], Varigny exposait et expliquait en détail les principes et les succès de la méthode symbiotique de germination de ces plantes due à Noël Bernard[1044]. Il précisait que l'horticulteur avait « mis la main sur des faits curieux, semblant indiquer, comme le pressentait l'initiateur français, la possibilité d'obtenir la germination sans mycélium de champignon, en employant des milieux de culture très sucrés, contenant des matières salines appropriées, ou des extraits végétaux ». Le journaliste regrettait cependant que la diffusion, en France, des connaissances acquises grâce à Bernard et de la méthode de culture des orchidées qu'il avait mise au point restaient limitées, alors que « comme il arrive souvent, la découverte française (avait été) aussitôt exploitée et industrialisée à l'étranger en Allemagne, en Angleterre, etc.[1045] ».

La controverse avec Lewis Knudson

On pouvait voir, dans l'article du *Journal des Débats*, une allusion à l'attaque en règle, sur un arrière-plan de chauvinisme bien dans l'air du temps, que Costantin et Magrou – lequel venait de recevoir le prix Bordin de l'Académie des sciences pour ses travaux sur le rôle des mycorhizes dans la germination des graines, un sujet de recherches qui en faisait clairement un continuateur de celles de son cousin disparu – avaient engagée en publiant un article intitulé « Applications industrielles d'une grande découverte

[1042] Henry de Varigny, « Revue des sciences », *Journal des débats politiques et littéraires*, 28 janvier 1926. Yves Carton, « Accueil et diffusion du Darwinisme en France - Henry de Varigny (1855-1934), médecin, chercheur et journaliste, un Darwinien convaincu », *Médecine/Sciences*, vol. 25, n° 4, avril 2009, p. 413-417 ; et *Henry de Varigny, Darwinien convaincu, médecin, chercheur et journaliste,1855-1934*, Paris, Hermann, 2008.

[1043] Julien Potin (1857-1927), successeur de son père, Félix Potin, à la tête de l'entreprise, entre autres activités sociales multiples (par exemple, à l'Automobile-club de France), était très actif à la Société d'horticulture où il avait créé un Prix Potin, doté de 1000 francs, pour récompenser un créateur d'hybride d'orchidées.

[1044] Henry de Varigny, « Revue des sciences », *Journal des débats politiques et littéraires,* 12 juillet 1923, p.4.

[1045] Id.

française[1046] ». Après avoir passé en revue les succès rencontrés par divers horticulteurs dans la mise en application de « la méthode Bernard » de culture des orchidées, ils y croisaient le fer avec un botaniste américain, Lewis Knudson (1884-1958) qu'ils accusaient de contester la théorie de la symbiose imaginée par Bernard[1047]. Selon eux, le chercheur américain prétendait que puisqu'il était possible de substituer à la symbiose des orchidées des conditions artificielles de culture sans champignon cela montrait que celui-ci ne jouait aucun rôle dans l'évolution de la plante. Ils ajoutaient qu'à suivre Knudson, celui-ci n'était pas loin de penser que « la théorie de la symbiose (était) un pur roman[1048] ». Ils le brocardaient même quelque peu en relevant qu'il avouait n'avoir pas réussi à isoler le champignon en cause[1049].

En fait, Knudson qui menait des travaux sur les divers substratums de culture à base de sucre pouvant permettre de faire germer des graines d'orchidées sans les associer à un champignon et qui regrettait que le décès de Bernard ait interrompu ses propres essais dans cette direction, écrivait précisément ceci :

> « On peut affirmer que la preuve définitive de la présence nécessaire du champignon pour la germination n'a pas été définitivement apportée ; mais celle que, dans les conditions de culture employées par Bernard et Burgeff, la germination des graines est dépendante du champignon, est claire.

1046 Julien Costantin et Joseph Magrou, « Applications industrielles d'une grande découverte française », *Annales de Sciences naturelles – Botanique*, 1922, t. IV, n° 4, p. I-XXXIV.

1047 Lewis Knudson, "Nonsymbiotic Germination of Orchid Seeds", *Botanical Gazette*, vol. 73, n° 1, janvier 1922, pages 1-25. Lewis Knudson, professeur de Botanique à Cornell University, outre son article de la *Botanical Gazette*, avait publié à diverses reprises dans *Orchid Review*. Ayant réussi à provoquer la germination de graines d'orchidées sur des substrats enrichis en glucose, il en concluait que celle-ci était indépendante de tout champignon. Actuellement, sur la page Wikipedia en anglais concernant Knudson qui devint ensuite un spécialiste de la culture de la vanille (qui est une orchidée), la présentation de ses travaux, qui ignore totalement ceux de Noël Bernard, dit ceci : « Dans la nature, les graines d'orchidées doivent s'associer à un champignon lors de la germination, ce qui leur fournit les nutriments nécessaires à leur croissance et à leur développement. Ce processus est connu sous le nom de "germination symbiotique" et jusqu'en 1922 c'était la seule méthode connue de multiplication des orchidées à partir de graines. Cette année-là, Lewis Knudson a publié un article décrivant une méthode artificielle pour faire germer des orchidées sans la participation d'un champignon. Cette méthode, connue sous le nom de propagation symbiotique, utilise des techniques de micro-propagation pour réaliser la germination et le développement de plantules dans un milieu de culture artificiel dans des conditions stériles. Actuellement, le milieu de croissance connu sous le nom de "milieu de culture Knudson" continue d'être utilisé dans le monde entier pour faire germer des orchidées rapidement et efficacement. »

1048 Id., page XXVII.

1049 « Peut-être M. Knudson aurait-il été prudent de ne pas se hâter de tirer pareilles conclusions. On remarque, en effet, en lisant le travail de la *Botanical Gazette*, que l'auteur n'est pas parvenu à isoler le champignon des racines d'Orchidées. Il dit, expressément : "Unfortunatly I have not as yet succeeded in satisfactorily isolating the organism staded as necessary by Bernard." Il n'a donc pas pu se rendre compte ni de la nature des espèces fongiques que l'on extrayait ainsi, ni de leur mode d'action. » (Art. cité., page XXIX.)

Beaucoup de travail reste à faire avant que l'hypothèse (du rôle) du champignon puisse être prouvée ou démentie.[1050] »

Costantin et Magrou insistaient sur le fait qu'outre la preuve incontournable que Bernard avait apportée que les orchidées vivaient bien « en symbiose » avec leur champignon commensal, celui-ci était aussi « l'inventeur des élevages sans champignons comme avec champignons[1051] ». Knudson ayant, entre temps, fait de nouvelles publications, Costantin reprit la même polémique dans une nouvelle livraison des *Annales*, en 1926, dans laquelle il mettait en doute la capacité de Knudson d'arriver à faire fleurir des orchidées avec ses méthodes de culture[1052]. Une prédiction que les travaux de celui-ci, par la suite, purent démentir. En 1950, un universitaire américain, Arthur Kelley, ayant lui-même poursuivi, dans la voie ouverte par Bernard, des recherches sur la phagocytose, s'attachait, dans un ouvrage, à l'étude chronologique détaillée de l'histoire des découvertes sur les mycorhizes ; il faisait une large place aux apports de celui qu'il qualifiait de « gifted French botanist who did so much for our science » (« le brillant botaniste français qui a tant fait pour notre science »[1053]). Il avait d'ailleurs choisi, en couverture de son ouvrage, de reproduire une planche sur l'*Odontoglossum* dessinée par Bernard et publiée à l'origine dans *L'Évolution dans la symbiose*[1054]. Et il évoquait, bien sûr, les travaux de Knudson, cherchant à dégager sinon une synthèse du moins un état des connaissances acquises :

> « Bernard avait entrepris la germination asymbiotique de graines d'orchidées en provoquant celle-ci avec du salep (...). Knudson (1922) étendit ces expériences en observant les effets de différents sucres sur la germination de graines d'orchidées. (...) (D'après les expériences de Knudson) il semble évident que dans la germination d'une graine d'orchidée il est crucial de fournir à cette graine une solution sucrée, bien que des travaux récents indiquent que quelque chose de plus que de l'hydrate de carbone est nécessaire pour la germination et le développement de l'orchidée, autrement dit un "facteur de croissance" ("a

---

[1050] Lewis Knudson, « Non symbiotic germination of orchid seeds », *Botanical Gazette*, 1922, vol. 73, n° 1, p. 1-25.

[1051] J. Costantin et J. Magrou, « Applications industrielles d'une grande découvertes française », *art. cité*.

[1052] Julien Costantin, « La vie asymbiotique des orchidées », *Annales des Sciences naturelles Botanique*, t. 7, 1926, pages I-XVI.

[1053] Arthur P. Kelley, *Mycotrophy in Plants. Lectures of the Biology of Micoohizae and Related Structures*, Waltham (Mass.), Chronica Botanica Company, 1950, p. 141.

[1054] La planche de Noël Bernard reproduite par Kelley était la planche n° 2 de *L'Évolution dans la symbiose*, ouvr. cité .Arthur Pierson Kelley (1897-1979), diplômé de l'Université de Pennsylvanie (1923) était un botaniste qui a fait une partie de sa carrière à l'United States Forest Service et a dirigé le Landenberg Laboratory, sans doute un laboratoire de botanique privé. Il est surtout connu pour avoir aussi été, depuis les années 1930, un créationniste militant, fondateur de la Creationist Society.

growth-factor"), lequel est fourni par le champignon. (...) Il semble que la graine d'orchidée est incapable de subvenir à ses besoins par sa propre action de synthèse puisqu'en pratique les orchidées ne germent pas sans la stimulation externe que Bernard avait indiquée. Knudson passe à côté de cela quand il prétend que les champignons ne sont pas responsables de la germination des graines d'orchidées ; et sa seule suggestion est que, dans la nature, d'autres champignons que le "champignon de l'orchidée" peuvent apporter du sucre à la graine. Mais quels autres champignons ? (...) En résumé (...) certes, aucune plante n'est à ce point unie à son champignon partenaire qu'il lui soit impossible de vivre autrement, mais nous percevons que l'immense majorité de plantes dans la nature est obligatoirement mycotrophique (au sens de vivre en association et obtenir du champignon asservi l'alimentation nécessaire, ndlr[1055]) en raison de ses exigences physiologiques dans un environnement limité.[1056] »

En 1985, Bernard Boullard a repris longuement tous les termes de cette querelle entre Knudson et Magrou-Costantin en mettant en évidence les oublis ou les formules ambiguës de Knudson[1057]. Les polémiques au sujet de l'antériorité de Bernard dans la découverte de la culture asymbiotique des orchidées n'ont pas disparu ; tandis que des botanistes nombreux et faisant autorité en tenaient pour l'antériorité de Bernard, Joseph Arditti, professeur de Biologie cellulaire à l'Université de Californie et auteur d'une biographie de Lewis Knudson reprenait, à la fin des années 1980, en faveur de Knudson tous les termes de la confrontation et ajoutait qu'ayant lui-même étudié les concentrations de sucres obtenues par Bernard avec ses préparations, il estimait que celui-ci n'aurait pas pu obtenir la floraison de ses plantules avec les solutions sucrées qu'il utilisait ; s'il concédait que « s'il avait vécu assez longtemps, il est probable que Bernard aurait découvert la germination asymbiotique des graines (d'orchidées) », cette découverte, selon lui, ne pouvait être attribuée qu'à Knudson quoi qu'il en fût, disait-il, « du chauvinisme, des attaques personnelles et des insultes » de Costantin et Magrou[1058].

[1055] Marcel Lecoufle et Georges Mangenot, « Mycotrophie », *Encyclopedia Universalis*.

[1056] Arthur P. Kelley, *Mycotrophy in Plants*, ouvr. cité.

[1057] B. Boullard, *ouv. cité*, p. 77-78 et 112-118.

[1058] Joseph Arditti, "Noël Bernard: The Role of Mycorrhiza in Orchid Seed Germination", tapuscrit d'octobre 1987, archives familiales, p. 45-66. Arditti a finalement écrit, dans la version publiée de son texte : "For him (Costantin) Knudson's discovery was a denigration of French science in general and Bernard's work in particular. (...) He added vitriol, petulance and hollow arguments." (Tiiu Kull et Joseph Arditti, *Orchid Biology VIII: Review and Perspectives*, Dordrecht, Springer Science &Business Media, 2002, pages 486-487). Les accusations d'Arditti contre Magrou et Costantin sont très exagérées ; le terme le plus agressif qu'ils utilisaient contre Knudson, dans leur article de 1922, était « naïveté » ; quant au « chauvinisme » de l'article, il se résumait à la formule « grande découverte française » figurant dans son titre. Mais Arditti y tenait ; dans un nouvel article, paru en 2008, (Tim Wing Jam et

Laissons, sur ce sujet, le dernier mot à Boullard :

« À ceux qui prétendraient que Noël Bernard ne fut pas, simultanément, en matière d'Orchidées, le "père" de la germination symbiotique et de la germination asymbiotique, nous conseillons la lecture de ce Mémoire (*L'Évolution dans la symbiose,* ndlr) : "La germination par l'action de solutions concentrées est lente, mais très régulière (...). Il est devenu, en somme, plus sûr et plus facile de faire germer certaines Orchidées par l'action de solutions concentrées que d'avoir recours à l'action de Rhizoctones."[1059] »

D'autres aspects de la pérennité de l'œuvre de Noël Bernard

On pourrait allonger la liste des moments qui témoignèrent, au cours des années, de la diffusion et de la reconnaissance des travaux de Noël Bernard. En 1936, un chimiste et biologiste industriel hollandais devenu un spécialiste réputé des orchidées, Henri George Derx (1894-1953), publiait dans *Orchideen* un long article essentiellement biographique, intitulé « Uit Het Leven van Noël Bernard (1874-1911) », soit « De la vie de Noël Bernard (1874-1911)[1060] », pour lequel Costantin et Marie Louise Bernard avaient fourni une matière abondante. Costantin présenta cet article de Derx devant l'Académie des sciences, à la séance du 27 avril 1936, puis il fit une communication étoffée à l'Académie d'agriculture, sous prétexte de commémorer le vingt-cinquième anniversaire de la disparition de Noël Bernard, et il y présenta la publication hollandaise[1061]. Ce furent parmi les dernières manifestations publiques du vieux maître de Noël Bernard et sa dernière occasion d'évoquer l'œuvre de son élève ; il décéda le 17 novembre de la même année. Dans ce texte, Derx rendait justice, d'une certaine façon, au « génial savant français, dont les découvertes fondamentales et les recherches sagaces ont donné la base de l'orchidoculture moderne », et

---

Joseph Arditti, « An history of orchid hybridization, seed germination and tissue culture » *Botanical Journal of Linnean Society*, juin 2008, page 10), il écrivait que « les auteurs français glorifiaient chaque découverte sur les orchidées, aussi insignifiante fût-elle ». Voir aussi Joseph Arditti, "Plenary Presentation: History of orchid propagation", Proceedings Asia Pacific Conference on Plant Tissue and Agribiotechnology (APaCPA) 17-21 Juin 2007, *Asia Pacific Journal of Molecular and. Biology and Biotechnology*, 2010, vol. 18, n° 1 suppl., p. 171-174.) Pour reprendre l'ensemble des aspects théoriques et expérimentaux de cette question, il faut lire en détail l'ouvrage de Bernard Boullard, en particulier p. 112 à 118.

[1059] B. Boullard, *ouvr. cité,* p. 77-78.

[1060] Henri-George Derx, « Uit het leven van Noël Bernard (De la vie de Noël Bernard) », déjà cité.

[1061] *CR*, séance du 27 avril 1936, t. 202, 1er sem., n° 17, p. 1372. Julien Costantin, « Le vingt-cinquième anniversaire de la mort de Noël Bernard (Note de M. le Dr H.G. Derx à cette occasion) », *CR des séances de l'Académie d'Agriculture de France*, séance du 6 mai 1936, t. 22, p. 508-511.

d'insister, bien sûr, sur le fait que « Noël Bernard n'est pas seulement le père de la méthode de la méthode de multiplication d'orchidées par graines avec l'aide de certains champignons, mais également de la méthode de plus en plus usuelle de germination sans champignon. »

Au-delà de cette actualité scientifique, la renommée de Noël Bernard fut aussi réassurée par l'action de ses amis, désormais associés au pouvoir lors de la victoire du Front populaire, en juin 1936, avec la création du Sous-secrétariat d'État chargé de la Recherche scientifique. Dans le cadre de leur croisade en faveur de la recherche, ils procédèrent au lancement, lors de l'Exposition universelle de 1937, à Paris, du projet de Palais de la Découverte[1062]. Jean Perrin, Émile Borel, Paul Langevin, Aimé Cotton, avec à leurs côtés quelques autres, plus anciens comme Caullery, ou plus jeunes comme Blaringhem, décidèrent de donner le nom de « Noël Bernard » à une des salles de biologie du Palais de la Découverte et, dans celle-ci, ils installèrent documents, vitrines et démonstrations expérimentales reflétant ses principales découvertes, ce que la connaissance de la symbiose devait à ses travaux et sa place dans la lignée des théoriciens de l'évolution[1063]. *Le Temps* produisit à cette occasion un long article soulignant que les trois salles consacrées au règne végétal au Palais de la Découverte portaient les noms de Noël Bernard, Gregor Mendel et Hugo de Vries, le chercheur français se voyant ainsi reconnaître une place de premier rang parmi les grands théoriciens de la biologie[1064]. Marcel Prenant, alors professeur d'Anatomie et d'Histologie comparées à la Sorbonne, présenta longuement dans *L'Humanité* la section de Biologie végétale de l'exposition et la salle qui portait le nom de

---

[1062] J.-F. Picard, *La République des savants*, ouv. cité ; Pascal Ory, *La grande illusion, Culture et politique sous le signe du Front populaire, 1935-1938*, Paris, Plon, 1994 ; Jacqueline Eidelman, « La création du Palais de la Découverte – professionnalisation de la recherche et culture scientifique dans l'entre-deux-guerres », thèse Université Paris V – René-Descartes, 1988.

[1063] « La symbiose et la maladie (salle 27), sont des facteurs puissants de l'Évolution ; elles mettent en évidence le grand principe de progrès qu'est *la lutte pour l'existence*. Noël Bernard, au début du siècle, a montré la présence de Champignons dans les racines des Orchidées; son œuvre et les conséquences sont présentées avec les preuves vivantes : graines minuscules de Vanille sur des plaques aseptiques, tubes renfermant le filament pur du Champignon ; mis en présence dans des flacons stérilisés, le filament attaque les jeunes embryons, en tue des centaines ; une vingtaine résistent et, six mois plus tard, sont des plantules vigoureuses d'Orchidées qu'on repique en pots dans la serre chaude ; dans les flacons vivent grâce au Champignon diverses espèces des tropiques. (…) Les dessins originaux de Noël Bernard montrent les détails de la lutte et les circonstances qui permettent d'obtenir les Orchidées les plus rares avec une grande sécurité. La longue durée des fleurs des Orchidées est la conséquence de cette association avec un Champignon et toute la biologie de ces plantes étranges en découle. (Voir, dans la Serre, les Orchidées rares obtenues aux environs de Paris par cette méthode.) » (Louis Blaringhem, « La Botanique », *Cahiers de Radio-Paris*, « Le Palais de la Découverte », 8ème année, n° 7, 15 juillet 1937, p. 713-718, p. 716-717.)

[1064] *Le Temps*, 9 juillet 1937.

Noël Bernard[1065]. Une brochure d'une centaine de pages fut publiée, titrée : *Symbiose et parasitisme. L'œuvre de Noël Bernard,* avec un avant-propos de Louis Blaringhem, membre de l'Académie des sciences depuis 1928 et président de la Société botanique de France ; c'était la meilleure façon de témoigner de la reconnaissance, même tardive, de l'œuvre de Bernard par les plus hautes autorités académiques[1066].

[1065] Marcel Prenant, « Au Palais de la Découverte, La biologie végétale », *L'Humanité*, 28 septembre 1937.
[1066] Louis Blaringhem, Joseph Magrou, Élias Melin, Fernand Moreau, Ernest Pinoy et Dr M. C. Rayner, *Symbiose et parasitisme. L'œuvre de Noël Bernard*, Palais de la Découverte, Paris, Masson, 1937. Lucien Plantefol, « À l'exposition : la biologie au Palais de la Découverte », *Revue des Deux Mondes*, vol. 40, n° 4, 15 août 1937, p. 900-912.

Conclusion

« Des orchidées à la symbiose en une douzaine d'années ; (c'était) il y a un siècle ».

Avec ce titre, trois lointains successeurs de Noël Bernard, trois scientifiques de grande réputation, se sont unis à l'occasion du centenaire de sa mort, pour présenter dans un article un bilan raisonné de son œuvre : Bernard Boullard, né en 1927, longtemps professeur de Biologie végétale à Caen où il a marché dans les pas de Bernard et travaillé dans la petite serre que celui-ci y avait édifiée ; il a écrit la seule biographie de Noël Bernard parue à ce jour[1067] ; Marc-André Selosse, né en 1968, normalien (1986) et agrégé de Sciences naturelles comme Bernard, aujourd'hui professeur au Muséum et chercheur au Centre d'Écologie fonctionnelle et Évolutive du CNRS, après être passé par l'INRA et diverses universités ; il est une des références actuelles dans le domaine de la connaissance des champignons et de la symbiose, et son ouvrage sur *La symbiose* est déjà un classique[1068] ; David Richardson, né en 1980 en Angleterre, un spécialiste des lichens, longtemps professeur de Botanique à Trinity College de Dublin, aujourd'hui rattaché au Department of Environmental Science, à Saint Mary's University d'Halifax, et rédacteur en chef de *Symbiosis*. Ces trois botanistes ont voulu replacer, en une petite dizaine de pages, l'œuvre de Bernard dans une perspective longue, en rendant justice à ses apports à la connaissance et à ses audacieux questionnements avec lesquels les chercheurs d'aujourd'hui ont encore à faire[1069].

Plus de cent ans après la disparition de Noël Bernard, son nom et la symbiose forment en effet une entité indissociable qu'on évoque, comme celui-ci en son temps, en tentant d'élucider la nature de cet attelage improbable et complexe unissant l'hôte et son parasite, entremêlant la maladie et l'association, cette symbiose au sujet de laquelle Jean-Marie Pelt, déjà évoqué, écrivait :

> « Ainsi, cette merveilleuse symbiose découverte il y a plus d'un siècle par le pastorien Noël Bernard se transforme, après une phase de parfaite coexistence, en compétition entre les symbiotes. (…) Car la vie, nous

---

[1067] B. Boullard, *ouv. cité*.

[1068] Marc-André Selosse, *La symbiose…*, ouv. cité.

[1069] Marc-André Selosse, B. Boullard et D. Richardson, « Noël Bernard (1874-1911), "Orchids to symbiosis in a dozen years, one century ago" », art. cité.

l'avons dit, ne cesse d'osciller entre son versant coopératif et son versant compétitif, son avers et son revers.[1070] »

Mais, les années passant, la silhouette de Noël Bernard se réduisait désormais, hormis pour un étroit milieu de spécialistes, à celle du génie fauché par le sort, du « maître des orchidées » parti hardiment à l'assaut des mystères de la nature et, éventuellement, du théoricien de la symbiose, tout cela au mépris de toute l'épaisseur individuelle, sociale et même historique pouvant restituer la « réalité » de l'homme disparu. Même le fils de Perrin, Francis, lorsqu'il rendait hommage à l'œuvre de son père, se contentait d'énoncer une sorte de mythe :

> « Ce fut pendant les années qu'il passa à l'École normale supérieure, comme élève puis comme agrégé-préparateur, que Jean Perrin élabora les fondements de sa pensée tant par des réflexions solitaires qu'au cours d'entretiens féconds avec quelques jeunes et enthousiastes penseurs abordant comme lui la vie scientifique et parmi lesquels il faut citer le biologiste Noël Bernard et le physicien Paul Langevin, avec lesquels il se lia d'amitiés profondes.[1071] »

Noël Bernard fut le représentant précoce d'un monde de la recherche qui, lorsqu'il décéda, commençait à peine à exister, un membre éminent de la première génération des chercheurs modernes prenant la suite des savants qui s'étaient illustrés au siècle précédent. Il fut progressivement oublié devant, indifféremment, d'une part la parade, dans la presse, des nouveaux mandarins de la science installée, naguère compagnons de Bernard et désormais chacun à la tête d'un « empire » scientifique – Marie Curie et Émile Borel obtenant, Bernard étant vivant, la première la direction de l'Institut du radium créé pour elle, en 1909, et le second, en 1910, la direction des études scientifiques de l'ENS, en remplacement de Tannery décédé ; Perrin et Marie Curie obtenant, en 1922, l'un la création et la direction du Laboratoire de Chimie-Physique, l'autre la création de la Fondation Curie, en 1922 ; Cotton obtenant, en 1927, la création et la direction du Laboratoire du grand électro-aimant de Bellevue ; Perrin encore et Urbain (et André Mayer) étant nommés, en 1930, à la direction de l'Institut de Biologie Physico-Chimique ; Borel obtenant à son tour, la même année la création et la direction de l'Institut Henri-Poincaré – tous hissés, à l'égal d'un Pasteur ou d'un Berthelot, sur le haut piédestal de la

---

[1070] Jean-Marie Pelt, *La Raison du plus faible*, ouv. cité, p. 12. Pelt a aussi écrit : « Les forces de compétition en œuvre dans la nature sont équilibrées par des forces de coopération où la symbiose, le mutualisme et le commensalisme – cet art de partager la nourriture – sont monnaie courante. » (Jean-Marie Pelt et Franck Steffan, *La Solidarité chez les plantes, les animaux, les humains*, Paris, Fayard, 2004.)

[1071] Francis Perrin, « L'œuvre scientifique de Jean Perrin », allocution à la séance solennelle dans le Grand amphithéâtre de la Sorbonne à l'occasion du vingtième anniversaire de sa mort, *Notices et discours*, t. 4, 1957-1962, Paris, Gauthier-Villars, 1964, p. 662-674.

gloire officielle, d'autre part la promotion largement médiatisée dans la grande presse de figures nouvelles de jeunes chercheurs prodiges de (déjà) la génération suivante – comme celles du couple nobélisé Irène et Frédéric Joliot-Curie, redoublant dans le mythe celui du couple disparu, naguère formé par Marie et Pierre Curie.

Ce fut ensuite le tour des historiens, en s'attachant trop souvent à ces quelques figures déjà consacrées, de laisser celle de Noël Bernard s'évanouir, au point que son appartenance à la « génération de *l'Arcouest* » ou son rôle dans le lancement de *La Revue du Mois* n'étaient plus indiqués ou se réduisait désormais à une évocation vague et formelle – sans parler de l'Amicale des professeurs des facultés des Sciences dont le rôle précurseur fut complètement gommé, celui de Bernard mais aussi de Curie dans cette affaire sombrant alors lui aussi dans l'oubli –, et que son œuvre elle-même n'était plus rappelée, par exemple lorsqu'on s'interrogeait sur la réticence de la plupart des biologistes français à s'intéresser à la révolution de la génétique, mais surtout quand on évaluait l'importance toujours croissante, voire centrale, de la notion de symbiose, d'association, de coopération, pour comprendre les ressorts fondamentaux de la vie.

En tentant de refaire le chemin que Noël Bernard avait emprunté, nous avons découvert un être original, exigeant et somme toute marginal, dont le tempérament ombrageux débouchant à chaque instant sur une « indocilité réfléchie[1072] », rend difficile de dire comment il aurait négocié l'accumulation des années, les promesses et les exigences de la révolution biologique et génétique qu'il n'a fait qu'entrevoir, les choix de carrière auxquels il aurait eu à faire face et auxquels, peut-être, il eût dû se plier, et les paris de l'engagement intellectuel et politique qui se seraient présentés à lui, inévitablement ; ne serait-ce que, d'abord, sa réaction quand survint la Première Guerre mondiale, trois ans seulement après sa mort, devant la capitulation puis l'effondrement de la social-démocratie à laquelle il croyait, et ensuite ses choix quand se posa la question de la participation scientifique à la défense nationale et à la mobilisation scientifique de guerre.

Bernard n'est pas devenu un « intellectuel » reconnu et sa disparition précoce pas plus que son isolement caennais ne suffisent à l'expliquer. Cela ne s'explique pas non plus par un déficit de convictions intellectuelles : depuis l'époque de ses canulars anti-talas et son engagement dans la Jeunesse laïque jusqu'à sa mobilisation pour l'Amicale des professeurs des facultés des Sciences et pour *La Revue du Mois*, de sa lettre adressée à Zola jusqu'à l'écriture du « Mariage en l'an 3000 », le jeune normalien dreyfusard et upéiste n'a pas varié dans ses partis pris qui ont fait de lui « un intellectuel ». Et, même, en décidant d'adhérer au parti socialiste, il a fait un choix rare parmi

[1072] Michel Foucault, « Qu'est-ce que les Lumières ? » (1984), *Dits et Écrits*, t. IV (1980-1988), n° 351, Paris, Gallimard, 1994, p. 679-688.

les scientifiques de sa génération, si rare qu'il n'a pas été identifié par les historiens (mais c'est aussi le cas avec René Costantin, André Cazamian, d'autres peut-être). Par tempérament et par choix donc, et alors qu'il en avait les ressources et le talent, Bernard n'a pas été tenté par l'intervention publique, même s'il a beaucoup aimé pratiquer son talent oratoire devant des publics généralement conquis.

Jusqu'à quel point a-t-il refusé de « parvenir », se méfiant de son tempérament trop intransigeant – « s'il arrivait, écrivait-il, que j'acquière quelque autorité ou quelque influence, il me semble que je serais méchant vis-à-vis de quelques fantoches peu estimables, que j'ai bien jugés (...). Dans mes jours noirs, je trouve en moi un fond aigre que je n'estime point.[1073] » –, se révulsant au spectacle de la course aux honneurs à laquelle les élites qu'il côtoyait se livraient, préférant le repli sur les beautés de la vie solitaire de laboratoire ? On retiendra que la vie de Bernard a été guidée par des choix exigeants, aussi chers qu'il ait dû les payer.

Bernard, dont les brillantes anticipations sur le rôle probable de la symbiose comme facteur important de l'évolution du vivant allaient prendre une actualité accrue avec le rapide développement des recherches en microbiologie et en génétique, serait-il devenu une référence française dans ces branches nouvelles de la science – ses travaux lui auraient-ils valu un prix Nobel, comme à Metchnikoff, en 1908 ? – sa carrière le conduisant alors à pouvoir être l'un des « Tétrarques » chargés de l'essor de la génétique à l'Institut de Biologie Physico-Chimique (IBPC), aurait-il accepté de se couler dans le moule de ces entrepreneurs de science, nouveau mandarins de la recherche officielle, dont Marie Curie, Perrin, Borel et quelques autres étaient les prototypes et qui seraient bientôt chacun à la tête d'une « école » de chercheurs, qui en radioactivité, qui en chimie-physique, qui en théorie des fonctions et probabilités ; bref aurait-il accepté de « parvenir » ? Aurait-il décidé de choisir une forme de « liberté » en restant à Poitiers pour y développer sa station de biologie expérimentale de Mauroc, pour se consacrer à une « école » de Botanique fondée autour de la station, comme Charles Pérez le fit à Roscoff, ou pour finalement devenir un jour le doyen dynamique de la faculté des Sciences, comme Paul Sabatier à Toulouse, René Gosse à Grenoble et quelques autres ? Aurait-il été emporté, par son tempérament tendant à la misanthropie sur fond d'esprit libertaire, vers un isolement rageur ?

La réassurance de l'amitié qui l'avait fait si proche des Perrin, Langevin et autres Curie, renforcée par des choix politiques communs fermement ancrés à gauche, en aurait-elle fait un membre de cette sociabilité dreyfusarde prolongée qui se groupa au sein de *l'Arcouest,* surtout dans le premier après-guerre, et qui déboucha finalement sur l'adhésion au Front populaire et à l'antifascisme des années 1930 ? L'aurait-elle conduit, comme tant d'autres,

---

[1073] Lettre de N.B. à M.L. Martin, 11 juin 1907, n° 8.

à avoir sa maison sur la presqu'île de l'Arcouest où son épouse aurait cultivé les liens d'amitié noués depuis le lycée avec Jeanne Maurain, devenue entre-temps un des piliers féminins, avec Marguerite Borel, du « club » arcouestien de l'entre-deux-guerres ? Francis Bernard aurait-il alors grandi avec les filles Curie, les enfants Perrin, Lapicque, Maurain, Magrou, Grandjouan, Pagès, Auger et toute cette colonie de futurs normaliens scientifiques, et aussi littéraires, de la seconde génération, et de médecins et d'artistes, voire d'aventuriers qui y incuba[1074]... Ou bien, emporté par la virulence de ses conceptions morales et de ses élans misanthropes, aurait-il trop souffert de l'entre-soi élitiste et étouffant de ce « club » d'intellectuels sorbonnards pour accepter de s'y fondre ?

Bernard, après avoir été un des fondateurs et des inspirateurs de l'Amicale des enseignants des facultés des Sciences, aurait-il été, comme Ludovic Zoretti qui arriva à Caen après son départ pour Poitiers, un des inventeurs et animateurs d'un syndicalisme d'universitaires et de chercheurs, finalement rallié à la CGT ? Qu'aurait-il pensé devant le développement de ce courant d'intellectuels réformistes modérés dans lequel Perrin et Borel se reconnurent et qui se mobilisa finalement pour créer un rassemblement des classes moyennes au sein de la Confédération des travailleurs intellectuels ?

Questions sans réponses. Noël Bernard est mort avant tout cela. Quand on résume les traits de la personnalité clivée et la courte vie de ce scientifique obsédé de science, passionné d'expérimentation et de défrichement, malade de découvertes prometteuses, ancré de plain-pied dans les réalités sociales de son temps, c'est le tragique du destin interrompu qui s'impose. En étant un individu « à part », voire « en avance », aussi bien comme botaniste, biologiste et un jour généticien, que comme fondateur exigeant voire exalté de l'Amicale, comme animateur déterminé de *La Revue du Mois*, et comme adhérent de la SFIO, le jeune Noël Bernard promettait d'avoir une vie surprenante, celle d'un explorateur de possibles. L'histoire, on le sait, ne choisit qu'une voie parmi de multiples possibles ; la voie correspondant à Noël Bernard est restée – par lui – inexplorée ; elle ne peut être écrite[1075].

[1074] Référence à Irène et Ève Curie, Aline et Francis Perrin, Jean Maurain, Charles Lapicque, Olivier Pagès, Edwige Grandjouan, Pierre, Colette et Simone Auger, et bien d'autres ; voir M. Pinault, art. cité. sur l'*Arcouest.*

[1075] Quentin Deluermoz et Pierre Singaravélou (dir.), *Pour une histoire des possibles*, Paris, Seuil, 2016, (réédition 2019).

Annexe 1

La vie de Noël Bernard – chronologie

1865 6 juin		Mariage de Léon Bernard av. Justine Bié-Moulat (Bagnères-de-Luchon)
1866 nov		Naissance de Julie Bernard ; Décès de Justine Bié-Moulat
1869 22 oct		Naissance de Jean Magrou
1874 13 mar	Naissance de Noël Léon Bernard	
1875 4 oct		Naissance de Noël Bernard (Béziers)
1877 15 mar	Mariage de Léon Bernard et Marie Marguerite Sabot ; Noël reconnu par ses parents	
1878 7 sept		Naissance de Marie Louise Martin (Pierrefeu, Var)
1879 26 déc		Décès de Léon Bernard
1883 6 août		Naissance de Joseph Magrou
1888 oct	Boursier au lycée Condorcet	
1892 juill	Bachelier mention bien	
1893 juill	Admissible à l'École polytechnique	
1894 juill	Admission à Polytechnique (36e) et à l'ENS (8e)	
1894 1er nov	**Élève à l'ENS, boursier de licence**	
1895		Fêtes du Centenaire de l'ENS
1895 nov	Licence de Mathématiques	
1896 février		Décès de Julie Bernard (à La Nouvelle)
1896 juill	Licence de Physique	
1897	Buste de Noël Bernard par Jean Magrou	
1897 nov	Licence de Sciences naturelles. Signature de la lettre collective à Gabriel Monod (5 nov.)	Début de la publication de *Paris*, d'Émile Zola
1898 16 jan	Signature par Noël Bernard, dans *L'Aurore*, de la « Protestation » en faveur de Dreyfus	Pétition des « intellectuels » dreyfusards
1898 août	Agrégation de Sciences naturelles 1er ex-æquo	M. Louise Martin reçue à Fontenay
1898 1er nov	Fin du statut d'élève à l'ENS	
1898 nov	Début du service militaire à Melun	
1899 3 mai	**Découverte des graines germées de *Neottia* à Fontainebleau**	N. Bernard n'est pas actionnaire de la Société nouvelle d'édition (Herr et Andler)

1899 15 mai	Note à la séance de l'Académie des sciences « Sur la germination du *Neottia Nidus-Avis* »	
1899 nov	Libéré des obligations militaires	
1899 1er nov	**Agrégé-préparateur de Sciences naturelles à l'ENS jusqu'au 31 déc 1901**	6 déc : cousin Noël Bernard docteur
1900	Premiers soucis de santé, « neurasthénie ». Conférences dans les Universités populaires	Le Dr N. Bernard part au Laos. Joseph Magrou au Conservatoire
1900 janvier	Signature de la pétition de la LDH contre la loi d'amnistie dans l'Affaire Dreyfus	
1900 8 juill	AG constitutive de la Fédération de la Jeunesse laïque ; Bernard secrétaire-adjoint	Charles Pérez vice-président
1901 25 mar	Bernard dénoncé à la Chambre comme « libre-penseur »	
1901 19 nov	**Soutenance de thèse**	
1902 1er jan	**Maître de conférences faculté des Sciences de Caen**	
1902 mars	Conf. sur Linné à la Société linnéenne de Normandie	
1902 sept		Marie Louise Martin répétitrice à l'ENS de Fontenay
1903 été	Début de phase dépressive jusqu'à oct. 1904	
1903 sept	Publications sur la germination des orchidées et la synthèse du champignon. Dispose d'une serre.	
1904 avril	Article « La matière et la vie »	Décès de l'oncle Joseph, 7/1904
1904 14 juill	Bernard est nommé officier d'académie	
1904 oct	Tentative d'obtenir un poste à Marseille	Joseph Magrou débute des études scientifiques
1905 27 jan	Noël Bernard donne à la souscription de la LDH pour les victimes de massacres en Russie	
1905 22 mai	**Communication au congrès de la Société nationale d'horticulture à Paris**	
1905 3 juin	Début de la correspondance avec Borel en vue de créer *La Revue du Mois*	
1905 juillet	Article « Maladies parasitaires et évolution des végétaux »	
1905	La « déconvenue » avec les champignons	
1905 automne	Rencontre, chez les Maurain, de N. Bernard	avec Marie Louise Martin
1905 25 nov	Projet d'Amicale (lettre à É. Borel)	
1906 5 janv	**Trésorier de l'Amicale des professeurs des facultés des Sciences**	**Création de l'Assoc° Amicale des professeurs facultés des Sciences**
	Membre du comité de rédaction de *LDRM*	***La Revue du Mois* n° 1**

1906 10 févr	Article de N. Bernard sur l'enseignement des Sciences naturelles, *La Revue du Mois*	
1906 8 avril	Lettre de Bernard à Pierre Curie au sujet de l'Amicale	19 avril Mort de Pierre Curie
1906 avril	Début de la publication de l'article dans *Orchis*	Retour du Dr Noël Bernard du Siam
1906 mai	Premier article dans *Orchid Review*	
1906 31 juill	**Communication au 3ème Congrès de génétique (Société royale d'horticulture Londres)**	
1906 déc	Rapport à la Caisse des recherches scientifiques	
1907 16 jan	Conférence de Noël Bernard à la Jeunesse laïque de Caen (*Le Combat ouvrier*)	Dr Noël Bernard au Muséum puis à l'Institut Pasteur
1907 1er juin	**Début de la correspondance avec M. L. Martin (31 lettres jusqu'à la fin de juillet)**	
1907 8 août	Mariage avec Marie Louise Martin	
1907 oct	Tentative d'obtenir un poste à Grenoble	M. L. Martin en congé
1907 déc	Notice *Titres et travaux*	
1908 10 janv	Article sur « Le Mendélisme » (*LRDM*)	
1908 23 avr	**Communication au Congrès de la Soc. royale d'horticulture et de botanique, à Gand**	Mariage du Dr N. Bernard et Paulette Delage
1908 30 avr		Naissance de Francis Bernard
1908 1er nov	**Chargé de cours à Poitiers**	M. L. Martin prof suppl. EPS de Poitiers
1909	**Parution de *L'Évolution dans la symbiose,* Annales des Sciences naturelles**	Parution de *Die Wurzelpilze der Orchideen,* de Hans Burgeff.
1909 10 avr	« La crise du transformisme », *LRDM*	Joseph Magrou à l'I. Pasteur
1909 22 juill	Prof. à la chaire de Botanique de Poitiers	
1910 mars	**Découverte de la maladie de Noël Bernard**	
1910 avril	Officier de l'Instruction publique	
1910	Directeur de la Station de Biologie végétale de Mauroc (Saint- Benoît, près de Poitiers)	
1910 sept	Consultation du docteur Guimard, à Paris	Dr N. Bernard part pour Hué
1910 14 nov	Prix Saintour de l'Académie des sciences	M. L. Martin en congé (1er oct)
1911 26 jan	**Décès de Noël Bernard**	
1911 28 jan		Décret de nomination de M.L. Bernard à EPS de St-Gaudens
1911 10 juin	Article posthume dans *LDRM* : « Un mariage en l'an 3000 » ; et article biographique et nécrologique par C. Pérez	
1916	*L'Évolution des plantes*, posthume, préface de J. Costantin	
1921	*Principes de Biologie végétale*, posthume, avant-propos de Marie Louise Bernard	
1937	Salle « Noël-Bernard » au Palais de la Découverte	Légion d'honneur à M. L. Bernard

1945	Décès de Jean Magrou : 24/05
1946	Décès de Marie Louise Martin : 31/10
1951	Décès de Joseph Magrou : 10/02
1971	Décès du dr Noël Bernard : 15/06

Annexe 2

Généalogie de Léon Noël Bernard (1874-1911)

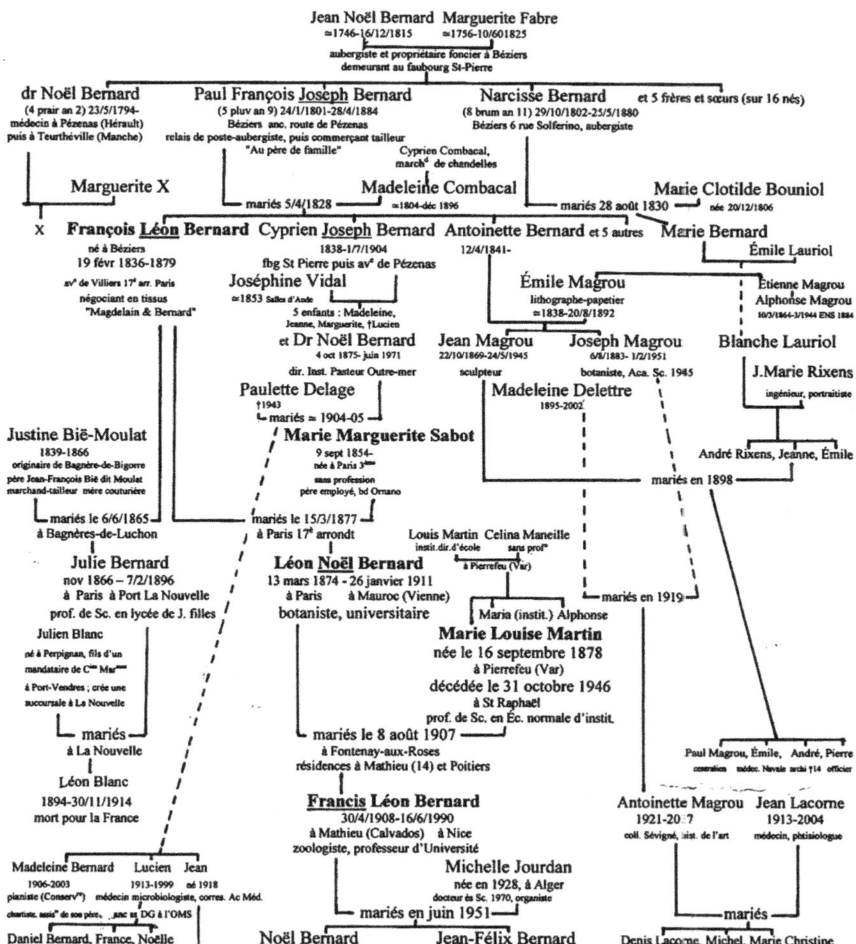

Sources

Documents et archives :

Actes de naissance et de décès de Noël Bernard.

Acte de mariage de Noël Bernard et Marie Louise Martin.

Actes d'état-civil de la famille de Noël Bernard.

Registre matricule militaire n° 2436 de Noël Bernard, classe 1894, Paris 4ème bureau, D4R1 810.

Archives familiales conservées par Jean-Félix Bernard :

- copie dactylographiée de 26 lettres de Noël Bernard à sa fiancée, du 1er juin 1907 au 24 juillet 1907, 112 pages ;
- « Corpus Magrou » : photocopies de 103 lettres et extraits de lettres de Noël Bernard à divers correspondants de la famille Bernard, et quelques-unes concernant des collègues, d'octobre 1894 à décembre 1910 (on retrouve l'essentiel de cet ensemble dans le Fonds Joseph Magrou, aux Archives de l'Institut Pasteur) ;
- « Quelques souvenirs demandés par mes enfants », souvenirs écrits par le docteur Noël Bernard (fils de Joseph), août 1948, tapuscrit de 25 pages ;
- « Souvenirs et réflexions à propos de mon père, Noël Bernard », par Francis Bernard, décembre 1987, tapuscrit de 3 pages ;
- « Souvenirs sur moi-même », par Francis Bernard, juillet 1988, tapuscrit, 22 pages ;
- papiers de la famille Bernard, documents familiaux, photographies.

Archives de la famille Magrou, conservées par Denis Lacorne :

- Docteur Noël Bernard, « Quelques faits importants de la vie de Joseph (Magrou) », manuscrit de 9 pages, sans date.

Archives nationales, dossier administratif de Noël Bernard, F 17/23203, dossiers administratifs de Marie Louise Martin, AN F/17/24232 et AJ/16/958.

Archives de la Légion d'honneur, dossier de Marie Louise Bernard, base léonore (ministère de la Culture), n°19800035/819/93281.

Archives nationales : Gaston Bonnier et Romain Moniez, « Rapports sur la thèse et la soutenance (...) de Noël Bernard », 4 pages manuscrites, AJ16/5537.

Archives nationales : « Caisse de la recherche scientifique – Rapports, procès-verbaux, subventions (1903-1938) », AN F/17/17431-458.

Archives nationales : « Symbiose des orchidées d'après les travaux de Noël Bernard : textes et photos, 93 numéros) », dans « Enseignement supérieur et universités : Palais de la Découverte(1900-1978) », carton « Biologie. Origines de la section (1936-1937). Sous-section Biologie végétale. Louis Blaringhem », cote 19900512/71.

Archives nationales : Dossier « Calvados. Mouvements socialistes », dans les archives de la Sûreté nationale, F/7/12497.

Archives nationales : Derx Henri George, « De la vie de Noël Bernard », 9 pages dactylographiées, traduction par l'auteur, sans date, 76/AJ/6.

Archives départementales de l'Hérault, état-civil.

Archives départementales du Calvados : procès-verbaux des réunions du Conseil de l'Université de Caen (T/1153/1 et T/1153/2) et registre des délibérations de l'assemblée de la Faculté des sciences (1886-1911), (T/438), personnel universitaire (T/438), séries T (Enseignement) ; rapports mensuels du commissariat de la gare de Caen (M/2876 et M/2879, M/3006 et M/3007), série M (Administration générale), et presse locale.

Archives départementales de la Vienne : dossiers administratifs de Marie Louise Bernard et Noël Bernard (10 T 2278) ; registre des délibérations de l'assemblée de la Faculté des sciences (2503 W 2).

Archives d'histoire contemporaine de Sciences Po, fonds Lucien Herr.

Lettre d'Henri Lebesgue à Émile Borel, le 16 juin 1910, reproduite dans Pierre Dugac, « Lettres d'Henri Lebesgue à Émile Borel », *Cahiers du séminaire d'histoire des mathématiques*, t. 12 (1991), pages 1-511, en ligne, lettre CLVI, pages 256.

Archives de l'Académie des sciences : lettres de Noël Bernard dans les papiers d'Émile Borel ; dossiers d'académiciens de Louis Blaringhem, Pierre Bonnier, Émile Borel, Julien Costantin, Alfred Giard, Paul Langevin, Joseph Magrou, Jules Tannery.

Bibliothèque nationale de France : lettres de Noël Bernard dans les papiers de Marie et Pierre Curie, BNF 18434, f. 45, correspondances L XXX n° 251-255.

Archives Curie et Joliot-Curie, Musée Curie et Joliot-Curie, Paris 5ème.

Papiers de Paul Langevin, Bibliothèque et Archives de l'ESPCI.

Archives de l'Institut Pasteur (RHPST), fonds Noël Bernard (1975-1971) et fonds Joseph Magrou (1883-1951), dépôt d'Antoinette Magrou-Lacorne, dont « Biographie de Joseph Magrou », manuscrit de 111 pages, sans date.

Fonds Émile Zola de la Bibliothèque Méjanes (Aix-en-Provce), dossier *Paris.*

Témoignages de Michelle Bernard, belle-fille de Noël Bernard, et de Jean-Félix Bernard, fils de celle-ci, avril-mai et novembre 2019.

Témoignage de Denis Lacorne, petit-fils de Joseph Magrou, le 16 mars 2020.

Échanges de correspondances avec Michelle Bernard, Jean Félix Bernard, Daniel Bernard, Denis Lacorne, Jean-Baptiste Magrou et Bernard Boullard.

Sources imprimées :

Œuvres de Noël Bernard :

Œuvres principales :

Titres et travaux, Caen, Valin imprimeur, 12 décembre 1907, 15 pages.

« Sur la germination du *Neottia Nidus-Avis* », *Comptes-rendus hebdomadaires des séances de l'Académie des sciences,* 15 mai 1899, t. 128, pages 1253-1255.

Études sur la tubérisation, thèse de doctorat, Paris, Paul Dupont, 1901, 103 pages, et *Revue générale de Botanique*, t. 14, du 15 janvier au 15 juin 1902, pages 5-279.

« L'Évolution dans la symbiose . Les orchidées et leurs champignons commensaux », *Annales des Sciences naturelles, Botanique*, février 1909, 85ème année, 9ème série, t. 9, n° 1 à 4, pages 1-196, plus planches, Paris, Masson, 1909.

L'évolution des plantes, préface de J. Costantin, Paris, Alcan, 1916 (posthume), XXXII et 316 pages.

Principes de biologie végétale, Paris, Alcan, 1921 (posthume, avant-propos et rédaction de Marie Louise Bernard), XII et 211 pages.

Et aussi :

« Sur quelques germinations difficiles », *Revue générale de Botanique*, t. 12, n° 135, 15 mars 1900, pages 108-120.

« Sur la tuberculisation précoce chez les végétaux », *Comptes-rendus hebdomadaires des séances de l'Académie des sciences*, 13 octobre 1900, t. 131, pages 626-629.

« Sur la tuberculisation des pommes de terre », *Comptes-rendus hebdomadaires des séances de l'Académie des sciences*, 11 février 1901, t. 132, pages 355-357.

« Infection et tubérisation chez les végétaux », *Revue générale des sciences pures et appliquées*, t. 13, n° 1, 15 janvier 1902, pages 8-26.

« Conditions physiques de la tubérisation chez les végétaux », *Comptes-rendus hebdomadaires des séances de l'Académie des sciences*, 27 octobre 1902, t. 135, pages 706-708.

« Mécanismes physiques d'actions parasitaires », *Bulletin de la Société Linnéenne de Normandie*, 20 novembre 1902, 5ème série, vol. 6, décembre 1902, pages 127-144.

« Importance physiologique de l'alcool », *Bulletin de la Société Linnéenne de Normandie*, 2 février 1903, 5ème série, vol. 9, 1903, pages 286-289.

« La germination des Orchidées », *Comptes-rendus hebdomadaires des séances de l'Académie des sciences*, 21 septembre 1903, t. 137, pages 483-485.

« Le champignon endophyte des Orchidées », *Comptes-rendus hebdomadaires des séances de l'Académie des sciences*, 28 mars 1904, t. 138, pages 828-830.

« La matière et la vie », *Revue de Paris*, 11ème année, vol. 4, n° 16, 15 août 1904, pages 729-750.

« Recherches expérimentales sur les Orchidées », *Revue Générale de Botanique*, t. XIV, 15 novembre 1904, pages 405-451, et 15 décembre 1904, pages 458-476.

« Nouvelles espèces d'endophytes d'orchidées », *Comptes-rendus hebdomadaires des séances de l'Académie des sciences*, séance du 8 mai 1905, t. 140, pages 1272-1273.

« Sur un cas de dégénérescence de Plantes à tubercules », *Bulletin de la Société Linnéenne de Normandie*, vol. 9, 5ème série, 6 janvier 1905, pages 251-252.

« À propos d'un fait de "mutation" chez une pomme de terre », *Bulletin de la Société Linnéenne de Normandie*, vol. 9, 5ème série, 1905, pages 253-255.

« Action des microorganismes sur la germination des graines d'Orchidées », Congrès international d'horticulture générale de 1905, organisé à Paris par la Société nationale d'horticulture de France, mai 1905, *Journal de la Société nationale d'horticulture de France*, t. VI, 4ème série, juin 1905, pages 434-439.

« Maladies parasitaires et évolution des végétaux : histoire des orchidées », *La Revue des idées*, 15 juillet 1905, n° 19, pages 514-527.

« Symbioses d'Orchidées et de divers Champignons endophytes », *Comptes-rendus hebdomadaires des séances de l'Académie des sciences*, 2 janvier 1906, t. 142, pages 52-54.

« Les champignons des Orchidées, leur rôle et leur utilisation », *Orchis*, 1ère année, vol. 1, n° 1, 2 et 3, avril, mai et juin 1906, pages 3, 12-13 et 18-19.

« Fungus cooperation in Orchid roots », *The Orchid Review*, vol. XIV, n° 163, juillet 1906, pages 201-203.

"On the Germination of Orchids", *Report of the third international conference on genetics*, Londres, International Congress of Genetics London, décembre 1906, pages 892-896.

« Rapport sur des recherches relatives à la nature et au rôle des champignons qui abritent les racines des orchidées », dans Paul Disclère, *Rapport annuel adressé au président de la République par la Caisse des recherches scientifiques*, année 1906, Melun, Imprimerie administrative, 1907, 96 pages, pages 24-25.

« Rapport sur des recherches relatives au rôle qu'ont les champignons formant les "mycorhizes" dans l'évolution des plantes qui hébergent normalement des microorganismes », dans Paul Disclère, *Rapport annuel adressé au président de la République par la Caisse des recherches scientifiques*, année 1907, Melun, Imprimerie administrative, 1908, 111 pages, page 38.

« Rapport sur des recherches qui établissent les rapports qui existent entre l'évolution des Orchidées et leur adaptation à la vie commune avec des champignons commensaux », dans Paul Disclère, *Rapport annuel adressé au président de la République par la Caisse des recherches scientifiques*, année 1908, Melun, Imprimerie administrative, 1909, 114 pages, page 37.

La culture des orchidées dans ses rapports avec la symbiose, conférence prononcée à Gand, en avril 1908, fascicule édité par la Société royale d'agriculture et de botanique de Gand, 1908, 20 pages ; rééditée dans le *Journal de la Société nationale d'horticulture de France*, t. XXIV, 4ème série, mai 1923, pages 180-193.

« Remarques sur l'immunité chez les plantes », *Bulletin de l'Institut Pasteur*, 15 mai 1909, t. 7, 7ème année, n° 9, pages 369-386.

« Conférence de M. Noël Bernard sur l'origine de la pomme de terre », *Bulletin de la Société académique d'Agriculture, Belles-Lettres, Sciences et Arts de Poitiers*, n° 367, 15 décembre 1909, pages 223-241 ; et idem, Poitiers, Société française d'imprimerie et de librairie, 1910, 19 pages.

« Sur la fonction fongicide des bulbes d'Ophrydées » et « Les Mycorhizes des *Solanum* », *Annales de Sciences naturelles – Botanique*, 9ème série, t. XIV, 87ème année, 1911, pages 221-234 et 235-252.

« Sur les Mycorhizes des pommes de terre sauvages. Appendice rédigé par Mme M-L Bernard et Joseph Magrou », *Annales de Sciences naturelles – Botanique*, 9ème série, t. XIV, 87ème année, 1911, pages 221-258.

« Domaine de Mauroc. Création d'une station de biologie végétale à la Faculté des Sciences de l'Université de Poitiers », extraits cités par Jacques Cavalier, recteur de l'Académie de Poitiers, dans « Rapport sur l'administration du domaine de Mauroc jusqu'au 1er novembre 1911 », *Revue internationale de l'enseignement*, t. 63, janvier-juin 1912, pages 216-228.

« Espèces et variétés », *Revue générale des sciences pures et appliquées*, t. 25, n° 10, 30 mai 1914, pages 506-510.

« Observations de Noël Bernard », notes inédites au sujet de la symbiose chez le *Pellia épiphylla* d'après ses cahiers d'expériences (février 1909), dans Joseph Magrou, « La symbiose chez les Hépatiques », *Annales des Sciences naturelles, Botanique*, 10ème série, 1925, pages 725-779.

Et dans *La Revue du Mois* :

« Un préjugé dans l'enseignement des sciences naturelles », *La Revue du Mois* , 1ère année, n° 2, 20 février 1906, pages 214-224.

« Le Mendélisme », *La Revue du Mois*, n° 25, 10 janvier 1908, pages 33-53.

« Biologie appliquée : les méthodes de Luther Burbank », *La Revue du Mois*, n° 31, 10 juillet 1908, pages 108-111.

« La crise du transformisme », *La Revue du Mois*, n° 40, 10 avril 1909, pages 482-488.

« Un mariage en l'an 3000 », *La Revue du Mois*, n° 66, 10 juin 1911, pages 658-675.

« La notion d'espèce », *La Revue du Mois*, n° 110, 10 février 1915, pages 137-150.

Écrits sur Noël Bernard :

Allais Alphonse, *Le Captain Cap*, Paris, Félix Juven, 1902, 283 pages.

Anonyme, « Les germinations difficiles », *Revue scientifique*, t. 13, 4ème série, n° 19, 12 mai 1900, pages 603-604.

Beauverie Jean, « exposé complet de la doctrine de M. Noël Bernard », *Annales de la Société Botanique de Lyon*, 1901, t. 27, n° 1, séance du 18 février 1902, page 8.

Bernard Francis, "Noël Bernard, A memoir compiled from letters by his son" dans Arditti Joseph, "Lewis Knudson (1884-1958) : his science, his times, and his legacy", *Lindleyana, The Scientific journal of the American orchid society*, vol. 5, n° 1, mars 1990, 69 pages, pages 54-57.

Bernard Francis, *Les fourmis d'Europe occidentale et septentrionale*, Paris, Masson, 1968, 416 pages.

Bernard Marie-Louise, avant-propos dans Noël Bernard, *Principes de Biologie végétale*, Paris, Félix Alcan, 1921, 207 pages, pages I-IX.

Blaringhem Louis, *Symbiose et parasitisme. L'œuvre de Noël Bernard*, avant-propos, Palais de la découverte, exposition de 1937, Paris, Masson, 1937, 91 pages.

Blaringhem Louis, Magrou Joseph, Meli Élias, Moreau Fernand, Pinoy Ernest et Dr M. C. Rayner, *Symbiose et parasitisme. L'œuvre de Noël Bernard*, Palais de la Découverte, Paris, Masson, 1937, 96 pages.

Castro-Soffia Robert, « Un livre posthume de Noël Bernard », *L'Europe nouvelle, revue hebdomadaire des questions extérieures, économiques et littéraires*, 15 juin 1918, n° 23, pages 1109.

Cavalier Jacques, « Rapport sur l'administration du domaine de Mauroc jusqu'au 1er novembre 1911 », *Revue internationale de l'enseignement*, t. 63, janvier-Juin 1912, 13 mars 1912, pages 216-228.

Costantin Julien, préface à Noël Bernard, *L'évolution des plantes*, ouvrage posthume, Partis, Alcan, 1916, 313 pages, pages I-XXXII.

Costantin Julien, « Le 25ème anniversaire de la mort de Noël Bernard », *Comptes-rendus de l'Académie d'agriculture de France*, séance du 6 mai 1936, pages 508-511.

Cowles Henry Chandler, notes sur Noël Bernard dans « Current Litterature », *Botanical Gazette*, vol. 37, n°3, mars 1904, pages 228–229 et page 70-71.

Damiens Jeanne (Marcelle Richard), « L'immunité chez les plantes », *L'Humanité*, 17 septembre 1922.

Derx Henri George, « Uit het leven van Noël Bernard (De la vie de Noël Bernard) », *Orchideën*, avril 1936, 3ème année, n° 2, pages 242-252.

Dugac Pierre, « Lettres d'Henri Lebesgue à Émile Borel », *Cahiers du séminaire d'histoire des mathématiques*, t. 12 (1991), pages 1-511.

Fescourt Henri, *La foi et les montagnes ou le 7ème Art du passé*, Paris, Publications photo-cinéma Paul Montel, 1959, 495 pages.

Guignard Léon, « Rapport sur les travaux de M. Noël Bernard », séance du 24 octobre 1910, prix Saintour, *Comptes-rendus des séances de l'Académies des sciences*, t. 151, juillet-décembre 1910, 10 décembre 1910, pages 1265-1271.

Magne Georges, « Des effets des microorganismes sur la germination des graines d'orchidées », Congrès international de 1905 d'Horticulture générale », Paris, *Journal de la Société nationale d'Horticulture de France*, série IV, t. 6, mai 1905, pages 241-253.

Magrou Joseph, *Des orchidées à la pomme de terre. Essais sur la symbiose*, Paris, Gallimard, coll. Avenir de la science, dirigée par Jean Rostand, 1943, 203 pages.

Magrou-Lacorne Antoinette et Magrou Michèle, « Souvenirs de famille sur un artiste biterrois : Jean Magrou (1869-1945) statuaire », *Bulletin de la Société archéologique, scientifique et littéraire de Béziers*, 7ème série, vol. 2, 1990-1991, 1992, pages 35-50.

Le Dantec Félix, «Un savant : Noël Bernard 1874-1911», *La Grande Revue*, 25 mars 1911, n° 2, pages 385-398.

Lutz Louis, « Hommage à Noël Bernard », *Bulletin de la Société Botanique de France*, séance du 10 mars 1911, t. 58, 1911, n° 2, page 143.

Mauriac Pierre, chapitre sur « Noël Bernard et la symbiose » dans *Aux confins de la médecine. Nouvelles rencontres*, Paris, Grasset, 1930, 263 pages.

Monfreid Henry de, *L'Envers de l'aventure*, vol. VII, « Combat », Paris, Grasset, 1963, 203 pages.

Moreau Fernand, « Notice sur l'œuvre scientifique de Noël Bernard », *Bulletin de la Société botanique des Deux-Sèvres*, 1911-1912, pages 99-104.

Moreau Fernand, « Sur un botaniste aux affinités normandes, Noël Bernard (1874-1911) », *Mémoires de l'Académie des Arts, Sciences et Belles-Lettres de Caen*, t. XIV (1961), pages 103 sq.

Pérez Charles, notice nécrologique consacrée à Noël Bernard, *Revue Générale des Sciences Pures et Appliquées*, t. 22, n° 3, 15 mars 1911, pages 181-182.

Pérez Charles, « Noël Bernard (1874-1911 », *La Revue du Mois*, t. 9, 6ème année, n° 66, 10 juin 1911, pages 641-657.

Pérez Charles, « Notice sur Noël Bernard », *Annuaire de l'Association amicale de secours des anciens élèves de l'École normale supérieure*, 1912, pages 129-133.

Perrin Jean, allocution prononcée lors de l'inauguration des nouveaux laboratoires de l'ENS, en 1937, dans Jean Perrin, *La Science et l'espérance* (posthume, préface de Louis de Broglie), Paris, PUF, 1948, 216 pages.

Prenant Marcel, « Au Palais de la Découverte, La biologie végétale », *L'Humanité*, 28 septembre 1937.

Rivière Émile, « Académie des sciences, 21 septembre 1903 », *Revue scientifique*, n° 14, 3 octobre 1903, pages 438-439.

Saint-Lager Jean, « Compte rendu d'un mémoire de M. Noël Bernard de la tuberculisation des pommes de terre », *Annales de la Société Botanique de Lyon*, 1901, t. 26, n° 1, séance du 19 février 1901, page 7.

Saint-Lager Jean, « M. Noël Bernard sur la germination des graines d'Orchidées par l'action adjuvante des champignons filandreux », *Annales de la Société Botanique de Lyon*, 1902, t. 27, n° 1, séance du 21 janvier 1902, page 4.

Saint-Lager Jean, « Observations de M. Noël Bernard qui a continué ses recherches sur la tuberculisation de la pomme de terre », *Annales de la Société Botanique de Lyon*, 1902, t. 27, n° 1, séance du 29 avril 1902.

Séret Marie, Notice nécrologique de Marie Louise Bernard, *Bulletin de l'Association amicale des anciennes élèves de l'ENS de Fontenay-aux-Roses*, n° 45, janvier 1947, pages 40.

Tinayre Marcelle (sous le pseudonyme de Madeleine Mirande), « Journal d'une femme. L'ère des biologistes ou Un mariage en l'an 3000 », *Le Journal*, 15 juillet 1912.

Varigny Henry de, « Revue des sciences », *Journal des débats politiques et littéraires*, 28 janvier 1926.

Publications de botanique et de biologie

Baillon Henri-Ernest, *Dictionnaire de Botanique*, Paris, Hachette, 1894, 4 vol.

Bernard Claude, *Introduction à l'étude de la médecine expérimentale*, Paris, Delagrave, 1898, 364 pages.

Blaringhem Louis, « Julien Costantin (1857-1936) », *Annales des Sciences naturelles – Botanique*, 1937, 10ème série, t. XIX, pages I-XXIX.

Blaringhem Louis, « La Botanique », *Cahiers de Radio-Paris*, « Le Palais de la Découverte », 8ème année, n° 7, 15 juillet 1937, p. 713-718.

Bonnier Gaston, Colomb Georges et Dufour Léon. « Laboratoire de botanique à la Faculté des Sciences de Paris », *Rapport sur l'École pratique des Hautes Études, 1888-1889*, Paris, EPHE, 1888, 242 pages, pages 145-150.

Bonnier Gaston, « L'anatomie expérimentale », *Revue scientifique*,52 (19 août 1893), n° 8, pages 225-231.

Bonnier Gaston, *Notice sur les travaux scientifiques de M. Gaston Bonnier*, Corbeil, imprimerie É. Crété, 1894, 79 pages.

Bonnier Gaston, *Le Monde végétal*, Paris, Flammarion, 1907, 391 pages.

Bonnier Gaston, « Pour et contre le darwinisme », *Revue hebdomadaire*, 20ème année, t. 7, juillet 1911, pages 5-37.

Bultel Gaston, « Le semis des orchidées exotiques à l'aide des champignons endophytes », *Revue horticole*, t. 15, 1915, pages 410-412.

Bultel Gaston, « Germinations aseptiques d'orchidées. Cultures symbiotiques et asymbiotiques », *Revue Horticole,* t. 19, 1924, pages 268–271, 291–294, 318–321, 334–339 et 359–363.

Bultel Gaston, « Les orchidées germées sans champignons sont des plantes normales », *Revue Horticole*, 1926, n° 98, page 155.

Burgeff Hans, *Die Wurzelpilze der Orchideen. Ihre Kultur und ihre Leben in der Pflanze*, Iéna, G. Fischer, 1909, 220 pages.

Burgeff Hans, *Die Anzucht tropischer Orchideen aus Samen*, Iena, Gustav Fischer, 1911, 90 pages.

Candolle Augustin Pyrame de, « Mémoire sur les rhizoctones, nouveau genre de champignons qui attaque les racines des plantes et en particulier celle de la luzerne cultivée », *Mémoires du Muséum d'Histoire Naturelle*, t. 2, 1815, pages 209-216.

Cantacuzène Jean, « Le problème de l'immunité chez les invertébrés », séance du 28 mai 1923 du 75ème anniversaire de la Société de Biologie, *Comptes rendus des séances de la Société de biologie et de ses filiales,* 75ème année, vol. 88, t. 1, pages 48-119.

Caullery Maurice, « Alfred Giard et la chaire d'Évolution des êtres organisés à la Sorbonne », leçon d'ouverture du 3 novembre 1899, *Revue scientifique*, 27 novembre 1909, t. 47, n° 22. pages 680-687.

Caullery Maurice, *Le parasitisme et la symbiose*, Paris, Octave Doin, 1922, 400 pages.

Caullery Maurice, *Maurice Caullery, 1868-1958, un biologiste au quotidien*, texte tiré des « Souvenirs d'un biologiste » de M. Caullery, présenté par Eva Telkès, Lyon, PU Lyon, 1993, 366 pages.

Caullery Maurice, *Les étapes de la biologie*, Paris, PUF, Que sais-je ?, 1941, 128 pages.

Cavalier Jacques, « Rapport sur l'administration du domaine de Mauroc jusqu'au 1er novembre 1911 », *Revue internationale de l'enseignement*, t. 63, janvier-juin 1912, pages 216-228.

Chevalier Auguste, « T. Husnot et l'Agrostographie française », *Revue internationale de botanique appliquée et d'agriculture tropicale*, 29ème année, n° 317-318, mars-avril 1949, pages 186-189.

Chevalier Auguste, « In Memoriam - Un grand serviteur de la Science et de la Belgique : Émile Laurent (1861-1904) », *Revue internationale de botanique appliquée et d'agriculture tropicale*, 33ème année, n°367-368, mai-juin 1953, pages 275-276.

Combes Raoul, « Notice nécrologique de Louis Blaringhem », séance du 6 janvier 1958, *Comptes-rendus de l'Académie des sciences*, t. 240, pages 22-27.

« Congrès international d'horticulture générale de 1905 », organisé à Paris par la Société nationale d'horticulture de France, séance d'ouverture du 22 mai 1905, *Journal de la SNHF*, 4ème série, vol. 6, juin 1905.

Costantin Julien, « Les Orchidées » *Revue scientifique*, t. 20, 4ème série, n° 1, 4 juillet 1903, pages 1-10.

Costantin Julien, « Les étapes d'une découverte biologique. Les hybrides d'orchidées », *Revue scientifique*, 1er mars 1913, n° 9, pages 257-264.

Costantin Julien, *La Vie des Orchidées*, Paris, Ernest Flammarion, 1917, 185 pages.

Costantin Julien et Magrou Joseph, « Applications industrielles d'une grande découvertes française », *Annales de Sciences naturelles – Botanique*, 1922, t. IV, n° 4, pages I-XXXIV.

Costantin Julien et Magrou Joseph, « Sur les mycorhizes de la pomme de terre », *Annales des Sciences naturelles Botanique*, 10e série, t. XVII, fasc. n° 1, 1935, pages 37-50.

Costantin Julien, « Rapport complémentaire » pour la candidature de Louis Blaringhem à l'Académie des sciences, 11 juin 1928, manuscrit 19 pages, Archives de l'Académie des sciences dossier Louis Blaringhem.

Costantin Julien, « Aperçu historique des progrès de la Botanique depuis cent ans (1834-1934), *Annales des Sciences naturelles – Botanique*, 10ème série, t. XVI, Centenaire des Annales, 1934, pages I-CCI.

Crozals Jean, « PAGES Duchârtre, 1811-1894, sa vie, sa correspondance », *Bulletin de la Société archéologique, scientifique et littéraire de Béziers*, 3ème série, t. 1, 1895-1896, pages 119-165.

Cuénot Lucien, « La nouvelle théorie transformiste. Jäger, Galton, Nussbaum, Weissmann », *Revue générale des sciences pures et appliquée*, février 1894, t. V, pages-74-79.

Cuénot Lucien, « L'évolution des théories transformistes », *Revue générale des sciences pures et appliquées*, 1901, n° 12, pages 264-269.

Cuénot Lucien, « Les recherches expérimentales sur l'hérédité », *L'Année biologique*, 1902, vol VII, pages LVIII-LXXVII.

Dangeard Pierre, « Recherches sur les tubercules radicaux des légumineuses », *Le Botaniste*, janvier 1926, XVIème série, n° 1, pages 1-275.

Darwin Charles, *De la fécondation des Orchidées par les insectes et des bons résultats du croisement*, Paris, Reinwald & C°, 1870, 352 pages.

Davy de Virville Adrien, « Husnot 1840-1929 », *Revue générale de botanique*, n° 489, septembre 1929, pages 529-535.

Davy de Virville Adrien, « Léon Dufour », *Bulletin trimestriel de la Société mycologique de France*, t. 58, 1942, pages 200-228.

Duchârtre Pierre, *Éléments de Botanique*, Paris, J.-B. Ballière et fils, 1867, 1088 pages.

Ferry René, « Études sur les mycorhizes endotrophes, par Is. Gallaud », *Revue mycologique*, 27ème année, n° 107, juillet 1905, pages 111-120.

Dufour Léon, « Le Laboratoire de Biologie Végétale de Fontainebleau », dans *Livre dédié à Gaston Bonnier par ses élèves et ses amis à l'occasion du Vingt-cinquième anniversaire de la fondation du Laboratoire de Biologie Végétale de Fontainebleau et de la création de la Revue Générale de Botanique*, *Revue générale de botanique*, t. 25 bis, 1914, 678 pages, pages 2-10 ; et *Vingt-cinquième anniversaire de la fondation du Laboratoire de Biologie végétale de Fontainebleau et la création de la Revue générale de botanique*, Nemours, Imprimerie nemourienne, 1914, pages 45-53.

Fontaine Maurice, « Allocution aux funérailles de Paul Portier, membre de la section de Médecine et de Chirurgie », Bourg-la-Reine, le 30 janvier 1962, et Courrier Robert, « Notice sur la vie et l'œuvre de Paul Portier », séance annuelle des prix du 11 décembre 1966, et notices biographiques, bibliographie, Paris, Institut de France, 1962, 46 pages.

Frank A.- Bernhard, « Über die auf Wurzelsymbiose beruhende Ernährung gewisser Bäume durch unterirdische Pilze », *Berichte der Deutschen Botanischen Gesellschaft*, 1885, vol. 3, pages 128-145. Traduction récente en anglais : "On the nutritional dependence of certain trees on root symbiosis with belowground fungi (an English translation of A.B. Frank's classic paper of 1885)", *Mycorrhiza,* juillet 2005, n° 15, pages 267-275.

Gallaud Ernest Isidore, *Études sur les mycorhizes endotrophes*, Lille, Le Bigot frères, 1904, 144 pages.

Gallaud Ernest Isidore, « Études sur les mycorhizes endotrophes », *Revue générale de Botanique*, t. 17, 1905, pages 5 sq.

Giard Alfred, *Exposé des titres et travaux scientifiques (1869-1896) de Alfred Giard*, Paris, imprimerie de Lahure, mai 1896, 390 pages.

Gillot Henri, « Notice sur la vie et l'œuvre d'Émile Laurent », *L'Ingénieur agricole de Gembloux*, t. 14, 1904.

Gravis Auguste, « Notice sur Émile Laurent, correspondant de l'Académie », *Annuaire de l'Académie royale de Belgique*, 75ème année, Bruxelles, Hayez impr., 1909, pages 47-120.

Grignan Georges, « Le semis des orchidées exotiques avec l'aide des champignons endophytes », *Revue horticole*, t. 12, 16 mars 1912, pages 130-132.

Grignan Georges, « Le semis des orchidées exotiques à l'aide des champignons endophytes », *Revue horticole*, t. 14, 1914, pages 318-320.

Guérin Paul, « Léon Guignard (1852-1928) », *Bulletin des sciences pharmacologiques*, t. XXXV, juin 1928, pages 354-380.

Guérin Paul, Mangin Louis, Béhal Auguste, Beauverie Jean-Jules, Vavasseur J., *Hommage à Léon Guignard*, 16 juin 1933, Paris, Faculté de Pharmacie, impr. Maretheux et Pactat, 1934, 21 pages.

Herriot Édouard, *Normale*, Paris, Société nouvelle d'édition, 1932, 199 pages.

Jumelle Henri, « L'œuvre scientifique de Gaston Bonnier », *Revue générale de botanique*, 1924, t. 36, pages 289-307.

Knudson Lewis, « Non symbiotic germination of orchid seeds », *Botanical Gazette*, 1922, vol. 73, n° 1, pages 1-25.

Labergerie Jules, « Sur une nouvelle Pomme de terre propre à la culture en terrains humides », *Comptes-rendus hebdomadaires des séances de l'Académie des Sciences*, séance du 12 décembre 1904, t.139, 1904 2d semestre, n° 24, pages 1044-1046.

Labergerie Jules, *Le Solanum Commersonii et ses variations Pomme de terre de l'Uruguay : variété violette*, Paris, Librairie agricole de la Maison rustique, 1905, 110 pages.

Laurent Émile, « Recherches expérimentales sur la formation d'amidon dans les plantes aux dépens de solutions organiques », *Bulletin de la Société royale de Botanique de Belgique*, t. XXVI, 1887, pages 243-270.

Laurent Émile et Schlœsing Théophile, « Recherches sur la fixation de l'azote libre par les plantes », *Bulletin de l'Académie royale de Belgique*, 3ème série, t. 33, avril 1892, pages 335-338.

Lignier Octave, « Notice biographique de Louis-Jules Léger », *Bulletin de la Société linnéenne de Normandie*, 5ème série, vol. 5, séance du 9 décembre 1901, pages 116-132.

Lignier Octave, « Essai sur l'histoire du Jardin des plantes de Caen », Société linnéenne de Normandie, séance du 4 décembre 1904, *Bulletin de la Société linnéenne de Normandie*, 5ème série, vol. n° 8, 1904, pages 27-160.

Macier Frédéric, « Visite de M. Guist'hau à Poitiers », *Revue internationale de l'enseignement*, t. 64, juillet-décembre 1912, pages 156-173.

Maeterlinck Maurice, *L'intelligence des fleurs*, Paris, Fasquelle, 1907, 313 pages.

Magrou Joseph, « L'immunité et la symbiose », *Annales de l'Institut Pasteur*, « Mémoires publiés à l'occasion du jubilé d'Élie Metchnikoff », séance du 16 mai 1915, janvier 1918, t. 32, n° 1, pages 37-47, repris dans *Mémoires publiés à l'occasion du Jubilé d'Élie Metchnikoff*, Paris, Masson, 1921, 734 pages, pages 259-269.

Magrou Joseph, « La symbiose et l'évolution chez les animaux », *La Revue du Mois*, 10 juillet 1920, pages 79-83.

Magrou Joseph, « Symbiose et tubérisation », *Annales de Sciences naturelles Botanique*, 10ème série, t. 3, 1921, pages 181-275.

Magrou Joseph, *Titres et travaux*, Laval, Imprimerie Barnéoud, 1943, 75 pages et planches.

Magrou Joseph, *Des orchidées à la pomme de terre. Essai sur la symbiose*, Paris, Gallimard NRF, coll. L'Avenir de la science, dirigée par Jean Rostand, 1943, 240 pages.

Magrou Joseph, « Notice sur la vie et l'œuvre de Marin Molliard (1866-1944) », séance du 3 juin 1946 de l'Académie des sciences, *Notices et discours*, 1946, pages 490-512.

Magrou Joseph, note biographique sur Ernest Pinoy (1873-1948), *Mycopathologia et mycologia applicata*, mars 1951, vol. 5, 2-3, pages 95-101.

Maige Albert, « La station de biologie végétale de Mauroc », *Revue générale de Botanique*, n° 280, 15 janvier 1913, pages 253-263.

Martineau Henri, « Grandeur ou décadence des symbiotes », *Revue critique des idées et des livres*, 10 février 1920, t. XXVII, n° 158, pages 287-295.

Massart Jean et Vandervelde Émile, *Le parasitisme organique et le parasitisme social*, Paris, Félix Alcan, 1893, 68 pages.

Massart Jean, Vandervelde Émile et Demoor Jean, *L'évolution régressive en biologie et en sociologie*, Paris, Félix Alcan, 1897, 324 pages.

Mendel Gregor, « Recherches sur les hybrides végétaux », *Bulletin scientifique de la France et de la Belgique*, 1907, t. XLI, pages 371-419.

Molliard Marin, « Discours prononcé aux obsèques de Gaston Bonnier », le 2 janvier 1923, *Revue générale de botanique*, t. 35, n° 409, janvier 1923, pages 1-5.

Molliard Marin, « Notice sur la vie et les travaux de Gaston Bonnier », manuscrit déposé aux Archives de l'Académie des sciences, 28 pages, Paris, Gauthier-Villars, 1923.

Pérez Charles, *Contribution à l'étude des métamorphoses*, Lille, L. Daniel impr, 1902, 232 pages.

Plantefol Lucien, « À l'exposition : la biologie au Palais de la Découverte », *Revue des Deux Mondes*, vol. 40, n° 4, 15 août 1937, pages 900-912.

Plantefol Lucien, « Joseph Magrou », *La Presse médicale*, 14 avril 1951, t. 59, n° 25, page 514.

Plantefol Lucien, « Discours aux funérailles de Louis Blaringhem », le 6 janvier 1958, *Notices et discours de l'Académie des sciences*, t. 4, 1957-1962, pages 58-62.

Plauchut Edmond, « Les Orchidées », *Revue des Deux Mondes*, t. 127, 15 janvier 1895, pages 432-456.

Portier Paul, *Les symbiotes*, Paris, Masson, 1918, 315 pages.

Prillieux Édouard et Rivière Auguste, « Observations sur la germination et le développement d'une Orchidée (*Angræcum maculatum*) », *Annales de Sciences naturelles. Botanique*, 4ème série, vol. 5, 1956, pages 119-136.

Prillieux Édouard, « De la structure anatomique et du mode de végétation de *Neottia nidus-avis* », *Annales de Sciences naturelles. Botanique*, 4ème série, vol. 5, 1956, pages 267-282.

Rabaud Étienne, « Le milieu et les mutations », *La Revue du Mois*, 5ème année, n° 51, 10 mars 1910, pages 285-315.

Rabaud Étienne, « Félix Le Dantec », *Bulletin scientifique de la France et de la Belgique*, 1917, t. 51, pages I-XI.

Rabaud Étienne, « Parasitisme et Évolution », *Revue Philosophique de la France et de l'Étranger*, t.. 106 (juillet à décembre 1928), pages 18-81.
Roux Émile, « Rapport sur les titres et travaux de Louis Blaringhem », comité secret du 3 juin 1912, manuscrit 10 pages, Archives de l'Académie des sciences, dossier Louis Blaringhem.
Tirard Stéphane, « Gaston Bonnier (1853-1922) : un botaniste lamarckien », *Bulletin d'Histoire et d'Épistémologie des Sciences de la Vie*, 2003, n° 2, pages 157-186.
Van Tieghem Philippe, « Notice sur la vie et les travaux de Pierre Duchârtre », *Mémoires de l'Académie des sciences*, t. 51, Paris, Gauthier-Villars, 1910, pages I-XVI.
Vilmorin Philippe de, *4ème Conférence internationale de génétique Paris, 1911, comptes-rendus et rapports*, Paris, Masson, 574 pages.
Vries Hugo de, « Sur la loi de disjonction des hybrides », *Comptes-rendus des séances de l'Académie des sciences,* t. 130, janvier-juin 1900, pages 845-847.
Vries Hugo de, *Die Mutationstheorie : Versuche und Beobachtungen über die Entstehung der Arten im Pflanzenreich,* Leipzig, Veit, 1901, 2 vol, 648 et 752 pages.
Weismann August, *Essais sur l'hérédité et la sélection naturelle*, Paris, C. Reinwald, 1892, 541 pages.
Wildeman Émile de, « Émile Laurent: esquisse biographique », *Annales de la Société belge de microscopie*, t. XXVII, fasc. II, 1906, pages 87-112.
Wilson Gurney, « Fungus cooperation in Orchid roots », *The Orchid Review*, vol. XIV, n° 161, mai 1906, pages 154-155.

Publications sur la science et l'Université :

Blanc Karin, *Pierre Curie, Correspondances*, Saint-Rémy-en-l'Eau, éditions Monelle Payot, 2009, 734 pages.
Blanchard Raoul, *Ma jeunesse sous l'aile de Péguy*, Paris, Fayard, 1961, 2 vol., 243 et 215 pages.
Blaringhem Louis, « Hommage à Paul Langevin pour son 73ème anniversaire », *Cahiers de l'Université libre*, n° 3, pages 71
Blaringhem Louis, « Notice nécrologique sur Pierre-Ernest Pinoy (1873-1948) », *Comptes-rendus des séances de l'Académie des sciences*, séance du 8 novembre 1948, 1948, 2ème sem., t. 227, n° 19, pages 925-928.
Bloch Jean-Richard, « Paul Langevin grand savant et grand citoyen est mort », *Ce soir*, 20 décembre 1946, pages 1.
Boissonnade Prosper (dir.), *Histoire de l'Université de Poitiers, passé et présent, 1432-1932,* Poitiers, Imprimerie moderne, 1932, 575 pages.
Borel Émile, « Les Universités, l'Enseignement primaire et l'Éducation nationale », *L'Action nationale, organe de la Ligue républicaine d'action nationale*, 2ème année, février 1909, pages 155-158.
Bouglé Célestin (dir.), *L'École normale supérieure. D'où elle vient ? Où elle va ?*, Paris, Société des amis de l'ENS/Hachette, sans date, 111 pages.

Broglie Louis de, *Vie et œuvre de Paul Langevin*, Paris, Albin-Michel, 1947, 34 pages.

Cotton Eugénie, *Aimé Cotton, l'optique et la magnéto-optique*, Paris, Seghers, coll. Savants du monde entier, 1967, 189 pages.

Courrier Robert, « Notice sur la vie et les travaux de Georges Urbain (1872-1938) », séance du 11 décembre 1972 de l'Académie des sciences, 25 pages.

Curie Ève, *Madame Curie*, Paris, Gallimard, 1938, 311 pages.

Darwin Charles, *La vie et la correspondance de Charles Darwin, avec un chapitre autobiographique, publiés par son fils M. Francis Darwin*, traduit par Henry de Varigny, Paris, Reinwald éd., 1888, 2 vol., 700 et 789 pages.

Disclère Paul, *Rapport annuel adressé au président de la République par la Caisse des recherches scientifiques*, pour 1906 jusqu'à 1908, Melun, Imprimerie administrative, 1907 à 1909, 96, 111, 114 pages.

« Discours du Jubilé de Georges Urbain », le 10 juin 1938, plaquette, Archives de l'Académie des sciences, dossier Georges Urbain.

Duclaux Émile, *Louis Pasteur*, Sceaux, Charaire, 1895, 15 pages. (*La Revue de Paris*, 2ème année, vol. 4, 15 octobre 1895, pages 719-731, et *Annales de l'Institut Pasteur*, octobre 1895, 9ème année, n° 10, pages 745-757.

Duclaux Émile, *Pasteur, Histoire d'un esprit*, Sceaux, Charaire et Cie, 1896, 400 pages.

Duclaux Jacques, « La synthèse de la matière vivante », *La Revue du Mois*, n° 14 10 février 1907, pages 149.

Duclaux Jacques, « Mémoires inédites », http://www.le-petit-orme.com/presque-un-siecle-memoires

Dupuy Paul, *Le Centenaire de l'École normale (1795-1895)*, Paris, Hachette, 699 pages.

Dupuy Paul, « La vie d'Évariste Galois », *Annales scientifiques de l'École normale supérieure*, Paris, Gauthier-Villars, 3e série, vol. 13, 1896, pages 197-266, et *La vie d'Évariste Galois*, préfacée par Jules Tannery, Paris, *Cahiers de La Quinzaine*, 1903, 104 pages.

Dupuy Paul, *Mes morts*, Paris, Société générale d'imprimerie et d'édition, 1924, 151 pages.

Dupuy Paul, « Souvenirs » (sur Paul Langevin), *La Pensée*, mai-juin 1947, page 63.

Giard Alfred, « L'évolution des sciences biologiques », *Revue scientifique*, 12 août 1905, 42ème année, 5ème série, t. IV, n° 7, pages 193-205 (discours présidentiel, le 3 août 1905, au congrès de Cherbourg de l'AFAS).

Girard Georges, « Éloge de Noël Bernard (1875-1971 », séance du 8 décembre 1971, *Bulletin de la Société de Pathologie exotique*, t. 64, 1971, n° 6, pages 807-812.

Houssay Frédéric, « Les débuts de la section des Sciences naturelles (1880-1894), dans Paul Dupuy, *Le Centenaire de l'École normale (1795-1895)*, Paris, Hachette, 699 pages ; Verger Jacques, réédition du bicentenaire, Paris, Presses de l'ENS, 1994.

Isaac Jules, *Expériences de ma vie*, Paris, Calmann-Lévy, 1959, 378 pages.

Joliot-Curie Frédéric, discours aux obsèques de Paul Langevin, *L'Humanité*, 21 décembre 1946, pages 4.

Kermogant Alexandre, rapporteur pour le prix Monbinne de l'Académie de médicine attribué au docteur Noël Bernard pour son mémoire sur « La vallée du Mékong et ses populations, séance du 30 juin 1908, *Bulletin de l'Académie de médecine*, 72ème année, 3ème série, t. LIX, n° 26, pages 760-766.

Langevin André, *Paul Langevin, mon père, l'homme et l'œuvre,* Paris, EFR, 1971, 293 pages.

Langevin Paul, « Souvenirs de jeunesse », discours du 5 juillet 1934 dans Association des anciens élèves de l'École de physique et chimie de la Ville de Paris, *En l'honneur de Paul Langevin.*

Langevin Paul, « Hommage à Georges Urbain », *La Pensée*, n° 1, avril-mai-juin 1939, pages 89-91.

Lanson Gustave, « La réorganisation de l'École normale supérieure », *Revue de Paris*, 10ème année, t. 6, 1er décembre 1903, pages 520-536.

Lanson Gustave, « L'École normale supérieure », *Revue des Deux Mondes*, 1er février 1926, pages 531-532.

Lavisse Ernest, *Souvenirs*, Paris, Calmann-Lévy, 1912, 287 pages.

Le Dantec Félix, *L'Unité dans l'être vivant. Essai d'une biologie chimique*, Paris, Alcan, 1902, 412 pages.

Le Dantec Félix, « Alfred Giard », *Bulletin scientifique de la France et de la Belgique*, t. 62, 6ème série, vol. 2, 25 mars 1909.

Luchaire Julien, *Confession d'un Français moyen, 1876-1950*, Florence, Olschki, 1965, 303 pages.

Marbo Camille, *À travers deux siècles, Souvenirs et rencontres (1883-1967)*, Paris, Grasset, 1967, 380 pages.

Metchnikoff Élie, *L'Immunité dans les maladies infectieuses*, Paris, Masson, 1901, 600 pages.

Pasteur Louis, « Discours du 7 décembre 1854 », *Œuvres de Pasteur,*. t. 7, réunies par Pasteur Vallery-Radot, Paris, éd. Masson, 1929-1932, pages 129-132.

Pasteur Louis, « Trois rapports de Pasteur » dont « Rapport sur les agrégés-préparateurs », du 1er octobre 1858, dans Célestin Bouglé (dir.), *L'École normale supérieure. D'où elle vient ? Où elle va ?*, Paris, Société des amis de l'ENS/Hachette, 1934, 111 pages, pages 34-44.

« Félix Pécaut, Directeur de l'École de Fontenay », *Revue pédagogique*, 15 février 1900.

Perrin Francis, « L'œuvre scientifique de Jean Perrin », allocution à la séance solennelle dans le Grand amphithéâtre de la Sorbonne à l'occasion du vingtième anniversaire de sa mort, *Notices et discours*, t. 4, 1957-1962, Paris, Gauthier-Villars, 1964, p. 662-674.

Perrin Jean, « Les hypothèses moléculaires », *Revue scientifique*, t. 15, n° 15, 13 avril 1901, pages 449-461

Perrin Jean, Langevin Paul, Urbain Georges (et al.), *L'orientation actuelle des sciences*, Paris, Alcan, 1930, 156 pages.

Perrin Jean, allocution du président de l'Académie des sciences, séance du 23 novembre 1936, Archives de l'Académie des sciences, dossier de Jean Perrin.

Perrin Jean et al., « Hommage à Georges Urbain », Maison de la Chimie, 10 juin 1938, 63 pages.

Perrin Jean, *La Science et l'espérance* (posthume, préface de Louis de Broglie), Paris, PUF, 1948, 216 pages.

Pétrasu Constantin, *De la tuberculose péritonéale étudiée principalement chez l'adulte*, Paris, Adrien Delahaye, 1871, 78 pages

Renan Ernest, « L'instruction supérieure en France, son histoire et son avenir », *Revue des Deux Mondes*, t. 61, 1er mai 1864, pages 73-95.

Taine Hippolyte, « La reconstruction de la France en 1800 – L'école – L'Université de Napoléon », *Revue des Deux Mondes*, t. 111, 1er juin 1892, pages 481-511.

Taraud Jérôme et Jean, *Notre cher Péguy*, Paris, Plon, sans date, 2 vol., 273 et 255 pages.

Téry Gustave et al, *Les Normaliens peints par eux-mêmes*, Paris, Typographie Chamerot et Renouard, avril 1895, 232 pages.

Téry Gustave, « Le Normalien », dans *Les Normaliens peints par eux-mêmes*, Paris, Typographie Chamerot et Renouard, avril 1895, 232 pages, pages 1-6.

Turpain Albert, « Les réformes de l'Enseignement supérieur », *Revue générale des Sciences pures et appliquées*, t. XVII, 1906, n° 4, 28 février 1906, pages 166-177.

Zola Émile, « Le crapaud », *Nouvelle campagne*, Paris, Eugène Fasquelle, 1897, pages 65 sq.

Zola Émile, *Les trois villes : Paris*, Bibliothèque Charpentier et Fasquelle, 1898, 608 pages.

Zola Émile, *Correspondance*, Montréal, PU Montréal, et Paris, CNRS, 9 volumes parus, 1978.

Publications sur les intellectuels :

Andler Charles, *Vie de Lucien Herr (1864-1926)*, Paris, éditions Rieder, 1932, 336 pages.

Benda Julien, *La trahison des clercs*, Paris, 1927, 308 pages.

Bouglé Célestin (dir.), *L'École normale supérieure, d'où elle vient, où elle va ?*, Paris, Hachette, 1934, 111 pages.

Bourgin Hubert, *De Jaurès à Blum, l'École normale et la politique*, Paris, Fayard, 1938, 519 pages.

Brunetière Fernand, « Après une visite au Vatican », *Revue des deux mondes*, 1er janvier 1895, pages 97-118.

Brunetière Fernand, « En l'honneur de la science », *Le Figaro*, 4 avril 1895.

Buisson Ferdinand, *Dictionnaire de la pédagogie*, Paris, Hachette, 1878-1887. Édition de 1911 : http://www.inrpagesfr/edition-electronique/lodel/dictionnaire-ferdinand-buisson/document.php?id=3284

Deschamps Gaston, « Les fiches de M. Émile Zola », *Le Temps*, 24 mai 1896.

Duclaux Émile, « Les vices de l'enseignement public », *Revue du Palais*, n° 5, 1er mai 1898.

Duclaux Émile, *Avant le procès (L'Affaire Dreyfus)*, Paris, Stock, 1898, 35 pages.

Fève René, « Les conférences Alphonse Mortier – Charles Péguy, ou la mystique à la portée de tous », *Ouest-Éclair*, édition de Caen, 20 décembre 1936, pages 9.

Herr Lucien, « Protestation », *Revue Blanche*, t. XV, 1er février 1898, page 161-167.

Herriot Édouard, *Normale*, Paris, Nouvelle société d'édition, 1932, 199 pages.

Huret Jules, « Le banquet Berthelot », *Le Figaro*, 5 avril 1895.

Paul Langevin, discours prononcé le 2 octobre 1932 à Médan, au pèlerinage annuel des Amis de Zola, *Bulletin de la Société littéraire des « Amis d'Émile Zola »*, 1933, n° 17, pages 1-8.

Lanson Gustave, « Contribution de l'École à l'activité nationale », dans Célestin Bouglé (dir.), *L'École normale supérieure. D'où elle vient ? Où elle va ?*, Paris, Société des amis de l'ENS/Hachette, 1934, 111 pages, pages 79-85.

Lemaître Jules, « L'esprit normalien », dans *Centenaire de l'École normale supérieure*, ouv. cité., pages 565-571.

Nizan Paul, *La Conspiration*, Paris, Gallimard, 1938, 253 pages.

Péguy Charles, « De la situation faite au parti intellectuel dans le monde moderne devant les accidents de la gloire temporelle », *Cahiers de la Quinzaine*, 9ème série, 1er cahier, 6 octobre 1907, pages 9-145.

Péguy Charles, « Notre jeunesse », *Cahiers de la Quinzaine*, 12ème cahier, 11ème série, 17 juillet 1910 ; et édition de 1957, Paris, Gallimard.

Rolland Romain, *Souvenirs de jeunesse*, Lausanne, Guilde du Livre, 1947, 261 pages.

Rolland Romain, *Le cloître de la rue d'Ulm, journal de Romain Rolland à l'école normale : 1886-1899*, Paris, Albin Michel, 1952, 392 pages.

Tharaud Jérôme et Jean, *Notre cher Péguy*, t. 1 et 2, Paris, Plon, 1926, 273 et 255 pages.

Thierry Albert, *Réflexions sur l'éducation*, Paris, Librairie du Travail, 1912, 332 pages.

Thierry Albert, *Testament d'un combattant. Des conditions de la paix. Essai de morale révolutionnaire*, Paris, Union pour la vérité, 1916, 120 pages, cité dans l'introduction au choix de textes d'Albert Thierry, CIRA Lausanne (dir.), *Refuser de parvenir. Idées et pratiques*, Paris, Nada éd., 2016, 350 pages, pages 275-279.

Zola Émile, « Notre École normale », *Le Figaro*, 4 avril, 1881.

Zola Émile, « À la jeunesse », *Le Figaro – supplément littéraire*, 19 mai 1893.

Zola Émile, *Le Docteur Pascal*, Paris, Charpentier et Fasquelle, 390 pages.

Zola Émile, « Les droits du romancier », *Le Figaro*, 6 juin 1896.

Zola Émile, *Les trois villes, Paris*, Paris, Charpentier et Fasquelle, 608 pages.

Périodiques :

Annales de la Société botanique de Lyon
Annales de l'Institut Pasteur
Annales des Sciences naturelles - Botanique

Bulletin biologique de France et de Belgique
Bulletin de la Société botanique des Deux-Sèvres
Bulletin de la Société botanique de France
Bulletin de la Société linnéenne de Normandie
Bulletin trimestriel de la Société d'horticulture et d'arboriculture de la Haute-Vienne
Journal de la Société Nationale d'Horticulture de France
Revue horticole
Revue scientifique

L'Aurore, Le Figaro, L'Humanité, Le Journal, Le Temps, Ouest-Éclair
Revue de Paris, La Revue du Mois, Revue des Deux Mondes, La Revue des Idées
Annales de la Jeunesse laïque
Bulletin officiel de la Ligue française de défense des droits de l'homme et du citoyen
Journal des Débats politiques et littéraires
Journal Officiel, Lois et Décrets
La Petite République
L'Effort puis *L'Effort libre*
Le Combat ouvrier, républicain, socialiste, édité à Caen
Le Socialiste de la Vienne, édité à Poitiers
Le Travailleur socialiste, hebdomadaire de la Fédération socialiste de Basse-Normandie
Revue internationale de l'enseignement

Bulletin de l'Association amicale des anciennes élèves de l'ENS de Fontenay-aux-Roses
Bulletin de l'Association amicale du personnel enseignant des facultés des sciences, BNF, NUMP - 18396 (numérisation réalisée par les conservateurs et les services de la BNF après avoir constaté que la collection était incommunicable en raison de l'état des documents)
Ainsi que la presse quotidienne, avec l'aide de Gallica et RetroNews.

Bibliographie

Repères historiographiques

Bloor David : *Sociologie de la logique ou les limites de l'épistémologie* (*Knowledge ans Social Imagery*), Paris, Pandore, 1983, 190 pages.

Bourdieu Pierre, « La Spécificité du champ scientifique et les conditions sociales du progrès de la raison », *Sociologie et Sociétés,* VII, 1975, pages 91-118.

Bourdieu Pierre, « L'illusion biographique », *Actes de la recherche en sciences sociales*, 1986, n° 62-63.

Bourdieu Pierre, *Les usages sociaux de la science. Pour une sociologie clinique du champ scientifique*, Paris, INRA éd., 1997.

Charle Christophe, *Homo Historicus, Réflexions sur l'histoire, les historiens et les sciences sociales*, Paris, A. Colin, 2013.

Chevassus-au-Louis Nicolas, « Qui a peur des vérités scientifiques ? », *Le Monde*, 20 septembre 2012.

Deluermoz Quentin et Singaravélou Pierre (dir.), *Pour une histoire des possibles*, Paris, Seuil, 2016, (réédition 2019, 611 pages).

Foucault Michel, « Qu'est-ce que les Lumières ? » (1984), *Dits et Écrits*, t. IV (1980-1988), n° 351, Paris, Gallimard, 1994, 903 pages.

Gispert Hélène, « L'entreprise biographique à l'épreuve : écueils, défis, atouts du cas d'Émile Borel », dans Laurent Rollet et Philippe Nabonnand (dir.). *Les Uns et les Autres. Biographies et prosopographies en histoire des sciences*, Nancy, Presses Universitaires de Nancy, 2012.

Latour Bruno, *La Science en action*, Paris, La Découverte, 1989 (Folio, Gallimard, 663 pages).

Latour Bruno, *Le Métier de chercheur, regard d'un anthropologue*, Paris, INRA éd., 1995, 95 pages.

Latour Bruno, *L'Espoir de Pandore. Pour une version réaliste de l'activité scientifique*, Paris, La Découverte, 2001, 347 pages.

Latour Bruno, « Jusqu'où faut-il mener l'histoire des découvertes scientifiques ? » dans *Chroniques d'un amateur de sciences*, mars 1998, Paris, Presse des Mines, 2006, pages 51-53.

Pestre Dominique, « Pour une histoire sociale et culturelle des sciences. Nouvelles définitions, nouveaux objets, nouvelles pratiques », *Les Annales ESC*, mai-juin 1995, pages 487-522.

Pestre Dominique, « Les "Social Studies of Science" », *Raison Présente,* n° 119, 3e trim. 1996, pages 35-46.

Pomian Krzysztof, « Histoire et fiction », *Le Débat*, 1989, n° 54.

Prost Antoine, *Douze leçons sur l'histoire*, Paris, Seuil, 1996, 330 pages.

Rollet Laurent et Nabonnand Philippe, « Définir, classer, compter : biographie et prosopographie en histoire des sciences », dans Laurent Rollet et Philippe Nabonnand (dir.). *Les Uns et les Autres. Biographies et prosopographies en histoire des sciences*, Nancy, Presses Universitaires de Nancy, 2012.

Simmel Georg, *Sociologie. Études sur les formes de la socialisation,* Paris, PUF, coll. « Sociologies », 1999, 1re éd. allemande : 1908.

Sokal Alan et Bricmont Jean, *Impostures intellectuelles*, Paris, Odile Jacob, 1997, 276 pages.

Torrès Félix, « Du champ des *Annales* à la biographie : réflexions sur le retour d'un genre », dans Michel Trebitsch Michel (dir.), Actes du colloque « Problèmes et méthodes de la biographie », *Sources, Travaux historiques*, 1985, n° 3-4.

Trebitsch Michel (dir.), Actes du colloque « Problèmes et méthodes de la biographie », *Sources, Travaux historiques*, 1985, n° 3-4.

Weber Max, *Le Savant et le Politique*, Paris, Plon, 1959 (1ère éd. 1919), 232 pages.

Publications sur Noël Bernard :

Arditti Joseph, "Factors affecting the germination of orchid seeds", *The Botanical Review*, vol. 33, janvier-mars 1967, n° 1, pages 1-97.

Arditti Joseph, "Noël Bernard: the role of mycorrhiza in orchid seed germination. Short biography", pages 26-33, et Bernard Francis, "Noël Bernard, A memoir compiled from letters by his son", pages 54-57, dans Arditti Joseph, "Lewis Knudson (1884-1958) : his science, his times, and his legacy", *Lindleyana, The Scientific journal of the American orchid society*, vol. 5, n° 1, mars 1990, 69 pages.

Bernard Francis, *Bulletin de la Société zoologique de France*, vol. 115, 1990, pages 327.

Boullard Bernard, *Un biologiste d'exception, Noël Bernard (1874-1911)*, Faculté des Sciences de Rouen, Rouen, 1985, 188 pages.

Boullard Bernard, « Noël Bernard, belle figure de la science française », *Bulletin du Groupement Normandie de la Société française d'orchidophilie*, 2003, n° 1, 2-2.

Boullard Bernard, « Hommage à Noël Bernard (1874-1911) », conférence à la Société botanique de France, 9 décembre 2011, en ligne.

Lagrelle Bernard, sites en ligne : phalaenopsis.org et http://bernard.lagrelle.pagesperso-orange.fr

Lavergne Didier, « Noël Bernard », notice pour l'*Encyclopedia Universalis*.

Lecoufle Marcel, « Semis d'orchidées et symbiose. Noël Bernard et son œuvre », *L'Orchidophile*, n° 59, décembre 1983, pages 480-486.

Lot Fernand « Noël Bernard et la germination des orchidées, ou d'une déconvenue à une autre découverte », dans *Les Jeux du hasard et du génie*, Paris, Plon, 1956, pages 110-120.

Selosse Marc-André, *La symbiose : structures et fonctions, rôle écologique et évolutif*, Paris, Vuibert, 2000, 154 pages.

Selosse Marc-André, Boullard Bernard et Richardson David, « Noël Bernard (1874-1911), "Orchids to symbiosis in a dozen years, one century ago" », *Symbiosis*, juin 2011, n° 54, pages 61-68. (Une bibliographie plus complète sur l'ensemble des problématiques des orchidées, de la symbiose et de l'évolution des plantes depuis Noël Bernard jusqu'à nos jours figure à la fin de cet article.)

Selosse Marc-André, Minasiewicz Julita et Boullard Bernard, « An annoted translation of Noël Bernard's 1899 article "On the germination of Neottia nidus-avis" », *Mycorrhiza,* avril 2017, en ligne.

Histoire de la botanique et de la biologie :

Arditti Joseph, *Lewis Knudson (1884-1958) : His Life, His Time and His Legacy*, Americain Orchid Society, 1990, 79 pages.

Arditti Joseph et Jam Tim Wing, « An history of orchid hybridization, seed germination and tissue culture », *Botanical Journal of Linnean Society*, juin 2008, page 1-56, en ligne.

Aymonin Gérard et Keraudren-Aymonin Monique, « Autour de Gaston Bonnier et de son œuvre. Essai documentaire comparatif », *Bulletin de la Société Botanique de France,*., 1990, vol. 137, Lettres botaniques 2-3, pages 125-138.

Bernard Daniel, *Moi, Alexandre, John, Émile Yersin, Journal apocryphe*, Paris, Gingko éd. et éditions Neige, 2015, 121 pages.

Bernardini Jean-Marc, Le darwinisme social en France (1859-1918), Fascination et rejet d'une idéologie, Paris, CNRS-éd., 1997, 459 pages.

Bouyssi François, « Alfred Giard et ses élèves : un cénacle de "philosophes biologistes" ; aux origines du scientisme ? », *thèse EPHE*, 1990, Lille, Presses Universitaires du Septentrion, 2002, 945 pages.

Brives Charlotte, « Des levures et des Hommes. Anthropologie des relations entre humains et non humains au sein d'un laboratoire de biologie », *Thèse doctorale Sciences Sociales. Société, Santé, Décision*, Université Bordeaux II, 2010, 393 pages.

Brives Charlotte, « L'observation au microscope », dans Christian Jacob, *Lieux de savoirs 2*, « Les mémoires de l'intellect », Paris, Albin-Michel, 2011, pages 101-115.

Brockman John, *The Third Culture, Beyond the Scientific Revolution*, New York, Touchstone, 1995, 413 pages.

Buican Denis, « Le mendélisme en France et l'œuvre de Lucien Cuénot », *Scientia*, 1982, année LXXVI, n° 117, pages 105-117.

Buican Denis, *Histoire de la génétique et de l'évolutionnisme en France*, Paris, PUF, 1984, 421 pages.

Buican Denis, *Mendel dans l'histoire de la génétique*, Paris, Ellipses, 2008, 222 pages.

Carton Yves, *Henry de Varigny, Darwinien convaincu, médecin, chercheur et journaliste,1855-1934*, Paris, Hermann, 2008, 126 pages.

Carton Yves, « Accueil et diffusion du Darwinisme en France - Henry de Varigny (1855-1934), médecin, chercheur et journaliste, un Darwinien convaincu », *Médecine/Sciences*, vol. 25, n° 4, avril 2009, pages 413-417.

Casevitz-Weulersse Janine et Cherix Daniel, « Francis Bernard : 1908-1990 », *Actes du colloque sur les insectes sociaux*, 1991, vol. 7, 212 pages, pages 1-11.

Chomard-Lexa Annette. *Lucien Cuénot, L'intuition naturaliste*. Paris, L'Harmattan, 2004, 364 pages.

Chomard-Lexa Annette. » L'injuste purgatoire de Lucien Cuénot », « Les Génies de la science », *Pour le Science*, n° 24, août 2005, pages 12-17.

Corsi Pietro, *Lamarck. Genèse et enjeux du transformisme. 1770–1830*, Paris, CNRS Éditions, 2001, 434 pages.

Delange Yves, *Jean-Baptiste Lamarck, biographie*, Arles, Actes Sud, 2002 (première édition 1984), 220 pages.

Drouin Jean-Marc, « Mendel : côté jardin », dans Michel Serres (dir.), *Éléments d'histoire des sciences*, Paris, Bordas, 1989, 576 pages, pages 416-421.

Garbaye Jean, *La symbiose mycorhizienne : une association entre les plantes et les champignons*, Versailles, éd. Quæ, 2013, 251 pages.

Gaudillière Jean-Paul, *Inventer la biomédecine. La France, l'Amérique et la production des savoirs du vivant (1945-1965),* Paris, La Découverte, 2002, 392 pages.

Gayon Jean « 1900 : Redécouverte des lois de Mendel » (avec F. Gros, M. Morange et M. Veuille), *Comptes rendus des séances de l'Académie des sciences*, Sciences de la vie, t. 323, n° 12, décembre 2000.

Gayon Jean et Burian Richard, « France in the Erea of Mendelism (1900-1930) », *Comptes rendus des séances de l'Académie des sciences*, Sciences de la Vie, t. 324, 2000, pages 1097-1106.

Gould Stephen Jay, *L'Éventail du vivant, le mythe du progrès*, Paris, Seuil, 1977, 302 pages (Full House, New York, Harmony Books, 1996).

Jaussaud Philippe, « Costantin, Julien, Noël », dans Philippe Jaussaud et Édouard-Raoul Brygoo, *Du Jardin au Muséum en 516 biographies*, Paris, Muséum d'histoire naturelle, 2004, pages 149-150.

Kelley Arthur PAGES, *Mycotrophy in Plants. Lectures of the Biology of Micorhizae and Related Structures*, Waltham, Mass., Chronica Botanica Company, 1950, 223 pages.

Kull Tiiu et Arditti Joseph, *Orchid Biology VIII: Review and Perspectives*, Dordrecht, Springer Science &Business Media, 2002, 488 pages.

Lallemand Félix, *Évolution des interactions mycorhiziennes et de la mycohétérotrophie chez les orchidées*, thèse de doctorat, Muséum d'Histoire naturelle, 2018, 269 pages.

Lamy Denis, « Une autre façon de pratiquer la botanique », dans Hélène Gispert (dir.), *« Par la science, pour la patrie ». L'Association française pour l'avancement des Sciences (1872-1914). Un projet politique pour une société savante*, Rennes, PUR, 2002, 372 pages, pages 197-204.

Lamy Denis, « Fiche Gaston Bonnier (1853-1922) », dans Hélène Gispert (dir.), *« Par la science, pour la patrie ». L'Association française pour l'avancement des Sciences (1872-1914). Un projet politique pour une société savante*, Rennes, PUR, 2002, 372 pages, page 222.

Latour Bruno, *Les microbes guerre et paix suivi de Irréductions*, Paris, Métailié, 1984, 281 pages.

Latour Bruno, « Le théâtre de la preuve », dans Claire Salomon-Bayet (dir.), *Pasteur et la révolution pasteurienne,* Paris, Payot, 1986, 436 pages, pages 335-384.

Latour Bruno et Steve Woolgar, *La Vie de laboratoire, la production des faits scientifiques,* Paris, La Découverte, 1988, 308 pages.

Leroy-Terquem Gérald, *Orchidées passion*, Paris, Bordas, 1989, 223 pages.

Léry François, « Alphonse Théophile Schloesing », dans Claudine Fontanon et André Grelon, *Les professeurs du Conservatoire national des arts et métiers*, ouv. cité., pages 551-557.

Loison Laurent, « Les notions de plasticité et d'hérédité chez les néo-lamarckiens français (1879-1946) : éléments pour une histoire du transformisme en France », thèse de l'Université François Viète de Nantes, 2008, 390 pages.

Loison Laurent, *Qu'est-ce que le néo-lamarckisme ? les biologistes français et la question de l'évolution des espèces, 1870-1940*, Paris, Vuibert, 2010, 248 pages.

Loison Laurent, « French Roots of French Neo-Lamarckisms, 1879–1985 », *Journal of the History of Biology,*2011, n° 44, 713–744.

Loison Laurent, « Le projet du néo-lamarckisme français (1880-1910) », *Revue d'histoire des sciences*, t. 65, 2012, n° 1, pages 61 à 79.

Maire Richard, « Le mycologue et botaniste René Maire (1878-1949) », *Dynamiques environnementales*, n° 39-40, 2017, pages 202-239.

Margulis Lynn, *Origin of Eukaryotic Cells, Evidence and Research Implications for a Theory of the Origin and Evolution of Microbial, Plant, and Animal Cells on the Precambrian Earth,* New Haven, Yale Univ. Press, 1970, 349 pages.

Margulis Lynn et Sagan Dorion, *L'Univers bactériel, les nouveaux rapports de l'homme et de la nature*, Paris, Albin Michel, 1989, 333 pages.

Mariat François et Segretin Gabriel, « L'œuvre scientifique de Joseph Magrou », *Bulletin de la Société botanique de France*, 1952, pages 177-181.

Mauriac Pierre, *Claude Bernard*, Paris, Grasset, 1941, 160 pages.

Mercier Pierre, « Éloge du docteur Noël Bernard », 17 novembre 1981, *Bulletin de l'Académie nationale de médecine*, 1981, tome 165, n° 8, pages 1033-1038.

Pelt Jean-Marie, *La Vie sociale des plantes*, Paris, Fayard, 1894, 392 pages.

Pelt Jean-Marie et Steffan Franck, *La Solidarité chez les plantes, les animaux, les humains*, Paris, Fayard, 2004, 195 pages.

Pelt Jean-Marie, *La Raison du plus faible*, Paris, Fayard, 2008, 249 pages.

Pelt Jean-Marie, *L'évolution vue par un botaniste*, Paris, Fayard, 2011, 320 pages.

Perru Olivier, « Paul Portier (1866-1962) et les symbiotes », ResearchGate 2001, en ligne, 16 pages.

Perru Olivier, « Aux origines des recherches sur la symbiose vers 1868-1883 », *Revue d'histoire des sciences*, t. 59, n° 1, 2006. pages 5-27.

Perru Olivier, *De la société à la symbiose, une histoire des découvertes sur les associations chez les êtres vivants*, vol. 1, 1860-1930, Paris, Vrin, 2010, 286 pages.

Pertuy Jean, « Les orchidées dans l'œuvre d'Émile Gallé », *Annales de l'Est*, n° spécial 2005, pages 1-14.

Pichot André, *Aux origines des théories raciales. De la Bible à Darwin*, Paris, Flammarion, 2008, 519 pages.

Poreau Brice, « Biologie et complexité : histoire et modèles du commensalisme », thèse de doctorat, Université Claude Bernard - Lyon I, 2014, 351 pages.

Rostand Jean, *Esquisse d'une histoire de la biologie*, Paris, Gallimard, 1945, 256 pages, et 1962, 259 pages.

Rostand Jean, « Le passé du transformisme », *L'année biologique*, juillet-août 1962, t. 1, n° 7-8, page 339-357.

Rostand Jean, *Aux frontières du surhumain*, Paris, Union générale d'éditions, coll. 10/18, 1962, 189 pages.

Rostand Jean, *Le droit d'être naturaliste*, Paris, Stock, 1963, 213 pages.

Rostand Jean, *Confidences d'un biologiste*, « De la recherche en biologie », Paris, La Découverte, 1987, 244 pages.

Salomon-Bayet Claire (dir.), *Pasteur et la révolution pasteurienne*, Paris, Payot, 1986, 436 pages.

Sapp Jan, «Symbiosis in cell evolution: an origin story», *Endocytobiology and Cell Research*, 1990, n° 7, pages 5-36, pages 12-13.

Sapp Jan, *Evolution by Association. A History of the Symbiosis*, New York, Oxford Univ. Press, 1994, 255 pages.

Schmitt Stéphane, « Lucien Cuénot et la théorie de l'évolution : un itinéraire hors norme », *La Revue pour l'histoire du CNRS*, n° 7, novembre 2002, pages 10-17.

Selosse Marc-André, Weiss Michael, Jany Jean-Luc et Tillier Annie, « Communities and populations of sebacinoid basidiomycetes associated with the achlorophyllous orchid Neottia nidus-avis (L.) L.C.M. Rich. and neighbouring tree ectomycorrhizae », *Molecular Ecology*, 2002, vol. 11, n° 9, pages 1831-1844.

Selosse Marc-André, « La néottie, une "mangeuse" d'arbres, *L'Orchidophile*, n° 155, février 2003, pages 21-31.

Selosse Marc-André, *Jamais seul, Ces microbes qui construisent les plantes, les animaux et les civilisations*, Arles, Actes Sud, 2017, 360 pages.

Thomas Marion, « Louis Blaringhem (1878-1958), un généticien néo-lamarckien », *Ruralia*, n° 8 Varia, 2001, OpenEdition.

Tome Wakeford, *Aux origines de la vie. Quand l'homme et le microbe s'apprivoisent*, Bruxelles, de Boeck, 2004, 123 pages (*Liaisons of Life. From Hornworts to Hippos, How the Unassuming Microbe has driven Evolution*, John Wiley & Sons, 2001).

Tort Patric (dir.), *Dictionnaire du darwinisme et de l'évolution*, Paris, PUF, 1996, 3 vol., 4862 pages

Tort Patrick, « Bonnier Gaston, 1853-1922 », « Costantin Julien Noël, 1857-1936 », « Giard Alfred Mathieu, 1846-1908 », et « Le Dantec Félix, 1869-1917 », dans Patrick Tort (dir.), *Dictionnaire du darwinisme et de l'évolution*, Paris, PUF, 1996, 3 vol., 4862 pages, pages 375-376, 709-710, 1911-1939 et 2600-2604.

Wit Hendrik de, *Histoire du développement de la biologie*, vol. I et II, Lausanne, Presses polytechniques et universitaires romandes, 1993, 404 et 472 pages.

Yam Tim Wing, Nair Helen, Hew Choy Sin, Arditti Joseph , "History-Seeds. Orchid Seeds and their Germination: An Historical Account", *Orchid Biology*: "Reviews and Perspectives", VIII. Dordrecht, Springer, 2013, pages 387-504 (contient une bibliographie très complète sur la botanique des orchidées).

Yam Tim Wing et Arditti Joseph, *Micropropagation of Orchids*, New Jersey, John Wiley & Sons, 2017, 3 vol., 2368 pages.

Histoire des sciences et des milieux scientifiques :

Anizan Anne-Laure, *Paul Painlevé, science et politique de la Belle époque aux années Trente*, Rennes, PUR, 2012, 431 pages.

Bensaude-Vincent Bernadette, *Langevin, science et vigilance*, Paris, Belin, 1987, 271 pages.

Bernardini Jean-Marc, Le darwinisme social en France (1859-1918), Fascination et rejet d'une idéologie, Paris, CNRS-éd., 1997, 459 pages.

Bouyssi François, « Alfred Giard et ses élèves : un cénacle de "philosophes biologistes" ; aux origines du scientisme ? », *thèse EPHE*, 1990, Lille, Presses Universitaires du Septentrion, 2002, 945 pages.

Brockman John, *The Third Culture, Beyond the Scientific Revolution*, New York, Touchstone, 1995, 413 pages.

Broglie Louis de, « Sur les sentiers de la physique », *Sur les sentiers de la science*, Paris, Albin-Michel, 1960, 413 pages.

Broglie Louis de, « La vie et l'œuvre d'Aimé Cotton », dans *Sur les Sentiers de la science*, Paris, Albin-Michel, 1960, pages 46-76.

Burke Peter, *Social History of Knowledge*, vol. 2: *from Encyclopædia to Wikipedia*, Cambridge, Polity, 2012, 359 pages.

Charpentier-Morize Micheline, *Jean Perrin, savant et homme politique*, Paris, Belin, 1997, 285 pages.

Chavannes Isabelle, *Leçons de Marie Curie*, Les Ulis, EDP Sciences, 2003, 124 pages.

Condette Jean-François, notice biographique de Romain Moniez, dans *Les recteurs d'académie en France de 1808 à 1940, dictionnaire biographique*, Lyon, Institut national de recherche pédagogique, 2006, t. 2, pages 283-284.

Conry Yvette, *L'introduction du darwinisme en France au XIXème siècle*, Paris, Vrin, 1974, 480 pages.

Conry Yvette, « Comment a-t-on pu être néo-lamarckien en France (1843-1930) ? », *Nuncius*, 1993, vol. 8, n° 2, p 487-520.

Corbin Alain, « Claire Salomon-Bayet, (sous la direction de), préface de André Lwoff, Pasteur et la révolution pastorienne, 1986 », dans « 1848.

Révolutions et mutations au XIXe siècle », *Le Mouvement social*, n° 4, 1988. pages 165-168.

Duclert Vincent, « Émile Duclaux, le savant et l'intellectuel », *Mil neuf cent*, n° 11, 1993. « Comment sont-ils devenus dreyfusards ou anti-dreyfusards ? », pages 21-26.

Duclert Vincent, « L'usage des savoirs : l'engagement des savants et l'affaire Dreyfus (1894-1994) », séminaire du CRHST, avril 1996, tapuscrit 12 pages.

Duclert Vincent, « L'engagement scientifique et l'intellectuel démocratique. Le sens de l'affaire Dreyfus », *Politix*, vol. 12, n° 48, 1999, dans Pierre Serna (dir.) « Les savants et le politique », pages 71-94.

Duclert Vincent, « L'usage des savoirs : l'engagement des savants dans l'affaire Dreyfus (1894-1906) », thèse Université Paris I, 2009, 2 vol., 1069 pages.

Duclert Vincent, *L'affaire Dreyfus. Quand la justice éclaire la République*, Toulouse, éditions Privat, 2010, 535 pages.

Eidelman Jacqueline, « La création du Palais de la Découverte, Culture scientifique et professionnalisation de la recherche dans l'entre-deux-guerres », thèse non publiée, Université René-Descartes, septembre 1988.

Eidelman Jacqueline, « La Palais de la Découverte, 1934-1937 : culture scientifique et professionnalisation de la recherche », *Cahiers pour l'histoire du CNRS*, n° 9, 1990, pages 127-154.

Gayon Jean, « De la catégorie du style en histoire des sciences, *Alliage*, n° 26, 1996, pages 13-25.

Gispert Hélène (dir.), *« Par la science, pour la patrie ». L'Association française pour l'avancement des Sciences (1872-1914). Un projet politique pour une société savante*, Rennes, PUR, 2002, 372 pages.

Hulin Nicole, « Un pôle scientifique. La section des sciences de l'École normale supérieure. Quelques jalons de son histoire », dans Jean-François Sirinelli (dir.), *École normale supérieure, le livre du bicentenaire*, Paris, PUF, 1994, pages 321-349.

Hulin Nicole, « Histoire des sciences et enseignement scientifique au lycée sous la Troisième République », *Revue d'histoire des sciences*, t. 58, 2005, n° 2, pages 389-405.

Hurwic Anna, *Pierre Curie*, Paris, Flammarion, 1995, 299 pages.

Jacob Christian (dir.), *Lieux de savoirs 2*, « Les mémoires de l'intellect », Paris, Albin-Michel, 2011, 992 pages.

Jacob Christian, *Qu'est-ce qu'un lieu de savoirs ?*, Marseille, OpenEdition press, 2014, 122 pages

Jacquemond Louis-Pascal, *Irène Curie ; biographie*, Paris, Odile Jacob, 2014, 369 pages.

Juignet Patrick, « Les paradigmes scientifiques selon Thomas Kuhn », *Philosophie, science et société* [en ligne], 2015.

Kuhn Thomas, *La structure des révolutions scientifiques*, Paris, Flammarion, 1970, 284 pages (Chicago, Univ. of Chicago Press,1962 et 1970).

Langlois-Berthelot Daniel, *Marcellin Berthelot, un savant engagé*, Paris, J.-C. Lattès, 2000, 369 pages.

Le Tacon François, *Émile Gallé ou le mariage de l'art et de la science,* Paris, Messene éd, 1995, 165 pages.

Lecourt Dominique (dir.), *Dictionnaire d'histoire et philosophie des sciences*, Paris, PUF, 1999, 1032 pages.

Lemerle Sébastien, « Claire Solomon-Bayet (dir.), *Pasteur et la révolution pastorienne*, Payot, 1986, 436 pages », dans « La Prolifération biologique », Corps, 2011, n° 9, pages 165 à 171.

Lot Fernand, *Jean Perrin et les atomes*, Paris, éd. Seghers, coll. Savants du monde entier, 1963, 223 pages.

Marzac Jacques, *Albert Turpain, un homme de science au service de l'homme du peuple*, Poitiers, Le Pictavien, 2011, 196 pages.

Moreau Thomas, « Étudier, enseigner, rayonner : l'Université de Caen (1793-1944) », thèse de doctorat soutenue le 17/12/2018, en ligne : Hal, archives ouvertes, Normandie Université, 2018. Français. NNT: 2018NORMC044, 1061 pages.

Noiray Jacques, « Figures du savant », *Romantisme*, 1998-2, n° 100, « Le Grand Homme », pages 143-158.

Petitmengin Pierre et Dauphragne Françoise, *Lucien Herr et l'école normale*, catalogue de l'exposition présentée par la Bibliothèque de l'École normale supérieure, 15-30 juin 1977, 23 pages.

Picard Jean-François, *La République des savants. La recherche française et le CNRS*, Paris, Flammarion, 1990, 339 pages.

Pigeard-Micault Natalie, *Les femmes du laboratoire de Marie Curie*, Paris, éd. Glyphe, 2013, 293 pages.

Pinault Michel, « Le chercheur », dans Jean-Pierre Rioux et Jean-François Sirinelli (dir.), *La France d'un siècle à l'autre 1914-2000 Dictionnaire critique*, Paris, Hachette Littératures, 1999, pages 582-587.

Pinault Michel, *Frédéric Joliot-Curie*, Paris, Odile Jacob, 2000, 712 pages.

Pinault Michel, « L'intellectuel scientifique ; du savant à l'expert », dans Michel Leymarie et Jean-François Sirinelli (dir.), *L'histoire des intellectuels aujourd'hui*, Paris, PUF, 2003, pages 229-254.

Pinault Michel, *La science au Parlement. Les débuts d'une politique des recherches scientifiques en France*, Paris, CNRS-Éditions, 2006, 158 pages.

Pinault Michel, « Marie Curie, intellectuelle engagée ? », *Clio - Histoire, Femmes et Sociétés*, n° 24, Varia, 2006, pages 211-229.

Pinault Michel, « Du rôle de l'émergence d'une identité et d'un mouvement de "chercheurs" dans la naissance d'une profession, "la Recherche" », dans D. Dufourt et J. Michel, *La Vie politique de la science* (actes du colloque international organisé les 15-17 mars 2007 par le GREPH, IEP Lyon), Lyon, L'Interdisciplinaire, 2008, pages 201-219.

Pinault Michel, « Portrait de groupe d'universitaires parisiens en leur villégiature bretonne : *L'Arcouest* dans la première moitié du XXe siècle », *Histoire et Sociétés - Revue européenne d'histoire sociale*, n° 25-26, avril 2008, pages 136-157 (communication à la journée d'étude « L'*Arcouest* : une villégiature intellectuelle de la Belle-Époque à l'après-guerre », BNF, mardi 15 avril 2008, voir aussi *Revue de la BNF*, t. 32, juin 2009.)

Pinault Michel, *Maurice Barrès et « la grande pitié des laboratoires de France », Discours parlementaires pour une politique des recherches scientifiques en France (1919-1923),* Paris, L'Harmattan, 2015, 330 pages.

Pinault Michel, *Émile Borel, une carrière intellectuelle sous la IIIème République*, Paris, L'Harmattan, 2017, 635 pages.

Quinn Susan, *Marie Curie,* Paris, Odile Jacob, 1996, 483 pages.

Rasmussen Anne « Critique du progrès, "crise de la science" : débats et représentations du tournant du siècle », *Mil neuf cent*, n°14, 1996. « Progrès et décadence », pages 89-113.

Rasmussen Anne, Lelong Benoît et Pestre Dominique, « Sciences et sociabilités, XVIe -XXème siècles », *Bulletin de la Société d'Histoire Moderne et Contemporaine*, Paris, Belin, mars 1997.

Rogers Rebecca et Molinier Pascale (dir.), *Les femmes dans le monde académique ; perspectives comparatives (1868-1939)*, Rennes , PUR, 2016, 226 pages.

Rollet Laurent et Narbonnand Philippe, « Un journal pour les Mathématiques spéciales : les *Nouvelles Annales de Mathématiques* (1842-1927) », article en ligne, HAL

Rostand Jean, « Zola, homme de vérité », discours prononcé à Médan au pèlerinage annuel des Amis de Zola, le 2 octobre 1949, dans *Confidences d'un biologiste*, textes choisis par J. L. Fischer, Paris, La Découverte, 1987, 244 pages, pages 126-136..

Salomon-Bayet Claire, *L'institution de la science et l'expérience du vivant ; méthode et expérience à l'Académie royale des sciences, 1666-1793*, Paris, Champs sciences, Flammarion, 1978, 464 pages.

Serres Michel (dir.), *Éléments d'histoire des sciences*, Paris, Bordas, 1989, 576 pages.

Sokal Alan et Bricmont Jean, *Impostures intellectuelles*, Paris, Odile Jacob, 1997, 276 pages.

Telkès Éva, « Présentation de la faculté des sciences et de son personnel, à Paris (1901-1939) », dans « L'enseignement scientifique au tournant des XIXème et XXème siècles », *Revue d'histoire des sciences*, t. 43, n° 4, 1990, pages 451-476.

Telkès Éva, *Maurice Caullery(1968-1958), un biologiste au quotidien,* texte édité par Eva Telkès, à partir de M. Caullery, « Souvenirs d'un biologiste », Lyon, PUL, 1993, 366 pages.

Valentin Michel, « Claire Salomon-Bayet (éd.), *Pasteur et la révolution pastorienne* avec Bernard Lécuyer, Jacques Léonard, Viviane Thévenin, Roger Carvais, Bruno Latour » dans la *Revue d'histoire des sciences*, t. 42, n°1-2, 1989, pages 185-186.

Waquet Françoise, *L'Ordre matériel du savoir. Comment les savants travaillent, XVIème-XXIème siècles*, Paris, CNRS éditions, 2015, 359 pages.

Waquet Françoise, *Une histoire émotionnelle du savoir, XVIIe-XXIe*, CNRS Éditions, 2019, 352 pages.

Wesfreid J. Eduardo., « Scientific Biography of Henri Bénard (1874-1939) », dans Innocent Mutabazi, Jose Eduardo Wesfreid et Étienne Guyon (dir.),

Dynamics of Spatio-Temporal Cellular Structures: Henri Bénard Centenary Review, New York, Springer, 2006, 249 pages, pages 9 et suiv.

Histoire intellectuelle, histoire des intellectuels :

Adam Huguette, « Les romans préhistoriques de J. H. Rosny Aîné », mémoire de Maîtrise ès Arts, Université Mc Gill, 1986 (en ligne).

Albertini Pierre, « La réforme de 1903 : un assassinat manqué ? », dans Jean-François Sirinelli (dir.), *École normale supérieure, le livre du bicentenaire*, Paris, PUF, 1994, pages 31-72.

Aron Paul, « Les candidature de Zola à l'Académie française : une obstination significative », *Les Cahiers naturalistes*, 2017, n° 91, pages 281-302.

Bastiaire Jean, Finkielkraut Alain et Julliard Jacques, « Péguy et le parti intellectuel », *Mil neuf cent*, n° 15, 1997, « Les anti-intellectualismes », pages 51-68, pages 60

Blum Françoise, « Aline Ménard-Dorian, du salon à la scène politique », dans G. Manceron et E. Naquet, *Être Dreyfusard, hier et aujourd'hui (2009)*, Rennes, PUR, 2009, 551 pages, pages 139-142.

Bonnerot Jean, *La Sorbonne: Sa vie, son rôle, son œuvre à travers les siècles*, Paris, PUF, 1927, édition numérique du CNL en ligne, juillet 2020.

Bourdieu Pierre, *Esquisse pour une auto-analyse*, Paris, Raison d'agir, 2004, 142 pages.

Brucy Guy, *Histoire de la FEN*, Paris, Belin, 2003, 640 pages.

Cabanes Jean-Louis, « Zola et le modèle bernardien », *Romantisme*, 1993, n°82, pages. 83-89.

Charle Christophe, « Les normaliens et le socialisme (18671914) », dans Madeleine *Rebérioux* et Gilles Candar (dir.), *Jaurès et les intellectuels*, Paris, éd. de l'Atelier, 1994, page 133-178.

Charle Christophe, *Naissance des intellectuels, 1880-1900*, Paris, éditions de Minuit, 1990, 271 pages.

Charle Christophe, *La République des universitaires, 1870-1940*, Paris, Seuil, 1994, 521 pages.

Charle Christophe, *Paris Fin de siècle Culture et politique*. Paris, Seuil, 1998, 319 pages.

Chaubet François, « Figures de l'intellectuel républicain », *Le Banquet, la revue du CERAP*, mars 2011.

Clark Linda L., « A Battle of The Sexes in a Professional Setting: The Introduction of Inspectrices Primaires, 1889-1914 », *French Historical Studies*, vol. 16, n° 1, 1989, p. 96-125.

Clark Linda L., *Women and Achievement in Nineteenth-Century Europe*, Cambridge, Cambridge Univ. Press, 2008, 312 pages.

Clos-Sasseville Denis, « Lucien Herr (1864-1926) : l'intellectuel engagé et la "volonté de ne pas parvenir" », mémoire de maîtrise d'histoire, Université du Québec à Montréal, novembre 2009, 137 pages, en ligne.

Compayré Gabriel, *Les grands éducateurs, Félix Pécaut et l'éducation de la conscience*, Paris, Paul Delaplane, 1904, 123 pages.

Dosse François, *La marche des idées, Histoire des intellectuels – histoire intellectuelle*, Paris, La Découverte, 2003, 353 pages.

Duclerc Vincent, « De l'engagement des savants à l'intellectuel critique : une histoire intellectuelle de l'affaire Dreyfus », *Historical reflexions*, 1998, pages 24-81.

Eidelman Jacqueline, « La création du Palais de la Découverte – professionnalisation de la recherche et culture scientifique dans l'entre-deux-guerres », thèse Université Paris V – René-Descartes, 1988.

Efthymiou Loukia, *Eugénie Cotton (1881-1967) Histoires d'une vie – Histoires d'un siècle*, Sarrebruck (Allemagne), Éditions universitaires européennes, 2019, 459 pages.

Élias Norbert, *Mozart, sociologie d'un génie*, Paris, Seuil, 1991, 244 pages.

Garnet Rees, *Rémy de Gourmont ; essai de biographie intellectuelle*, Paris, Boivin et Cie, 1940, 312 pages.

Gillybœuf Thierry, « Idée d'une revue : *La Revue des idées* », dans Jean-Claude Larrat et Gérard Poulouin (dir.), Modernité de Rémy de Gourmont, Presses universitaires de Caen, 2010, 361 pages , actes du colloque tenu en septembre 2008 à l'Université de Caen.

Jeannin Pierre, *École normale supérieure Livre d'or*, Paris, Office français de diffusion artistique et littéraire, 1963, 173 pages.

Labouret Denis, « Charles Péguy ou le parti pris de l'aventure », dans Françoise Mélonio, dossier « Refus de parvenir », *Mil neuf cent, revue d'histoire intellectuelle*, 2019, n° 37, pages 23-198, pages 53-68.

Leroy Gérald, *Charles Péguy : L'inclassable*, Paris, Armand Colin, 2014, 366 pages.

Letournel Jérôme, « Socialisme et socialistes dans le Calvados des origines à la fin du XXe siècle (1864-1998) », thèse soutenue à Caen, 2013.

Lindenberg Daniel et Meyer Pierre-André, *Lucien Herr : le socialisme et son destin*, Paris, Calmann-Lévy, 1977, 318 pages.

Loeffel Laurence, *La morale à l'école selon Ferdinand Buisson*, Paris, Taillandier, 2013, 316 pages.

Manceron Gilles et Naquet Emmanuel, *Être Dreyfusard, hier et aujourd'hui (2009)*, Rennes, PUR, 2009, 551 pages.

Mayeur Françoise, « Une école sœur ? Sèvres », dans Jean-François Sirinelli (dir.), *École normale supérieure, le livre du bicentenaire*, Paris, PUF, 1994, pages 73-111.

Mélonio Françoise, dossier « Refus de parvenir », *Mil neuf cent, revue d'histoire intellectuelle*, 2019, n° 37, pages 23-198, introduction, pages 23-41.

Mitterand Henri, édition de *Paris*, d'Émile Zola, établie et présentée par, Paris, Stock, 1998, 467 pages.

Naquet Emmanuel, *La Ligue des droits de l'homme, une association en politique (1989-1940),* thèse IEP, Paris, 2005, 1341 pages.

Noiriel Gérard, *Les fils maudits de la République, L'avenir des intellectuels en France*, Paris, Fayard, 2005, 335 pages.

Ory Pascal et Sirinelli Jean-François, *Les Intellectuels en France, de l'Affaire Dreyfus à nos jours*, Paris, Armand Colin, 1986, 263 pages.

Ory Pascal, *La grande illusion, Culture et politique sous le signe du Front populaire, 1935-1938*, Paris, Plon, 1994, 1033 pages.

Oulhiou Yvonne, *L'École normale supérieure de Fontenay-aux-Roses à travers le temps, 1880-1980*, ENS de Fontenay, hors collection des Cahiers de Fontenay, 1981, 312 pages.

Pernot Denis, « Le magistère du pédagogue : professeurs de pensée générale et romanciers au tournant du siècle », *Revue d'histoire littéraire de la France*, vol. 105, 2005, n° 4, pages 965-978.

Prochasson Christophe, « *L'Effort Libre de Jean-Richard Bloch* », *Mil Neuf Cent, revue d'histoire intellectuelle (Cahiers Georges Sorel)*, n° 5, 1988, pages 105-118.

Prochasson Christophe, *Les Années électriques 1880-1910,* Paris, La Découverte, « L'aventure intellectuelle du XXe siècle », 1991, 488 pages.

Prochasson Christophe, *Les intellectuels, le socialisme et la guerre,* Paris, Seuil, 1993, 356 pages.

Prochasson Christophe, « Entre science et action sociale : le "réseau Albert Thomas" et le socialisme normalien, 1900-1914 », dans *Laboratoires d'un nouveau siècle. La nébuleuse réformatrice et ses réseaux (1880-1914)*, Paris, EHESS, 1994, pages 141-158.

Prochasson Christophe, « La création de *L'Effort* et son manifeste », *La Revue des revues*, n° 20, 1995 , pages 13-15.

Prost Antoine, *Histoire de l'enseignement en France, 1800-1967*, Paris, Armand Colin, 1968, 525 pages.

Racine Nicole et Trebitsch Michel (dir.), *Cahiers de l'IHTP*, « Sociabilités intellectuelles. Lieux, milieux, réseaux », n°20, mars 1992, 220 pages.

Serres Michel, *Feux et signaux de brume – Zola*, Paris, Grasset 1975, 384 pages.

Sirinelli Jean-François, « Biographie et histoire des intellectuels. Le cas des "éveilleurs" et l'exemple d'André Bellesort », *Problèmes et méthodes de la biographie, Sources*, n° 3-4, 1985, pages 61-73.

Sirinelli Jean-François, « Le hasard ou la nécessité ? Une histoire en chantier : l'histoire des intellectuels », *Vingtième siècle, revue d'histoire*, janvier-mars 1986, pages 97-107.

Sirinelli Jean-François, *Génération intellectuelle. Khâgneux et Normaliens dans l'Entre-deux-guerres*, Paris, Fayard, 1988, 721 pages.

Sirinelli Jean-François (dir.), *École normale supérieure, le livre du bicentenaire*, Paris, PUF, 1994, 436 pages.

Smith Robert J, « L'atmosphère politique à l'École Normale Supérieure à la fin du XIXe siècle », *Revue d'histoire moderne et contemporaine*, t. 20 n°2, avril-juin 1973. pages 248-268.

Thuillier Pierre, « Un débat fin de siècle : la "faillite de la science", dans *Science et société, essais sur les dimensions culturelles de la science*, Paris, Fayard, 1997, 318 pages, pages 223-242 (paru dans *La Recherche*, n° 234, juillet-août 1991).

Verger Jacques, « Introduction », *Le Centenaire de l'École normale (1795-1895) : Édition du Bicentenaire,* Paris, Rue d'Ulm, 1994, pages 11-73.

Winock Michel, *Le siècle des intellectuels*, Seuil, Paris, 1997, 695 pages.

Histoire politique

Becker Jean-Jacques et Candar Gilles, *Histoire des gauches en France*, vol. 1 et 2, Paris, La Découverte, 2004, 584 et 776 pages.

Charle Jean et al., *Le Congrès de Tours (18ème Congrès national du Parti socialiste), texte intégral*, Paris, Éditions sociales, 1980, 919 pages.

Gautier-Desvaux Élisabeth et Mace Jacques, *La vie politique dans le Calvados à la Belle Époque : 1898-1914*, Service éducatif des Archives départementales du Calvados, Annales du CNDP de Caen, dossier n° 4, 1982, 31 pages.

Quellien Jean, « Bleus, Blancs, Rouges : politique et élections dans le Calvados 1870-1939 », *Cahier des Annales de Normandie*, n°18, 1986, pages 1-424.

Secondy Philippe, *La persistance du Midi blanc. L'Hérault (1789-1962)*, Perpignan, Presses universitaires de Perpignan, 2006, 393 pages.

Thiébot Emmanuel, « Les Francs-maçons et la République en Basse-Normandie (1870-1924 », mémoire de DEA à Sciences Po Paris, 2003, 143 pages.

Touchard Jean, *La Gauche en France depuis 1900*, Paris, Seuil, 1977, 380 pages.

Histoire de la région de Béziers

Bèges Alex et Pech Jacqueline, *Un siècle de spectacles, de divertissements et de plaisirs à Béziers (1860-1960)*, Béziers, Société Archéologique, Scientifique et Littéraire de Béziers, 2012, 218 pages.

César Marc, *La Commune de Narbonne (mars 1871)*, Perpignan, Presses universitaires de Perpignan, 1996, 305 pages.

Monfreid Henry de, *L'Envers de l'aventure*, vol. VII, « Combat », Paris, Grasset, 1963, 203 pages.

Moulin Antoine, *Une républicain martyr, Casimir Péret*, Montpellier, Imprimerie Causse, Graille et Castelnau, 1937, 115 pages, réédition Montblanc (34290), IDREM et Riquet 3000, 2013.

Richard Jean-Claude, « Bédarieux, le coup d'État du 2 décembre 1851 et les partis de l'Ordre, une médaille locale de 1851-1852 », *Bulletin de la Société archéologique et historique des hauts-cantons de l'Hérault*, n° 17, 1994, pages 121-154.

Ressources prosopographiques :

Association des élèves, anciens élèves et amis de l'École normale supérieure, *Annuaire des anciens élèves de l'ENS,* http://www.archicubes.ens.fr

Bulletin de l'Association amicale des anciennes élèves de Fontenay-aux-Roses, 1893-1987, en ligne : http://numerisation.bibliotheque-diderot.fr

Brasseur Roland, *Dictionnaire des professeurs de mathématiques en classe de Mathématiques spéciales, entre 1852 et 1914*, 2012, en ligne. 1144 pages.

Caplat Guy, *Dictionnaire biographique des inspecteurs généraux et des inspecteurs de l'Académie de Paris, 1914-1939*, Paris, INRP, 1997, 684 pages.

Charle Christophe et Telkès Eva, *Les Professeurs du Collège de France - dictionnaire biographique, 1901-1939*, Paris, INRP/CNRS, 1988, 246 pages.

Charle Christophe et Eva Telkès, *Les professeurs de la Faculté des sciences de Paris, dictionnaire biographique, 1901-1939*, Paris, INRP-CNRS, 1989, 271 pages.

Chervel André, « Les agrégés de l'enseignement secondaire. Répertoire 1809-1950 », juin 2011, en ligne : http://rhe.ish-lyon.cnrs.fr/?q=agregsecondaire_laureats_old

Condette Jean-François, *Les recteurs d'académie en France de 1808 à 1940, dictionnaire biographique*, 2 vol., Lyon, Service d'histoire de l'éducation, Institut national de recherche pédagogique, 2006, 452 et 411 pages.

L'École normale supérieure, 1794-1994, Maîtres et élèves, célébrités et savants, catalogue de l'exposition du bicentenaire, Paris, éd. ENS, 1994, 287 pages.

Fontanon Claudine et Grelon André, *Les Professeurs du Conservatoire national des arts et métiers, dictionnaire biographique, 1794-1955,* 2 vol., Paris, INRP-CNAM, 1994.

Gaudart de Soulages Michel et Lamant Hubert (dir.), *Dictionnaire des francs-maçons français,* Paris, Albatros, 1981, 589 pages.

Gillipsie Charles (dir.), *Dictionary of Scientific Biography*, 15 vol., New York, Scribners & Sons, 1970-1980.

Huguet Françoise, *Les Professeurs de la Faculté de Médecine de Paris, dictionnaire biographique, 1794-1939*, Paris, INRP/CNRS, 1992, 753 pages.

Imbert Nath, *Dictionnaire national des contemporains*, Paris, Éditions La Jeunesse, 1939, 608 pages.

Index biographique de l'Académie des sciences, Paris, Gauthier-Villars, 1979, 513 pages

Jaussaud Philippe et Brygoo Édouard-Raoul, *Du Jardin au Muséum en 516 biographies,* Paris, Muséum d'histoire naturelle, coll. Archives. 2004, 630 pages.

Jolly Jean, *Dictionnaire des parlementaires français de 1889 à 1940,* Paris, PUF, 1960-1977, 8 vol.

Julliard Jacques et Winock Michel (dir.), *Dictionnaire des intellectuels français,* Seuil, Paris, 1996, 1528 pages (2de édition).

Lecourt Dominique, *Dictionnaire d'histoire et philosophie des sciences*, Paris, PUF, 1999, 1032 pages.

Maitron Jean et Pennetier Claude, *Dictionnaire biographique du mouvement ouvrier français*, Paris, Éditions ouvrières et Éditions de l'Atelier, 1964-….

Qui êtes-vous ? Annuaire des contemporains, Paris, G. Ruffy éd., 1924.

Robert Adolphe, Bourloton Edgar et Cougny Gaston, *Dictionnaire des parlementaires français (1789-1889)*, Paris, Bourloton éd., 1891, 5 vol.

Ainsi que les notices nécrologiques dans la *Revue du Palais de la Découverte* et les revues des sociétés scientifiques.

Index des noms de personnes

Cet index ne répertorie pas les occurrences des noms de Noël Bernard, le botaniste, et de Marie Louise Martin, son épouse.

Abraham Henri, 274
Albertini Pierre, 65
Allais Alphonse, 114, 115
Allemane Charles, 254, 255
Andler Charles, 40, 50, 178, 251, 267, 413, 434
Appell Marguerite ép. Borel, 30, 48, 49, 135, 264, 265, 305, 351
Appell Paul, 135, 155, 264, 273, 398
Arditti Joseph, 37, 213, 325, 369, 392, 403, 424, 438, 440, 443
Arrhénius Svante, 362
Audiffred Jean-Honoré, 199
Auger Pierre, 411
Baire René, 63
Barbusse Henri, 19
Barrès Maurice, 6, 73, 177, 183, 184, 219, 348, 446
Barrois Charles, 200, 274, 277
Barthélémy Aimé, 86
Bary Anton de, 85, 357
Basch Victor, 279
Bateson William, 195, 198, 341, 346
Bayet Charles, 126, 145, 155
Beaumont Élie de, 244
Beauverie Jean, 117
Becquerel Henri, 47, 263, 334
Beghin Henri, 39, 59, 60
Bénard Henri, 39, 58, 59, 379, 447
Beneden Pierre-Joseph van, 328
Béret Georges, 243
Berlioz Hector, 56
Bernard Antoinette, voir Magrou Antoinette ép. Bernard
Bernard Claude, 212, 223, 307, 328, 345, 441, 442
Bernard Daniel, 35, 50, 420, 474
Bernard Francis, 35, 124, 293, 314, 352, 359,-361, 369, 384, 391-394, 408, 411, 415, 419, 440
Bernard François Léon, 25, 26, 28, 30, 379, 413
Bernard Jean-Félix, 35, 419, 420, 474
Bernard Joseph, 26-33, 36, 37, 44, 55, 217, 396, 414
Bernard Julie ép. Blanc, 25- 28, 30-34, 37, 396, 413
Bernard Justine, voir Bië-Moulat Justine ép. Bernard
Bernard Madeleine, voir Combacal Madeleine ép. Bernard
Bernard Madeleine, voir Delettre Madeleine ép. Bernard
Bernard Michelle, voir Jourdan Michelle ép. Bernard
Bernard Narcisse, 28-30
Bernard Noël docteur, 28-36, 50, 164, 226, 289, 290, 306, 369, 395, 396, 399
Bernard Noël médecin, 28
Bernard Olympie, voir Vidal Joséphine Olympie ép, Bernard
Bernard Paulette, voir Delage Paule (Paulette) ép. Bernard
Bersot Ernest, 249
Bert Étienne, 98, 181
Bert Paul, 349
Berthelot Marcellin, 86, 87, 200, 230-234, 409, 435
Bibesco Georges, 41, 55, 68
Bibesco Marthe, 41
Bië-Moulat Justine ép. Bernard, 25
Bigot Alexandre, 137, 152, 158, 188, 274, 307, 428
Bigot Charles, 233
Biville Raoul, 245
Blanchard Raoul, 40, 48, 56, 57, 251, 431
Blaringhem Louis, 50-52, 95, 96, 134, 184, 267, 269, 335, 336, 343-346, 365, 399, 405, 406, 420, 424-427, 430, 431, 442

Bloch Jean-Richard, 184, 248, 267, 348, 374, 431, 449
Blum Léon, 48, 56, 97, 217, 218, 248, 263, 265, 277, 434, 447
Bohn Georges, 183
Bonaparte Louis-Napoléon, 27-29, 267
Bonnier Gaston, 17, 42, 43, 75-80, 85, 88, 91, 100-104, 114, 121-134, 138, 170, 188, 205, 207, 269, 270, 334, 336, 343, 346, 354, 373, 383, 419, 420, 426- 431, 439-443
Bonnier Pierre, 184
Borel Émile, 11, 19, 20, 46-49, 56, 62, 63, 113, 135-137, 154, 184, 198, 218, 220, 233, 252, 258-280, 305, 321, 330, 335, 346, 348, 351, 368, 370, 371, 388, 405, 408-414,420, 424, 432, 437, 446
Borel Marguerite, voir Appell Marguerite ép. Borel
Borel Marie ép. Rosny Aîné, 265
Bornet Édouard, 334
Borrel Amédée, 365
Bouchard Charles, 200
Bouget Joseph, 387
Bouglé Célestin, 48, 263, 279, 432-435
Boullard Bernard, 37, 41, 79, 86, 90, 124, 137, 161, 240-242, 288, 321, 327, 356, 357, 366, 377, 389, 403-407, 420, 438, 439, 474
Bouly de Lesdain Maurice, 334
Bourdieu Pierre, 16, 54, 437, 447
Bourgin Hubert, 40, 434
Boutroux Pierre, 351
Bouveault Louis, 184
Branly Édouard, 254
Brefeld Oskar, 357
Bricmont Jean, 206
Brillouin Léon, 59
Brives Charlotte, 108
Broglie Henri de, 48, 93, 210, 263, 264, 425, 434
Brown Robert, 363
Brunetière Fernand, 114, 219, 232-234, 434, 435
Buican Denis, 223, 324, 439, 343-346
Buisson Ferdinand, 243, 255, 295, 389, 448
Bultel Gaston, 397, 426
Burbank Luther, 270, 335, 338, 339, 423
Burgeff Hans, 205, 365, 366, 389, 397, 401, 415, 426
Burian Richard, 343-345, 440
Büsser Henri, 31
Callard de la Ducquerie Jean-Baptiste, 144
Callon Michel, 95
Calmette Albert, 164, 201, 368, 396
Cambefort Georges, 59
Camus Edmond-Gustave, 199
Candolle Augustin-Pyrame de, 327
Cannât Paul, 152, 158
Cantacuzène Jean, 116, 385, 426
Carbonnel Victor, 258
Cartan Élie, 47, 262, 266
Cassan Jean, 184
Castro-Soffia Raoul, 381, 382, 389, 424
Caullery Maurice, 43, 77, 123-125, 136, 184, 266, 270, 341-343, 352, 388, 399, 405, 427, 446
Caumont Arcisse de, 151
Cavalier Jacques, 354, 355, 370, 378, 383, 384, 423
Cazamian André, 380, 381, 410
Cazamian Louis, 380
Challaye Félicien, 39, 40, 59, 251
Chantavoine Henri, 233
Charle Christophe, 18- 21, 35, 49, 59, 77, 141, 248, 251, 347
Chauvet Emmanuel, 149
Chavanne Georges, 51
Chavannes Édouard, 307
Chavannes Isabelle, 307
Chávez Ignacio, 210
Chéron Henri, 243
Chevalier Auguste, 134, 151, 163, 164, 297, 384, 427
Clauzel Léon, 166
Claveau Anatole, 233
Clémenceau Georges, 32
Combacal Madeleine ép. Bernard, 28, 30, 32, 34, 36
Combes Raoul, 130, 427
Condette Jean-François, 100, 443, 451
Costantin Julien, 12, 27, 42-44, 51, 52, 68, 76, 77, 81-84, 91-93, 97, 121, 125, 126, 130, 134, 143, 188, 191, 199, 211, 217-221, 226, 316, 333, 334, 343, 345, 350, 351, 373, 380-383, 387, 388, 400-404, 415, 420, 421, 424-427, 440, 443
Costantin René, 251, 380, 410
Coste Hyppolite, 334
Cotton Aimé, 46, 184, 218, 264, 266, 274, 284, 405, 408, 432, 443
Cotton Eugénie, voir Feytis Eugénie ép. Cotton
Cotton Marie, 284

Coupin Henri, 352
Cuénot Lucien, 199, 200, 223-324, 336, 344, 346, 428, 439-442
Cunéo Bernard, 33
Curie Eugène, 49
Curie Marie née Sklodovska, 19-21, 45, 62, 96, 154, 178, 183, 198, 263, 289, 294, 300, 305, 307, 374, 384, 408, 410, 443-446
Curie Pierre, 7, 11, 19, 21, 45, 49, 62, 73, 135, 136, 158, 178, 183, 274-280, 284, 291, 294, 297-301, 307, 350, 366, 375, 381, 382, 409-414, 420, 431, 444
Daguillon Auguste, 125, 274
Dalou Jules, 250
Damiens Jeanne, pseudonyme de Marcelle Richard, 399, 424
Dammer Ugo, 191
Dangeard Pierre, 134, 333, 347, 356, 357, 428
Darwin Charles, 12, 13, 50, 72-77, 123, 131-133, 184, 185, 204, 209, 224, 232, 241, 242, 258, 289, 291, 297-301, 307, 320, 321, 327, 338, 380, 393, 428, 432, 442
Darwin Erasmus, 393
Darwin Francis, 72
Davy de Virville Adrien, 297, 428
Dawkins Richard, 329
Debierne André, 45, 46, 96, 136, 263, 284
Debraux Germaine, 288
Debru Claude, 174
Debussy Claude, 48, 56
Dejean de la Bâtie Joseph-Émile, 241, 288, 294, 295
Delacroix Henri, 309
Delage Paule (Paulette) ép. Bernard, 50, 396
Delbet Pierre, 184
Delettre Madeleine ép. Bernard, 35
Delpech Auguste, 255, 256
Derx Henri-George, 86, 404, 420, 424
Deschamps Gaston, 233-236
Deslongchamps Eudes, 152
Disclère Paul, 200, 201, 422, 432
Doin Octave, 180
Doumic René, 57
Drach Jules, 46-49, 63, 135, 262, 266, 348
Dreyfus Alfred, 18-20, 39, 42, 47, 56, 96, 147, 217-223, 233, 252, 253, 262, 377, 413, 414, 435, 444, 448, 449
Droual Émile, 242
Drouin Jean-Marc, 179, 440
Dubard Marcel, 134
Duboscq Octave, 268, 274, 353
Dubreuil Louis, 58, 59
Duchârtre Pierre, 104, 427, 431
Duchesne Ernest, 360
Duclaux Émile, 20, 42, 49-51, 57, 66, 70-72, 94, 164, 219, 242, 255, 281, 299, 444
Duclaux Jacques, 41, 46, 57, 164, 174, 253, 264, 266, 269, 321, 363
Duclert Vincent, 17-20, 42, 257, 444
Dufour Léon, 80, 428
Dujardin Édouard, 183, 184
Duportal Armand, 303
Duportal France, 304
Duportal Henriette ép. Perrin, 122, 226, 284, 289, 293, 303, 304, 367, 374
Dupuy Paul, 39, 50, 93, 433
Duval Léon, 180
Elber Georges, 257
Élias Norbert, 15, 16
Errera Leo, 163
Fabre Jean-Henri, 340
Fauré Gabriel, 27, 48, 56
Ferrer Francisco, 246
Ferry René, 188, 191
Fescourt Henri, 31, 152, 367
Fève René, 390
Feytis Eugénie ép. Cotton, 284
Finet Achille, 98
Fleurot Paul, 257
Floquet Gaston, 277
Fortin Jacques-André, 328
Foucault Michel, 16, 409, 437
Foulon Georges, 59
Fouque Maurice, 242
Fournier Alfred, 180
Fournier Edmond, 180
France Anatole, 56, 221, 243, 252, 257, 296
Frank Albert-Bernhardt, 82, 85, 102, 428
Franklin-Bouillon Henri, 246
Fréchet Maurice, 348, 353
Fuchs Lazarus, 61, 62
Fustel de Coulanges Numa Denis, 75
Gallaud Isidore, 51, 52, 59, 134, 188-191, 317, 334, 380, 428
Gallé Émile, 115, 116, 442, 445
Galois Évariste, 62, 93, 381, 382, 432
Galton Francis, 224, 324, 338, 428
Garbaye Jean, 328, 440
Garbe Paul, 354, 355, 379, 383
Gautier Jules-Henry, 180
Gayon Jean, 328, 343-345, 440, 444

Gayraud Hippolyte, 255-257
Gérard René, 277
Gernez, 38
Giard Alfred, 17, 44, 77, 100, 127-129, 184, 249, 341-346, 354, 365, 420, 427, 428, 432, 433, 439, 443
Gide André, 183, 184
Gillet Louis, 56, 57
Gillot Henri, 163
Goblot Edmond, 150, 246
Godefroy-Lebeuf Alexandre, 182
Goncourt Edmond de, 223
Gosse René, 410
Gould Stephen Jay, 329, 440
Gourmont Rémy de, 183, 184, 448
Gouy Georges, 178, 275, 350
Grandeau Louis, 181
Grandjouan Jules, 411
Gravis Auguste, 162, 163
Grignan Georges, 397, 429
Grosz Désiré, 257
Guesde Jules, 252
Guignard Léon, 41, 157, 190, 191, 334, 335, 351, 424, 429
Guist'hau, Gabriel 354, 383, 429
Hadamard Jules, 184, 272, 274, 307
Häeckel Ersnt, 172, 224, 380
Henri Victor, 184
Hermite Charles, 60
Herr Lucien, 17, 40, 50-52, 95-97, 171, 178, 217, 219, 240, 249-253, 267, 279, 391, 413, 420, 434, 435, 445, 448
Herriot Édouard, 40, 48, 237, 263, 429, 435
Hervé Gustave, 257
Houllevigue Louis, 149, 150, 171, 268
Houssay Frédéric, 39, 43, 75, 76, 382, 433
Hugo Victor, 31, 67, 115
Husnot Tranquille, 297-301, 307, 427, 428
Huxley Aldous, 393
Huxley Julian, 393
Huxley Thomas, 393
Injalbert Antonin, 31
Irmisch Thilo, 83
Isaac Jules, 40, 138
Jacob Christian, 106
Jäger Gustav, 324
Janoty Jeanne ép. Maurain, 30-34, 154, 284, 289, 293, 294, 301-303, 308, 309
Jaurès Jean, 97, 241, 249-252, 434, 447
Jeanneney Jules, 154
Jeannin Pierre, 166
Job André, 48, 262
Joliot-Curie Frédéric, 6, 18, 374, 375, 409, 420, 433, 445
Joly Alphonse, 38
Jourdan Michelle ép. Bernard, 35, 393
Jussieu Bernard de, 72
Kahn Albert, 265
Kelley Arthur, 402, 403, 440
Killian Wilfrid, 351
Knudson Lewis, 37, 400-403, 424, 429, 438
Koch Robert, 86, 166, 205, 334, 368
Koenigs Gabriel, 38, 61, 274
Kuhn Thomas, 94, 444, 445
Labbé Alphonse, 86
Labergerie Jules, 186, 354, 429
Labrousse Antoine, 38
Lacorne Denis, 36, 366, 419, 420, 474
Lacoste Jeanne, 288
Laforgue Jules, 49
Lagrelle Bernard, 98, 438
Lamarck Jean-Baptiste de, 12, 13, 72, 74, 204, 320, 321, 440
Lamennais Félicité de, 129
Lamy Denis, 132, 133, 440, 441
Langevin André, 46
Langevin Paul, 19-21, 38-40, 46-51, 56-63, 95-97, 135, 142, 164, 166, 184, 218, 223-226, 233, 245, 251, 252, 262-266, 279, 284, 289, 291, 292, 296, 301-308, 367, 373-376, 379, 391, 405, 408, 410, 420, 431-435, 443
Lanson Gustave, 48, 171, 233, 433, 435
Lapicque Louis, 154, 242, 254-257, 272, 274, 367, 411
Laplace Pierre-Simon de, 61
Latour Bruno, 95, 165, 205-210, 437, 441, 446
Laurent Émile, 160-164, 427, 428, 431
Lauriol Blanche ép. Rixens, 29, 30, 217, 435
Lavisse Ernest, 17, 171, 433
Lazare Bernard, 47
Le Dantec Félix, 51-54, 76, 124-171, 184, 268, 270, 321, 333-336, 340-346, 381, 382, 425, 431, 433, 443
Lebeau Fernand, 326, 327
Lebesgue Henri, 38, 39, 46, 47, 58-63, 166, 218, 262, 264, 348, 351, 368-370, 379, 391, 420, 424
Leclerc du Sablon Matthieu, 130, 270, 336
Lecomte Henri, 134
Lecoufle Marcel, 397, 403, 438
Lecourt Dominique, 74, 328

Léger Louis, 117, 145
Lemaitre Jules, 233
Leroy Gérald, 116, 249
Lespieau Robert, 266
Lévy Albert, 49, 57, 251
Lévy-Bruhl Lucien, 279
Liard Louis, 60, 120, 145-148, 155, 275
Lignier Octave, 117, 121, 141-150, 156, 158, 246, 301, 429
Lindenberg Daniel, 17, 249, 448
Link Heinrich, 86
Linné Carl von, 13, 72, 128, 152, 153, 209, 389, 414
Logerot Gabrielle (dite Gabrielle Réval), 287
Loisel Gustave, 184
Loison Laurent, 74, 174, 343, 344, 441
Longuet Jean, 246
Lot Fernand, 62, 193
Louvet Eugène, 400
Luchaire Julien, 40, 57, 59, 433
Lutz Louis, 382, 383, 425
Magne Georges, 98, 169, 176, 179-181, 424
Magrou Alphonse, 30-34, 240
Magrou Antoinette ép. Bernard, 28-31, 35, 41, 167, 284, 306, 366, 367, 420
Magrou Charlotte ép. Fescourt, 31
Magrou Émile, 30, 55, 152, 306
Magrou Étienne, 30, 31
Magrou Jean, 30, 34, 35, 55, 154, 240, 284, 306, 366, 367, 371, 373, 413, 425
Magrou Joseph, 7, 15, 19, 26-30, 34, 35, 55, 107, 165, 170, 175, 204, 251, 320, 329, 330, 356, 364-368, 384, 387, 398-400, 406, 413-415, 419-423, 430, 441, 474
Maige Albert, 80, 125, 383, 430
Malet Albert, 34
Malinvaud Ernest, 199
Mallarmé Stéphane, 180
Maneille Celina ép. Martin, 288, 369
Mangin Louis, 41, 87, 123, 134, 138, 289, 334, 429
Marbo Camille (pseudonyme), voir Appell Marguerite ép. Borel
Margulis Lynn, 328-332, 441
Marie René, 242
Marillier Cécile, 265
Martin du Gard Roger, 377, 378
Martin Maria, 307
Martineau Henri, 399, 430
Marzac Jacques, 280, 348, 445
Mascart Éleuthère, 59, 157
Massart Jean, 268, 430
Massoulier Pierre, 46, 56-59, 63, 166, 191
Mathiez Albert, 39, 49, 57-59, 251, 252, 267, 271
Matruchot Louis, 51, 77, 95, 121, 125, 134, 188, 365
Maumené Albert, 182
Maurain Charles, 19, 63, 154, 158, 220, 241, 254, 272, 275, 284, 289, 292, 301, 302, 309, 321, 350, 379, 411
Maurain Jean, 154
Maurain Jeanne ép. Cremel, 303
Mauriac Pierre, 223, 330-333, 425, 441
Mauss Marcel, 279
Mayer André, 408
Mélonio Françoise, 16, 17, 448
Ménard-Dorian Aline, 265, 447
Mendel Gregor, 12, 59, 74, 113, 179, 288, 298, 320, 324, 336, 337, 346, 393, 405, 430, 439, 440
Mesnil Félix, 365, 367
Metchnikoff Élie, 52, 94, 116, 148, 244, 269, 316, 317, 325, 326, 330, 344, 359, 360, 365, 385, 410, 429, 433
Métin Albert, 267
Mirande Marcel, 350, 351, 371, 426
Mitterand Henri, 228, 229, 233, 448
Molière (Jean-Baptiste Poquelin), 369
Molliard Marin, 76, 123, 125, 129, 134, 430
Moniez Romain, 100, 101, 158, 419, 443
Monod Gabriel, 191, 218, 413
Monod Thérèse ép. Delacroix, 309
Montel Paul, 39, 46, 47, 59, 60, 254, 262, 367, 424
Moreau Thomas, 110, 137, 145, 148-151, 156, 326, 329, 356, 406, 424, 425, 445
Morgan Thomas, 344
Morichau-Beauchant René, 248
Morren Charles, 132
Mouton Henri, 46, 94, 218, 264, 266, 284, 307, 352
Mozart Wolfgang Amadeus, 15, 16, 448
Munier-Chalmas Ernest, 100
Naegeli Carl, 172, 174
Naudin Charles, 179
Newton Isaac, 61, 210, 336, 357
Nizan Paul, 76, 435
Noiray Jacques, 223
Poisson Ernest P, 246
Ory Pascal, 20, 372, 405, 449

Oulhiou Yvonne, 286, 287, 449
Pagès Olivier, 411
Painlevé Paul, 20, 60, 61, 252, 278, 443
Parmentier Antoine, 115
Pasteur Louis, 12, 13, 28, 30, 34, 41, 42, 50, 66-77, 83, 92, 94, 116, 134, 144, 162-165, 184, 194, 198, 203-206, 208, 210, 212, 223, 230, 255, 268, 294, 305, 314, 316, 320, 321, 329-331, 356, 360, 364, 365, 369, 372, 395-398, 409, 415, 419, 420, 423, 429, 432, 433, 436, 441-446
Pasteur Vallery-Radot Louis, 92, 396, 433
Patte Lucien-Gabriel, 58, 59
Pécaut Félix, 286, 287, 295, 390, 433, 448
Péguy Charles, 16, 17, 39, 40, 49, 56-58, 97, 138, 139, 218, 222, 239, 248-251, 273, 281, 390, 431-435, 447, 448
Pelseneer Paul, 136
Pelt Jean-Marie, 80, 386, 395, 407, 408, 441
Péret Casimir, 29, 450
Pérez Charles, 38, 39, 42, 44-47, 50-56, 59, 63, 77, 92, 94, 109, 116, 121-124, 136, 137, 183, 184, 193, 219, 221, 239, 251, 254-258, 267, 270, 291, 296, 325, 326, 329, 336, 354, 371-381, 410, 414, 415, 425, 430
Pernot Denis, 390
Perotte René, 149
Perraud Adolphe, 249
Perrin Francis, 367, 408
Perrin Jean, 7, 19-21, 40, 43-51, 58, 62, 63, 69, 95-97, 137, 154, 155, 173, 184, 198, 218-223, 227-233, 236, 245, 251, 252, 259-264, 276, 284, 289, 291, 292, 296, 301-308, 321, 330, 346, 353, 363, 366, 367, 370-373, 376, 379-381, 391, 405, 408-411, 425, 433, 434, 443, 445
Perrin Henriette, voir Duportal Henriette ép. Perrin
Perru Olivier, 85, 332, 333, 441, 442
Pertuy Jean, 115, 116
Picard Émile, 48, 61
Picquart Marie-Georges (colonel), 217
Picquenard Charles, 256
Piéron Henri, 352
Pinel Marie-Adélaïde ép. Langevin, 375
Pinoy Ernest, 365, 406, 424, 430, 431
Plantefol Lucien, 399
Plauchut Edmond, 13, 78, 79, 122, 178, 430
Poincaré Henri, 7, 47, 61, 184, 198, 233, 263, 376, 381, 408
Poisson Ernest, 246
Portier Paul, 331-333, 339, 428, 430, 441
Potin Julien, 400
Prenant Marcel, 251, 405, 406
Pressensé Francis de, 255
Prillieux Édouard, 82-84, 88, 89, 182, 334, 430, 431
Prost Antoine, 121, 143, 437, 449, 474
Quinton René, 183, 184
Rabaud Étienne, 184, 270, 336, 339-343, 352, 431
Rasmussen Anne, 12, 233, 265, 446
Renan Ernest, 95, 223, 230, 233, 434
Réval Gabrielle (pseudonyme ; voir Logerot), 287
Richard Jean-Claude, 450
Richard Marcelle, voir Damiens Jeanne
Richardson David, 240, 327, 407, 439
Richet, Charles 252, 331
Ricôme Hilaire, 353, 383
Rigault Raoul 129
Rignano Eugenio, 270
Riquet Paul, 27, 29, 30, 241
Riquier Charles, 147-150, 246, 272
Rivière Auguste, 89, 98, 182
Rivière Émile, 89, 91
Rixens André, 30, 31
Rixens Blanche, voir Lauriol Blanche ép. Rixens
Rixens Jean-Marie, 30
Robin Paul, 249
Rolland Romain, 19, 30, 31, 40, 57, 251, 435
Roques Mario, 39, 251
Rosny aîné J.-H., 56, 265, 371, 447
Rostand Jean, 13, 210-212, 223, 225, 340-344, 399, 424, 430, 442, 446
Rothschild Edmond de, 397
Roubaud Émile, 398
Roux Émile, 94, 116, 162, 164, 360-365, 431
Rutherford Ernest, 263
Sabatier Paul, 278, 410
Sabot Marie-Marguerite ép. Bernard, 26, 369
Sagnac Georges 184, 274
Saint-Germain Albert de, 146, 147, 150, 272
Saint-Lager Jean, 117, 425
Saint-Saëns Camille, 27
Salomon-Bayet Claire, 67, 165, 372, 441-446
Sapp Jan, 332, 333, 442
Sarcey Francisque, 233

Schloesing Alphonse-Théophile, 86, 162, 441
Schwendener Simon, 85
Schwob Marcel, 273
Seignobos Charles, 154, 155, 251, 255, 265, 267
Selosse Marc-André, 85, 86, 90, 240, 327-329, 407, 439, 442
Sembat Marcel, 97
Séret Eugénie, 191, 285-289, 292, 307, 425
Serres Michel, 179, 223, 227, 440
Simon Louis-Jacques, 266
Sirinelli Jean-François, 17, 19, 20, 45, 50, 65, 75, 130, 294, 372, 391, 444-449
Smith Robert, 20
Sokal Alan, 206
Stahl Christian-Ernst, 102
Taine Hippolyte, 95, 434
Tannery Jules, 38, 47-50, 60, 75, 93, 121, 157, 165, 262, 350, 383, 408, 420, 432
Tarnier Étienne, 314
Tati Jacques, 55
Telkès Eva, 59
Téry Gustave, 56, 57, 237, 243, 257, 434
Tharaud Jean et Jérôme, 40, 56, 57, 97, 248, 249, 435
Thierry Albert, 16, 17, 178, 435
Thomas Albert, 97
Thomas Marion, 345, 346
Thuillier Pierre, 233
Tinayre Marcelle, 371, 426
Tison Adrien, 145, 152, 194, 301
Treub Melchior, 86, 325
Turpain Albert, 121, 247, 280, 334, 348-351, 383, 434, 445
Urbain Georges, 45-49, 62, 135, 136, 264, 284, 408, 432-434
Van Thieghem Philippe, 43, 75, 104, 130, 134, 188, 334, 431
Vandervelde Émile, 268, 430
Varigny Henry de, 72, 400, 426, 432, 440
Vernier Paul, 60, 61, 62
Vidal Joséphine Olympie ép, Bernard, 30
Viger Albert, 176, 177, 181, 182, 200, 201
Ville Georges, 181
Vilmorin Philippe de, 199, 346, 431
Violle Jules, 38
Vogüe Eugène-Melchior de, 223
Volterra Vito, 269
Vries Hugo de, 175, 185, 186, 267-270, 320, 324, 335-341, 345, 389, 405
Vuillemin Paul, 360
Wagner Charles pasteur, 286
Wagner Richard, 48, 56, 306
Wahrlich Woldemar, 86
Waquet Françoise, 106, 209, 446, 447
Warnet Catherine, 26
Weiss Louise, 328, 388, 442
Weissmann August, 172, 175, 224, 324, 327, 338, 428, 431
Weulersse Georges, 57, 252, 394
Wilson Gurney, 196, 431
Xau Fernand, 115
Yersin Alexandre, 50, 164
Zévort Edgar, 15, 145, 148, 156-158
Zola Émile, 217-238, 250, 307, 377, 390, 413, 420, 434-436, 446-449, 475
Zoretti Ludovic, 269, 279, 411

Remerciements

L'écriture de ce portrait de Noël Bernard aurait été impossible sans l'existence de sources primaires familiales, riches bien qu'incomplètes, et sans l'intérêt porté à cette recherche par ses descendants, sa belle-fille Michèle Bernard et son petit-fils Jean-Félix Bernard tout spécialement, Daniel Bernard, le petit-fils du docteur Noël Bernard, Denis Lacorne et ses frère et sœur, petits-enfants de Joseph Magrou, et Jean-Baptiste Magrou, petit-fils de Jean Magrou, ni sans l'ouvrage rédigé par Bernard Boullard qui a disposé de documents aujourd'hui disparus et recueilli des témoignages de proches et de contemporains de Noël Bernard, et qui a aussi apporté, en spécialiste des sujets de recherches de celui-ci, des éclairages précieux sur l'œuvre scientifique du botaniste qu'il admirait.

Je tiens à remercier tou.te.s les archivistes pour l'aide apportée au chercheur et leur intérêt spontané pour toute recherche venant interroger les dépôts dont elles/ils ont la charge. Je remercie encore les historien.ne.s que j'ai été amené à approcher, pour leurs réponses bienveillantes à mes questionnements.

Si, comme l'annonce Antoine Prost, « l'histoire dépend de la position sociale et institutionnelle de celui qui l'écrit[1076] », alors il importe de préciser que l'auteur, en décidant de se consacrer à découvrir qui fut Noël Bernard, n'a fait qu'obéir à un intérêt sans enjeux, tout juste aiguillonné par son impression d'avoir à faire avec l'ombre insaisissable de quelqu'un qui, vraiment, « méritait le détour ».

[1076] Antoine Prost, *Douze leçons sur l'histoire*, « Introduction », Paris, Seuil, 1996, page 7.

Table des matières

Portrait de Noël Bernard 7
Abréviations 9
Préface – « Brûler sa vie » pour la science 11

Première partie – La jeune carrière normalienne et universitaire d'un chercheur partant à l'assaut des sommets 23

Chapitre premier – Comment Noël Bernard se pensa comme voué à « passer le flambeau » 25

Chapitre second – Noël Bernard normalien, un tempérament de leader 37

Chapitre trois – Le mystère de la germination des orchidées levé - Naissance d'un botaniste, naturaliste et biologiste d'exception 65

Chapitre quatre – Orchidées et champignons : la vie commune de la plante et du parasite - sujet de la thèse de Noël Bernard 99

Chapitre cinq – Caen : le coup d'arrêt que l'Université impose à Noël Bernard 119

Chapitre six – Noël Bernard, chercheur obstiné aux objectifs ambitieux 141

Chapitre sept – L'« âge d'or » des années 1905-1906 169

Chapitre huit – Le temps des avancées expérimentales et des grandes hypothèses théoriques 193

Seconde partie – Du normalien dreyfusard et socialiste à l'intellectuel engagé pour la promotion de la recherche et pour les intérêts collectifs des universitaires 215

Chapitre neuf – Noël Bernard, admirateur d'Émile Zola 217

Chapitre dix – Normalien dreyfusard, universitaire socialiste, activiste syndical et intellectuel agitateur d'idées : les engagements de Noël Bernard 239

Chapitre onze – De *La Revue du Mois* à l'Amicale des professeurs des facultés des Sciences, deux entreprises d'affirmation collective de la jeune science 261

Chapitre douze – Loin de la sociabilité universitaire, le tournant misanthrope, amoureux et moraliste de Noël Bernard marié et père de famille 283
Troisième partie – Du tutoiement d'un rêve scientifique à l'élan brisé de Noël Bernard 311
Chapitre treize – 1908-1909, une courte période pour croire au bonheur et au triomphe scientifique – *L' Évolution dans la symbiose* 313
Chapitre quatorze – Un poste – enfin ! – à l'Université de Poitiers. Le projet de station d'études botanique de Mauroc 347
Chapitre quinze – Ultimes projets avant l'effondrement 359
Chapitre seize – Un épilogue en forme de fatale destinée 377
Chapitre dix-sept – La reconnaissance posthume d'un « grand scientifique », peut-être un génie 395
Conclusion 407

Annexe 1 – La vie de Noël Bernard – chronologie succincte 413
Annexe 2 – Généalogie de Noël Bernard 417
Sources 419
Bibliographie 437
Index des noms de personnes 453
Remerciements 461

Structures éditoriales du groupe L'Harmattan

L'Harmattan Italie
Via degli Artisti, 15
10124 Torino
harmattan.italia@gmail.com

L'Harmattan Hongrie
Kossuth l. u. 14-16.
1053 Budapest
harmattan@harmattan.hu

L'Harmattan Sénégal
10 VDN en face Mermoz
BP 45034 Dakar-Fann
senharmattan@gmail.com

L'Harmattan Cameroun
TSINGA/FECAFOOT
BP 11486 Yaoundé
inkoukam@gmail.com

L'Harmattan Burkina Faso
Achille Somé – tengnule@hotmail.fr

L'Harmattan Guinée
Almamya, rue KA 028 OKB Agency
BP 3470 Conakry
harmattanguinee@yahoo.fr

L'Harmattan RDC
185, avenue Nyangwe
Commune de Lingwala – Kinshasa
matangilamusadila@yahoo.fr

L'Harmattan Congo
67, boulevard Denis-Sassou-N'Guesso
BP 2874 Brazzaville
harmattan.congo@yahoo.fr

L'Harmattan Mali
ACI 2000 - Immeuble Mgr Jean Marie Cisse
Bureau 10
BP 145 Bamako-Mali
mali@harmattan.fr

L'Harmattan Togo
Djidjole – Lomé
Maison Amela
face EPP BATOME
ddamela@aol.com

L'Harmattan Côte d'Ivoire
Résidence Karl – Cité des Arts
Abidjan-Cocody
03 BP 1588 Abidjan
espace_harmattan.ci@hotmail.fr

Nos librairies en France

Librairie internationale
16, rue des Écoles
75005 Paris
librairie.internationale@harmattan.fr
01 40 46 79 11
www.librairieharmattan.com

Librairie des savoirs
21, rue des Écoles
75005 Paris
librairie.sh@harmattan.fr
01 46 34 13 71
www.librairieharmattansh.com

Librairie Le Lucernaire
53, rue Notre-Dame-des-Champs
75006 Paris
librairie@lucernaire.fr
01 42 22 67 13

www.ingramcontent.com/pod-product-compliance
Lightning Source LLC
LaVergne TN
LVHW021143061026
849535LV00002B/345
* 9 7 8 2 3 4 3 2 2 6 4 2 2 *